Découvrez l'histoire par les archives de presse

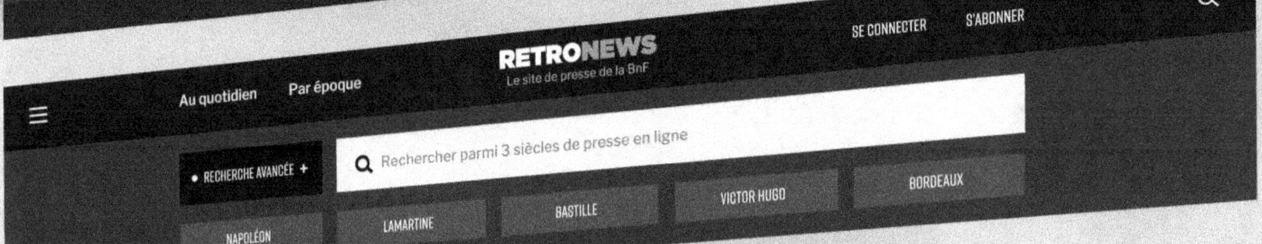

RETRONEWS

Le site de presse de la BnF

www.retronews.fr

BULLETIN

DE

MATHÉMATIQUES ÉLÉMENTAIRES

PUBLIÉ SOUS LA DIRECTION DE

B. NIEWENGLOWSKI

DOCTEUR ÈS SCIENCES

INSPECTEUR DE L'ACADÉMIE DE PARIS

Rédacteur en chef : **L. GÉRARD,** docteur ès sciences, professeur au lycée Ampère.

TOME I

PARIS

SOCIÉTÉ D'ÉDITIONS SCIENTIFIQUES

PLACE de L'ÉCOLE de MÉDECINE

4, RUE ANTOINE DUBOIS, 4

1895-96

Tous droits réservés.

517/6 — 17

1

pos
ca

ng
pa
sor
sE
A;
au
art
au
son

BULLETIN
DE
MATHÉMATIQUES ÉLÉMENTAIRES

A NOS LECTEURS

Le *Bulletin de Mathématiques élémentaires* que nous fondons, s'adresse à tous ceux qu'intéressent les éléments des sciences mathématiques et physiques, et particulièrement aux professeurs et élèves de l'enseignement secondaire classique et de l'enseignement secondaire moderne, de l'enseignement primaire supérieur, de l'enseignement secondaire des jeunes filles, etc.

Les futurs bacheliers de l'enseignement classique et de l'enseignement moderne, les candidats aux divers examens exigeant la connaissance des mathématiques et de la physique élémentaires y trouveront des exercices sur les diverses parties de leurs programmes, ainsi que le recueil complet des questions posées à ces divers examens, questions qui seront pour la plupart résolues, ce qui leur permettra de se rendre un compte exact de la force de ces examens.

Les élèves de mathématiques élémentaires supérieures pourront consacrer leurs loisirs à la recherche de quelques-unes de nos questions les plus délicates.

D'ailleurs nous aurons soin de proposer à nos jeunes lecteurs des questions faciles et qui aient pour eux, autant que possible, l'attrait de la nouveauté. Nous lirons et classerons avec la plus grande attention les solutions qu'ils nous enverront et nous publierons les meilleures avec le moins de modifications possible.

Dans un autre ordre d'idées, nous croyons qu'il est bon que nos élèves ne se confinent pas dans leurs cours en se contentant de les apprendre, et qu'ils peuvent tirer le plus grand profit de la lecture d'ouvrages intéressant leurs programmes; nous nous efforcerons de guider le mieux possible le choix de leurs lectures en leur indiquant les ouvrages nouvellement parus et en leur en présentant une analyse sommaire toutes les fois que cela nous paraîtra utile.

Nous consacrerons chaque mois une *Chronique scientifique* aux découvertes les plus récentes susceptibles d'intéresser nos lecteurs.

Les professeurs ne manqueront aussi de profiter de notre nouvel organe. S'ils veulent nous prêter leur précieux concours, nous espérons faire œuvre utile à l'enseignement en signalant les points faibles des démonstrations actuelles et les moyens d'y remédier, en indiquant de nouveaux procédés de démonstration, etc.

Nous accueillerons avec reconnaissance toutes les communications que nos collègues voudront bien nous faire ; nous les prions seulement de ne pas perdre de vue que notre but n'est pas d'agrandir le domaine des mathématiques élémentaires par la découverte de théorèmes nouveaux ; nous ne cherchons qu'à simplifier, préciser et consolider les résultats acquis.

SUR L'ANGLE DE DEUX DROITES

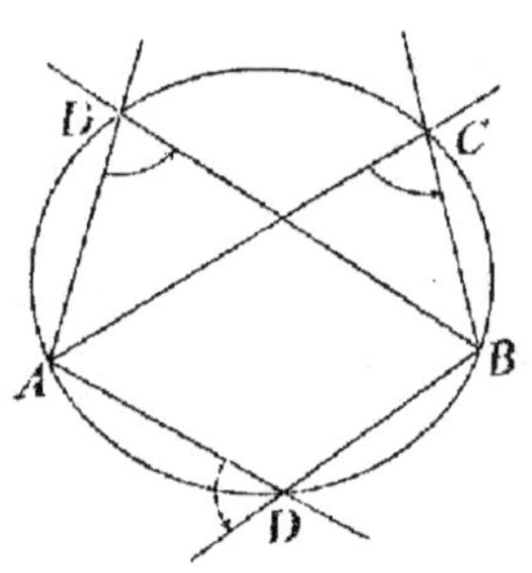

Fig. 1.

En Géométrie élémentaire, on ne considère ordinairement que la valeur absolue des angles, sans tenir compte du sens et sans distinguer le côté origine du côté extrémité. Il en résulte une multitude de complications. Par exemple, si A, B, C, D sont quatre points d'un même cercle, les angles ACB, ADB sont *supplémentaires* ou *égaux* selon que les points C et D sont ou non de part et d'autre de AB (*fig.* 1). De même, deux angles dont les côtés sont parallèles ou perpendiculaires sont tantôt égaux, tantôt supplémentaires. Donc, dans les questions où interviennent des angles de cette nature, il faudrait passer en revue tous les cas possibles ; on s'en dispense presque toujours et on se contente d'examiner le cas de la figure qu'on a sous les yeux.

Ainsi, pour prouver que les projections P, Q, R d'un point M du cercle circonscrit à un triangle ABC sur les trois côtés de ce triangle sont en ligne droite

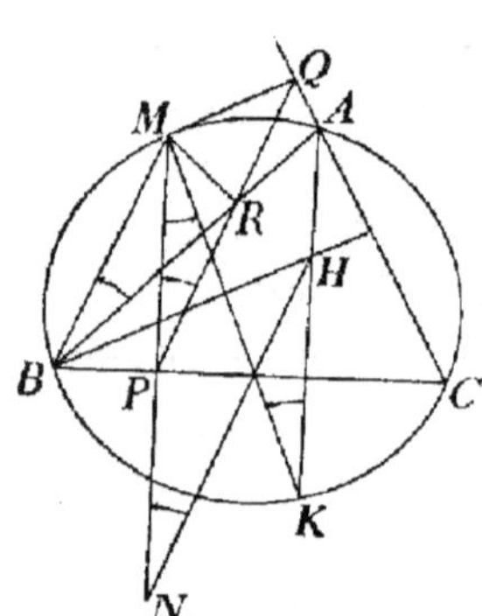

Fig. 2.

(*droite de Simson*), on commence par démontrer que les quadrilatères MBPR, MQAR, MPCQ sont inscriptibles (*fig.* 2) ; on en conclut d'abord que les angles BRP, QRA sont respectivement égaux aux angles BMP, QMA ; ensuite, on remarque que, les angles BMA, PMQ étant égaux comme supplémentaires de ACB, si on retranche la partie commune PMA, les angles restants BMP, QMA sont égaux ; donc BRP et QRA le sont aussi, et les points P, Q, R sont en ligne droite.

Mais on peut faire une foule d'objections. Les angles BRP, BMP peuvent être *supplémentaires*, même dans le cas où le point M est sur l'arc AB ; les angles BMA, PMQ n'ont pas toujours une partie commune ; enfin, les angles BRP, QRA sont tantôt égaux, tantôt supplémentaires, et, quand même ils seraient égaux, comme ils peuvent ne pas être opposés par le sommet, il n'en résulte en aucune façon que P, Q, R soient en ligne droite.

Toutes ces difficultés disparaissent si on tient compte du *sens* des angles, ou mieux si on considère, non pas l'angle des *demi-droites*, mais l'angle des *droites entières* défini de la façon suivante:

DÉFINITION. — *Soient A B et C D (fig.* 3) *deux droites situées dans un plan orienté ; on appelle angle de C D avec A B et on représente par la notation* (**A B**, **C D**) *l'angle* α *compris entre* 0° *et* 180° *dont il faut faire tourner A B, dans le sens direct, autour de l'un quelconque de ses points, pour l'amener à être parallèle à C D* (¹).

1° L'angle (CD, AB), c'est-à-dire l'angle β que doit décrire CD pour venir s'ap-

(1) « Considérons un plan et une droite Δ située dans ce plan. On peut faire tourner Δ

pliquer sur AB en tournant dans le sens direct, est *supplémentaire* de l'angle (AB, CD).

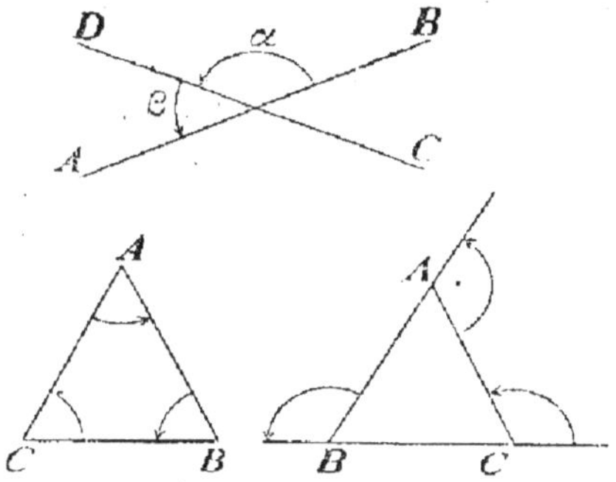

2° Dans un triangle ABC, la somme des trois angles (AB, BC), (BC, CA), (CA, AB) est égale à 180° ou à 360°.

3° Si deux droites D et D′ sont respectivement parallèles (ou perpendiculaires) à deux autres droites Δ et Δ′, l'angle (D, D′) est toujours *égal* à l'angle (Δ, Δ′).

4° Si A, B, C, D sont quatre points d'un même cercle, l'angle (CA, CB) est toujours *égal* à l'angle (DA, DB). (Voir figure 1.)

Fig. 3.

Ceci posé, revenons à la droite de Simson (*fig.* 2).

En considérant les quadrilatères inscriptibles MQAR, MACB, MQCP, on a, *dans tous les cas* :

$$(MQ, QR) = (MA, AR) = (MA, AB) = (MC, CB)$$
$$= (MC, CP) = (MQ, QP).$$

Donc, les angles (MQ, QR) et (MQ, QP) étant égaux, il faut que les droites QR et QP coïncident.

Cette démonstration, que j'emprunte à la Géométrie de Baltzer, ne laisse rien à désirer sous le rapport de la simplicité et de la précision. En voici une autre qui prouve que les trois points P, Q, R sont sur une droite équidistante du point M et du point de concours H des hauteurs du triangle ABC.

Soit N le symétrique de M par rapport à BC. On sait que le point K où la hauteur AH rencontre le cercle est symétrique de H par rapport à BC. Donc

$$(NH, MN) = (MN, MK), \text{ comme symétriques};$$
$$(MN, MK) = (KA, KM), (3°);$$

or, dans les quadrilatères inscriptibles MBKA, MBPR,

$$(KA, KM) = (BA, BM) = (BR, BM) = (PR, PM).$$

Donc les angles (NH, NM) et (PR, PM) sont égaux ; par suite, PR est parallèle à NH. On prouverait de même que PQ est aussi parallèle à NH. Donc PR et PQ coïncident.

Voici un autre exemple un peu moins simple.

Soient A′, B′, C′ les milieux des côtés d'un triangle ABC ; P et Q les projections de B et de C sur une droite quelconque passant par A (*fig.* 4). Proposons-nous de

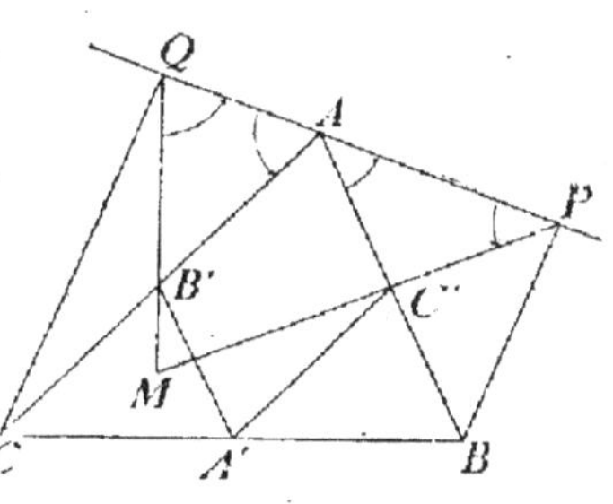

Fig. 4.

autour d'un de ses points dans deux sens différents. On peut choisir, à volonté, l'un de ces deux sens qu'on appellera *sens direct*, le sens contraire étant appelé *sens inverse*. On dit qu'un plan est *orienté* quand on connaît le sens direct relatif à ce plan. Tout angle décrit dans le *sens direct* sera regardé comme *positif* et tout angle décrit dans le sens inverse comme *négatif*. » (B. NIEWENGLOWSKI, *Cours de Géométrie analytique*, page 19.)

trouver le lieu du point de concours M des droites PC′ et QB′. (Voir *Géométrie analytique* de M. Pruvost, p. 553.)

Dans le triangle MPQ, on a (2°)
$$(MP, MQ) + (MQ, QP) + (QP, PM) = 180° \text{ ou } 360°.$$

Mais, le triangle APC′ étant isocèle,
$$(QP, PM) = (AB, AP) ;$$
de même,
$$(MQ, QP) = (AQ, AC).$$

Donc $(MP, MQ) + (AQ, AC) + (AB, AP) = 180°$ ou $360°$.

D'autre part, en considérant les trois droites issues de A, on a
$$(AQ, AC) + (AC, AB) + (AB, AP) = 180° \text{ ou } 360°;$$

en comparant les deux égalités précédentes, on voit que les deux angles (MP, MQ) et (AC, AB) sont égaux ou diffèrent d'un multiple de 180°; mais, par définition, ces deux angles sont inférieurs à 180°, donc ils sont égaux. Or
$$(AC, AB) = (A′C′, A′B′) \quad (3°);$$

donc enfin
$$(A′C′, A′B′) = (MP, MQ) = (MC′, MB′),$$

ce qui prouve (4°) que les quatre points M, A′, C′, B′ sont sur un même cercle. Par conséquent, le lieu du point M est le cercle circonscrit au triangle A′B′C′.

Ces deux exemples suffisent pour montrer que la considération de l'angle de deux droites *entières*, qui rend de si grands services en Géométrie analytique, n'est pas moins utile en Géométrie élémentaire. Nous engageons vivement nos jeunes correspondants à l'appliquer aux questions de Géométrie que nous proposons plus loin.

L. GÉRARD.

NOUVELLE CONSTRUCTION DU RAYON RÉFRACTÉ

ÉTUDE GÉOMÉTRIQUE DU PRISME

Le théorème suivant, généralement peu connu, va nous permettre de construire géométriquement et simplement le rayon réfracté ([1]), et d'étudier géométriquement les différentes questions ayant rapport au prisme lorsqu'on ne considère que ce qui se passe dans une section principale.

THÉORÈME. — *La normale à la surface de séparation de deux milieux d'indices* n_1 *et* n_2, *au point d'incidence I d'un rayon lumineux SI se propageant dans le premier milieu, est la diagonale du parallélogramme construit sur les directions*

([1]) Cette construction exige le tracé d'une seule circonférence, tandis que celle d'Huyghens exige le tracé de deux. Rappelons que les propriétés du prisme ont été étudiées géométriquement en partant de la construction d'Huyghens dans le *Journal de Physique et Chimie élémentaires*, IIIᵉ année, page 241, par M. P. Colardeau.

du rayon incident et du rayon réfracté, et dont les côtés ont pour longueurs respectives n_1 *et* n_2 (¹).

Prenons pour plan de figure le plan d'incidence du rayon SI et soit IA la normale à la surface de séparation Σ (*fig.* 1). Construisons le parallélogramme IABC de côtés IC $= n_1$ et AC $= n_2$, ayant pour diagonale IA. Dans le triangle AIC on a :

$$\frac{\text{CI}}{Sin\ \text{CAI}} = \frac{\text{AC}}{Sin\ \text{AIC}}$$

ou $\qquad n_1\ sin\ i = n_2\ sin\ \text{CAI}$

L'angle CAI est donc l'angle de réfraction correspondant à l'angle d'incidence i et par conséquent le côté CA du parallélogramme a bien la direction du rayon réfracté correspondant au rayon incident SI.

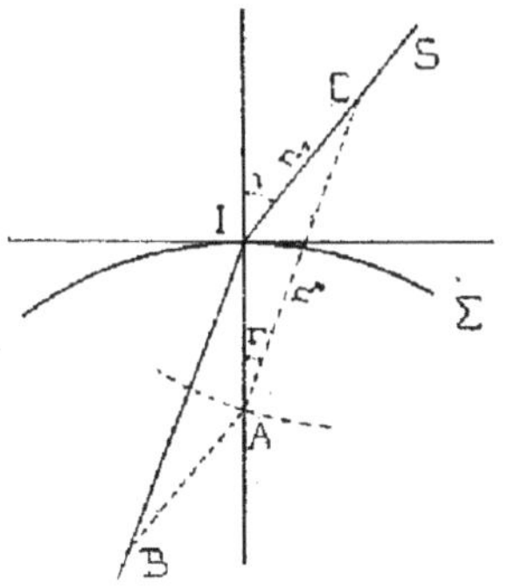

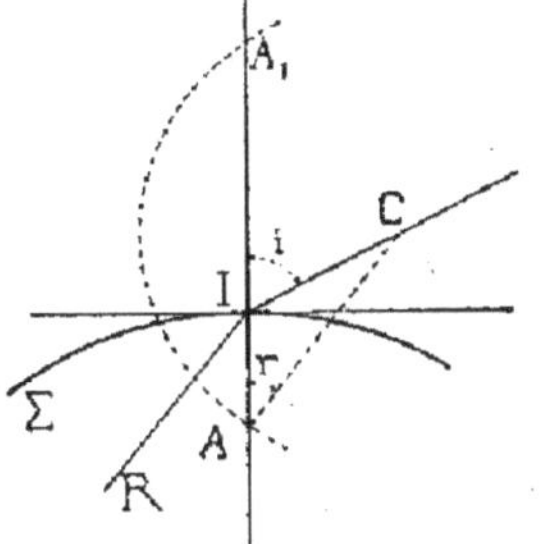

Fig. 1.

CONSTRUCTION DU RAYON RÉFRACTÉ. — On déduit facilement du théorème précédent la construction suivante du rayon réfracté :

On prend sur le rayon incident SI, à partir du point d'incidence I, une longueur IC $= n_1$ et du point C comme centre avec un rayon de longueur n_2, on décrit une circonférence coupant généralement la normale IA en deux points A, A_1 (*fig.* 2 et 3) joignant le point C au point A (le plus près du point d'incidence I des deux points A et A_1), on a la direction CA du rayon réfracté.

La construction montre que si $n_1 < n_2$, l'angle de réfraction Υ est plus petit que l'angle d'incidence i (*fig.* 2) ;

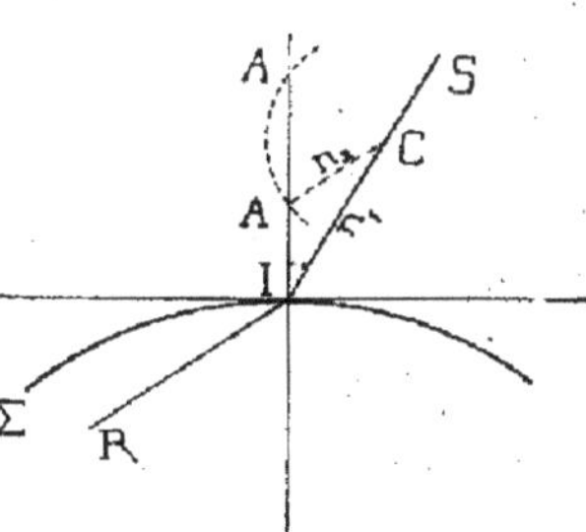

Fig. 2.

Que si $n_1 > n_2$, l'angle de réfraction est au contraire plus grand que l'angle d'incidence (*fig.* 3).

Si $n_1 = - n_2$, c'est au contraire le point A_1 que l'on doit prendre ; le point A est d'ailleurs confondu avec I et la construction montre que $i = \Upsilon$.

Variations de l'angle Υ. — On voit facilement que si $n_1 < n_2$, la construction donne pour $i = o$, $\Upsilon = o$;

que l'angle i variant de o à $\dfrac{\pi}{2}$ les points A et A_1 existent

toujours et que l'angle Υ prend pour $i = \dfrac{\pi}{2}$ une valeur λ,

Fig. 3.

telle que :

$$\lambda = arc\ sin\ \frac{n_1}{n_2}\ (figure\ 4).$$

(1) Gaston DARBOUX. *Leçons sur la théorie générale des surfaces*, IIe partie, page 278.

L'angle i ne pouvant varier que de o à $\frac{\pi}{2}$ (de chaque côté de la normale), s'ensuit que l'angle Υ ne peut varier que de o à λ.

Si on a $n_1 > n_2$, on voit facilement que i ne peut varier que de o à la valeur λ,

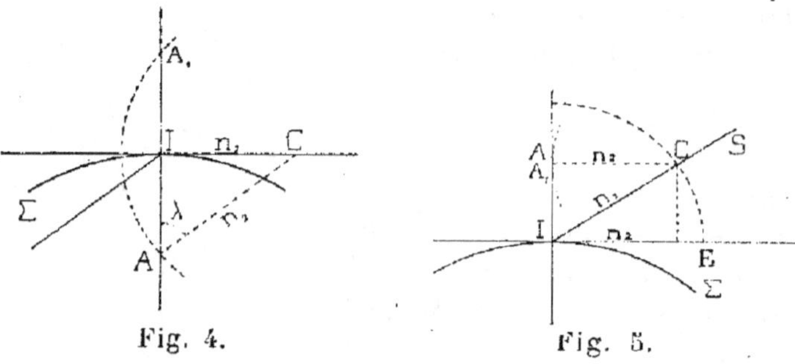

Fig. 4.   Fig. 5.

qu'il prend quand la circonférence décrite de C comme centre avec n_2 comme rayon est tangente à la normale.

On construit facilement le point limite C_1. Il suffit de prendre sur la tangente en I à la ligne de séparation Σ (*fig.* 5) une longueur IE $= n_2$ et de mener par le point E une parallèle à la normale en I qui rencontre au point cherché C la circonférence de centre I et de rayon n_1. Le triangle rectangle IA_1C donne

$$i_1 = \operatorname{arc\,sin} \frac{n_2}{n_1}.$$

(*A suivre.*)

G.-H. NIEWENGLOWSKI.

QUESTIONS RÉSOLUES

1. — *Démontrer que si deux droites DO et BO sont antiparallèles par rapport aux côtés d'un parallélogramme ABCD, les droites AO et CO le sont aussi.*

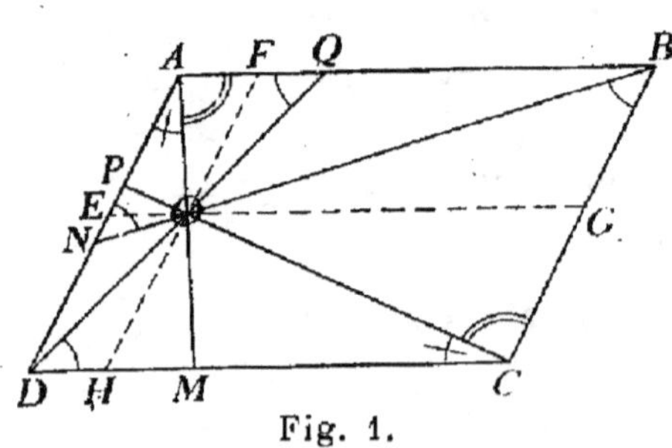

Fig. 1.

1re SOLUTION. — Par hypothèse, ENO = FQO. Or ENO = OBG ; de même FQO = ODH. Donc ces quatre angles sont égaux. D'autre part, la similitude des triangles OND et OQB donne $\frac{ON}{OQ} = \frac{OD}{OB}$. Il en résulte que les quadrilatères ONAQ et ODCB ayant tous leurs angles égaux et deux côtés homologues proportionnels sont semblables. Donc ONA est semblable à ODC et l'angle OAN est égal à l'angle OCD..... c. q. f. d.

P. GILLET.

2e SOLUTION. — Puisque les deux droites DO et BO sont antiparallèles par rapport aux côtés du parallélogramme, les angles ODH et OBG sont égaux. Il faut prouver que les angles OAE et OCH le sont aussi. Menons par le point O des parallèles aux côtés du parallélogramme, qui rencontrent les côtés en E,F,G,H. Les triangles DOH et BOG sont semblables ; donc

$$\frac{DH}{BG} = \frac{OH}{OG}, \text{ ou } \frac{OE}{AE} = \frac{OH}{CH}.$$

Les triangles OAE et OCH ont donc deux côtés proportionnels ; de plus les angles compris AEO et OHC sont égaux ; donc ils sont semblables et OAE = OCH.

C. Vigoureux.

2. — *On donne un plan* $P\alpha P'$ *dont les traces font avec* xy *des angles de* 45°, *et une pyramide régulière dont la base est un triangle équilatéral situé dans ce plan, et dont l'une des faces latérales est dans le plan horizontal. Calculer les dièdres de cette pyramide.*

Je prends sur xy une longueur $\alpha\beta = a$ et par le point β je fais passer un plan de profil qui rencontre les traces du plan donné en P et P' : $\alpha\beta PP'$ est la pyramide demandée. En effet

$$1^o \qquad \beta P' = \beta P = \alpha\beta = a$$
$$2^o \qquad \alpha P' = \alpha P = PP' = a\sqrt{2}$$

Les dièdres $P'\beta$, $\alpha\beta$, $P\beta$ sont droits. Menons βH perpendiculaire à αP : P'H sera perpendiculaire à αP d'après le théorème des trois perpendiculaires. Donc

$$\operatorname{tg} P'H\beta = \frac{P'\beta}{\beta H} = \sqrt{2} ;$$

d'où

$$\widehat{P'H\beta} = 54° \, 44' \, 07''$$

A. Marix.

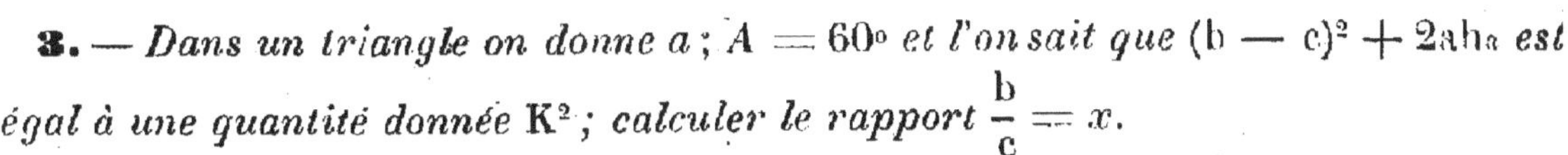

Fig. 2.

3. — *Dans un triangle on donne* a ; $A = 60°$ *et l'on sait que* $(b - c)^2 + 2ah_a$ *est égal à une quantité donnée* K^2 ; *calculer le rapport* $\dfrac{b}{c} = x$.

Dans la relation donnée, remplaçons ah_a par $bc \sin 60$ ou $\dfrac{bc\sqrt{3}}{2}$:

$$K^2 = b^2 + c^2 - 2bc + bc\sqrt{3}$$

De plus, $$a^2 = b^2 + c^2 - 2bc \cos A = b^2 + c^2 - bc.$$

En divisant membre à membre, il vient

$$\frac{a^2}{K^2} = \frac{b^2 + c^2 - bc}{b^2 + c^2 - 2bc + bc\sqrt{3}} = \frac{x^2 + 1 - x}{x^2 + 1 - 2x + x\sqrt{3}}$$

ou

$$(K^2 - a^2)\,x^2 - \left[K^2 - a^2\left(2 - \sqrt{3}\right)\right]x + (K^2 - a^2) = 0.$$

Pour qu'une valeur de x convienne, il faut qu'elle soit : 1° réelle ; 2° positive.

1° Je forme le discriminant :

$$\delta = \left[K^2 - a^2\left(2 - \sqrt{3}\right)\right]^2 - 4\left(K^2 - a^2\right)^2$$
$$= \left[3\,K^2 - a^2\left(4 - \sqrt{3}\right)\right]\left[a^2\sqrt{3} - K^2\right].$$

Donc, pour que le discriminant soit positif, il faut que

$$\frac{a^2\left(4 - \sqrt{3}\right)}{3} < K^2 < a^2\sqrt{3}$$

2° Il faut que x soit positif. Le produit des racines est positif et égal à 1 ; donc elles sont de même signe ; pour que le problème soit possible, il faut donc qu'elles soient toutes deux positives, donc leur somme doit l'être également :

$$\frac{K^2 - a^2\left(2 - \sqrt{3}\right)}{K^2 - a^2} > 0$$

or

$$K^2 > a^2\frac{\left(4 - \sqrt{3}\right)}{3} > a^2\left(2 - \sqrt{3}\right);$$

donc, pour que la somme des racines soit positive, il faut que $K^2 > a^2$.

En résumé, le problème n'est possible que si $a^2 < K^2 < a^2\sqrt{3}$ et, dans ce cas, il y a deux solutions.   Frédéric Hou.

4. — **(Problème de la chambre noire de Porta.)** — I. Cas d'une petite ouverture o pratiquée dans le volet. — *Un disque lumineux de rayon* **R**, *mi-partie rouge et vert (le diamètre de séparation des teintes étant vertical), est placé à une distance D de l'ouverture, perpendiculairement à l'axe de la chambre et centré sur cet axe. On demande d'expliquer la formation de l'image qui se projette sur le fond de la chambre, qui est un verre dépoli E, placé à une distance d de l'ouverture.*

Quelle est la nature de cette image? Son orientation? Sa grandeur superficielle? De quoi dépendent sa netteté et son éclat? Y a-t-il une mise au point?

Quelles modifications subira l'image: 1° si l'on fait tourner le disque sur lui-même d'un mouvement rapide et continu; 2° si, laissant le disque immobile, on l'incline légèrement par rapport au plan du volet? Et qu'arrive-t-il dans le premier cas, si on regarde l'image à travers un prisme ?

II. — Cas d'un objectif convergent enchâssé dans le volet. — *Comment les effets précédents sont-ils modifiés quand on substitue à la petite ouverture o une lentille mince convergente L, de distance focale principale f ?*

Calculer, en particulier, les distances D et d qui sont nécessaires pour que l'image ait une surface n^2 fois plus grande que l'objet (données numériques $n^2 = 60$, f = 9 cm.).

(Certificat d'aptitude au professorat dans les écoles normales et les écoles primaires supérieures. Ordre des sciences, aspirants.)

I. *Cas d'une petite ouverture o pratiquée dans le volet.* — On trouvera dans tous les traités de physique la théorie des images à travers les petites ouvertures ; nous ne ferons donc que donner quelques compléments aux théories habituelles.

Si l'ouverture est assez petite pour qu'on puisse la supposer réduite à un point, on voit sur le verre dépoli, un disque circulaire, moitié rouge, moitié vert, le diamètre de séparation des teintes étant vertical, de rayon r donné par la relation :

$$\frac{r}{d} = \frac{R}{D} \quad \text{ou} \quad r = R\,\frac{d}{D} \quad (1)$$

R étant le rayon du cercle objet.

En ce cas l'image est sensiblement aussi nette quelles que soient les distances d et D.

Si nous voulons analyser le phénomène de plus près, en désignant par o le diamètre de l'ouverture supposée circulaire, chaque point de l'objet éclaire sur le verre dépoli une surface circulaire de rayon x donné par la relation

$$\frac{x}{D + d} = \frac{o}{D} \quad \text{ou} \quad x = o\,\frac{D + d}{D} \quad (2)$$

qu'on tire aisément de la considération de triangles semblables.

Pour que l'ensemble des taches circulaires données par chaque point de l'objet présente à l'œil la forme de l'objet, il faut que le diamètre de la tache éclairée par un point de l'objet soit très petit par rapport à la dimension correspondante de l'image donnée par un point de l'ouverture. Or, cette dernière est donnée par la relation (1) et le diamètre d'une tache lumineuse donnée par un point, par la relation (2). Le rapport des deux est donc :

$$\frac{x}{r} = \frac{o\,\dfrac{D + d}{D}}{R\,\dfrac{d}{D}} = \frac{\dfrac{o}{d}}{\dfrac{R}{D + d}}$$

Or, pour des rayons dont les directions sont voisines de celles de la normale au plan de l'ouverture, les deux termes de ce rapport, si on suppose les deux longueurs o et R petites par rapport à d et $D + d$, représentent ce qu'on appelle les diamètres apparents des longueurs o et R par rapport au point de l'écran placé sur la normale au plan de l'ouverture, c'est-à-dire les angles sous lesquels un œil placé en ce point verrait les longueurs o et R. Il faut donc, pour que l'image ait la forme de l'objet, que pour un observateur dont l'œil est placé au pied de la perpendiculaire abaissée du centre de l'ouverture sur l'écran, le diamètre apparent de l'ouverture soit très petit par rapport à celui de l'objet ; or, le rapport de ces diamètres apparents est d'autant plus petit que le diamètre de l'ouverture est plus petit ; or, plus ce diamètre est petit, moins l'image est lumineuse.

On peut encore dire que pour que l'image soit nette il faut que la tache lumineuse formée sur l'écran par un point de l'objet donne sur la rétine de l'observateur une image assez petite pour que ce dernier ait la sensation d'un point, c'est-à-dire une image dont la plus grande dimension ne soit pas supérieure à la distance qui sépare deux éléments nerveux de la rétine. Il faut, dans ce but, que la tache soit vue sous un angle de $1'$, ce qui fait que pour un œil regardant l'image à la distance de $0^m 25$ (c'est-à-dire environ à la distance normale de la vision distincte), le diamètre de la tache doit avoir au plus $0^{mm} 1$.

On pourra donc, avec la relation (2), calculer le diamètre de l'ouverture pour qu'il en soit ainsi, ou, si ce diamètre est déterminé, les valeurs relatives de d et D.

En résumé, la mise au point dépendra du diamètre de l'ouverture et de la distance pour laquelle l'œil de l'observateur est accommodé. Dans le cas des ouvertures très petites, un autre phénomène appartenant à ce qu'on appelle l'optique supérieure intervient : la diffraction (1).

Quand on fait tourner rapidement le disque-objet, les couleurs de ses deux moitiés étant complémentaires, l'observateur verra sur le verre dépoli, en vertu de la persistance des impressions lumineuses sur la rétine, un disque blanc ; si l'on regarde l'image à travers un prisme, en vertu de l'inégale refrangibilité des rayons rouges et verts et de la persistance des impressions rétiniennes, on verra deux disques entiers, l'un vert, l'autre rouge. Si le disque, restant immobile, est incliné légèrement sur l'axe du volet, son image deviendra elliptique.

II. *Cas d'un objectif convergent enchâssé dans le châssis.* — Pour que l'image soit nette, les distances d et D doivent satisfaire à la relation :

$$\frac{1}{D} + \frac{1}{d} = \frac{1}{f}$$

et le diamètre R de l'image est donné par :

$$\frac{r}{R} = \frac{d}{D} = \frac{d-f}{f} = \frac{f}{D-f}$$

et le rapport des surfaces de l'image et de l'objet :

$$\frac{r^2}{R^2} \frac{d^2}{D^2} = \frac{(d-f)^2}{f^2} = \frac{f^2}{(D-f)^2}$$

Si l'on veut que la surface de l'image soit égale à n^2 fois celle de l'objet, il faut qu'on ait :

$$\frac{(d-f)^2}{f^2} = \frac{f^2}{(D-f)^2} = n^2$$

ou

$$\frac{d-f}{f} = \frac{f}{D-f} = n$$

d'où

$$d = f(n+1) \qquad D = \frac{f(n+1)}{n}$$

La discussion de ces formules n'offre aucune difficulté.

G.-H. N.

(1) Le C^{ne} Colson a démontré que, dans ce cas, le maximum de netteté était obtenu quand on avait la relation $o^2 = \dfrac{0^{mm} 000\ 81\ Dd}{D + d}$.

CHRONIQUE SCIENTIFIQUE

L'ARGON ET L'HÉLIUM

L'OXYGÈNE ET L'ARGON SONT-ILS DES CORPS SIMPLES ?

Nos lecteurs ont certainement déjà entendu parler de la découverte de l'argon. Ils seront néanmoins heureux d'avoir quelques détails précis sur ce nouveau corps.

En 1788 Cavendish s'était déjà aperçu que l'azote préparé autrement qu'avec l'air se combinait intégralement à l'oxygène sans résidu, tandis qu'il y en avait un si on employait l'oxygène extrait de l'air. Il disait en effet dans son Mémoire des *Philosophical Transactions* : « Il y a une partie de l'air phlogistique (azote) de notre atmosphère qui diffère du reste, et ne peut être transformée en acide azotique ; elle constitue tout au plus 1/120ᵉ du tout. »

En outre on avait déjà remarqué depuis longtemps, et lord Rayleigh en particulier l'avait récemment vérifié de nouveau, que la densité de l'azote extrait de l'air était légèrement inférieure à celle de l'azote extrait de composés divers. Il s'associa alors au chimiste Ramsay et tous deux déterminèrent la densité de l'azote de provenances diverses et montrèrent que la différence de densité de l'azote atmosphérique et de l'azote chimique n'était pas due à des impuretés connues.

Il était donc probable qu'elle venait d'un nouvel élément qu'ils isolèrent d'abord en suivant les prescriptions de Cavendish, c'est-à-dire en combinant l'azote de l'air à l'oxygène sous l'influence des étincelles électriques ; mais ils n'obtinrent ainsi qu'une faible quantité du résidu refusant de s'oxyder et ne tardèrent pas à imaginer une méthode permettant d'en obtenir plus. Ils absorbèrent l'azote atmosphérique exempt d'oxygène au moyen du magnésium chauffé au rouge et purent ainsi obtenir 200 centimètres cubes d'un gaz de densité 19,09 dont le spectre, quoique présentant les raies de l'azote, en montrait d'autres qu'on ne pouvait identifier à celles de quelque élément connu.

On put alors déterminer les diverses constantes physiques de ce gaz :

Densité.. 19,901

Poids atomique (en le supposant monoatomique).......... 93,08

L'eau en dissout à 12° 3 vol., 94 0/0.

Le rapport des deux chaleurs spécifiques a été trouvé égal à 1,645.

Olszewski a pu liquéfier, solidifier l'argon et déterminer diverses constantes ; il a été liquéfié à — 128° 6 sous la pression de 38 atmosphères. Sa température critique a été trouvée égale à — 121° ; sa pression critique à 50,6 atmosphères ; son point d'ébullition à — 187, de solidification à — 189,6 ; la densité du liquide au point d'ébullition à 1,5 environ.

Quant à son action chimique sur les divers corps, elle a été nulle jusqu'à présent, sauf sur la benzine avec laquelle M. Berthelot a pu le combiner en faisant agir les effluves électriques sur le mélange des deux corps à l'état gazeux, d'où le nom d'argon (paresseux) qui lui a été donné.

Il reste encore à déterminer l'atomicité du nouveau corps, ce qui n'est pas chose facile. La valeur de ses diverses constantes amène aisément à faire l'une des deux hypothèses suivantes : ou l'argon est un corps formé de molécules monoatomiques, accompagnées d'un petit nombre de molécules diatomiques ; on se trouverait alors dans un cas analogue à celui de l'iode ; ou bien il serait lui-même un mélange de deux corps différents dont l'un serait monoatomique et dont l'autre existerait en très petite quantité. Cette dernière hypothèse semblerait confirmée par ce fait que, selon l'intensité du courant d'induction destiné à éclairer le tube de Geissler le renfermant, il donne deux spectres distincts ; on peut d'ailleurs constater leur existence sans spectroscope : un tube de Geissler rempli d'argon apporté par M. Cornu à l'école Polytechnique, dans le laboratoire de M. Cornu, montrait une lueur passant du rouge au bleu quand on introduisait dans le circuit une résistance supplémentaire. Mais l'argon n'est pas le seul corps présentant un double spectre : il en est ainsi de l'azote, qu'on distingue de l'argon en ce que les raies des deux spectres de ce dernier sont des raies fines, tandis que ceux de l'azote présentent l'un des raies fines, l'autre des bandes estompées. Il en est de même de l'oxygène et tout récemment M. Baly, préparateur du Pr Ramsay, s'est demandé si ces deux spectres ne seraient pas dus à ce que l'oxygène serait un mélange de deux gaz différents et il a montré que des effluves passant dans de l'oxygène, les gaz qui entourent la cathode et l'anode ont des densités différentes. Mais les détails qu'il a donnés jusqu'à présent ne nous semblent pas encore assez précis pour pouvoir conclure.

Un autre fait semble au contraire parler en faveur du dédoublement de l'argon ; M. Ramsay ayant cherché quel était le rôle de ce gaz dans la nature, n'a pu en trouver dans le règne animal ni dans le règne végétal. Mais dans le règne minéral il a trouvé que la clévite, minerai d'uranium, contenant, outre l'oxyde d'uranium, une certaine quantité de ce qu'on appelle les terres rares (thorine, zircone, oxyde de cérium, etc.), qui entrent dans la composition des capuchons des becs Auer, renfermait un gaz ; le spectre de ce gaz renferme la plupart des raies du spectre de l'argon et en plus quelques autres dont une jaune très brillante, distincte des raies D du sodium qui semblent devoir être attribuées à un gaz de densité moindre que celle de l'hydrogène et qui serait *l'hélium*.

En résumé, l'existence de l'argon est absolument démontrée ; quant à celle de l'hélium et au dédoublement de l'argon et de l'oxygène, on ne peut encore les considérer comme faits absolument acquis à la science.

ÉCOLE SPÉCIALE MILITAIRE DE SAINT-CYR

CONCOURS DE 1895.

Thème allemand.

Il n'y avait pas un instant à perdre pour sauver la France. Avec une armée aussi faible que la nôtre, un seul moyen de salut restait au nouveau général, c'était de trouver sur la route suivie par l'ennemi quelque position où celui-ci ne pût nous envelopper en déployant ses ailes. Après de longs et tumultueux débats, le conseil de guerre s'était séparé sans avoir rien décidé ; seul dans sa tente, Dumouriez, désespérant de délivrer sa patrie, triste et découragé, promenait ses yeux sur une carte de France, et contemplait ces belles contrées qui allaient devenir la proie des étrangers. Tout à coup ses regards se portent sur un des points de la carte, une pensée rapide traverse son esprit et l'illumine, son doigt se fixe avec rapidité sur la forêt de l'Argonne. « Voici nos Thermopyles ! s'écrie-t-il. Si j'y arrive avant les Prussiens, la France est sauvée. »

Version allemande.

Am 28 Mai 1800 rückte die zwanzig tausend Mann starke Armee durch Uri gegen die Lombardei. Den Vortrab derselben commandirte General Lapoype. Die französischen Truppen, schlecht mit Lebensmitteln und Kleidern versehen, zogen fröhlich das Gebirg hinan, ungeachtet des rauhen regnerischen Wetters. In den fruchtbaren, reichen Ebenen Italiens hoffte Jeder auf Ersatz ausgestandener Mühseligkeiten. Noch lag der Schnee auf den Höhen des Gotthard. Menschen und Rosse sanken tief ein. Die leichten Kanonen mùssten aùseinander genommen, und ihre Stücke über den Schnee geschleift werden, hie und da stürzten Pferde in die vom Schnee verschütteten Klüfte. Hier tönten die Flüche der Veranglückten ; dort zogen jauchzend mit Gesang zwischen den Felsen die Bataillone hinab.

An der obersten Höhe der Gotthardsstrasse, in einem öden Klippenthal war das Hospitium der Kapuziner gelegen.

(5 juin. — Thème et Version ; 3 heures.)

Composition française.

La Tour d'Auvergne refuse d'émigrer.

Au mois de janvier 1792, le colonel et quelques officiers du régiment où servait La Tour d'Auvergne en qualité de capitaine vinrent lui proposer de suivre l'exemple de ceux de leurs camarades qui avaient émigré. « En pareille matière, répondit La Tour d'Auvergne, je ne me règle pas sur les autres. » Il rappela le serment d'obéissance prêté à la constitution. « J'appartiens à la patrie, dit-il ; soldat, je lui dois mon bras ; citoyen, je dois le respect à ses lois. » Et, pour écarter tout soupçon d'ambition personnelle, il déclara qu'il n'accepterait jamais d'autre grade « que celui que ses camarades lui avaient connu au moment de leur séparation ».

Vous développerez ces sentiments de patriotisme et de désintéressement dans une lettre que La Tour d'Auvergne adresse à son colonel.

(5 juin ; 3 heures.)

Composition de mathématiques.

5. Trouver les côtés d'un triangle rectangle connaissant la différence α des côtés de l'angle droit et la différence β de l'hypoténuse et de la hauteur. — Discuter. — (Traiter seulement la question par l'algèbre.)

6. On donne deux circonférences concentriques et un point P sur l'une d'elles. On mène par le point P dans les deux circonférences les cordes rectangulaires PA et BPC. Ces cordes tournant autour du point fixe P :

1° Démontrer que $\overline{PA}^2 + \overline{PB}^2 + \overline{PC}^2$ est une somme constante et que la somme des carrés des côtés du triangle ABC est aussi constante.

2° Démontrer que le centre de gravité du triangle ABC reste fixe.

3° Trouver les lieux décrits par les milieux des côtés du triangle ABC.

(6 juin. — Durée de la composition : 3 heures.)

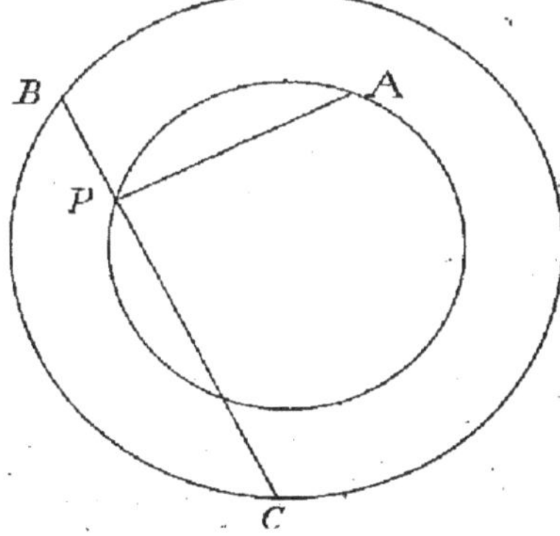

Fig. 1.

Dessin topographique.

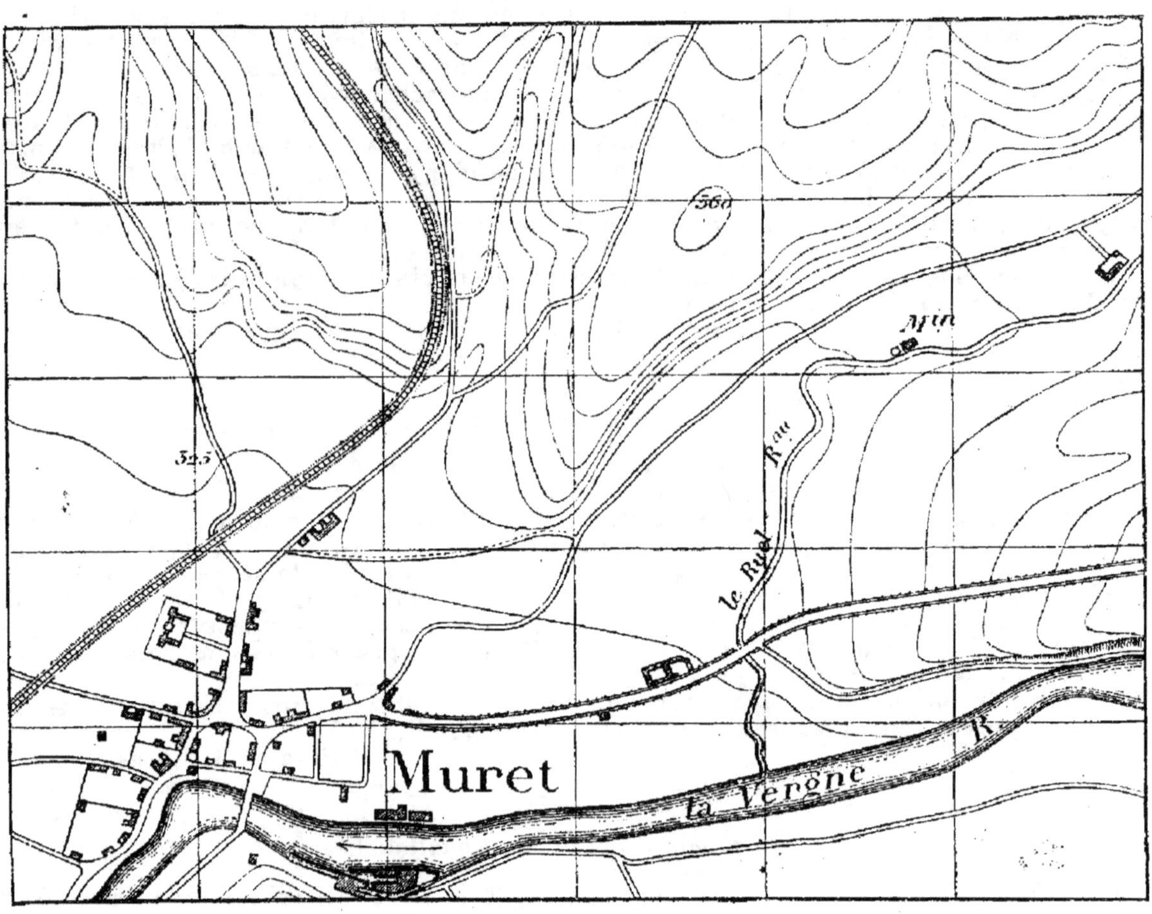

Echelle $\frac{1}{20\ 000}$

100   0   500   1000   1500 M

(6 juin . — Durée : 3 heures.)

Epure.

Une sphère de centre O, de rayon égal à 9 cm., est tangente au plan horizontal. Soit AB un diamètre horizontal de la sphère, C le milieu du rayon OA, D le point le plus élevé de la sphère. Par les trois points B C D mener trois parallèles faisant des angles de 45° avec le plan horizontal et perpendiculaires à la direction AB. Trouver la projection horizontale de l'intersection de la sphère et de la surface prismatique indéfinie ayant ces trois parallèles pour arêtes latérales.

Représenter la portion (supposée opaque) de la sphère comprise dans la surface prismatique.

Construire les sommets des ellipses formant la projection de l'intersection, et écrire les cotes des points correspondants.

Mener les tangentes à ces ellipses en leurs points situés sur les projections des arêtes.

Construire les projections des points de l'intersection déterminés par le plan horizontal de cote 16.

Mener à l'intersection les tangentes parallèles aux côtés du triangle BCD et écrire les cotes des points de contact. (7 juin, durée : 2 h. 1/2.)

Calcul logarithmique.

Résoudre un triangle connaissant :
$$b = 5898 \qquad c = 9272$$
et
$$A = 50° \, 15' \, 24''$$

(7 juin. — Durée : 1 heure.)

QUESTIONS PROPOSÉES

7. Dans un triangle ABC en donne a, b et $c^2 + h_a^2 = m^2$; calculer c. Discuter.

8. Soient α et β les racines de l'équation
$$(ax + a')(cx + c') - (bx + b')^2 = 0,$$
démontrer que $(a\alpha + a')(a\beta + a')$ est du signe de $b^2 - ac$.

9. On considère un demi-cercle de rayon R limité par un diamètre AB et une droite mobile CD égale à 3R dont le prolongement passe constamment par le point B et dont l'extrémité C décrit la demi-circonférence. Trouver le maximum de la distance de D au diamètre AB.

10. Soient a, b, c, A, B, C, les éléments d'un triangle ; démontrer que, si $cot^2 A = cot \, B \, cot \, C$, on a aussi
$$bc = a^2 \cos (B - C), \quad \frac{\sin 2B}{\sin 2C} = \frac{c^2}{b^2}, \quad \frac{cot \, A}{cot \, B} = \frac{b^2}{c^2}.$$

11. Par les sommets d'un triangle ABC, on mène trois droites parallèles ; démontrer que les trois droites symétriques des précédentes par rapport aux bissectrices des angles A, B, C se coupent sur le cercle circonscrit.

12. Soit E le point de rencontre des diagonales d'un trapèze ABCD inscrit dans une demi-circonférence, et soient M et N les points où le diamètre AB coupe le cercle décrit de E comme centre avec EC pour rayon ; démontrer que les parallèles aux droites MC, MD menées par les points A et N se coupent sur la circonférence AB.

13. Par le point M où le cercle circonscrit au triangle ABC rencontre la médiane issue de A, on mène une corde MD parallèle à BC ; démontrer que le cercle passant par A et D et tangent au côté AC intercepte sur le côté AB une corde égale à 2AB.

14. Soit ABCD un quadrilatère inscrit dans un cercle de centre O ; on mène une sécante qui rencontre les côtés AB, CD, AD, BC en N, N', P, P'. Démontrer que, si $ON = ON'$, les droites qui joignent le milieu de NN' aux milieux de deux côtés opposés du quadrilatère sont antiparallèles par rapport à ces côtés et en déduire que $OP = OP'$.

15. Si on place aux milieux des trois hauteurs d'un triangle ABC, des poids égaux à a^2, b^2, c^2, le centre de gravité de ces trois poids est le même que si on les avait placés respectivement en A, B, C.

(*Pour ces quatre questions, la considération de l'angle des droites entières est d'une grande utilité.*)

16. Un poids marqué p placé sur le plateau A d'une balance fausse fait équilibre à un poids inconnu x placé sur l'autre plateau B. Le même poids p placé sur le plateau B de la même balance fait équilibre à un poids inconnu y placé sur le plateau A. La somme des poids x et y est-elle supérieure ou inférieure à $2\,p$?

G.-H. N.

17. Un ballon vide d'air contient de l'eau à la température de 4 degrés. Quel est le rapport du poids de 1 centimètre cube de la vapeur qui se trouve au dessus du liquide au poids de 1 centimètre cube de ce même liquide ?

Force élastique maximum de la vapeur d'eau à 4° : 6^{mm} 069.

Coefficient de dilatation des gaz : $\dfrac{1}{273}$.

Densité de la vapeur d'eau par rapport à l'air : $\dfrac{5}{8}$.

Poids du centimètre cube d'air normal : 0 gr. 001293.

(Baccalauréat. — Paris.)

18. Un point lumineux réel P est placé sur l'axe principal d'une lentille O dont le diamètre est $2r$ et la distance focale f. Un écran est placé au foyer principal, du côté opposé de la lentille. Quel est le rayon du cercle éclairé par les rayons émanés de P et qui ont traversé la lentille ? Discussion suivant la valeur de la distance $p = \text{PO}$ du point lumineux à la lentille et suivant que la lentille est convergente ou divergente.

(Baccalauréat. — Paris.)

19. Un observateur place devant son œil une lentille convergente, mince, de distance focale f, à la face postérieure de laquelle est accolé un miroir plan dont la face réfléchissante regarde l'observateur, dont la vue est supposée accommodée pour une distance Δ. Quelle devra être la distance de l'œil au système miroir-lentille pour que l'observateur voie l'image naturelle de son œil ? Marche des rayons lumineux. On négligera l'épaisseur de la lentille ainsi que la distance de son centre optique à la surface du miroir. Même problème en supposant une lentille plan-convexe de rayon R, d'indice n, étamée sur la surface plane. Application numérique : (Miroir plan) $f = 10$ cm. ; $\Delta = 20$ cm. (distance de la vision minima distincte).   (J. Anglas.)

20. Un récipient renferme de l'eau acidulée par l'acide sulfurique et du zinc. Il est muni d'une soupape de section S agissant sur un levier de longueur $\text{OP} = l$, à une distance $\text{OM} = d$ du point fixe O et chargé d'un poids P à son extrémité. V étant le volume du récipient plein d'air non occupé par le liquide à la température de 0°, on demande le poids de zinc attaqué au moment où la soupape se soulève. Application numérique : S $= 10$ cq. ; $l = 50$ cm. ; $d = 10$ cm. ; P $= 10$ kg. ; V $= 100$ litres ; Zn $= 33$.

Le Gérant : Dr H. LABONNE, licencié ès sciences.

Châteauroux. — Typ. et Stéréotyp. A. Majesté et L. Bouchardeau.

BULLETIN

DE

MATHÉMATIQUES ÉLÉMENTAIRES

CONCOURS GÉNÉRAL 1895 (1)

Mathématiques élémentaires.

On donne un cercle de centre O et deux points A et A' symétriques par rapport au point O et situés à l'intérieur du cercle ; par un point M du cercle on mène un segment de droite MB parallèle à OA égal et de même sens, soit B' le symétrique de B par rapport au point M, C le symétrique de B par rapport à la droite AM, C' le symétrique de B' par rapport à la droite A'M, I le point d'intersection des droites OM et AC, I' le point d'intersection des droites OM et A'C' : on demande quels sont les lieux décrits par les points C et C', I et I' quand le point M décrit le cercle de centre O.

Soient IT, I'T' les tangentes en I et I' aux lieux décrits par ces points, quels seront, dans les mêmes conditions, les lieux décrits par les points d'intersection de IT avec chacune des droites MC, MA, I'T'.

Lieux décrits par les points C et C'. — La figure OMBA étant un pallélogramme, puisque les droites MB et OA sont égales et parallèles,

$$AB = OM$$

Or OM est constant : dont le point B décrit une circonférence de centre A et de rayon égal à OM. C étant symétrique de B par rapport à AM, AC = AB = OM.

Le point C décrit la même circonférence que le point B.

De même, le point B' décrit, autour de A' comme centre, une circonférence de rayon égal à OM et le point C' décrit la même circonférence que le point B'.

Si l'on suppose que M tourne dans le sens indiqué par la flèche, les points B et B', C et C' tournent tous dans le même sens.

Lieux décrits par les points I et I'. — Les triangles CMA, BMA sont égaux comme symétriques ; les triangles OAM, BMA sont égaux comme moitiés d'un même parallélogramme. Donc les triangles CMA et OAM sont égaux. Par suite, le triangle IMA a deux angles égaux :

$$\widehat{IMA} = \widehat{IAM}$$

ce triangle est isocèle :

$$IM = IA$$

Donc $$OI + IA = OI + IM = OM$$

---

(1) Nous publierons successivement les copies couronnées (premiers prix) des divers concours de Mathématiques en 1895.

Donc le point I décrit une ellipse ayant pour foyers les points O et A et un grand axe égal à OM.

Le point I′ décrit une ellipse égale ayant pour foyer les points O et A′, symétrique de la première par rapport au point O.

Ces ellipses ont pour cercle directeur relatif au foyer O le cercle donné et pour second cercle directeur l'un des cercles décrits par C et C′.

Elles sont décrites par les points I, I′ dans le sens de la flèche. Les points I et I′

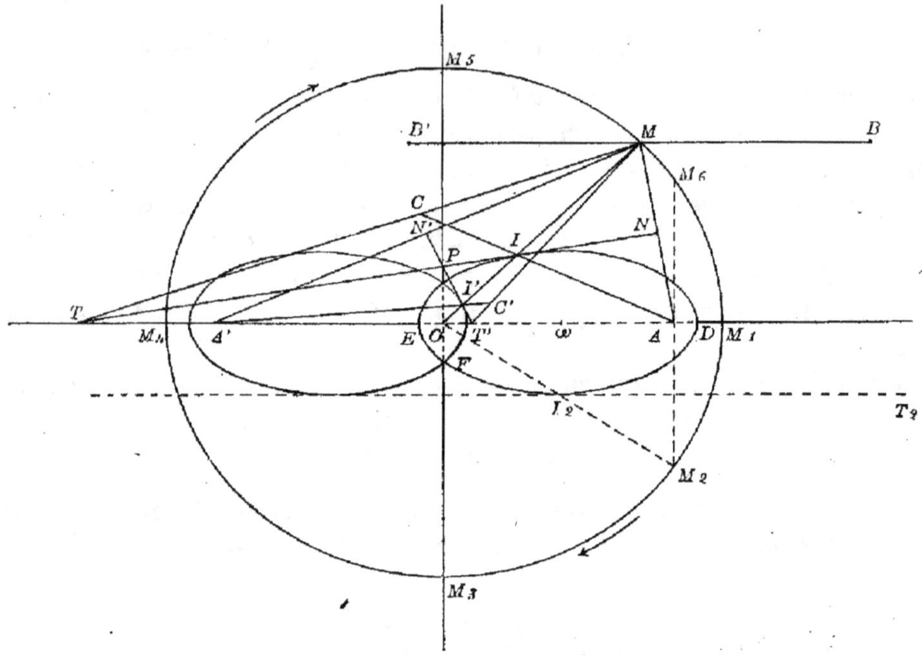

passent à la fois sur la droite AA′ prolongée, en même temps que les points M, B, C, B′ et C′.

Ce passage a lieu deux fois : 1° quand le point M est l'extrémité du rayon passant par A ; 2° quand il est dans la position diamétralement opposée, c'est-à-dire à l'extrémité du rayon passant par A′.

Lieu du point d'intersection de IT avec MC. — Abaissons de I la perpendiculaire sur MA. Comme le triangle IMA est isocèle, ainsi qu'il est dit plus haut :

1° Cette perpendiculaire est la bissectrice de l'angle MIA, c'est-à-dire est la tangente IT à l'ellipse décrite par le point I.

2° Les droites IM et IA sont symétriques par rapport à cette perpendiculaire. Par suite les droites IC et IO le sont aussi, de même les droites OA et MC. Il s'en suit que MC, OA, IT concourent en un même point T.

Le lieu de ce point est donc sur la droite A′OA prolongée.

Le point I′ jouissant des mêmes propriétés que le point I, la tangente I′T″ rencontre MC′ sur la droite AOA′ prolongée.

Quand M est en M_1, B_1 et C_1 se confondent ; C_1M_1 et B_1M_1 se confondent avec AOA′ prolongée. Mais le point T est en D, milieu de AM_1. La tangente I_1T_1 est perpendiculaire en D à AM_1. Donc le point T_1 et le point I_1 se confondent avec le point D.

Quand M va de M_1 en M_2, T s'éloigne vers la droite. Lorsque AM est perpendiculaire à OA, c'est-à-dire lorsque M est venu en M_2, la tangente est parallèle à A′OA comme perpendiculaire à AM_2. Le point T_2 est l'infini. A ce moment I_2T_2 est aussi tangente à l'ellipse décrite par I′.

Quand M va de M_2 en M_3, le point T passe à gauche et vient de l'infini vers le point O.

Il continue à s'en rapprocher jusqu'au moment où M est en M_4 : dans cette position le point I_4 et le point T_4 se confondent en E, milieu de AM_4.

Lorsque M va de M_4 par M_5 jusqu'à M_6, le point T s'éloigne de E vers la gauche jusqu'à l'infini ; il passe alors à l'infini à droite, et, tandis que M décrit l'arc M_6M_1, revient jusqu'en D.

Son lieu est donc la portion de AA′ (prolongée) extérieure à l'ellipse décrit par le point I.

Lieu du point d'intersection de IT avec MA. — Dans le triangle isocèle IMA, la droite IT étant perpendiculaire à la base MA la coupe en son milieu N.

Le point N est donc homothétique de M, le point A étant pris pour centre d'homothétie et le rapport de similitude étant $\frac{1}{2}$.

Donc, le point N décrit une circonférence dont le centre est le milieu de OA et dont le rayon est égal à la moitié de OM.

Cette circonférence est intérieure à la circonférence O.

Le point N décrit cette circonférence dans le sens de la flèche et passe sur la droite A′A prolongée s'il le faut, en même temps que tous les points déjà signalés.

Cette circonférence est le cercle principal de l'ellipse décrite par le point I.

Le point I′ jouissant des mêmes propriétés, la tangente I′T′ rencontre MA′ en un point N′ dont le lieu est une circonférence ayant pour centre le milieu OA′ et un rayon égal à la moitié de OM.

Lieu du point d'intersection de IT avec I′T′. — Soit P le point dont nous cherchons le lieu. Le point P est sur la perpendiculaire IN au milieu de MA et sur la perpendiculaire IN′ au milieu de MA′. Or, tout d'abord, comme les droites AM, AM′ se coupent, les droites IN, I′N′ se coupent et le point P existe. Ensuite il est le centre du cercle circonscrit au triangle MAA′ et, comme tel, son lieu est sur la perpendiculaire à AA′ élevée en O milieu de cette droite.

Quand le point M est en M_1 le point P est à l'infini, car les deux tangentes IT, I′T′ sont perpendiculaires à OM. Quand M décrit la circonférence dans le sens de la flèche, le point P se rapproche de OM. Quand M vient en M_3, la figure est symétrique par rapport à OM_3, I et I′ se confondent en un point de OM_3, le point F, qui est par conséquent le point d'intersection des tangentes. Quand M se rappro-che de l'extrémité M_4 du rayon OA', le point P repasse par les mêmes positions, mais en sens inverse. Il est à l'infini lorsque M est en M_4. Quand M va de M_4 de M_5, P revient de l'infini du côté opposé vers le point O jusqu'au point symétrique de F par rapport à O, P s'éloigne ensuite de O tandis que M revient en M_4.

Le lieu du point P est donc la portion du diamètre perpendiculaire à AA' non comprise entre les points d'intersection des ellipses décrites par les points I et I'.

TREFCON (Premier Prix),
Élève du Lycée Buffon.

NOTA. — Nous croyons utile de reproduire aussi une autre copie, celle de M. Marix, qui n'a obtenu ni accessit, ni mention, pour donner à nos lecteurs une idée du niveau du con-cours.

1° Joignons AB, AC. Ces deux droites sont égales comme symétriques. Or, AB = OM.

Donc AC = OM. Le lieu du point C est donc une circonférence dont le centre est le point A et dont le rayon est celui du cercle donné.

2° On se rend compte aisément que le lieu du point C' est une circonférence sy-métrique à la précédente par rapport au point O.

3° Joignons MC. Les deux triangles MCI, OAI sont semblables comme des équiangles. Mais MC = MB = OA. Donc le rapport de similitude est 1 et AI = IM. Par suite OI + IA = OI + IM = R ; R étant le rayon du cercle O.

Le lieu du point I est donc une ellipse dont les foyers sont les points O et A et dont le grand axe est égal à R.

4° Le lieu de I' est une ellipse symétrique à la précédente par rapport au point O.

Pour OA = o, ces deux ellipses se réduisent à des cercles ; et, pour OA = R, elles se confondent avec les rayons OM_1, OM_4.

Le cercle donné est l'un des cercles directeurs de chacune de ces ellipses.

5° Soit K le point de rencontre des droites MC et AA' :

IM = IA à cause de l'égalité des triangles IMC et IAO ; MK = KA parce que le triangle AMK est isocèle. Donc la droite IK joignant deux points équidistants des points A et M est perpendiculaire au milieu de AM et, par suite, est la tangente IT à l'ellipse. Le lieu du point d'intersection des droites IT et MC (I'T' et MC') est donc la droite AA'. Cette droite tout entière fait partie du lieu, sauf la portion DE intérieure à l'ellipse, qu'on obtient en prenant $\omega D = \omega E = \dfrac{R}{2}$; ω étant le mi-lieu de OA.

6° Soit N le point d'intersection des droites IT et AM. La droite ωN est égale à la moitié de OM. Le lieu du point N est donc une circonférence décrite de ω

comme centre avec $\dfrac{R}{2}$ pour rayon, c'est-à-dire le cercle principal de l'ellipse, lieu du point I.

7° Soit P le point de rencontre des droites IT et I'T'. C'est le centre du cercle circonscrit au triangle MAA'. Le lieu du point R est donc la perpendiculaire au milieu de AA'.

A. Marix.

MÉTHODE
Pour ranger par ordre de grandeur les racines de deux équations du second degré.

Soient α, β les racines de $ax^2 + bx + c$ et α', β' celles de $a'x^2 + b'x + c'$.

Si ces quatre racines sont réelles, en supposant $\alpha < \beta$ et $\alpha' < \beta'$, six cas peuvent se présenter :

$$\text{I.} \qquad \alpha' < \alpha < \beta' < \beta$$
$$\text{II.} \qquad \alpha < \alpha' < \beta < \beta'$$
$$\text{III.} \qquad \alpha' < \beta' < \alpha < \beta$$
$$\text{IV.} \qquad \alpha < \beta < \alpha' < \beta'$$
$$\text{V.} \qquad \alpha' < \alpha < \beta < \beta'$$
$$\text{VI.} \qquad \alpha < \alpha' < \beta' < \beta'$$

Ce qui distingue les deux premiers cas des quatre autres, c'est que la **quantité**
$$(\alpha - \alpha')(\alpha - \beta')(\beta - \alpha')(\beta - \beta'),$$
que nous appellerons **R**, est négative dans les deux premiers cas, positive dans les quatre autres.

Ce qui distingue les cas III et IV des deux derniers, c'est que la quantité
$$(\alpha - \alpha')(\beta - \beta') + (\alpha - \beta')(\beta - \alpha'),$$
que nous appellerons **H**, est positive dans les cas III et IV, parce que ses deux termes sont évidemment positifs, tandis qu'elle est négative dans les deux derniers cas, car alors ses deux termes sont négatifs.

Enfin, pour distinguer le premier cas du second, le troisième du quatrième, le cinquième du sixième, il suffit de remarquer que la quantité
$$(\alpha + \beta) - (\alpha' + \beta')$$
est positive dans les cas I et III, négative dans les cas II et IV, et que la quantité
$$(\beta' - \alpha')^2 - (\beta - \alpha)^2$$
est positive dans le cinquième cas, négative dans le sixième.

Donc, pour classer nos quatre racines, il suffit de connaître le signe des quatre quantités :
$$\mathbf{R}, \quad \mathbf{H}, \quad (\alpha + \beta) - (\alpha' + \beta'), \quad (\beta' - \alpha')^2 - (\beta - \alpha)^2$$

Or on a immédiatement :
$$(\beta' - \alpha')^2 - (\beta - \alpha)^2 = \frac{b'^2 - 4a'c'}{a'^2} - \frac{b^2 - 4ac}{a^2}$$

$$= \frac{a^2 \left(b'^2 - 4a'c'\right) - a'^2 \left(b^2 - 4ac\right)}{a^2 a'^2}$$

$$(\alpha + \beta) - (\alpha' + \beta') = -\frac{b}{a} + \frac{b'}{a'} = \frac{ab' - ba'}{aa'}$$

$$\mathbf{H} = 2\alpha\beta + 2\alpha'\beta' - (\alpha + \beta)(\alpha' + \beta') = \frac{2c}{a} + \frac{2c'}{a'} - \frac{bb'}{aa'}$$

$$= \frac{2ac' + 2ca' - bb'}{aa'}$$

Enfin on calcule $\mathbf{R}$ au moyen de l'identité

$$a'x^2 + b'x + c' = a'(x - \alpha')(x - \beta'),$$

d'où

$$a'(\alpha - \alpha')(\alpha - \beta') = a'\alpha^2 + b'\alpha + c',$$
$$a'(\beta - \alpha')(\beta - \beta') = a'\beta^2 + b'\beta + c';$$

or l'identité :

$$a(a'x^2 + b'x + c') - a'(ax^2 + bx + c) = (ab' - ba')x + ac' - ca'$$

donne

$$a(a'\alpha^2 + b'\alpha + c') = (ab' - ba')\alpha + ac' - ca'$$
$$a(a'\beta^2 + b'\beta + c') = (ab' - ba')\beta + ac' - ca'$$

D'où, en multipliant membre à membre :

$$a^2 a'^2\,\mathbf{R} = (ac' - ca')^2 + (ab' - ba')^2\,\alpha\beta + (ac' - ca')(ab' - ba')(\alpha + \beta)$$

$$= (ac' - ca')^2 + (ab' - ba')^2\,\frac{c}{a} - (ab' - ba')(ac' - ca')\frac{b}{a}$$

En mettant $ab' - ba'$ en facteur dans les deux derniers groupes et simplifiant :

$$a^2 a'^2\,\mathbf{R} = (ac' - ca')^2 - (ab' - ba')(bc' - cb')$$

En résumé :

$$\mathbf{R} < 0 \begin{cases} \dfrac{ab' - ba'}{aa'} > 0 & \alpha' < \alpha < \beta' < \beta \\[2ex] \dfrac{ab' - ba'}{aa'} > 0 & \alpha < \alpha' < \beta < \beta' \end{cases}$$

$$\mathbf{R} > 0 \begin{cases} \mathbf{H} > 0 \begin{cases} \dfrac{ab' - ba'}{aa'} > 0 & \alpha' < \beta' < \alpha < \beta \\[2ex] \dfrac{ab' - ba'}{aa'} < 0 & \alpha < \beta < \alpha' < \beta' \end{cases} \\[4ex] \mathbf{H} < 0 \begin{cases} a^2(b'^2 - 4a'c') - a'^2(b^2 - 4ac) > 0 & \alpha' < \alpha < \beta < \beta' \\ a^2(b'^2 - 4a'c') - a'^2(b^2 - 4ac) < 0 & \alpha < \alpha' < \beta' < \beta \end{cases} \end{cases}$$

Cette méthode est due à $\mathbf{M.}$ Vitasse, professeur au lycée de Brest.

QUESTION DE GÉOMÉTRIE

On trouve dans tous les traités de géométrie et de trigonométrie l'énoncé suivant :

L'aire d'un triangle a pour mesure le produit du rayon du cercle circonscrit par le demi-périmètre du triangle obtenu en joignant les pieds des trois hauteurs.

Mais aucun auteur, à ma connaissance du moins, n'ayant fait la restriction :

Comment faut-il modifier cet énoncé, quand l'un des angles du premier triangle est obtus ?

Mon intention, dans la présente étude, est de combler cette lacune.

J'établirai d'abord le lemme suivant :

Lemme. — *Dans tout triangle, la perpendiculaire abaissée d'un sommet sur une antiparallèle au côté opposé passe par le centre du cercle circonscrit au triangle.*

Car, si B'C' est antiparallèle à BC par rapport à l'angle A, en menant la tangente AT, on a :

$$\widehat{AB'C'} = \widehat{ABC} = \widehat{CAT}$$

Donc B'C' est parallèle à la tangente AT et, par conséquent, perpendiculaire au rayon OA.

Corollaire. — *Les perpendiculaires abaissées des sommets d'un triangle sur les côtés du triangle obtenu en joignant les pieds des trois hauteurs concourent en un même point, qui est le centre du cercle circonscrit au premier triangle.*

Théorème. — *L'aire d'un triangle a pour mesure le produit du rayon du cercle circonscrit par le demi-périmètre du triangle obtenu en joignant les pieds des trois hauteurs.*

A', B', C' étant les pieds des trois hauteurs du triangle ABC dont je suppose d'abord les triangles aigus (fig. 1) ; si je joins le centre O (nécessairement alors intérieur au triangle ABC) de la circonférence circonscrite aux sommets A, B, C, A', B', C' ; d'après le corollaire qui précède, les droites OA et B'C', OB et C'A', OC et A'B' seront perpendiculaires et l'on aura, en désignant par R le rayon de la circonférence :

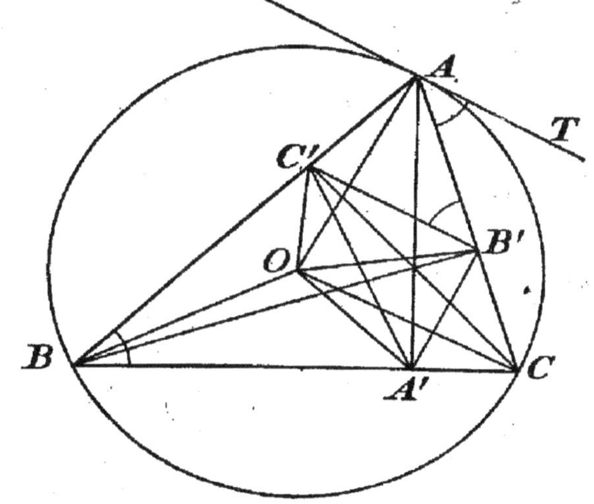

Fig. 1.

$$\text{Surf. } OAB' + \text{surf. } OAC' = R \times \frac{B'C'}{2}$$

$$\text{Surf. } OBC' + \text{surf. } OBA' = R \times \frac{C'A'}{2}$$

$$\text{Surf. } OCA' + \text{surf. } OCB' = R \times \frac{A'B'}{2}$$

Faisant la somme, membre à membre, on aura :

$$\text{Surf. } ABC = R \times \frac{B'C' + C'A' + A'B'}{2}$$

Désignant par $2p'$ le périmètre du triangle $A'B'C'$, on aura la formule
$$S = Rp'$$
dans le cas où les trois angles du triangle ABC sont aigus.

Je suppose maintenant l'angle A obtus (fig. 2) ; on aura alors :

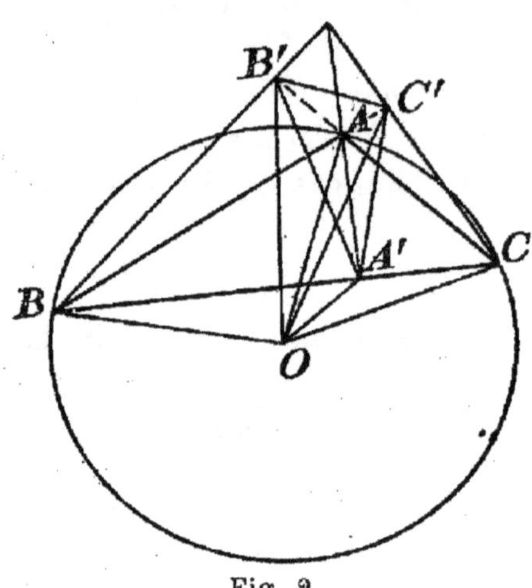

Fig. 2.

$$\text{Surf. } OAB' + \text{surf. } OAC' = R \times \frac{B'C'}{2}$$

$$\text{Surf. } OBC' - \text{surf. } OBA' = R \times \frac{C'A'}{2}$$

$$\text{Surf. } OCB' - \text{surf. } OCA' = R \times \frac{A'B'}{2}$$

Mais, dans ce cas :
$$\text{Surf. } ABC = \text{surf. } OAC + \text{surf. } OAB - \text{surf. } OBC$$

De plus :
$$\text{Surf. } OAC = \text{surf. } OCB' - \text{surf. } OAB'$$
$$\text{Surf. } OAB = \text{surf. } OBC' - \text{surf. } OAC'$$
$$\text{Surf. } OBC = \text{surf. } OBA' + \text{surf. } OCA'.$$

On aura donc :

$$\text{Surf. } ABC = \text{surf. } OCB' - \text{surf. } OAB' + \text{surf. } OBC' - \text{surf. } OAC' - \text{surf. } OBA' - \text{surf. } OCA'.$$

ou, en groupant dans un autre ordre :

$$\text{Surf. } ABC = (\text{surf. } OCB' - \text{surf. } OCA') + (\text{surf. } OBC' - \text{surf. } OBA') - (\text{surf. } OAB' + \text{surf. } OAC').$$

Donc

$$\text{Surf. } ABC = R \times \frac{A'B' + C'A' - B'C'}{2}$$

Par suite, si a', b', c' désignent les côtés du triangle $A'B'C'$, on aura, dans ce cas, pour l'aire S du triangle ABC, la formule
$$S = R(p' - a')$$
laquelle diffère entièrement de la précédente.

A. Causse,
Professeur au lycée de Brest.

NOUVELLE CONSTRUCTION DU RAYON RÉFRACTÉ

ÉTUDE GÉOMÉTRIQUE DU PRISME

(Suite.)

DÉVIATION A TRAVERS UNE SEULE SURFACE. — Les figures (2) et (3) montrent qu'on a, en désignant par d la déviation subie par un rayon incident SI :

$$d = i - \Upsilon = ICA$$

Supposons $n_1 < n_2$ et étudions la variation de d quand i varie de o à $\dfrac{\pi}{2}$.

Pour $i = o$ on a évidemment $d = o$; nous allons montrer que d croît avec i. En effet, dans le triangle IAC les deux côtés IC, AC gardent une longueur constante; l'angle d varie donc dans le même sens que le côté variable IA.

Abaissons du point C correspondant au rayon incident SI une perpendiculaire CD sur la normale en I à Σ (*fig.* 6). Le triangle rectangle DCA donne

$$\overline{AD}^2 = n_2^2 - \overline{DC}^2$$

et le triangle CID:

$$\overline{ID}^2 = n_1^2 - \overline{CD}^2$$

On en tire :

$$\overline{AD}^2 - \overline{ID}^2 = (AD - ID)(AD + ID) = n_2^2 - n_1^2$$

ou :

$$IA = \frac{n_2^2 - n_1^2}{AD + ID}$$

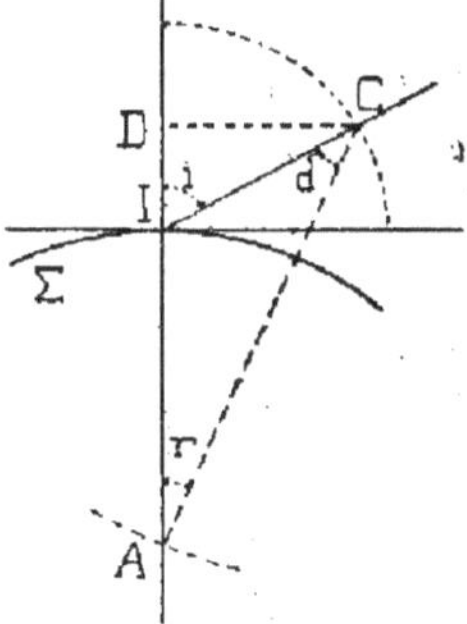

Fig. 6.

Le numérateur est constant; quant au dénominateur, son premier terme AD diminue quand i augmente ; car on a

$AD = \sqrt{n_2^2 - \overline{CD}^2}$; or CD augmente évidemment quand i croît ; son second terme ID décroît évidemment; donc il décroît; et par suite IA croît avec i; et d aussi.

Donc i variant de o à $\dfrac{\pi}{2}$, d croît de o à $\dfrac{\pi}{2} - \lambda$.

On discuterait d'une manière analogue la variation de d quand on a $n_1 > n_2$.

Autrement. — 1° $n_2 > n_1$ — Prolongeant CI jusqu'en son point de rencontre B (on est prié de faire la figure) avec le cercle de centre C et de rayon n_2, on voit aisément que les distances CI et IB et le rayon CB étant invariables, l'arc AB augmente en même temps que l'angle $\widehat{AIB} = i$ et que par suite l'angle au centre d augmente aussi.

2° $n_1 > n_2$ — Prolongeant CA jusqu'à sa rencontre en D avec le cercle du centre C et de rayon CI, on voit encore aisément que l'arc $\widehat{CD}$ augmente en même temps que Υ et par suite en même temps que i et que par suite il en est de même de l'angle au centre d [1].

(*A suivre.*)   G.-H. NIEWENGLOWSKI.

(1) Nous devons cette seconde exposition, très simple, à M. L. Gérard.

QUESTIONS RÉSOLUES

7. *Dans un triangle ABC en donne a, b et $c^2 + h_a^2 = m^2$; calculer c. Discuter.*

On a

$$b^2 = a^2 + c^2 - 2\,ac\,\cos B$$
$$h_a^2 = c^2 \sin^2 B,$$

d'où
$$m^2 = a^2 + c^2 - 2\,ac\,\cos B + c^2 \sin^2 B$$
$$(1 + \sin^2 B)\,c^2 - 2\,a\cos B\,c + (a^2 - m^2) = 0.$$

Il faut d'abord que c soit réel, ce qui donne la condition

$$\delta = a^2 \cos^2 B - (1 + \sin^2 B)\,(a^2 - m^2) \gtreqless 0$$
$$m^2 \geqq \frac{2\,a^2 \sin^2 B}{1 + \sin^2 B}$$

Il faut aussi que c soit positif : $f(o) = a^2 - m^2$, qui s'annule pour $m^2 = a^2$.

Il faut distinguer 2 cas suivant que B est aigu ou obtus.

$$\text{B} < 90°$$

m^2	δ	$\cos B$	$f(o)$	
$\dfrac{2\,a^2 \sin^2 B}{1 + \sin_2 B}$	o			
	$+$	$+$	$+$	$o < c' < c''$, 2 sol.
a^2	$-$	$-$	o	
	$+$	$+$	$-$	$c' < o < c''$, 1 sol.
$+ \infty$				

$$\text{B} > 90°$$

m^2	δ	$\cos B$	$f(o)$	
$\dfrac{2\,a^2 \sin_2 B}{1 + \sin^2 B}$	o			
	$+$	$-$	$+$	$c' < c'' < o$, 0 sol.
a^2	$-$	$-$	o	
	$+$	$-$	$-$	$c' < o < c''$, 1 sol.
$+ \infty$				

P. GILLET.

8. *Soient α et β les racines de l'équation.*

$$(ax + a')\,(cx + c') - (bx + b')^2 = 0,$$

démontrer que $(a\,\alpha + a')\,(a\,\beta + a')$ est du signe de $b^2 - ac$.

Cette expression peut s'écrire

$$a^2\,\alpha\,\beta + aa'\,(\alpha + \beta) + a'^2 \qquad\qquad (1)$$

Or l'équation développée devient

$$(ac - b^2)\,x^2 + (a'c + ac' - 2\,bb')\,x + (a'c' - b'^2) = 0$$

Il en résulte que $\quad \alpha\beta = \dfrac{a'c' - b'^2}{ac - b'^2}$ et $\alpha + \beta = -\dfrac{a'c + ac' - 2\,bb'}{ac - b^2}$.

En remplaçant dans l'expression (1) elle devient

$$a^2\,\frac{a'c' - b'^2}{ac - b^2} - aa'\,\frac{a'c + ac' - 2\,bb'}{ac - b^2} + a'^2.$$

ou

$$\frac{-(a^2 b'^2 - 2\,aba'b' + b^2 a'^2)}{ac - b^2},$$

ou encore

$$\frac{(ab' - ba')^2}{b^2 - ac},$$

ce qui montre qu'elle est du signe de $b^2 - ac$.

GILLET.

Autre solution : M. Singer.

9. — *On considère un demi-cercle de rayon R limité par un diamètre AB et une droite mobile CD égale à 3R dont le prolongement passe constamment par le point B et dont l'extrémité C décrit la demi-circonférence. Trouver le maximum de la distance de D au diamètre AB.*

Je désigne par x l'angle formé par CD avec le diamètre ; j'ai

$$\mathrm{DE} = \mathrm{BD}\sin x = (\mathrm{DC} + \mathrm{CB})\sin x = (3\mathrm{R} + 2\mathrm{R}\cos x)\sin x$$
$$= (3\mathrm{R} + 2\mathrm{R}\cos x)\sqrt{1 - \cos^2 x}.$$

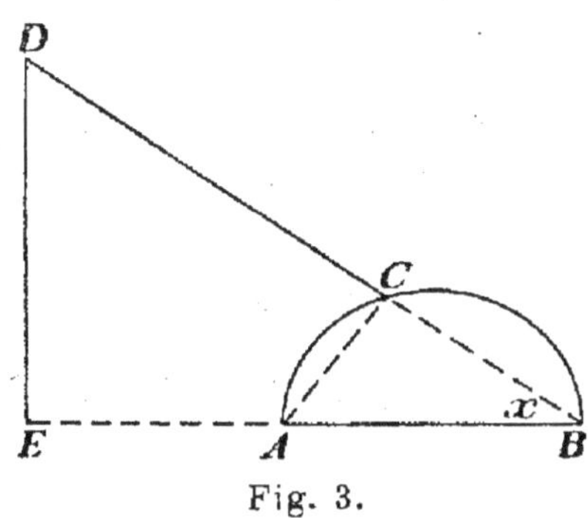

Fig. 3.

Cette expression est maximum en même temps que son carré

$$(3\mathrm{R} + 2\mathrm{R}\cos x)^2\,(1 + \cos x)\,(1 - \cos x),$$

ou en même temps que

$$(3\mathrm{R} + 2\mathrm{R}\cos x)^2\,(\alpha + \alpha\cos x)\,(\beta - \beta\cos x),$$

en désignant par α et β des indéterminées que nous choisissons de manière que la somme des trois quantités $3R + 2R\cos x$, $\alpha + \alpha\cos x$, $\beta - \beta\cos x$ soit indépendante de x ; il faut pour cela que l'on ait

$$(1)\quad \alpha - \beta + 2\mathrm{R} = o.$$

Le produit sera maximum lorsqu'on aura

$$\frac{3\mathrm{R} + 2\mathrm{R}\cos x}{2} = \frac{\alpha(1 + \cos x)}{1} = \frac{\beta(1 - \cos x)}{1};$$

d'où l'on tire

$$\alpha = \frac{\mathrm{R}(3 + 2\cos x)}{2(1 + \cos x)}, \quad \beta = \frac{\mathrm{R}(3 + 2\cos x)}{2(1 - \cos x)}.$$

En portant dans (1), il vient

$$(2)\quad 4\cos^2 x + 3\cos x - 2 = o.$$

En rejetant la racine négative, qui est plus petite que — 1, on trouve :

$$\cos x = \frac{\sqrt{41} - 3}{8} , \text{ d'où } x = 64° \, 49' \, 31''.$$

F. Hoh.

CONCOURS D'ADMISSION A L'ÉCOLE DE SAINT-CLOUD
1895
Sciences.

Mathémathiques. — I. **21.** On donne deux circonférences de rayons r et r'. On demande de calculer le rayon d'une circonférence tangente à la fois aux deux circonférences et à la droite qui joint leurs centres. Discussion en supposant $r > r'$ et $d \geq r + r'$. Cas particuliers où $r = o$ et où $r = r'$.

Solution géométrique. (On démontrera d'abord que, quand deux circonférences sont tangentes à une troisième, la droite qui joint les points de contact passe par un centre de similitude des deux circonférences.)

II. **22.** Chercher la nature des racines de l'équation
$$x^2 - 2 (m + 1) x + 2m^2 - 4m + 1 = o$$
quand m prend toutes les valeurs possibles.

Physique. — I. Exposer les principes sur lesquels repose le fonctionnement de l'hygromètre de condensation.

II. **23.** Un ballon en verre renferme à la température de 30 degrés centigrades de l'air à l'état hygrométrique 0,5 et à la pression de 765 millimètres. Il a, à cette température, une capacité intérieure égale à 3 litres. On le refroidit graduellement jusqu'à zéro. On demande le poids de vapeur d'eau qui se condensera et la pression finale à l'intérieur du ballon.

La tension maximum de la vapeur d'eau est à zéro de 4,5 millimètres, à trente degrés de 31,5 millimètres ; le coefficient de dilatation cubique du verre est 0,0000265, celui de l'air et de la vapeur d'eau 0,00367. Le poids du litre d'air sec à 0 degré et à 760 millimètres est 1 gr. 293 ; la densité de la vapeur d'eau, par rapport à l'air, est 0,622.

Chimie. — Soude artificielle.

Histoire naturelle. — 1° La tige des phanérogames ; 2° La digestion chez l'homme.

BACCALAURÉATS
(*Session de juillet* 1895.)
PARIS
1° ENSEIGNEMENT CLASSIQUE (2° PARTIE, 2° SÉRIE)
Lettres-Mathématiques.

Mathématiques. — I. *Problème obligatoire.* — Calculer les côtés b et c d'un triangle, connaissant son périmètre $2p$, sa surface S, et sachant que l'angle A est de 60 degrés.

II. *Trois questions à choisir.* — 1. Longitude et latitude d'un lieu. — 2. Ascension et déclinaison d'un astre. — 3. Mouvement apparent des planètes sur la sphère céleste.

Physique. — I. *Problème obligatoire.* — Une éprouvette contient un décigramme d'air sec à la pression extérieure, qui est équilibrée par 760 millimètres de mercure, et à la température extérieure, pour laquelle la pression maxima de la vapeur d'eau est 76 millimètres. On place cette éprouvette au-dessus d'une cuve à eau, de telle sorte que ses bords n'enfoncent dans l'eau que d'une quantité négligeable. Quand l'air sera arrivé à la saturation, quelles seront en grammes les masses d'air et de vapeur contenues dans l'éprouvette ?

Densité de la vapeur d'eau par rapport à l'air : $\dfrac{5}{8}$.

II. *Trois questions à choisir.* — 1. Balance. — Conditions de sensibilité. — Double pesée. — 2. Pendule. — Comment calcule-t-on la longueur du pendule simple à secondes ? — 3. Définitions de la masse, du poids spécifique, de la densité. — Relation entre les forces, les masses et les accélérations. — Vérification expérimentale.

(8 juillet 1895.)

Mathématiques. — **24.** *Problème obligatoire.* — Etant donnée une progression géométrique de raison x, on considère trois termes consécutifs de cette progression. On fait d'abord leur somme ; puis de cette somme on retranche le terme du milieu. Étudier la variation du rapport de la première expression à la seconde quand x varie.

II. *Trois questions à choisir.* — 1. Composition et décomposition des couples. — 2. Centre de gravité de la pyramide. — 3. Equilibre d'un corps placé sur un plan incliné.

Physique. — I. *Problème obligatoire.* **25.** Un aréomètre à graduation uniforme (genre Baumé) marque 0 degré dans l'eau pure à 0 degré, 40 degrés dans un certain liquide de densité 1,52 à la même température. A quelle division affleurera-t-il dans ce dernier liquide à la température de 60 degrés ?

Le coefficient de dilatation cubique du verre est 0,000026, celui du liquide 0,000836.

On néglige les effets capillaires, et l'on admet que la densité de l'eau à 0 degré ne diffère pas sensiblement de 1.

II. *Trois questions à choisir.* — 1. Spectre solaire. Spectres des différentes sources lumineuses. — 2. Chaleur rayonnante. — Émission, réflexion, transmission et absorption. — 3. Principes de la photométrie. — On donnera un exemple de comparaison de deux sources lumineuses, au moyen d'un photomètre seulement.

(15 juillet 1895.)

2° ENSEIGNEMENT MODERNE
Lettres-Sciences.

Mathématiques. — I. *Problème obligatoire.* — Suivre les variations de la fonction

$$\frac{15x^2 + 13x - 20}{8x^2 + 10x - 7}$$

quand x croît de $-\infty$ à $+\infty$ et représenter par une ligne la marche de cette fonction. Mener la tangente à cette ligne au point dont les coordonnées sont $a = -\frac{4}{5}$ et $y = o$.

II. *Trois questions à choisir.* — 1° Connaissant tg $\frac{1}{2}\,a$, calculer les lignes trigonométriques de l'arc a. — 2° Indiquer comment on peut exécuter le lever du plan d'un terrain au moyen du cercle ou du graphomètre. Faire connaître les différentes méthodes habituellement employées. — 3° Expliquer l'inégalité des jours et des nuits pour un lieu de la zone tempérée septentrionale aux différentes époques de l'année.

Physique. — I. *Problème obligatoire.* — Une pompe a un tuyau d'aspiration dont la hauteur est de 6 mètres et la section de 8 centimètres carrés. La section du piston de la pompe est de 80 centimètres carrés. La course du piston est de 50 centimètres et la pression initiale de l'air dans le tuyau d'aspiration est équilibrée par 10 *mètres d'eau*. A quelle hauteur s'élève l'eau dans le tuyau d'aspiration après le premier coup de piston ?

II. *Trois questions à choisir.* — I. Manomètres. — II. Machine pneumatique. — III. Siphon.

(Juillet 1895.)

POITIERS

Baccalauréat classique (2e part., 2e sér.) et moderne (2e part., 3e sér.).

Mathématiques. — I. Résolution et discussion d'un système de deux équations du premier degré à deux inconnues. — II. Etablir la formule des annuités. — III. Etant donnée l'équation bicarrée $(4x^2 + 3)^2 - 4m^2(x^2 + 1)(x^2 + 2) = o$, où m^2 désigne un nombre positif quelconque, trouver les conditions de réalité des racines.

Problème. **26.** Un tronc de cône dont le côté ou l'apothème est $2c$ est circonscrit à une sphère de rayon a; on lui circonscrit une sphère dont on calculera le rayon. Quelle doit être la valeur de c pour que la surface totale du tronc de cône soit moyenne arithmétique entre les surfaces des deux sphères ? (Le problème serait-il possible si l'on prenait la moyenne géométrique ? [Facultatif.]

Physique. — 1. Intervalles musicaux. — Comment, par leur connaissance et l'emploi d'un diapason connu, peut-on déterminer la hauteur d'un son ? — II. Lois des vibrations transversales des cordes. — Leur vérification expérimentale. — III. Harmoniques d'un son. — Quels moyens a-t-on de les produire ? — Quelle est la qualité musicale qu'ils modifient, et comment ?

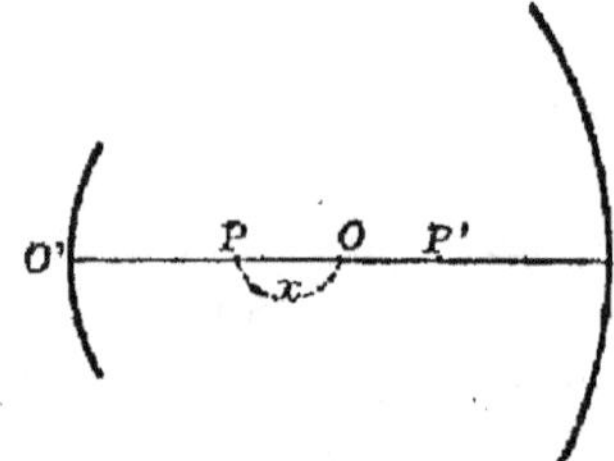

Problème. **27.** Un miroir concave M de rayon R est situé en face d'un autre miroir concave M' de rayon double et dont le centre est en O' sur le premier miroir. A quelle distance x du centre O du miroir M faut-il placer un point lumineux P pour que ses rayons réfléchis d'abord sur M puis sur M' viennent converger soit au point P lui-même, soit en son symétrique P' par rapport à O?

Nota. — Les questions marquées I, II, III sont au choix. Écrire les Mathématiques et la Physique sur copies distinctes.

Baccalauréat moderne (2e partie, 2e série).

Mathématiques. — I. Projection stéréographique. — II. Section d'une sphère par un plan. (La sphère repose sur le plan horizontal et touche le plan vertical ; le plan sécant a ses traces inclinées de 45° sur la ligne de terre et passant par les projections du centre.) — III. Ombre d'un cône droit éclairé par des rayons parallèles horizontaux et inclinés de 45° sur le plan vertical.

Problème. — Construire et discuter l'équation

$$y = \frac{x^2 - x - 4}{x - 1}$$

Physique. — I. Lois de Faraday relatives à l'électrolyse. — Application à la mesure de l'intensité d'un courant. — II. Effets calorifiques des courants. — Loi de Joule. — Eclairage électrique. — III. Unités pratiques d'intensités, de résistance et de force électromotrice.

Problème. **28.** Une sphère de plomb, non élastique, dont la température initiale est 20°, tombe librement d'une hauteur de 100^m sur un plan parfaitement résistant. On suppose toute l'énergie perdue transformée en chaleur absorbée par la sphère, et on demande :

1° La température de la sphère aussitôt après le choc ;

2° Quelle vitesse il faudrait lui imprimer au départ, de haut en bas, pour porter le métal à sa température de fusion.

Chaleur spécifique du plomb... C = 0,0315 — température de fusion T = 335° — Equivalent mécanique de la chaleur E = 425. — Intensité de la pesanteur $g = 9^m, 80$.

BIBLIOGRAPHIE

J. JOUBERT, inspecteur général. — *Traité élémentaire d'Electricité*, 3e édition, revue et augmentée. Paris, G. Masson, éditeur.

La rapidité avec laquelle se sont succédé les trois éditions successives de cet ouvrage montre quel accueil bienveillant lui a fait le public scientifique. La théorie de l'électricité est exposée avec simplicité et complètement en dehors de toute hypothèse ; l'auteur a tenu, avec raison, à se tenir strictement sur le terrain des faits. Parmi les chapitres qui ont reçu les modifications les plus importantes dans cette troisième édition, nous citerons particulièrement ceux relatifs aux *Diélectriques*, au *Magnétisme* et à l'*Electromagnétisme*, aux *Courants alternatifs* et aux *Oscillations électriques*.

A. ANGOT. *Les Aurores polaires*, un vol. de la Bibliothèque scientifique internationale, publiée sous la direction de M. *Alglave*.

Cet intéressant ouvrage est l'un des plus complets qui aient paru sur les Aurores polaires. Dû à la plume autorisée d'un météorologiste bien connu, il renferme toutes les observations connues, accompagnées de nombreuses planches qui reproduisent fidèlement, d'après les documents originaux, les principales apparences de l'aurore polaire. Un catalogue de toutes les aurores boréales observées depuis 1700 jusqu'en 1890 complète très heureusement ce volume.

A. JACCARD. *Le Pétrole*, l'*Asphalte* et le *Bitume*, un vol. de la Bibliothèque scientifique internationale.

M. A. Jaccard expose dans ce volume les nombreuses recherches qu'il a faites relativement à l'origine et au mode de formation de ces substances qu'on désigne sous le nom général d'hydrocarbures et dont les applications sont actuellement si nombreuses et si variées.

QUESTIONS PROPOSÉES

29. On donne une circonférence O et un diamètre AB ; puis, sur OA, un point D à une distance d du centre. On demande de mener par ce point une corde MN qui soit vue sous un angle droit du milieu du rayon OB.

G.-H. N.

30. On donne un angle droit XOY et deux cercles concentriques de centre O. On mène au cercle intérieur une tangente variable AB et, des points A, B où elle rencontre OX, OY, les tangentes AC et BD au cercle extérieur. Trouver le maximum de l'angle ACB.

Même question dans le cas où l'angle XOY est quelconque.

G.-H. N.

31. Ranger par ordre de grandeur les racines des deux équations :
$$(a^2 + 3 - x)\,x - b = o,$$
$$x^2 + (a^2 + 3)\,x + b = o,$$
selon les différentes valeurs attribuées à a^2 et à b.

32. On pose :
$$\alpha = x + y \cos c + z \cos b,$$
$$\beta = x \cos c + y + z \cos a,$$
$$\gamma = x \cos b + y \cos a + z ;$$
et on demande de trouver les valeurs de x, y, z qui vérifient le système.
$$\left\{ \begin{aligned} \beta^2 + \gamma^2 - 2\beta\gamma \cos a &= \sin^2 a, \\ \gamma^2 + \alpha^2 - 2\gamma\alpha \cos b &= \sin^2 b, \\ \alpha^2 + \beta^2 - 2\alpha\beta \cos c &= \sin^2 c ; \end{aligned} \right.$$
et de calculer les valeurs correspondantes de α, β, γ.

33. Soit ABCD un quadrilatère inscrit dans un demi-cercle de diamètre AD ; trouver la relation qui doit exister entre les angles BAD $= \beta$ et CAD $= \gamma$ pour qu'on puisse trouver sur AD un point équidistant des trois côtés AB, BC, CD. En déduire que AB + CD = AD.

34. Etant donné un angle XOY, si on mène par un point fixe P une droite variable rencontrant OX en A, OY en B, et qu'on prenne sur OX un point A', sur OY un point B' tels que OA' $= m$ OA, OB' $=$ n OB (m et n désignant des nombres constants), la droite A'B' passe par un point fixe.

35. Soient OX, OY les bissectrices intérieure et extérieure de l'angle O d'un triangle POQ. Démontrer que la droite qui joint les milieux des segments interceptés par OX et OY sur les deux droites variables menées l'une par P, l'autre par Q et également inclinées sur OX passe par un point fixe situé sur la tangente en O au cercle circonscrit au triangle POQ.

36. En désignant par f et f' les deux trinômes $ax^2 + 2bx + c$ et $a'x^2 + 2b'x + c$, montrer que l'expression
$$\varphi = (b^2 - ac)\,f'^2 + (ac' + ca' - 2bb')\,ff' + (b'^2 - a'c')\,f^2$$
est carré parfait.

Le Gérant : Dr H. LABONNE, licencié ès sciences.

Châteauroux. — Typ. et Stéréotyp. A. MAJESTÉ et L. BOUCHARDEAU.

BULLETIN

DE

MATHÉMATIQUES ÉLÉMENTAIRES

CONCOURS GÉNÉRAL 1895 (1)

Seconde moderne.

I. *Étant donné une demi-circonférence de diamètre AOB et un point M sur cette demi-circonférence, déterminer l'angle α que doit faire MA avec la droite AOB pour que, si on fait tourner la figure autour de AOB, la somme des volumes engendrés par les segments que sous tendent les cordes AM et BM soit dans un rapport donné m avec le volume engendré par le triangle AMB : Déterminer l'angle α par une de ses lignes trigonométriques.*

On a

$$\frac{V(APM) + V(BQM)}{V(AMB)} = m.$$

Ajoutons 1 aux deux membres, il vient

$$\frac{V(APM) + V(BQM) + V(AMB)}{V(AMB)} = m + 1.$$

Or le numérateur du premier membre est égal à $\frac{4}{3}\pi R^3$, en posant $AO = R$, et

$$V(AMB) = \frac{1}{3}\pi \overline{MH}^2 AB ;$$

Or

$$MH = AM \sin \alpha = 2R \cos \alpha \sin \alpha = R \sin 2\alpha.$$

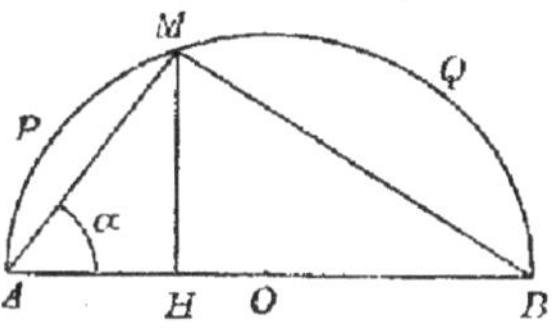

Donc

$$V(AMB) = \frac{1}{3}\pi R^2 \sin^2 2\alpha\, 2R ;$$

et, par suite,

$$\frac{\frac{4}{3}\pi R^3}{\frac{2}{3}\pi R^3 \sin^2 2\alpha} = m + 1,$$

d'où

$$\sin^2 2\alpha = \frac{2}{m+1} , \quad \text{ou} \quad \sin 2\alpha = \frac{\sqrt{2}}{\sqrt{m+1}},$$

car, l'angle 2α étant moindre que π, $\sin 2\alpha$ est positif.

(1) Nous publierons successivement les copies couronnées (premiers prix) des divers concours de Mathématiques en 1895.

On sait que $\sin 2\alpha = \dfrac{2\,\mathrm{tg}\,\alpha}{1 + \mathrm{tg}^2\,\alpha}$, donc

$$\frac{2\,\mathrm{tg}\,\alpha}{1 + \mathrm{tg}^2\,\alpha} = \frac{\sqrt{2}}{\sqrt{m + 1}}$$

ou

$$\mathrm{tg}^2\,\alpha\,\sqrt{2} - 2\,\mathrm{tg}\,\alpha\sqrt{m + 1} + \sqrt{2} = 0.$$

Discussion. — L'angle α est compris entre $0°$ et $90°$, donc $0 < \mathrm{tg}\,\alpha < +\infty$; une racine est acceptable quand elle est réelle et positive. Les racines sont réelles quand $m + 1 - 2 > 0$; quand cette condition est remplie, la quantité sous radical $m + 1$ est positive ; de plus les deux racines sont positives, car leur somme et leur produit le sont.

Donc il y a 2 solutions quand $m > 1$.

Le produit des racines est égal à 1 ; donc $\mathrm{tg}\,\alpha = \cot\alpha'$; donc les deux racines fournissent des angles complémentaires, ce que l'on pouvait prévoir *a priori*.

II. *Étant donné un point S de l'espace et un rectangle $ABCD$ dont le plan est P, on considère comme illimitées les droites qui joignent le point S aux 4 sommets A, B, C, D. La distance de S au plan P est h, les côtés du rectangle $ABCD$ sont a et b. On mène un plan Q parallèle au plan P et on considère la section qu'il détermine dans la pyramide formée ; dans cette section on inscrit un quadrilatère dont 3 côtés sont parallèles aux diagonales du rectangle $ABCD$. Par chacun des sommets de ce quadrilatère on mène des perpendiculaires au plan Q, limitées à leur intersection avec le plan P. On forme ainsi un prisme droit dont une base est dans le plan Q et l'autre dans le plan P :*

1° Déterminer la distance du point S au plan Q de manière que la somme des 12 arêtes de ce prisme soit égale à une longueur donnée $4m$. Discussion. Nombre de solutions. Cas d'impossibilité.

2° Parmi tous les prismes qui répondent à la question pour une même position du plan Q, quel est celui dont le volume est maximum ? Évaluer ce volume maximum en fonction de a, b, h et m.

Le plan Q peut occuper trois positions différentes par rapport au plan P et au point S : il peut être au-dessous du plan P ; entre S et P, au-dessus de S. Dans les 3 cas nous prenons comme inconnue la distance de S au plan Q.

La section faite par le plan Q dans la pyramide S, $A'B'C'D'$, est un polygone semblable au polygone de base ; $A'B'C'D'$ est donc un rectangle. Par hypothèse, dans le quadrilatère $MNOQ$, on a MN et OQ parallèles à AC, et NO parallèle à BD. Je dis que le quadrilatère $MNOQ$ est un parallélogramme ; nous savons que BD et $B'D'$ sont parallèles, comme intersections de 2 plans parallèles P et Q par un troisième, $D'SB'$; donc NO, parallèle à BD, est aussi parallèle à $B'D'$; de même MN et OQ sont parallèles à $A'C'$. Dans le triangle $A'D'C'$ on a $\dfrac{OQ}{A'C'} = \dfrac{D'O}{D'C'}$, et dans le triangle $A'B'C'$, $\dfrac{MN}{A'C'} = \dfrac{B'N}{B'C'}$; mais $\dfrac{D'O}{D'C'} = \dfrac{B'N}{B'C'}$ puisque $B'D'$ et NO sont paral-

lèles ; donc $\dfrac{OQ}{A'C'} = \dfrac{MN}{A'C'}$ et $OQ = MN$; donc $MNOQ$ est un parallélogramme. De la

proportion $\dfrac{MN}{A'C'} = \dfrac{B'N}{B'C'}$ on tire $MN = A'C'\dfrac{B'N}{B'C'}$; de même $ON = B'D'\dfrac{NC'}{B'C'}$; or

$A'C' = B'D'$ comme diagonales d'un rectangle ; donc

$$MN + ON = A'C'\frac{B'N + NC'}{B'C'} = A'C';$$

donc le périmètre de la base du prisme est $2\,A'C'$. Evaluons $A'C'$ en fonction de

h, a, b et x. On a $\dfrac{A'C'}{AC} = \dfrac{x}{h}$; mais $AC = \sqrt{a^2 + b^2}$ donc $A'C' = \dfrac{x\sqrt{a^2 + b^2}}{h}$; le pé-

rimètre de base est donc $\dfrac{2\,x\sqrt{a^2 + b^2}}{h}$.

1er cas. Le plan Q est au-dessous du plan P. Les arêtes latérales ont pour
longueur $x - h$; donc

$$\frac{4\,x}{h}\sqrt{a^2 + b^2} + 4\,(x - h) = 4\,m, \text{ d'où } x = \frac{h\,(m + h)}{h + \sqrt{a^2 + b^2}}.$$

2e cas. Le plan Q est entre S et P. Les arêtes latérales ont pour longueur $h - x$;
donc

$$\frac{4\,x}{h}\sqrt{a^2 + b^2} + 4\,(h - x) = 4\,m, \qquad x = \frac{h\,(m - h)}{-\,h + \sqrt{a^2 + b^2}}$$

3e cas. Le plan Q est au-dessus de
S. Les arêtes latérales sont égales à
$x + h$; donc

$$\frac{4\,x}{h}\sqrt{a^2 + b^2} + 4\,(x + h) = 4\,m,$$

$$x = \frac{h\,(m - h)}{h + \sqrt{a^2 + b^2}}$$

Discussion. — Une valeur de x est
acceptable quand elle est réelle et positive ; pour le troisième cas, ces deux
conditions suffisent, pour le premier il
faut aussi $x > h$, et pour le deuxième
$x < h$.

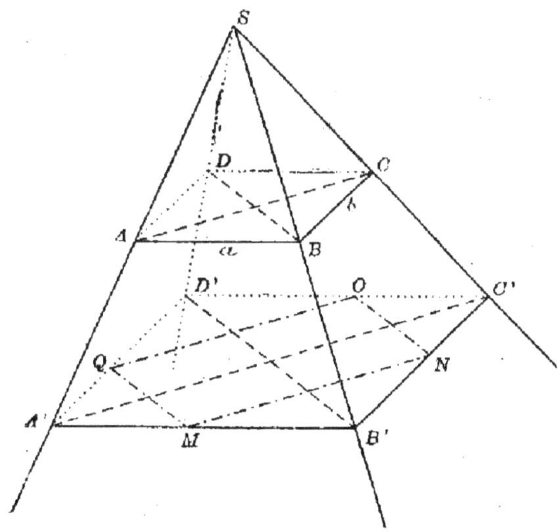

1er cas. $x = \dfrac{h\,(m + h)}{h + \sqrt{a^2 + b^2}}$; cette valeur est toujours réelle et positive.

Il reste la condition $\dfrac{h\,(m+h)}{h+\sqrt{a^2+b^2}} > h$, ou $m > \sqrt{a^2+b^2}$.

2$_e$ cas. $x = \dfrac{h\,(m-h)}{-h+\sqrt{a^2+b^2}}$. Cette valeur est toujours réelle ; elle est positive quand ses 2 termes sont de même signe. Donc quand $m > h$, il faut $\sqrt{a^2+b^3} > h$; et si $m < h$, il faut $\sqrt{a^2+b^2} < h$.

De plus, il faut que $x < h$. Trois cas peuvent se présenter :

1° Le dénominateur $-h+\sqrt{a^2+b^2}$ est positif ; dans ce cas il faut que $m < \sqrt{a^2+b^2}$;

2° $\sqrt{a^2+b^2}-h = o$; la valeur de x se présente sous la forme $\dfrac{h\,(m-h)}{o}$; si le numérateur est une quantité quelconque, positive ou négative, le problème ne comporte aucune solution ; si le numérateur est nul, c'est-à-dire si $m = h = \sqrt{a^2+b^2}$, x peut prendre toutes les valeurs possibles entre o et h ;

3° $\sqrt{a^2+b^2} < h$; dans ce cas, il faut que $m > \sqrt{u^2+b^2}$.

En résumé, si $\sqrt{a^2+b^2} < h$, il faut $\sqrt{a^2+b^2} < m < h$;
$\qquad\qquad$ si $\sqrt{a^2+b^2} = h$, il faut $m = h = \sqrt{a^2+b^2}$,
$\qquad\qquad$ si $\sqrt{a^2+b^2} > h$, il faut $h < m < \sqrt{a^2+b^2}$.

3$_e$ Cas. $x = \dfrac{h\,(m-h)}{h+\sqrt{a^2+b^2}}$ La valeur de x est réelle, elle est positive si $m > h$; c'est la seule condition.

Résumé.

$\sqrt{a^2+h^2} < h$
$\begin{cases}
o < m < \sqrt{a^2+b^2} \quad \text{0 sol.}\\
m = \sqrt{a^2+b^2} \quad \text{1 sol. : } x = h\\
\sqrt{a^2+b^2} < m < h, \quad \text{2 sol. : une entre S et P, l'autre au-dessous de P.}\\
m = h \quad \text{2 sol. : une au-dessous de P, une autre pour laquelle } x = o.\\
m > h \quad \text{2 sol. : une au-dessus de S, l'autre au-dessous de P.}
\end{cases}$

$\sqrt{a^2+b^2} = h$
$\begin{cases}
m = h = \sqrt{a^2+b^2} \quad \text{une infinité de solutions entre S et P.}\\
m < h \quad \text{0 sol.}\\
m > h \quad \text{2 sol. : une au-dessus de S, l'autre au-dessous de P.}
\end{cases}$

$\sqrt{a^2+b^2} > h$
$\begin{cases}
o < m < h \quad \text{0 sol.}\\
m = h \quad \text{1 sol. : } x = o.\\
h < m < \sqrt{a^2+b^2} \quad \text{2 sol. : une entre S et P et une au-dessus de S.}\\
m = \sqrt{a^2+b^2} \quad \text{2 sol. : une au-dessus de S, une autre pour laquelle } x = h.\\
m > \sqrt{a^2+b^2} \quad \text{2 sol. : une au-dessus de S, une au-dessous de P.}
\end{cases}$

Volume maximum. — Le périmètre de la base du prisme, $\dfrac{2\,x}{h}\sqrt{a^2+b^2}$, ne dépend pas du parallélogramme MNOQ, donc pour une même position de Q, il y a une infinité de prismes qui répondent à la question. Or ils ont tous même hauteur, donc le prisme dont le volume est maximum est celui dont la base est maxima.

Considérons un rectangle ABCD, dans lequel on inscrit des parallélogrammes tels que EFGH, dont les côtés sont parallèles à BD et AC. Comme ABCD = EFGH + 2 (AEH + EDF) ; le rectangle ABCD étant fixe, le maximum de EFGH se produira quand (AEH + EDF) sera minimum. Or

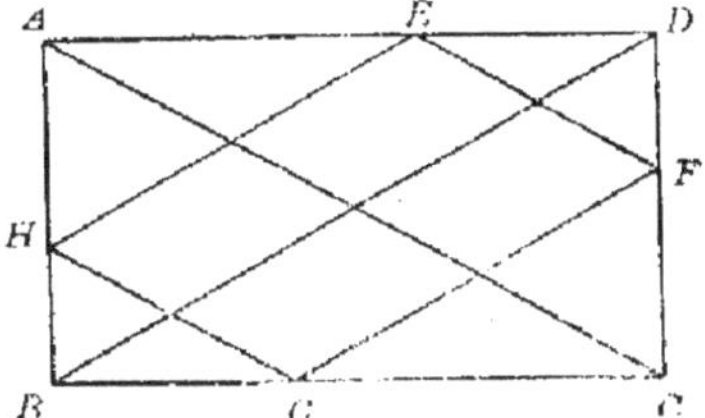

$$\text{AEH} = \text{ABD} \times \frac{\overline{\text{AE}^2}}{\overline{\text{AD}^2}}, \quad \text{EDF} = \text{ACD} \times \frac{\overline{\text{DE}^2}}{\overline{\text{AD}^2}} ;$$

mais ABD = ACD ; donc

$$\text{AEH} + \text{EDF} = \text{ABD} \times \frac{\overline{\text{AE}^2}+\overline{\text{DE}^2}}{\overline{\text{AD}^2}}.$$

Le facteur $\dfrac{\text{ABD}}{\overline{\text{AD}^2}}$ étant constant, AEH + EDF est minimum en même temps que $\overline{\text{AE}^2}+\overline{\text{DE}^2}$; or DE + EA = constante = AD ; la somme de leurs carrés est minimum quand DE = EA = $\dfrac{\text{AD}}{2}$; donc le parallélogramme EFGH est maximum quand ses sommets sont situés aux milieux des côtés du rectangle ABCD ; sa surface est alors $\dfrac{\text{AB} \times \text{CD}}{2}$.

Lorsque le rectangle ABCD est une section de la pyramide que nous avons considéré dans le problème, ses côtés sont $\dfrac{ax}{h}$ et $\dfrac{bx}{h}$; et la surface du parallélogramme maximum est $\dfrac{abx^2}{2h^2}$. Remplaçons x par sa valeur.

1er cas. $x = \dfrac{h\,(m+h)}{+\,h+\sqrt{a^2+b^2}}$; la hauteur étant $x-h$, le volume maximum est

$$\text{V} = \frac{abh}{2} \cdot \frac{(m-\sqrt{a^2+b^2})\,(m+h)^2}{(h+\sqrt{a^2+b^2})^3}.$$

2e cas. $x = \dfrac{h\,(m-h)}{-\,h+\sqrt{a^2+b^2}}$; la hauteur est $(h-x)$:

$$\text{V} = \frac{abh}{2} \cdot \frac{(\sqrt{a^2+b^2}-m)\,(m-h)^2}{(-h+\sqrt{a^2+b^2})^3}$$

3° cas. $\quad x = \dfrac{h\,(m-h)}{h + \sqrt{a^2+b^2}}$; la hauteur étant $h + x$,

$$\mathbf{V} = \frac{abh}{2}\,\frac{(m-h)^2\,(m + \sqrt{a^2+b^2})}{(h + \sqrt{a^2+b^2})^3}$$

Construction de x. — Il suffit de la faire pour un cas, le premier par exemple.

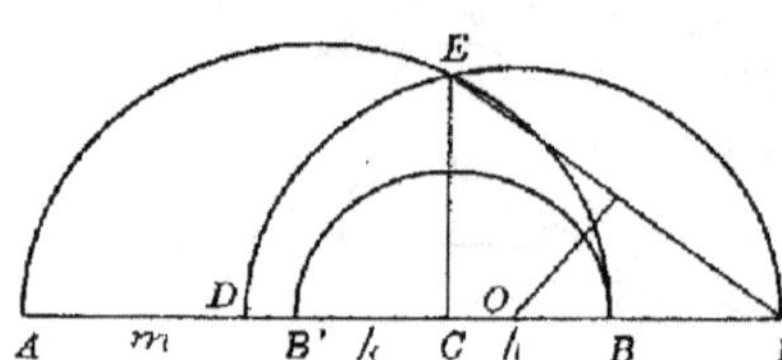

Sur une droite indéfinie, portons une longueur BC $=h$, puis CB$'$ = BC et AB$'$ $=m$; sur AB comme diamètre, décrivons une circonférence qui rencontre en E la perpendiculaire à AB menée par C ; portons BF $= \sqrt{a^2 + b^2}$, puis menons par le milieu de EF une perpendiculaire à EF ; elle coupe AF en O ; de O comme centre, avec OF comme rayon, décrivons une demi-circonférence qui coupe AB en D ; on a CD $= x$; en effet AC $\times$ CB $=$ EC$^2 =$ CF.CD ; donc

$$\text{CD} = \frac{\text{AC.CB}}{\text{CF}} = \frac{(m+h)\,h}{h + \sqrt{a^2+b^2}}$$

Macaux (1er Prix),
Élève du collège Chaptal.

Troisième moderne.

I. *On donne 2 triangles ABC, A'B'C' tels que A'B' soit perpendiculaire sur AC et A'C' perpendiculaire sur AB. Du point A on abaisse la perpendiculaire sur B'C' qui rencontre BC en D ; et du point A' on abaisse la perpendiculaire sur BC , qui rencontre B'C' en D'. Comparer les rapports $\dfrac{BD}{DC}$ et $\dfrac{B'D'}{D'C'}$.*

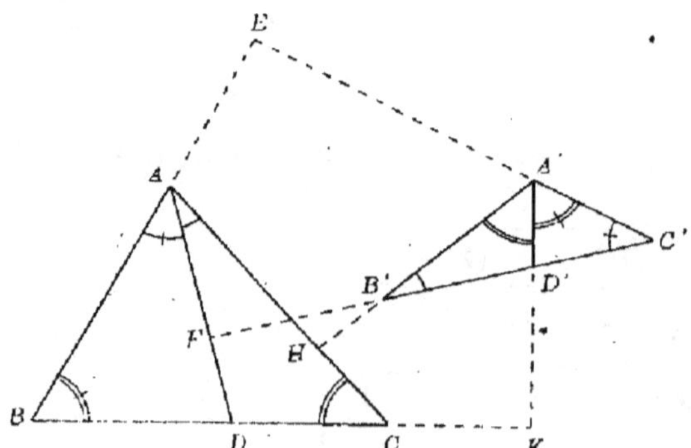

Premier cas. — $\widehat{BAC} + \widehat{B'A'C'} = 2$ dr. (*fig.* 1).

Les angles en F et H étant droits, le quadrilatère AFHB' est inscriptible, d'où $\widehat{FAH} = \widehat{FB'H} = \widehat{A'B'D'}$.

De même $\widehat{ACD} = \widehat{B'A'D'}$ comme supplémentaires d'un même angle HCK.

Les deux triangles ACD et B'A'D' sont donc semblables comme ayant deux angles égaux chacun à chacun. D'où :

$$\frac{DC}{A'D'} = \frac{AD}{B'D'} \quad \text{ou: } AD \times A'D' = DC \times B'D' \qquad (1)$$

Le quadrilatère inscriptible AEC'F nous donne :

$$\widehat{A'C'D'} = 2 \text{ dr.} - \widehat{EAF} = \widehat{BAD}$$

et le quadrilatère inscriptible BEA'K nous donne :

$$\widehat{ABC} = 2 \text{ dr} - \widehat{EA'K} = \widehat{D'A'C'}$$

Les deux triangles BAD et D'A'C' sont donc semblables. D'où :

$$\frac{BD}{A'D'} = \frac{AD}{D'C'} \text{ ou AD. A'D'} = BD. \ D'C' \qquad (2)$$

Les égalités (1) et (2) nous donnent :

$$DC.B'D' = BD.D'C'$$

ou

$$\frac{BD}{DC} = \frac{B'D'}{D'C'}$$

Dans ce cas, les deux segments BD, DC et les deux segments B'D', D'C' sont additifs.

Deuxième cas[1]. — $\widehat{BAC} = \widehat{B'A'C'}$ (*fig.* 2).

Les quadrilatères AFB'H et A'HCK étant inscriptibles nous donnent les égalités :

$$\widehat{DAC} = \widehat{A'B'D'}, \quad \widehat{ACD} = \widehat{B'A'D'}$$

Les deux triangles CAD et B'A'D' sont donc semblables ; d'où :

$$\frac{DC}{A'D'} = \frac{AD}{B'D'} \text{ ou AD.A'D'} = DC.B'D' \quad (1)$$

De même, les quadrilatères inscriptibles BEA'K et AEC'F nous donnent les égalités :

$$\widehat{DBA} = \widehat{C'A'D'}, \quad \widehat{DAB} = \widehat{B'C'A'}$$

Les deux triangles ABD et C'A'D' sont donc semblables,

d'où

$$\frac{BD}{A'D'} = \frac{AD}{C'D'} \text{ ou } AD.A'D' = BD.C'D' \quad (2).$$

En comparant les égalités (1) et (2), on voit que

$$DC. \ B'D' = BD. \ C'D' \text{ ou } \frac{DB}{DC} = \frac{D'B'}{D'C'}.$$

Les segments DB et DC, D'B' et D'C' sont alors soustractifs.

II. *On donne deux cercles O et O' et deux points fixes A et B. Peut-on tracer un cercle tel que la corde commune à ce cercle et au cercle O passe par A et que la corde commune à ce même cercle et au cercle O' passe par B ? Montrer qu'il y en a une infinité. Lieu de leur centre (fig. 3).*

1. Dans les deux cas, les triangles CAD, A'B'D' sont semblables, ainsi que ABD et C'A'D', comme ayant leurs côtés perpendiculaires. L. G.

Menons du point A une sécante quelconque AFG au cercle O. Il faut démontrer que par les points F et G on peut faire passer un cercle tel que la corde commune à ce cercle et au cercle O′ passe par B. Faisons passer par ces deux points

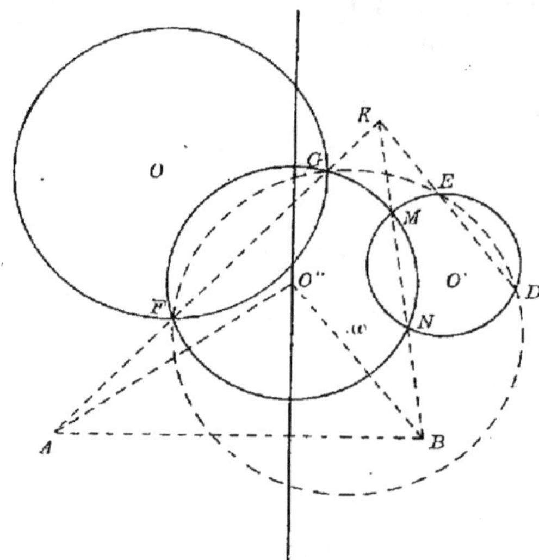

une circonférence quelconque ω qui coupe la circonférence O′ aux points E et D. Joignons DE et prolongeons jusqu'à la rencontre avec FG en K. Menons KB, qui coupe la circonférence O′ en M et N. Le quadrilatère FGMN est inscriptible, car on a :

$$KG.KF = KE.KD = KM.KM.$$

Le cercle O″ circonscrit à ce quadrilatère est le cercle demandé.

Il y a donc une infinité de ces cercles, car à chaque position de la sécante AFG, correspond un nouveau cercle qui coupe la circonférence O en deux nouveaux points.

De plus, il y a une infinité de centres, car chaque point O″ se trouve sur droite OO″ partant du point O et différemment orientée pour chaque position de la sécante AG, à laquelle elle est perpendiculaire.

Joignons AO″, BO″. Soit R le rayon du cercle O″ :

$$AF.AG = C^{te} = \overline{AO''}^2 - R^2$$

$$BN.BM = C^{te} = \overline{BO''}^2 - R^2$$

D'où
$$AF.AG - BN.BM = C^{te} = \overline{AO''}^2 - \overline{BO''}^2$$

D'où enfin
$$\overline{AO''}^2 - \overline{BO''}^2 = C^{te}.$$

Le lien des points O″ est donc une perpendiculaire à AB.

Fernand DIVAN (1er Prix),
Élève du collège Rollin.

QUESTIONS RÉSOLUES

14. *Une transversale coupe les côtés AD, BC, CD, AB d'un quadrilatère inscrit dans un cercle O en M, M′, N, N′. Démontrer que si OM = OM′, ON = ON′.*

Menons OE, OF, OG, OH, OI perpendiculaires à AB, BC, CD, DA, MM′. EFGH est un parallélogramme. Le quadrilatère OFM′I est inscriptible; donc $\widehat{OFI} = \widehat{OM'I}$; de même $\widehat{OHI} = \widehat{OMI}$; mais $\widehat{OM'I} = \widehat{OMI}$; donc $\widehat{OFI} = \widehat{OHI}$. De plus les angles

EFO et EHO sont égaux comme respectivement égaux aux angles EBO et EAO, qui sont égaux entre eux. Par suite

$\widehat{EFO} - \widehat{OFI} = \widehat{EHO} - \widehat{OHI}$, ou $\widehat{EFI}$

$= \widehat{EHI}$; et les droites IF et IH sont anti-parallèles par rapport aux côtés du parallélogramme EFGH. Il en résulte (*Voir* n° 1, p 6) que les droites IE et IG le sont aussi, c'est-à-dire que $\widehat{IEF} = \widehat{IGF}$. Or $\widehat{OEF} = \widehat{OGF}$, comme étant égaux aux angles OBF et OCF ; donc $\widehat{OEI} = \widehat{OGI}$. Mais, dans le quadrilatère OEN'I, $\widehat{OEI} = \widehat{ON'I}$;

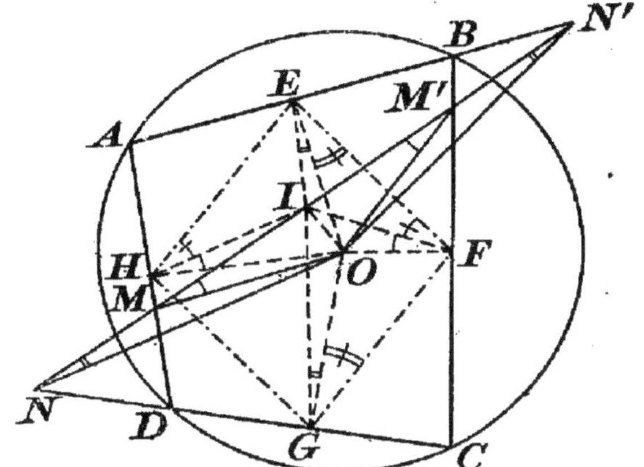

de même $\widehat{OGI} = \widehat{ONI}$ donc ; $\widehat{ONI} = \widehat{ON'I}$; le triangle NON' est isocèle et ON=ON'.

P. Gillet.

Solutions analogues, par MM. Hoh et Collomb.

17. — *Un ballon vide d'air contient de l'eau à la température de 4 degrés. Quel est le rapport du poids de 1 centimètre cube de la vapeur qui se trouve au-dessus du liquide au poids de 1 centimètre cube de ce même liquide ?*

Force élastique maximum de la vapeur d'eau à 4° : 6ᵐᵐ, 069.

Coefficient de dilatation des gaz : $\dfrac{1}{273}$.

Densité de la vapeur d'eau par rapport à l'air : $\dfrac{5}{8}$.

Poids du centimètre cube d'air normal : 0 gr. 001293.

La densité de l'eau à 4° étant égale à l'unité, le poids du centimètre cube d'eau sera 1 gramme.

Quant au poids de la vapeur, il sera, en grammes :

$$1 \times \frac{6,069}{760} \times \frac{1}{1 + \dfrac{4}{273}} \times 0,001293 \times \frac{5}{8},$$

ou en effectuant les calculs indiqués : 0 gr. 00000636.

Le rapport demandé est donc $\dfrac{0,00000636}{1}$ ou 0,00000636.

P. Gillet.

Solution analogue par M. Recugnat.

16. — *Un poids marqué p placé sur le plateau A d'une balance fausse fait équilibre à un poids inconnu x placé sur l'autre plateau B. Le poids p placé sur* *le plateau B de la balance fait équilibre à un poids inconnu y placé sur l'autre plateau. La somme des poids x + y est-elle inférieure ou supérieure à 2p ?*

Soient l et l' les deux bras du fléau, on a :

$$x\,l = pl', \qquad yl' = pl,$$

d'où :
$$x + y = p\left(\frac{l'}{l} + \frac{l}{l'}\right) = p\left(\frac{l^2 + l'^2}{ll'}\right)$$

Il faut montrer que
$$\frac{l^2 + l'^2}{ll'} > 2$$

ou :
$$l^2 + l'^2 - 2ll' > 0 \quad \text{ou } (l - l')^2 > 0$$

Ce qui est évident puisque l et l' sont inégaux par hypothèse.

Camille VIGOUREUX.

Solution analogue par M. Gillet.

20. — *Un récipient renferme de l'eau acidulée par l'acide sulfurique et du zinc. Il est muni d'une soupape de section S agissant sur un levier de longueur OP = l à une distance OM = d du point fixe O et chargé d'un poids P à son extrémité. V étant le volume du récipient plein d'air non occupé par le liquide à la température de 0°, on demande le poids du zinc attaqué au moment où la soupape se soulève ?*

Application numérique. $S = 10^{cmq}$, $l = 50^{cm}$, $d = 10^{cm}$, $P = 10^{kg}$, $V = 100^1$, $Zn = 33$.

x étant la valeur de la pression exercée par l'hydrogène :

$$Pl = dx, \quad x = \frac{Pl}{d},$$

et la pression par cmq. sera $\dfrac{Pl}{dS}$.

Donc l'hydrogène qui remplit le récipient V à cette pression occupera, à la pression normale de 1 k. 033, un volume $\dfrac{V}{1.033} \times \dfrac{Pl}{dS}$.

Or, il faut employer 33 gr. de Zn pour avoir 1 gr. d'hydrogène. Comme le poids du litre d'hydrogène est 0 gr. 0894, 33 gr. de Zn fournissent $\dfrac{1}{0.0894} = 11^1,17$ d'hydrogène.

Si donc, pour avoir $11^1\,17$ d'hydrogène, il faut 33 gr. de Zn, pour avoir $\dfrac{VPl}{1.033dS}$ litres, il faudra $\dfrac{33 \times VPl}{11.17 \times 1.033\ dS}$ grammes de zinc.

Et, en faisant l'application numérique, on obtient :

$$\frac{33 \times 100 \times 10 \times 50}{11.17 \times 1.033 \times 10 \times 10} = 1430 \text{ gr. de } Zn.$$

RÉCUGNAT P.

Solution analogue par P. Gillet.

ANALYSE GÉOMÉTROGRAPHIQUE DES CONSTRUCTIONS QUI DONNENT LE RAYON RÉFRACTÉ

Nous opérons dans la section plane contenant le rayon incident AI et la normale au point I d'incidence, à la surface dans laquelle AI se réfracte.

Nous supposons qu'il n'y a rien autre chose de tracé sur la figure que le rayon incident AI, la normale et la tangente en I à la courbe de séparation des milieux ; de plus, nous avons comme données, deux longueurs n_1, n_2 proportionnelles respectivement, aux indices de réfraction du milieu d'incidence et du milieu de réfraction.

Je désigne en général par O (MN) ou O (K) le cercle de centre O et de rayon MN ou K.

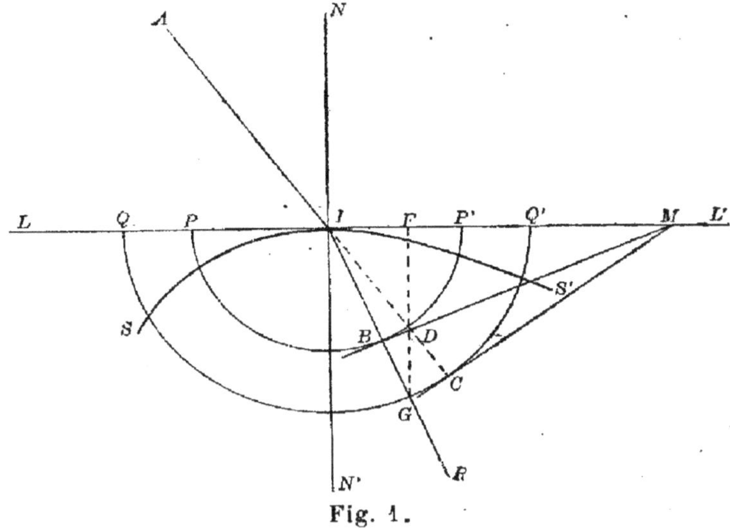

Fig. 1.

CONSTRUCTION D'HUYGHENS. — Je trace I (n_1) puis I (n_2) op : $(6C_1 + 2C_3)$ (1) ; IA coupe I (n_2) en C. Je mène la tangente en C à I (n_2) en traçant un cercle quelconque passant par C, qui coupe AI en C′............................... op : $(C_1 + C_3)$

(Appelons O le centre de ce cercle) puis traçons C′O qui coupe O (OC) en C″... op : $(2R_1 + R_2)$

Enfin C″C qui est la tangente cherchée....................... op : $(2R_1 + R_2)$

Cette tangente coupe en M la tangente en I à la courbe de séparation des milieux. En M je considère la tangente MB au cercle I (n_1), mais je ne la trace pas parce que je n'ai besoin que de son point de contact B que j'obtiens ainsi :

J'élève une perpendiculaire au milieu ω de MI... op : $(2R_1 + R_2 + 2C_1 + 2C_3)$

Je trace ω (ωI).............................. op : $(2C_1 + C_3)$

qui coupe I (n_1) en B.

Je trace IB... op : $(2R_1 + R_2)$

C'est le rayon réfracté obtenu pour le symbole :

op : $(8R_1 + 4R_2 + 11C_1 + 6C_3)$, simplicité : 29 ; exactitude : 19 ; 4 droites, 6 cercles.

Je n'ai pas marqué tous les tracés de construction pour ne pas compliquer la figure, mais ils sont indiqués exactement et on peut les reproduire le compas à la main.

CONSTRUCTION DITE DE HUYGHENS SIMPLIFIÉE. — Si D est le point où le rayon incident coupe le cercle I (n_1), G le point où le rayon réfracté coupe I (n_2) (D et G étant du

(1) Op. : (C_1) est l'opération qui consiste à mettre une pointe du compas en un point déterminé ; op. : (C_3) est le tracé d'un cercle. Op. : (R_1) c'est faire passer le bord de la règle par un point ; op. : (R'_1) c'est faire passer le bord de l'équerre par un point ; op. : (R_2) c'est tracer une droite. Enfin, faire glisser l'équerre le long de la règle c'est op. : (E).

(Note de la Rédaction.)

même côté de IM que la surface dans laquelle AI se réfracte) il est facile de voir que G et D sont sur une perpendiculaire à IM. C'est sur cette propriété qu'est fondée la construction dite : construction de Huyghens simplifiée.

Avec la règle et le compas seuls.

Je trace I (n_1), I (n_2) op : $(6C_1 + 2C_3)$ de D j'abaisse la perpendiculaire DF sur IM op : $(2R_1 + R_2 + 3C_1 + 3C_3)$. Soit G le point où cette perpendiculaire coupe I (n_2), je trace IG op : $(2R_1 + R_2)$, IG est le rayon réfracté, obtenu par le symbole : op : $(4R_1 + 2R_2 + 9C_1 + 5C_3)$, simplicité : 20 ; exactitude : 13 ; 2 droites, 5 cercles.

En admettant l'équerre.

Je ne puis l'employer que pour mener une parallèle à la normale en I, c'est-à-dire pour mener DF qui alors, au lieu du symbole que je viens d'indiquer pour le tracé de DF, s'obtiendra par op : $(2R'_1 + E + R_2)$.

Le symbole total dans ce cas sera donc op : $(2R_1 + 2R'_1 + 2R_2 + E + 6C_1 + 2C_3)$, simplicité : 15 ; exactitude : 11 ; 2 droites, 2 cercles.

CONSTRUCTION DE M. G.-H. NIEWENGLOWSKI (1). — Voir la fig. 2.

Je prends sur le rayon incident IC $= n_1$, ... op : $(3C_1 + C_3)$
et je trace le cercle C (n_2), ... op : $(3C_1 + C_3)$

qui coupe dans le sens convenable la normale en A ; AC (qu'il n'y a pas besoin de tracer donne la direction du rayon réfracté, par le symbole op : $(6C_1 + 2C_3)$.

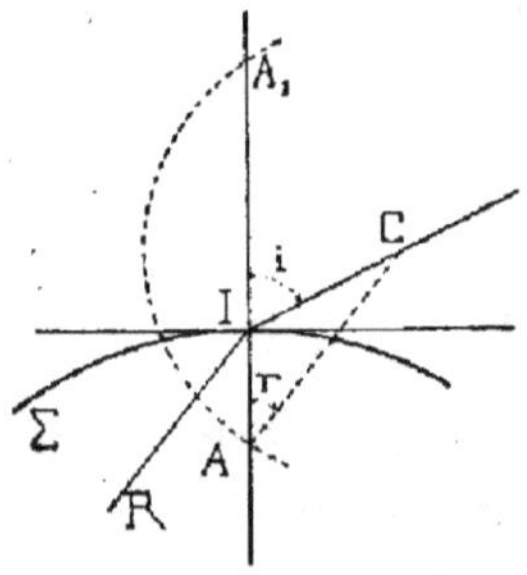

Si l'on veut le rayon réfracté lui-même, il faut mener par I une parallèle à la direction AC, ce qui se fait ainsi :

Avec la règle et le compas seuls.

Je trace I (CA) .... op : $(C_1 + C_3)$
Je prends IC, la pointe étant en I ..... op : (C_1)
Je trace A (IC) qui coupe I (CA) en R.. op : $(C_1 + C_3.)$
Je trace IR .... op : $(2R_1 + R_2)$

En admettant l'équerre.

Je place l'équerre suivant AC .... op : $(2R'_1)$
Je fais glisser l'équerre sur la règle jusqu'à ce qu'elle passe en I et je trace IR ... op : $(E + R_2)$

Fig. 2.

Donc : - *a*. —(Construction canonique) avec la règle et le compas seuls, op : $(2R_1 + R_2 + 9C_1 + 4C_3)$ simplicité : 16 ; exactitude : 11 ; 1 droite, 4 cercles :

b. — En admettant l'équerre pour le tracé des parallèles, op : $(2R'_1 + R_2 + E + 6C_1 + 2C_3)$ simplicité : 12 ; exactitude : 9 ; 1 droite, 2 cercles.

J'ai supposé selon la convention ordinaire que l'on n'a qu'un seul compas ; si l'on en avait deux on gagnerait une opération C_1 puisque pour mener la parallèle à AC par I je n'aurais pas besoin de prendre une ouverture du compas égale à n_1 ou CI.

Dans la première construction d'Huyghens, je ne peux me servir de l'équerre ; car on n'admet l'équerre (quand on l'admet) que pour le tracé des parallèles à une direction et jamais, dans les constructions exactes, pour mener par un point la perpendiculaire à une droite, s'il n'y a pas une autre perpendiculaire à cette droite déjà tracée sur la figure ; s'il y en a une, on peut lui mener avec l'équerre une parallèle par le point donné.

(1) **Voir dans le n° 1 du** *Bulletin*, **l'article de M. G.-H. Niewenglowski : Nouvelle construction du rayon réfracté.**

CONCLUSIONS. — On voit que la construction classique d'Huyghens est graphiquement de beaucoup la plus compliquée, puisqu'elle exige 29 opérations élémentaires, dont le tracé de 4 droites, 6 cercles ; on ne peut utiliser l'équerre pour l'effectuer.

La construction dite d'Huyghens simplifiée n'en exige : avec la règle et le compas seuls, que 20, dont 2 droites et 5 cercles ; en admettant l'équerre elle n'en exige que 15, dont 2 droites et 2 cercles.

La plus simple est la nouvelle construction proposée par M. G.-H. Niewenglowski, puisque, avec la règle et le compas seuls, elle n'exige que 16 opérations dont 1 droite et le tracé de 4 cercles, ou 15 si l'on a deux compas ; en admettant l'équerre, que 12 dont 1 droite et 2 cercles.

Remarque. — Si l'on ne veut que la *direction* du rayon réfracté, sans avoir son parcours réel, la construction de M. G.-H. Niewenglowski obtient cette direction, comme nous l'avons indiqué, par le symbole très réduit op : $(6C_1 + 2C_3)$; simplicité : 8 ; exactitude : 6 ; 2 cercles ; avantage que n'ont pas les deux autres.

E. LEMOINE.

CONCOURS D'ADMISSION
A L'ÉCOLE DE FONTENAY-AUX-ROSES (SCIENCES — 1895).

Mathématiques. — I. Expliquer comment on peut déterminer l'ordre du premier chiffre significatif du quotient d'un nombre décimal par un autre, sans faire la division. Exemple : 0,031415 à diviser par 2,71828.

II. a, b, c étant trois nombres entiers, prouver que si c divise le produit $a \times b$, il divise $b \times D$, D étant le plus grand commun diviseur de a et c.

III. **37.** La droite AB étant perpendiculaire aux deux droites parallèles AC, BD, on prend sur ces droites, dans le même sens, des segments AA′, BB′, tels que

$$AA' \times BB' = \frac{AB^2}{4}. \quad (1)$$

1° Prouver que A′B′ $=$ AA′ $+$ BB′ (2).

2° Examiner si la relation (2) entraîne la relation (1).

3° La relation (1) étant supposée remplie, quel est le lieu du pied M de la perpendiculaire abaissée du milieu de AB sur la droite mobile A′B′ ?

4° Quelle position occupe A′B′ par rapport au lieu de M ?

Physique, Chimie, Histoire naturelle. — I. Étude expérimentale des lentilles convergentes. — II. Des propriétés chimiques du gaz ammoniac. — III. Le squelette des vertébrés ; ses modifications les plus caractéristiques dans les diverses classes de cet embranchement.

Dessin géométrique (Sur une feuille mesurant 31 centimètres sur 24). 1° Projections d'un cône droit à base circulaire placée sur le plan horizontal.

Distance du sommet au plan horizontal...... 120 millimètres.

—   —   au plan vertical........   45   —

Rayon de base..........................   35   —

2° Développement de la surface latérale de ce cône.

3° Ornement en forme de bordure pour le développement.

Dessin d'ornement. — Dessiner le modèle intitulé *Perles et Pirouettes* (n° 2838 de la collection des écoles normales).

Le dessin sera exécuté sur une demi-feuille de papier blanc ayant environ 0^{m}32 sur 0^{m}49, soit au crayon noir, soit à la mine de plomb, soit à l'aide de l'estompe à volonté.

N. B. Les feuilles de composition seront visées par le surveillant *avant le commencement des épreuves*. Les aspirantes devront être invitées à se pourvoir du papier nécessaire.

Le nom de l'aspirante sera écrit *très lisiblement*.

Pédagogie ou morale. — (*Sujet commun aux sections des lettres et des sciences.*) — Discuter le mot de Spencer : On attend trop des livres à notre époque, même pour la culture intellectuelle.

PROFESSORAT DES ÉCOLES NORMALES
ET DES ÉCOLES PRIMAIRES SUPÉRIEURES (SCIENCES).

Mathématiques. — *Arithmétique.* — 1° Énoncer et justifier la règle qui permet d'obtenir le quotient de deux nombres entiers, dans le cas où ce quotient est inférieur à 10 ;

2° a, b, a', b' étant quatre nombres entiers tels que l'on ait :
$$ab' - ba' = 1,$$
démontrer que les trois fractions :
$$\frac{a}{b'}, \quad \frac{a'}{b''}, \quad \frac{a+a'}{b+b'}$$
sont irréductibles.

Géométrie. **38.** — De deux points A et B comme centres respectifs, on décrit deux circonférences avec un même rayon R égal à AB. Ces deux circonférences rencontrent la droite AB prolongée en C et D et se coupent en H et K.

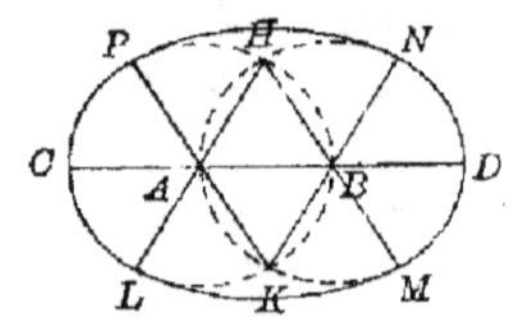

On trace ensuite les diamètres HAL, KAP dans l'une des circonférences et HBM, KBN dans l'autre ; enfin, on décrit l'arc de cercle PN de centre K et l'arc de cercle LM de centre H.

Cela étant, on demande l'expression de la surface de l'ovale formée par les arcs de cercle LCP, PN, NDM et ML.

Physique. — **Chimie.** — **Sciences naturelles.** — I. Dessiner *schématiquement* une installation complète de télégraphe Morse (postes d'arrivée et de départ). — Énumérer et décrire les organes de l'un des postes, sous la forme concise d'une légende au bas du dessin. — II. Les composés oxygénés du carbone. — III. Description et mécanisme de l'appareil circulatoire de l'homme et des animaux.

Dessin géométrique (Feuille quart grand-aigle, environ 0^{m}33 $\times$ 0^{m}55). — Dessin de mouchoir en broderie décoré avec une ornementation procédant en grande partie de circonférences et de quelques détails appartenant au règne végétal. On demande :

1° Sur la partie à gauche de la feuille de papier, qui sera entourée d'un cadre formé d'un seul trait, de représenter au trait et à l'encre de Chine le quart de ce mouchoir (celui-ci étant censé avoir par conséquent 0^{m}40 de côté en carré) ;

2° Sur le surplus de la feuille à droite, de donner les détails de quelques-unes des constructions géométriques indispensables pour disposer et tracer les ornements de ce caractère ;

3° Sur la marge en haut, de mettre le titre : COMPOSITION, en lettres capitales maigres.

Dessin d'ornement. — Dessiner en perspective à vue, sur une demi-feuille de papier Ingres blanc (0^m 32 $\times$ 0^m 48), le modèle inscrit sous le n° 2.777 du catalogue de l'École nationale des Beaux-Arts et faisant partie de la collection des Écoles normales :

Feuille d'acanthe de Mars Vengeur.

NOTA. — Les feuilles de composition devront être signées par le surveillant avant le commencement des épreuves. Les candidats auront été invités à se pourvoir du papier nécessaire ; on leur recommandera d'écrire leur nom très lisiblement.

Morale ou éducation. — L'étude de la langue est beaucoup plus favorable aux progrès des facultés chez l'enfant que celle des mathématiques ou des sciences physiques. (Mme DE STAEL.) Discuter cette opinion.

QUESTIONS PROPOSÉES

39. Trouver des nombres commensurables x, y, z, tels que l'on ait :
$$x^2 + y^2 = z^2$$

40. Pour résoudre l'équation :
$$x^2 + y^2 = A$$
en nombres commensurables quand on connaît un premier système de racines,
$$x = x' \qquad y = y' :$$
on prend arbitrairement trois nombres entiers a, b, c, tels que l'on ait :
$$a^2 + b^2 = c^2$$
et les racines cherchées sont :
$$x = \frac{ax' + by'}{c} \qquad y = \frac{bx' - ay'}{c}$$

41. Dans un triangle on donne a, A. Calculer la hauteur issue de A, sachant que la somme de cette hauteur et de la projection du côté b sur le côté a est égale à m. Discuter dans le cas où A $= 45°$.

42. Trouver un nombre de deux chiffres sachant que son plus petit diviseur (autre que l'unité) est égal à la somme des chiffres de ce nombre.

Ch. MICHEL.

43. Si la somme de deux nombres entiers est plus grande que leur produit, l'un des nombres est égal à 1. Trouver, en partant de là, quatre nombre entiers sachant que leur somme est égale à la somme du produit de deux d'entre eux et du produit des deux autres. (*The educational Times*. Communiqué par M. Ch. Michel.)

44. m, n et p désignant des nombres positifs donnés, rendre calculables par logarithmes les racines x', x'' de l'équation $x^2 - px + mn = o$, en posant $x' = m\ \mathrm{tg}\ \varphi$. (*Examens oraux de l'École navale.*)

45. On prend pour unité de longueur une longueur L, pour unité d'aire un cercle de rayon L et pour unité de volume une sphère de rayon L. Soient b, h et v les nombres qui mesurent la base, la hauteur et le volume d'une pyramide dans ce système d'unités : trouver la relation qui existe entre b, h et v. (*Idem.*)

*** 46** [1]. Tracer, sur la surface d'une sphère, un grand cercle tangent à un petit cercle donné et faisant un angle donné avec un grand cercle donné par son pôle. Discussion. (*Idem.*)

*** 47**. Construire un triangle sphérique, connaissant l'angle A et les hauteurs issues des sommets B et C et situées dans l'angle A. L'angle A étant donné, trouver les valeurs maxima et minima de l'une des hauteurs (*Idem*).

48. Soient A et B deux points d'un cercle ; sur la tangente en A on prend une longueur AC = AB et on mène par **C** une parallèle à **AB** qui rencontre le cercle en D et E. Démontrer que

$$AD.AE = \overline{AC}^2, \quad AC.CD = \overline{AD}^2,$$

et que la bissectrice de l'angle C rencontre le cercle en un point équidistant de A et de C.

49. Soient A et B deux points fixes; Δ une droite fixe passant par A ; O le centre d'un cercle variable passant par A et B; M le second point d'intersection de ce cercle avec la droite Δ. Trouver le lieu du milieu de OM.

---

1. Nous indiquerons par un astérisque les questions destinées plus spécialement aux candidats à l'Ecole navale, à Saint-Cyr et aux élèves de mathématiques élémentaires supérieures.

Le Gérant : Dʳ H. LABONNE, licencié ès sciences.

Châteauroux. — Typ. et Stéréotyp. A. Majesté et L. Bouchardeau.

BULLETIN

DE

MATHÉMATIQUES ÉLÉMENTAIRES

ÉCOLE SPÉCIALE MILITAIRE DE SAINT-CYR
Concours de 1895

SOLUTIONS DES QUESTIONS DE MATHÉMATIQUES

Par A. Tournois

Professeur au Lycée Lakanal (cours Saint-Cyr).

QUESTION D'ALGÈBRE

5. — *Trouver les côtés d'un triangle rectangle connaissant la différence α des côtés de l'angle droit et la différence β de l'hypoténuse et de la hauteur. — Discuter. — (Traiter seulement la question par l'algèbre.)*

Représentons par x le plus grand côté de l'angle droit, par y l'autre, par z l'hypoténuse et par h la hauteur qui lui est perpendiculaire. Les équations du problème sont :

$$(1) \quad x - y = \alpha \qquad\qquad (3) \quad x^2 + y^2 = z^2$$
$$(2) \quad z - h = \beta \qquad\qquad (4) \quad xy = hz$$

Des équations (1) et (3) on déduit :

$$(5) \quad 2xy = z^2 - \alpha^2$$

Puis des équations (2) et (4) :

$$(6) \quad xy = z(z - \beta)$$

Et enfin des équations (5) et (6) :

$$2z(z - \beta) = z^2 - \alpha^2$$

En ordonnant, z est donné par l'équation :

$$(7) \quad z^2 - 2\beta z + \alpha^2 = 0$$

dont les racines sont :

$$(8) \quad z = \beta \pm \sqrt{\beta^2 - \alpha^2}$$

On a ensuite :

$$(9) \quad h = z - \beta$$

Enfin x et $-y$ sont les racines de l'équation en λ :

$$(10) \quad \lambda^2 - \alpha\lambda - hz = 0$$

DISCUSSION. — Une valeur de z, pour convenir, doit être réelle, positive et, d'après (9), supérieure à β.

La condition de réalité est :

$$\beta > \alpha$$

On ne peut supposer $\beta = \alpha$, car alors on aurait $z = \beta$ et par suite $h = o$.

La condition $\beta > \alpha$ étant remplie, on voit, d'après (8), que la plus grande valeur de z peut seule convenir.

D'autre part les valeurs correspondantes de x et de $-y$ fournies par l'équation (10) sont acceptables, car cette équation ayant ses coefficients extrêmes de signes contraires (puisque h et z sont positifs), ses racines sont réelles et de signes contraires.

Les inconnnes x, y, z ont donc chacune, sous la condition unique $\beta > \alpha$, une valeur réelle et positive. Ces longueurs sont les côtés d'un triangle, car elles satisfont à l'égalité $z^2 = x^2 + y^2$, d'où :

$$(x - y)^2 < z^2 < (x + y)^2$$

ou :

$$x - y < z < x + y$$

En résumé, il faut que l'on ait :

$$\beta > \alpha$$

et alors il existe un triangle et un seul répondant à la question.

M. Goulard, professeur au Lycée de Marseille, nous a envoyé une solution analogue.

QUESTION DE GÉOMÉTRIE

6. — *On donne deux circonférences concentriques et un point P sur l'une d'elles. On mène par le point P dans les deux circonférences les cordes rectangulaires PA et BPC. Ces cordes tournant autour du point fixe P :*

1° Démontrer que $\overline{PA}^2 + \overline{PB}^2 + \overline{PC}^2$ est une somme constante et que la somme des carrés des côtés du triangle ABC est aussi constante.

2° Démontrer que le centre de gravité du triangle ABC reste fixe.

3° Trouver les lieux décrits par les milieux des côtés du triangle ABC.

(6 juin. — Durée de la composition: 3 heures.)

I. Abaissons du centre o la perpendiculaire OE sur BC ; le point E est le milieu de BC et de PD. Soient R et r les rayons des cercles. La somme

$$\overline{PA}^2 + \overline{PB}^2 + \overline{PC}^2$$

peut s'écrire :

$$4\,\overline{OE}^2 + (BE - PE)^2 + (BE + PE)^2$$

ou :

$$4\,\overline{OE}^2 + 2\,\overline{BE}^2 + 2\,\overline{PE}^2$$

ou :

$$2\,(\overline{OE}^2 + \overline{BE}^2) + 2\,(\overline{OE}^2 + \overline{PE}^2)$$

ou :

$$2\,(R^2 + r^2)$$

II. Ensuite la somme : .

$$\overline{AB}^2 + \overline{AC}^2 + \overline{BC}^2$$

peut s'écrire :

$$\overline{PA}^2 + \overline{PB}^2 + \overline{PC}^2 + \overline{PA}^2 + \overline{BC}^2$$

ou : $2(R^2 + r^2) + 4\left(\overline{OE}^2 + \overline{BE}^2\right)$

ou : $\qquad 2(R^2 + r^2) + 4R^2$

ou : $\qquad\qquad 6R^2 + 2r^2$

II. Le centre de gravité du triangle ABC est le même que celui du triangle APD, car ils ont une médiane commune AE. Il en résulte que ce point est sur la médiane PO au tiers à partir de O ; il est donc fixe.

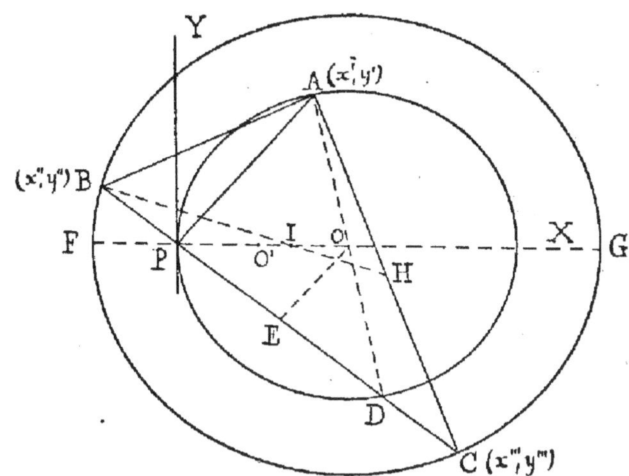

III. Le lieu du point E est évidemment la circonférence décrite sur OP comme diamètre puisque l'angle OEP est constamment droit.

Pour obtenir le lieu du milieu H de AC, nous observons que la médiane BH du triangle ABC passe par le centre de gravité I de ce triangle et que de plus on a :

$$\frac{IH}{IB} = -\frac{1}{2}$$

Le point H décrit donc une circonférence homothétique inverse de celle décrite par le point B. Son rayon est $\dfrac{R}{2}$; son centre O' est sur IP à une distance de I égale à $\dfrac{OI}{2}$, c'est-à-dire au milieu du rayon OP.

On démontrerait de même que le lieu de milieu de AB est encore la circonférence O'.

SOLUTION ANALYTIQUE. — Prenons pour axe des x la droite PO et pour axe des y la perpendiculaire PY à PO.

Les équations des cercles sont :

(1) $\qquad (x - r)^2 + y^2 = r^2 \quad$ ou $\quad x^2 + y^2 - 2rx = 0$

(2) $\qquad (x - r)^2 + y^2 = R^2 \quad$ ou $\quad x^2 + y^2 - 2rx + r^2 - R^2 = 0$

En appelant m le coefficient angulaire variable de PA, on a, pour les équations de PA et BC :

(3) $\qquad\qquad y = mx \quad \ldots\ldots \quad$ PA

(4) $\qquad\qquad y = -\dfrac{x}{m} \quad \ldots\ldots \quad$ BC

Pour avoir les abscisses des points de rencontre de ces droites avec les cercles, il suffit d'éliminer y entre les équations (1) et (3) et les équations (2) et (4). On obtient ainsi :

(5) $\qquad\qquad (1 + m^2) x^2 - 2rx = 0$

$$(6) \qquad (1 + m^2)x^2 - 2m^2 rx + m^2(r^2 - R^2) = 0$$

L'équation (5) donne les abscisses des points P et A, savoir o

$$(7) \qquad x' = \frac{2r}{1+m^2}$$

L'équation (6) donne les abscisses x'' et x''' des points B et C.

1. On a :

$$S = \overline{PA}^2 + \overline{PB}^2 + \overline{PC}^2 = x'^2 + y'^2 + x''^2 + y''^2 + x'''^2 + y'''^2$$

ou en vertu des équations (1) et (2) des cercles :

$$S = 2rx' + 2rx'' + R^2 - r^2 + 2rx''' + R^2 - r^2 = 2r(x' + x'' + x''') + 2(R^2 - r^2)$$

Or, d'après l'équation (6) :

$$x'' + x''' = \frac{2m^2 r}{1+m^2}$$

D'ailleurs : $x' = \dfrac{2r}{1+m^2}$

Substituant dans S :

$$S = 2r\left[\frac{2r}{1+m^2} + \frac{2m^2 r}{1+m^2}\right] + 2(R^2 - r^2) = 2r\,\frac{2r(1+m^2)}{1+m^2} + 2(R^2 - r^2)$$

$$= 2(R^2 + r^2) = C^{te}$$

On a ensuite :

$$S' = \overline{AB}^2 + \overline{AC}^2 + \overline{BC}^2$$
$$= (x'-x'')^2 + (y'-y'')^2 + (x'-x''')^2 + (y'-y''')^2 + (x''-x''')^2 + (y''-y''')^2$$
$$= 2(x'^2 + y'^2 + x''^2 + y''^2 + x'''^2 + y'''^2)$$
$$- 2x'(x''+x''') - 2y'(y''+y''') - 2x''x''' - 2y''y'''$$

$$= 2S - 2x'(x''+x''') + 2mx'\,\frac{1}{m}(x''+x''') - 2x''x''' - \frac{2}{m^2}x''x'''$$

$$= 2S - \frac{2(1+m^2)}{m^2}\,x''x''' \qquad = 2S - 2\frac{(1+m^2)}{m^2}\,\frac{m^2(r^2-R^2)}{1+m^2}$$

$$= 2S + 2(R^2 - r^2) \qquad = 6R^2 + 2r^2 = C^{te}$$

II. Les coordonnées du centre de gravité du triangle ABC sont :

$$x = \frac{x'+x''+x'''}{3} \qquad y = \frac{y'+y''+y'''}{3}$$

Il suffit de prouver qu'elles sont constantes.

Or on a :

$$x' = \frac{2r}{1+m^2} \qquad x''+x''' = \frac{2m^2 r}{1+m^2}$$

Donc :

$$3x = \frac{2r(1+m^2)}{1+m^2} \quad \text{d'où :} \quad x = \frac{2r}{3}$$

On a ensuite :

$$y' = mx' = \frac{2rm}{1+m^2}, \quad y''+y''' = -\frac{1}{m}(x''+x''') = -\frac{1}{m}\frac{2m^2 r}{1+m^2}$$

Donc :

$$3y = \frac{2rm}{1+m^2} - \frac{2rm}{1+m^2} \qquad \text{d'où :} \qquad y = 0$$

Il en résulte que le centre de gravité est fixe et situé sur PO au tiers à partir du point O.

III. En appelant x et y les coordonnées du point E on a :

$$2x = x'' + x''' = \frac{2m^2r}{1+m^2} \qquad y = -\frac{1}{m}\,x$$

On aura l'équation du lieu en éliminant m entre ces deux équations. On trouve sans difficulté

$$x^2 + y^2 - rx = 0 \qquad \text{ou} \qquad \left(x - \frac{r}{2}\right)^2 + y^2 = \frac{r^2}{4}$$

C'est le cercle décrit sur PO comme diamètre.

Cherchons maintenant le lieu du point H.

En appelant x et y ses coordonnées, on a :

$$2x = x' + x'', \qquad 2y = y' + y''$$

Or nous avons établi les relations :

$$x' + x'' + x''' = 2r, \qquad y' + y'' + y''' = 0$$

Donc :
$$2x = 2r - x'', \qquad 2y = -y''$$
d'où :
$$x'' = 2r - 2x, \qquad y'' = -2y$$

D'ailleurs le point B étant sur le cercle

$$(x - r)^2 + y^2 = R^2$$

nous avons :
$$(x'' - r)^2 + y''^2 = R^2 \qquad \text{ou :} \qquad (2r - 2x - r)^2 + 4y^2 = R^2$$

C'est l'équation du lieu. On peut l'écrire :

$$\left(x - \frac{r}{2}\right) + y^2 = \frac{R^2}{4}$$

On voit que le lieu est un cercle ayant son centre au milieu de PO et son rayon égal à $\frac{R}{2}$.

MM. Coissard et Durdilly, élèves de mathématiques élémentaires supérieures du *Lycée de Lyon*, et M. Drappier, élève à la maison de *Melle-lez-Gand*, nous ont envoyé des solutions exactes des questions 5 et 6.

CALCUL LOGARITHMIQUE

<table>
<tr><td>

Données

$\begin{cases} b = 5898 \\ c = 9272 \\ A = 50^\circ\ 15''\ 24'' \end{cases}$

</td><td>

Résultats

$\begin{cases} B = 39^\circ\ 30'\ 8'' \\ C = 90^\circ\ 14'\ 28'' \\ a = 7129,\ 2 \\ S = 21024500 \end{cases}$

</td></tr>
</table>

Formules

$$\frac{C+B}{2} = 90^\circ - \frac{A}{2}, \quad \text{tg}\ \frac{C-B}{2} = \frac{c-b}{c+b}\ \text{tg}\ \frac{C+B}{2}, \quad a = \frac{b\ \sin A}{\sin B}, \quad 2S = bc\ \sin A$$

Des données on déduit facilement :

$$\frac{C+B}{2} = 64^\circ\ 52'\ 18'' \qquad \log\ \text{tg}\ \frac{C+B}{2} = 0,32879$$

$$c - b = 3374 \qquad\qquad \log(c-b) = 3,52815$$

$$c + b = 15170 \qquad\qquad \log(c+b) = 4,18099$$

Calcul de C et B

$$\log\ \text{tg}\ \frac{C-B}{2} = \begin{cases} \log(c-b) & = 3,52815 \\ +\text{Colog}(c+b) & = \overline{5},81901 \\ +\log\ \text{tg}\ \dfrac{C+B}{2} & = 0,32879 \end{cases} = \overline{1},67595$$

D'où :

$$\frac{C-B}{2} = 25^\circ\ 22'\ 10''$$

$$\frac{C+B}{2} = 64^\circ\ 52'\ 18''$$

$$C = 90^\circ\ 14'\ 28'' \quad B = 39^\circ\ 30'\ 8''$$

Calcul de a

$$\log a = \begin{cases} \log b & = 3,77070 \\ +\log \sin A & = \overline{1},88589 \\ +\text{Colog} \sin B & = 0,19647 \end{cases} = 3,85306$$

D'où :

$$a = 7129,2$$

Calcul de S

$$\log 2S = \begin{cases} \log b & = 3,77070 \\ +\log c & = 3,96717 \\ +\log \sin A & = \overline{1},88589 \end{cases} = 7,62376$$

D'où :

$$S = 21024500$$

EXPLICATION DE L'ÉPURE (1)

L'arête DF rencontre la sphère aux points d (18) et f (9).

L'arête CE la rencontre aux points g (3, 5) et h (14,5) obtenus en rabattant le plan projetant cette arête. Les cotes des points G, H s'obtiennent en graduant l'arête CE.

L'ellipse d'intersection de la face BC avec la sphère s'obtient de suite. Son grand

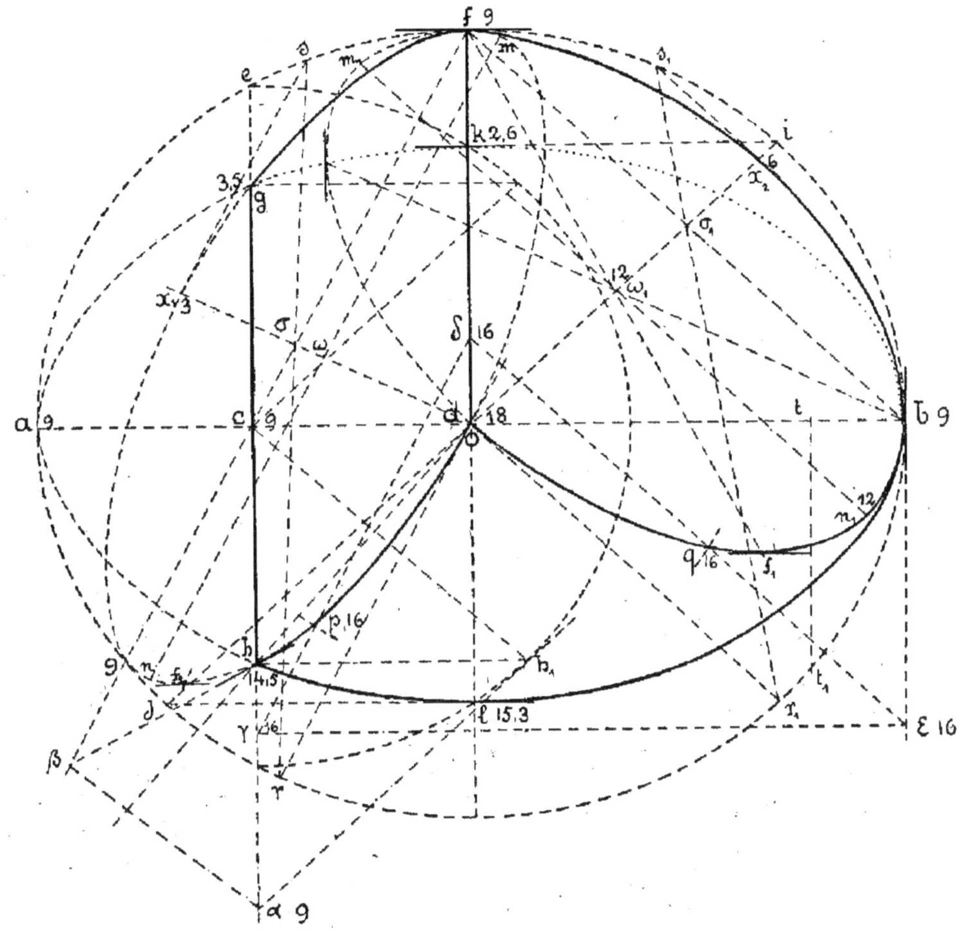

axe est ab ; son petit axe kl est la projection sur df du diamètre ij incliné à 45° sur cette ligne.

Nous avons obtenu les intersections de la sphère avec les deux autres faces en prenant pour plan horizontal de projection le plan de cote 9 qui passe par le centre de la sphère et pour plan vertical le plan mené par le centre de la sphère perpendiculairement au plan de la face considérée.

Les traces horizontales des faces sont les horizontales fc, fb de cote 9 ; les lignes de terre ox_1, ox_2 leur sont perpendiculaires. Les traces verticales sr, s_1r_1 ont été obtenues en projetant verticalement le point d (18), ce qui a fourni les points r et r_1. On en

(1) Voir l'énoncé dans le n° 1.

a déduit les petits axes dx_1, dx_2 des ellipses, puis les grands axes mn, m_1n_1 égaux à sr, s_1r_1.

La tangente au point h par exemple a été obtenue en menant la tangente $h_1\,\alpha$ au cercle qui a servi à trouver ce point. Le point α (9) est un point du plan tangent à la sphère au point h (14, 5). L'horizontale 9 de ce plan est projetée suivant $\alpha\beta$ perpendiculaire à la projection oh du rayon OH. Le point β où elle rencontre l'horizontale 9 du plan de la face CD est un point de la tangente. Cette tangente est donc βh.

Le plan de cote 16 coupe le prisme suivant le triangle $\delta\gamma\epsilon$ dont les sommets ont pour cotes 16. Il coupe la sphère suivant un cercle de centre o et de rayon égal à la $\frac{1}{2}$ corde tt_1 dont la distance au centre est $16-9$ ou 7. Les points p et q où cette circonférence rencontre les côtés du triangle sont les points cherchés.

Les tangentes à l'intersection parallèles aux côtés du triangle BCD ont leurs projections parallèles à cd. Ce sont les points f et k et les points diamétralement opposés f_1, f_2, l dans les trois ellipses.

A. Tournois.

CONCOURS GÉNÉRAL 1895 (1)

Rhétorique.

On considère un demi-cercle AMB et les tangentes AA′, BB′ à ce demi-cercle aux extrémités du diamètre AB.

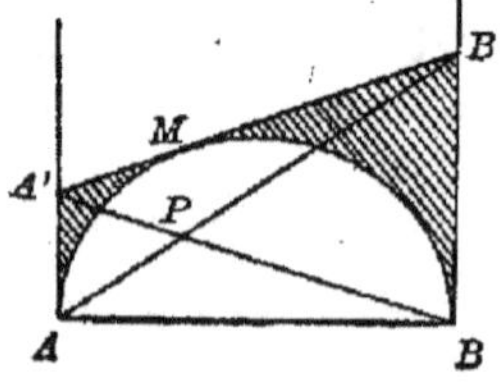

1° Trouver en quel point M de l'arc AMB on doit mener la tangente A′M′B′ pour que le volume engendré par la portion de plan comprise entre les tangentes AA′, MA′ et l'arc AM, en tournant autour de AB, et le volume engendré par la portion comprise entre les tangentes BB′, MB′ et l'arc BM, en tournant aussi autour de AB, soit dans un rapport donné $\dfrac{a^3}{b^3}$.

2° Soit P le point de concours des deux droites AB′, BA′; déterminer le point M de façon que le volume engendré par le triangle APB en tournant autour de AB soit égal à la moitié du volume d'un cône dont le rayon de base a pour longueur a et dont la hauteur est égale au rayon R du demi-cercle donné.

(28 juin, de 8 h. 1/2 à 1 h. 1/2.)

I. Abaissons MD, perpendiculaire sur AB.

Le volume engendré par A′AM est égal à la différence entre le volume engendré par le trapèze A′ADM, et le segment sphérique AMD. Or :

$$\text{Vol. trapèze A′ADM} = \pi\,\frac{AD}{3}\,(AA'^2 + MD^2 + AA' \times MD);$$

(1) Nous publierons successivement les copies couronnées (premiers prix) des divers concours de Mathématiques en 1895.

$$\text{Vol. segm. sphérique AMD} = \pi \frac{AD^2}{3} (3R - AD) ;$$

$$\text{Vol. A'AM} = \pi \frac{AD}{3} (AA'^2 + MD^2 + AA' \times MD - 3R \times AD + AD^2)$$

Démontrons maintenant que le volume engendré par le triangle mixtiligne A'AM est égal au volume engendré par le triangle A'AD. Or :

$$\text{Vol. triangle A'AD} = \frac{\pi AD}{3} \overline{AA'}^2$$

Il faut donc démontrer :

$$AA'^2 = AA'^2 + MD^2 + AA'.MD - 3R \times AD + AD^2,$$
$$MD^2 + AA'.MD = (3R - AD) AD \quad (1)$$

Or :

$$MD^2 = R^2 - OD^2 \quad \text{et} \quad AD = R + OD$$

L'égalité (1) peut donc s'écrire :

$$R^2 - OD^2 + AA'.MD = 2R^2 + R.OD - OD^2$$

ou :

$$AA'.MD = R (R + OD) = R \times AD$$

Joignons A'O et MA. Les triangles rectangles AMD et A'OA sont semblables, comme ayant leurs côtés perpendiculaires. Par suite :

$$\frac{AA'}{AD} = \frac{AO}{MD} , \text{ ou } AA' \times MD = AO \times AD = R \times AD$$

Nous en concluons que le volume engendré par le triangle mixtiligne A'AM est équivalent au volume engendré par le triangle rectiligne A'AD.

On démontrerait identiquement que le volume engendré par le triangle curviligne B'MB est équivalent au volume engendré par le triangle rectiligne B'BD.

Le rapport $\dfrac{\text{Vol. A'AM}}{\text{Vol. B'BM}}$ peut donc se remplacer par $\dfrac{\text{Vol. A'AD}}{\text{Vol. B'BD}}$, et le problème

revient à déterminer le point M de façon que $\dfrac{\text{Vol. A'AD}}{\text{Vol. B'BD}} = \dfrac{a^3}{b^3}$,

ou :

$$\frac{AD}{BD} \times \frac{\overline{AA'}^2}{\overline{BB'}^2} = \frac{a^3}{b^3}$$

Mais la droite MD est parallèle à AA' et à BB', nous avons donc

$$\frac{MA'}{MB'} = \frac{AD}{DB}$$

et comme MA' = A'A, et que MB' = B'B,

$$\frac{A'A}{B'B} = \frac{AD}{DB}$$

Par conséquent :

$$\left(\frac{AD}{BD}\right)^3 = \frac{a^3}{b^3} \text{ ou } \frac{AD}{BD} = \frac{a}{b}$$

Pour déterminer M, on n'a qu'à diviser AB en segments additifs de sorte que $\frac{AD}{DB} = \frac{a}{b}$; puis on élève en D la perpendiculaire à AB qui rencontre la demi-circonférence au point M, point qui satisfait à la question.

Il n'y a qu'un seul point qui réponde à la question, car il n'y a que le point D qui divise AB en segments additifs proportionnels à $\frac{a}{b}$.

Un point D' symétrique par rapport à O répondrait au rapport :

$$\frac{\text{Vol. BB'M}}{\text{Vol. AA'M}} = \frac{a^3}{b^3}$$

En désignant par λ le rapport $\frac{\text{Vol. AA'M}}{\text{Vol. BB'M}}$, par m la longueur AD, on a le tableau suivant

m	o	1	$2R$
λ	o	1	∞

Nota. — En constatant que le produit des tangentes $AA' \times BB'$ est égal à R^2 et que $\frac{AA'}{BB'} = \frac{a}{b}$, on calcule facilement la longueur de chacune de ces tangentes ; l'on obtient :

$$AA' = R\sqrt{\frac{a}{b}}, \ BB' = R\sqrt{\frac{b}{a}}$$

II. Joignons AB' et A'B qui se coupent en P.

Par le point P menons une parallèle à AA' et à BB', qui coupe A'B' en M'. Les triangles semblables M'PB' et A'B'A donnent :

$$\frac{M'P}{AA'} = \frac{M'B'}{A'B'} \text{ ou } M'P \times A'B' = AA' \times M'B'.$$

Les deux triangles semblables A'M'P et A'BB' donnent :

$$(2) \qquad \frac{M'P}{BB'} = \frac{M'A'}{A'B'} \text{ ou } M'P \times A'B' = BB' \times M'A'$$

Donc :

$$BB' \times M'A' = AA' \times M'B',$$
$$\frac{BB'}{AA'} = \frac{M'B'}{M'A'}.$$

Or le point de contact M de la tangente A'B' avec la circonférence O détermine sur A'B' deux segments A'M et MB' respectivement égaux à AA' et à BB', et par suite partage A'B' dans le rapport : $\frac{MB'}{MA'} = \frac{BB'}{AA'}$. Le point M' se confond donc avec le point M, et la perpendiculaire abaissée de M sur AB passe par le point P.

D'autre part les triangles semblables APD, ABB' donnent :

$$\frac{PD}{BB'} = \frac{AD}{AB}.$$

Nous avons plus haut (2)

$$\frac{MP}{BB'} = \frac{MA'}{A'B'}, \text{ et, comme } \frac{AD}{AB} = \frac{MA'}{A'B'}$$

$$\frac{PD}{BB'} = \frac{MP}{BB'}, PD = MP$$

et le point P est le milieu de MD.

Autre méthode. — Prolongeons A'B' jusqu'en C à sa rencontre avec AB. MD est la polaire du point C par rapport au cercle O ; et l'on a :

$$\frac{CB}{CA} = \frac{DB}{DA} = \frac{CB'}{CA'} = \frac{MB'}{MA'}$$

Soit P l'intersection et de AB' de BA'. Joignons P et D ; PD est la polaire du point C par rapport à l'angle APB ; par suite le faisceau P.ADBC est harmonique ; la droite PD prolongée passera donc par le point M de la droite A'B' qui est le conjugué harmonique du point C. Joignons C et P et prolongeons jusqu'en E.

Un théorème connu donné dans le triangle CA'A :

$$CB' \times A'E \times AB = B'A' \times EA \times BC$$

L'égalité $\dfrac{B'C}{BC} = \dfrac{B'A'}{BA}$ donne $B'C \times AB = B'A' \times BC$.

Donc : $$A'E = EA ;$$

or $\dfrac{MP}{A'E} = \dfrac{PD}{EA}$, donc MP = PD et P est le milieu de MD. Cela posé :

$$\text{Vol. APB} = \frac{2\pi R}{3} PD^2$$

et ce volume doit être égal à $\dfrac{\pi a^2 R}{6}$, c'est-à-dire

$$\frac{2\pi R}{3} PD^2 = \frac{\pi a^2 R}{6}$$

d'où $$a = 2PD = MD.$$

Pour déterminer M on n'a qu'à mettre une parallèle à AB, à la distance a de cette droite. Les points où elle rencontre la demi-circonférence sont les points demandés.

Quand le point D, projection de M sur AB est en A, $a = o$; et Vol. APB, $= o$·

Quand D est en O, $a = R$, et Vol APB $= \dfrac{\pi R^3}{6}$. Enfin quand D est en B, $a = o$ et Vol. APB $= o$. On peut donc dresser le tableau suivant, en appelant m la distance AD.

a	o	R	o
m	o	R	$2\mathrm{R}$
Vol. APB	o croît	$\dfrac{\pi \mathrm{R}^3}{6}$ décroît	o

Ce tableau fournit les observations suivantes :

Quand a est compris entre O et R le problème admet 2 solutions. Quand $a = \mathrm{R}$ il n'y a qu'une solution ; quand $a > \mathrm{R}$, le problème est impossible.

Henri Franck (1er Prix),

Élève du lycée Louis-le-Grand.

QUESTIONS RÉSOLUES

10. — *Soient a, b, c, A, B, C les éléments d'un triangle ; démontrer que, si* $\cot^2 A = \cot B \cot C$, *on a aussi*

$$bc = a^2 \cos (\mathrm{B\text{-}C}), \qquad \frac{\sin 2\mathrm{B}}{\sin 2\mathrm{C}} = \frac{c^2}{b^2}, \qquad \frac{\cot \mathrm{A}}{\cot \mathrm{B}} = \frac{b^2}{c^2}. \qquad (\text{L. G})$$

1°   De $\dfrac{a}{\sin \mathrm{A}} = \dfrac{b}{\sin \mathrm{B}} = \dfrac{c}{\sin \mathrm{C}}$, on tire

$$\frac{a^2}{\sin^2 \mathrm{A}} = \frac{bc}{\sin \mathrm{B} \sin \mathrm{C}}, \text{ ou } bc = a^2 \frac{\sin \mathrm{B} \sin \mathrm{C}}{\sin^2 \mathrm{A}}.$$

Donc il suffit de prouver que :

$$\cos (\mathrm{B\text{-}C}) = \frac{\sin \mathrm{B} \sin \mathrm{C}}{\sin^2 \mathrm{A}}$$

ou : $(\cos \mathrm{B} \cos \mathrm{C} + \sin \mathrm{B} \sin \mathrm{C}) \sin^2 \mathrm{A} = \sin \mathrm{B} \sin \mathrm{C}$

ou : $\cos \mathrm{B} \cos \mathrm{C} \sin^2 \mathrm{A} = \sin \mathrm{B} \sin \mathrm{C} \cos^2 \mathrm{A}$ (1)

ou encore $\cot \mathrm{B} \cot \mathrm{C} = \cot^2 \mathrm{A}$, ce qui est précisément l'hypothèse.

L. Singer.

2° L'égalité (1) peut s'écrire

$$a^2 \cos \mathrm{B} \cos \mathrm{C} = bc \cos^2 \mathrm{A},$$

ou en remplaçant $\cos \mathrm{A}$, $\cos \mathrm{B}$, $\cos \mathrm{C}$ par leurs valeurs en fonction des côtés,

$$a^2 \frac{c^2 + a^2 - b^2}{2ca} \frac{a^2 + b^2 - c^2}{2ab} = bc \left(\frac{b^2 + c^2 - a^2}{2bc} \right)^2$$

ou : $a^4 - (b^2 - c^2)^2 = (b^2 + c^2 - a^2)^2$

ou enfin $b^4 + c^4 = a^2 b^2 + a^2 c^2.$

D'autre part, l'égalité $\dfrac{\sin 2\mathrm{B}}{\sin 2\mathrm{C}} = \dfrac{c^2}{b^2}$ peut s'écrire

$$b^2 \sin \mathrm{B} \cos \mathrm{B} = c^2 \sin \mathrm{C} \cos \mathrm{C}$$

ou : $b^3 \dfrac{c^2 + a^2 - b^2}{2ca} = c^3 \dfrac{a^2 + b^2 - c^2}{2ab}$

ou :
$$(b^2 - c^2)(a^2 b^2 + a^2 c^2 - b^4 - c^4) = 0$$
égalité qui est vérifiée puisque $a^2 b^2 + a^2 c^2 = b^4 + c^4$.

3° Enfin on peut remplacer l'égalité $\dfrac{\cot A}{\cot B} = \dfrac{b^2}{c^2}$ par
$$c^2 \cos A \sin B = b^2 \cos B \sin A$$
ou :
$$bc^2 \frac{b^2 + c^2 - a^2}{2bc} = \frac{c^2 + a^2 - b^3}{2ca} ab^2,$$
ce qui revient encore à l'hypothèse $b^4 + c^4 = a^2 b^2 + a^2 c^2$.

P. Gillet.

41. — *Dans un triangle on donne* a, A. *Calculer la hauteur issue de* A, *sachant que la somme de cette hauteur et de la projection du côté* b *sur le côté* a *est égale à* m. *Discuter dans le cas où* A $= 45°$.

Soit x cette hauteur. On aura :
$$x + b \cos C = m, \text{ d'où } \cos C = \frac{m - x}{b}.$$

En remplaçant dans la formule $b = a \cos C + c \cos A$, il vient
$$b = a \frac{m - x}{b} + c \cos A,$$
ou
$$b^2 = a(m - x) + bc \cos A,$$
ou encore
$$b^2 \sin^2 C + b^2 \cos^2 C = a(m - x) + bc \cos A.$$

Si l'on remplace $b \sin C$ par x, $b \cos C$ par $m - x$, et bc par $\dfrac{ax}{\sin A}$, on a
$$x^2 + (m - x)^2 = a(m - x) + ax \cot A$$
$$2x^2 - (2m - a + a \cot A)x + (m^2 - am) = 0$$
équation d'où on tire la valeur de x.

Dans le cas où A $= 45°$, $\cot A = 1$ et l'équation devient
$$2x^2 - 2mx + (m^2 - am) = 0.$$

La condition de réalité est $m(2a - m) \geqq 0$,
ce qui exige que m soit compris entre o et $2a$.

Il faut de plus que x soit positif. Or la somme des racines est positive. Leur produit est $\dfrac{m(m - a)}{2}$.

Donc, si m est compris entre o et a, le produit des racines est négatif : il n'y a qu'une solution.

Si m est compris entre a et $2a$, les deux racines sont positives et conviennent : deux solutions.

P. Gillet.

BACCALAURÉATS

(Session de juillet 1895.)

RENNES

BACCALAURÉAT CLASSIQUE (2ᵉ PARTIE, 2ᵉ SÉRIE) LETTRES-MATHÉMATIQUES
BACCALAURÉAT MODERNE (2ᵉ PARTIE, 3ᵉ SÉRIE) LETTRES-MATHÉMATIQUES

Mathématiques. — 1° *Une des trois questions suivantes* : I. Théorie des diviseurs communs à deux nombres déduite de la division. — Définition de deux nombres premiers entre eux. — Deux pareils nombres étant donnés, par quels facteurs faut-il multiplier l'un pour avoir des produits divisibles par l'autre? — II. Inégalités du second degré. — III. Définition et propriétés des logarithmes vulgaires.

2° *Problème.* — **50.** Dans le plan d'un rectangle dont $AB = 2a$, $AB' = 2a'$ sont les côtés, on prend un point C tel que les angles BAC, BA'C aient la même valeur α. Calculer ses distances aux 4 côtés. Il y a entre elles trois relations indépendantes de α, les indiquer.

Calculer les angles CBA, CB'A en fonction de α et des côtés, ainsi que les rapports des distances de C à deux des sommets opposés.

Physique. — 1° *Choisir un des trois sujets suivants* : I. Lunette astronomique. — Champ. — Grossissement. — Axe optique de la lunette. — II. Définition et mesure de la chaleur de vaporisation d'un liquide. — III. Degré d'humidité de l'air. — Hygromètre de condensation.

2° *Problème.* — **51.** Un vase cylindrique bien fermé contient une masse d'eau au-dessus de laquelle se trouve un espace libre occupé par de l'air sous la pression normale. Le volume de cet espace libre supposé invariable est de 40 cent. cubes. Deux électrodes de platine plongées dans l'eau permettent d'y faire passer un courant électrique qui décompose deux grammes d'eau. Calculer la pression du mélange de gaz renfermé dans le vase.

La température est constante et égale à 0; on ne tient pas compte de la tension de la vapeur d'eau ni de la solubilité des gaz.

Poids spécifiques : Oxygène   1,105

       —   Hydrogène 0,069.

Poids normal d'un litre d'air 1 gr. 3

MODERNE (2ᵉ PARTIE, 2ᵉ SÉRIE) SCIENCES

Mathématiques. — *Choisir et traiter l'une des questions de cours suivantes* : I. Connaissant les lignes trigonométriques des arcs a et b, calculer : $\sin(a+b)$; $\cos(a+b)$; $\operatorname{tang}(a+b)$. — Établir les trois principaux systèmes de relations qui existent entre les côtés a, b, c, et les angles A, B, C d'un triangle. Corrélations algébriques entre ces divers systèmes. — II. Connaissant $\sin a$ calculer $\sin\frac{1}{2}a$ et $\cos\frac{1}{2}a$. Discussion.

Problème. — **52.** Deux droites OX, OY se coupent au point O sous un angle 0. L'une de ces droites OY porte un segment fixe AB ; sur l'autre droite OX se déplace un point M d'où l'on voit le segment AB sous un angle variable u. On demande d'étudier les variations de l'angle u par les variations d'une de ses lignes trigonométriques. Pour quelles positions du point M cet angle sera-t-il maximum ?

On désignera par x la longueur variable OM, par p et q les segments respectifs OA, et OB.

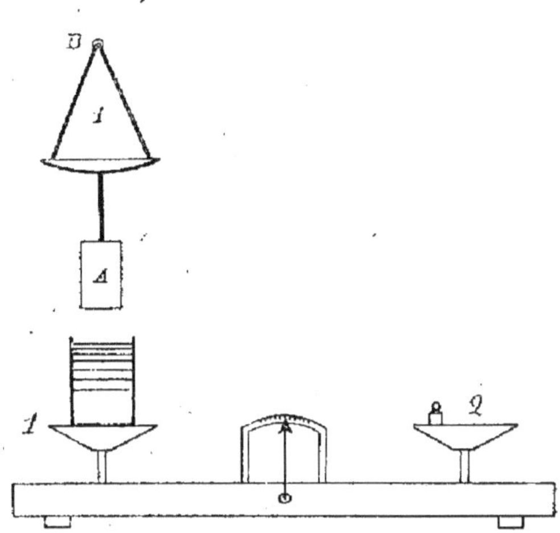

Physique. — *Choisir et développer l'une des questions de cours suivantes* : — I. Lois fondamentales des courants électriques. Unités pratiques *d'intensité*, de *résistance* et de force *électro-motrice*. — II. L'induction. Machines dynamo-électriques. — III. Effets chimiques des courants électriques.

Problème. — **53.** Un corps A est suspendu par un fil au plateau d'une balance hydrostatique en équilibre B.

On abaisse le fléau de cette balance jusqu'à ce que le corps A plonge entièrement dans un vase V rempli *d'eau* et porté par le plateau 1 d'une seconde balance B'.

On rétablit l'équilibre des deux balances d'une part en ajoutant 50 grammes au plateau 1 de la balance B, d'autre part avec une certaine tare placée dans le plateau 2 de la balance B'. On coupe alors le fil de suspension du corps A. Comment modifier la tare du plateau 2 pour rétablir l'équilibre de la balance B' ? La *densité* du corps A est égale à 12.

INSTITUT NATIONAL AGRONOMIQUE (1895)

Mathématiques. — 1re *Question* : — **54.** On veut rembourser un capital C au moyen d'une annuité a payable à la fin de chaque année ; on demande quel est l'amortissement pendant la $p^{ème}$ année, c'est-à-dire de combien la dette a-t-elle diminué de la fin de la $(p-1)^{ème}$ année à la fin de la $p^{ème}$? Discuter la formule trouvée. *Application* : C $=$ 100,000 francs. $a =$ 10,000 francs. $r =$ 0,05 (taux pour 1 f). $p =$ 8.

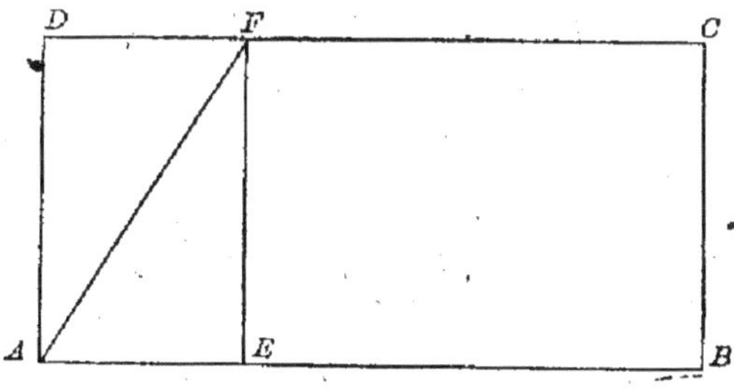

$2°$ *Question.* — **55.** Étant donné un rectangle ABCD, à quelle distance du côté AD doit-on mener une parallèle EF à ce côté, pour que le rapport de la diagonale AF, du rectangle AEFD ainsi formé, à EB soit égal à un nombre donné m :

$$\frac{AF}{EB} = m ?$$

Discussion.

Physique et chimie. — I. Tension maximum de la vapeur d'eau ; moyens de la déterminer aux différentes températures. — II. Composés oxygénés du carbone.

Sciences naturelles. — I. Tiges des végétaux phanérogames. — Structure et accroissement annuel des tiges ligneuses. — II. Roches ignées et roches sédimentaires ; principales espèces. Se servir des phénomènes actuels et de la structure pour expliquer leur mode de formation.

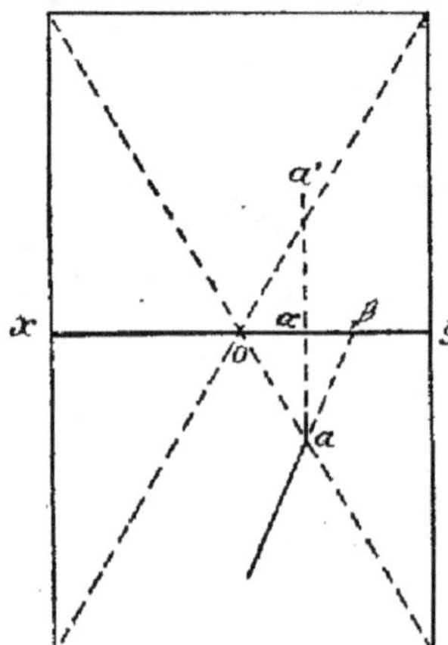

Épure. — **56.** Construire les projections d'un cube dont une diagonale est verticale, le sommet le plus bas étant dans le plan horizontal. On donne les projections a, a' de l'extrémité d'une des arêtes issues du sommet situé dans le plan horizontal. La ligne de terre étant tracée parallèlement aux plus petits côtés de la feuille de papier et à égale distance de ces côtés, la ligne de rappel $a\,a'$ est à 2 centimètres du centre de la feuille ; la cote $\alpha\,a' = 4$ centimètres, l'éloignement $a\,\alpha = 3$ centimètres ; enfin, la projection horizontale de l'arête considérée rencontre la ligne de terre à droite de α et fait avec elle un angle de 75 degrés. En outre, la diagonale verticale est à gauche du sommet (a, a').

On déterminera également les projections de la circonférence circonscrite à la face supérieure du cube qui est à gauche et est visible.

$$o\,\alpha = 2\,c.\ ;\ \alpha\,a' = 4\,c.\ ;\ a\,\alpha = 3\,c.\ ;\ \widehat{a\,\beta\,\alpha} = 75°.$$

N. B. — Les constructions devront être expliquées sur une copie accompagnant l'épure.

Langue française. — Faites un tableau de la ville ou de la campagne où vous avez passé votre jeunesse. Parlez à la fois du pays et des habitants.

QUESTIONS PROPOSÉES

57. N étant un nombre entier qui n'est pas premier, autre que 4, le produit des N — 1 premiers nombres entiers est divisible par $N^{\frac{k-2}{2}}$ si n n'est pas carré parfait, et par $N^{\frac{k-1}{2}}$ si N est carré parfait, k désignant le nombre des diviseurs de N (y compris lui-même et l'unité).

C. Bourlet.

58*. En s'appuyant seulement sur la définition de la continuité, prouver que, sauf pour $x = -1$, l'expression suivante est continue :

$$\frac{x + \sin x}{x + 1}$$

Errata (nᵒ 2) question 30, ligne 7, lire BC au lieu de BD ; question 31, ligne 11, lire $x^2 + (a^2 - 3)\,x - b$ au lieu de $(a^2 + 3 - x)\,x - b$.

* Nous marquons d'un astérisque les énoncés plus spécialement destinés aux candidats à l'Ecole Saint-Cyr, à l'Ecole navale et aux élèves de mathématiques élémentaires supérieures.

Le Gérant : Dʳ H. LABONNE, licencié ès sciences.

Châteauroux. — Typ. et Stéréotyp. A. Majesté et L. Bouchardeau.

BULLETIN

DE

MATHÉMATIQUES ÉLÉMENTAIRES

CONCOURS GÉNÉRAL 1895 (1)

Première moderne (Sciences).

Dans un plan vertical, on donne une droite fixe OA, qui fait avec l'horizon un angle dont la tangente est égale à 0,5. Une barre rectiligne OB, pesante et homogène, est mobile autour de son extrémité O, qui est fixe sur OA ; à l'extrémité B s'articule l'extrémité B d'une autre barre BC rectiligne, pesante, homogène, égale et identique à OB. La barre BC peut ainsi tourner autour du point B ; en outre l'extrémité C de cette barre est assujettie à glisser sur la droite fixe OA.

1° On demande de trouver la position d'équilibre de ce système en supposant qu'il n'y ait aucun frottement ; on demande en outre de calculer pour cette position d'équilibre les pressions qui se produisent en O, B et C.

2° Si on fait tourner OB autour de O avec une vitesse angulaire ω, on demande de calculer la somme algébrique des projections sur la verticale des vitesses des points milieux de OB et de BC. On exprimera cette somme en fonction de ω et de l'angle BOC. On remarquera la valeur que prend cette somme quand le système passe par sa position d'équilibre.

3° On demande de trouver la position d'équilibre du système, quand C frotte sur OA et que le coefficient de frottement est égal à 0,5. On admettra, d'ailleurs, qu'il n'y a aucun frottement sur les articulations B et O.

1°Prenons pour inconnue l'angle BOC que nous appellerons α (fig.1). Soit φ l'angle que fait OA avec la ligne d'horizon OH. P étant le poids de la barre OB, il est facile de voir que nous pouvons considérer le système OBC comme soumis à l'action de 3 forces verticales. Les 2 premières appliquées en O et en C sont égales à $\frac{P}{2}$, la troisième, appliquée en B, est égale à P.

La force $\frac{P}{2}$ appliquée en O est détruite par ce point.

La force P appliquée en B peut être décomposée en 2 forces, P_1 et P_2, dirigées suivant OB et CB.

(1) Nous avons publié dans les numéros précédents les autres copies couronnées (premiers prix) des divers concours de Mathématiques en 1895.

La force P_1 est détruite. La force P_2 peut être transportée au point C et décomposée en 2 forces : l'une R_1 dirigée suivant AO, l'autre R_2 normale à OA.

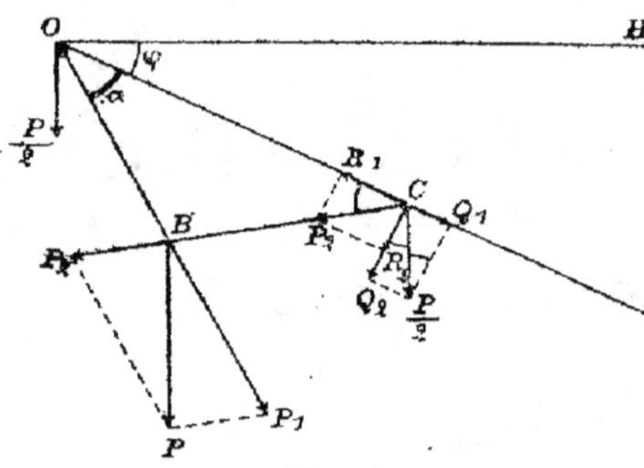

Fig. 1.

La force $\dfrac{P}{2}$ appliquée en C peut se décomposer en 2 forces : l'une Q_1 est dirigée suivant OA ; l'autre Q_2 est normale à OA.

Pour que le système OBC soit en équilibre, on devra avoir $R_1 = Q_1$.

Or, d'une part,

$$Q_1 = \frac{P}{2}\sin\varphi\ ; \qquad R_1 = P_2\cos\alpha$$

Et, d'autre part,

$$\frac{P_2}{\sin(P, P_1)} = \frac{P}{\sin(P_1, P_2)},\ \text{ou}\ \frac{P_2}{\cos(\alpha + \varphi)} = \frac{P}{\sin 2\alpha}\ ;$$

Donc

$$P_2 = \frac{P\cos(\alpha + \varphi)}{\sin 2\alpha}$$

Par suite

$$R_1 = \frac{P\cos(\alpha + \varphi)}{2\sin\alpha}$$

La condition d'équilibre devient ainsi :

$$\cos(\alpha + \varphi) = \sin\alpha\sin\varphi$$

ou, en simplifiant :

$$1 = 2\,\mathrm{tg}\,\alpha\,\mathrm{tg}\,\varphi$$

D'après l'énoncé, $\mathrm{tg}\,\varphi = 0{,}5$; donc $\mathrm{tg}\,\alpha = 1$ et $\alpha = 45°$; c'est-à-dire que le triangle isocèle OBC doit être rectangle.

Calcul des pressions en B, C, O (fig. 2). Représentons par S, N, T des forces égales aux pressions. La force N est normale à OC.

La base BC considérée isolément est en équilibre sous l'action des 3 forces P, N et S. Elles passent donc par un même point. Soit D le point où la direction de N rencontre la direction de P, DB sera la direction de S. En remarquant que $\widehat{G'DC} = \varphi$ et en désignant l'angle G'DB par x, on a :

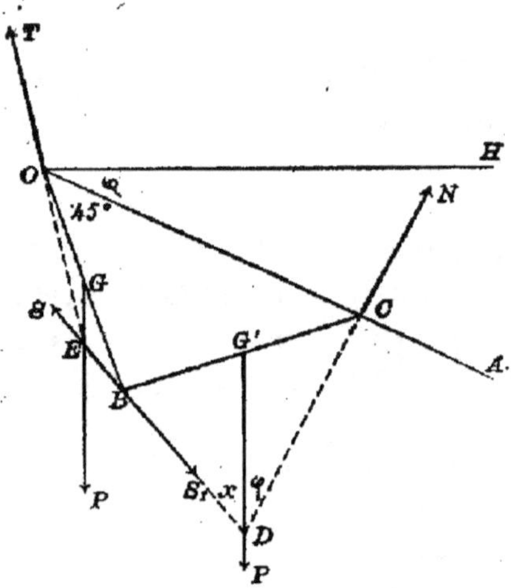

Fig. 2.

$$(1)\qquad \frac{P}{\sin(x + \varphi)} = \frac{S}{\sin\varphi} = \frac{N}{\sin x}$$

d'autre part, les 2 triangles G'DC, G'DB nous donnent :

$$\frac{DG'}{\sin 45°} = \frac{CG'}{\sin\varphi},\qquad \frac{DG'}{\sin(45° + \varphi + x)} = \frac{BG'}{\sin x}$$

De ces 2 relations, on tire :

$$\frac{\sin 45°}{\sin \varphi} = \frac{\sin (45° + \varphi + x)}{\sin x}$$

Comme $\operatorname{tg} \varphi = \dfrac{1}{2}$, on a

$$\sin \varphi = \frac{\sqrt{5}}{5} , \quad \cos \varphi = \frac{2\sqrt{5}}{5}.$$

Par suite, on trouve :

$$\sin x = \frac{3}{5} , \ \sin (x + \varphi) = \frac{2\sqrt{5}}{5}$$

En remplaçant dans (1) il vient :

$$\frac{5P}{2\sqrt{5}} = \frac{5S}{\sqrt{5}} = \frac{5N}{3}$$

D'où :

$$S = \frac{P}{2} , \ N = \frac{3P}{2\sqrt{5}} = \frac{3P\sqrt{5}}{10}$$

La barre OB considérée aussi isolément est en équilibre sous l'action des 3 forces P, S_1 et T. Les réactions en B étant égales et contraires, $S_1 = S = \dfrac{P}{2}$.

On a donc :

$$T^2 = P^2 + \frac{P^2}{4} + P^2 \cos (P, S_1) = \frac{5P^2}{4} + P^2 \cos x$$

$$\text{mais } \cos x = \sqrt{1 - \sin^2 x} = \sqrt{1 - \frac{9}{25}} = \frac{4}{5} ;$$

donc

$$T^2 = \frac{41 P^2}{20}, \ T = \frac{P\sqrt{41}}{2\sqrt{5}}$$

Les 2 forces N et T sont d'ailleurs égales, la première à la résultante des composantes normales Q_2 et R_2 appliquées en C, et la deuxième à la résultante des composantes P_1 et $\dfrac{P}{2}$ appliquées en O (*fig.* 1).

2° Nous savons que la projection sur un axe de la vitesse d'un mobile est égale à la vitesse de la projection du mobile sur cet axe. Il faut donc chercher les vitesses des points M et M′, projections des mobiles G et G′ sur la verticale, et faire la somme de ces vitesses (*fig.* 3).

Soit OB_0C_0 une position initiale du système. Au bout du temps t, le système aura pris la position OBC; l'angle α sera égal à ωt. L'espace e, parcouru par le mobile M, sera :

$$e = M_0 M = OM - OM_0$$

Si nous remplaçons OM et OM_0 par leurs valeurs, nous aurons :

$$e = OG \sin (\omega t + \varphi) - OG \sin \varphi.$$

Pour simplifier, posons $OG = 1$, ce qui est évidemment permis. L'espace parcouru par le mobile M au bout du temps t deviendra :

$$e = \sin (\omega t + \varphi) - \sin \varphi$$

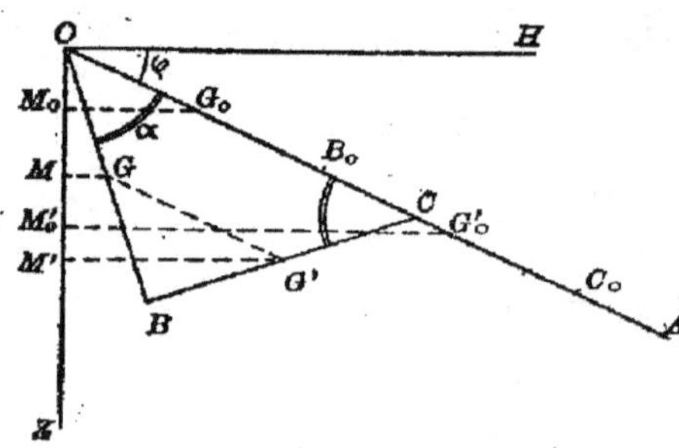

Fig. 3.

La vitesse v du mobile M est la dérivée de l'espace par rapport au temps :

$$v = \omega \cos (\omega t + \varphi) = \omega \cos (\alpha + \varphi)$$

L'espace e' parcouru par le mobile M' sera :

$$e' = M'_0 M' = OM' - OM'_0 = OM + MM' - OM'_0$$

Remplaçons OM, MM', OM'_0 par leurs valeurs. Nous aurons :

$$e' = OG \sin (\omega t + \varphi) + GG' \sin \varphi - OG'_0 \sin \varphi ;$$

mais $GG' = \dfrac{OC}{2} = 2OG' \cos \omega t$, et $OG = 1$; donc :

$$e' = \sin (\omega t + \varphi) + 2 \cos \omega t \sin \varphi - 3 \sin \varphi$$

La vitesse v' du mobile M' sera :

$$v' = \omega \cos (\omega t + \varphi) - 2 \omega \sin \omega t \sin \varphi$$
$$= \omega [\cos (\alpha + \varphi) - 2 \sin \alpha \sin \varphi]$$

La somme algébrique des projections des vitesses sur la verticale sera :

$$v + v' = 2 \omega [\cos (\alpha + \varphi) - \sin \alpha \sin \varphi]$$
$$= 2\omega (\cos \alpha \cos \varphi - 2 \sin \alpha \sin \varphi)$$

Si nous remplaçons $\cos \varphi$ et $\sin \varphi$ par leurs valeurs, il vient :

$$v + v' = \frac{4\omega \sqrt{5}}{5} (\cos \alpha - \sin \alpha)$$

Dans la position d'équilibre, cette somme sera nulle, car $\cos \alpha = \sin \alpha$.

3° Nous savons que le point C est sollicité par deux forces directement opposées ($fig.$ 1). L'une de ces forces Q_1 est invariable : $Q_1 = \dfrac{P}{2} \sin \varphi$. La valeur de l'autre force R_1 dépend de l'angle α. Nous avons en effet :

$$R_1 = \frac{P}{2} \frac{\cos (\alpha + \varphi)}{\sin \alpha} = \frac{P}{2} (\cotg \alpha \cos \varphi - \sin \varphi).$$

Considérons les 2 cas : $\alpha < 45°$, $\alpha > 45°$.

1er Cas. — $\alpha < 45°$. On aura $\cotg \alpha > 1$, et par suite :

$$R_1 > \frac{P}{2} (\cos \varphi - \sin \varphi),$$

c'est-à-dire $R_1 > Q_1$ puisque $\cos \varphi = 2 \sin \varphi$. Le système sera en équilibre si R_1

est inférieur ou égal à Q_1 plus la force de frottement F. Nous aurons donc une infinité de valeurs α pour lesquelles il y aura équilibre. La plus petite de ces valeurs sera donnée par l'équation

$$R_1 = Q_1 + F \quad (1)$$

Calculons F. Le coefficient de frottement étant $\dfrac{1}{2}$, on a :

$$F = \frac{\text{pression en C}}{2} = \frac{1}{2} \left[\frac{P}{2} \cos \varphi + \frac{P}{2} \frac{\cos(\alpha + \varphi)}{\cos \alpha} \right]$$
$$= \frac{P}{4} \left(2 \cos \varphi - \operatorname{tg} \alpha \sin \varphi \right)$$

En remplaçant R_1, Q_1 et F par leurs valeurs dans l'équation (1), il vient :

$$\frac{P}{2} (\cotg \alpha \cos \varphi - \sin \varphi) = \frac{P}{2} \sin \varphi + \frac{P}{4} (2 \cos \varphi - \operatorname{tg} \alpha \sin \varphi) \; ;$$

ou, en simplifiant,

$$\frac{1}{\operatorname{tg} \alpha} = 2 \operatorname{tg} \varphi + 1 - \frac{\operatorname{tg} \alpha \operatorname{tg} \varphi}{2}$$

Mais $\operatorname{tg} \varphi = \dfrac{1}{2}$. On a donc l'équation :

$$\operatorname{tg}^2 \alpha - 8 \operatorname{tg} \alpha + 4 = 0$$

Cette équation a ses racines réelles et positives. Si on fait, dans le trinôme $\operatorname{tg}^2 \alpha - 8 \operatorname{tg} \alpha + 4$, successivement $\operatorname{tg} \alpha = 1$ et $\operatorname{tg} \alpha = 0$, on trouve des résultats de signes contraires. Par suite une seule des racines est comprise entre 0 et 1. La plus petite des valeurs de α pour lesquelles il y aura équilibre sera donnée par l'équation :

$$\operatorname{tg} \alpha = 2 (2 - \sqrt{3})$$

en prenant pour α le plus petit angle positif.

2e Cas. — $\alpha > 45°$. Il est facile de voir que dans ce cas on aura $R_1 < Q_1$. Il y aura donc équilibre si Q_1 est plus petit que $R_1 + F$. La plus grande des valeurs de l'angle α pour laquelle il y aura équilibre sera donnée par la relation :

$$Q_1 = R_1 + F$$

Remplaçons Q_1, R_1 et F par leurs valeurs, nous aurons l'équation

$$\frac{P}{2} \sin \varphi = \frac{P}{2} (\cotg \alpha \cos \varphi - \sin \varphi) + \frac{P}{4} (2 \cos \varphi - \operatorname{tg} \alpha \sin \varphi)$$

ou :
$$\operatorname{tg}^2 \alpha - 4 = 0$$

et, en écartant la racine négative,

$$\operatorname{tg} \alpha = 2$$

En résumé, le système sera en équilibre pour toutes les valeurs de α moindres que 90° comprises entre celles données par les 2 équations :

$$\operatorname{tg} \alpha = 2 (2 - \sqrt{3}) \text{ et } \operatorname{tg} \alpha = 2$$

A. Poggi (Premier prix),
Élève du lycée Voltaire.

M. Poggi suppose implicitement que α ne peut varier que de 0 à $\dfrac{\pi}{2} - \varphi$. Mais en supposant que α puisse varier de 0 à 2π, pour qu'il y ait équilibre, il faut et il suffit que le carré du rapport entre la composante tangentielle $Q_1 - R_1$ et la composante normale $Q_2 + R_2$ soit moindre que le carré du coefficient de frottement :

$$(Q_1 - R_1)^2 < \frac{1}{4}(Q_2 + R_2)^2,$$

$$\left(\frac{2\operatorname{tg} \alpha - 2}{\operatorname{tg} \alpha}\right)^2 < \frac{1}{4}(\operatorname{tg} \alpha - 4)^2,$$

ou $$(\operatorname{tg}^2 \alpha - 4)(\operatorname{tg}^2 \alpha - 8\operatorname{tg} \alpha + 4) > 0,$$

ou $$(\operatorname{tg} \alpha + 2)(\operatorname{tg} \alpha - 2)\left[\operatorname{tg} \alpha - (4 - 2\sqrt{3})\right]\left[\operatorname{tg} \alpha - (4 + 2\sqrt{3})\right] > 0.$$

D'où

$$\operatorname{tg} \alpha < -2, \quad 4 - 2\sqrt{3} < \operatorname{tg} \alpha < 2, \quad \operatorname{tg} \alpha > 4 + 2\sqrt{3}.$$

Donc, en remarquant que $\operatorname{tg}\left(\dfrac{\pi}{2} - \varphi\right) = 2$ et en désignant par ω et par θ les angles compris entre 0 et $\dfrac{\pi}{2}$ qui ont respectivement pour tangentes $4 - 2\sqrt{3}$, $4 + 2\sqrt{3}$, on a les 4 solutions suivantes :

$$\omega < \alpha < \frac{\pi}{2} - \varphi, \qquad \theta < \alpha < \frac{\pi}{2} + \varphi$$

$$\pi + \omega < \alpha < \frac{3\pi}{2} - \varphi, \quad \pi + \theta < \alpha < \frac{3\pi}{2} + \varphi$$

L. Gérard.

DÉMONSTRATION GÉOMÉTRIQUE DE LA FORMULE

$$\frac{\operatorname{tg} \dfrac{A - B}{2}}{\operatorname{tg} \dfrac{A + B}{2}} = \frac{a - b}{a + b}$$

Soit CK la bissectrice de l'angle donné C. Du sommet B, on abaisse la perpendiculaire BK sur cette bissectrice jusqu'à la rencontre en D du côté CA prolongé s'il est nécessaire.

On a alors $CD = CB = a$.

Dans le triangle rectangle CKB, on a

$$CBK = 90° - \frac{C}{2} = \frac{A + B}{2}$$

et $$\operatorname{tg} \frac{A + B}{2} = \frac{CK}{KB} \qquad\qquad (1)$$

Dans le triangle rectangle IKB, on a

$$\widehat{IBK} = \widehat{CBK} - \widehat{CBI} = \frac{A+B}{2} - B = \frac{A-B}{2}$$

$$\operatorname{tg} \frac{A-B}{2} = \frac{IK}{BK} \qquad (2)$$

Divisons (2) par (1) membre à membre, on a

$$(3) \qquad \frac{\operatorname{tg} \dfrac{A-B}{2}}{\operatorname{tg} \dfrac{A+B}{2}} = \frac{IK}{CK} = \frac{CK-CI}{CK} = 1 - \frac{CI}{CK}.$$

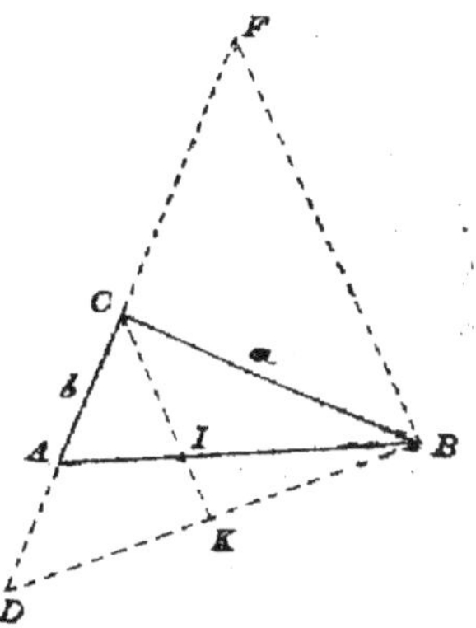

Soit BF parallèle à CK. Les angles F et FBC sont égaux comme étant respectivement égaux aux deux angles DCK et BCK. Donc

$$CF = a.$$

Les triangles semblables ACI et AFB donnent

$$\frac{CI}{BF} = \frac{AC}{AF} = \frac{b}{a+b}.$$

Les triangles DCK et DFB donnent

$$\frac{CK}{BF} = \frac{DC}{DF} = \frac{a}{2a} = \frac{1}{2}.$$

Divisant membre à membre, on a $\dfrac{CI}{CK} = \dfrac{2b}{a+b}$

et

$$1 - \frac{CI}{CK} = \frac{a+b-2b}{a+b} = \frac{a-b}{a+b}.$$

Donc la relation (3) devient $\dfrac{\operatorname{tg} \dfrac{A-B}{2}}{\operatorname{tg} \dfrac{A+B}{2}} = \dfrac{a-b}{a+b}.$

G. Chastel, professeur au lycée du Hâvre.

NOUVELLE CONSTRUCTION DU RAYON RÉFRACTÉ
Etude géométrique du prisme.

Construction du rayon émergent. — Soit un prisme d'angle A, d'indice de réfraction n_2, situé dans un milieu d'indice n_1, Σ la face d'entrée, IA la normale au point d'incidence I d'un rayon lumineux SI (*fig.* 7). Prenons sur IS une longueur n_1 et construisons le rayon réfracté CA à travers Σ, correspondant à SI. CA est la direction du rayon lumineux à l'intérieur du prisme ; au point A menons la droite AD faisant avec la normale IA l'angle A du prisme ; soit D le point où le cercle décrit de C comme centre avec un rayon de longueur n_1, rencontre cette droite AD (1). On voit facilement que CD est la direction du rayon émergent et qu'en outre on a IAC $= \Upsilon$; CAD $= \Upsilon'$, d'où on tire en grandeur et en signe

$$A = \Upsilon + \Upsilon' ;$$

$$CIA = \pi - i ; \qquad CDA = \pi - i' ; \qquad ICD = \Delta$$

CONDITIONS D'ÉMERGENCE. — La première question à se poser dans le prisme est de chercher à quelles conditions un rayon lumineux incident donne par réfraction à travers la face d'entrée un rayon lumineux tombant sur la face de sortie sous un angle d'incidence inférieur à l'angle limite λ (nous supposons $n_2 > n_1$).

Nous établirons d'abord la propriété suivante :

Quand un rayon lumineux SI émerge, il en est de même de tout rayon lumineux compris dans l'angle SIΣ (*fig.* 8). En effet la longueur p de la perpendiculaire abaissée du point C sur la droite AD a pour valeur

$$p = n_2 \sin \Upsilon'$$

et on a $p < n_1$, la droite AD rencontrant la circonférence CI, puisque par hypothèse le rayon AC peut émerger.

Considérons un autre rayon C'I contenu dans l'angle CIΣ ; la distance p_1 du point C' à la droite $A_1 D'_1$ est :

$$p_1 = n_2 \sin \Upsilon'_1$$

Or, on a : $\qquad \Upsilon_1 + \Upsilon'_1 = A = \Upsilon + \Upsilon'$

Or $i_1 > i$, on a donc $\Upsilon_1 > \Upsilon$ et par suite $\Upsilon'_1 < \Upsilon'$ et $\sin \Upsilon'_1 < \sin \Upsilon'$ d'où

$$p_1 < p < n_1.$$

Si le rayon CI est tel que le rayon CA rencontre la seconde face sous l'angle limite, seuls tous les rayons contenus dans l'angle CIΣ pourront émerger.

On peut alors se proposer deux problèmes :

1° *Etant donné un rayon lumineux SI, déterminer l'angle A du prisme tel que l'angle d'incidence sur la face de sortie du rayon intérieur CA correspondant soit l'angle limite.*

Il suffit évidemment de construire le rayon intérieur CA correspondant à SI et de mener du point A une tangente au cercle CI.

On voit facilement : *a*) que pour que le rayon rasant ΣI soit le dernier rayon émergent, il faut A $= 2\lambda$; il n'y a alors qu'un seul rayon émergent.

b) pour que le rayon incident normal soit le dernier qui puisse émerger, il faut A $= \lambda$; tous les rayons incidents pouvant émerger sont alors compris dans l'angle droit ΣIN (*fig.* 8).

c) pour que le rayon incident KI faisant l'angle d'incidence $-\dfrac{\pi}{2}$ émerge, il faut A $= o$.

---

(1) Si les deux faces du prisme ne sont pas baignées par le même milieu, le cercle décrit de C comme centre aura pour rayon non plus CD $=$ CI $= n_1$, mais CD $= n_3$, n_3 étant l'indice absolu du milieu baignant la face de sortie.

En résumé, appelant α l'angle comprenant les rayons incidents pouvant émerger, on a, A variant de o à 2λ :

A	o	λ	2λ
α	π	$\dfrac{\pi}{2}$	o

Il en résulte que l'angle A doit être $\leqq 2\lambda$ pour que des rayons lumineux entrant dans le prisme puissent le traverser au moins en partie.

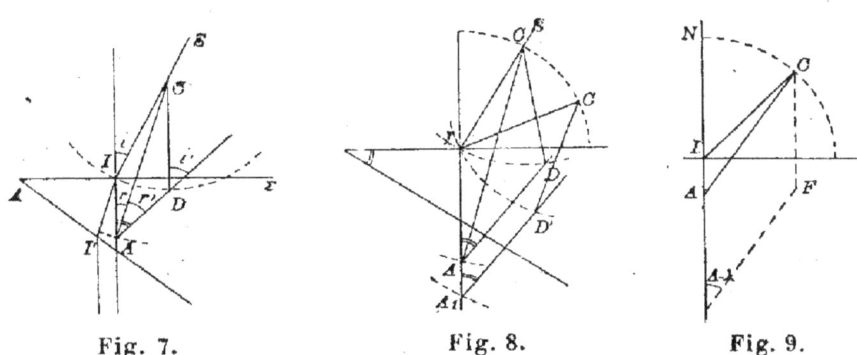

Fig. 7.   Fig. 8.   Fig. 9.

$2°$ *Étant donné l'angle A du prisme, trouver la direction CI du rayon incident donnant le dernier rayon émergent.*

Comme le dernier rayon émergent est tel que $\Upsilon' = \lambda$, on a : $\Upsilon = A - \lambda$; d'où la construction suivante de la direction du rayon incident correspondant :

En un point arbitraire E de la normale IN, on mène une droite EF de longueur n_2 et faisant avec IN l'angle $A - \lambda$ (*fig.* 9), et par F on mène une parallèle EC rencontrant au point C cherché le cercle de rayon n_1 et de centre I, comme il est facile de s'en assurer.

(*A suivre.*)   G.-H. Niewenglowski.

<hr>

QUESTIONS RÉSOLUES

Géométrie.

11. — *Par les sommets d'un triangle ABC on mène trois droites parallèles AA', BB', CC' ; démontrer que les trois droites symétriques des précédentes par rapport aux bissectrices des angles A, B, C se coupent sur le cercle circonscrit.*

Soient AD et CD les symétriques des parallèles AA' et CC' par rapport aux bissectrices des angles A et C :
$$\widehat{A'AB} = \widehat{CAD} \text{ et } \widehat{C'CB} = \widehat{ACD},$$
comme angles symétriques.

Les arcs AC et A′C′ étant égaux, on a

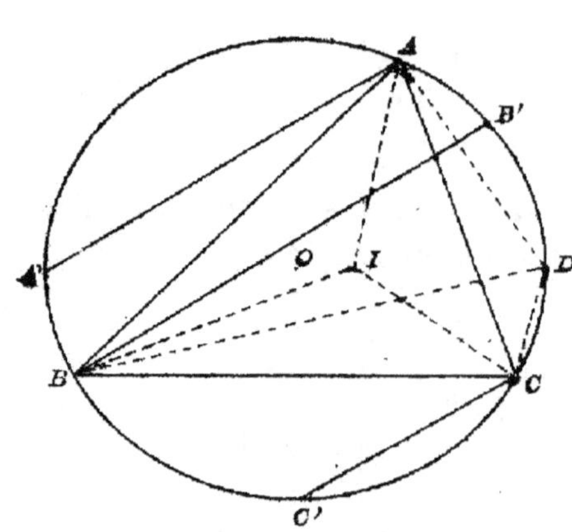

$$\widehat{ABC} = \widehat{A'AB} + \widehat{BCC'} = \widehat{CAD} + \widehat{ACD}$$

Donc l'angle ABC est le supplément de l'angle ADC et, par suite, le point D est sur le cercle circonscrit au triangle ABC.

On démontrerait de même que la droite BD, symétrique de BB′ par rapport à la bissectrice de l'angle B, doit couper les droites AD et CD sur le cercle circonscrit, c'est-à-dire au point D.

Maurice Collomb (Lycée de Lyon).

Autre solution. Les trois parallèles AA′, BB′, CC′, se rencontrent à l'infini. Comme elles passent par les sommets du triangle, les symétriques de ces droites par rapport aux bissectrices des angles A, B, C sont les *isogonales* des premières.

Elles sont donc concourantes et leur point de concours est sur le cercle circonscrit, comme inverse d'un point situé à l'infini.

P. Bouiges (Collège de Mauriac).

Autre solution par M. A. de Clercq, élève à la maison de Melle-lez-Gand.

13. — *Par le point M où le cercle circonscrit au triangle ABC rencontre la médiane issue de A, on mène une corde MD parallèle à BC ; démontrer que le cercle passant par A et D et tangent au côté AC intercepte sur le côté AB une corde égale à 2AB.*

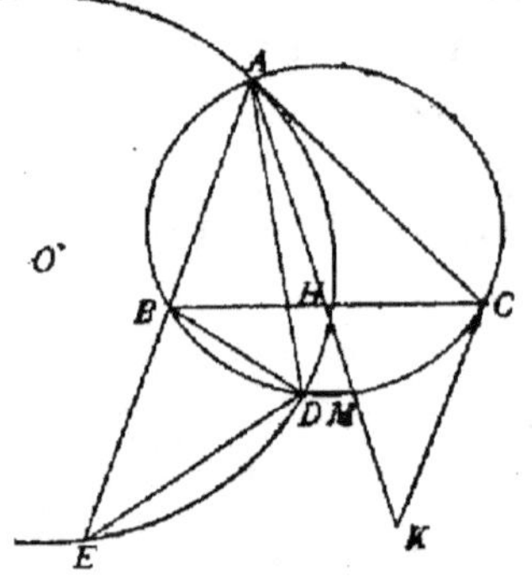

Soit E le point de rencontre du cercle O′ ainsi construit avec AB. Joignons DE, DA. Prolongeons d'autre part la médiane AH d'une longueur HK égale à elle-même et joignons KC. H étant le milieu de BC et de AK, la figure ACKB est un parallélogramme. Donc l'angle CKA est égal à BAK ou encore à DAC ; mais DAC est égal à AED, puisque ces deux angles ont même mesure que la moitié de l'arc AD dans le cercle O′.

Donc $\widehat{CKA} = \widehat{DEA}$. D'ailleurs $\widehat{CAK} = \widehat{DAE}$. Il en résulte que les triangles CKA et DEA, ayant deux angles égaux, sont semblables. Or l'angle ADB est évidemment égal à ACB ; donc CH et DB sont deux lignes homologues de ces deux triangles : H étant le milieu de AK, B est le milieu de AE, ou AE = 2AB.

P. Gillet.

Physique.

19. *Un observateur place devant son œil une lentille convergente, mince, de distance focale f, à la face postérieure de laquelle est accolé un miroir plan dont la face réfléchissante regarde l'observateur, dont la vue est supposée accommodée pour une distance Δ. Quelle devra être la distance de l'œil au système miroir-lentille pour que l'observateur voie l'image virtuelle de son œil ? Marche des rayons lumineux. On négligera l'épaisseur de la lentille ainsi que la distance de son centre optique à la surface du miroir. Même problème en supposant une lentille planconvexe de rayon R, d'indice n, étamée sur la surface plane. Application numérique : (Miroir plan) f = 10 cm.; Δ = 20 cm. (distance de la vision minima distincte.*   (**J. Anglas.**)

Notations. — **A**, place de l'œil ; **L**, lentille ; **M**, miroir ; $\mathrm{LA} = p_1$ est l'inconnue ; **B**, **C**, **D**, place des images successives ; $p_2 p_3$, p_4, leurs distances au système miroir-lentille ; $\mathrm{AD} = \Delta$, la dernière image étant en **D** ; $\mathrm{LF} = \mathrm{LF'} = f$, distance focale.

Deux cas se présentent, suivant que l'œil considérera son image virtuelle, ou son image réelle :

Premier cas. — La figure doit être ainsi faite : l'œil A donne l'image virtuelle B, laquelle donne C, symétrique par rapport au miroir M ; C virtuelle donne D également virtuelle. Or l'œil regardant vers la droite de la figure, D doit s'y trouver également, et C devra tomber entre L et F. D'où la condition $p_3 < f$; qui entraîne, puisque $p_2 = p_3$, et que $p_1 < p_2$, la condition $p_1 < f$. Nous verrons qu'elle n'est pas suffisante.

Mise en équation. $\dfrac{1}{p_1} - \dfrac{1}{p_2} = \dfrac{1}{f}$

Or $p_2 = p_3$, donc

$$\left.\begin{aligned}\frac{1}{p_1} - \frac{1}{p_3} &= \frac{1}{f}\\[4pt]\frac{1}{p_3} - \frac{1}{p_4} &= \frac{1}{f}\end{aligned}\right\}$$

avec

D'où, en ajoutant membre à membre

$$\frac{1}{p_1} - \frac{1}{p_4} = \frac{2}{f} \tag{1}$$

Equation qu'il faut joindre à la donnée

$$p_1 + p_4 = \Delta \tag{2}$$

Portons dans (1) la valeur de p_4 tirée de (2), et chassons les dénominateurs :

$$2p_1^{2} - 2(f + \Delta)p_1 + f\Delta = 0 \tag{a}$$

Premier cas.

Discussion. — Il faut

$$1°)\ p_1 < f\ ;\ 2°)\ p_3 < f$$

3°). Une racine de l'équation (a), pour être acceptable, doit être réelle, positive, et doit satisfaire aux deux conditions précédentes.

— La deuxième, sachant que $\dfrac{1}{p_3} = \dfrac{1}{p_1} - \dfrac{1}{f}$, et par suite que $p_3 = \dfrac{p_1\,f}{f - p_1}$, donne $\dfrac{p_1\,f}{f - p_1} < f$, d'où $p_1 < \dfrac{f}{2}$, condition qui entraîne la première.

— Examinons maintenant les racines de (a).

Elles sont toujours réelles, car

$$f^2 + 2\,\Delta\,f + \Delta^2 - 2\,f\,\Delta = f^2 + \Delta^2 \text{ est toujours} > 0.$$

Elles sont toutes deux positives (Produit et somme $> o$).

Il suffit donc que les solutions soient $< \dfrac{f}{2}$.

— Or, en regardant la place de $\dfrac{f}{2}$ par rapport aux racines, c'est-à-dire en remplaçant p_1 par $\dfrac{f}{2}$ dans le premier membre, on obtient

$$\frac{2\,f^2}{4} - \frac{2\,f^2}{2} - \frac{2\,f\,\Delta}{2} + f\,\Delta = -\frac{f^2}{2} \text{ toujours} < o.$$

Donc $\dfrac{f}{2}$ est situé entre les racines ; la plus petite est seule acceptable.

$$p_1 = \frac{f + \Delta - \sqrt{f^2 + \Delta^2}}{2}$$

Application. $f = 10$ cm. $\Delta = 20$ cm.

$$p_1 = \frac{30 - \sqrt{100 + 400}}{2} = \frac{30 - 1\sqrt{5}}{2} = 5\,(3 - \sqrt{5})$$

Deuxième cas. — On voit de même que la figure ne peut être qu'ainsi faite : l'œil A donne l'image réelle B, laquelle, virtuelle par rapport au miroir, donnerait par réflexion l'image C ; mais celle-ci ne peut se former, car les rayons réfléchis sur le miroir M traversent de nouveau la lentille et convergent suivant D. — Il faut évidemment $p_1 > f$.

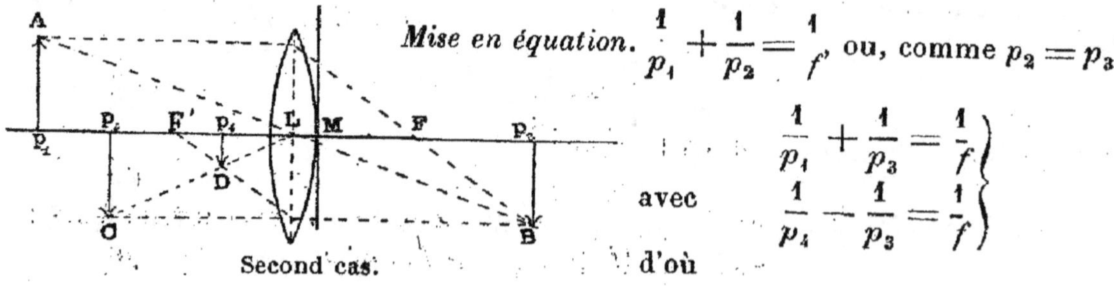

Mise en équation. $\dfrac{1}{p_1} + \dfrac{1}{p_2} = \dfrac{1}{f}$, ou, comme $p_2 = p_3$

$$\frac{1}{p_1} + \frac{1}{p_3} = \frac{1}{f} \left.\vphantom{\frac{1}{p_3}}\right\}$$

avec

$$\frac{1}{p_1} - \frac{1}{p_3} = \frac{1}{f} \left.\vphantom{\frac{1}{p_3}}\right\}$$

d'où

$$\frac{1}{p_1} + \frac{1}{p_4} = \frac{2}{f}$$

Mais $p_4 = p_1 - \Delta$, donc

$$\frac{1}{p_1} + \frac{1}{p_1 - \Delta} = \frac{2}{f} :$$

on retombe sur l'équation (a), ce qui était facile à prévoir. D'ailleurs, cette équation, qui est symétrique par rapport à Δ et à f, a une racine supérieure à Δ et à f; car, en remplaçant p_1 par f dans le premier membre, on obtient :

$$2 f^2 - 2 f^2 - 2 f\Delta + f\Delta = - f\Delta < o$$

donc la plus grande racine correspond au cas actuel.

En résumé, il y a toujours deux solutions : l'une qui correspond à une image réelle et l'autre à une image virtuelle.

Application numérique. $f = 10$, $\Delta = 20$:

$$p_1 = 5 \left(3 + \varepsilon \sqrt{5}\right)^{(1)}.$$

Remarque 1. — Pour que, dans le deuxième cas, l'image D puisse se former ainsi, il faut évidemment que C soit à gauche de F′, ou $p_3 > f$; mais cette condition est évidemment remplie puisque $p_3 = p_2$, et que B, image réelle, est forcément à droite de F.

D'ailleurs exprimons algébriquement $p_3 > f$; on a $p_3 = \dfrac{f\,p_1}{p_1 - f}$;

$\dfrac{f\,p_1}{p_1 - f} > f$ donne $p_1 > p_1 - f$, condition forcément toujours remplie.

Remarque 2. — Dans le premier cas, l'œil voit de lui-même une image agrandie et virtuelle ; il se voit à la loupe, celle-ci fonctionnant 2 fois comme loupe, car les rayons la traversent à l'aller et au retour ; l'image est donc fort agrandie. — Dans le deuxième cas l'œil voit son image diminuée et réelle.

J. ANGLAS, préparateur à la Sorbonne.

Nous avons reçu une solution exacte de M. BERLAND.

CONCOURS GÉNÉRAUX 1895

Physique et Chimie.

CLASSE DE PREMIÈRE-SCIENCES

I. Décrire une machine magnéto-électrique et en donner la théorie.

II. Énoncer les lois fondamentales des courants.

59. Les pôles d'une pile dont les éléments ont une force électromotrice de 1,8 volt et une résistance de 0,08 ohm sont réunis par un fil de cuivre ayant pour longueur 20^m et pour section 2 millimètres carrés. La résistance en ohms d'un mètre de fil est de 0,016. Les éléments sont groupés en séries de manière à produire le maximun de

---

(1) ε désignant, suivant l'usage consacré, l'unité positive et négative.

chute de potentiel du pôle positif au pôle négatif. Quel doit être le nombre des éléments pour que cette chute soit de 7,2 volts ?

III. Quels sont les caractères de la fonction aldéhyde ?

Propriétés et préparation de l'aldéhyde vinique.

IV. Benzine et phénol.

(9 juillet, de 8 h. 1/2 à 2 h. 1/2.)

CLASSE DE PHILOSOPHIE

I. Effets chimiques des courants.

II. **60**. Etant donné un petit aérostat dont l'enveloppe pèse 45 grammes, on veut le gonfler avec de l'hydrogène préparé par électrolyse, et lui donner une force ascensionnelle de 5 grammes.

Le courant dont on dispose passe dans un voltamètre à électrodes d'argent, contenant une solution d'azotate d'argent, où il dépose sur l'électrode négative 0 gr. 01118 d'argent par seconde. Il présente ensuite une bifurcation, dont l'une des branches comprend un voltamètre contenant de l'eau acidulée par l'acide sulfurique ; l'autre, un voltamètre contenant une solution de sulfate de sodium : c'est l'hydrogène recueilli dans ces deux voltamètres qui est envoyé dans l'aérostat, après avoir été desséché. — On demande :

1° Pendant combien de temps on devra faire passer le courant ;

2° Quel sera le volume de l'aérostat, à la fin de l'expérience. On négligera la poussée éprouvée par l'enveloppe. — L'air est supposé sec ; sa température est 27° 3 ; sa pression est mesurée par une colonne de mercure de 75 centimètres.

La densité de l'hydrogène est 0,0695 ; le coefficient de dilatation des gaz est $\frac{1}{273}$; le poids du litre d'air à 0° et 76° est 1 gr. 293. — Le poids atomique de l'argent et son équivalent sont représentés par le nombre 108.

(19 juin 1895.)

CLASSE DE PHILOSOPHIE (Départements)

I. — Solénoïdes : comparaison d'un solénoïde et d'un aimant.

II. **61**. Un tube de verre cylindrique AB fermé aux deux bouts d'une longueur de 6 centimètres et d'une section intérieure de 1 cent. carré, contient une masse d'air qui, sous la pression de 76 centimètres de mercure, occupe une longueur AC = 3 cm. Le reste du tube est rempli d'eau, au fond de laquelle on a mis un peu de mercure pour lester l'appareil. La partie qui contient l'eau communique avec le dehors par une petite ouverture O. Dans ces conditions l'appareil pèse 5 g. 5 et son volume extérieur est 6,5 centimètres cubes.

On l'introduit verticalement dans une grande éprouvette en verre contenant de l'eau, fermée par un piston P d'une section de 5 cent. carrés qu'on surcharge d'un poids.

1° Le baromètre marquant 76 centimètres, on demande quel doit être le poids total minimum du piston P et de sa surcharge, puisque le flotteur commence à s'enfoncer sous l'eau. Démontrer qu'il descendra jusqu'au fond de l'eau quand il aura commencé à s'enfoncer.

2° Le tube étant descendu au fond de l'éprouvette, quel poids minimum faudra-t-il retirer de la surcharge pour qu'il commence à remonter ? Cette condition étant remplie, remontera-t-il jusqu'à la surface de l'eau ?

Densité du mercure : 13,6. — Profondeur de l'eau de l'éprouvette : 56 cm. On néglige le frottement du piston P contre la tubulure.

QUESTIONS PROPOSÉES

62. Démontrer par la géométrie analytique la relation suivante dans laquelle A, B, C représentent les trois sommets d'un triangle et G son centre de gravité :

$$\overline{AB}^2 + \overline{AC}^2 + \overline{BC}^2 = 3\left(\overline{AG}^2 + \overline{BG}^2 + \overline{CG}^2\right)$$

En déduire le rapport de la somme des carrés des côtés à la somme des carrés des médianes.

63. Dans un triangle ABC, on mène la hauteur AH ; trouver le lieu de la projection du point H sur la droite joignant les projections d'un point quelconque M de la base BC sur les côtés AB et AC. En déduire que les projections du point H sur les deux autres hauteurs et sur les côtés AB et AC sont quatre points en ligne droite.

(E. Claude, professeur au lycée de Carcassonne.)

64. Dans un triangle ABC, on mène deux hauteurs BB', CC' et le diamètre AD du cercle circonscrit qui passe par le troisième sommet A. Démontrer que

$$DB \times CC' + DC \times BB' = \overline{BC}^2.$$

65. Soit ABCD un quadrilatère, concave ou convexe, circonscrit à un cercle, démontrer qu'on a, dans tous les cas,

$$\overline{AB} + \overline{AD} + \overline{CB} + \overline{CD} = o,$$

pourvu que les directions positives choisies sur les quatre tangentes coïncident quand on fait coïncider les tangentes en les faisant tourner autour du centre. — Réciproque.

66. Résoudre l'équation

$$\cos 2x \cos 60^0 = \cos^2 (x + 30^0).$$

67. Un mélange de chlorure et d'iodure d'argent pèse 10 gr. ; faisant passer sur ce mélange un courant d'hydrogène, il reste 6 gr. 8 d'argent métallique :

1° Combien le mélange renfermait-il de chlorure et d'iodure ?

2° Combien de chlore et d'iode ?

BIBLIOGRAPHIE

C.-A. Laisant et E. Lemoine. — *Traité d'aritmétique.* Paris, Gaulhier-Villars.

Les auteurs déclarent la guerre aux explications superficielles et aux définitions défectueuses. Ils se battent un peu contre les moulins à vent, car les définitions critiquées à juste titre ne se retrouvent plus dans les traités d'arithmétique modernes, et Dieu sait s'ils sont nombreux cependant. Le principal mérite, à nos yeux, de ce petit traité, est la clarté de sa rédaction et la simplicité de son style. On n'y trouve pas de ces phrases pompeuses d'autant plus creuses qu'elles sonnent mieux. Mais on y trouvera des renseignements intéressants sur la numération, sur l'origine des signes + et —, sur la multiplication *per Gelosiam,* etc. Ajoutons que les auteurs ont adopté l'*orlografie simplifiée* de M. Malvezin. Nos élèves font d'eux-mêmes tant de fautes d'orthographe qu'il serait peut-être dangereux, pour cette raison, de leur recommander la lecture exclusive de cet ouvrage.

B. N.

H. Andoyer, chargé d'un cours à la Faculté des sciences de Paris. — *Cours de géométrie* à l'usage des élèves de l'enseignement primaire supérieur. Paris, Belin, éditeur.

Cet ouvrage comprend, outre un cours très complet de géométrie, des notions de trigonométrie et de topographie avec une table des lignes trigonométriques à quatre décimales. Les démonstrations sont d'une rigueur et d'une simplicité parfaites; mais ce qui constitue l'originalité de l'ouvrage, c'est le nombre et la prodigieuse variété des applications : les unes purement numériques, pour faire comprendre à l'élève le sens et la portée des théorèmes ; les autres littérales, pour exercer au maniement et à la transformation des formules ; d'autres enfin, d'un ordre plus élevé et de nature à intéresser les maîtres aussi bien que les élèves, par exemple le calcul de la corde d'un arc dont on donne le rayon et la longueur.

L. G.

Girard (Jules), Secrétaire-adjoint de la Société de Géographie. — *La Géographie littorale.* — 1 vol. gr. in-8° de 231 p. avec 81 fig. ou cartes. Prix : 6 fr.

Dans cet ouvrage, M. Jules Girard a tenté de faire la synthèse des observations relatives aux phénomènes dont les rivages sont le théâtre : érosion, dépôt d'alluvions, mouvements lents des côtes. Il commence par étudier les mouvements des eaux de la mer : ras de marée, courants superficiels, propagation de la marée le long des côtes, courants de marée. Le second chapitre est consacré à l'érosion littorale. L'auteur donne des exemples de l'influence destructive exercée par les vagues et les courants d'une part, et de l'autre par les vents dominants ; il étudie ensuite les phénomènes d'érosion sur les falaises de la Manche et sur les côtes des Pays-Bas. Il traite dans les deux chapitres suivants des formations littorales : bancs de sable, cordons littoraux, flèches, dunes, îlots et récifs coralligènes. Des considérations sur les deltas et sur les estuaires des grands fleuves forment le sujet des chapitres V et VI. Enfin l'étude des variations du mouvement du sol sur les côtes termine l'ouvrage. Il est illustré de figures souvent heureusement choisies.

Les personnes qu'intéresse la géographie physique des côtes appartiennent à des professions très diverses. C'est un domaine commun d'études pour les marins et les géologues, les océanographes et les ingénieurs hydrographes. Leurs observations sont dispersées dans des documents très nombreux. En cherchant à les rassembler, M. Girard s'obligeait à un labeur considérable. Il a rendu vraiment service en présentant les faits réunis sous une forme systématique.

Le Gérant : Dr H. LABONNE, licencié ès sciences.

Châteauroux. — Typ. et Stéréotyp. A. Majesté et L. Bouchardeau.

BULLETIN

DE

MATHÉMATIQUES ÉLÉMENTAIRES

NOTE SUR LA DIVISIBILITÉ DE $x^m - a^m$ PAR $(x - a)$

Plusieurs traités d'algèbre estimés démontrent la divisibilité de $(x^m - a^m)$ par $(x - a)$, à l'aide de la relation :

$$x^m - a^m = (x - a) f(x) + \varphi(a)$$

en considérant le cas particulier de $x = a$.

Cette démonstration laisse à désirer.

D'abord, elle suppose que la relation est générale, c'est-à-dire applicable au cas particulier considéré, ce qui n'apparaît pas, puisqu'on établit cette relation en imaginant effectuée la division de $(x^m - a^m)$ par $(x - a)$, et que cette opération porte sur des termes nuls, lorsque $x = a$.

Il est vrai que l'on peut tourner la difficulté, en mettant la relation sous la forme :

$$(x - a) f(x) = (x^m - a^m) - \varphi(a).$$

Supposé que, à propos de la multiplication de deux polynomes, l'on ait soin d'établir que la règle qui sert à former le produit est générale, qu'elle subsiste même pour des facteurs nuls, on sera fondé à considérer le cas de $x = a$.

Mais peu d'algèbres classiques généralisent les formules fondamentales, et, d'ailleurs, cette généralisation est un peu subtile pour les débutants.

La démonstration dont il s'agit a surtout le défaut d'être une démonstration par l'absurde. En effet, on commence par supposer que la division de $(x^m - a^m)$ par $(x - a)$ a un reste ; puis on fait voir que ce reste est nul, qu'il n'existe pas.

Elle a un dernier inconvénient. Elle prouve simplement que $\varphi(a)$ est numériquement nul, quel que soit a. S'ensuit-il que ce polynome n'existe pas algébriquement ? Il faudrait démontrer auparavant qu'un polynome entier en a, constamment nul, est composé de termes qui s'entredétruisent, c'est-à-dire identiquement nul. Encore un point parfois négligé.

Bref, l'on ne devrait se servir de la relation :

$$(x^m - a^m) = (x - a) f(x) + \varphi(a),$$

qu'après avoir démontré que le reste de la division de $F(x)$ par $(x - a)$ est $F(a)$.

On pourrait conclure alors légitimement que $\varphi\,(a)$ n'est autre que le binôme $a^m - a^m$, que partant il est identiquement nul.

Mais, bien entendu, il ne faudrait pas retomber dans la même négligence à propos de la relation :

$$F\,(x) = (x - a)\,f\,(x) + F\,(a).$$

Que l'on revienne à la vieille méthode, consistant à établir d'abord la loi de formation des termes successifs du quotient de F (x) par $(x - a)$. C'est la seule rigoureuse.

Toutefois, de même qu'en arithmétique l'on va du cas simple au cas composé, l'on pourrait commencer par établir la divisibilité de $(x^m - a^m)$ par $(x - a)$, en procédant de la même manière, c'est-à-dire en tirant les restes les uns des autres, et en montrant que le dernier est : $a^m - a^m$.

Je résume ma pensée, en disant que l'on devrait se servir uniquement de l'hypothèse $x = a$, pour *vérifier* que la relation :

$$F\,(x) = (x - a)\,f\,(x) + \varphi\,(a)$$

est générale, ce qui est le contraire de la méthode dominante.

Si ces lignes ne rencontrent pas d'adhérents, l'on reconnaîtra, au moins, qu'il est bizarre d'appeler « directe » une démonstration, où l'on a recours à l'aide d'un cas particulier, et où l'on marche au but par la voie de l'absurde.

C. Blanc, professeur libre à Lyon.

Il est, en effet, incontestable que la démonstration critiquée par M. Blanc prouve simplement que, si F (x, a) est un polynôme entier en x et en a, le reste $\varphi\,(a)$ de la division de ce polynôme par $x - a$ a même valeur numérique que F (a, a) pour toute valeur attribuée à a ; elle ne prouve pas que les polynômes $\varphi\,(a)$ et F (a, a) soient *les mêmes*. Néanmoins il couvient de remarquer que la difficulté disparaît si le dividende F (x) ne contient pas d'autre lettre que x, et si a est un *nombre donné*, par exemple $a = 2$; car alors le reste de la division de F (x) par $x - 2$ est un *nombre déterminé*, ainsi que F (2). D'ailleurs, si, au lieu de se borner à la considération des polynômes *équivalents*, on faisait la théorie complète des opérations sur les polynômes *au point de vue de la forme, indépendamment des valeurs numériques attribuées aux lettres qui y entrent*, il n'y aurait plus de difficulté ; l'*identité*

$$F\,(x, a) = (x - a)\,f\,(x, a) + \varphi\,(a)$$

subsisterait quand on remplace la lettre x par la lettre a, et on pourrait en conclure que le polynôme $\varphi\,(a)$ est *identique* au polynôme F (a, a).

L. G.

CENTRE DE GRAVITÉ DU TRAPÈZE

1. Soit le trapèze ABCD ; je trace la médiane MN joignant les milieux des bases, puis la diagonale BD qui coupe la médiane en O.

J'appelle α et β les longueurs des demi-bases :
$$AM = MB = \alpha ; \quad CN = ND = \beta.$$

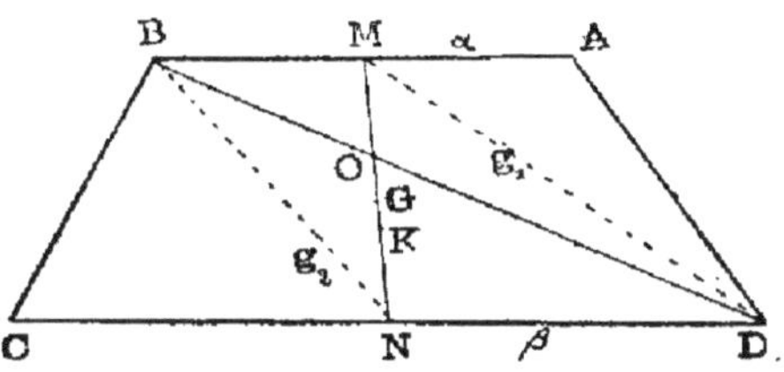

Le trapèze est divisé par la diagonale en deux triangles ABD, CBD, qui ont leurs centres de gravité en g_1 et g_2. Les poids de ces triangles sont proportionnels à leurs bases, puisqu'ils ont même hauteur ; par suite, il est permis de supposer que ces poids sont :

$$\frac{3}{2} AB \quad \text{et} \quad \frac{3}{2} CD,$$

ou, plus simplement,

$$3\alpha \quad \text{et} \quad 3\beta.$$

Il s'agit de composer ces deux forces.

2. La force g_1 (3α) peut se décomposer en deux autres, M (2α) et D (α), parce que g_1 est situé au tiers de MD.

De même, g_2 (3β) sera remplacé par N (2β) et B (β).

Nous avons donc à composer les 4 forces :
$$M (2\alpha), \quad N (2\beta), \quad D (\alpha), \quad B (\beta).$$

Les deux premières ont pour résultante K $(2\alpha + 2\beta)$, le point K satisfaisant la relation :

$$\frac{KN}{KM} = \frac{2\alpha}{2\beta}.$$

Remarquons que le point O divise également la médiane MN dans un rapport $\dfrac{OM}{ON}$ égal à $\dfrac{\alpha}{\beta}$. Il en résulte que l'on a

$$NK = OM \quad \text{et} \quad KM = ON \qquad \text{(facile à démontrer)}$$

Ainsi, pour avoir le point K, il suffira de prendre NK égale à OM.

Considérons les forces D (α) et B (β) ; en appelant X le point d'application de leur résultante, on a :

$$\frac{XB}{XD} = \frac{\alpha}{\beta}.$$

Mais par la similitude des triangles MOB, NOD il vient :

$$\frac{OB}{OD} = \frac{\alpha}{\beta}.$$

Ceci montre que le point X coïncide avec le point O.

3. Actuellement nous avons à composer les deux forces K $(2\alpha + 2\beta)$ et O $(\alpha + \beta)$

la 1e étant le double de la 2e, il suffit de prendre le point G, au tiers de KO, à partir du point K ; ce point G est le centre de gravité demandé.

Règle. — *Tracer la médiane et une diagonale; porter le petit segment de la médiane sur le grand, à partir de la base opposée, c'est-à-dire prendre* NK = OM. *Le centre de gravité est au tiers de la ligne* KO, *c'est-à-dire du segment de la médiane compris entre le dernier point et la diagonale.*

J. BROCA, Professeur au Lycée de Tournon.

CORRESPONDANCE

Nous avons reçu la lettre suivante de **M. Vitasse** :

Monsieur,

... Il me semble qu'il y a lieu de faire une remarque sur la manière dont on présente d'ordinaire la discussion des problèmes du 2e degré auxquels on est conduit dans la théorie du manomètre à air comprimé, des pompes aspirantes, etc.

Exemple. — l désignant la longueur du tube du manomètre depuis le niveau dans la cuvette, x désignant la hauteur de la colonne de mercure soulevée, H la pression atmosphérique normale évaluée par la hauteur d'une colonne de mercure, n désignant la pression qui s'exerce sur le mercure de la cuvette, évaluée en atmosphères, on obtient aisément l'équation :

$$x^2 - (l + n\mathrm{H})\, x + (n - 1)\, \mathrm{H}l = o.$$

On ajoute d'ordinaire :

« Comme la plus petite racine $x = o$ convient seule quand $n = 1$, la plus pe-
» tite racine convient seule dans tous les cas. »

Cette explication est sans doute fondée ; mais elle s'appuie sur des raisons de continuité qui ne sont guère à la portée des élèves. Il me paraît préférable de remarquer que le nombre l est compris entre les deux racines et que, par suite, la plus grande racine ne peut jamais convenir à la question.

NOUVELLE CONSTRUCTION DU RAYON RÉFRACTÉ
Etude géométrique du prisme.

(Fin.)

ETUDE DE LA DÉVIATION Δ. — La déviation Δ dépend, comme on sait, de trois grandeurs A, n et i ; il est facile d'étudier avec notre construction les variations de Δ, quand une de ces trois grandeurs varie, les deux autres restant fixes.

On a :
$$\Delta = \mathrm{ICD} = \mathrm{ICA} + \mathrm{ACD} \qquad (\textit{fig. 7})$$

Or dans les triangles AIC, ACD on a :

$$ICA = i - \Upsilon; \qquad ACD = i' - \Upsilon'$$

d ou, par addition

$$ICD = \Delta = i + i' - (\Upsilon + \Upsilon') = i + i' - A.$$

1° *Variations de Δ avec A.* — La déviation Δ augmente avec A ; la construction le fait voir d'une façon évidente — (nous supposons toujours $n_2 > n_1$).

2° *Variations de Δ avec n.* — On voit aussi aisément que Δ croît avec n.

3° *Variations de Δ avec i.* — On remarque d'abord que i et i' varient en sens inverse ; et que prenant un rayon incident dont l'angle i_1 est égal à l'angle i' d'un autre cas, inversement l'angle i'_1 du premier cas est égal à l'angle i du second ; et qu'en outre Δ n'a pas changé. La déviation Δ doit donc passer par un maximum ou un minimum pour une valeur I de i, telle que $i = i'$ et par suite $\Upsilon = \Upsilon'$, puisqu'à chaque valeur de i inférieure à I correspond une autre valeur de l'angle d'incidence, égale à i' et supérieure à I, pour laquelle Δ est la même.

Avant de chercher si cette valeur de Δ est un maximum ou un minimum, il faut construire le trajet du rayon lumineux cor-

respondant. On a dans ce cas $\Upsilon = \Upsilon' = \dfrac{A}{2}$,

d'où la construction suivante (*fig.* 10):

Par un point G quelconque de la normale IN, on mène une droite GH de longueur n_2

faisant avec la normale l'angle $\dfrac{A}{2}$ et menant

par le point H une parallèle à la normale IN, elle rencontre le cercle de rayon n_1 et

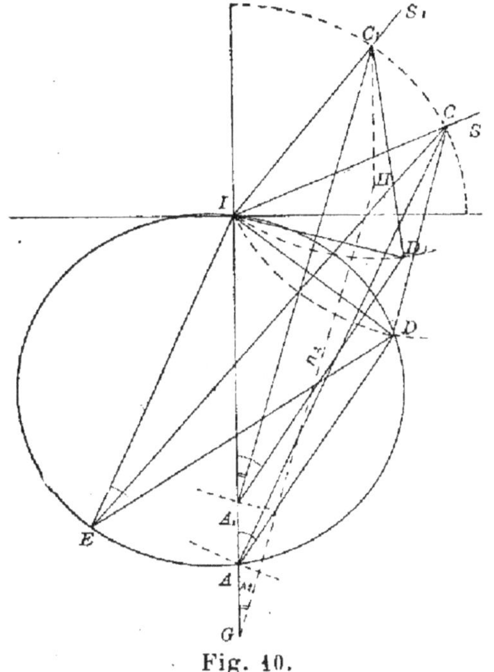

Fig. 10.

de centre I au point C_1, tel que le rayon lumineux incident C_1I est celui qui correspond au minimum de déviation.

La construction montre que le rayon intérieur est perpendiculaire au plan bissecteur de l'angle du prisme, puisque sur la construction le trajet de ce rayon intérieur se confond avec la bissectrice de l'angle des normales aux deux faces du prisme.

Je dis maintenant que Δ passe par un minimum pour $i = i'$; soient en effet (*fig.* 10), C_1I, C_1A_1 et C_1D_1 les directions du rayon incident, du rayon intérieur et du rayon émergent correspondant au cas où $i = i'$ —, et CA, CD les directions du rayon intérieur et du rayon émergent correspondant à un rayon incident tel que $i \lessgtr i'$, soit $i > i'$. Sur ID et du même côté que le point A, construisons le triangle isocèle IED, tel que :

$$IED = IAD = IA_1D_1 = A$$

Il est semblable au triangle IA_1D_1; en outre, les quatre points I, D, A, E sont sur un cercle dont le centre est évidemment sur CE. On a donc :

$$CE > CA \qquad \text{d'où} \qquad CE > C_1A_1$$

Or : $$CI = C_1I = n_1$$

donc, remarquant que les angles CIE, C_1IA_1, doivent être tous deux obtus, on a :

$$IE > IA_1$$

Les triangles IED, IA_1D_1 étant semblables, on a aussi :

$$ID > ID_1$$

d'où, puisque $$CI = CD = C_1I = C_1D_1 = n_1$$

$$ICD > IC_1D_1$$

On démontrerait de même que si on a $i < i'$ la déviation correspondante est supérieure à la déviation du rayon tel que $i = i'$.

G.-H. NIEWENGLOWSKI.

CHRONIQUE SCIENTIFIQUE

Mesure de la pression du grisou dans les mines de houille. — Dosage musical du grisou. — L'acétylène comme gaz d'éclairage.

C'est de la pression du grisou dans les couches de houille que dépendent dans une large mesure les accidents qui se produisent et leur gravité. On n'en peut douter après les beaux travaux sur ce sujet de M. Lindsay Wood, en Angleterre, et de MM. Schorn, Watteyn et Macquet, en Belgique.

M. Simon, ingénieur principal des mines de Liévin, vient de faire faire, en France, un nouveau pas à la question. Nous en trouvons le résumé dans la *Revue générale des sciences pures et appliquées*.

Tout d'abord, un ingénieux dispositif expérimental a été combiné par M. Simon. Voici en quoi il consiste :

On fore dans la couche, à l'aide d'une perforatrice à main, un trou de 6 centimètres de diamètre et de profondeur variable. On introduit dans ce trou un tube de cuivre flexible de 1 centimètre de diamètre intérieur, dont l'extrémité s'arrête à environ 20 centimètres du fond. L'autre extrémité est reliée à un manomètre de Bourdon ou à un compteur à gaz, le premier mesurant les pressions, le second le débit. On fait ensuite dans l'espace annulaire compris entre le tube et la paroi du trou, avec de l'argile humectée, un bourrage énergique.

Les résultats obtenus ont été les suivants. La pression maximum relevée à Liévin a été de 7 k. 500 dans un sondage de 12 mètres ; elle paraît devoir augmenter avec la profondeur des sondages, car, en Angleterre, on a trouvé jusqu'à 31 kilogrammes de pression.

Le débit de grisou, d'abord très violent, va en diminuant et atteint une sorte de moyenne de 10 à 20 litres par heure.

L'auteur de ces recherches conclut de ses expériences l'indication à titre pratique et général.

Dans l'exploitation des veines grisouteuses, il conviendra de chercher à diminuer la tension du grisou, à régulariser son dégagement, à augmenter la perméabilité du charbon. On appliquera la méthode qui donnera un grand développement au front des tailles, de telle sorte que les affaissements produits par le déhouillement agissent en avant des chantiers et produisent dans la houille des fissures qui facilitent la sortie du gaz. Le régime grisouteux d'une couche sera affecté dans le même sens par l'exploitation de couches inférieures ou d'une couche supérieure voisine. Enfin, un but analogue peut être atteint par la méthode des mines de Bessèges, qui consiste à ébranler les roches encaissantes par des coups de mines placés dans le toit et le mur de la couche (¹).

* *

M. Hardy vient d'inventer un ingénieux appareil, pour doser le grisou, et présenté à la dernière réunion de la Société de l'industrie minérale, à Saint-Etienne, où il a été l'objet d'une attention sérieuse et sympathique.

L'auteur part des bases suivantes :

1º Lorsque deux tuyaux sonores identiques sont traversés par un même courant gazeux suffisamment fort, ils vibrent à l'unisson. On entend un son net.

2º Lorsque deux tuyaux sonores identiques sont traversés par deux courants gazeux de même vitesse et de même température, mais de densités différentes, il n'y a plus unisson mais dissonance, et il se produit des battements périodiques ou renforcements de sons. Ces battements sont dus à la coïncidence de certaines vibrations des deux tuyaux en action.

M. Hardy détermine par le nombre de ces battements produits en 10 secondes la quantité de grisou qui existe dans un milieu donné et assure qu'il peut constater ainsi des teneurs extrêmement faibles.

Les appareils, dont la disposition n'a rien d'absolu, peuvent être fixes ou portatifs.

On a présenté à l'auteur quelques objections dont la principale est la suivante: Cet appareil n'étant en somme qu'un comparateur de densités, la présence de l'acide carbonique et celle de la vapeur d'eau, en modifiant le poids spécifique de l'air, peuvent, ou masquer la présence du grisou, ou faire croire à cette présence. Il faudrait donc débarrasser le mélange gazeux de ces corps, ce qui serait difficile, sinon impossible, dans la pratique. Mais il en est des appareils de sécurité et de sauvetage comme des bons remèdes de la pharmacopée ; s'ils guérissent quelquefois et surtout souvent, il serait excessif de leur demander de guérir toujours.

* *

Depuis qu'on a trouvé que l'acétylène pouvait se préparer aisément en décomposant le carbure de calcium préparé en forme électrique par l'eau, on a cherché à l'employer à l'éclairage et, sous peu de temps, on trouvera dans le commerce de nombreux modèles de lampes portatives à l'acétylène.

La combustion de l'acétylène, qui exige moitié moins d'oxygène que le gaz d'éclairage, développe, à lumière égale, une température beaucoup moindre ; produit une quantité moindre de gaz carbonique et de vapeur d'eau. Le pouvoir éclairant de l'acé-

(¹) Le *Petit Temps*.

tylène est, à volume égal, dix-neuf fois celui du gaz d'éclairage ; sa lumière blanche ne change pas la couleur des objets.

M. Hempel, dans un intéressant article de la *Revue scientifique,* nous apprend aussi qu'il est bien moins toxique que l'oxyde de carbone, que son odeur alliacée très prononcée permet d'en déceler de faibles quantités dans l'air que nous respirons ; en outre, tandis que le gaz d'éclairage, mélangé à six fois son volume d'air, devient explosif, l'acétylène ne le devient que mélangé à douze fois son volume d'air.

G.-H. N.

QUESTIONS RÉSOLUES

Mathématiques.

21. *On donne deux circonférences de rayons* r *et* r'. *On demande de calculer le rayon d'une circonférence tangente à la fois aux deux circonférences et à la droite qui joint les centres. Discussion en supposant* r > r' *et* d ≧ r'. *Cas particuliers où* r' = o *et où* r = r'.

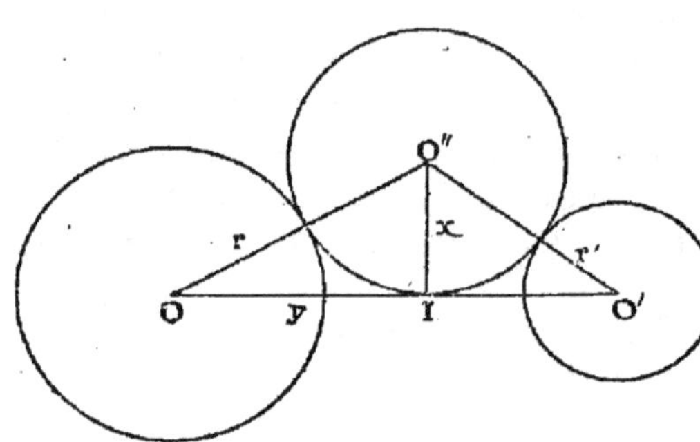

Solution géométrique. (On démontrera d'abord que quand deux circonférences sont tangentes à une troisième, la droite qui joint les points de contact passe par un centre de similitude des deux circonférences.)

Fig. 1.

I. Soient O'' le centre et x le rayon du cercle demandé, I son point de contac avec OO', y la distance OI. Dans le triangle rectangle $OO''I$, nous avons :

$$\overline{OO''}^2 = \overline{O''I}^2 + \overline{OI}^2$$

ou : $\qquad (r + x)^2 = x^2 + y^2,$

ou : $\qquad r^2 + 2rx = y^2.$ $\qquad\qquad (1)$

Par analogie, nous avons : $r'^2 + 2r'x = (d - y)^2$ $\qquad (2)$

De (1) nous tirons : $\qquad x = \dfrac{y^2 - r^2}{2r},$

et, en portant dans (2), $\qquad (d - y)^2 - r'^2 - r' \dfrac{y^2 - r^2}{r} = o$ $\qquad (3)$

Désignons le premier membre par $f(y)$ et remplaçons-y y successivement par r et d :

$$f(r) = (d - r)^2 - r'^2,$$

$$f(d) = - r'^2 - r' \frac{d^2 - r^2}{r}.$$

$f(r)$ est positif, car $d - r > r'$;

$f(d)$ est négatif, car $d > r$.

Donc l'équation (3) a ses racines réelles et l'une d'elles est comprise entre r et d. Le coefficient de y^2 dans le trinôme $f(y)$ est $1 - \dfrac{r'}{r}$, il est positif, car $r > r'$.

Donc d est compris entre les racines tandis que r est extérieur :
$$r < y' < d < y''.$$

La racine y'' correspond au cas où I est situé sur le prolongement de OO′, au delà de O′ (fig. 2).

Si $r' = o$, on a $y = d$. Le point de contact I se confond avec O′.

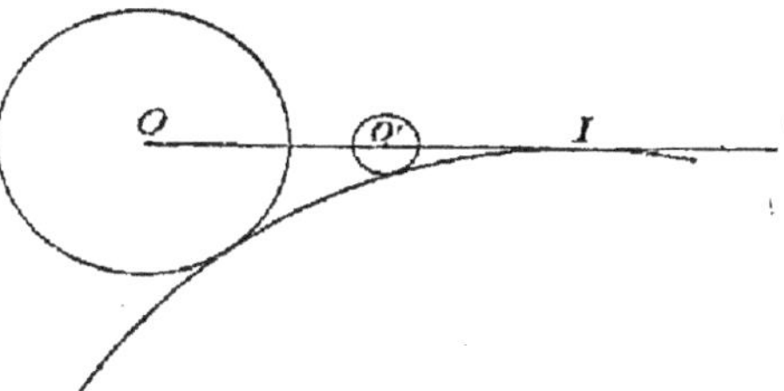

Fig. 2.

Si $r = r'$, on a : $y = \dfrac{d}{2}$, I est à égale distance de O et O′.

II. Soient M et M′ (fig. 3) les points de contact du cercle O″ avec les cercles O et O′. La droite MM′ rencontre OO′ en S et le cercle O en un second point N.

Les triangles OMN et O″MM′ sont iso cèles. Donc :
$$\widehat{ONM} = \widehat{OMN} = \widehat{O''MM'} = \widehat{O''M'M}.$$

Donc ON et O′M′ sont parallèles et S est un centre de similitude des cercles O et O′.

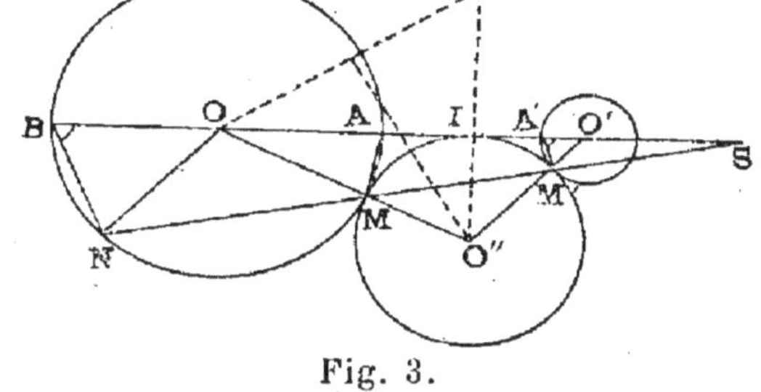

Fig. 3.

Les points N et M′ sont *homologues* ; M et M′ sont *antihomologues*. On sait que le produit des distances de deux points antihomologues au centre de similitude est constant. En effet, soient A et A′ deux points antihomologues situés sur OO′, et soit B l'homologue de A′. BN est parallèle à A′M′. Donc
$$\widehat{O'A'M'} = \widehat{OBN} = \widehat{AMM'}$$

Donc le quadrilatère AA′M′M est inscriptible :
$$SM \times SM' = SA \times SA';$$
et comme, d'autre part,
$$SM \times SM' = \overline{SI}^2,$$
il vient
$$\overline{SI}^2 = SA \times SA'.$$

SI est une moyenne proportionnelle entre SA et SA′ que nous pouvons construire, ce qui détermine le point I. Il suffit ensuite de mener un cercle tangent au cercle O et tangent à la droite OO′ en un point donné I.

Sur la perpendiculaire à OO′ au point I, prenons une longueur IH = OM = r. Nous aurons O″H = O″O. Donc le point O″ se trouve sur la perpendiculaire

90 BULLETIN DE MATHÉMATIQUES ÉLÉMENTAIRES

au milieu de OH. Comme il est aussi sur IH, nous pouvons le construire.

A chaque position du point I correspondent 2 cercles O″ symétriques par rapport à OO′.

A chaque position du point S correspondent, sur OO′, 2 positions du point I, symétriques par rapport au point S et, par suite, **4** cercles O″.

J. Dumoulin (lycée de Lyon).

22. *Chercher la nature des racines de l'équation*
$$x^2 - 2\,(m+1) + 2\,m^2 - 4\,m + 1 = 0$$
quand m *prend toutes les valeurs possibles.*

Calculons le discriminant
$$\delta = (m+1)^2 - 2\,m^2 + 4\,m - 1 = m\,(6-m),$$
qui s'annule pour $m = 0$ ou $m = 6$ et est positif pour les valeurs intérieures aux racines.

Calculons la somme et le produit des racines. La somme
$$x' + x'' = 2\,(m+1)$$
s'annule pour $m = -1$, est positive pour $m > -1$.

Le produit
$$x'x'' = 2\,m^2 - 4\,m + 1$$
s'annule pour
$$m = \frac{2 \pm \sqrt{4-2}}{2} = 1 \pm \frac{\sqrt{2}}{2}$$

et est positif pour les valeurs extérieures aux racines.

Classons toutes ces valeurs de m et faisons-le varier de $-\infty$ à $+\infty$.

m	δ	$x' + x''$	$x'x''$	
$-\infty$				Racines imaginaires
-1	$-$			
0	$\dots 0 \dots$			Une racine double $x' = x'' = 1$
	$+$	$+$	$+$	$x' > 0 \quad x'' > 0$
$1 - \dfrac{\sqrt{2}}{2}$			$\dots 0 \dots$	$x' = 0 \quad x'' = 4 - \sqrt{2}$
	$+$	$+$	$-$	$x' < 0 \quad x'' > 0$
$1 + \dfrac{\sqrt{2}}{2}$			$\dots 0 \dots$	$x' = 0 \quad x'' = 4 + \sqrt{2}$
	$+$	$+$	$+$	$x' > 0 \quad x'' > 0$
6	$\dots 0 \dots$			Une racine double $x' = x'' = 7$
$+\infty$	$-$			Racines imaginaires

Camille Vigourrux (Lycée de Lyon).

Solutions analogues par MM. Perret, Gillet.

24. *Étant donnée une progression géométrique de raison* x, *on considère 3 termes consécutifs de cette progression. On fait d'abord leur somme, puis de cette somme on retranche le terme du milieu. Étudier la variation du rapport de la première expression à la seconde quand* x *varie.*

Soit a, ax et ax^2 les 3 termes consécutifs de la progression.

La somme de ces trois termes est $a + ax + ax^2$.

Nous avons alors à étudier la variation du rapport

$$\frac{a + ax + ax^2}{a + ax^2} \text{ ou } \frac{x^2 + x + 1}{x^2 + 1}.$$

Pour faire cette étude, égalons le rapport à y, on a :

$$\frac{x^2 + x + 1}{x^2 + 1} = y,$$

d'où $\qquad x^2(y - 1) - x + y - 1 = o$

Pour qu'à une certaine valeur de y correspoude une valeur réelle de x, il faut que les racines de l'équation

$$x^2(y - 1) - x + y - 1 = o$$

soient réelles, c'est-à-dire que

$$1 - 4(y - 1)^2 \geqq o$$

ou, en effectuant et changeant les signes,

$$4y^2 - 8y + 3 \leqq o.$$

On obtient ainsi un trinôme qui doit être de signe contraire à son premier terme, donc y est dans l'intervalle des racines. Cherchons ces racines ; elles sont

$$\frac{2 \pm 1}{2} = \frac{1}{2} \text{ et } \frac{3}{2}.$$

On doit donc avoir $\dfrac{1}{2} \leqq y \leqq \dfrac{3}{2}$

$\dfrac{1}{2}$ est alors le minimum de y et $\dfrac{3}{2}$ le maximum.

Pour avoir les valeurs de x correspondantes à ces maximum et minimum, remarquons qu'elles nous sont données par la formule

$$x = \frac{1}{2(y - 1)}.$$

Ce sont $\qquad x = -1 \quad$ et $\quad x = 1$.

De plus, quand $x = \pm \infty$, y est égal au rapport des coefficients de x^2, c'est-à-dire, dans le cas qui nous occupe, $y = 1$.

On a alors le tableau suivant :

x	$-\infty$	-1	1	$+\infty$
y	$1 - \varepsilon$	$\dfrac{1}{2}$	$\dfrac{3}{2}$	$1 + \varepsilon$
		minim.	maxim.	

On obtient en outre la courbe suivante :

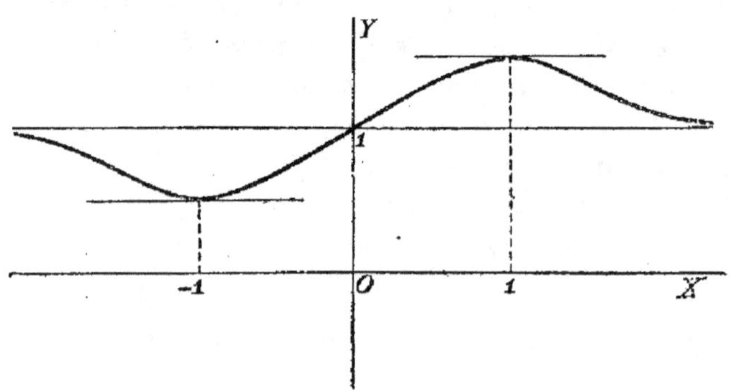

L. Berthier (Collège de Mauriac).

Solutions analogues par MM. Bouiges (collège de Mauriac), Dumoulin, Gillet.

Physique.

25. *Un aréomètre à graduation uniforme marque 0° dans l'eau pure à 0°, 40'
dans un certain liquide de densité 1,52 à la même température. A quelle division
affleurera-t-il dans ce dernier liquide à la température de 60° ?*

Le coefficient de dilatation cubique du verre est 0.000026, celui du liquide
0.000836.

Soit n le nombre de degrés que possède l'aréomètre ; si on le plonge successivement dans l'eau et dans le liquide donné, les poids de liquide déplacés sont égaux ;
de sorte qu'on pourra écrire

$$n = (n - 40)\,1,52$$

d'où l'on tire $n = 117$ divisions par excès.

L'aréomètre marquant 0° dans l'eau, son poids pourra être représenté par 117.
D'autre part ce même poids est égal au produit de la partie du baromètre qui
plonge dans le liquide à 60° par la densité de ce liquide à la même température.
On aura donc :

$$117 = (117 - x)\,(1 + 60\,\alpha) \times \frac{1,52}{1 + 60\,\alpha'}$$

en appelant x le nombre de degrés dont l'aréomètre émerge (c'est-à-dire le nombre de divisions qu'il marquera au point d'affleurement), α le coefficient de dilatation du verre et α' celui du liquide donné. Cette équation effectuée donne

$$x = 36 \text{ divisions par défaut.}$$

Paul Bouiges.

Solution analogue par M. Gillet.

18. *Un point lumineux réel P est placé sur l'axe principal d'une lentille O dont* *le diamètre est 2r et la distance focale f. Un écran est placé au foyer principal du côté opposé de la lentille. Quel est le rayon du cercle éclairé par les rayons émanés du point P, et qui ont traversé la lentille? Discussion suivant la valeur de la distance p = PO, du point lumineux à la lentille, et suivant que la lentille est convergente on divergente.*

Considérons d'abord une lentille convergente

a) — Supposons d'abord que l'on ait $OP = p > f$ (fig. 1); on sait que dans ce cas, le foyer P' conjugué de P se trouve toujours au delà du foyer et qu? :

$$OP' = p' = \frac{pf}{p-f}$$

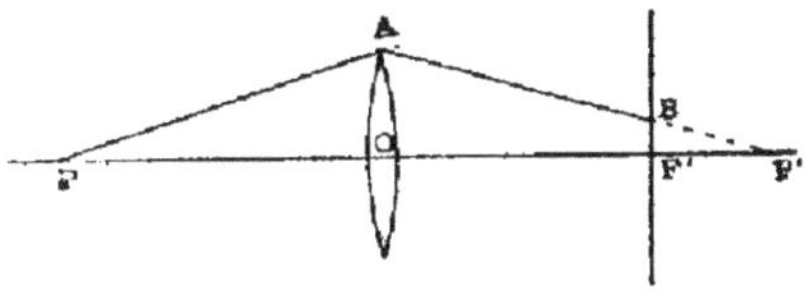

Les triangles semblables nous donnent

$$\frac{BF'}{AO} = \frac{P'F'}{OP'}, \text{ d'où } BF' = x = r\frac{p'-f}{p'} = r\frac{f}{p}.$$

Fig. 1.

Dans ce cas, on a donc $x < r$.

b) — Supposons ensuite $p < f$ (fig. 2). Le foyer P', conjugué de P, est virtuel et se trouve du côté de P par rapport à la lentille, et :

$$p' = \frac{pf}{f-p}$$

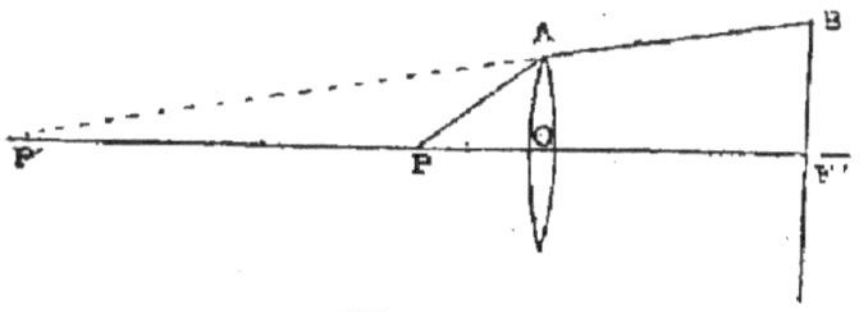

Les triangles semblables nous donnent :

$$\frac{x}{r} = \frac{p'+f}{p'} = \frac{f}{p}, \text{ d'où } x = r\frac{f}{p}$$

Fig. 2.

L'expression de x est donc la même que précédemment, mais on a $x > r$.

Considérons maintenant une lentille divergente (fig. 3). Le foyer P' conjugué de P est toujours virtuel et situé du même côté que P par rapport à la lentille et :

$$p' = \frac{pf}{p+f}$$

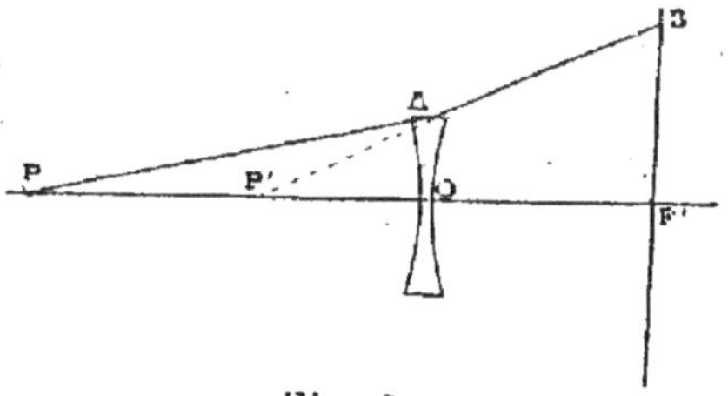

Les triangles semblables nous donnent :

$$\frac{x}{r} = \frac{p'+f}{p'} = 2 + \frac{f}{p}$$

Fig. 3.

D'où $x = r\left(2 + \frac{f}{p}\right) > 2r.$

A. DURDILLY.

Solution analogue par M. GILLET.

BACCALAURÉATS

(Session de juillet.)

LILLE

(juillet 1895.)

BACCALAURÉATS CLASSIQUE ET MODERNE (SÉRIE DE MATHÉMATIQUES)

Mathématiques. — I. *Questions de cours (au choix des candidats).* — 1. Enoncer le théorème des projections ; — en déduire les formules qui donnent le sinus et le cosinus de la somme de deux arcs. — 2. Connaissant $\mathrm{tg}\,a$, calculer $\mathrm{tg}\,\dfrac{a}{2}$; montrer comment on peut géométriquement prévoir et expliquer *a priori* les résultats du calcul. — 3. Résoudre et discuter l'équation :

$$a \cos^2 x + b \sin x \cos x + c \sin^2 x = m$$

II. *Problème (pour tous les candidats).* — **68.** On considère un point M situé sur une ellipse ayant pour foyers F, F′, pour centre O, pour longueurs d'axes $2a$, $2b$. On désigne par $2c$ la distance focale, par ρ, ρ' les rayons vecteurs FM, F′M, par x la projection du segment OM sur la direction OF. — 1. Exprimer en fonction de x la différence $\rho'^2 - \rho^2$ et en déduire les expressions de ρ et de ρ'. — 2. Déterminer le centre de gravité G d'un fil homogène de longueur $2a$ passant par le point M et dont les extrémités seraient en F et en F′. — 3. Calculer la projection du segment OG sur la direction OF. — 4. Déduire des résultats précédents le lieu géométrique de G lorsque M décrit l'ellipse.

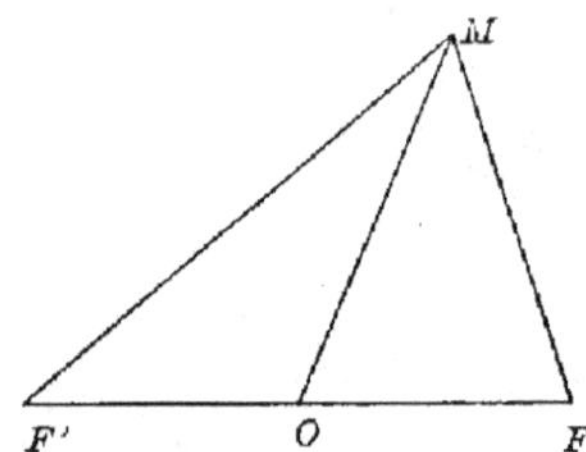

Physique. — I. *Questions de cours (au choix des candidats).* — 1. Qu'appelle-t-on prisme en optique ? Marche d'un rayon de lumière homogène dans un prisme. — Condition d'émergence. — Calcul de la déviation : 1° dans le cas général ; 2° quand l'incidence est très petite. — Etude expérimentale de la déviation. — 2. Lunette de Galilée. — Marche des rayons lumineux. — Mise au point. — Grossissement. — 3. Télescope de Newton. — Formation des images. — Mise au point. — Grossissement.

II. *Problème (pour tous les candidats).* — Une cloche à plongeur cylindrique, ayant une hauteur de 3 mètres et une section de 6 mètres carrés, est descendue dans l'eau jusqu'à ce que son sommet se trouve à 10 m. 6 au-dessous de la surface. — Quel volume V d'air faudra-t-il introduire à la pression intérieure qui est de 76 centimètres pour empêcher l'eau de s'élever dans la cloche ? La densité du mercure est 13,6.

BACCALAURÉAT MODERNE (SÉRIE DES SCIENCES)

Mathématiques. — *Questions de cours (au choix des candidats).* — 1. Exprimer les rayons vecteurs d'un point M d'une ellipse en fonction rationnelle de l'abscisse de ce point. Déduire des formules obtenues, la définition de l'ellipse par la propriété d'un foyer et de la directrice correspondante. — 2. Etudier d'après la méthode de Dandelin les sections planes d'un cône de révolution. On développera seulement le cas où la section est une ellipse et on citera les autres sans démonstration. — 3. Démontrer que la projection stéréographique d'un cercle de la sphère est un cercle et que le centre de ce cercle est la perspective du sommet du cône circonscrit à la sphère suivant le cercle considéré.

Problème (pour tous les candidats). — **69.** Une tige rectiligne AB, rigide et inextensible, homogène et pesante, de longueur $2a$, peut tourner librement autour de son extrémité A supposée fixe. Un fil sans masse dont l'une des extrémités est fixée en un point donné C de AB passe sur une poulie fixe réduite à un point O et porte à son extrémité libre un poids Q. On suppose que le point O est sur la verticale du point A, au-dessus de ce point, et que les longueurs OA et AC sont égales et inférieures à a.

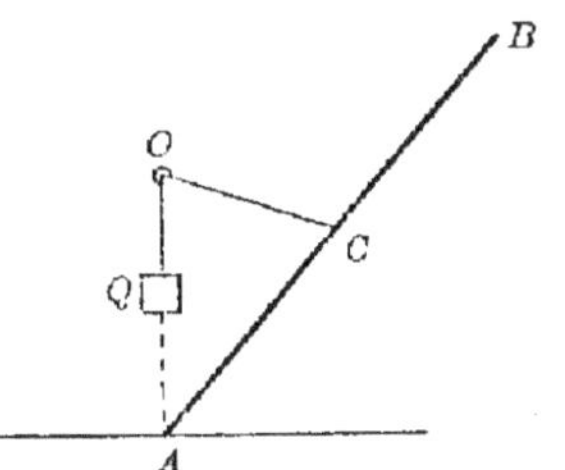

1° Trouver la position d'équilibre de la barre AB. On prendra comme inconnue l'angle $\widehat{OAC}$.

2° Déterminer la réaction en A.

3° En supposant que l'extrémité A n'est plus fixe, mais qu'elle est seulement posée sur un plan horizontal dépoli, indiquer à quelle condition la résistance due au frottement est suffisante pour maintenir l'équilibre, dans la position obtenue plus haut.

Physique. — *Questions de cours (au choix des candidats).* — 1. Electromètre de Thomson. — Son emploi. — 2. Machine magnéto-électrique de Gramme. — 3. Téléphone. — Microphone.

Problème (pour tous les candidats). — **70.** Deux ballons dont les capacités sont A = 1 litre et B = 2 litres sont pleins d'air sec à 0° et 76 cm. On les met en communication par un tube étroit, de volume négligeable, et l'on porte le ballon A à 150°, le ballon B à 80°. On demande :

1° La pression finale dans l'appareil ;

2° Le rapport des densités α et β par rapport à l'eau de chacun des gaz renfermés dans les deux ballons.

On ne tiendra pas compte de la dilatation du verre.

QUESTIONS PROPOSÉES

* **71.** On considère un triangle fixe ABC et une droite fixe Δ qui coupe les côtés BC, CA, AB aux points A_1, B_1 et C_1. On joint AA_1, BB_1, CC_1. Les trois droites ainsi obtenues forment un triangle $A'B'C'$ (A' est le point d'intersection de BB_1 et CC_1, B' celui de AA_1 et CC_1, C' celui de AA_1 et BB_1). Soit P un point quelconque de Δ. On joint PA' qui coupe BC en α, PB' qui coupe CA en β, PC' qui coupe AB en γ.

1° Démontrer que la droite $\beta\gamma$ passe par A', $\gamma\alpha$ par B', $\alpha\beta$ par C'.

2° Démontrer que les trois droites $A\alpha$, $B\beta$, $C\gamma$ sont concourantes en un point M et trouver le lieu de ce point de concours M lorsque P décrit la droite Δ.

3° Soient α' le point d'intersection de BC et $\beta\gamma$, β' celui de CA et $\gamma\alpha$, γ' celui de AB et $\alpha\beta$, démontrer que les trois points $\alpha'\beta'\gamma'$ sont en ligne droite et que cette droite tourne autour d'un point fixe, quand P décrit la droite Δ.

4° Soient α_1 le point d'intersection de $B'C'$ et de $\beta\gamma$, β_1 le point d'intersection de

C'A' et de $\gamma\alpha$, γ_1 celui de A'B' et $\alpha\beta$, démontrer que les trois points $\alpha_1\beta_1\gamma_1$ sont en ligne droite et que cette ligne droite est la tangente en M au lieu de ce point.

C. Bourlet.

72. Etant donnée une sphère réfringente, construire le rayon intérieur et le rayon émergent correspondants à un rayon lumineux incident donné.

G.-H. Niewenglowski.

73. Trouver les angles A et B tels que l'on ait :
$$\cos 2A + \cos 2B + 1 = 0$$
$$a \operatorname{tg} A = b \operatorname{tg} B$$
a et b étant deux longueurs connues.

74. a, b, c, A, B, C désignant les éléments d'un triangle, calculer les racines de l'équation
$$bx^2 \cos B - ax + c \cos C = o$$
en fonction des trois côtés du triangle.

75. Calculer les valeurs de x et de y qui vérifient les équations
$$\begin{cases} (x^2 + y^2) \cos^3 \alpha - x \cos 3\,\alpha - y \sin 3\,\alpha = o \\ (x^2 + y^2) \sin^3 \alpha + x \sin 3\,\alpha - y \cos 3\,\alpha = o. \end{cases}$$

76. Etant donnés deux cercles et une droite qui ne les coupe pas, trouver sur cette droite un point tel que la somme des tangentes aux deux cercles issues de ce point soit égale à une longueur donnée k. Discussion. (*Baccalauréat.*)

77. Etant donnés deux cercles extérieurs, démontrer que la somme des tangentes aux deux cercles menées par un point situé dans la région comprise entre ces deux cercles et leurs tangentes communes extérieures est moindre que l'une de ces tangentes communes.

78. Etant donné un angle XOY, par un point fixe P on mène deux sécantes qui rencontrent OX en A et A', OY en B et B'. Démontrer que, si C est le point de rencontre de OX avec la droite qui joint les milieux de AB et de A'B', le rapport $\dfrac{OA \times OA'}{OC}$ est constant.

79. On donne une droite AB perpendiculaire à deux parallèles AA' et BB' ; mener par un point donné C compris entre les deux parallèles une sécante qui rencontre ces deux parallèles en deux points D et E tels que le produit AD $\times$ BE soit égal à une quantité donnée k^2.

En déduire la construction de deux longueurs x et y telles que
$$\begin{cases} xy = k^2 \\ ax + by = (a + b)\,c, \end{cases}$$
connaissant les longueurs a, b, c, k.

(*Examens oraux de l'Ecole navale.*)

Errata. — N° 2, question 7, ligne 1, p. 26, lire B au lieu de b ; — n° 4, question 57, ligne 2, p. 64, lire N au lieu de n.

Le Gérant : Dr H. LABONNE, licencié ès sciences.

Châteauroux. — Typ. et Stéréotyp. A. Majesté et L. Bouchardeau.

BULLETIN

DE

MATHÉMATIQUES ÉLÉMENTAIRES

THÉORIE PUREMENT ARITHMÉTIQUE DES FRACTIONS

Ces considérations visent les points essentiels de la théorie des fractions, qu'elles voudraient débarrasser du vague des grandeurs et asseoir sur la seule notion du nombre entier. Il va sans dire que, dans ce qui suit, *nombre* signifiera *nombre entier* et que chaque lettre désignera un nombre entier.

Définitions. — Soit A un multiple de a. Supposons qu'on veuille diviser A par a et multiplier le quotient par α, on pourra écrire

$$(A : a)\, \alpha$$

pour indiquer cette double opération. Nous conviendrons de l'indiquer aussi par

$$A . \frac{\alpha}{a}.$$

Cette double opération pourra s'appeler la *multiplication* de A par $\dfrac{\alpha}{a}$, prenant ainsi le nom de la dernière opération qu'elle comporte ; le nombre qui résulte de cette multiplication, indiqué aussi par

$$A . \frac{\alpha}{a}$$

sera dit le *produit* de A par $\dfrac{\alpha}{a}$; et le multiplicateur $\dfrac{\alpha}{a}$ sera dit une *fraction* de dénominateur a et de numérateur α.

Sans doute la multiplication par $\dfrac{\alpha}{a}$ n'est pas possible sur tous les nombres ; elle n'est même pas généralement possible sur un nombre pris au hasard ; mais elle est possible sur une infinité de nombres, *les multiples de a*.

Égalité des fractions. — Deux fractions $\dfrac{\alpha}{a}$, $\dfrac{\beta}{b}$ seront dites *égales* si, A désignant un commun multiple quelconque de a et de b, on a :

$$A . \frac{\alpha}{a} = A . \frac{\beta}{b}$$

R F

Cela posé, soient en premier lieu deux fractions $\dfrac{\alpha}{a}$ et $\dfrac{\alpha b}{ab}$ dont la seconde a pour termes des équimultiples des termes de la première. Les communs multiples de a et ab étant les multiples de ab, soit abk un multiple quelconque de ab ; on a

$$abk \cdot \frac{\alpha}{a} = (abk : a)\alpha = bk\alpha$$

et
$$abk \cdot \frac{\alpha b}{ab} = (abk : ab)\alpha b = k\alpha b$$

Or $bk\alpha = k\alpha b$. Donc deux fractions dont l'une a pour termes des équimultiples des termes de l'autre sont égales.

Soient en second lieu deux fractions égales $\dfrac{\alpha}{a}$, $\dfrac{\beta}{b}$. Prenons le p. p. c. m. de a et b, qui, on le sait, est égal aux produits $b'a$ et $a'b$, a' et b' étant les quotients de a et b par leur p. g. c. d. On aura, par hypothèse,

$$b'a \cdot \frac{\alpha}{a} = a'b \cdot \frac{\beta}{b}$$

ou
$$(b'a : a)\alpha = (a'b : b)\beta$$
d'où
$$b'\alpha = a'\beta.$$

Réciproquement soient $\dfrac{\alpha}{a}$ et $\dfrac{\beta}{b}$ deux fractions telles que l'on ait

$$b'\alpha = a'\beta.$$

On en tire évidemment l'égalité des fractions $\dfrac{b'\alpha}{b'a}$, $\dfrac{a'\beta}{a'b}$. Or, les communs multiples des dénominateurs de ces fractions sont les communs multiples des dénominateurs des fractions $\dfrac{\alpha}{a}$, $\dfrac{\beta}{b}$. Considérons l'un quelconque de ces communs multiples : son produit par $\dfrac{\alpha}{a}$ sera égal, cela est démontré plus haut, à son produit par $\dfrac{b'\alpha}{b'a}$, par suite à son produit par $\dfrac{a'\beta}{a'b}$, par suite à son produit par $\dfrac{\beta}{b}$. On aura donc

$$\frac{\alpha}{a} = \frac{\beta}{b}.$$

Ainsi pour que deux fractions $\dfrac{\alpha}{a}$, $\dfrac{\beta}{b}$ soient égales, il faut et il suffit que l'on ait l'égalité $b'\alpha = a'\beta$. Or chacune des égalités

$$b'\alpha = a'\beta \quad \text{et} \quad b\alpha = a\beta$$

entraîne l'autre, comme il est aisé de l'établir. Donc pour que deux fractions $\frac{\alpha}{a}$, $\frac{\beta}{b}$ soient égales, il faut et il suffit que l'on ait l'égalité

$$b\alpha = a\beta.$$

Soient enfin deux fractions $\frac{\alpha}{a}$, $\frac{\beta}{b}$ égales à une troisième $\frac{\gamma}{c}$. On aura

$$c\alpha = a\gamma$$
$$b\gamma = a\beta.$$

D'où, multipliant ces égalités membre à membre et supprimant le facteur commun $c\gamma$,

$$b\alpha = a\beta$$

Donc deux fractions égales à une troisième sont égales.

Problème. — Trouver les fractions égales à une fraction donnée $\frac{a}{b}$.

Soit $\frac{x}{y}$ une solution du problème. On aura

$$bx = ay$$

d'où
$$b'x = a'y,$$

a' et b' désignant les quotients de a et b par leur p. g. c. d. Ces quotients, a' et b', étant premiers entre eux, on conclut par le raisonnement connu que x et y sont des équimultiples de a' et b'.

Réciproquement, supposons qu'une fraction $\frac{x}{y}$ ait pour termes des équimultiples $a'\lambda$ et $b'\lambda$ de a' et b'. Comme $ba' = ab'$, on aura

$$ba'\lambda = ab'\lambda,$$

d'où
$$bx = ay,$$

d'où
$$\frac{x}{y} = \frac{a}{b}$$

Donc, pour avoir toutes les fractions égales à une fraction donnée $\frac{a}{b}$, on peut diviser ses deux termes par leur p. g. c. d. et multiplier par la suite des nombres les deux termes de la fraction obtenue.

De là la simplification des fractions et la réduction au même dénominateur.

Somme de fractions. — Une fraction $\frac{\delta}{a}$ sera dite *somme* de plusieurs fractions $\frac{\alpha}{a}$, $\frac{\beta}{b}$, $\frac{\gamma}{c}$ si, A désignant un commun multiple quelconque de a, b, c, d, on a

$$A.\frac{\alpha}{a} + A.\frac{\beta}{b} + A.\frac{\gamma}{c} = A.\frac{\delta}{d}$$

Cela posé, soient plusieurs fractions de même dénominateur $\dfrac{\alpha}{a}$, $\dfrac{\beta}{b}$, $\dfrac{\gamma}{a}$ par exemple, et la fraction $\dfrac{\alpha + \beta + \gamma}{a}$. Soit ak un commun multiple quelconque des dénominateurs de ces fractions. On a

$$ak.\frac{\alpha}{a} + ak.\frac{\beta}{a} + ak.\frac{\gamma}{a} = (ak:a)\,\alpha + (ak:a)\,\beta + (ak:a)\,\gamma = k\alpha + k\beta + k\gamma$$

et $\qquad ak.\dfrac{\alpha + \beta + \gamma}{a} = (ak:a)(\alpha + \beta + \gamma) = k(\alpha + \beta + \gamma)$.

Or, $k\alpha + k\beta + k\gamma = k(\alpha + \beta + \gamma)$. Donc $\dfrac{\alpha}{a}$, $\dfrac{\beta}{a}$, $\dfrac{\gamma}{a}$ ont pour somme $\dfrac{\alpha + \beta + \gamma}{a}$.

Soient maintenant plusieurs fractions de dénominateur différent $\dfrac{\alpha}{a}$, $\dfrac{\beta}{b}$, $\dfrac{\gamma}{c}$ par exemple, et la fraction $\dfrac{\alpha bc + \beta ca + \gamma ab}{abc}$. Soit $abck$ un commun multiple quelconque des dénominateurs de ces fractions ; on démontrerait comme ci-dessus l'égalité

$$abck.\frac{\alpha}{a} + abck.\frac{\beta}{b} + abck.\frac{\gamma}{c} = abck.\frac{\alpha bc + \beta ca + \gamma ab}{abc} .$$

Dans les fractions $\dfrac{\alpha}{a}$, $\dfrac{\beta}{b}$, $\dfrac{\gamma}{c}$ ont pour somme $\dfrac{\alpha bc + \beta ca + \gamma ab}{abc}$.

De l'égalité et de l'addition des fractions se tirera, selon la coutume, le reste de la théorie.

L. OLIVEDA,
Professeur au lycée de Lyon.

SUR LA MESURE DES POLYGONES

Les géomètres disent volontiers que, pour mesurer des grandeurs d'une certaine espèce, il *suffit* d'en avoir défini *l'égalité* et *l'addition*. Mais encore faut-il que la définition qu'on en donne satisfasse à certaines conditions ! Autrement, si on imagine une définition au hasard, par exemple, si on convient d'appeler *égaux* deux polygones qui ont le même nombre de côtés et d'appeler *somme* de deux polygones un carré dont le périmètre est égal à la somme des périmètres de ces deux polygones, il est clair qu'une pareille définition ne peut servir de base à la mesure des polygones, bien qu'elle n'ait rien d'absurde en elle-même.

La première des conditions auxquelles doit satisfaire la définition de l'égalité et de l'addition des grandeurs qu'on veut mesurer, c'est qu'une grandeur plus grande qu'une autre ne puisse être ni égale à cette autre, ni plus petite ; en

d'autres termes, *le tout ne doit être ni égal, ni inférieur à l'une de ses parties.*
Selon Duhamel, cette proposition est une pure tautologie et c'est commettre une
méprise un peu forte que de voir une vérité de sentiment là où il n'y a qu'une
vérité de définition : « Le tout, dit-il, est plus grand que la partie, *par défini-*
tion ». Sans doute, mais il n'en résulte pas que la partie ne puisse être égale au
tout. Les philosophes invoquent, à ce propos, le principe de contradiction,
en vertu duquel une chose ne peut pas à la fois être et ne pas être. Mais il est
évident que ce principe n'a rien à voir ici ; deux grandeurs peuvent, en général,
être comparées d'une infinité de manières ; si, en procédant d'une certaine façon,
on a trouvé que la première est plus grande que la seconde, rien ne prouve qu'en
recommençant la comparaison par un autre procédé on doive arriver au même
résultat. A supposer, par exemple, que le polygone A soit une partie du polygone
B, pourquoi ne peut-on pas décomposer le polygone A en parties avec lesquelles
on puisse recouvrir *tout* le polygone B ? Il est certain qu'il y a là, non une tautologie ou un principe de logique, mais un fait géométrique, qu'il faut démontrer,
ou postuler s'il est indémontrable. Mais nous allons voir qu'il est susceptible
d'une démonstration très simple et qu'on peut le considérer comme un corollaire
immédiat du théorème de Varignon. Personne ne conteste que le théorème de
Varignon ne soit un véritable théorème ; donc il en est de même de la proposition qui nous occupe.

DÉFINITIONS. — On appelle *polygone* une portion de plan limitée par une ligne
brisée fermée dont les côtés *ne se croisent pas.*

On dit que deux polygones sont *équivalents* quand ils sont composés de polygones partiels superposables chacun à chacun disposés ou non dans le même ordre.

On dit qu'un polygone A est la *somme* de plusieurs polygones B, C, D quand il
est formé de polygones partiels respectivement égaux à B, C, D.

On dit qu'un polygone A est *plus grand* qu'un polygone B, ou que B est *plus*
petit que A, quand A est égal à la somme de plusieurs polygones dont l'un est
égal à B.

On appelle *moment d'un vecteur AB par rapport à un point O du plan* le produit obtenu en multipliant la longueur de ce vecteur par sa distance au point O
considérée comme *positive*, ou comme *négative*, selon que le point O est à gauche
ou à droite d'un observateur qui parcourt la droite indéfinie AB dans le sens AB.
Ainsi, dans le cas de la figure,
$$\text{mom. } AB = + \, AB \times OP, \quad \text{mom. } BA = - \, AB \times OP ;$$
d'où
$$\text{mom. } BA = - \, \text{mom. } AB.$$

Considérons un polygone ABCD, et supposons qu'un observateur parcourant
le périmètre du polygone de manière à avoir l'intérieur du polygone à sa gauche
rencontre les sommets dans l'ordre A, B, C, D : nous appellerons *moment du*
polygone ABCD la somme des moments des vecteurs AB, BC, CD, DA parcourus
successivement par l'observateur. Il s'agit de prouver que le moment ainsi défini
est *indépendant de la position du point O.*

Menons par A deux vecteurs AC′, AD′ égaux et parallèles aux vecteurs BC, CD et de même sens ; soient M, N, Q, R les projections du point O sur AC′, BC, AD′, CD. On a

$$\text{mom. } BC = BC \left(\overline{OM} + \overline{MN} \right) = \text{mom. } AC' + BC \times \overline{MN},$$

$$\text{mom. } CD = CD \left(\overline{OQ} + \overline{QR} \right) = \text{mom. } AD' + CD \times \overline{QR}.$$

Donc le moment du polygone ABCD est égal à

$$\text{mom. } AB + \text{mom. } AC' + \text{mom. } AD' + \text{mom. } DA + BC \times \overline{MN} + CD \times \overline{QR} ;$$

or, en vertu du théorème de Varignon,

$$\text{mom. } AB + \text{mom. } AC' + \text{mom. } AD' = \text{mom. } AD = - \text{mom. } DA ;$$

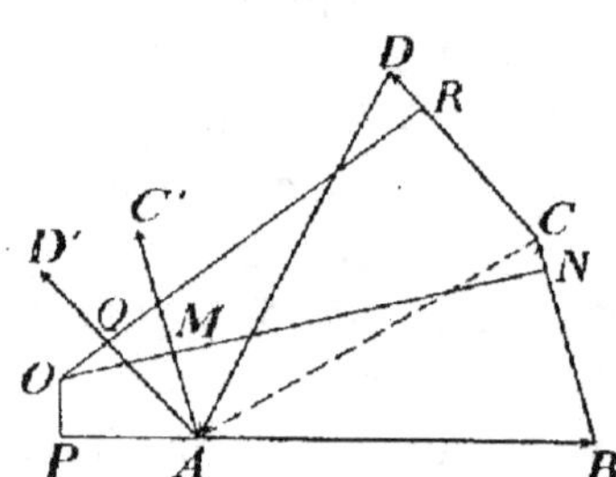

donc le moment du polygone se réduit à $BC \times \overline{MN} + CD \times \overline{QR}$, quantité indépendante de la position du point O.

D'autre part, si un polygone est formé par la réunion de plusieurs autres, *le moment du polygone total est la somme des moments des polygones partiels*. En effet, considérons le polygone ABCD formé des deux triangles ABC, ACD :

$$\text{mom. } ABC = \text{mom. } AB + \text{mom. } BC + \text{mom. } CA,$$

$$\text{mom. } ACD = \text{mom. } AC + \text{mom. } CD + \text{mom. } DA,$$

d'où, en remarquant que *mom. CA + mom. AC* = o,

$$\text{mom. } ABC + \text{mom. } ACD = \text{mom. } AB + \text{mom. } BC + \text{mom. } CD + \text{mom. } DA$$

$$= \text{mom. } ABCD.$$

Enfin, en faisant coïncider le point O avec l'un des sommets d'un triangle, on voit que le moment de ce triangle est *positif* et égal au produit de sa base par sa hauteur. Comme un polygone peut toujours être décomposé en triangles, son moment, qui est égal à la somme des moments des triangles partiels, est aussi *positif*.

Ceci posé,

1° Si A = B, c'est-à-dire si les polygones A et B sont formés des mêmes polygones partiels, leurs moments sont égaux ;

2° Si A > B, c'est-à-dire si A est la somme de plusieurs polygones dont l'un est égal à B, le moment de A, qui est la somme des moments des polygones partiels, est plus grand que celui de B.

Or le moment de A ne peut pas être à la fois égal et supérieur à celui de B ; donc A ne peut pas être à la fois équivalent et supérieur à B.   *c. q. f. d.*

Remarque. Il est bien entendu que, dans cet ordre d'idées, il faut démontrer le théorème de Varignon sans avoir recours à la considération des aires des triangles.

Pour la définition des points *intérieurs* ou *extérieurs* à un polygone, voir un mémoire de M. Bourlet (*Nouvelles annales*, 1889).

L. G.

QUESTIONS RÉSOLUES

Mathématiques.

26. — *Un tronc de cône dont le côté ou l'apothème est 2c est circonscrit à une sphère de rayon A. On lui circonscrit une sphère dont on calculera le rayon. Quelle doit être la valeur de c, pour que la surface totale du tronc de cône soit moyenne arithmétique entre les surfaces des 2 sphères. (Le problème serait-il possible si on prenait la moyenne géométrique ?)*

Soit ABCD le cône ; O′ et O les circonférences inscrite et circonscrite à ce tronc de cône. Soient r et r' les rayons des bases du tronc ; la surface totale nous est donnée par la relation

$$S = \pi \left[r^2 + r'^2 + (r + r')2c \right] \qquad (1)$$

Or : $AH = AE$, $CH = CF$; d'où $r + r' = 2c$; d'où l'on tire

$$r^2 + r'^2 = 4\,c^2 - 2rr' \qquad (2)$$

Donc

$$S = 2\pi \,(4c^2 - rr')$$

Or les droites O′A et O′C sont les bissectrices des angles supplémentaires EO′H, et HO′F ; elles sont alors perpendiculaires et le triangle rectangle AO′C nous donne

$$CH \times AH = \overline{O'H}^2 \quad \text{ou} \quad rr' = a^2.$$

On a donc $S = 2\pi\,(4c^2 - a^2)$.

Soit maintenant à calculer le rayon R de la sphère circonscrite au tronc de cône. Menons O′M parallèle à CD et joignons MF ; nous avons :

$$\overline{MF^2} = \overline{O'F^2} + \overline{O'M^2}, \quad \text{ou} \quad MF = \sqrt{c^2 + a^2}.$$

Or, dans le triangle ACD, MF qui joint les milieux de deux côtés est la moitié du troisième côté AD ; donc

$$AD = 2MF = 2\sqrt{a^2 + c^2}.$$

De plus, dans ce même triangle, le produit des deux côtés AC, AD est, comme on sait, égal au produit du diamètre 2R par la hauteur AN relative au troisième côté :

$$2R \times AN = AC \times AD,$$

ou

$$2R \times 2a = 2c \times 2\sqrt{a^2 + c^2} ;$$

d'où

$$R = \frac{c}{a} \sqrt{a^2 + c^2},$$

En écrivant que la surface totale du tronc est moyenne arithmétique entre les surfaces des deux sphères, il vient

$$2\pi\,(4c^2 - a^2) = \frac{1}{2}\left(4\pi\,a^2 + 4\,\pi\,\mathrm{R}^2\right),$$

ou
$$4c^2 - a^2 = a^2 + \frac{c^2\,(a^2 + c^2)}{a^2}$$

ou
$$c^4 - 3\,a^2\,c^2 + 2\,a^4 = 0, \tag{3}$$

ce qui donne deux solutions :
$$c^2 = a^2 \text{ et } c^2 = 2a^2.$$

Si maintenant nous voulons que la surface totale du cône soit moyenne géométrique entre les surfaces des 2 sphères, nous devons avoir la relation
$$4\pi^2\,(4c^2 - a^2)^2 = 4\,\pi\,a^2 \times 4\pi\mathrm{R}^2,$$
ou
$$(4c^2 - a^2)^2 = 4c^2\,(a^2 + c^2),$$
ou
$$12\,c^4 - 12\,a^2 c^2 + a^4 = 0. \tag{4}$$

Cette équation donne pour c^2 deux valeurs positives et moindres que a^2, parce que leur somme est égale à a^2. Ces valeurs ne conviennent pas, car on voit sur la figure que le côté $2c$ du tronc de cône ne peut être inférieur au diamètre $2a$ de la sphère inscrite. Donc il est impossible que la surface totale du tronc soit moyenne géométrique entre les surfaces des deux sphères.

Autres solutions par MM. Berthier, Gillet.

P. Bouiges.

31. — *Ranger par ordre de grandeur les racines des deux équations* :
$$x^2 + (a^2 + 3)\,x + b = 0$$
$$x^2 + (a^2 - 3)\,x - b = 0$$
selon les différentes valeurs attribuées à a^2 *et à* b.

Il faut d'abord que les racines des deux équations soient réelles, ce qui fournit la double condition :
$$(a^2 + 3)^2 - 4b \geqq 0\;,\; (a^2 - 3)^2 + 4b \geqq 0$$
ou
$$-\frac{(a^2 - 3)^2}{4} \leqq b \leqq \frac{(a^2 + 3)^2}{4}$$

Calculons le résultant R. On a :
$$\mathbf{R} = (-\,b - b)^2 - (a^2 - 3 - a^2 - 3)\,(-\,ba^2 - 3b - ba^2 + 3b)$$
$$= 4b^2 - 12ba^2 = 4b(b - 3a^2).$$

Il est positif pour $b < 0$ ou $b > 3a^2$, et négatif pour $0 < b < 3a^2$.

Ceci posé, soient α et β les racines de la première équation, α' et β' celles de la seconde. On suppose $\alpha < \beta$ et $\alpha' < \beta'$

1° Faisons varier b de $-\dfrac{(a^2 - 3)^2}{4}$ à o. $\mathbf{R}$ est positif. Calculons l'invariant harmonique $\mathbf{H}$:

$$\mathbf{H} = -2b + 2b - (a^2 + 3)\,(a^2 - 3) \text{ ou } (a^2 + 3)\,(3 - a^2)$$

Il est donc positif pour $a^2 < 3$, et négatif pour $a^2 > 3$.

Supposons d'abord $a^2 < 3$. $\mathbf{H}$ étant positif, *les racines de chacune des équations sont extérieures à celles de l'autre.* Comme d'ailleurs α et β sont de signes contraires, tandis que α' et β' sont positifs, on a l'ordre :

$$\alpha < \beta < \alpha' < \beta'.$$

Soit maintenant $a^2 > 3$. $\mathbf{H}$ étant négatif, *les racines de l'une des équations sont comprises entre celles de l'autre.* Or α et β sont encore de signes contraires, mais α' et β' sont négatifs ; d'où l'ordre :

$$\alpha < \alpha' < \beta' < \beta.$$

2° Faisons varier b de o à $3a^2$. $\mathbf{R}$ est négatif ; par suite, *les racines des deux équations s'enchevêtrent.* Mais α et β sont négatifs, α' et β' sont de signes contraires ; on a donc :

$$\alpha < \alpha' < \beta < \beta'$$

3° Supposons $3a^2 < b < \dfrac{(a^2 + 3)^2}{4}$: $\mathbf{R}$ est positif.

Si a^2 est < 3, $\mathbf{H}$ est positif : *les racines de chacune des équations sont extérieures à celles de l'autre* ; α et β étant négatifs, α' et β' de signes contraires, on a :

$$\alpha < \beta < \alpha' < \beta'$$

Si a^2 est > 3, $\mathbf{H}$ est négatif : *les racines de l'une des équations sont comprises entre celles de l'autre* ; or, α et β sont encore négatifs, α' et β' de signes contraires ; donc on a :

$$\alpha' < \alpha < \beta < \beta'.$$

En résumé :

$$-\dfrac{(a^2 - 3)^2}{4} < b < o \left\{ \begin{array}{l} a^2 < 3 \\ a^2 > 3 \end{array} \right. \qquad \begin{array}{l} \alpha < \beta < \alpha' < \beta' \\ \alpha < \alpha' < \beta' < \beta \end{array}$$

$$o < b < 3a^2 \qquad\qquad \alpha < \alpha' < \beta < \beta'$$

$$3a^2 < b < \dfrac{(a^2 + 3)^2}{4} \left\{ \begin{array}{l} a^2 < 3 \\ a^2 > 3 \end{array} \right. \qquad \begin{array}{l} \alpha < \beta < \alpha' < \beta' \\ \alpha' < \alpha < \beta < \beta' \end{array}$$

P. GILLET.

32. *On pose :*

$$(1) \qquad \begin{cases} \alpha = x + y \cos c + z \cos b \\ \beta = x \cos c + y + z \cos a \\ \gamma = x \cos b + y \cos a + z \, ; \end{cases}$$

et on demande de trouver les valeurs de **x**, **y**, **z** *qui vérifient le système*

$$(2) \qquad \begin{cases} \beta^2 + \gamma^2 - 2\,\beta\gamma \cos a = \sin^2 a \\ \gamma^2 + \alpha^2 - 2\,\gamma\alpha \cos b = \sin^2 b \\ \alpha^2 + \beta^2 - 2\,\alpha\beta \cos c = \sin^2 c. \end{cases}$$

et de calculer les valeurs correspondantes de α, β, γ.

En remplaçant α, β, γ par leurs valeurs dans les trois équations, on peut les écrire :

$$\frac{x^2 + y^2 + z^2 + 2\,yz \cos a + 2\,zx \cos b + 2\,xy \cos c - 1}{1 + 2 \cos a \cos b \cos c - \cos^2 a - \cos^2 b - \cos^2 c} = \frac{x^2}{\sin^2 a} \left.\begin{array}{c} \\ = \dfrac{y^2}{\sin^2 b} \\ = \dfrac{z^2}{\sin^2 c} \end{array}\right\} (3)$$

d'où :

$$\frac{x}{\sin a} = \pm \frac{y}{\sin b} = \pm \frac{z}{\sin c}.$$

Prenons d'abord $\dfrac{x}{\sin a} = \dfrac{y}{\sin b} = \dfrac{z}{\sin c} \, ;$ $\qquad\qquad (4)$

Les autres solutions s'en déduiront en changeant a en $- a$, ou b en $- b$, ou c en $- c$.

Désignons par $\dfrac{1}{\lambda}$ la valeur commune des rapports (4) ; on a

$$x = \frac{\sin a}{\lambda}, \; y = \frac{\sin b}{\lambda}, \; z = \frac{\sin c}{\lambda}$$

et, portant dans l'une des équations (3)

$$\lambda^2 = 2 - 2 \cos a \cos b \cos c + 2 \sin b \sin c \cos a + 2 \sin c \sin a \cos b$$
$$+ 2 \sin a \sin b \cos c$$

$$= 2 - 2 \cos (a + b + c) = 4 \sin^2 \frac{a + b + c}{2}.$$

Par suite, $\lambda = 2\,\varepsilon \sin \dfrac{a + b + c}{2}$, avec $\varepsilon = \pm 1$;

$$x = \frac{\sin a}{2\,\varepsilon\,\sin \dfrac{a+b+c}{2}}, \quad y = \frac{\sin b}{2\,\varepsilon\,\sin \dfrac{a+b+c}{2}}, \quad z = \frac{\sin c}{2\,\varepsilon\,\sin \dfrac{a+b+c}{2}}$$

On a ensuite :

$$\alpha = \frac{\sin a + \sin b \cos c + \sin c \cos b}{2\,\varepsilon\,\sin \dfrac{a+b+c}{2}}$$

$$= \frac{\sin a + \sin (b+c)}{2\,\varepsilon\,\sin \dfrac{a+b+c}{2}} = \varepsilon \cos \frac{-a+b+c}{2}.$$

De même,

$$\beta = \varepsilon \cos \frac{a-b+c}{2} \quad \text{et} \quad \gamma = \varepsilon \cos \frac{a+b-c}{2}.$$

On a ainsi deux solutions pour $x,\ y,\ z$ et 2 solutions pour $\alpha,\ \beta,\ \gamma$. En changeant a en $- a$, b en $- b$, c en $- c$, on trouve encore 6 solutions, en tout 8, résultat d'ailleurs à prévoir, puisque nous avions trois équations du 2^a degré.

P. Gillet.

34. — *Étant donné un angle XOY, si on mène par un point fixe P une droite variable rencontrant OX en A, OY en B et qu'on prenne sur OX un point A', sur OY un point B' tels que $OA' =$ mOA, $OB' =$ nOB (m et n désignant des nombres constants), la droite $A'B'$ passe par un point fixe.*

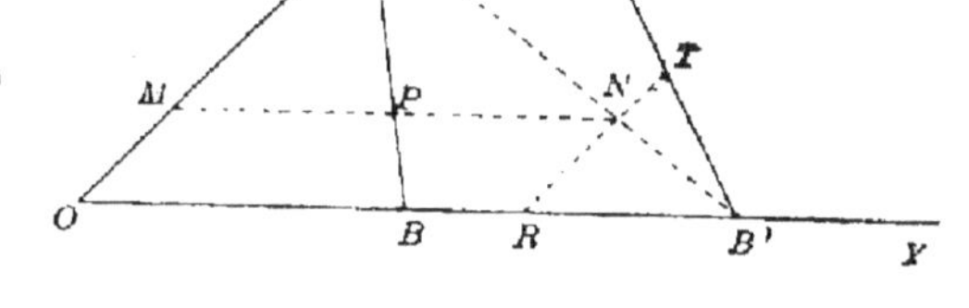

Par le point P menons MN parallèle à OY, qui coupe OX en M, AB' en N :

$$\frac{MN}{MP} = \frac{OB'}{OB} = n = \text{const.}$$

Le point N est donc fixe ; menons de même par N la parallèle RT à OX, qui coupe OY en R, $A'B'$ en T. On a :

$$\frac{RT}{RN} = \frac{OA'}{OA} = m = \text{const.}$$

Par conséquent le point T est fixe, et, comme il est sur $A'B'$, la proposition est démontrée.

P. Gillet.

35. *Soient OX et OY les bissectrices intérieure et extérieure de l'angle O d'un triangle POQ. Démontrer que la droite qui joint les milieux des segments interceptés par OX et OY sur deux droites variables menées l'une par P, l'autre par Q, et également inclinées sur OX, passe par un point fixe situé sur la tangente en O au cercle circonscrit au triangle POQ.*

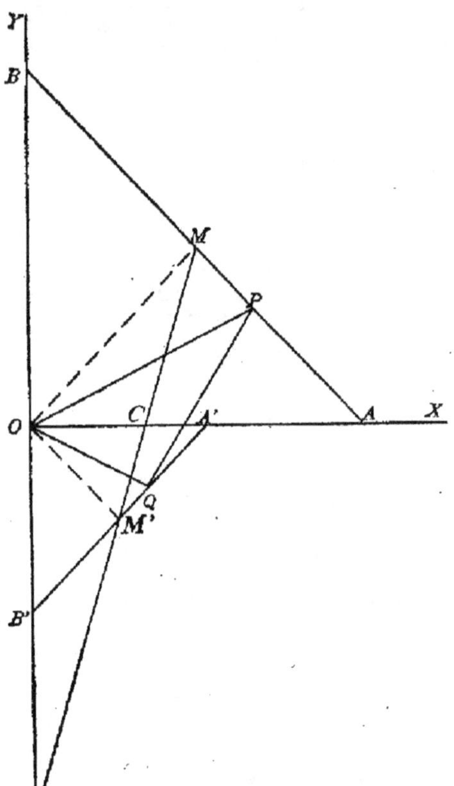

Fig. 1.

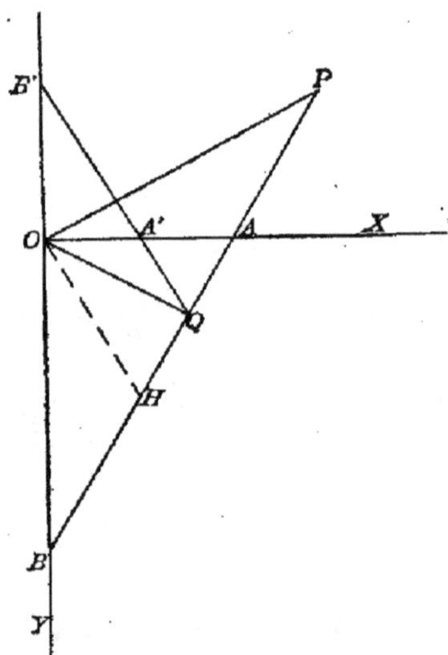

Fig. 2.

Soient BPA, B'QA' deux droites également inclinées sur OX ; M le milieu de AB, M' le milieu de A'B' ; C et D les points où MM' coupe OX et OY. Les quatre angles MOA, MAO, M'OA', M'A'O sont égaux ; donc AB et OM', A'B' et OM sont parallèles et les figures OAPMB, OA'QM'B' sont inversement semblables.

Par conséquent :

$$\frac{OC}{CA} = \frac{OM'}{AM} = \frac{OM'}{OM} = \frac{OQ}{OP} \; ;$$

d'où

$$\frac{OC}{OA} = \frac{OQ}{OQ + OP} = \text{constante.}$$

On prouve de même que $\dfrac{OD}{OB} = \text{const.}$

Or la droite AB passe par un point fixe P ; il en résulte que, OC et OD étant les produits de OA et OB par des nombres constants, la droite MM' (voir n° 34) passe aussi par un point fixe. Soit d'ailleurs H le milieu du segment intercepté par OX et OY sur PQ (fig. 2) ; MM' passe deux fois par H, quand AB se confond avec PQ et quand A'B' se confond avec PQ. Donc le point fixe par lequel passe MM' n'est autre que H. Considérons d'autre part les triangles OAP, OA'Q (fig. 2) ; ils ont les angles en O égaux par hypothèses, les angles OAP, OA'Q égaux par construction ; donc les troisièmes angles OQA', OPA sont aussi égaux. Mais $\widehat{OQA'} = \widehat{QOH}$ comme alternes-internes, car OH est parallèle à A'B' ; par suite $\widehat{QOH} = \widehat{OPQ}$, ce qui prouve que OH est la tangente en O au cercle circonscrit au triangle POQ.   P. Gillet.

37. — *La droite AB étant perpendiculaire aux droites parallèles AC et BD, on prend sur ces droites, dans le même sens des segments AA', BB' tels que*

$$AA' \times BB' = \frac{AB^2}{4} \qquad (1)$$

Prouver que A'B' = AA' + BB'. $\qquad (2)$

Examiner si la relation (2) entraîne la relation (1).

La relation (1) étant supposée remplie, quel est le lieu du point M ?

Quelle position occupe A'B' par rapport au lieu de M ?

La relation (1) peut s'écrire :

$$\frac{2AA'}{AB} = \frac{AB}{2BB'}$$

ou, en divisant par 2 les deux termes de chaque fraction,

$$\frac{AA'}{OB} = \frac{OA}{BB'}$$

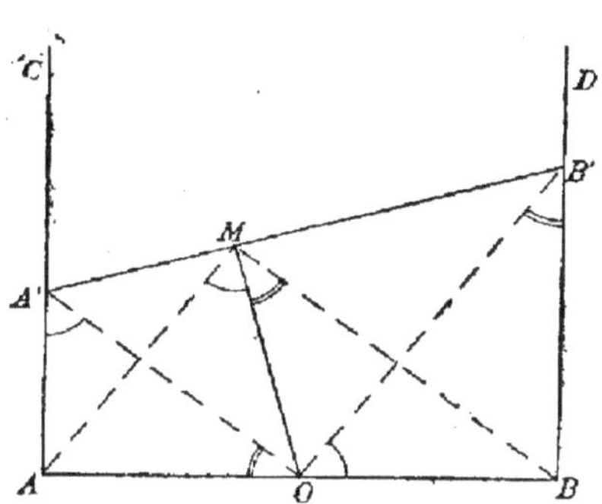

Cette relation montre que les triangles AA'O et BOB' sont semblables ; les angles A'OA et OB'B sont donc égaux.

Or dans les quadrilatères inscriptibles OAA'M et OMB'B nous avons :

$$\widehat{OMB} = \widehat{OB'B}$$

$$\widehat{OMA} = \widehat{OA'A} ;$$

et en additionnant :

$$\widehat{OMB} + \widehat{OMA} = \widehat{OB'B} + \widehat{OA'A},$$

ou $\qquad \widehat{AMB} = \widehat{AOA'} + \widehat{OA'A} = 1 \text{ dr.}$

Donc le triangle AMB est rectangle ; on en tire :

$$OM = OA = OB$$

Les deux triangles rectangles OMB' et OBB' sont alors égaux ; on en déduit

$$BB' = MB'.$$

on déduirait de même que $AA' = A'M$

En additionnant on trouve

$$AA' + BB' = A'M + B'M = A'B' \qquad\qquad \text{c. q. f. d.}$$

2° Nous avons :

$$AA' + BB' = A'B'.$$

Il faut démontrer que $AA' \times BB' = \dfrac{AB^2}{4}$. Déterminons le point M tel que A'M = AA' et B'M = BB' ; élevons la perpendiculaire en M à A'B' et soit O le point de rencontre de cette perpendiculaire avec AB. Les triangles rectangles OB'M et OB'B sont égaux ; les angles en B' le sont aussi ; on démontrerait de même que

$$\widehat{MA'O} = \widehat{AA'O}$$

Les droites A'O et OB' qui sont bissectrices des angles supplémentaires A' et B' sont perpendiculaires.

Donc les triangles AOA' et BB'O sont semblables comme ayant leurs côtés perpendiculaires. On a donc

$$\frac{AA'}{OB} = \frac{OA}{BB'}$$

On en déduit

$$AA' \times BB' = \frac{\overline{AB}^2}{4}.$$

3° Nous avons vu que OA $=$ OM $=$ OB. Comme l'angle AMB est droit, le lieu du point M est la circonférence décrite sur AB comme diamètre.

4° Enfin, par construction A'B' est constamment perpendiculaire à OM, c'est donc la tangente à la circonférence. Remarquons d'ailleurs que cette tangente nous donne avec les tangentes AA' et BB' :

$$AA' = A'M, \ BB' = B'M$$

d'où

$$AA' + BB' = A'B'.$$

Paul Bouiges (Collège de Mauriac).

Autres solutions par MM. Berthier, Gillet, Perdrix (École Normale de Bourg).

Physique.

27. *Un miroir concave M de rayon R est situé en face d'un autre miroir concave M' de rayon double et dont le centre est en O' sur le premier miroir. A quelle distance* x *du centre O du miroir M faut-il placer un point lumineux P pour que ses rayons réfléchis d'abord sur M puis sur M' viennent converger soit au point P lui-même, soit en son symétrique P' par rapport à O ?*

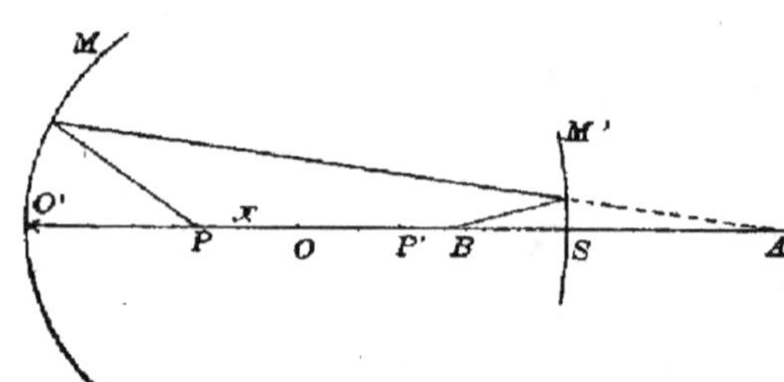

Soit S le sommet du miroir M'; prenons comme sens positif sur SO' le sens de S vers O'. En désignant par A le point où viennent converger les rayons émanés de P, après réflexion sur M, on a, *dans tous les cas*, en tenant compte des signes des segments :

$$\frac{1}{\overline{O'P}} + \frac{1}{\overline{O'A}} = -\frac{2}{R}$$

$$\frac{1}{\overline{O'A}} = -\frac{2}{R} - \frac{1}{x - R} = \frac{R - 2x}{R(x - R)}$$

d'où :

$$O'A = \frac{R(x - R)}{R - 2x}$$

Par suite, $\overline{SA} = \overline{SO'} + \overline{O'A} = \frac{R(x - R)}{R - 2x} + 2R = \frac{R^2 - 3Rx}{R - 2x}$

Après réflexion sur le miroir M′ les rayons émanés de A convergent en un poin B tel que :

$$\frac{1}{\overline{SA}} + \frac{1}{\overline{SB}} = \frac{2}{2R}$$

$$\frac{1}{\overline{SB}} = \frac{1}{R} - \frac{R - 2x}{R^2 - 3Rx} = \frac{x}{3Rx - R^2}$$

$$\overline{SB} = \frac{3Rx - R^2}{x}$$

Or $\overline{SP} = R + x,\ \overline{SP'} = R - x.$

Si nous écrivons que $\overline{SB} = \overline{SP}$, nous avons :

$$\frac{3Rx - R^2}{x} = R + x$$

$$x^2 - 2Rx + R^2 = 0,\ \text{d'où } x = R.$$

Le point P est alors le point O′.

Si nous écrivons que $\overline{SB} = \overline{SP'}$, nous avons :

$$\frac{3Rx - R^2}{x} = R - x$$

$$x^2 + 2Rx - R^2 = 0$$

d'où $x = R\left(\sqrt{2} - 1\right)$, ou $x = -R\left(\sqrt{2} + 1\right)$

Dans ce dernier cas, le point P étant à droite du miroir M′, il faut que les dimensions des miroirs soient choisies de telle façon que M′ laisse arriver sur M au moins quelques-uns des rayons émanés de P.

P. GILLET.

BIBLIOGRAPHIE

AUBERT, docteur ès sciences, professeur agrégé de l'Université au lycée Charlemagne.
— **Histoire naturelle des êtres vivants**, 3 volumes.
Tome I.— Anatomie et physiologie (programmes de philosophie, du certificat d'études P. C. N. et de la licence).
Tome II. — 1. Compléments (licence et P. C. N.).
Tome II. — 2. Classifications (licence et P. C. N.).
Paris, André Guédon, éditeur.

Il manquait dans l'enseignement des Sciences naturelles un traité qui servît d'intermédiaire entre les livres élémentaires et les ouvrages spéciaux, d'un usage incommode et d'une lecture ardue pour les débutants. Le cours d'*Histoire naturelle des êtres vivants* de M. E. Aubert vient remplir cette lacune. En le parcourant on est tout d'abord frappé par l'abondance des figures, schémas et tableaux synoptiques, qui pourraient, dans bien des cas, suppléer au texte. Peut-être trouvera-t-on que le texte, au point de vue typographique, perd un peu de netteté par suite de nombreuses coupures et de la multiplicité des caractères : c'est un faible inconvénient, l'ouvrage devant surtout, comme dit l'auteur, guider les jeunes gens dans leur travail personnel. Les renseignements, ils les trouveront toujours précis, clairs, et très au courant des récents travaux et découvertes. Il est regrettable que les compléments d'histologie et de physiologie n'aient pu être joints à leur place dans le premier tome ; l'étude du système nerveux et des organes des sens, si délicate, aurait gagné en simplicité et en intérêt.

A part cette légère critique de détail, la rédaction de l'anatomie et de la physiologie animales et végétales a été également soignée ; des tableaux résumant les divers chapitres ont été heureusement placés en tête de chacun d'eux, permettant ainsi à l'élève d'avoir sous les yeux, avant l'étude des détails, un aperçu général.

Enfin, dans le 2ᵉ fascicule du Tome II sont méthodiquement décrites les formes animales et végétales, en allant des organismes inférieurs aux types supérieurs. Il renferme des renseignements très intéressants sur les principaux genres, indique leur habitat : la paléontologie elle-même est esquissée dans ses traits essentiels. De nombreuses illustrations en font un ouvrage aussi attrayant qu'instructif que liront avec plaisir et profit professeurs et élèves ainsi que tous ceux qui s'intéressent aux sciences naturelles.

Gœlzer, préparateur au lycée Buffon. — **Petit Traité de manipulations chimiques** en trois parties, *à l'usage des classes de 3ᵉ, 2ᵉ et 1ʳᵉ de l'enseignement secondaire moderne, avec compléments pour la classe de mathématiques spéciales.* Paris, Garnier, éditeur.

Excellent guide pratique des manipulations qu'ils ont à faire, cet ouvrage sera aussi entre les mains des élèves un excellent ouvrage de revision, grâce aux petits mementos placés en tête de chaque chapitre.

Après un chapitre de préliminaires contenant de précieuses indications relatives au matériel, *au travail du verre*, clairement expliqué, aux dernières *opérations chimiques*, au *montage des appareils* et aux *soins à prodiguer en cas d'accidents*, l'auteur passe successivement en revue les diverses manipulations relatives aux Métalloïdes, aux Métaux et à la Chimie organique qui font l'objet du programme des diverses classes auxquelles s'adresse l'ouvrage. De nombreuses figures schématiques, très claires, illustrent le texte avec avantage.

G.-H. N.

QUESTIONS PROPOSÉES

Concours de l'École navale 1895.

80. On donne une demi-circonférence ACB de rayon $OC = r$. On demande de déterminer, sur les tangentes aux extrémités du diamètre AB, deux segments $AD = x$, $BE = y$ tels que DE soit tangente à la demi-circonférence et que la surface de la sphère engendrée par la demi-circonférence FDEG, circonscrite au trapèze ADEB, en tournant autour de AB, soit égale à m fois la surface totale du tronc de cône engendré par le trapèze.

81. Dans un triangle sphérique ABC, si la somme des deux angles B et C est égale à deux droits, la somme des deux côtés opposés, AB + AC, est égale à une demi-circonférence. En déduire que, si on donne A et la somme B + C = 2 droits, le côté BC passe par un point fixe.

Le Gérant : Dʳ H. LABONNE, licencié ès sciences.

Châteauroux. — Typ. et Stéréotyp. A. Majesté et L. Bouchardeau.

BULLETIN

DE

MATHÉMATIQUES ÉLÉMENTAIRES

SUR LE THÉORÈME DE STEWART

Le théorème de Stewart [1], qui commence seulement à être enseigné dans les classes, mériterait d'être plus connu et de figurer dans les éléments de géométrie, comme le voulait Chasles. Les quelques applications que nous en donnons montreront son importance et sa portée.

Ce théorème a pour objet de donner une relation entre les carrés des distances de trois points en ligne droite à un quatrième point quelconque et les distances mutuelles des trois premiers points :

Soient A, B, C, trois points en ligne droite (fig. 1) *et O un quatrième point quelconque; on a, dans tous les cas :*

$$(1) \qquad \overline{OA}^2.\overline{BC} + \overline{OB}^2.\overline{CA} + \overline{OC}^2.\overline{AB} + \overline{BC}.\overline{CA}.\overline{AB} = 0.$$

Cette relation subsiste quelles que soient la position du point O et la disposition des trois points A, B, C, pourvu que les segments $\overline{AB}$, $\overline{BC}$, $\overline{CA}$, soient considérés comme positifs dans un sens, comme négatifs en sens contraire. Pour la démontrer, nous distinguerons deux cas selon que le point O est sur la droite ABC, ou en dehors de cette droite.

1ᵉʳ *Cas. Le point O est sur la droite ABC.* — Il suffit, dans ce cas, de multiplier membre à membre les trois identités suivantes :

$$(2) \quad \overline{BC} = \overline{BO} + \overline{OC}, \qquad \overline{CA} = \overline{CO} + \overline{OA}, \qquad \overline{AB} = \overline{AO} + \overline{OB}.$$

On trouve ainsi :

$$\overline{BC}.\overline{CA}.\overline{AB} = \overline{OA}.\overline{AO}(\overline{BO} + \overline{OC}) + \overline{OB}.\overline{BO}(\overline{CO} + \overline{OA}) + \overline{OC}.\overline{CO}(\overline{AO} + \overline{OB})$$
$$= - \overline{OA}^2.\overline{BC} - \overline{OB}^2.\overline{CA} - \overline{OC}^2.\overline{AB}.$$

c. q. f. d.

On peut aussi se borner à *vérifier* la relation (1) en mettant les identités (2) sous la forme

---

[1] Mathieu Stewart, géomètre écossais du XVIIIᵉ siècle, disciple de Robert Simson.

$$\overline{BC} = \overline{OC} - \overline{OB}, \quad \overline{CA} = \overline{OA} - \overline{OC}, \quad \overline{AB} = \overline{OB} - \overline{OA}.$$

En remplaçant $\overline{BC}$, $\overline{CA}$, $\overline{AB}$ par ces valeurs et en désignant, pour abréger, $\overline{OA}$, $\overline{OB}$, $\overline{OC}$ par a, b, c, le premier membre de la relation (1) devient

$$a^2(c - b) + b^2(a - c) + c^2(b - a) + (c - b)(a - c)(b - a);$$

en effectuant, on constate que les termes se détruisent deux à deux.

D'ailleurs, ceux de nos lecteurs qui connaissent les éléments du calcul des déterminants remarqueront que, dans le cas qui nous occupe, la relation (1) n'est autre que l'identité de Vandermonde

$$\begin{vmatrix} \overline{OA}^2 & \overline{OA} & 1 \\ \overline{OB}^2 & \overline{OB} & 1 \\ \overline{OC}^2 & \overline{OC} & 1 \end{vmatrix} = (\overline{OC} - \overline{OB})(\overline{OA} - \overline{OC})(\overline{OB} - \overline{OA}).$$

2^c *Cas. Le point O est en dehors de la droite ABC (fig. 1).* — Soit O' la projection du point O sur cette droite. En appliquant la relation (1) au point O', on a :

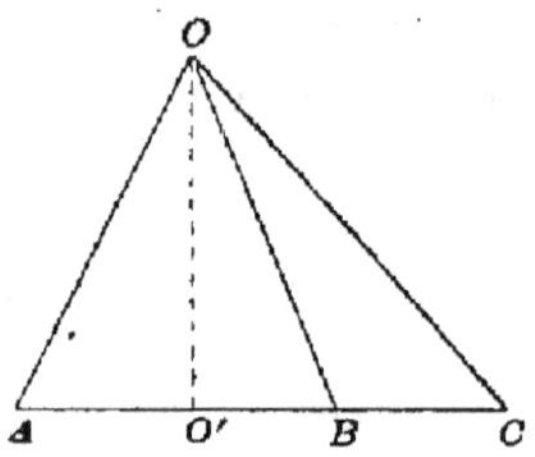

$$\overline{O'A}^2.\overline{BC} + \overline{O'B}^2.\overline{CA} + \overline{O'C}^2.\overline{AB} + \overline{BC}.\overline{CA}.\overline{AB} = 0;$$

remplaçons-y $\overline{O'A}^2$ par $\overline{OA}^2 - \overline{OO'}^2$

$\overline{O'B}^2$ par $\overline{OB}^2 - \overline{OO'}^2$

$\overline{O'C}^2$ par $\overline{OC}^2 - \overline{OO'}^2$,

il vient

$$\overline{OA}^2.\overline{BC} + \overline{OB}^2.\overline{CA} + \overline{OC}^2.\overline{AB} - \overline{OO'}^2(\overline{BC} + \overline{CA} + \overline{AB}) + \overline{BC}.\overline{CA}.\overline{AB} = 0,$$

et, en tenant compte de l'identité de Chasles :

$$\overline{BC} + \overline{CA} + \overline{AB} = o,$$

on retombe sur la relation (1).

Remarque. — Si on veut introduire les valeurs absolues des distances BC, CA, AB, il faut tenir compte de la disposition des points A, B, C. Par exemple, si le point B est entre A et C (*fig.* 1), en prenant pour sens positif le sens de A vers C, on a :

$$\overline{BC} = + BC, \quad \overline{CA} = -CA, \quad \overline{AB} = + AB;$$

et la relation (1) devient

$$\overline{OA}^2.BC + \overline{OC}^2.AB = \overline{OB}^2.CA + BC.AB.CA.$$

De même, si le point C est entre A et B, on a :

$$\overline{OA}^2.BC + \overline{OB}^2.CA = \overline{OC}^2.AB + BC.CA.AB;$$

enfin, si le point A est entre B et C,

$$\overline{OB}^2.CA + \overline{OC}^2.AB = \overline{OA}^2.BC + BC.CA.AB.$$

APPLICATIONS.

1° *Calcul des médianes d'un triangle ABC* (*fig.* 2). — Soit D le milieu de BC, le théorème de Stewart nous donne

$$(2) \quad \overline{AB}^2 . \overline{CD} + \overline{AC}^2 . \overline{DB} + \overline{AD}^2 . \overline{BC} + \overline{CD}.\overline{DB}.\overline{BC} = 0.$$

Mais :

$$\overline{CD} = \overline{DB} , \quad \overline{BC} = -2\overline{DB}.$$

En substituant dans (2) et divisant par $\overline{DB}$, il vient

$$\overline{AB}^2 + \overline{AC}^2 - 2\overline{AD}^2 - 2\overline{BD}^2 = 0,$$

relation qui permet de calculer la médiane AD en fonction des côtés.

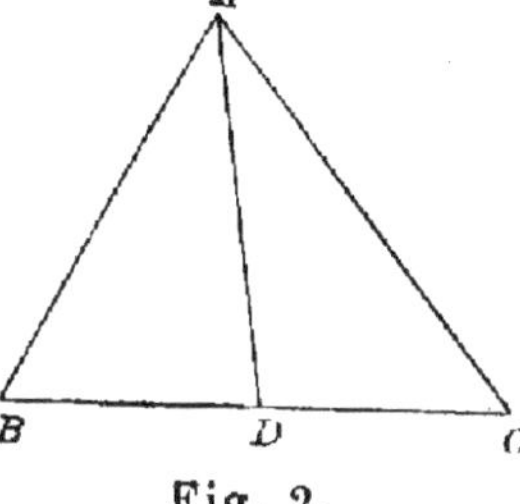
Fig. 2.

2° *Calcul des bissectrices.* — Supposons que, dans la figure 2, AD soit la bissectrice *intérieure* de l'angle A ; on a :

$$(3) \quad \frac{\overline{CD}}{\overline{DB}} = \frac{AC}{AB} \quad \frac{\overline{CD}}{\overline{AC}} = \frac{\overline{DB}}{AB} = \frac{\overline{CB}}{AB + AC} = -\frac{\overline{BC}}{AB + AC},$$

d'où :

$$\overline{CD} = -\overline{BC}\,\frac{AC}{AB + AC}, \quad \overline{DB} = -\overline{BC}\,\frac{AB}{AB + AC}.$$

Remplaçons $\overline{CD}$ et $\overline{DB}$ par ces valeurs dans les deux premiers termes de la relation (2) ; il vient, après avoir divisé par $\overline{BC}$,

$$-\frac{\overline{AB}^2 . AC}{AB + AC} - \frac{\overline{AC}^2 . AB}{AB + AC} + \overline{AD}^2 + \overline{CD}.\overline{DB} = 0,$$

ou

$$\overline{AD}^2 + \overline{CD}.\overline{DB} = \frac{AB.AC(AB + AC)}{AB + AC}$$

$$(4) \quad \overline{AD}^2 + \overline{CD}.\overline{DB} = AB.AC,$$

relation bien connue, d'où on tirera la valeur de AD après avoir remplacé $\overline{CD}$ et $\overline{DB}$ par les valeurs ci-dessus.

Supposons (*fig.* 3) que AD soit la bissectrice extérieure de l'angle A. Dans ce cas, on a :

$$\frac{\overline{CD}}{\overline{DB}} = -\frac{AC}{AB},$$

relation qui ne diffère de (3) que par le changement de AC en — AC. Donc la valeur de la bissectrice extérieure de l'angle A se déduit de celle de la bissectrice intérieure en changeant le signe de l'u

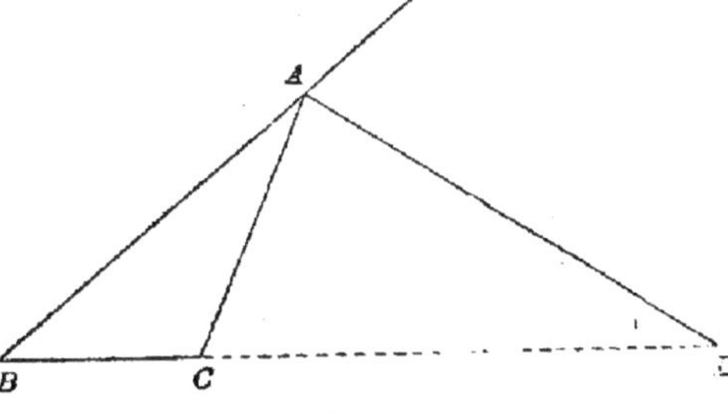
Fig. 3.

des côtés AB ou AC [1]. En particulier, si dans la relation (4) on change AC en — AC, on a, dans le cas de la bissectrice extérieure ;

$$\overline{AD}^2 + \widetilde{CD}.\widetilde{DB} = - AB.AC ;$$

d'où, en changeant tous les signes et en remarquant que le produit $\widetilde{CD}.\widetilde{DB}$ est négatif et égal à — CD.BD,

$$(5) \qquad CD.DB — \overline{AD}^2 = AB\,AC.$$

3° Supposons plus généralement que le point D (*fig.* 2 et 3) soit défini par la relation

$$(6) \qquad \frac{\overline{CD}}{\overline{DB}} = \frac{\beta}{\gamma},$$

β et γ désignant des nombres donnés, positifs ou négatifs : ce point D s'appelle *le centre des distances proportionnelles des points B et C relativement aux nombres* β *et* γ.

De la relation (6), on tire

$$\frac{\overline{CD}}{\beta} = \frac{\overline{DB}}{\gamma} = \frac{\overline{CB}}{\beta + \gamma} = - \frac{\overline{BC}}{\beta + \gamma};$$

d'où :

$$\overline{CD} = - \overline{BC}\,\frac{\beta}{\beta + \gamma}\,, \quad \overline{DB} = - \overline{BC}\,\frac{\gamma}{\beta + \gamma}.$$

Portant dans (2) et divisant par $\overline{BC}$, il vient :

$$- \overline{AB}^2\,\frac{\beta}{\beta + \gamma} — \overline{AC}^2\,\frac{\gamma}{\beta + \gamma} + \overline{AD}^2 + \overline{BC}^2\,\frac{\beta\gamma}{(\beta + \gamma)^2} = 0$$

ou

$$\beta.\overline{AB}^2 + \gamma.\overline{AC}^2 = \overline{AD}^2(\beta + \gamma) + \overline{BC}^2\,\frac{\beta\gamma}{\beta + \gamma}.$$

Si on donne les points B et C et la valeur de $\beta.\overline{AB}^2 + \gamma.\overline{AC}^2$, la relation précédente détermine AD. Par conséquent :

Étant donnés deux points B et C et deux nombres β *et* γ, *positifs ou négatifs, le lieu des points A tels que* $\beta.\overline{AB}^2 + \gamma.\overline{AC}^2$ *soit égal à une quantité donnée est un cercle ayant pour centre le point D défini par l'égalité :* $\dfrac{\overline{CD}}{\overline{DB}} = \dfrac{\beta}{\gamma}.$

4° Revenons à la figure 1 et supposons que A, B, C soient les centres de trois cercles de rayons a, b, c. Soient α, β, γ les puissances du point O par rapport à ces trois cercles :

---

[1] Cette remarque n'est qu'un cas très particulier de la *transformation continue* de M. E. Lemoine.

$$\alpha = \overline{OA}^2 - a^2, \quad \beta = \overline{OB}^2 - b^2, \quad \gamma = \overline{OC}^2 - c^2 ;$$

d'où :

$$\overline{OA}^2 = \alpha + a^2, \quad \overline{OB}^2 = \beta + b^2, \quad \overline{OC}^2 = \gamma + c^2.$$

Remplaçons $\overline{OA}^2$, $\overline{OB}^2$, $\overline{OC}^2$ par ces valeurs dans (1), il vient :

$$(7) \qquad (\alpha + a^2)\overline{BC} + (\beta + b^2)\overline{CA} + (\gamma + c^2)\overline{AB} + \overline{BC}.\overline{CA}.\overline{AB} = 0,$$

ce qui est une relation entre les puissances d'un point du plan par rapport à trois cercles dont les centres sont en ligne droite.

Si ces trois cercles ont même axe radical, en prenant le point O sur cet axe radical, on a $\alpha = \beta = \gamma$ et la relation (7) devient

$$\alpha\,(\overline{BC} + \overline{CA} + \overline{AB}) + a^2.\overline{BC} + b^2.\overline{CA} + c^2\,\overline{AB} + \overline{AB}.\overline{BC}.\overline{CA} = 0.$$

Or $\overline{BC} + \overline{CA} + \overline{AB} = o$; donc il reste :

$$(8) \qquad a^2.\overline{BC} + b^2.\overline{CA} + c^2.\overline{AB} + \overline{BC}.\overline{CA}.\overline{AB} = o.$$

Inversement, si la relation (8) est vérifiée, la relation (7) se réduit à

$$(9) \qquad \alpha.\overline{BC} + \beta.\overline{CA} + \gamma.\overline{AB} = o ;$$

il est aisé d'en déduire que les trois cercles ont même axe radical, à moins qu'ils ne soient concentriques. Supposons, par exemple, que les cercles A et B ne soient pas concentriques, c'est-à-dire $\overline{AB} \neq 0$; et prenons le point O sur l'axe radical de ces deux cercles. Alors $\alpha = \beta$ et la relation (9) devient

$$\alpha(\overline{BC} + \overline{CA}) + \gamma\,\overline{AB} = o,$$
$$\alpha.\overline{BA} + \gamma.\overline{AB} = o, \quad \overline{AB}\,(\gamma - \alpha) = o.$$

Comme $\overline{AB}$ n'est pas nul, il faut que $\gamma - \alpha$ le soit. Donc $\gamma = \alpha$, c'est-à-dire que l'axe radical des cercles A et B est aussi celui des cercles A et C. c. q. f. d.

D'ailleurs, si les trois cercles sont concentriques, on peut dire qu'ils ont un axe radical commun à l'infini. Donc la relation (8) est *la condition nécessaire et suffisante* pour que les trois cercles aient même axe radical.

5° Enfin, supposons que le point O (*fig.* 1) soit le centre d'un cercle de rayon r et soient α, β, γ les puissances des 3 points A, B, C par rapport à ce cercle. On a

$$\overline{OA}^2 = \alpha + r^2, \quad \overline{OB}^2 = \beta + r^2, \quad \overline{OC}^2 = \gamma + r^2 ;$$

portons dans la relation (1), il vient

$$\alpha.\overline{BC} + \beta.\overline{CA} + \gamma.\overline{AB} + r^2(\overline{BC} + \overline{CA} + \overline{AB}) + \overline{BC}.\overline{CA}.\overline{AB} = o,$$

ou :

$$\alpha.\overline{BC} + \beta.\overline{CA} + \gamma.\overline{AB} + \overline{BC}.\overline{CA}.\overline{AB} = o. \qquad (10)$$

M. B. Niewenglowski a montré *(Nouvelles Annales*, 1887, p. 174) comment cette relation permet de faire une discussion très simple du problème suivant :

Mener par deux points A et B (fig. 4) une circonférence tangente à une circon-férence donnée O.

« Supposons, en effet, le problème résolu et soit C le point où la tangente

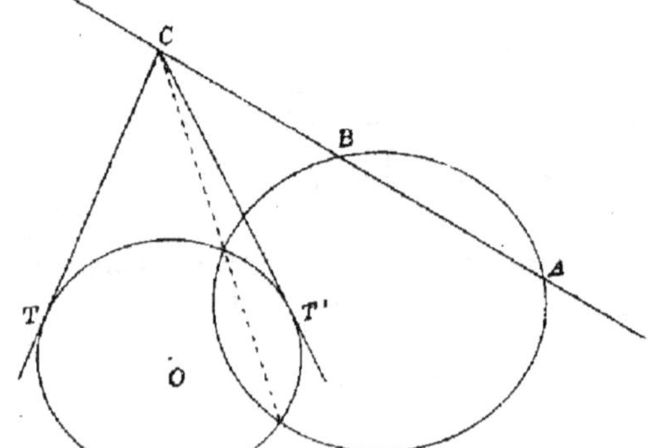

Fig. 4.

commune à la circonférence cherchée et à la circonférence donnée rencontre la droite AB ; on a

$$(11) \qquad \gamma = \overline{CA}.\overline{CB}.$$

En introduisant cette hypothèse dans l'é-quation (10), celle-ci devient

$$\alpha.\overline{BC} + \beta.\overline{CA} = o$$

ou bien

$$(12) \qquad \frac{\overline{CA}}{\overline{CB}} = \frac{\alpha}{\beta}$$

« Cela étant, si le problème est possible, les points A et B sont évidemment tous deux extérieurs ou tous deux intérieurs au cercle donné O.

« Réciproquement, si A et B sont tous deux extérieurs ou tous deux intérieurs au cercle O, on peut trouver sur AB un point C vérifiant l'équation (12) ; ce point C sera extérieur au segment AB, puisque les puissances α et β seront de même signe. Or, on aura cette fois

$$\alpha.\overline{BC} + \beta.\overline{CA} = 0$$

d'où, à cause de l'équation (10), il résulte que

$$\gamma = \overline{CA}.\overline{CB} ;$$

(ce qui prouve, en passant, que le point C est à l'intersection de AB avec l'axe radical du cercle O et d'un cercle quelconque passant par A et B).

« La puissance du point C par rapport au cercle O est donc positive ; on pourra, par suite, mener de C deux tangentes CT, CT′ au cercle O, T et T′ dési-gnant les points de contact. Les égalités

$$\overline{CT}^2 = \overline{CA}.\overline{CB}, \quad \overline{CT'}^2 = \overline{CA}.\overline{CB}$$

montrent que les cercles passant par A, B, T et A, B, T′ sont tangents au cercle donné. »

G. H. Niewenglowski.

INDICATIONS BIBLIOGRAPHIQUES

Steiner, *Gesamnelte Werke*, t. II, p. 111.
Chasles, *Géométrie supérieure*, page 233. — *Aperçu historique*, p. p. 175-176.
M. T. S. Davier, *Cours de Math. du docteur Hutton.*
Stewart, *Deux théorèmes généraux d'un grand usage dans les Hautes Mathématiques.*
Th. Simpson, *Eléments d'analyse pratique ou application des principes de l'Algèbre et de*

la Géométrie à la solution d'un très grand nombre de problèmes numériques et géométriques. In-8°, 1771.

Euler, *Mémoires de l'Académie de Pétersbourg*, an 1780. (Inscrire à un cercle un triangle dont les trois côtés passent par trois points donnés). **Acta Academiae scientiarum imperalis Petropolitanis.**

Carnot, *Géométrie de position*, p. 264, et seq.

QUESTIONS RÉSOLUES

Mathématiques.

29. *On donne une circonférence O et un diamètre AB ; puis, sur AO, un point D à une distance d du centre. On demande de mener par ce point une corde MN qui soit vue sous un angle droit du milieu du rayon OB.*

Soit MN la corde demandée. Abaissons sur MN la perpendiculaire OH que nous désignons par x.

Pour que le triangle MCN soit rectangle, il faut que la médiane HC soit égale à la moitié de l'hypoténuse :

$$(1) \qquad HC^2 = HN^2 = R^2 - x^2.$$

D'autre part, si nous abaissons HI perpendiculaire sur AB, nous avons dans le triangle HOC

$$\overline{HC}^2 = \overline{OC}^2 + \overline{OH}^2 + 2\,OC.OI = \frac{R^2}{4} + x^2 + 2\,\frac{R}{2}\,OI$$

Or, dans le triangle rectangle OHD,

$$OI = \frac{\overline{OH}^2}{OD} = \frac{x^2}{d}.$$

Donc
$$\overline{HC}^2 = \frac{R^2}{4} + x^2 + \frac{R\,x^2}{d}.$$

Portons dans l'équation (1); il vient

$$\frac{R^2}{4} + x^2 + \frac{R\,x^2}{d} = R^2 - x^2,$$

d'où
$$x^2 = \frac{3\,d\,R^2}{8\,d + 4\,R}.$$

Discussion. — Cette valeur de x^2 est visiblement positive et moindre que R^2. Donc il suffit qu'elle soit moindre que d^2 :

$$\frac{3\,d\,R^2}{8\,d + 4\,R} < d^2$$

ou
$$8\,d^2 + 4\,R\,d - 3\,R^2 > 0.$$

Le trinôme $8\,d^2 + 4\,\mathrm{R}\,d - 3\,\mathrm{R}^2$ doit être de même signe que le coefficient de son premier terme ; d doit donc être extérieur aux racines, qui sont l'une positive, l'autre négative. Donc d, que nous supposons positif, doit être supérieur à la racine positive :

$$d > \frac{\mathrm{R}}{4}\left(\sqrt{7} - 1\right).$$

Si $d = \frac{\mathrm{R}}{4}\left(\sqrt{7} - 1\right)$, $x = d$; donc la corde MN est perpendiculaire au diamètre AB.

F. Peillon (lycée de Lyon).

33. *Soit ABCD un quadrilatère inscrit dans un demi-cercle de diamètre AD ; trouver la relation qui doit exister entre les angles BAD = β et CAD = γ pour qu'on puisse trouver sur AD un point équidistant des trois côtés AB, BC, CD. En déduire que AB + CD = AD.*

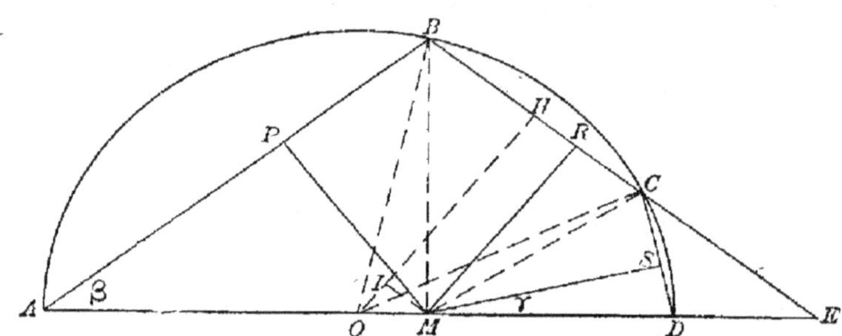

Soit M ce point ; désignons OM par x ; abaissons MP, MR, MS perpendiculaires aux trois côtés, OH perpendiculaire à BC ; enfin menons OB, OC et MI parallèle à BC qui coupe OH en I. Soit de plus R le rayon du demi-cercle. En appelant ρ la valeur commune des distances de M aux trois côtés, nous avons :

$$\rho = \mathrm{MS} = (\mathrm{R} - x)\cos\gamma \qquad (1)$$
$$\rho = \mathrm{MJ} = (\mathrm{R} + x)\sin\beta \qquad (2)$$
$$\rho = \mathrm{MR} = \mathrm{OH} - \mathrm{OI} = \mathrm{R}\cos\frac{\mathrm{BOC}}{2} - x\cos\mathrm{HOD}.$$

Or $\mathrm{BOC} = 180° - \mathrm{AOB} - \mathrm{COD} = 180° - (180° - 2\beta) - 2\gamma = 2\,(\beta - \gamma)$

$$\mathrm{HOD} = \frac{\mathrm{BOC}}{2} + \mathrm{COD} = \beta - \gamma + 2\gamma = (\beta + \gamma)$$

Donc $\qquad\qquad \rho = \mathrm{R}\cos(\beta - \gamma) - x\cos(\beta + \gamma) \qquad (3)$

Ajoutons les équations (1), (2) et (3) après avoir multiplié les deux membres de la 1re par $\cos\beta$, ceux de la 2e par $\sin\gamma$, ceux de la 3e par -1. Il vient

$$\rho\,(\cos\beta + \sin\gamma - 1) = o$$

ou $\qquad\qquad\qquad \cos\beta + \sin\gamma = 1$

qui est la relation cherchée.

AB étant égal à AD $\cos\beta$, et CD à AD $\sin\gamma$, leur somme AB + CD est égale à AD $(\cos\beta + \sin\gamma)$ c'est-à-dire à AD. Cette dernière partie peut se vérifier géométriquement.

Soit E le point où BG coupe AD, M étant sur la bissectrice de l'angle ABE, on a :

$$\frac{MA}{ME} = \frac{BA}{BE},$$

ou en remplaçant $\dfrac{BA}{BE}$ par son égal $\dfrac{CD}{DE}$:

$$\frac{MA}{ME} = \frac{CD}{DE},$$

d'où :
$$CD = MA\,\frac{DE}{ME} = MA\,\frac{ME - MD}{ME}.$$

De même
$$\frac{MD}{ME} = \frac{CD}{CE} = \frac{AB}{AE},$$

d'où :
$$AB = MD.\frac{AE}{ME} = MD.\frac{ME + MA}{ME}.$$

En faisant la somme $AB + CD$, on voit qu'elle est égale à $(MA + MD)\dfrac{ME}{ME}$ ou à AD.

P. Gillet.

Solution analogue par M. Hoh (Lycée de Lyon).

36. — *En désignant par* f *et* f' *les deux trinômes* $a\,x^2 + 2\,bx + c$ *et* $a'x^2 + 2b'x + c'$, *montrer que l'expression :*
$$\varphi = (b^2 - ac)\,f'^2 + (ac' + ca' - 2bb')\,ff' + (b'^2 - a'c')\,f^2$$
est carré parfait.

Nous avons $\qquad\qquad f = ax^2 + 2bx + c,$

d'où $\qquad\qquad af = a^2x^2 + 2abx + ac = (ax + b)^2 - b^2 + ac$

Nous en tirons $\qquad b^2 - ac = (ax + b^2) - af$

Par analogie, $\qquad b'^2 - a'c' = (a'x + b'^2) - a'f'.$

Remplaçons dans l'expression proposée $b^2 - ac$ et $b'^2 - a'c'$ par ces nouvelles valeurs :
$$\varphi = f'^2(ax + b)^2 - aff'^2 + (ac' + c'a - 2bb')\,ff' + f^2(a'x + b')^2 - a'f'f^2.$$
ou : $\varphi = f'^2(ax + b)^2 - ff'(af' - ac' - ca' + 2bb' + a'f) + f^2(a'x + b')^2.$

Remplaçons par leurs valeurs les lettres f et f' de la parenthèse, dans le deuxième terme du second membre :
$$\varphi = f'^2(ax + b)^2 - ff'(2aa'x^2 + 2ab'x + 2bb' + 2a'bx) + f^2(a'x + b')^2$$
$$= f'^2(ax + b)^2 - 2\,ff'(a'x + b')(ax + b) + f^2(a'x + b')^2,$$
ou enfin : $\qquad\qquad \varphi = [f'(ax + b) - f(a'x + b')]^2.$

Dumoulin (lycée de Lyon).

Autre solution. — Si nous remplaçons f et f' par leurs valeurs respectives dans l'expression donnée, nous obtenons :

$$x^4(ab' - ba')^2 + 2x^3(ab' - ba')(ac' - ca') + x^2(ac' - ca')^2 +$$
$$2x^2(ab' - ba')(bc' - cb') + 2x(ac' - ca')(bc' - cb') + (bc' - cb')^2,$$

laquelle est visiblement le carré de :

$$x^2(ab' - ba') + x(ac' - ca') + (bc' - cb').$$

P. Bouiges (collège de Mauriac).

Autre solution par M. Gillet.

38. — *De deux points A et B comme centres respectifs, on décrit deux circonférences avec un même rayon R égal à AB. Ces deux circonférences rencontrent la droite AB prolongée en C D et se coupent en H et K.*

On trace ensuite les diamètres HAL, KAP dans l'une des circonférences et HBM, HBN dans l'autre ; enfin, on décrit l'arc de cercle PN de centre K et l'arc de cercle LM de centre H.

Cela étant, on demande l'expression de la surface de l'ovale formé par les arcs de cercle LCP, PN, NDM et ML.

La surface du secteur PKN est :

$$\frac{4\pi R^2 \times 60}{360} = \frac{2}{3}\pi R^2,$$

car l'angle K, ainsi que l'angle H, sont de 60° comme angles des triangles équilatéraux AHB, AKB.

Or nous avons deux secteurs égaux PKN, LHM ; la somme de leurs surfaces est alors

$$\frac{4}{3}\pi R^2.$$

Remarquons que, dans cette somme, le losange AHBK est compté deux fois ; il faut donc retrancher la surface de ce losange, qui se compose de deux triangles équilatéraux. La surface du losange est donc :

$$\frac{2R^2\sqrt{3}}{4} = \frac{R^2\sqrt{3}}{2}.$$

Enfin, chacun des secteurs PAL, MBN a pour surface

$$\frac{\pi R^2 \times 120}{360} = \frac{\pi R^2}{3}.$$

Donc, la surface de l'ovale a pour expression

$$\frac{4}{3}\pi R^2 - \frac{R^2\sqrt{3}}{2} + \frac{2\pi R^2}{3} = \frac{R^2}{2}(4\pi - \sqrt{3}).$$

L. Berthier (Collège de Mauriac).

Solutions analogues par MM. Bouiges, Gillet, Perdrix (École normale de Bourg), Labrousse.

Physique.

23. *Un ballon en verre renferme à la température de 30 degrés centigrades de l'air à l'état hygrométrique 0,5 et à la pression de 765 millimètres. Il a, à cette température, une capacité intérieure égale à 3 litres. On le refroidit graduellement jusqu'à zéro. On demande le poids de vapeur d'eau qui se condensera et la pression finale à l'intérieur du ballon.*

La tension maximum de la vapeur d'eau est à zéro de 4,5 millimètres, à trente degrés de 31,5 millimètres ; le coefficient de dilatation cubique du verre est 0,0000265, celui de l'air et de la vapeur d'eau 0,00367. Le poids du litre d'air sec à 0 degré et à 760 millimètres est 1 gr. 293 ; la densité de la vapeur d'eau, par rapport à l'air, est 0,622.

Le poids de vapeur d'eau contenue dans le ballon est, en grammes,

$$3 \times \frac{15.75}{760} \times \frac{1}{1 + 30.0,00367} \times 1.293.0,622.$$

A zéro, le volume du ballon est devenu $\dfrac{3}{1 + 30.0,0000265}$.

Le poids d'eau condensée étant très petit, la diminution du volume occupé par l'air dans le ballon qui en résulte est négligeable. Le poids de vapeur nécessaire pour saturer ce volume est :

$$\frac{3}{1 + 30.0,0000265} \times \frac{4.5}{760} \times 1,293.0,622$$

Le poids d'eau condensée est la différence de ces deux poids de vapeur ; on le trouve égal à 0 gr. 0306.

Soit H la pression de l'air seul remplissant le récipient à 0°. Son poids sera :

$$\frac{3}{1 + 30.0,0000265} \times \frac{H}{760} \times 1,293.$$

Mais à 30° son poids était :

$$3 \times \frac{765 - 15,75}{760} \times \frac{1}{1 + 30.0,00367} \times 1,293$$

En égalant ces deux valeurs du poids, on voit que :
$$H = 675^{mm}47$$

La pression du mélange d'air et de vapeur d'eau est donc 675,47 + 4,5 = 679,97 millimètres.

P. Gillet.

53. *Un corps A est suspendu par un fil au plateau d'une balance hydrostatique en équilibre B.*

On abaisse le fléau de cette balance jusqu'à ce que le corps A plonge entière-

*ment dans un vase V rempli d'eau et porté par le plateau 1 d'une seconde ba-
lance B'.*

*On rétablit l'équilibre des deux balances, d'une part en ajoutant 50 grammes au
plateau 1 de la balance B, d'autre part avec une certaine tare placée dans le plateau 2 de la balance B'. On coupe alors le fil de suspension du corps A. Comment
modifier la tare du plateau 2 pour rétablir l'équilibre de la balance B' ? La densité du corps A est égale à 12.*

Soit P le poids du corps A, la poussée qu'il reçoit de la part de l'eau est égale à 50 grammes, son volume est alors 50 cm. et on a : 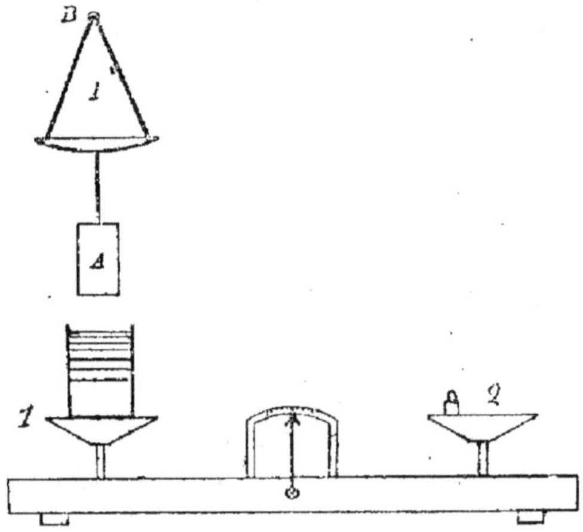
$$P = 12 \times 50 = 600 \text{ gr.}$$

Or, plonger le corps A dans le vase V, cela revient à ajouter au contenu de ce vase un volume d'eau égal au volume du corps. On devra donc placer une première tare de 50 grammes pour rétablir l'équilibre.

Cela posé, si l'on coupe le fil qui retient A, la pression qui s'exercera sera égale à 600 grammes. Or, on avait déjà placé un poids de 50 grammes ; pour rétablir l'équilibre la deuxième fois, il faudra donc ajouter :
$$600 \text{ g.} - 50 \text{ g.} = 550 \text{ gr.}$$

Paul BOUIGES.

Autre solution par M. Gillet.

BACCALAURÉATS (Juillet 1895.)
LYON
BACCALAURÉAT CLASSIQUE ET MODERNE (LETTRES-MATHÉMATIQUES)

Mathématiques. — I. *L'un des trois sujets suivants au choix* : *a*) Résolution de l'équation générale du 2e degré. — Discussion des formules. Relations entre les coefficients et les racines. Nature et signe des racines. — *b*) Résolution de l'équation $ax^2 + bx + c = o$ quand a est très petit. Calcul de la plus petite racine. — *c*) Propriétés du trinôme du 2e degré. Application aux inégalités du 2e degré.

II. *Problème obligatoire.* — Trouver les valeurs numériques de l'équation :
$$2x^2 + 3x - 3 + \sqrt{2x^2 + 3x + 9} = 30$$

Physique. — I. *Un des trois sujets suivants au choix* : *a*) établir et discuter les formules des miroirs concaves. — *b*) lunette astronomique et lunette de Galilée. — *c*) prisme et spectres.

II. *Problème obligatoire.* — **82.** Un thermomètre à mercure entièrement plongé dans un liquide de température uniforme, marque 95°. Quelle température marquerait-il si l'on plongeait seulement dans le liquide le réservoir et la naissance de la tige jusqu'au 6° degré, le reste de la tige étant à la température ambiante de 12°.

Le coefficient de dilatation absolue du mercure est $\dfrac{1}{5550}$ et celui du verre $\dfrac{1}{38700}$.

BACCALAURÉAT MODERNE (SCIENCES)
(Juillet 1895.)

Mathématiques. — I. *Un des trois sujets suivants, au choix* : *a*) mener à une parabole, définie par son foyer et sa directrice, une tangente par un point extérieur. Qu'arrive-t-il lorsque le point se trouve sur la directrice ? — *b*) trouver l'intersection d'une parabole, définie par son foyer et sa directrice, et d'une droite quelconque donnée, inclinée sur l'axe de la courbe. La même construction est-elle toujours applicable. — *c*) montrer par la méthode de Dandelin que la section plane d'un cône de révolution peut être une hyperbole. Faire voir comment on peut placer sur un cône de révolution donné une hyperbole donnée.

II. *Problème obligatoire.* — **83.** On mène à une ellipse de grand axe $2a$ et de petit axe $2b$ une tangente quelconque qui coupe respectivement aux points C et D les tangentes menées à la courbe aux extrémités A et B du grand axe. — 1. Montrer que le produit $AC \times BD$ des segments ainsi déterminés sur ces tangentes est constant (on pourra pour cela se servir du cercle dont l'ellipse est la projection orthogonale). — 2. Indiquer entre quelles limites peut varier l'aire du trapèze ABDC.

Nota. — *Les candidats qui n'auraient pas pu résoudre la 1ʳᵉ partie du problème sont engagés à traiter la 2ᵉ partie en regardant la 1ʳᵉ comme démontrée.*

Physique. — I. *Un des trois sujets suivants* : *a*) Enoncé des lois fondamentales des courants. — *b*) Unités pratiques d'intensité, de résistance de force électromotrice. Faire comprendre l'importance pratique de la mesure de ces 3 éléments. — *c*) Bobine de Ruhmkorff.

II. *Problème obligatoire.* — **84.** On a une aiguille aimantée AB mobile autour d'un axe vertical O, et un pôle aimanté C placé à une petite distance du pôle B de telle façon que l'action du pôle A soit insensible. On fait faire de petites oscillations à l'aiguille en l'écartant de sa position d'équilibre d'abord en l'absence du pôle C et ensuite en sa présence. Soient n, n' le nombre d'oscillations à la minute dans les deux cas, soit G l'intensité de l'action terrestre sur le pôle B estimée horizontalement. On demande quelle est l'intensité de la force d'attraction des pôles C et B.

On admet que le mouvement autour de l'axe se fait sans frottement et que les oscillations sont assez petites pour que les attractions de B sur C soient parallèles.

BIBLIOGRAPHIE

L. GÉRARD, docteur ès sciences, professeur au lycée de Lyon. — *Sur la géométrie non euclidienne.* Paris, Hermann, 8, rue de la Sorbonne.

Dans la première partie de cet ouvrage, les formules de *Trigonométrie non euclidienne* sont démontrées par une méthode entièrement élémentaire, qui ne repose que sur les premiers théorèmes de la géométrie et sur les propriétés fondamentales de la fonction a^x ; de sorte qu'un élève de mathématiques élémentaires qui connaîtrait la définition de a^x et qui saurait que $a^x a^y = a^{x+y}$ comprendrait sans peine la démonstration. On a écarté avec soin toutes les considérations d'imaginaires, d'infini, de continuité, d'horicycles, d'horisphères, etc., qui ont trop souvent servi de prétexte aux philosophes pour repousser en bloc la géométrie non euclidienne, comme contraire au bon sens. La question est posée de la façon suivante : à supposer qu'en mesurant les angles d'un certain triangle on ait trouvé que leur somme est moindre que deux angles droits, chercher la relation qui existe entre les trois côtés d'un triangle rectangle, sans sortir de la portion de plan considérée, sans tracer d'autres lignes que des droites et des cercles et sans considérer d'autres grandeurs que des portions de droites.

La deuxième partie traite de la *Géométrie analytique non euclidienne* ; en choisissant convenablement les coordonnées, on arrive à des formules aussi simples, et plus symétriques que celles de la géométrie ordinaire.

La troisième et dernière partie est consacrée à l'étude des *aires polygonales* dans le plan non euclidien, en ne considérant comme *équivalents* que des polygones formés de parties superposables chacune à chacune. On y démontre qu'un polygone ne peut pas être équivalent à l'une de ses parties. D'ailleurs il est permis d'espérer que cette manière de comprendre l'équivalence ne tardera pas à pénétrer même dans l'enseignement de la géométrie euclidienne.

Aimé Wirz, docteur ès sciences, ingénieur des Arts et Manufactures. Professeur aux Facultés catholiques de Lille. — *Cours élémentaire de Manipulations de physique*, à l'usage des candidats aux écoles et au certificat des études physiques et naturelles, deuxième édition, revue et augmentée. Un volume in-8, avec 77 figures, 1895. — Prix : **5** fr. Librairie Gauthier-Villars et fils.

Extrait de la préface : Présenter sous une forme didactique l'enseignement expérimental qui se donne au laboratoire, en face des instruments, tel était, disions-nous dans la préface de la première édition de ce *Cours de Manipulations*, notre dessein et notre principale préoccupation. Il ne s'agissait pas seulement de faire connaître à l'élève le jeu des appareils mis à sa disposition, mais nous voulions lui exposer les méthodes employées et les illustrer pour ainsi dire, par une application. Toutes les manipulations étaient rédigées sur un modèle uniforme : une *Introduction théorique* très succincte posait d'abord la question à étudier, donnait le sens des notations adoptées et indiquait les solutions par les formules établies par le professeur dans son Cours ; puis venait, sous la rubrique *Description*, un examen rapide des instruments : un *Manuel opératoire* très précis donnait la suite des opérations à effectuer et les *Résultats et Applications* montraient enfin le but à atteindre.

Le succès de cette première édition, épuisée aujourd'hui et toujours demandée, prouve que cette rédaction convenait aux besoins de nos lecteurs : nous l'avons donc conservée, nous bornant à revoir le texte et à le corriger. Nous avons de plus ajouté un certain nombre d'exercices nouveaux.

QUESTIONS PROPOSÉES

85. Dans les formules :
$$x = 2ab \qquad y = a^2 - b^2 \qquad z = a^2 + b^2$$
a et b désignent deux nombres entiers l'un pair l'autre impair et premiers entre eux ; dans les formules :
$$x' = a'b' \qquad y' = \frac{a'^2 - b'^2}{2} \qquad z' = \frac{a'^2 + b'^2}{2}$$
a' et b' sont deux entiers impairs, premiers entre eux. Comparer les deux suites de nombres x, y, z et x', y', z' obtenus.

86. Une sphère de rayon R = 50 mm. est tangente au plan horizontal de côte zéro au point O.

D'un point A situé dans ce plan à une distance AO = 100 mm., on mène successivement : 1° Les deux tangentes faisant avec la verticale un angle de 40°; 2° Les deux tangentes faisant avec l'horizontale AO un angle de 23°.

Ces quatre tangentes sont considérées comme les arêtes d'une pyramide indéfinie. Trouver la projection du solide commun à la sphère et à la pyramide.

(Ecole navale, 1895.)

87. Si on désigne par $\sigma(n)$ la somme des diviseurs du nombre entier n, démontrer :

1° que a étant un nombre premier absolu autre que 1, on a :

$$\sigma\left(a^{\alpha}\right)\,\sigma\left(a^{\alpha'}\right) = \sigma\left(a^{\alpha+\alpha'}\right) + a\,\sigma\left(a^{\alpha-1}\right)\,\sigma\left(a^{\alpha'-1}\right)$$

2° en conclure que, si $\alpha \geqq \alpha'$ on a :

$$\sigma\left(a^{\alpha}\right)\,\sigma\left(a^{\alpha'}\right) = \sigma\left(a^{\alpha+\alpha'}\right) + a\,\sigma\left(a^{\alpha+\alpha'-2}\right) + a^2\,\sigma\left(a^{\alpha+\alpha'-4}\right) + \dots$$
$$\dots + a^{k}\,\sigma\left(a^{\alpha+\alpha'-2k}\right) + \dots + a^{\alpha'}\,\sigma\left(a^{\alpha-\alpha'}\right)$$

3° de la formule précédente, on tire, en supposant toujours a premier absolu, les suivantes :

$$[\sigma(a)]^2 = \sigma(a^2) + a$$
$$[\sigma(a)]^3 = \sigma(a^3) + 2a\,\sigma(a)$$
$$[\sigma(a)]^4 = \sigma(a^4) + 3a\,\sigma(a^2) + 2a^2$$
$$[\sigma(a)]^5 = \sigma(a^5) + 4a\,\sigma(a^3) + 5a^2\,\sigma(a)$$
$$[\sigma(a)]^6 = \sigma(a^6) + 5\,a\,\sigma(a^4) + 9\,a^2\,\sigma(a^2) + 5\,a^3$$
$$\text{etc} \dots$$

on peut continuer ainsi, indéfiniment.

Si on écrit dans un tableau les coefficients numériques qui figurent dans les seconds membres de ces formules de façon que les coefficients des premiers termes soient dans une même colonne verticale, que les coefficients des seconds termes soient dans une même colonne à droite de la première, et ainsi de suite, on obtient le tableau suivant qui peut se prolonger indéfiniment par le bas :

1	1			
1	2			
1	3	2		
1	4	5		
1	5	9	5	
1	6	14	14	
1	7	20	28	14
…	…	…	…	…
…	…	…	…	…
…	…	…	…	…

Montrer que dans ce tableau tout nombre est égal à la somme de celui qui est écrit au-dessus de lui et de celui qui est à la gauche de ce dernier. (Lorsqu'un nombre n'a aucun nombre au-dessus de lui on admettra que le nombre qui serait au-dessus est 0.)

En conclure que le $n^{\text{ième}}$ nombre d'une colonne verticale (en numérotant les nombres, dans une colonne, de haut en bas) est égal à la somme des $n + 1$ premiers nombres de la colonne qui est à gauche de celle où il se trouve, diminuée du premier nombre de cette colonne.

De même, si on fait la somme des nombres situés dans une diagonale descendante de gauche à droite, cette somme est égale au nombre qui est écrit au-dessous de celui auquel on s'arrête.

Enfin montrer que si dans la ligne horizontale de rang n on multiplie le premier nombre à gauche par $n + 2$, le second par n, le troisième par $n - 2$, le quatrième par $n - 4$ et ainsi de suite jusqu'au dernier et si on fait la somme des produits ainsi obtenus, cette somme est égale à 2^{n+1}.

C. BOURLET.

88. Soient A et B deux points fixes situés sur un cercle donné, C un point quelconque de ce cercle, D le symétrique de C, par rapport à la droite AB ; on mène DE parallèle à AB et égal à 2AB. Trouver le lieu décrit par la projection du point E sur la droite BD quand le point C décrit le cercle donné.

89. Soit ABC un triangle inscrit dans un cercle ; M un point de ce cercle ; P, Q, R les projections du point M sur les trois côtés BC, CA, AB ; a, b, c les projections des points A, B, C sur la tangente en M. Démontrer que les cercles circonscrits aux trois triangles bcP, caQ, abR se coupent sur la droite PQR et sont tangents respectivement aux trois côtés du triangle ABC.

90. Mener, par un point donné de la ligne de terre, une droite faisant un angle donné avec un plan donné par ses traces et tangente à une sphère donnée dont le centre est sur la ligne de terre.

(Examens oraux de l'École navale.)

91. On considère un cercle fixe de centre O et de rayon r et un second cercle variable assujetti à passer par un point fixe A et ayant son centre sur la droite OA. Soit S un centre de similitude des deux cercles et x le rayon du cercle variable. Calculer le segment $\overline{AS}$ en fonction de r, de OA et de x et étudier les variations de ce segment quand x varie de $-\infty$ à $+\infty$. (*Id.*)

92. On donne un triangle ABC et un point M sur le côté BC ; construire un cercle passant par M, tangent à BC et rencontrant les deux autres côtés en des points N et P tels que l'angle NMP soit égal à un angle donné.

93. Soient MN, M'N' deux cordes antihomologues de deux circonférences ; prouver que, si MN passe par un point fixe, il en est de même de M'N'. — Que devient ce théorème si on suppose que les deux cercles sont inscrits dans un angle fixe et se rapprochent indéfiniment jusqu'à se confondre ?

Le Gérant : Dr H. LABONNE, licencié ès sciences.

Châteauroux. — Typ. et Stéréotyp. A. Majesté et L. Bouchardeau.

BULLETIN

DE

MATHÉMATIQUES ÉLÉMENTAIRES

VARIATION DES FONCTIONS

On dit qu'une fonction est *croissante* ou *décroissante* selon qu'elle varie dans le même sens que la variable ou en sens contraire ; ou, d'une manière plus précise :

Une fonction $F(x)$ *est dite croissante dans un intervalle* (λ, μ) *si la différence* $F(x_1) - F(x_0)$ *est positive pour toutes les valeurs de* x_0 *et de* x_1 *satisfaisant aux conditions* $\lambda \leqq x_0 < x_1 \leqq \mu$, *et décroissante dans l'intervalle* (λ, μ), *si* $F(x_1) - F(x_0)$ *est négatif dans les mêmes conditions.*

Donc pour étudier les variations de la fonction $F(x)$, il suffit d'étudier le signe de la différence $F(x_1) - F(x_0)$: c'est ce que nous allons faire pour chacune des fonctions que l'on considère en Mathématiques élémentaires.

I

Considérons d'abord un trinôme du second degré :
$$F(x) = ax^2 - bx + c.$$

On a :
$$F(x_1) - F(x_0) = a(x_1^2 - x_0^2) + b(x_1 - x_0),$$

d'où
$$\frac{F(x_1) - F(x_0)}{x_1 - x_0} = a(x_1 + x_0) + b.$$

En désignant par $f(x)$ la fonction obtenue en remplaçant dans le second membre x_1 et x_0 par x, savoir :
$$f(x) = 2ax + b,$$

Nous pouvons écrire :
$$\frac{F(x_1) - F(x_0)}{x_1 - x_0} = f\frac{(x_1 + x_0)}{2}$$

Ceci posé, considérons un intervalle (λ, μ) tel que pour toutes les valeurs de x comprises entre λ et μ, la fonction $f(x)$ garde un signe invariable, par exemple, le signe $+$. Si nous supposons, conformément à la définition,
$$\lambda \leqq x_0 < x_1 \leqq \mu,$$

$\dfrac{x_0 + x_1}{2}$ sera *compris* entre λ et μ, donc, par hypothèse $f\left(\dfrac{x_0 + x_1}{2}\right)$ sera positif ;

mais $x_1 - x_0$ est positif, par hypothèse ; donc $F(x_1) - F(x_0)$ l'est aussi et la fonction $F(x)$ est *croissante* dans l'intervalle (λ, μ).

Elle serait *décroissante* si la fonction $f(x)$ était constamment négative dans cet intervalle.

Or la fonction $f(x)$ ou $2a\left(x + \dfrac{b}{2a}\right)$ s'annule pour $x = -\dfrac{b}{2a}$. Si $a > o$, quand x varie de $-\infty$ à $-\dfrac{b}{2a}$, $f(x)$ est négative, donc la fonction $F(x)$ décroît, et quand x varie de $-\dfrac{b}{2a}$ à $+\infty$, $f(x)$ est positive, donc la fonction $F(x)$ croît ; on peut donc former le tableau suivant :

$$a > o \left\{ \begin{array}{l|lcccc} x & -\infty & & -\dfrac{b}{2a} & & +\infty \\ f(x) & & - & o & + & \\ F(x) & +\infty & \text{décroit} & minimum & \text{croît} & +\infty \end{array} \right.$$

De même, dans le cas où a est négatif,

$$a < o \left\{ \begin{array}{l|lcccc} x & -\infty & & -\dfrac{b}{2a} & & +\infty \\ f(x) & & + & o & + & \\ F(x) & -\infty & \text{croît} & maximum & \text{décroît} & -\infty \end{array} \right.$$

II

Considérons un polynôme du quatrième degré.
$$F(x) = ax^4 + bx^3 + cx^2 + dx + e ;$$
en posant $x_0 = t - h$ et $x_1 = t + h$, on trouve :
$$\frac{F(x_1) - F(x_0)}{x_1 - x_0} = \frac{F(t+h) - F(t-h)}{2h}$$
$$= a(4t^3 + 4th^2) + b(3t^2 + h^2) + 2ct + d.$$
En désignant par $f(x)$ la fonction qu'on obtient en remplaçant dans le second membre t par x et h par o, savoir :
$$f(x) = 4ax^3 + 3bx^2 + 2cx + d,$$
on constate sans peine qu'on a :
$$\frac{F(x_1) - F(x_0)}{x_1 - x_0} = \frac{1}{3}\left[f\left(t + \frac{h}{\sqrt{2}}\right) + f\left(t - \frac{h}{\sqrt{2}}\right) + f(t) \right]$$

Ceci posé, considérons un intervalle (λ, μ) tel que pour toutes les valeurs de x comprises entre λ et μ, la fonction $f(x)$ garde un signe invariable, par exemple, le signe $+$. Si nous supposons, conformément à la définition,
$$\lambda \leqq x_0 < x_1 \leqq \mu,$$

les trois quantités $t + \dfrac{h}{\sqrt{2}}$, $t - \dfrac{h}{\sqrt{2}}$ et t, qui sont comprises entre $t - h$ et $t + h$ c'est-à-dire entre x_0 et x_1 seront comprises entre λ et μ ; donc, par hypothèse, les trois quantités $f\left(t + \dfrac{h}{\sqrt{2}}\right)$, $f\left(t - \dfrac{h}{\sqrt{2}}\right)$, $f(t)$ seront positives ; mais $x_1 - x_0$ est positif, par hypothèse ; donc $F(x_1) - F(x_0)$ l'est aussi et la fonction $F(x)$ est croissante dans l'intervalle (λ, μ). Elle serait décroissante si la fonction $f(x)$ était constamment négative dans cet intervalle.

Règle. Formez la fonction $f(x)$, qu'on appelle la dérivée de la fonction primitive $F(x)$ et qui s'en déduit en multipliant chaque terme par l'exposant de x et en diminuant cet exposant d'une unité ; la fonction primitive $F(x)$ sera croissante ou décroissante selon que sa dérivée $f(x)$ sera positive ou négative.

Cette règle subsiste évidemment quand $a = o$, c'est-à-dire quand le polynône $F(x)$ s'abaisse au troisième degré.

Exemple. Soit $F(x) = x^4 - 4x^3 + 4x^2 + 1$.

On en déduit :

$$f(x) = 4x^3 - 12x^2 + 8x$$
$$= 4x(x - 1)(x - 2),$$

d'où le tableau suivant :

x	$-\infty$		o		1		2		$+\infty$
$f(x)$		$-$	o	$+$	o	$-$	o	$+$	
$F(x)$	$+\infty$ décroît	*min.*	croît	*max.*	décroît	*min.*	croît		$+\infty$

(*A suivre*)

L. Gérard.

NOTE DE LA RÉDACTION

Bien que les questions d'historique n'aient qu'un intérêt secondaire dans un journal tel que le *Bulletin de Mathématiques élémentaires*, nous croyons devoir avertir nos lecteurs que la manière d'exposer la théorie des fractions que M. Oliveda a publiée dans notre avant-dernier numéro a été donnée pour la première fois par MM. Kronecker et Méray.

QUESTIONS RÉSOLUES

Mathématiques.

42. — *Trouver un nombre de deux chiffres sachant que son plus petit diviseur (autre que l'unité) est égal à la somme des chiffres de ce nombre.* (Ch. Michel.)

Le nombre cherché peut s'écrire $10a+b$.

$a+b$ qui est son plus petit diviseur est un nombre premier, et par suite a et b sont premiers entre eux.

Ceci posé, on a :

$$10\,a + b = k\,(a + b)$$
$$(10 - k)\,a = (k - 1)\,b. \quad (1)$$

b divise le second membre dont il est facteur ; donc il divise aussi le premier, et comme il est premier avec a, il divise $10 - k$; d'où

$$10 - k = mb$$

Pour une raison semblable, a divise $k - 1$; d'où

$$k - 1 = n\,a$$

En remplaçant dans l'égalité (1) il vient

$$m\,b\,a = n\,a\,b, \text{ d'où } m = n$$

On a donc les deux équations :

$$10 - k = m\,b$$
$$k - 1 = m\,a$$

En additionnant membre à membre, on obtient

$$9 = m\,(a + b), \quad a + b = \frac{9}{m}.$$

$a+b$ pourrait donc être *a priori* égal à 9, 3 ou 1. Mais 9 n'étant pas un nombre premier, ne convient pas ; $a+b$ est par hypothèse différent de 1. Il ne peut donc être égal qu'à 3.

Si on fait a égal à 1, 2, 3, les valeurs de b seront 2, 1, 0 et les nombres correspondants : 12, 21, 30. Le problème admet donc trois solutions.

P. Gillet.

Solution analogue par MM. Bouiges et Fondrillon.

45. *On prend pour unité de longueur L, pour unité d'aire un cercle de rayon L et pour unité de volume une sphère de rayon L. Soient b, h et v les nombres qui mesurent la base, la hauteur et le volume d'une pyramide dans ce système d'unités : trouver la relation qui existe entre b, h et v.*

Soient U l'aire du cercle de rayon L et W le volume de la sphère de rayon L. Quand on prend pour unités de longueur L ; d'aire, l'aire Q du carré construit sur L comme côté ; de volume, le volume C du cube construit sur L comme arête ; on sait qu'entre les nouveaux nombres h, b' et v' qui mesurent la hauteur H, la base B et le volume V de la pyramide considérée, on a la relation :

$$v' = \frac{1}{3} b'h \qquad (1).$$

On a de plus $\left(\dfrac{W}{C}\right) = \dfrac{4\pi}{3}$

$$\text{donc } v' = \left(\frac{V}{C}\right) = \frac{\left(\dfrac{V}{W}\right)}{\left(\dfrac{C}{W}\right)} = \frac{V}{\left(\dfrac{3}{4\pi}\right)};$$

par suite $$v' = \frac{4\pi}{3} v.$$

De même :

$$\left(\frac{U}{Q}\right) = \pi \text{ ; donc } \quad b' = \left(\frac{B}{Q}\right) = \frac{\left(\dfrac{B}{U}\right)}{\left(\dfrac{Q}{U}\right)} = \frac{b}{\left(\dfrac{1}{\pi}\right)};$$

par suite $$b' = \pi b$$

remplaçant v' et b' par ces valeurs dans l'égalité (1) on voit qu'entre les nombres h, b et v on a la relation :

$$v = \frac{bh}{4}$$

G. Lecocq (Lycée de Brest, cours préparatoire à l'Ecole Navale).

Autre solution par M. Gillet.

56. — *Construire les projections d'un cube dont une diagonale est verticale, le sommet le plus bas étant dans le plan horizontal. On donne les projections a, a' de l'extrémité d'une des arêtes issues du sommet situé dans le plan horizontal. La ligne de terre étant tracée parallèlement aux plus petits côtés de la feuille de papier et à égale distance de ces côtés, la ligne de rappel a a' est à 2 centimètres du centre de la feuille ; la cote α a' = 4 centimètres, l'éloignement a α = 3 centimètres ; enfin la projection horizontale de l'arête considérée rencontre la ligne de terre à droite de α et fait avec elle un angle de 75 degrés. En outre, la diagonale verticale est à gauche du sommet* (a, a').

On déterminéra également les projections de la circonférence circonscrite à la face supérieure du cube qui est à gauche et est visible.

$$\alpha\, a' = 4\,c. \; ; \quad a\,\alpha = 3\,c. \; ; \quad \widehat{a\,\beta\,\alpha} = 75°$$

Soient B le sommet le plus bas, qui est dans le plan horizontal, BC la diagonale verticale et soit CD l'arête parallèle à AB. Les triangles rectangles CDB et AαB sont semblables. Or

$$DB = CD \sqrt{2}.$$

Donc
$$aB = A a \sqrt{2},$$
$$ab = \alpha a' \sqrt{2}.$$

Pour construire ab, il suffit donc de décrire de α comme centre avec αa' pour rayon un arc de cercle qui coupe xy en γ ; puis sur βa, à partir de a, on porte une longueur égale à $a'\gamma$, ce qui donne le point b, car $a'\gamma = \alpha a' \sqrt{2}$.

La projection c du sommet C se confond avec b.

Les six autres sommets du cube se projettent horizontalement suivant les sommets d'un hexagone régulier inscrit dans la circonférence ba.

Les sommets A, E, F se projettent verticalement sur une parallèle à xy menée par a'. On en déduit facilement les projections verticales des autres sommets au moyen de parallèles. Cette construction montre en outre que la diagonale $b'c'$ est triple de $\alpha a'$.

La circonférence circonscrite à la face CDE se projette horizontalement suivant une ellipse ayant pour demi-grand axe od et pour demi-petit axe oe. Rabattons autour de od ; le point E se rabat en E. Achevons le carré doE_4I_4 ; la diagonale OI_4 de ce carré rencontre le rabattement de ce cercle en un point N_4, qu'on relève en n sur oi. D'ailleurs la tangente en N_4 est parallèle à dE_4, donc la tangente à l'ellipse en n est parallèle à de. On en déduit trois autres points analogues et les tangentes en ces points.

On a ainsi huit points de l'ellipse et les huit tangentes, ce qui permet de la construire.

Pour l'ellipse verticale, on connaît les huit points correspondants et les huit tangentes ; on peut donc la tracer.

P. Gillet.

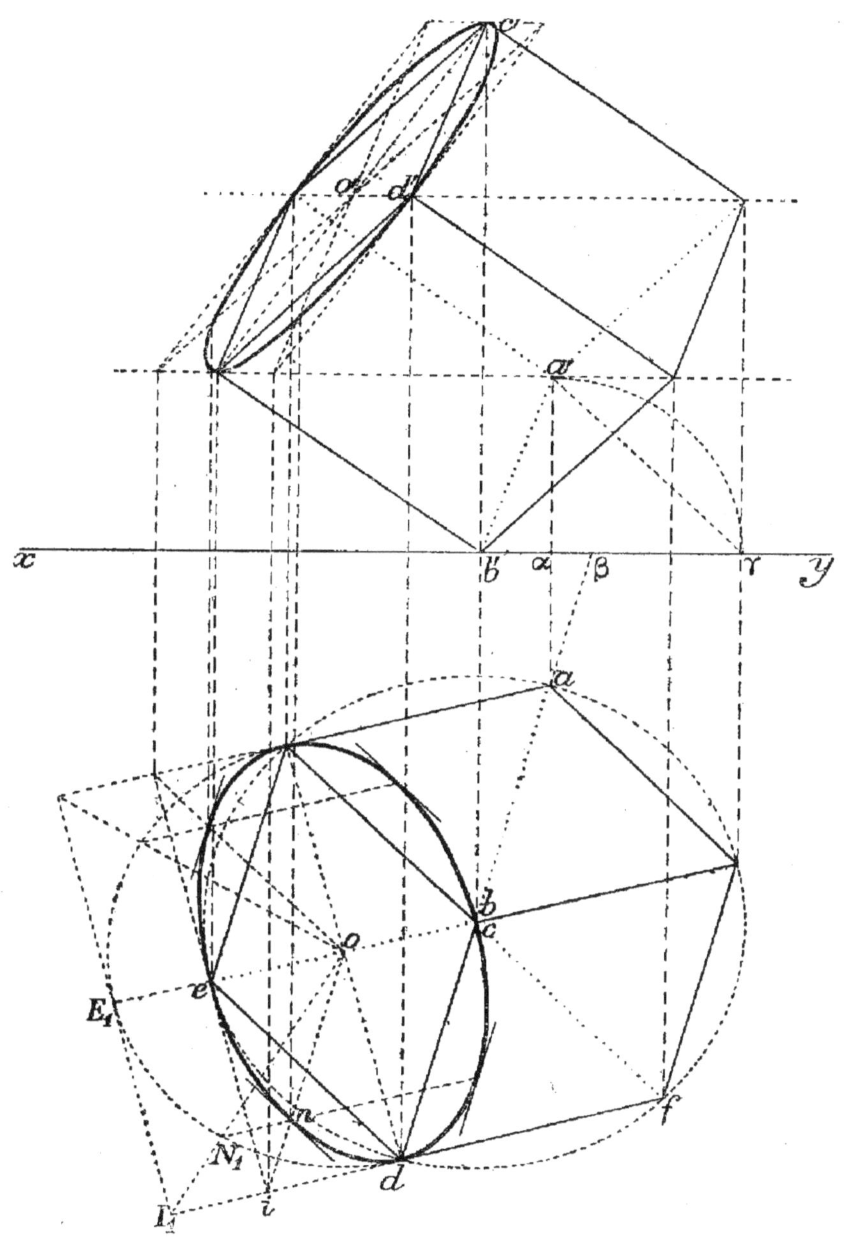

Épure donnee à l'examen d'admission à l'Institut agronomique en 1895.

50. *Dans le plan d'un rectangle dont $AB = 2a$, $AB' = 2a'$ sont les côtés, on prend un point C tel que les angles BAC et $BA'C$ aient la même valeur α. Calculer ses distances aux 4 côtés. Il y a entre elles trois relations indépendantes de α, les indiquer.*

Calculer les angles $CB'A$ et CBA en fonction de α et des côtés, ainsi que les rapports des distances de C à deux des sommets opposés.

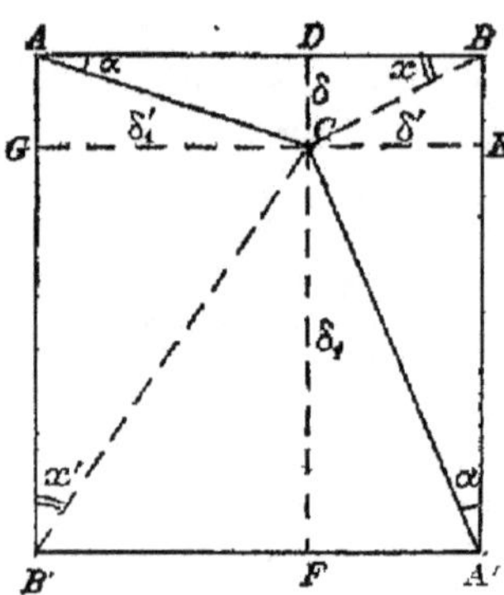

Le triangle rectangle ADC nous donne d'abord :
$$DC = AD\ \text{tg}\ \alpha$$
ou :
$$\delta = (2a - \delta')\ \text{tg}\ \alpha.$$

On a de même, dans le triangle rectangle CEA',
$$CE = EA'\ \text{tg}\ \alpha$$
ou :
$$\delta' = (2a' - \delta)\ \text{tg}\ \alpha ; \qquad (2)$$

d'où nous tirons les deux relations :
$$\delta + \delta'\ \text{tg}\ \alpha = 2a\ \text{tg}\ \alpha,$$
$$\delta' + \delta\ \text{tg}\ \alpha = 2a'\ \text{tg}\ \alpha$$

En résolvant ces deux équations, on trouve :
$$\delta = \frac{2a'\ \text{tg}^2\ \alpha - 2a\ \text{tg}\ \alpha}{\text{tg}^2\ \alpha - 1} = \frac{2\ \text{tg}\ \alpha\ (a'\ \text{tg}\ \alpha - a)}{\text{tg}^2\ \alpha - 1}$$

et
$$\delta' = \frac{2a\ \text{tg}^2\ \alpha - 2a'\ \text{tg}\ \alpha}{\text{tg}^2\ \alpha - 1} = \frac{2\ \text{tg}\ \alpha\ (a\ \text{tg}\ \alpha - a')}{\text{tg}^2\ \alpha - 1}$$

On en déduit aisément les deux autres distances $\delta_1 = CF$, $\delta'_1 = CG$. Nous avons :
$$\delta + \delta_1 = 2a'.$$
$$\delta' + \delta'_1 = 2a.$$

Les triangles semblables ADC et CEA' nous donnent en outre :
$$\frac{CD}{CE} = \frac{AD}{EA'},$$
ou :
$$\frac{\delta}{\delta'} = \frac{\delta_1'}{\delta_1} = \frac{2a - \delta'}{2a' - \delta} ;$$

Ce qui constitue la troisième relation entre δ, δ_1, δ', δ'_1, indépendante de α
Soit maintenant à calculer les angles x et x'.
Le triangle rectangle BCD nous donne :
$$\text{tg}\ x = \frac{\delta}{\delta'} = \frac{a'\ \text{tg}\ \alpha - a}{a\ \text{tg}\ \alpha - a'}$$

Le triangle rectangle CGB' donne $\text{tg}\ x' = \dfrac{2a - \delta'}{2a' - \delta}$.

Comme $\dfrac{\delta}{\delta'} = \dfrac{2a - \delta'}{2a' - \delta}$, il s'ensuit que :
$$\text{tg}\ x = \text{tg}\ x'.$$

Du reste on pouvait prévoir ce résultat : En effet nous savons que, si dans un parallélogramme deux droites AC et CA′ sont anti-parallèles par rapport aux côtés du parallélogramme, les droites CB et CB′ le sont aussi. (Voir question 1 du *Bulletin de Mathématiques élémentaires*.)

Enfin, pour résoudre la dernière partie du problème, remarquons que les deux triangles semblables ADC et CEA′ nous donnent :

$$\frac{AC}{CA'} = \frac{DC}{CE} = \frac{\delta}{\delta'} = \frac{a'\,\mathrm{tg}\,\alpha - a}{a\,\mathrm{tg}\,\alpha - a'}$$

De même, les triangles semblables CGB′ et CDB nous donnent :

$$\frac{CB}{CB'} = \frac{CD}{CG} = \mathrm{tg}\,\alpha.$$

Paul Bouiges (Collège de Mauriac).

Autres solutions par MM. Berthier, Gillet et Fondrillon.

---

64. *Dans un triangle ABC, on mène deux hauteurs BB′, CC′ et le diamètre AD du cercle circonscrit qui passe par le troisième sommet A. Démontrer que :*

$$\overline{BC}^2 = DB \times CC' + DC \times BB'.$$

D'après un théorème connu (1), on a :

$$CB \times AC = AD \times CC' \qquad (1)$$
$$AB \times BC = AD \times BB' \qquad (2)$$

En vertu du théorème de Ptolémée, le quadrilatère inscriptible ACDB donne :

$$AD \times BC = AC \times BD + CD \times AB.$$

Remplaçant dans cette dernière égalité AC et AB par leurs valeurs tirées des égalités (1) et (2), il vient :

$$\overline{BC}^2 = DB \times CC' + DC \times BB'.$$

L. Briqueler (Belfort).

Solutions analogues par MM. Collomb, Gillet, Drappier, Bouiges, Berthier, Gillet, Fondrillon.

Physique.

28. *Une sphère de plomb, non élastique, dont la température initiale est 20°, tombe librement d'une hauteur de 100 m sur un plan parfaitement résistant. On suppose toute l'énergie perdue transformée en chaleur absorbée par la sphère, et on demande :*

---

(1) Nous engageons nos jeunes correspondants à énoncer les théorèmes sur lesquels ils s'appuient ; ainsi, dans cet exemple, il fallait rappeler que le produit de deux côtés d'un triangle est égal au produit du diamètre du cercle circonscrit par la hauteur correspondante au troisième côté.

Note de la Rédaction.

1° *La température de la sphère aussitôt après le choc ;*

2° *Quelle vitesse il faudrait lui imprimer au départ, de haut en bas, pour porter le métal à sa température de fusion.*

Chaleur spécifique du plomb... C = 0,0315 — température de fusion T = 335°. — Équivalent mécanique de la chaleur E = 425. — Intensité de la pesanteur g = 9 m. 80.

(Bacc. Poitiers, juillet 1895.)

1° Désignons par p le poids de la sphère de plomb ; g étant l'intensité de la pesanteur au lieu où on se trouve, $\dfrac{p}{g}$ est sa masse ; en tombant de la hauteur h, son énergie cinétique s'est accrue de la quantité

$$\frac{1}{2}\,\frac{p}{g}\,\mathrm{V}^2$$

V étant la vitesse qu'il a en arrivant au sol ; or s'il tombe en chute libre, $\mathrm{V}^2 = 2gh$ et l'accroissement d'énergie cinétique est :

$$p\,h$$

C'est cette énergie cinétique qui est transformée en une quantité de chaleur

$$\frac{ph}{\mathrm{J}}$$

J étant l'équivalent mécanique de la chaleur ; t_0 étant la température initiale du métal, cette quantité de chaleur amène le métal à une température t_1 telle que

$$\frac{ph}{\mathrm{J}} = (t_1 - t_0)\,p\mathrm{C}$$

d'où

$$t_1 = t_0 + \frac{h}{\mathrm{CJ}}$$

Application numérique :

$$t_1 = 20° + \frac{100}{425 \times 0,0315} = 27°,\,47$$

2° Désignons par V_0 la vitesse initiale cherchée, par V_1 la vitesse de la sphère de plomb quand elle touche le sol et par **T** la température de fusion du plomb. L'énergie cinétique de la sphère de plomb s'est accrue en arrivant au sol est :

$$\frac{1}{2}\,\frac{p}{g}\,\mathrm{V}^2$$

Or :

$$\mathrm{V}^2 = \mathrm{V}_0{}^2 + 2gh$$

On peut donc écrire, comme précédemment :

$$\frac{1}{2}\,\frac{p}{g}\,\left(\frac{V_0^2 + 2gh}{J}\right) = pC\,(T\text{-}t)$$

d'où

$$V_0 = \sqrt{2g\,[\,C\,(T\text{-}t) - h\,]}$$

Le Roy, à Evreux.

Ont résolu la question 28 : MM. Pernot, Piget, Hitier, Alexandre, Gillet et Fondrillon.

67. *Un mélange de chlorure et d'iodure d'argent pèse 10 gr.; faisant passer sur ce mélange un courant d'hydrogène, il reste 6 gr. 8 d'argent métallique :*
1° Combien le mélange renfermait-il de chlorure et d'iodure ?
2° Combien de chlore et d'iode ?

1° Soient x et y les poids respectifs de chlorure et d'iodure. On a :

$$(1) \qquad\qquad x + y = 10$$

D'autre part la réduction du poids x de chlorure d'argent produit un poids

$$\frac{108}{108 + 35,5}\,x \text{ d'argent}$$

De même, la réduction du poids y d'iodure donne un poids

$$\frac{108}{108 + 127}\,y \text{ d'argent}$$

On a donc

$$\frac{108}{108 + 35,5}\,x + \frac{108}{108 + 127}\,y = 6,8$$

De ces deux équations, on tire aisément :

$$x = 7\,\text{gr.}\,5 \qquad\qquad y = 2\,\text{gr.}\,5$$

2° Les 7 gr. 5 de chlorure renferment un poids :

$$\frac{35,5}{108 + 35,5} \times 7,5 = 1\,\text{gr. 9 de chlore}$$

Les 2 gr. 5 d'iodure renferment un poids :

$$\frac{127}{108 + 127} \times 2,5 = 1\,\text{gr. 3 d'iode.}$$

C. Royer.

Autre solution par MM. Gillet et Burtz.

CHRONIQUE SCIENTIFIQUE

La lunette de Galilée simplifiée. — Un nouvel accumulateur de chaleur. — Point critique d'ébullition de l'hydrogène.

La lunette de Galilée, bien connue de tous sous le nom de « jumelle de spectacle », vient d'être habilement simplifiée par un habile constructeur. M. Léon Bloch supprime complètement les deux tubes, et malgré l'accès de la lumière ambiante ainsi permis entre l'objectif et l'oculaire, les images gardent toute leur netteté. Les objectifs et les oculaires sont réunis par une tige métallique formée de deux parties glissant l'une dans l'autre ; on peut ainsi, comme le montre la figure 1, en écartant plus ou moins les objectifs des oculaires effectuer la mise au point.

Fig. 1. — Mode d'emploi de la jumelle Mars.

de réduire énormément le volume de l'appareil

Fig. 2. — Pliage.

Un dispositif simple permet, quand l'appareil ne sert plus, de replier les verres sur la tige-support et ce qui permet comme le montre sa vue de profil représentée grandeur naturelle sur la figure 3. On peut alors l'introduire dans une sorte de porte-cartes en cuir qui ne tient pas plus de place qu'un porte-monnaie dans la poche.

Une graduation gravée sur la tige permet, comme le fait remarquer notre sympathique confrère M. Abel Buguet, de mesurer la distance de l'objet visé à l'observateur, à l'aide de références déterminées une fois pour toutes.

* *

M. A. Hébert, dans un des derniers numéros de *La Nature* nous entretient d'un nouvel accumulateur de chaleur, dont on peut faire à volonté des chaufferettes de bureau, des chauffe-manchons, des dermothermes (appareil destiné à maintenir une partie malade du corps à une certaine température, pendant un temps assez long) et dont l'application principale est le chauffage des voitures ou des wagons. On s'était d'abord adressé aux bouillotes d'eau chaude : grâce à la grande capacité calorifique de l'eau, elle met un temps assez long à se refroidir ; on s'est ensuite adressé au dé-

Fig. 3. — Vue de profil (grandeur naturelle).

gagement de chaleur produit pendant la solidification d'un corps préalablement fondu, de l'acétate de sodium, le plus généralement. Un ingénieur-chimiste M. Lemaître vient de découvrir que l'emploi de la baryte hydratée est préférable, ce corps ne subissant jamais la surfusion et emmagasinant, à poids égal, une quantité de chaleur plus grande que l'acétate sodique, tout en ne coûtant guère plus. Comme l'acétate, la baryte est mise dans des récipients hermétiquement fermés qu'on plonge un temps convenable dans l'eau bouillante avant de les porter dans les endroits où on doit les utiliser.

*
* *

M. Olszewski vient de reprendre la détermination de la température critique et du point d'ébullition normal de l'hydrogène. Il a trouvé, pour la température critique sous la pression de 20 atmosphères : — $234°,5$ et pour le point d'ébullition normal : — $243°,5$. Il s'est servi pour mesurer ces températures des variations de résistance électrique d'un fil de platine ; l'expérience lui ayant montré que la loi de variation de cette résistance déterminée jusqu'à — $208°,3$ était très sensiblement linéaire, il a pu obtenir les constantes données ci-dessus, par une extra-polation, en faisant une erreur très probablement inférieure à $1°$.

BACCALAURÉATS. — Paris (Novembre 1895.)

BACCALAURÉAT DE L'ENSEIGNEMENT SECONDAIRE MODERNE (lettres-sciences). Session d'octobre 1895.

Problème obligatoire.

94. Deux forces données F, F′ sont relativement parallèles à la base et à la longueur d'un plan incliné dont l'inclinaison i est inconnue. Elles sollicitent alternativement un point matériel pesant posé sur le plan. On demande quel doit être le poids p de ce point matériel pour qu'il reste en repos dans les deux cas, et quelle est l'inclinaison du plan, cette dernière étant exprimée au moyen de la tangente.

Condition de possibilité du problème; — Quel doit être le rapport des deux forces F et F′ pour que i soit égal à $45°$?

Trois questions à choisir.

1° Définir la dérivée d'une fonction d'une variable et montrer que la fonction continue $y = ax^2 + bx^2 + c$ a une dérivée pour toute les valeurs de x ; trouver ensuite cette dérivée.

2° Etudier la variation de la fonction $y = \dfrac{ax + b}{a'x + b'}$ et construire la courbe représentative.

3° Montrer que l'équation du premier degré
$$Ax + By + c = o$$
représente dans tous les cas une droite dont les coordonnées des différents points sont les valeurs simultanées de x et y.

Marseille (Novembre 1895)
Mathématiques.

95. On donne un triangle ABC dans lequel on connaît les trois côtés a, b, c.

Supposons $b > c$, on partage le triangle en deux parties équivalentes au moyen d'une perpendiculaire HK à la base BC ; on demande de calculer à quelle distance CH du point C sera le pied H de cette perpendiculaire. On demande aussi d'indiquer une construction géométrique.

On supposera
$$BC = 40 \text{ m.}$$
$$CA = 37 \text{ m.}$$
$$AB = 13 \text{ m.}$$

Baccalauréats Lettres-Mathématiques

CLASSIQUE ET MODERNE

Composition de Physique.

96. 1° Un récipient de 10 litres de capacité est rempli d'air sec à 0° et sous la pression normale de 76 cent. de mercure. On y introduit par un robinet à goutte 3 gr. d'eau, et on chauffe le tout à 100°. On demande : 1° quel sera alors l'état hygrométrique de cet air ; 2° quelle sera la pression totale de cet air humide.

On donne : Poids du litre d'air dans les conditions normales : 1 gr. 3.

Densité de la vapeur d'eau : $\dfrac{5}{8}$.

Coefficient de dilatation des gaz : 0,00367. On négligera la dilatation de l'enveloppe.

2° Choisir l'une des trois questions suivantes :

A. Etablir la formule des miroirs concaves.

B. Construction des images dans les lentilles ; grandeur de ces images, discussion.

C. Microscope scolaire.

QUESTIONS PROPOSÉES

97. On considère tous les triangles ABC dont le côté BC est fixe et constant, et on prend sur CA deux points B' et B" et sur AB deux points C' et C" tels que

$$\overline{AB''} = - \overline{CB'} = n\,\overline{CA},$$
$$\overline{BC''} = - \overline{AC'} = n\,\overline{AB},$$

n étant un nombre quelconque. Démontrer que les droites $B'C'$ et $B''C''$ coupent la droite BC en deux points fixes A′ et A″.

E. Lebon.

98. Construire un carré qui ait pour projection orthogonale un parallélogramme donné.

99. Entre une source lumineuse et un écran est placé un diaphragme, à une distance d de la source et de l'écran. On demande quelle modification subira l'éclairement de l'écran si on fixe dans le diaphragme une lentille divergente de distance focale f? On négligera les réflexions sur les surfaces de la lentille.

100. Quel serait le coefficient de dilatation α des gaz si on partait du $0°$ du thermomètre Fahrenheit et si on prenait pour unité de température un degré de ce thermomètre? On supposera $\alpha = \dfrac{1}{273}$ avec la graduation centigrade.

101. Cent grammes d'une solution de sel marin renferment 10 gr. de sel et la densité de la solution est 1,07. Quel poids du dissolvant faut-il ajouter à la solution pour que sa densité devienne 1,2. On supposera que le sel se dissout sans contraction.

(Baccalauréat.)

102. Si on mélange deux liquides A et B, le volume du mélange n'est pas égal en général à la somme des volumes des liquides mélangés. Trouver une formule donnant la condensation C correspondant à 100 volumes du mélange, connaissant la densité Δ de ce dernier, qui contient un poids p de A et par suite un poids $100 - p$ de B, et les densités D et d de B et de A.

G.-H. N.

103. Dans quelles proportions en volume faut-il mélanger l'air et le gaz carbonique pour qu'un litre de ce mélange à $t°$ sous la pression H pèse p. Le litre d'air pèse q, dans les conditions normales. La densité du gaz carbonique est d.

(Baccalauréat.)

104. Soient d et d' les diamètres intérieurs de la branche ouverte et de la branche fermée d'un manomètre à air comprimé, v le volume de l'air contenu dans la branche fermée, h la différence des niveaux du mercure dans les deux branches, H la pression atmosphérique. On demande ce qui se passera si on ajoute un poids p de mercure dans la branche ouverte.

(Ecole Normale, 1862.)

105. Un fil mince de cuivre est attaché par ses deux bouts à deux points fixes situés sur une ligne horizontale. Ce fil est tendu par un poids appliqué à son milieu. On demande de quelle quantité x s'abaisse le poids quand la température du fil est portée de $0°$ à $t°$. On connaît la longueur $2l_0$ du fil $0°$, la distance invariable $2a$ des deux points fixés, et le coefficient h de dilatation linéaire du cuivre.

Application numérique : $l_0 = 100^{cm}$; $a = 0^m996$; $t = 30°$; $h = \dfrac{1}{58.200}$

106. On donne quatre points fixes A, B, C, D et un cercle fixe passant par A et B sur lequel on prend un point variable M. Trouver le lieu du second point d'intersection des cercles circonscrits aux triangles BCM et ADM.   L. G.

107. Par le centre O d'un cercle orthogonal à deux autres cercles C et C', on mène une droite qui coupe le cercle C en A et B. Démontrer que le rapport des puissances des points A et B par rapport au cercle C' est égal et de signe contraire au rapport des puissances des points A et B par rapport au cercle O.   L. G.

108. Construire un triangle connaissant la distance des pieds de deux hauteurs et les segments déterminés par la troisième hauteur sur le côté opposé.   L. G.

109. Inscrire dans un cercle donné un quadrilatère ABCD connaissant une diagonale AC, le rapport des surfaces des triangles ABC et ACD, et l'angle des diagonales.   L. G.

110. On considère deux cercles variables tangents l'un à une droite fixe en un point donné A, l'autre à une autre droite fixe en un point donné B. Si l'un des points d'intersection de ces deux cercles décrit un cercle passant par A et B, quel est le lieu décrit par l'autre point d'intersection?   L. G.

111. Soit G le centre de gravité d'un triangle ABC; si par un point M on mène des parallèles aux côtés BC, CA, AB, qui rencontrent GA, GB, GC en a, b, c, démontrer que

$$\frac{\overline{Ga}}{\overline{GA}} + \frac{\overline{Gb}}{\overline{GB}} + \frac{\overline{Gc}}{\overline{GC}} = 0.$$ L. G.

112. On considère un trapèze ABCD et, par un point P de la base AB, on mène une parallèle PM à AD, qui rencontre BC en M; puis une parallèle PN à BC, qui rencontre la seconde base CD en N. Trouver le maximum de la surface du triangle AMN.   L. G.

113. Etant donnés un angle XOY, un point A sur le côté OX et un point B à l'intérieur de l'angle, mener par le point B une droite qui rencontre OX en un point C et OY en un point D tels que

$$DC = DA.$$ L. G.

114. Soient A', B', C' les milieux des trois côtés BC, CA, AB d'un triangle ABC; sur la droite B'C' on prend un point quelconque α, on mène Bα, qui rencontre A'B' en γ, et Cα qui rencontre A'C' en β. Démontrer que les trois droites Aα, Bβ, Cγ sont parallèles et que les trois points A, β, γ sont en ligne droite.   L. G.

115. On considère un parallélogramme ABDC; par le centre de gravité du triangle ABC on mène une sécante variable, qui rencontre BC en α, CA en β, AB en γ; on joint Dα, qui rencontre AB en γ' et AC en β'. Démontrer que les deux droites $\beta\gamma'$ et $\gamma\beta'$ passent chacune par un point fixe et trouver le lieu du point de concours de ces deux droites.   L. G.

(Les deux questions précédentes sont des cas particuliers de la question 71 proposée par M. Bourlet).

116. Par le centre de gravité d'un triangle ABC on mène une sécante quelconque, qui rencontre AB en D et AC en E. Démontrer que

$$\frac{BD}{DA} + \frac{CE}{EA} = 1.$$ L. G.

Le Gérant : Dr H. LABONNE, licencié ès sciences.

Châteauroux. — Typ. et Stéréotyp. A. Majesté et L. Bouchardeau.

BULLETIN

DE

MATHÉMATIQUES ÉLÉMENTAIRES

CORRESPONDANCE

Extrait d'une lettre de M. Vautré, professeur *au petit séminaire d'Autrey.*

Au lieu de démontrer péniblement les deux théorèmes de Ptolémée et d'en déduire les valeurs des diagonales, il est beaucoup plus simple de faire comme en trigonométrie, de calculer les diagonales x et y en fonction des côtés a, b, c, d et d'en déduire les théorèmes de Ptolémée.

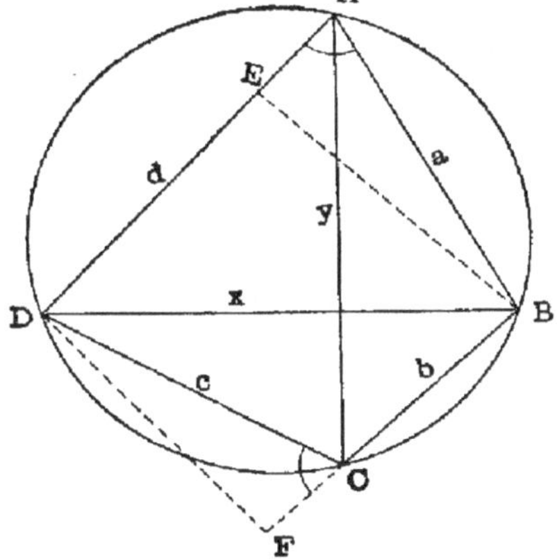

Abaissons les perpendiculaires BE, DF ; on a

(1) $x^2 = a^2 + d^2 - 2\,d.\text{AE}$,

(2) $x^2 = b^2 + c^2 + 2\,b.\text{CF}$;

mais les triangles semblables ABE, CDF donnent

(3) $$\frac{\text{AE}}{a} = \frac{\text{CF}}{c}.$$

En remplaçant dans cette équation AE et CF par leurs valeurs tirées de (1) et (2), on a une équation qui donne la valeur de x^2. Mais on arrive plus vite en écrivant les équations (1) et (2) sous la forme

$$x^2 = a^2 + d^2 - 2\,ad.\frac{\text{AE}}{a}\,, \quad \Big|\quad bc$$

$$x^2 = b^2 + c^2 + 2\,bc.\frac{\text{CF}}{c}\,. \quad \Big|\quad ad$$

Ajoutons ces équations, après les avoir multipliées par bc et ad, il vient, en tenant compte de (3) :

$$x^2\,(bc + ad) = ab\,(ac + bd) + cd\,(bd + ac$$
$$= (ab + cd)\,(ac + bd) ;$$

d'où

$$x^2 = \frac{ab + cd}{bc + ad}\,(ac + bd).$$

Par analogie,

$$= \frac{bc + ad}{ab + cd}\,(ac + bd).$$

D'où, en multipliant et en divisant membre à membre

$$xy = ac + bd,$$

$$\frac{x}{y} = \frac{ab + cd}{bc + ad}.$$

*
* *

Extrait d'une lettre de M. Duporcq, élève ingénieur des télégraphes.

Dans la plupart des ouvrages de géométrie élémentaire on a pris l'habitude de re

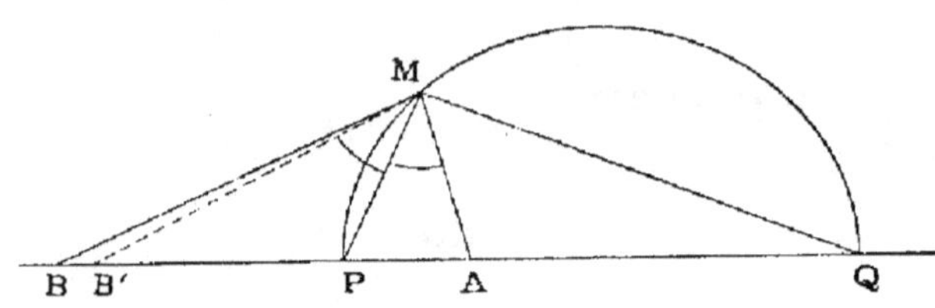

produire une démonstration artificielle pour établir le lieu des points M, du plan, tels que le rapport de leurs distances à deux points fixes A et B soit égal à un nombre donné ; P et Q étant les deux points du lieu situés sur la droite AB, pour démontrer que tous les points M de la circonférence de diamètre PQ appartiennent au lieu cherché, on a recours à un raisonnement que la plupart des élèves retiennent assez difficilement, ainsi qu'on peut s'en rendre compte sans beaucoup d'expérience. C'es pourquoi je me permets de signaler la méthode suivante :

Il suffit de démontrer que MP est bissectrice de l'angle AMB, autrement dit, que B coïncide avec le point B' où la droite AB rencontre la droite symétrique de MA par rapport à MP.

En effet, MP est, par construction, la bissectrice intérieure de l'angle AMB et MQ, qui est perpendiculaire à MP, est la bissectrice extérieure. Donc

$$\frac{PA}{PB'} = \frac{QA}{QB'},$$

ou :

$$\frac{AP}{AQ} = \frac{B'P}{B'Q}.$$

B' est donc le conjugué harmonique de A par rapport aux points P et Q et, par suite, coïncide avec B.

A PROPOS DE LA THÉORIE DES FRACTIONS

C'est par erreur que, dans notre dernier numéro, le nom de M. Kroneker a été associé à celui de M. Méray. La théorie des fractions proposée par le premier diffère notablement de celle donnée par l'éminent professeur de la Faculté des Sciences de Dijon, théorie qu'il a publiée pour la première fois dans les *Nouvelles Annales de Mathématiques* en 1889 et qu'il a reproduite dans le tome I de ses *Leçons nouvelles d'analyse infinitésimale* paru en 1894 chez Gauthier-Villars.

LA RÉDACTION.

QUESTIONS RÉSOLUES

Mathématiques.

34. *Etant donné un angle XOY, si on mène par un point fixe P une droite variable rencontrant OX en A, OY en B et qu'on prenne sur OX un point A', sur OY un point B' tels que $OA' = m\,OA$, $OB' = n\,OB$ (m et n désignant des nombres constants), la droite $A'B'$ passe par un point fixe.*

2° *Solution* ($V.$ $n°$ 7). Prenons OX, OY pour axes de coordonnées ;

Soit x_0, y_0 les coordonnées de P, et $OA = \alpha$ $OB = \beta$; α et β étant des paramètres arbitraires.

La droite AB a pour équation $\dfrac{x}{\alpha} + \dfrac{y}{\beta} - 1 = o$.

En écrivant qu'elle passe par le point P, il vient

(1) $$\frac{x_0}{\alpha} + \frac{y_0}{\beta} - 1 = 0$$

L'équation de A'B' est

(2) $$\frac{x}{m\alpha} + \frac{y}{n\beta} - 1 = 0$$

Eliminons un des paramètres entre ces 2 équations.

On tire de (1) $$\alpha = \frac{x_0\,\beta}{\beta - y_0}$$

En portant dans (2)

$$\frac{x\,(\beta - y_0)}{m\,x_0\,\beta} + \frac{y}{n\beta} - 1 = 0$$

qui est l'équation de la droite A'B'.

En la mettant sous la forme

$$\beta\left(\frac{x}{mx_0} - 1\right) + \left(\frac{y}{n} - \frac{xy_0}{mx_0}\right) = 0,$$

on voit que cette droite passe constamment par le point $x = mx_0$, $y = ny_0$.

C. Vigoureux (Lyon).

43. — *Si la somme de deux nombres entiers est plus grande que leur produit, l'un des deux nombres est égal à 1. Trouver, en partant de là, quatre nombres entiers tels que leur somme soit égale à la somme du produit de deux d'entre eux et du produit des deux autres.*

Soient x et y deux nombres tels que l'on ait :

$$x + y > xy$$

Supposons l'un d'eux, y par exemple, plus grand que 1 et cherchons à quoi doit être égal x.

On peut poser

$$y = 1 + k$$

d'où

$$x + 1 + k > x\,(1 + k)$$
$$1 + k > kx$$
$$1 > k\,(x - 1)$$

Nous devons ainsi avoir un produit de deux nombres entiers qui doit être plus petit que 1 ; cela n'a lieu que si l'un des facteurs est nul : donc :

$$x - 1 = o \text{ ou } x = 1 \qquad\qquad \text{c. q. f. d.}$$

Cela posé, soient x, y, z, v, quatre nombres tels que

$$x + y + z + v = xy + zv$$

On en déduit :

$$x + y - xy = zv - (z + v) \qquad (1)$$

$x + y$ peut être plus grand que xy ou plus petit.

Mais dans le second cas, $x + y - xy$ est négatif, donc $vz - (z + v)$ l'est aussi ; ou $z + v > zv$.

On retombe ainsi dans les deux cas sur ce que nous avons étudié précédemment. Supposons, pour fixer les idées, $z + v > zv$; l'un des deux nombres, v par exemple, est égal à 1.

L'égalité (1) devient :

$$x + y + z + 1 = xy + z ;$$

ou, en supprimant z de part et d'autre,

$$(2) \qquad x + y + 1 = xy,$$
$$x + 1 = y\,(x - 1),$$
$$y = \frac{x + 1}{x - 1}.$$

y devant être un nombre entier, les deux termes $(x + 1)$ et $(x - 1)$ admettent un diviseur commun, savoir $x - 1$ lui-même. Or tout nombre qui divisera $x + 1$ et $x - 1$ divisera leur différence 2. Nous sommes donc conduits à poser :

$$x - 1 = 2, \ x = 3, \text{ d'où } y = 2 ;$$

ou bien

$$x - 1 = 1, \ x = 2, \text{ d'où } y = 3.$$

Remarquons que z a disparu de notre équation ; nous en concluons qu'il n'est soumis à aucune condition et peut être absolument quelconque.

Les nombres qui satisfont à la question sont donc :

$$1, \ 2, \ 3, \ n \ (n \text{ quelconque}).$$

Remarque. — Il peut arriver que

$$x + y = xy \qquad z + v = zv$$

Alors

$$x = y = z = v = 2.$$

Paul Bouiges (Collège de Mauriac).

Autre solution. Posons

$$x = 1 + h, \ y = 1 + k$$

et portons dans l'équation (2) ; il vient

$$2 + h + k + 1 = 1 + h + k + hk ;$$

ou

$$hk = 2.$$

d'où

$$h = 1, k = 2 ;$$

par suite,

$$x = 2, y = 3.$$

BERTHIER (Collège de Mauriac).

Autre solution par MM. Gillet et Fondrillon.

---

48. *Soient A et B deux points d'un cercle ; sur la tangente en A, on prend une longueur* $AC = AB$ *et on mène par C une parallèle à AB qui rencontre le cercle en D et E. Démontrer que :*

$$AD \times AE = \overline{AC}^2, \quad AC \times CD = \overline{AD}^2$$

et que la bissectrice de l'angle C rencontre le cercle en un point équidistant de A et de C.

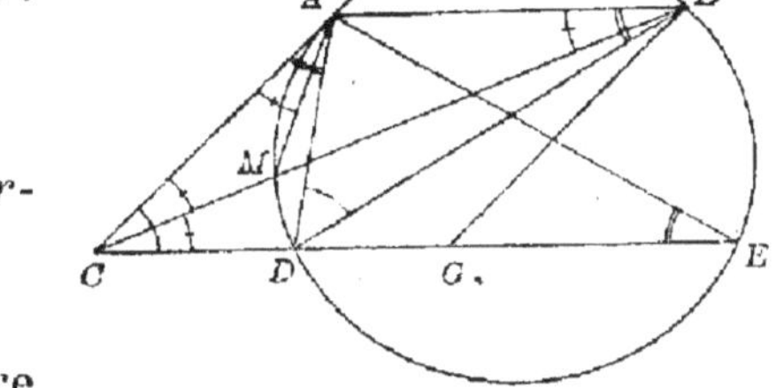

1° Joignons DB; l'angle ACE a pour mesure

$$\frac{\text{arc ABE} - \text{arc AD}}{2} ;$$ or les 2 droites AB et DE étant parallèles, arc AD = arc BE,

donc l'angle ACE a pour mesure

$$\frac{\text{arc ABE} - \text{arc BE}}{2} \quad \text{ou} \quad \frac{\text{arc AB}}{2} .$$

Il est donc égal à l'angle ADB qui a même mesure.

D'autre part les 2 angles ABD et AED inscrits dans le même segment sont égaux. Donc les 2 triangles ACE et ADB ayant deux angles égaux sont semblables ; nous pouvons donc écrire :

$$\frac{AD}{AC} = \frac{AB}{AE}, \quad \text{d'où } AD \times AE = AC \times AB = \overline{AC}^2.$$

2° L'angle ACE = ADB ; mais l'angle CAD = ABD, car ils ont chacun pour mesure la moitié de l'arc AD. Donc les deux triangles ADC et BAD sont semblables et nous avons :

$$\frac{CD}{AD} = \frac{AD}{AB}, \quad \text{ou } \overline{AD}^2 = CD \times AB = CD \times AC. \qquad \text{c. q. f. d.}$$

L. LANGLOIS.

3° Remarquons que la bissectrice de l'angle C n'est autre que la droite CB elle-même ; car les angles ABC et ACB du triangle isocèle ABC sont égaux et les angles BCD et ABC le sont aussi comme alternes-internes.

Il suffit donc de démontrer que AM = MC.

Or l'angle ACB, égal à ABC, a comme lui pour mesure $\dfrac{\overset{\frown}{AM}}{2}$; l'angle MAC a, lui

aussi, pour mesure $\dfrac{\overset{\frown}{AM}}{2}$. Le triangle AMC est donc isocèle et AM = MC.

P. BOUIGES (Collège de Mauriac).

Autres solutions par MM. BERTHIER, GILLET, PERDRIX (École normale de Bourg), LABROUSSE, École normale de Lagord), DUMOULIN.

M. LABROUSSE remarque que, dans la position limite, la sécante CDE devient tangente ; les points D et E se confondent et la relation A D $\times$ AE $= \overline{AC}^2$ devient $\overline{AD}^2 = \overline{AC}^2$, de sorte que le triangle ACD est équilatéral, ainsi que le triangle ABD.

55. — *Étant donné un rectangle $ABCD$, à quelle distance du côté AD doit-on mener une parallèle EF à ce côté, pour que le rapport de la diagonale AF, du rectangle $AEFD$ ainsi formé, à EB soit égal à un nombre donné m :*

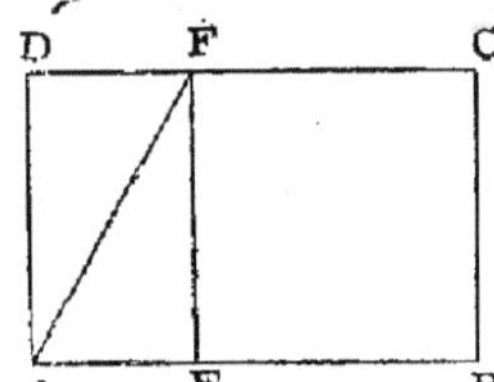

$$\frac{AE}{EB} = m\,?$$

Discussion.

Désignons AB par a, AD par b, et la valeur algébrique du segment AE par x. Nous avons, dans tous les cas,

$$\overline{AF}^2 = b^2 + x^2 \qquad \overline{EB}^2 = (a - x)^2;$$

où l'équation :

$$\frac{b^2 + x^2}{(a - x)^2} = m^2,$$

$$(m^2 - 1)\, x^2 - 2am^2\, x + (m^2 a^2 - b^2) = 0.$$

On en tire :

$$x = \frac{am^2 \pm \sqrt{m^2(a^2 + b^2) - b^2}}{m^2 - 1}$$

Il suffit que x soit réel, ce qui donne la condition :

$$m^2 \geqq \frac{b^2}{a^2 + b^2}$$

Le minimum de m^2 est donc $\dfrac{b^2}{a^2 + b^2}$, et il est atteint pour $x = -\dfrac{b^2}{a}$.

P. GILLET.

57. *N étant un nombre non premier autre que 4, le produit de $N - 1$ premiers nombres entiers est divisible par $N^{\frac{k-2}{2}}$ si N n'est pas* *carré parfait et par* $N^{\frac{k-1}{2}}$ *si* N *est carré parfait,* k *désignant le nombre des diviseurs de* N *(y compris lui même et l'unité)* (Bourlet).

On sait que le carré du produit des diviseurs d'un nombre N, non premier, est égal à la puissance de N dont l'exposant est le nombre des diviseurs de N (TARTINVILLE, *Arithmétique*, § 426).

Distinguons 2 cas :

(A). *Le nombre N n'est pas un carré.*

Appelons P le produit des diviseurs du nombre N, k le nombre (pair) de ces mêmes diviseurs.

Nous pouvons écrire :
$$P^2 = N^k$$
ou, puisque k est pair $(k = 2k')$,
$$(1) \qquad P = N^{\frac{k}{2}} = N^{k'}$$

Or, le produit des N premiers nombres renfermant comme facteurs tous les diviseurs de N (y compris l'unité et N lui-même) est divisible nécessairement par le produit P de ces diviseurs, et l'on peut écrire :
$$(2) \qquad 1.\,2.\,3.\,4.....\,(N-1)\,N = P \times Q$$
ou, en divisant par N et remplaçant P par sa valeur (1),
$$1.\,2.\,3.....\,(N-1) = N^{k-1} \times Q \qquad\qquad \text{c.q.f.d.}$$

(B). *Le nombre N est un carré parfait.*

Si nous appelons R sa racine, nous aurons
$$N = R^2$$

Si P est le produit des diviseurs de N, k le nombre (impair) de ces mêmes diviseurs, nous aurons
$$P^2 = N^k = R^{2k}$$
d'où
$$P = R^k .$$

Pour la même raison que tout à l'heure, le produit $1.\,2.\,3...\,N$ est divisible par P ; en outre, ce produit contient le facteur R (R — 1) *qui n'est pas un diviseur de N si N > 4,* car $N = R \times R$ et R n'est pas divisible par R — 1, si R > 2 ; donc on peut écrire
$$1.\,2.\,3.....\,(N-1)\,N = P \times R\,(R-1)\,Q,$$
ou, en remplaçant P par R^k et en posant $(R-1)\,Q = Q'$,
$$1,\,2,\,3...\,(N-1)\,N = R^{k+1} \times Q',$$
Divisons les deux membres par N ou par R^2, il viendra
$$1.\,2.\,3...\,(N-1) = R^{k-1} \times Q' = N^{\frac{k-1}{2}} < Q' \qquad \text{c.q.f.d.}$$

Cette égalité ne subsiste pas pour N = 4.

Dans ce cas, nous avons :
$$R = 2, \quad k = 3, \quad \frac{k-1}{2} = 1.$$

Or $1 \times 2 \times 3 = 6$, qui n'est pas divisible par 4.

P. FONDRILLON, surveillant général au collège de La Fère.

73. *Résoudre le système* $\begin{cases} 1 + \cos 2A + \cos 2B = O & (1) \\ b \operatorname{tg} B = a \operatorname{tg} A & (2) \end{cases}$

a, b, A, B représentent les éléments d'un triangle (Énoncé rectifié [1]).

On a
$$\cos 2A = \frac{1 - \operatorname{tg}^2 A}{1 + \operatorname{tg}^2 A},$$
$$\cos 2B = \frac{1 - \operatorname{tg}^2 B}{1 + \operatorname{tg}^2 B},$$

Il vient donc, en remplaçant dans (1),
$$1 + \frac{1 - \operatorname{tg}^2 A}{1 + \operatorname{tg}^2 A} + \frac{1 - \operatorname{tg}^2 B}{1 + \operatorname{tg}^2 B} = O.$$

Or $\operatorname{tg} B = \dfrac{a \operatorname{tg} A}{b}$; on a, en substituant et réduisant,
$$a^2 \operatorname{tg}^4 A - (b^2 + a^2) \operatorname{tg}^2 A - 3b^2 = O, \qquad (3)$$
équation de laquelle on tire, en prenant la racine positive,
$$\operatorname{tg}^2 A = \frac{a^2 + b^2 + \sqrt{(a^2 + b^2)^2 + 12\, a^2\, b^2}}{2\, a^2}$$
d'où
$$\operatorname{tg} A = \pm \sqrt{\frac{a^2 + b^2 + \sqrt{a^4 + b^4 + 14\, a^2\, b^2}}{2\, a^2}}$$

Perret (lycée de Lyon).

Physique.

51. *Un vase cylindrique bien fermé contient une masse d'eau au-dessus de laquelle se trouve un espace libre occupé par de l'air sous la pression normale. Le volume de cet espace libre supposé invariable est de 40 cent. cubes. Deux électrodes de platine plongées dans l'eau permettent d'y faire passer un courant électrique qui décompose deux grammes d'eau. Calculer la pression du mélange de gaz renfermé dans le vase.*

La température est constante et égale à 0 ; on ne tient pas compte de la tension de la vapeur d'eau ni de la solubilité des gaz.

Poids spécifique : Oxygène 1.105
*   —   Hydrogène 0,069*

Poids normal d'un litre d'air 1 gr. 3.

La formule $H^2O = H^2 + O$ *montre que 18 gr. d'eau donnent 2 gr. d'hydrogène et 16 gr. d'oxygène. Par suite 2 gr. d'eau donnent* $\dfrac{2}{9}$ *gr. d'hydrogène et* $\dfrac{16}{9}$ *gr. d'oxygène.*

---

1. Par suite d'une faute d'impression, l'énoncé de la page 96 porte que a et b représentent deux longueurs connues ; c'est ainsi que M. Perret, dont nous publions la solution, a compris la question. Nous prions M. Perret et nos autres correspondants de refaire le problème, en supposant que a, b, A, B représentent les éléments d'un triangle.

Note de la Rédaction.

En désignant par x et y les volumes, en centimètres cubes, occupés par l'hydrogène et l'oxygène produits, on a donc, ces gaz étant pris sous la pression normale :

$$\frac{2}{9} = \frac{x}{1000} \cdot 1,3.0,069$$

$$\frac{16}{9} = \frac{y}{1000} \cdot 1,3.1,105$$

d'où
$$x = 2477^{cc.} \quad \text{et} \quad y = 1238^{cc.}$$
$$x + y = 3715^{cc.}$$

Le volume du mélange gazeux sous la pression normale serait donc $3715^{cc.}$. Mais par hypothèse, il occupe seulement un volume de $40^{cc.}$; en désignant par p la pression en atmosphères qu'il exerce alors, on a :

$$3716 \times 1 = 40 \times p$$

d'où
$$p = 92 \text{ atmosp. } 8.$$

P. GILLET.

Ont résolu la même question : MM. L. BERTHIER, PERDRIX et P. BOUIGES.

72. *Étant donnée une sphère réfringente, construire le rayon intérieur et le rayon émergent correspondants à un rayon lumineux incident donné.*

Une solution de cette question a été donnée en 1890 par M. Hartl ; nous la reproduisons, d'après la traduction que nous en avons donnée dans le *Journal de Physique et de Chimie élémentaires* (1) :

Décrivons, du centre O de la sphère comme centre, un arc de cercle de rayon n, n étant l'indice de réfraction de la sphère par rapport au milieu qui la baigne et prenons sur cet arc de cercle une corde PQ de longueur égale à 1 et joignons OP, OQ. SI étant le rayon incident donné (situé dans le plan de la figure), prolongeons-le à l'intérieur de la sphère et décrivons le cercle de centre O tangent en T au rayon incident. De O comme centre avec un rayon égal à la longueur de la corde MN interceptée par les droites OP, OQ sur le cercle OT, décrivons un cercle OT' ; la tangente IT_1 au cercle OT issue du point I et autre que SI donne le rayon réfléchi IR_1 ; la tangente issue de I au cercle OT' est le rayon II' réfracté à l'intérieur de la sphère. On obtient de même le rayon réfléchi en I' et le rayon émergent I'R en menant du point I' les tangentes I'R' et I'R au cercle OT.

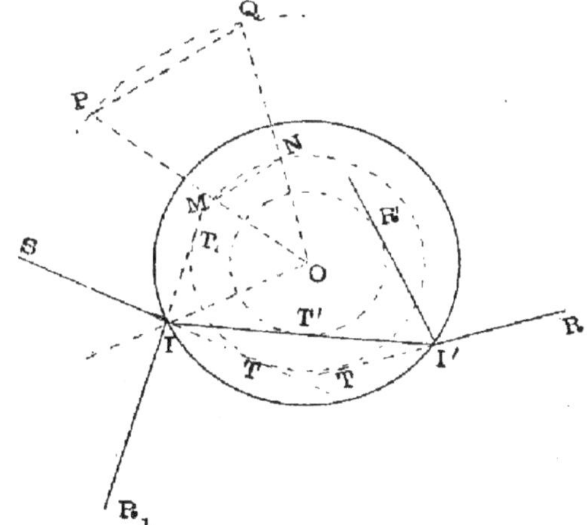

<hr>

(1) *Journal de Physique, Chimie et Histoire naturelle élémentaires*, publié sous la direction d'Abel BUGUET, tome VI, p. 148. On y trouvera l'application que M. Hartl fait de sa construction à la discussion géométrique du prisme.

La construction résulte des égalités (1) :

$$\sin i = \frac{OT}{OI}, \sin r = \frac{OT'}{OI}$$

d'où on tire

$$\frac{\sin i}{\sin r} = \frac{OT}{OT'} = \frac{OM}{MN} = \frac{OP}{PQ} = n.$$

En appliquant la construction du rayon réfracté que nous avons donnée (voir n°s 1 et 2 du *Bulletin de mathématiques élémentaires*), on obtient une solution

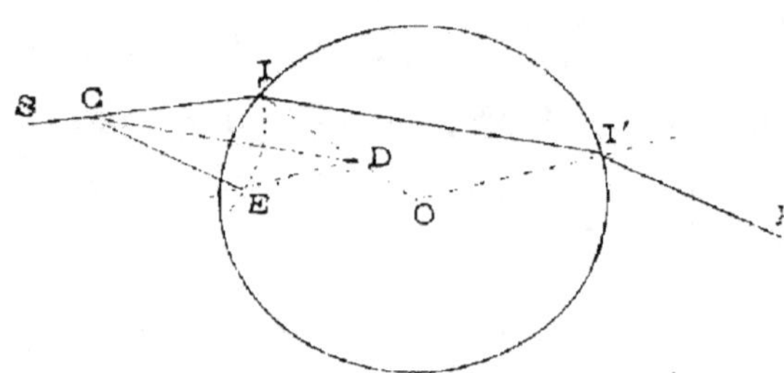

plus simple. Prenons sur le rayon incident SI, à partir du point d'incidence, une longueur IC = 1 et de C comme centre, décrivons un cercle de rayon n qui coupe en D la normale OI ; CD est la direction du rayon à l'intérieur de la sphère. Par le point D menons une parallèle DE à la normale en I' (on voit aisément que cette parallèle DE est symétrique de DI par rapport à DC) ; le cercle de centre C et de rayon CI = 1 coupe DE en un point E : la direction CE est celle du rayon émergent I'R.

Comme la construction montre la symétrie de CE et de CI par rapport à CD, on voit que seul le tracé de l'arc de cercle de rayon n et de centre C est utile, tandis que la construction de M. Hartl exige le tracé de trois cercles.

G. II N.

M. Bouiges nous a envoyé une solution exacte.

CHRONIQUE SCIENTIFIQUE

La photographie à travers les corps opaques. — Rayons cathodiques et rayons X.

Nos lecteurs ont tous appris par les journaux la belle découverte du Dr Röntgen, de l'Université de Wurtzbourg. Nous nous proposons de préciser les faits dans ces quelques lignes.

La lueur donnée par les tubes de Geissler se présente sous la forme de zones alternativement brillantes et obscures. Hittorf, Goldstein et Crookes ont observé que si on poussait le vide jusqu'à ce que la pression dans le tube soit représentée par une colonne de mercure de longueur inférieure à 0[mm]00076, le pôle négatif ou cathode était entouré d'un espace obscur de dimensions variant avec le degré du vide. Crookes a observé qu'entre la cathode et le tube de verre se produisaient un certain nombre de phénomènes qu'il a attribués à l'état de la matière dans le tube (2),

---

(1) Les lignes OT, OT' n'ont pas été tracées sur la figure.

(2) Faraday a, en 1819, admis que la matière, très raréfiée, se trouvait dans le tube sous un quatrième état qu'il appelait *état radiant*.

et qu'on attribue maintenant à des sortes de radiations émises par le pôle négatif : les *rayons cathodiques*. Les propriétés de ces rayons ont été étudiées avec soin par MM. Hertz, Lénard, Kowalski et Curie ; de ces recherches, il résulte que les rayons cathodiques ne se propagent pas en ligne droite, sont déviés par les aimants, ne traversent pas le verre qui les absorbe, traversent les métaux sous faible épaisseur (l'aluminium sous $0^{mm}02$ à $0^{mm}03$), rendent fluorescentes certaines substances et impressionnent la plaque photographique.

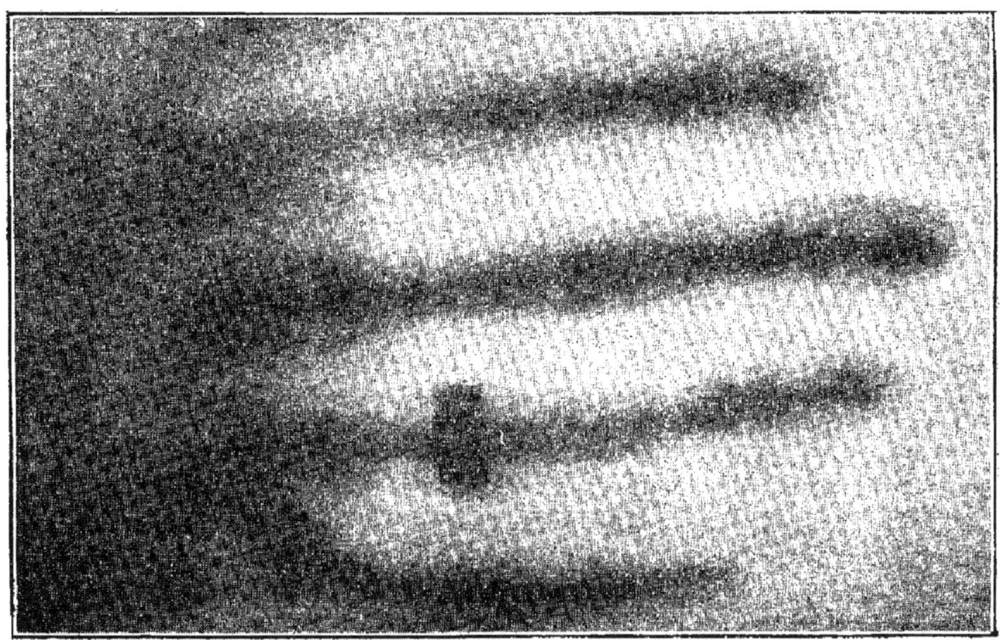

Photographie du squelette d'une main vivante obtenue par le Dr Oudin.

Tels sont les principales propriétés que l'on connaissait des rayons cathodiques lorsque le professeur Röntgen fit sa découverte, qui fut immédiatement répétée à Paris par M. G. Seguy, et par les Docteurs Oudin et Barthélemy, à l'amabilité desquels nous devons de pouvoir mettre sous les yeux de nos lecteurs un spécimen des épreuves obtenues d'après la technique suivante, d'une simplicité extrême, que nous extrayons des renseignements donnés par le Dr Oudin au journal *Le Temps* :

« Elle consiste à prendre une plaque photographique ordinaire, à l'envelopper de plusieurs doubles de papier noir, à fixer celle-ci à 10 centimètres environ du tube donnant les rayons *cathodiques* et à interposer enfin entre le foyer de lumière et elle l'objet ou l'organe dont on veut chercher la perméabilité.

» Cela fait, il suffit de faire traverser le tube par un courant d'une bobine de Ruhmkorff donnant 6 à 8 centimètres d'étincelles, en disposant le tube de façon que les rayons *cathodiques* viennent autant que possible frapper perpendiculairement la plaque et l'objet interposé. On continue la pose pendant dix à vingt minutes, suivant le rendement en rayons *cathodiques* du tube de Crooks que l'on emploie.

» Après cela, on développe, comme pour toute autre photographie. »

On a cru tout d'abord que l'impression de la plaque était due aux rayons cathodiques ; il semble qu'il n'en est rien, le verre ne les laissant pas passer. Mais s'il les absorbe, le verre semble émettre des rayons X étudiés par Röntgen qui produisent le phénomène. Ces rayons X ont fait l'objet de nombreuses études ; d'après les recherches de M. J. Perrin, ils se propagent rigoureusement en ligne droite, ne se réfléchissent et ne se réfractent pas, et ne paraissent pas être déviés par l'aimant. Quels rapports y a-t-il entre ces rayons X et les rayons cathodiques ; les recherches poursuivies actuellement dans tous les laboratoires ne tarderont sans doute pas à nous le dire.

G.-H. N.

BIBLIOGRAPHIE

J. C. Poggendorf. — *Histoire de la Physique*, traduction de MM. E. Bidard et C. de la Quesnerie. — Paris, Dunod, éditeur.

S'il existe quelques histoires des mathématiques, il n'y a guère qu'un modeste volume dû à Hœfer consacré à l'histoire de la Physique. Et cependant qu'y a-t-il de plus intéressant que de suivre l'évolution de cette longue série de brillantes conquêtes dues à la méthode et à la seule puissance de l'esprit dans l'un des domaines les plus riches et les plus importants de la nature objective? Aussi ne saurions-nous trop conseiller aux professeurs aussi bien qu'aux élèves la lecture de la traduction que MM. Bidard et de la Quesnerie ont donnée de l'*Histoire de la Physique* de feu Poggendorff, le seul ouvrage complet paru sur la matière. Ajoutons que MM. de La Quesnerie et Laviéville viennent de faire paraître, à l'usage des classes d'allemand, un excellent choix d'extraits du texte même de Poggendorff.

Louis Serre, ancien élève de l'Ecole polytechnique. — *Traité de Chimie* (avec la notation atomique). — Paris, librairie polytechnique Baudry.

Ouvrage assez complet, très clair, illustré de nombreuses figures, renfermant la Chimie, des Métalloïdes, des Métaux et des Matières organiques, qui sera lu avec profit par les candidats aux diverses écoles du gouvernement et par les élèves de l'enseignement primaire supérieur.

Comme tous les ans à pareille époque, l'*Annuaire du Bureau des Longitudes* vient de paraître. L'Annuaire pour 1896 renferme une foule de renseignements pratiques réunis dans ce petit volume pour la commodité des travailleurs. On y trouve également des articles dus aux savants les plus illustres sur les Monnaies, la Statistique, la Géographie, la Minéralogie, etc., enfin les Notices suivantes : *Les Forces à distance et les ondulations*; par M. A. Cornu. — *Les Travaux de Fresnel en Optique* ; par M. A. Cornu. — *Sur la construction des nouvelles Cartes magnétiques du Globe*, entreprises sous la direction du Bureau des Longitudes ; par M. de Bernardières. — *Sur une troisième ascension à l'observatoire du sommet du mont Blanc et les travaux exécutés pendant l'été de 1895 dans le massif de cette montagne* ; par M. J. Janssen. — *Notice sur la vie et les travaux du contre-amiral Fleuriais* ; par M. de Bernardières. — *Allocutions prononcées aux funérailles de M. É. Brunner* ; par MM. J. Janssen et F. Tisserand. In-18 de iv-894 pages, avec 2 cartes magnétiques. (Paris, Gauthier-Villars et fils, 1 fr. 50 ; franco, 1 fr. 85.)

BACCALAURÉATS. — Nancy (juillet 1895)

BACCALAURÉAT CLASSIQUE ET MODERNE, 3ᵉ SÉRIE

Mathématiques.

1° *Questions de cours* (au choix). — Extraire, en exposant la théorie, la racine carrée à un dixième près, du nombre entier.

II. Etant donnée la fraction décimale périodique 0,384464646.........., trouver la fraction ordinaire génératrice. Montrer que cette dernière, réduite à sa plus simple expression, devait contenir trois facteurs 2 ou 5 à son dénominateur.

III. Etablir la condition nécessaire et suffisante pour qu'une fraction ordinaire puisse être convertie exactement en décimales.

2° *Problème.* — **117.** On donne deux points A, A′, dont la distance AA′ est $2a$, et une droite BC faisant avec AA′ l'angle ABC $= \varphi$, et distante du milieu O de AA′ de la longueur OH $= h$.

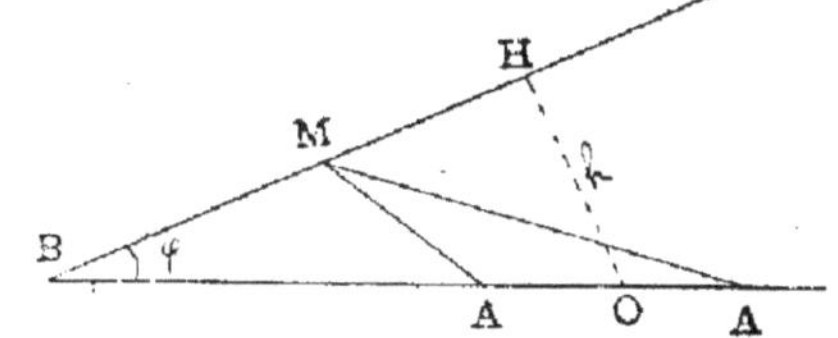

1° Trouver, sur la droite BC, un point tel que la somme des carrés de ses distances aux deux points A et A′ soit égale à $10\,a^2$; discussion du problème.

2° Soit M un point répondant à la question : on suppose que le volume engendré par le triangle AMA′, tournant autour de AA′, soit égal à celui d'une sphère de rayon a, et on demande de calculer l'angle φ connaissant h, puis de calculer h connaissant φ.

Physique.

1° *Questions de cours (au choix).* — I. Définition et usage des coefficients de dilatation.

II. Maximum de densité de l'eau.

III. *Densité des gaz.* — Force élastique maxima de la vapeur d'eau aux diverses températures.

Problème. — **118.** Entre deux plans parallèles on dispose une lentille convergente L de façon que son axe principal soit perpendiculaire à ces deux plans qu'il perce aux points P et P′. On trouve deux positions de la lentille telles que l'image d'une petite ligne tracée par le point P dans l'un des plans se fasse exactement dans l'autre plan. La distance des deux plans étant a centimè-

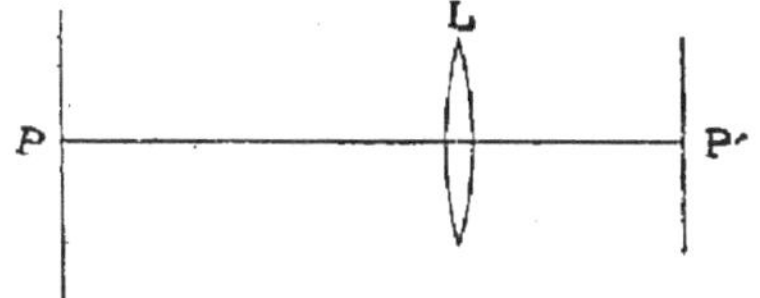

tres et celle des deux positions de la lentille étant trouvée égale à b centimètres, on demande d'en déduire la distance focale de la lentille.

Quelle condition doit remplir a pour que le problème soit possible ?

Marseille (Session du 12 juillet 1895)

BACCALAURÉAT LETTRES MATHÉMATIQUES ET MODERNE (2ᵉ PARTIE, 3ᵉ SÉRIE)

Mathématiques.— 119. On donne trois points A, B, C en ligne droite, le point B est placé entre le point C. La distance AB est égale à 10 mètres et la distance BC est égale à 20 mètres.

Par le point B on mène une droite BD faisant avec BC un angle de 60° ; du point C on abaisse une perpendiculaire CD sur la droite BD et l'on joint AD.

1° Trouver en mètres carrés la surface du triangle ADC.

2° On applique sur le point D dans le prolongement de BD une force R qui est égale à 1000 kilogs ; quelles forces P et Q faudra-t-il appliquer suivant DA et DC pour faire équilibre à R ?

3° Si l'angle BDC était quelconque, quel devrait être cet angle pour que la force Q ait la plus petite valeur possible ?

Physique. — 1° *Choisir et traiter l'une des 3 questions suivantes* : I. Notions élémentaires et purement expérimentales sur le potentiel et la capacité électriques. — II. Énoncé des lois fondamentales des courants. — Unités pratiques d'intensité de résistance et de force électromotrice. — III. Principe des machines magnéto-électriques et dynamo-électriques. — Reversibilité de ces machines.

2° **120.** On donne un prisme de verre dont une face est argentée. On demande la marche d'un rayon lumineux situé dans le plan de section droite et entrant par la face non argentée, dans le cas d'une seule réflexion.

Dans ce cas également, quel doit être l'angle d'incidence pour que le rayon émergent se confonde avec le rayon incident ? L'angle du prisme peut-il être quelconque ?

BACCALAURÉAT MODERNE (2ᵉ PARTIE, 2ᵒ SÉRIE)

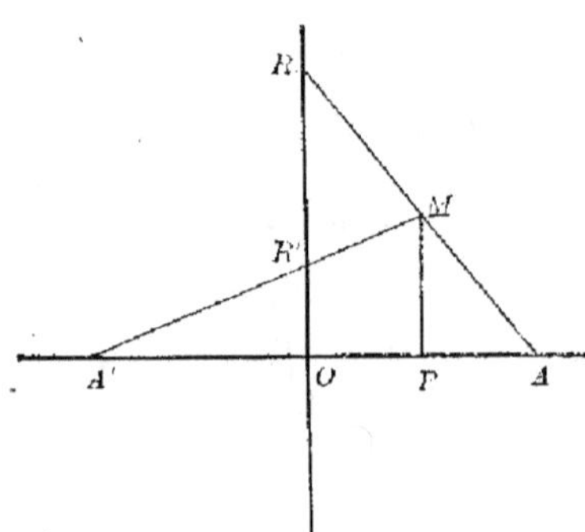

Mathématiques. —121. I. Sur la perpendiculaire élevée en un point P d'une portion de droite AA′ on prend un point M tel que le rapport $\dfrac{\overline{MP}}{PA \times PA'}$ soit constant.

Déterminer le lieu du point M quand le point P décrit la portion de droite AA′. — Soient R et R′ les points de rencontre des droites MA, MA′ avec la perpendiculaire au milieu O de AA′; démontrer que le produit OR × OR′ est constant.

II. Étudier la variation de la fonction :

$$y = x + \frac{4}{x - 5}$$

construire la courbe qui la représente.

QUESTIONS PROPOSÉES

122. Etant donné le foyer d'une parabole, un point de la courbe et la tangente en ce point, construire la seconde tangente issue d'un point P pris sur la première.

123. Inscrire à un quadrilatère une conique dont un des foyers soit sur une des diagonales du quadrilatère.

(B. N.)

124. Un mélange de sulfates de potassium et de sodium pèse 1 gr. 307 ; on le dissout dans l'eau et on verse dans la solution de l'azotate de baryum, ce qui produit un précipité pesant 1 gr. 919.

1° Quelle était la composition du mélange ?

2° Combien renfermait-il de potasse, de soude, d'acide sulfurique ?

G.-H. N.

125. On lance successivement d'un même point du sol et à un intervalle de temps θ, dans la direction verticale et de bas en haut, deux corps pesants, avec une même vitesse initiale V_0. On demande :

1° Au bout de combien de temps aura lieu leur rencontre ;

2° Leurs vitesses respectives au point de rencontre ;

3° La hauteur du point de rencontre au-dessus du sol.

(Baccalauréat.)

126. Deux pendules de longueurs l et l' ont des durées d'oscillation qui diffèrent de $\dfrac{1}{n}$ de la valeur absolue de celle du pendule de longueur l. Trouver l' en fonction de l.

127. Etant donné un vase en verre, de forme quelconque, y introduire un volume de mercure à 0° tel que la portion de capacité qui restera libre demeure la même à $t°$ qu'à 0°. On donne le coefficient de dilatation absolue du mercure $\left(\mu = \dfrac{1}{3.550}\right)$ et le coefficient de dilatation cubique du verre $\left(k = \dfrac{1}{38.700}\right)$

128. On a un vase de forme quelconque et d'ouverture étroite. On demande d'y introduire un volume de mercure à 0° qui occupe $\dfrac{1}{7^e}$ de la capacité du vase à cette température, sans pesage ni jaugeage.

129. Un récipient muni d'un robinet pèse P quand il est plein d'air à 0°, sous la pression H ; P' quand il est plein d'anhydride carbonique dans les mêmes conditions. On le porte dans une étuve à température inconnue x, après l'avoir rempli de nouveau d'air, et on ferme le robinet quand on juge l'équilibre de température établi ; il pèse alors p.

A quelle température le récipient a-t-il été soumis ? La pression ne change pas ; on considérera comme nulle la dilatation du verre ; on connaît la densité d du gaz carbonique.   (Baccalauréats.)

130. Soit un triangle BAC, rectangle en A. Menons la médiane AM et la hauteur AD. Unissons les points M et D aux milieux P et Q des côtés AC, AB. Soient O et O' les points de rencontre des droites DP et QM, DQ et PM. Menons O'H', OH perpendiculaires sur AB, AC. Démontrer :

1° Que la droite OO' est perpendiculaire sur le milieu K de PQ;

2° Que la droite HH' passe par K et est perpendiculaire en ce point à la médiane AM.

C. Couturier, professeur à Melle-lez-Gand.

131. Un triangle inscrit à un cercle O de rayon R a un côté fixe AB. Le sommet C opposé à ce côté décrit la circonférence O. Quel est le lieu :

1° Des milieux M, N des côtés AC et BC;

2° Du milieu de la droite MN.   (*id.*)

132. Etant donnée une circonférence O, on mène le diamètre OA ; sur le prolongement, on prend un point P et on mène la tangente PM. Quelle doit être la position du point P pour que la distance MA soit égale à une grandeur donnée K?

(*id.*)

133. Soient O le centre du cercle circonscrit à un triangle ABC, O' le centre du cercle inscrit, O_9 le centre du cercle des neuf points, H le point de concours des hauteurs, G le centre de gravité.

1° Exprimer en fonction des éléments du triangle l'aire du triangle O_9 OO'. En déduire la condition pour que le centre du cercle inscrit soit sur la ligne d'Euler.

2° Etudier les conditions nécessaires pour que

a) O, H, G coïncident.

b) O et O', O' et H, O' et G coïncident.

c) O' et O_9 coïncident.   (*id.*)

134. On sait que le célèbre problème de Pappus: *Par un point pris sur la bissectrice d'un angle donné, mener une droite dont la partie comprise entre les deux côtés de l'angle ait une longueur donnée* a été résolu de diverses manières ; on demande, parmi les solutions connues, celle dont la construction s'exécute avec le moins d'opérations, c'est-à-dire le plus simplement au point de vue géométrographique, en n'employant que la règle et *un* compas. Il sera inutile de donner une démonstration des constructions à comparer.

E. Lemoine.

Le Gérant : Dr H. LABONNE, licencié ès sciences.

Châteauroux. — Typ. et Stéréotyp. A. Majesté et L. Bouchardeau.

BULLETIN

DE

MATHÉMATIQUES ÉLÉMENTAIRES

CONSTRUCTION D'UNE ELLIPSE TANGENTE AUX MILIEUX DES COTÉS D'UN PARALLÉLOGRAMME

Il s'agit de construire une ellipse tangente aux quatre côtés d'un parallélogramme *abcd* et passant par les milieux *r*, *l*, *m*, *n*, de ces côtés, ou, ce qui revient au même, une ellipse ayant pour diamètres conjugués *rl* et *mn*. Ce problème, qui se présente à chaque instant en géométrie descriptive, a été résolu de bien des manières. Mais la méthode la plus simple consiste à regarder le parallélogramme *abcd* comme la projection d'un carré ABCD et l'ellipse cherchée comme la projection d'un cercle inscrit dans ce carré.

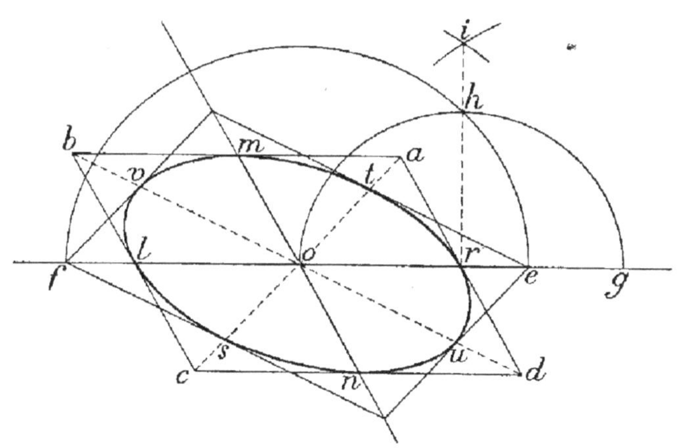

Soit O le centre du cercle, qui se projette au centre *o* du parallélogramme, et soient S, T, U, V les points d'intersection de ce cercle avec les diagonales du carré ABCD ; les tangentes au cercle en ces 4 points forment un second carré circonscrit, dont les côtés sont parallèles aux diagonales BD et AC, et dont les sommets sont situés sur les droites RL, MN qui joignent les milieux des côtés du premier carré. Soient E et F les sommets de ce second carré qui sont situés sur RL ; on a

$$OE = OF = OR \sqrt{2}.$$

Comme le rapport de deux segments d'une même droite est égal au rapport de leurs projections, on a aussi

$$oe = of = or \sqrt{2}.$$

Donc, pour construire les points *e* et *f*, il suffit de mener une droite *rh* égale et perpendiculaire à *ro* et de rabattre *oh* sur *rl*, de part et d'autre, en *oe* et *of*.

D'ailleurs, comme les tangentes ET et FS, EU et FV sont respectivement parallèles à BD et à AC, leurs projections *et* et *fs*, *eu* et *fv* sont parallèles à *bd* et à *ac*. On pourra donc construire ces quatre droites *et*, *fs*, *eu*, *fv* et, par suite, les quatre points de contact t, s, u, v. On connaîtra ainsi 8 tangentes et 8 points de l'ellipse ; ce qui suffira pour tracer l'ellipse, d'autant plus que ces 8 points étant les projections d'un octogone régulier inscrit dans le cercle sont régulièrement distribués sur la circonférence de l'ellipse.

Nous allons faire l'analyse géométrographique de cette construction, en adoptant les notations expliquées dans le nº 3 du *Bulletin* :

Op : (R$_1$), c'est faire passer le bord de la règle par un point ; donc spéculativement :

Op : (2R$_1$) désigne l'opération qui consiste à faire passer le bord de la *règle* par deux points ;

Op : (2R′$_1$), c'est faire passer le bord de l'*équerre* par deux points ou le mettre en coïncidence avec une ligne déjà tracée ; c'est de même par op : (2R′$_1$) qu'on désigne les opérations faites avec la règle, si la suite de cette opération de préparation *comporte l'emploi de l'équerre*.

Op : (E), c'est faire glisser l'équerre le long de la règle jusqu'à ce qu'elle passe par un point donné ;

Op : (C$_1$), c'est mettre *une* pointe du compas en un point donné ; donc spéculativement prendre dans le compas une longueur donnée, c'est op : (2C$_1$).

Op : (R$_2$), c'est tracer une droite ;

Op : (C$_3$), c'est tracer un cercle.

Op : (C$_2$), c'est mettre une pointe du compas en un point *indéterminé* d'une ligne ; mais nous n'avons pas à considérer cette dernière opération (1).

Ceci dit, nous supposons qu'on ne donne absolument que les diamètres conjugués *lr* et *mn*.

Traçons le cercle *r* (*ro*), c'est-à-dire le cercle de centre r et de rayon *ro*, qui coupe *or* en *g*.. op : (2C$_1$ + C$_3$).

De *o* et de *g* comme centres, avec une même ouverture de compas arbitraire, décrivons deux arcs de cercle qui se coupent en *i*.......... op : (2C$_1$ + 2C$_3$).

Menons la droite *ri*, qui coupe le cercle *r*(*ro*) en *h*......... op : (2R$_1$ + R$_2$).

Traçons le cercle *o*(*oh*), qui coupe *lr* en *e* et *f*............ op : (2C$_1$ + C$_3$).

Plaçons le bord de l'équerre le long de *lr*...................... op : (2R′$_1$).

Faisons glisser l'équerre le long de la règle jusqu'à ce qu'elle passe par *m* et traçons *ab*.. op : (E + R$_2$).

---

(1) Une opération quelconque a donc pour symbole :

$$\text{op.} : (a\text{R}_1 + b\text{R}'_1 + c\text{E} + d\text{C}_1 + e\text{C}_2 + f\text{R}_2 + g\text{C}_3).$$

Le nombre $a + b + c + d + e$ s'appelle le coefficient d'*exactitude* ; et $a + b + c + d + e + f + g$ est le coefficient de simplicité.

Faisons glisser de nouveau l'équerre jusqu'à ce qu'elle passe par n et traçons cd . . . . op : $(E + R_2)$.

Traçons de même ad et bc . . . . op : $(2R'_1 + 2E + 2R_2)$.

Plaçons le bord de l'équerre le long de bd et traçons bd . . . . op : $(2R'_1 + R_2)$.

Faisons glisser l'équerre le long de la règle jusqu'à ce qu'elle passe par e et traçons et ; puis faisons de nouveau glisser l'équerre jusqu'à ce qu'elle passe par f et traçons fs . . . . op : $(2E + 2R_2)$.

Enfin traçons de même ac, eu, fv . . . . op : $(2R'_1 + 2E + 3R_2)$.

Le symbole total est :

$$op : (2R_1 + 8R'_1 + 11R_2 + 8E + 6C_1 + 4C_3).$$

Simplicité : 39 ; exactitude : 24 ; 11 droites, 4 cercles.

On peut mener la perpendiculaire rh avec l'équerre, en plaçant un côté de l'angle droit suivant or et en faisant glisser l'équerre le long de la règle jusqu'à ce que l'autre côté de l'angle droit passe par r . . . . op : $(2R'_1 + E + R_2)$.

De cette manière le symbole total devient

$$op : (10R'_1 + 11R_2 + 9E + 4C_1 + 2R_3).$$

Simplicité : 36 ; exactitude : 23 ; 11 droites, 2 cercles.

Si le parallélogramme $abcd$ est un rectangle, il n'y a plus besoin de tracer rh qui se confond avec ad.

Enfin, si on a un décimètre bien divisé, on peut se dispenser de tracer les cercles, en remarquant que

$$oe = of = tr \frac{\sqrt{2}}{2} = tr \times 0.707.$$

On mesurera tr en dixièmes de millimètres, à 2 ou 3 dixièmes près, et en multipliant par 0,707 (ou simplement par 0,7 si tr ne dépasse pas 4 centimètres) on aura la longueur de oe ou de of. Avec un bon décimètre, cette méthode est tout aussi expéditive et aussi exacte que la méthode graphique.

Pour apprécier la simplicité relative de ces constructions, il est bon de remarquer que la construction classique (*voir*, par exemple, *Géométrie analytique* de Briot et Bouquet, p. 175) pour placer les sommets d'une ellipse définie par deux diamètres conjugués a pour symbole

$$op : (14R_1 + 7R_2 + 21C_1 + 14C_3).$$

Simplicité : 56 ; exactitude : 35 ; 7 droites, 14 cercles ; en supposant qu'on effectue les constructions *le plus économiquement possible* avec la règle et le compas (1).

Nous montrerons dans le numéro suivant comment on peut construire les projections d'un polygone régulier de 2^n côtés inscrit ou circonscrit.   L. G.

---

(1) M. E. Lemoine m'a fait remarquer que la construction de M. Mannheim a pour symbole :

$$op. : (12R_1 + 6R_2 + 16C_1 + 8C_3). \text{ Simplicité : 42.}$$

QUESTIONS RÉSOLUES

Mathématiques.

13. *Par le point M où le cercle circonscrit au triangle ABC rencontre la mé-diane issue de A, on mène une corde MD parallèle à BC ; démontrer que le cercle passant par A et D et tangent au côté AC intercepte sur le côté AB une corde égale à 2AB.*

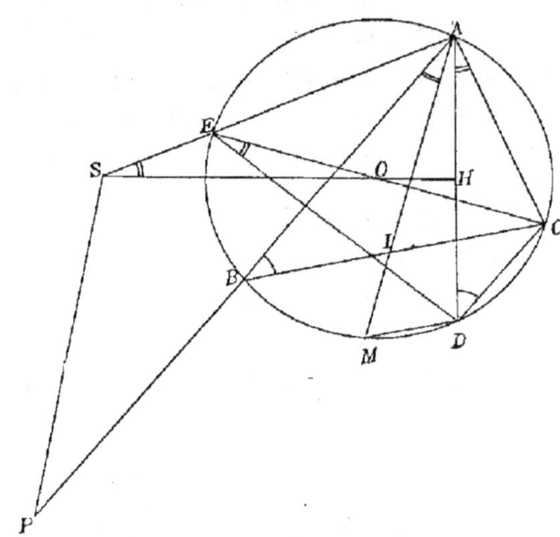

2e *Solution* (1). — MD étant parallèle à BC, les angles BAM et DAC sont égaux.

1° Je mène le diamètre COE ; le centre S de la circonférence indiquée se trouve à l'intersection de AE et de la perpendiculaire élevée sur le milieu H de AD. L'angle S est égal à l'angle DAC comme ayant les côtés perpendiculaires ; il est donc égal à l'angle CED.

Donc les deux triangles rectangles ASH et EDC sont semblables, d'où

$$(1)\qquad \frac{AS}{2OC} = \frac{AH}{CD}$$

2° Les triangles ABI et ADC ont deux angles égaux ; ils sont donc semblables ; d'où

$$(2)\qquad \frac{AB}{AD} = \frac{BI}{CD}$$

Divisant membre à membre (1) et (2) on a, après simplifications évidentes

$$\frac{AS}{2AB} = \frac{OC}{2BI} = \frac{OC}{BC}.$$

Prenons sur AB un point P tel que AP = 2AB.

Les deux triangles SAP et OCB sont semblables comme ayant un angle égal compris entre deux côtés homologues proportionnels; donc

$$SP = SA.$$

On voit donc que la circonférence décrite du point S comme centre et passant par A et D passera également par le point P.

CATTET (Collège de Pontarlier, 2e moderne).

---

(1) Voir une première solution dans le n° 5.

39. *Trouver tous les nombres commensurables x, y, z, tels que l'on ait :*
$$x^2 + y^2 = z^2.$$

L'équation $x^2 + y^2 = z^2$ peut s'écrire :

$$y^2 = z^2 - x^2 \quad \text{ou} \quad \frac{y}{z - x} = \frac{z + x}{y}$$

Désignons par $\dfrac{t}{u}$ la fraction ordinaire irréductible égale aux deux dernières fractions ;

on a : $\qquad uy = t(z - x) \text{ et } u(z + x) = ty,$

d'où $\qquad 2tuz = (t^2 + u^2)\, y \text{ et } 2tux = (t^2 - u^2)\, y,$

ou : $$\frac{x}{t^2 - u^2} = \frac{y}{2tu} = \frac{z}{t^2 + u^2}.$$

En désignant par $\dfrac{\lambda}{\mu}$ la valeur commune de ces fractions :

$$x = \frac{\lambda}{\mu}(t^2 - u^2), \quad y = 2\,\frac{\lambda}{\mu}\,tu, \quad z = \frac{\lambda}{\mu}(t^2 + u^2).$$

La fraction $\dfrac{\lambda}{\mu}$ est quelconque et t et u sont deux nombres entiers quelconques premiers entre eux.

GOULARD,
Professeur au lycée de Marseille.

Solution exacte par M. GILLET.

40. *Pour résoudre l'équation $x^2 + y^2 = A$ en nombres commensurables quand on connaît un premier système de racines $x = x'$ et $y = y'$ on prend arbitrairement trois nombres entiers a, b, c, tels que l'on ait $a^2 + b^2 = c^2$, et les racines cherchées sont :*

$$x = \frac{ax' + by'}{c} \qquad y = \frac{bx' - ay'}{c}$$

L'égalité : $\qquad x^2 + y^2 = x'^2 + y'^2$

peut s'écrire $\qquad x^2 - x'^2 = y'^2 - y^2$

ou : $\qquad (x - x')(x + x') = (y' - y)(y' + y)$

ou enfin : $$\frac{x - x'}{y' - y} = \frac{y' + y}{x + x'}$$

Soit $\dfrac{t}{u}$, t et u étant entiers, la valeur commune de ces deux fractions ; on trouve facilement,

$$(t^2 + u^2)\, x = (u^2 - t^2)\, x' + 2tuy'$$
$$(t^2 + u^2)\, y = 2tux' - (u^2 - t^2)\, y' ;$$

d'où en posant $\qquad u^2 - t^2 = a, \; 2tu = b, \; t^2 + u^2 = c,$

(1) $$x = \frac{ax' + by'}{c}, \qquad y = \frac{bx' - ay'}{c}$$

et l'on vérifie immédiatement que :

(2) $$a^2 + b^2 = c^2.$$

D'ailleurs, on peut prendre arbitrairement les nombres a, b, c, pourvu qu'ils satisfassent à la relation (2), et on vérifie sans peine que les relations (1) et (2) entraînent la suivante :

$$x^2 + y^2 = x'^2 + y'^2$$

GOULARD,
Professeur au Lycée de Marseille.

Solution exacte par M. GILLET.

64. *Dans un triangle ABC, on mène deux hauteurs BB', CC' et le diamètre AD du cercle circonscrit qui passe par le troisième sommet A. Démontrer que*

$$DB \times CC' + DC \times BB' = \overline{BC}^2.$$

2e *Solution* (1). — Soit H le point de concours des hauteurs. Je tire les droites BD, CD.
On remarque d'abord que la figure BDCH est un parallélogramme ; car BD est parallèle à CH et DC parallèle à BH, comme étant perpendiculaires sur une même droite. On en conclut que $BH = DC$ et que $BD = HC$.
Si nous considérons le quadrilatère AB'HC', on voit qu'il est inscriptible ;
On en conclut que :

$$BB'.BH = BA.BC'$$
$$CC'.CH = CA.CB'.$$

Or, nous avons dans le triangle ABC :

$$\overline{AB}^2 = \overline{CB}^2 + \overline{AC}^2 - 2\,AC.CB' = \overline{CB}^2 + \overline{AC}^2 - 2\,CH.CC'$$
$$\overline{AC}^2 = \overline{AB}^2 + \overline{BC}^2 - 2\,AB.BC' = \overline{AB}^2 + \overline{BC}^2 - 2\,BH.BB'.$$

D'où :

$$CC'.CH = \frac{\overline{AC}^2 + \overline{BC}^2 - \overline{AB}^2}{2}$$

$$BB'.BH = \frac{\overline{AB}^2 + \overline{BC}^2 - \overline{AC}^2}{2}$$

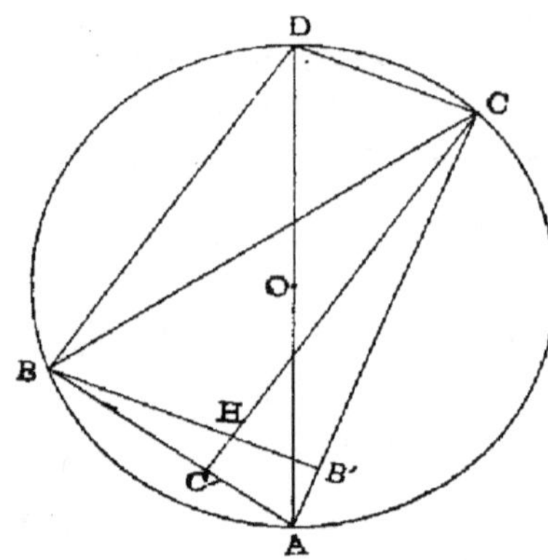

Si nous ajoutons membre à membre, nous trouvons

$$CC'.CH + BB'.BH = \overline{BC}^2.$$

Or $BH = DC$ et $CH = BD$.
Donc $CC'.CH + BB'.BH = DB \times CC' + CD \times BB'$
$$= \overline{BC}^2.$$

C. Q. F. D.

Jean DRAPPIER, élève à la maison de Melle-lez-Gand.

Autres solutions par MM. BOUIGES, BERTHIER, BURTZ, COISSARD, FONDRILLON, GILLET, COLLOMB.

66. *Résoudre l'équation*

$$\cos 2x \, \cos 60° = \cos^2 (x + 30°)$$

1re *Solution.* — L'équation proposée peut s'écrire :
(1) $(\cos^2 x - \sin^2 x) \cos 60° = (\cos x \cos 30° - \sin x \sin 30°)^2$

____

(1) Voir une première solution dans le n° 9.

Or $$\cos 30° = \frac{\sqrt{3}}{2}\;,\; \sin 30° = \frac{1}{2},\; \cos 60° = \frac{1}{2}.$$

Portons ces valeurs dans l'équation (1), nous aurons :

$$2\,(\cos^2 x - \sin^2 x) = 3\cos^2 x + \sin^2 x - 2\sin x\,\cos x\,\sqrt{3}$$

$$\cos^2 x - 2\sin x\cos x\sqrt{3} + 3\sin^2 x = 0,$$

$$(\cos x - \sin x\sqrt{3})^2 = 0\;;$$

il faut pour cela que $\qquad \cos x = \sin x\sqrt{3}.$

En divisant par $\cos x$ nous aurons :

$$\operatorname{tg} x = \frac{1}{\sqrt{3}} = \frac{\sqrt{3}}{3}.$$

D'où :

$$x' = 30°,$$
$$x'' = 210°.$$

P. Brusset (Collège d'Uzès).

2e *Solution*. — On a

$$\cos 2x = 2\cos^2 x - 1\quad,$$

$$\cos 60° = \frac{1}{2}.$$

Portons ces valeurs dans l'équation proposée,

$$(2\cos^2 x - 1)\,\frac{1}{2} = \cos^2(x + 30°)$$

$$(2)\qquad\qquad \cos^2 x - \frac{1}{2} = \cos^2(x + 30°)$$

Mais : $$\cos 30° = \frac{\sqrt{3}}{2}$$

$$\sin 30° = \frac{1}{2}$$

D'où : $$\cos(x + 30°) = \frac{\sqrt{3}}{2}\cos x - \frac{1}{2}\sin x$$

$$= \frac{\sqrt{3}}{2}\cos x \mp \frac{1}{2}\sqrt{1 - \cos^2 x}$$

$$\cos^2(x + 30°) = \frac{1}{2}\cos^2 x + \frac{1}{4} \mp \frac{\sqrt{3}}{2}\cos x\,\sqrt{1 - \cos^2 x}$$

Portons cette valeur de $\cos^2(x + 30°)$ dans (2) :

$$\cos^2 x - \frac{1}{2} = \frac{1}{2}\cos^2 x + \frac{1}{4} \mp \frac{\sqrt{3}}{2}\cos x\sqrt{1 - \cos^2 x}$$

$$\frac{1}{2}\cos^2 x - \frac{3}{4} = \mp \frac{\sqrt{3}}{2}\cos x\sqrt{1 - \cos^2 x}$$

Elevons au carré : nóus pouvons ainsi introduire des solutions étrangères :

$$\frac{1}{4}\cos^4 x + \frac{9}{16} - \frac{3}{4}\cos^2 x = \frac{3}{4}\cos^2 x\,(1 - \quad c)$$

ordonnons par rapport à $\cos x$:

$$\cos^4 x - \frac{3}{2}\cos^2 x + \frac{9}{16} = o$$

Posons :
$$\cos^2 x = y$$

Nous aurons à résoudre l'équation :

$$y^2 - \frac{3}{2}y + \frac{9}{16} = o$$

$$y = \frac{3}{4} \pm \sqrt{\frac{9}{16} - \frac{9}{16}} = \frac{3}{4}$$

$$\cos x = \pm \sqrt{y} = \pm \frac{\sqrt{3}}{2}$$

La solution $-\dfrac{\sqrt{3}}{2}$ ne satisfait pas l'équation proposée. Nous l'avons introduite plus haut en élevant au carré.

Donc :
$$\cos x = \frac{\sqrt{3}}{2}$$

D'où :
$$x = 30°$$

S. Barbaza (lycée de Carcassonne).

Solution analogue par M. Drappier, élève à la maison de Melle-lez-Gand.

Autres solutions par MM. Bouiges, Gillet, Coissard, Fondrillon, Perdrix, Singer.

Remarque. — En disant que la solution $\cos x = -\dfrac{\sqrt{3}}{2}$ ne convient pas, M. Barbaza veut dire évidemment que l'équation proposée n'est pas satisfaite pour $x = 150°$, ce qui est exact. Mais la solution $\cos x = -\dfrac{\sqrt{3}}{2}$ convient tout aussi bien que $\cos x = \dfrac{\sqrt{3}}{2}$, car l'équation proposée peut s'écrire :

$$\cos(2x + 60°) + \cos(2x - 60°) = 1 + \cos(2x + 60°).$$
$$\cos(2x - 60°) = 1 ;$$

d'où
$$2x - 60° = 360\,k,$$
$$x = 30° + 180\,k.$$

Ce qui est vrai, c'est que l'équation proposée n'admet *qu'une partie* des solutions de chacune des équations :

$$\cos x = \frac{\sqrt{3}}{2} \qquad \cos x = -\frac{\sqrt{3}}{2}.$$

L'équation

$$\cos^2 x - \frac{1}{2} = \frac{1}{2}\cos^2 x + \frac{1}{4} - \frac{\sqrt{3}}{2}\cos x \sin x,$$

à laquelle était arrivé M. Barbaza détermine $\sin x$ en fonction *rationnelle* de $\cos x$.

Si on y fait $\cos x = \dfrac{\sqrt{3}}{2}$, on trouve

$$\sin x = \frac{1}{2} ;$$

et si on y fait $\cos x = -\dfrac{\sqrt{3}}{2}$, on trouve

$$\sin x = -\frac{1}{2}.$$

Donc les solutions de l'équation proposée sont celles des deux systèmes

$$\left\{ \begin{array}{l} \cos x = \dfrac{\sqrt{3}}{2} \\[2mm] \sin x = \dfrac{1}{2} \end{array} \right. \qquad\qquad \left\{ \begin{array}{l} \cos x = -\dfrac{\sqrt{3}}{2} \\[2mm] \sin x = -\dfrac{1}{2} . \end{array} \right.$$

c'est-à-dire

$$x = 30° + 180\,k.$$

CONCOURS DE L'ÉCOLE NAVALE (1895)

GÉOMÉTRIE COTÉE

86. — *Une sphère, de rayon $R = 50^{mm}$, est tangente au plan horizontal de cote zéro, au point o.*

D'un point A, situé dans ce plan, à une distance $Ao = 100^{mm}$, on mène successivement : 1° les deux tangentes, faisant avec la verticale un angle de 40° ; 2° les deux tangentes, faisant avec l'horizontale Ao un angle de 23°.

Ces quatre tangentes sont considérées comme les arêtes d'une pyramide indéfinie. Trouver la projection du volume commun à la sphère et à cette pyramide.

SOLUTION

Prenons pour plan vertical auxiliaire le plan vertical xy passant par AO. La section de la sphère par ce plan est un grand cercle o'. Si nous considérons le cône circonscrit de sommet A, le cercle de contact de ce cône a pour projection verticale la corde commune OP' au cercle o' et au cercle décrit de A comme centre avec AO pour rayon ; d'ailleurs le plan de ce cercle de contact est perpendiculaire au plan vertical xy, donc sa trace horizontale OK est perpendiculaire à xy.

Tangentes faisant avec la verticale un angle de 40°. Ces deux tangentes ont des projections symétriques par rapport à AO.

Soit I le point de contact de l'une, projeté horizontalement en i et verticalement en i'.

La cote Ii est un côté du triangle rectangle AIi, dans lequel on connaît l'hypoténuse AI $=$ AO et l'angle aigu $\widehat{\mathrm{AI}i} = 40°$.

Ce triangle étant construit en $\mathrm{AI}_1 i_1$, le point i' se trouve à la rencontre de OP' avec une parallèle à xy menée par I_1. Quant au point i, il se trouve sur une ligne de rappel menée par i' et sur un arc de cercle décrit de A comme centre avec Ai_1 pour rayon, car $Ai_1 = Ai$. — Cette construction donne du même coup le point de contact r de la deuxième tangente.

On peut vérifier que les deux points r, i se trouvent sur le parallèle $i't'$, dont le rayon est ot.

Tangentes faisant avec AO un angle de 23°.

Ces tangentes ont aussi des projections symétriques par rapport à AO.

Soit C le point de contact de l'une, projeté en c sur le plan de l'épure, en c' sur le plan vertical xy (c' est sur OP'), et en ε sur la droite AO.

Les 3 points c, ε, c' sont sur une même perpendiculaire à xy.

Nous pouvons construire le triangle rectangle $AC\varepsilon$ dans lequel nous connaissons l'hypoténuse $AC = AO$ et un angle aigu $CA\varepsilon = 23°$.

Ce triangle étant construit en $AC_1\varepsilon$ nous donne le point ε et, par suite, le point c'.

Quant au point c, il se trouve sur la droite $c'\varepsilon$ et sur la projection horizontale du parallèle qui a pour cote $\varepsilon c'$.

Cette même construction donne aussi le point de contact e de la quatrième tangente.

La cote $\varepsilon c'$ (16^{mm}) commune aux deux points c et e étant inférieure au rayon

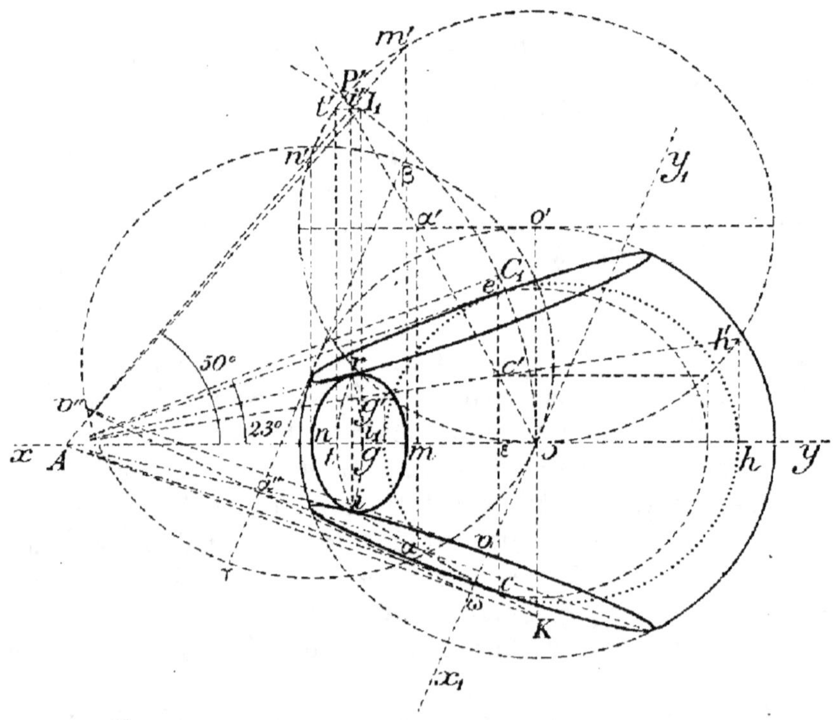

de la sphère, les deux tangentes ou arêtes ac, ae se trouvent au-dessous du contour apparent de la sphère.

Détermination des faces de la pyramide.

Il y a lieu de déterminer chaque face de la pyramide par ses traces sur le plan de l'épure et sur un plan vertical passant par le centre de la sphère.

Les plans des arêtes ai et ar, ac et ae, formant les faces supérieure et inférieure de la pyramide, sont perpendiculaires au plan vertical xy. Ils ont pour trace sur le plan de l'épure la perpendiculaire à xy menée par A et pour traces verticales Ai' et Ac'.

Les plans des arêtes Ai et Ac, Ar et Ae, formant les faces antérieure et postérieure de la pyramide, sont symétriques par rapport au plan diamétral AO. Il suffit d'en déterminer un.

La trace horizontale AK de la face antérieure s'obtient en construisant la trace K de la droite ic, $i'c'$.

Il est naturel de prendre la deuxième trace sur le plan vertical x_1y_1, perpendiculaire à AK. Le rabattement $\omega\alpha''v''$ de cette deuxième trace s'obtient à l'aide du point $\alpha\alpha'$ de la droite ic qui a pour cote le rayon de la sphère, 50^{mm} ; α'' est le rabattement de la projection de ce point sur le plan vertical x_1y_1.

Détermination des axes des ellipses qui forment la projection demandée. — Chaque face de la pyramide coupe la sphère suivant un cercle qui a pour projection une ellipse.

Les grands axes de ces ellipses sont évidemment égaux aux segments $m'n'$, $g'h'$ $u''v''$ (Le lecteur est prié de marquer u'' au deuxième point d'intersection de $\omega v''$ avec le grand cercle $\beta\gamma$, et u pour la projection de u'' sur x_1y_1).

Les petits axes sont donnés par les projections mn, gh, uv de ces trois segments sur yx ou sur y_1x_1.

On peut donc construire les ellipses.

Les points de contact de l'ellipse civ avec le contour apparent de la sphère s'obtiennent en menant par α'' une perpendiculaire à x_1y_1.

Conclusion. — La projection du solide commun à la sphère et à la pyramide est limitée par ces quatre ellipses et par deux arcs du contour apparent. L'une des quatre ellipses est tout entière au-dessous du contour apparent.

Les quatre ellipses sont tangentes deux à deux et ont pour tangentes communes les projections des arêtes de la pyramide.

C. BLANC,
Professeur libre, à Lyon.

Physique.

82. *Un thermomètre à mercure entièrement plongé dans un liquide de température uniforme, marque 95°. Quelle température marquerait-il si l'on plongeait seulement dans le liquide le réservoir et la naissance de la tige jusqu'au 6ᵉ degré, le reste de la tige étant à la température ambiante de 12°?*

Le coefficient de dilatation absolue du mercure est $\dfrac{1}{5550}$ *et celui du verre* $\dfrac{1}{38700}$

Désignons par T la température marquée par le thermomètre entièrement plongé, par x celle qu'il marque quand le réservoir seul est dans le liquide, soit N le nombre de divisions occupées dans ce dernier cas par le mercure et considérons comme unité de volume, celui d'une division. Quand le volume N est porté à la température T du liquide, il augmente de

$$N \delta (x - t)$$

δ étant le coefficient de dilatation apparente du mercure dans le verre, t la température extérieure. On a donc :

$$T = x + N\delta (x - t)$$

d'où

$$x = \frac{T - N\delta t}{1 + N\delta}$$

Application numérique : T $= 95$; N $= 6$; $t = 12$;

$$\delta = \frac{1}{5550} - \frac{1}{38700} = \frac{1}{6500}$$

d'où

$$x = 94°,91$$

Ont résolu la question 82 : MM. P. FONDRILLON, P. CHANECY, PERDRIX, E. VASSEUR, LEROY, DUMAGNON, ROBERT, MARET, BRUSSET ET BOUIGES.

100. *Quel serait le coefficient de dilatation x des gaz si on partait du $0°$ du thermomètre Fahrenheit et si on prenait pour unité de température un degré de ce thermomètre? On supposera $x = \dfrac{1}{273}$ avec la graduation centigrade.*

Si v_0 désigne le volume d'une masse d'air à $0°$ de l'échelle centigrade, la dilatation de cette masse par degré Fahrenheit sera :

$$\frac{5}{9} \times \frac{v_0}{273}$$

et son volume à $0°$ de l'échelle Fahrenheit, c'est-à-dire à $\dfrac{5}{9} . 32°$ de l'échelle centigrade sera :

$$v_0 \left(1 - \frac{5}{9} . \frac{32}{273} \right)$$

Par définition, le coefficient cherché est le quotient de ces deux nombres, ce qui donne :

$$x = \frac{1}{459,4}$$

Louis BRIQUELER.

A résolu la même question : M. PERDRIX.

BIBLIOGRAPHIE

G. MANVEUVRIER. *Traité élémentaire de mécanique rationnelle et appliquée.* Paris, Hachette.

Malgré la diversité des programmes de l'enseignement secondaire classique et moderne, la science est une et un ouvrage tel que celui de M. G. Manveuvrier s'adresse également aux élèves de toutes les classes dans lesquelles on étudie la mécanique. Sa lecture sera aussi d'une grande utilité à tous ceux qui désirent étudier la physique. Son principal mérite est de renfermer un grand nombre d'exemples pratiques.

G.-H. N.

BACCALAURÉATS. — Paris (novembre 1895)

LETTRES-MATHÉMATIQUES (CLASSIQUE ET MODERNE)

Mathématiques. — I. *Problème obligatoire.* — **135.** On considère un trapèze isocèle ABCD et ses diagonales ASB et CSD, ainsi que la perpendiculaire OO' abaissée du point S sur les deux côtés opposés parallèles. Quand on fait tourner la figure autour de OO', le trapèze ABCD engendre un tronc de cône et les triangles ASB, CSD engendrent deux cônes.

On demande de déterminer AB et CD, connaissant la hauteur OO', le volume du tronc de cône ABCD et la somme des volumes ABS et CDS.

II. *Trois questions à choisir.* — 1° Géométrie descriptive. Angle de deux plans. — 2° Géométrie descriptive. Distance d'un point à un plan. — 3° Géométrie descriptive. Distance d'un point à une droite.

I. *Problème obligatoire.* — **136.** Une droite lumineuse AB est dirigée suivant l'axe principal d'un miroir sphérique concave et fournit une image réelle A'B' de longueur égale à AB. Quelle relation y a-t-il entre les distances a et b des points A et B au sommet du miroir et la distance focale f? Quelle est la situation de l'image A'B' par rapport à l'objet AB ?

II. *Trois questions à choisir.* — 1. Démontrer l'existence d'une force élastique maximun pour une vapeur à une température donnée. Mesure de cette force élastique maximum pour les températures inférieures à 0 degré. — 2. Mesure de la force élastique maximum d'une vapeur à une température élevée. — 3. Principe de la paroi froide. Applications.

MODERNE (LETTRES-SCIENCES)

Physique. — **137.** I. *Problème obligatoire.* — Les pièces de 10 centimes pèsent 10 grammes. Combien faut-il de ces pièces pour fournir le métal nécessaire à la fabrication d'une demi-sphère de même alliage ayant 50 centimètres de diamètre ? (L'alliage qui constitue les pièces de billon est formé de 4/100 d'étain, 95/100 de cuivre et 1/100 de zinc. — La densité de l'étain est 7,9 ; celle du cuivre 8,85 ; celle du zinc 7,12.)

On supposera que ces métaux s'allient sans altération de volume.

II. *Trois questions à choisir.* — 1. Téléphone et microphone. — 2. Galvanoplastie. Dorure et argenture. — 3. Eclairage électrique.

LYON (novembre 1895).

LETTRES-MATHÉMATIQUES

Mathématiques. — *Théorie*. — 1º Progressions géométriques.

2º Fractions décimales périodiques.

3º Etant donnée une fraction périodique mixte, retrouver la fraction ordinaire qui lui a donné naissance.

Problème. — **138**. On donne l'angle O et le côté AO ; du point A on abaisse sur OB

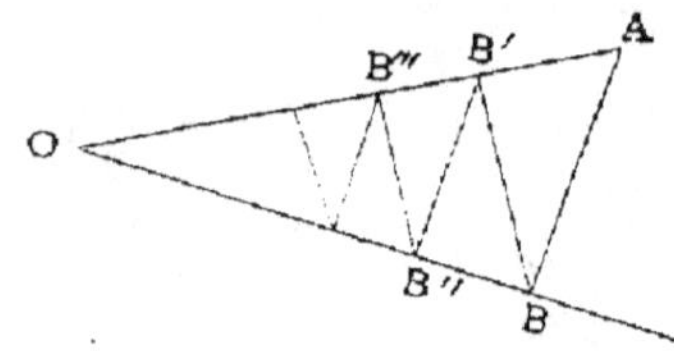

une perpendiculaire AB, puis une perpendiculaire BB' sur OA et ainsi de suite. On demande la limite de la somme de toutes les perpendiculaires AB, BB', B'B'', B''B'''...

Angle $\widehat{O}$ = 37º 40′ 42″.

OA = 28ᵐ 75.

Théorie. — 1º Couple. Un couple n'a pas de résultante. Composition et décomposition des couples.

2º Composition d'un nombre quelconque de forces parallèles. Centre des forces parallèles. Centre de gravité ; le rechercher dans le cas du trapèze.

3º Composition d'un système quelconque de forces appliquées à un solide. Leur réduction à une force et à un couple. Condition générale de l'équilibre.

139. *Problème*. — On emprunte à intérêts composés au taux de 4 1/2 0/0 un capital de 10.000 fr. qu'on se propose de rembourser au moyen d'annuités de 1.263 fr. 79, la première de ces annuités payable un an après l'emprunt. On demande au bout de combien d'années on aura éteint la dette.

Physique. — **140**. 1º *Problème*. — On pèse, avec des poids en platine de densité 21, une certaine quantité d'eau. Le poids trouvé est 151ᵍʳ 392. On demande quel poids on aurait trouvé si la pesée avait été effectuée dans le vide. La pression est de 748ᵐᵐ, la température de 18º, l'air est sec.

2º *Questions de cours*. — *a*) Lunettes astronomiques et de Galilée. — *b*) Miroirs sphériques. — *c*) Prisme et analyse spectrale.

141. 1º *Problème*. — Un vase pesant 100 grammes et fait d'une substance dont la chaleur spécifique est 0, 5, contient à la température de 0º centigr. 300 grammes d'eau et 50 grammes de glace.

Déterminer le poids de vapeur d'eau à 100º qu'il est nécessaire de faire condenser dans ce vase pour que la température définitive soit 20º centigrades.

2º *Questions de cours*. — *a*) Miroirs sphériques convexes. Relation qui lie la position de l'image à celle de l'objet ; discussion. — *b*) Miroirs sphériques concaves. Relation qui lie la position de l'image à celle de l'objet ; discussion. — *c*) Lentilles convergentes supposées d'épaisseur négligeable. Relation qui lie la position de l'image à celle de l'objet. Discussion.

BACCALAURÉAT MODERNE (SCIENCES)

Physique. — *Théorie*. — 1º Potentiel et capacité électrique. — 2º Electromètre de Thomson. — 3º Lois fondamentales des courants.

142. *Problème.* — Un ballon contient 10 mètres cubes de gaz hydrogène sec à 15° dans un air dont la pression est 756 millimètres de mercure, et la température 15° ; la tension de la vapeur d'eau de l'air est 6 millimètres 5 de mercure. Le ballon pèse 5ᵏ 600. On demande quel poids il faudra attacher au ballon pour qu'il se tienne en équilibre.

Mathématiques. — *Théorie.* — 1° Une ellipse étant définie par la propriété des foyers, trouver son équation, en prenant ses axes pour axes de coordonnées. — 2° Trouver les points de rencontre d'une ellipse et d'une droite (l'ellipse étant définie à l'aide des foyers). Discuter. — 3° Trouver la nature de la section d'un cône de révolution contenant une seule nappe (Méthode de Dandelin).

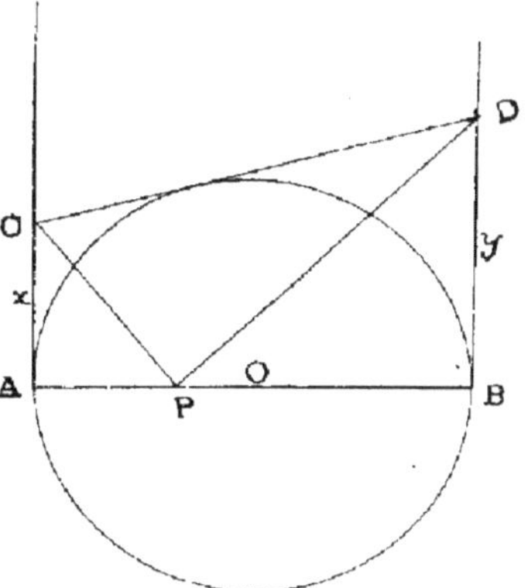

Problème. — **143.** Une tangente mobile CD à une circonférence rencontre en C et D les tangentes aux extrémités A et B d'un diamètre fixe. On pose AD $= x$ et BC $= y$. On joint les extrémités C et D de la tangente mobile à un point fixe P du diamètre AB, situé entre A et B. A quelle position de O correspond le maximum de l'angle aigu $\widehat{CPD}$?

On posera AP $= a$; PB $= b$ $(a + b = 2 R)$.

AGRÉGATION DE L'ENSEIGNEMENT SECONDAIRE DES JEUNES FILLES

SECTION DES SCIENCES MATHÉMATIQUES

Arithmétique et Algèbre. — I. Recherche du plus petit commun multiple de plusieurs nombres.

(On n'utilisera pas la décomposition d'un nombre en ses facteurs premiers.)

II. **144.** Soit la fonction $y = \dfrac{x^2 + (a - 5)x - a}{x^2 - (a + 1)x + a}$.

1° Former l'équation qui a pour racines les valeurs de x pour lesquelles la fonction y est *maximum* ou *minimum*, et déterminer les limites entre lesquelles a doit être compris pour que ces valeurs de x soient réelles.

2° Montrer que, rangées par ordre de grandeur, ces valeurs alternent avec celles qui rendent la fonction infinie.

3° Etudier les variations de la fonction et construire la courbe représentative pour $a = \dfrac{8}{3}$.

Géométrie et Cosmographie. — I. 3734. On donne deux axes rectangulaires Ox et Oy, et, sur Ox, un point A tel que l'on ait $OA = a$, sur Oy un point B tel que l'on ait $OB = b$. On prend sur Ox un point variable P, et sur Oy un point variable Q, tel que le produit des *segments* AP, BQ soit égal à une constante donnée k.

1° Former l'équation de la droite PQ en fonction du seul paramètre t égal à l'abscisse OP du point P.

2° Par un point quelconque M du plan, il passe deux droites PQ. Dans quelles régions du plan doit être situé le point M pour que ces droites soient réelles?

3° Quel est le lieu géométrique d'un point M tel que les deux droites PQ qui y passent soient rectangulaires ?

4° On considère deux droites PQ correspondant à deux valeurs t et t' du paramètre : elles se coupent en un point qui tend vers une certaine position limite T, quand t tend vers t. Calculer les coordonnées du point T en fonction de t ; construire la courbe lieu du point T, lorsque t varie ; montrer que cette courbe est tangente au point T à la droite PQ correspondante.

II. **145**. Quels sont les points de la terre qui voient le soleil à leur zénith au moment de son passage au méridien, le jour où la déclinaison du soleil est égale à $- 12°57'48''$?

SECTION DES SCIENCES PHYSIQUES ET NATURELLES

Sciences physiques. — I. Effets calorifiques produits, soit par les décharges électriques, soit par les courants des piles hydro-électriques.

On supposera décrits les instruments de mesure et les dispositions expérimentales. On s'attachera surtout à préciser, en faisant usage des *unités pratiques*, les mesures à effectuer pour comparer les quantités de chaleur produites aux quantités d'énergie électrique mises en jeu.

II. Procédés de préparation et propriétés *caractéristiques* de l'acide tartrique et de ses isomères.

III. **146**. On introduit dans un eudiomètre en verre muni d'un robinet à l'une de ses extrémités :

1° Du chlore sec sous la pression de 153^{mm} ;

2° Un mélange d'hydrogène et d'oxygène parfaitement desséché et provenant de la décomposition de l'eau par la pile, de manière à porter dans l'appareil la pression totale à 384^{mm}. La température est restée invariable pendant ces opérations.

On fait jaillir dans le mélange une étincelle électrique : une partie de l'hydrogène se combine au chlore ; le reste, à l'oxygène.

Sachant que le poids total de chlore introduit dans l'appareil est de 52 milligr. 7 et que le poids de chlore resté libre après l'inflammation du mélange est de 10 milligrammes, on demande de calculer le rapport du poids de l'hydrogène entré en combinaison avec le chlore au poids de l'hydrogène transformé en eau.

<hr>

QUESTIONS PROPOSÉES

147. On considère un triangle isocèle ABC inscrit dans un cercle et on joint les deux points B et C à un point quelconque M du cercle. Soient D le point de rencontre de BM avec AC et E le point de rencontre de CM avec AB ; trouver la relation qui existe entre l'angle A et les longueurs
$$AD = x, \quad AE = y, \quad AB = AC = a ;$$
et calculer x et y de façon que la distance DE soit égale à une longueur donnée m.

148. Construire un trapèze isocèle circonscrit à un cercle donné de façon que les diagonales soient perpendiculaires aux côtés non parallèles.

(Baccalauréat.)

Le Gérant : Dr H. LABONNE, licencié ès sciences.

<hr>

Châteauroux. — Typ. et Stéréotyp. A. MAJESTÉ et L. BOUCHARDEAU.

BULLETIN

DE

MATHÉMATIQUES ÉLÉMENTAIRES

TRANSFORMATION CONTINUE ÉTABLIE GÉOMÉTRIQUEMENT (¹).

Je considère un téorème quelconque T qui s'aplique à tous les triangles ; il s'apliquera en particulier au triangle ABC (fig. 1) et à tous les triangles A'BC, A″BC, etc. qui auront leurs somets sur la droite CA au-dessus de BC, come à tous les triangles A_1BC qui auront leurs somets au-dessous ; seulement je vais montrer que, si je suppose que A est l'intersection avec AC d'une droite qui, d'abord couchée sur BC tourne autour de B dans le sens ABC, devient paralèle à AC en Bα puis dépasse cète position de sorte que son intersection avec AC se trouve au-dessous de BC, je vais montrer, dis-je, qu'il *peut* ariver fréquemment que le téorème T, suivi dans sa continuité, prène lorsque A est au-dessous de BC une autre forme qui done ainsi un autre téorème général T' se raportant au triangle ; c'est en cela que consiste la transformation continue en A. Nous alons fixer les idées par un exemple simple.

Je supose que, dans T, il s'agisse, d'une façon quelconque, du cercle inscrit à ABC ; tous les cercles *inscrits* dans les triangles ABC, A'BC, A″BC... se succèderont et auront leurs centres sur la bissectrice intérieure de l'angle invariable CBA ; quand BA sera venu en Bα dans sa position paralèle à CA, le cercle inscrit considéré sera le cercle tangent à BC et aus deus paralèles CA, Bα.

Si la droite BA, continuant à tourner dans le même sens, dépasse Bα, le point de son intersection avec CA sera en A_1 au-dessous de BC et il est visible que le cercle inscrit à ABC que nous avons considéré jusqu'ici, devient le cercle ex-inscrit à A_1BC, tangent à BC et au prolongement des deus autres côtés.

T se sera donc transformé en une propriété générale des triangles où interviendra certainement un cercle ex-inscrit, au lieu du cercle inscrit. Come il est possible qu'il ne s'agisse pas dans T, tel qu'il a été énoncé, d'un cercle ex-inscrit, il est clair que, dans ce cas, l'on aura certainement ainsi une nouvèle propriété générale T' du triangle.

Examinons maintenant les changements éprouvés, dans la désignation primi-

___

(1) Nous laissons à M. E. Lemoine la responsabilité de son « ortografie ».

tive des éléments du triangle, par la transformation continue en A. Désignons par a, b, c les trois côtés BC, CA, AB.

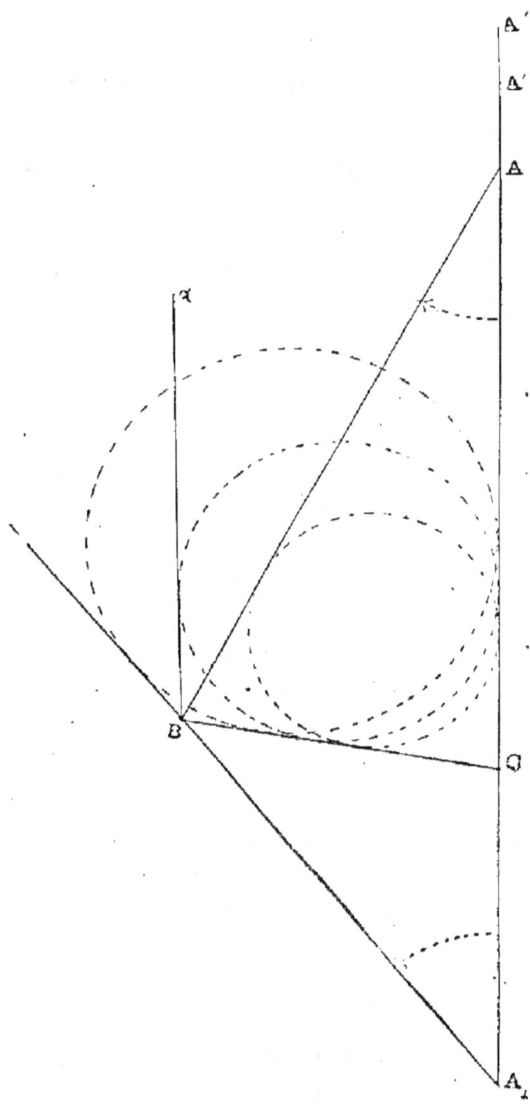

Fig. 1.

BC ne change pas ; a restera donc a dans les formules, CA change de sens ainsi que AB après leur passage à l'infini ; dans les formules b et c deviendront donc : $-b$ et $-c$.

Cela sufit pour déterminer les variations de tous éléments dans la transformation continue en A ,puisque les éléments sont fonction de a, b, c, mais il semble utile, pour la clarté, de voir aussi, directement sur la figure, ce que deviènent les angles.

Ce que nous apelons B dans le triangle ABC devient $180 - $ B du triangle A_1BC, de même ce que nous apelons C dans le triangle ABC devient $180 - $ C du triangle A_1BC, on en déduit ce que devient A, en éfet, apelons x ce que devient A.

On a toujours $A + B + C = 180$ donc, par transformation continue en A, on a : $x + 180 - B + 180 - C = 180$ d'où $x = B + C - 180 = -A$

On le voit d'ailleurs géométriquement sur la figure, car pour amener AC, tournant autour de A, à coïncider avec AB, il faudra faire tourner AC dans le sens ACB et l'angle A est doné par cète rotation ; pour amener A_1C tournant autour de A_1 à coïncider avec A_1B, il faudra faire tourner A_1C dans le sens ABC; ce qui était A a donc changé de signe et est devenu $-$A.

BC + CA + AB ou $a + b + c$, devient $a - b - c$
$-$ BC + CA + AB ou $-a + b + c$, devient $-a - b - c$
de même BC + CA $-$ AB ou $a + b - c$ devient $a - b + c$,
La hauteur h_a partant de A change de signe, h_b, h_c ne changent pas ; on reconnaît par là que, $S \left(= \frac{1}{2} a h_a \right)$ change de signe, *ce qui se voit directement puisque les sens ABC et A_1BC sont différents.*

Il y a de même aussi la transformation continue en B et la transformation continue en C.

Sans entrer dans plus de détails, nous donons ici le tableau de la transformation continue en A, en B et en C pour les principaus éléments du triangle.

R ; r, r, r_b, r_c ; δ, δ_a, δ_b, δ ; h_a, h_b, h_c ; l_a, l_b, l ; l'_a, l'_b, l'_c ; ω, sont respectivement le rayon du cercle circonscrit ; les rayons des cercles tangents aus trois côtés ; les quantités $4R + r$, $4R - r_a$, $4R - r_b$, $4R - r_c$; les trois hauteurs ; les trois bissectrices intérieures, les trois bissectrices extérieures ; ω l'angle de Brocard.

ÉLÉMENTS	TRANSFORMÉS EN A	TRANSFORMÉS EN B	TRANSFORMÉS EN C
a, b, c	a, $-b$, $-c$	$-a$, b, $-c$	$-a$, $-b$, c
A, B, C, ω	$-A$, $\pi-B$, $\pi-C$, $-\omega$	$\pi-A$, $-B$, $\pi-C$, $-\omega$	$\pi-A$, $\pi-B$, $-C$, $-\omega$
p, $p-a$, $p-b$, $p-c$	$-(p-a)$, $-p$, $(p-c)$, $(p-b)$	$-(p-b)$, $(p-c)$, $-p$, $(p-a)$	$-(p-c)$, $(p-b)$, $(p-a)$, $-p$
S, R	$-S$, $-R$	$-S$, $-R$	$-S$, $-R$
r, r_a, r_b, r_c	r_a, r, $-r_c$, $-r_b$	r_b, $-r_c$, r, $-r_a$	r_c, $-r_b$, $-r_a$, r
δ, δ_a, δ_b, δ_c	$-\delta_a$, $-\delta$, $-\delta_c$, $-\delta_b$	$-\delta_b$, $-\delta_c$, $-\delta$, $-\delta_a$	$-\delta_c$, $-\delta_b$, $-\delta_a$, $-\delta$
h_a, h_b, h_c	$-h_a$, h_b, h_c	h_a, $-h_b$, h_c	h_a, h_b, $-h_c$
l_a, l_b, l_c	$-l_a$, $-l'_b$, $-l'_c$	$-l'_a$, $-l_b$, $-l'_c$	$-l'_a$, $-l'_b$, $-l_c$
l'_a, l'_b, l'_c	l'_a, $-l_b$, $-l_c$	$-l_a$, l'_b, $-l'_c$	$-l_a$, $-l_b$, l'_c

Il peut arriver qu'une transformation reproduise sans changement le téorème ou la formule, exemples : a. — *Les trois médianes se coupent en un même point.*
b. —
$$S^2 = r\,r_a\,r_b\,r_c.$$
Exemples où il y a changement :

a. — *La some des perpendiculaires abaissées du centre O du cercle circonscrit sur les trois côtés est égale à la some du rayon du cercle inscrit et du rayon du cercle circonscrit.*

Ce téorème devient, en faisant la transformation continue en A :

La some des perpendiculaires abaissées du centre O du cercle circonscrit sur les deux côtés AB, AC diminuée de la perpendiculaire abaissée sur BC égale la différence entre le rayon du cercle ex-inscrit tangent à BC et le rayon du cercle circonscrit.

Une perpendiculaire à un côté est regardée come positive si èle est dans la même région du plan que la hauteur à laquèle cète perpendiculaire est paralèle, come négative dans le cas contraire.

Si x, y, z sont les perpendiculaires abaissées de O sur les côtés, ces téorèmes peuvent donc s'écrire :

$$x + y + z = r + R$$
$$-x + y + z = r_a - R$$

et ces expressions se déduisent aussi l'une de l'autre par transformation continue en A ; par transformation continue, successivement en B et en C, de la première on aurait :

$$x - y + z = r_b - R ; \quad x + y - z = r_c - R$$

De ce qui précède on déduit : $x = \dfrac{2R + r - r_a}{2}$, etc.

$b.$ —   La formule $p^2 = r_b r_c + r_c r_a + r_a r_b$

transformée en A devient : $(p - a)^2 = r_b r_c - r r_b - r r_c$

EXEMPLE SIMPLE D'APPLICATION A UNE CONSTRUCTION

A partir de A, sur le côté AB, AB étant le sens positif, je prends une longueur égale à $(p - a)$; j'ai ainsi un point qui est le point de contact du cercle inscrit avec AB.

Faisons la transformation continue en A.

A partir de A, sur le côté AB, AB étant le sens négatif (*puisque c se transforme en — c*), je prends une longueur égale à — p (*puisque p — a devient — p*)

J'ai ainsi le point de contact du cercle ex-inscrit o_a, avec AB (*puisque le cercle inscrit devient le cercle ex-inscrit o_a*).

Faisons la transformation continue en B.

Sur le côté AB à partir de A, AB étant le sens négatif (*puisque c se transforme en — c*), je prends une longueur égale à $p — c$ (*puisque p — a devient p — c*), j'ai ainsi le point de contact du cercle ex-inscrit o_b avec AB (*puisque le cercle inscrit devient le cercle ex-inscrit o_b*).

Faisons la transformation continue en C.

Sur le côté AB à partir de A, AB étant le sens positif (*puisque c reste c*), je prends une longueur égale à $p — b$ (*puisque p — a devient p — b*), j'ai ainsi le point de contact du cercle ex-inscrit o_c avec AB (puisque le cercle inscrit devient le cercle ex-inscrit o_c).

EXEMPLE DE L'EMPLOI DE LA TRANSFORMATION CONTINUE A UN TÉORÈME, PUIS A LA CONSTRUCTION GÉOMÉTROGRAFIQUE CORESPONDANTE

Soit (fig. 2) un triangle ABC dont les côtés BC, CA, AB ont pour grandeur : $a, b, c.$
BC étant le sens positif, je prends sur BC : $BA' = a — c$, en grandeur et en signe,
CA   —   —   CA : $CB' = b — a$ —   —
AB   —   —   AB : $AC' = c — b$ —   —

par A', B', C' je mène des paralèles respectivement aus bissectrices intérieures des angles B, C, A du triangle.

Ces trois droites qui coupent AB, BC, CA en C″, A″, B″ se coupent en un point

M dont les distances aus trois côtés, BC, CA, AB sont proportionèles à $\dfrac{p-a}{a}$, $\dfrac{p-b}{b}$, $\dfrac{p-c}{c}$, (point de Nagel).

CONSTRUCTION DE M

Je rapèle que je désigne par o (AB) ou o (r) le cercle du centre o et du rayon AB ou r.

Je trace A (BC) qui coupe AB en C″ dans le sens AB et AC en B′ dans le sens AC ; op : $(3C_1 + C_3)$. Nous n'employons que la règle et le compas.

Je trace B (BC″) qui coupe BC en A′, dans le sens BC ; op : $(2C_1 + C_3)$.

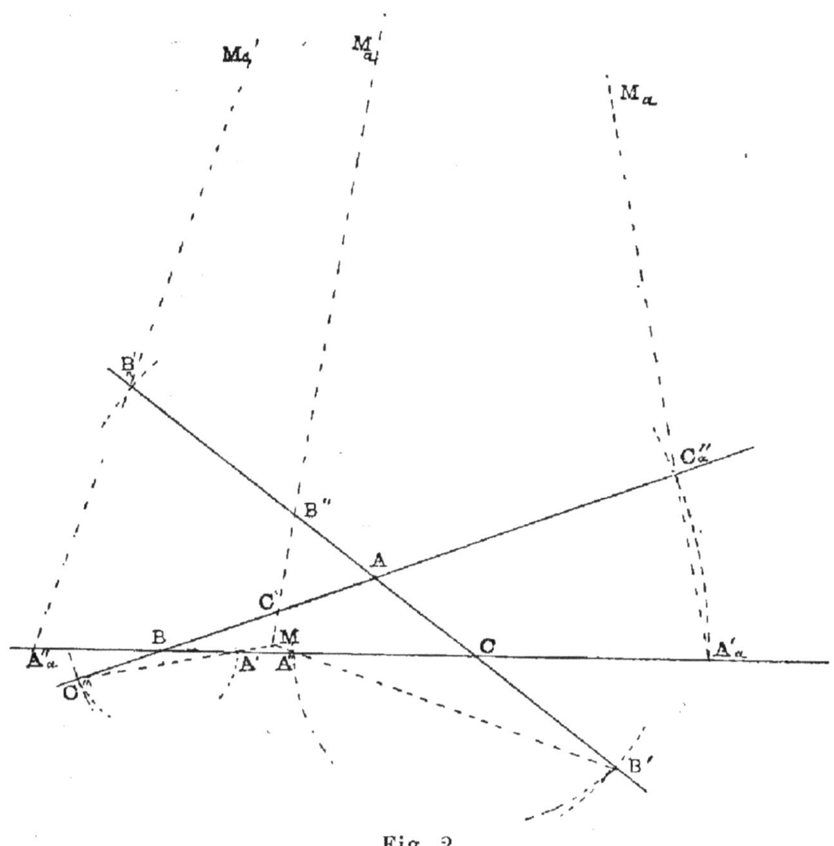

Fig. 2.

Je trace C (CB′) qui coupe BC en A″ dans le sens CB ; op : $(2C_1 + C_3)$.
Je trace C″A′, B′A″ qui se coupent en M op : $(4R_1 + 2R_2)$.
En tout, on a pour simbole de la construction :
$$\text{op} : (4R_1 + 2R_2 + 7C_1 + 3C_3)$$
simplicité : 16 ; exactitude : 11 ; 2 droites, 3 cercles.

C'est, avec le centre de gravité et l'ortocentre, un des seuls points remarquables du triangle qui puisse se construire avec un simbole aussi simple ; le centre du cercle circonscrit, cependant, se construit avec un simbole encore plus simple, qui ne comprend que 12 opérations élémentaires ; op : $(4R_1 + 2R_2 + 3C_1 + 3C_3)$.

Efectuons la transformation continue en A

1° *Du téorème.*

Soit un triangle ABC dont les côtés BC, CA, AB ont pour grandeur $a, - b, - c$.

BC étant le sens positif, je prends sur BC, $BA' = a + c$ en grandeur et en signe (puisque c devient $- c$).

AC étant maintenant le sens positif, je prends sur AC, $CB'_a = - b - a$ en grandeur et en signe (puisque b devient $- b$)

BA étant maintenant le sens positif, je prends sur BA, $AC' = - c + b$ en grandeur et en signe (c'est le même point C' que dans la proposition primitive).

Par A'_a je mène une paralèle à la bissectrice extérieure de l'angle B (puisque l_b devient $- l'_b$)

Par B'_a je mène une paralèle à la bissectrice extérieure de l'angle C (puisque l_c devient $- l'_c$).

Par C' je mène une paralèle à la bissectrice intérieure de l'angle A (c'est la droite déjà menée précédemment C'M).

Ces trois droites se coupent en un point M_a dont les distances aus trois côtés sont proportionèles à $\dfrac{p}{a}, - \dfrac{p-c}{b}, - \dfrac{p-b}{b}$.

Remarquons que $\dfrac{p-a}{a}$ devient $- \dfrac{p}{a}$ mais le sens des distances à BC étant changé, on trouve bien $\dfrac{p}{a}$.

2° *De la construction.*

Je trace A (BC) qui coupe AB en C''_a dans le sens BA et AC en B'_a dans le sens CA ; op : $(3C_1 + C_3)$, je trace B (BC_a'') qui coupe BC en A'_a ; op : $(2C_1 + C_3)$.

Je trace C (CB'_a) qui coupe BC en A''_a dans le sens CB ; op : $(2C_1 + C_3)$.

Je trace $C''_a A_a'$ et $B'_a A_a''$ qui se coupent en M_a qu'on place identiquement avec le même simbole que le point M. J'ai obtenu cèle construction pour ainsi dire mécaniquement en changeant les grandeurs, et le sens sur lequel je les portais suivant ce qu'indiquait la transformation continue en A.

Il est bon de remarquer que si dans une même épure on veut placer plusieurs points, il arive souvent qu'il y a à faire de nombreuses économies de tracé, résultant de ce que certaines lignes peuvent servir plusieurs fois.

Exemple : suposons que nous voulions placer M et M_a .

La some des deux opérations que nous venons de faire donerait 32 pour coëfficient de simplicité ; si l'on remarque que le cercle A (BC) qui nous a doné C'' et B', pour la construction de M' nous done aussi C''_a et B' pour cèle de M , on voit que l'on économise op : $(2C_1 + C_3)$ et que la construction totale ne donera plus que 29 pour coëfficient de simplicité.

Mais on peut souvent aler plus loin, en changeant convenablement les constructions qui doneraient cependant le plus petit simbole pour chaque point obtenu isolément ; ainsi dans le cas où l'on veut placer M et M_a je remarque que la droite $C'B''$ contient M et M ; j'opère alors ainsi :

Je trace A (BC) qui place B′ et B′ₐ	op : $(3C_1 + C_3)$
La pointe étant en A, je prends AB $= c$ et je trace A (AB)	op : $(2C_1 + C_3)$
Je trace C (CB′) et C (CB′ₐ) qui placent A″ et A″ₐ	op : $(3C_1 + 2C_3)$
Je trace A (AC′) qui done B″	op : $(2C_1 + C_3)$
Je trace C′ B″	op : $(2R_1 + R_2)$
Je trace B′ A″ qui coupe C′B″ en M	op : $(2R_1 + R_2)$
Je trace B′ A″ₐ qui coupe C′B″ en Mₐ	op : $(2R_1 + R_2)$

Les deus points M et M_a sont ainsi placés par

$$op : (6R_1 + 3R_2 + 10C_1 + 5C_3)$$

simplicité : 24 ; exactitude : 16 ; 3 droites, 5 cercles gagnant ainsi cète fois, 8 opérations élémentaires au lieu de 3.

La transformation continue s'aplique au tétraèdre come au triangle, nous nous contenterons de dire que, si ABCD est un tétraèdre dont les arêtes BC, BA, AB sont apelées : a, b, c et DA, DB, DC : a', b', c' la transformation continue en D revient à conserver a, b, c, invariables et à changer le signe de a', b', c'.

E. LEMOINE,
Ancien élève de l'Ecole polytechnique.

Calcul élémentaire du potentiel produit en un point extérieur par une sphère métallique électrisée.

Soit $+$ M la charge répartie uniformément sur la sphère A, et α la valeur inconnue du potentiel au point P, à une distance d du centre.

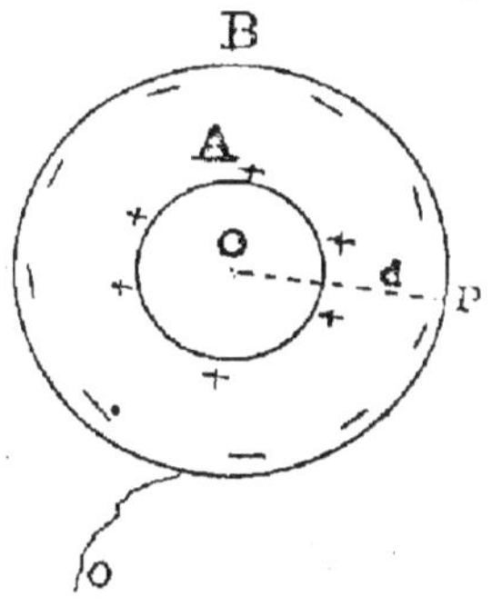

J'entoure la sphère A d'une sphère métallique concentrique B, passant par le point P, et communiquant avec le sol. Elle prend par influence une charge intérieure égale à $-$ M. Le potentiel, devenu nul en P, est la somme algébrique des potentiels α et β dus séparément aux masses électriques que portent A et B :

$$0 = \alpha + \beta$$

Pour calculer β, remarquons que le potentiel dû aux masses de B est le même en tous les points pris sur la surface ou à l'intérieur de cette sphère. Si nous prenons sa valeur au centre O, il vient immédiatement :

$$\beta = \Sigma \frac{m}{r} = - \frac{M}{d}$$

L'équation précédente devient donc

$$0 = \alpha - \frac{M}{d}$$

ou

$$\alpha = \frac{M}{d}$$

Ce résultat permet de formuler le théorème suivant :

Le potentiel dû à une sphère métallique électrisée en un point extérieur est le même que si toute la masse électrique de la sphère était concentrée au centre.

J. Lemoine, professeur au lycée Saint-Louis.

QUESTIONS RÉSOLUES

Mathématiques.

30. *On donne un angle droit XOY et deux cercles concentriques de cercle O.*

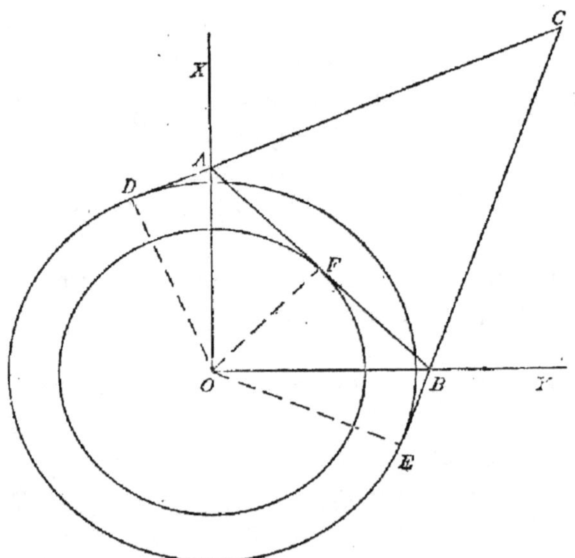

On mène au cercle intérieur une tangente variable AB et, des points A, B où elle rencontre OX, OY, les tangentes AC, BC au cercle intérieur. Trouver le maximum de l'angle ACB.

Même question dans le cas où l'angle XOY est quelconque.

G.-H. N.

Soient D, E, F les points de contact des tangentes ; désignons par r le rayon du cercle intérieur, par R celui du cercle extérieur ; enfin soit

$$\widehat{DOA} = \alpha, \quad \widehat{AOF} = \alpha', \quad \widehat{FOB} = \beta',$$
$$\widehat{BOE} = \beta.$$

Nous avons

$$OA = \frac{R}{\cos \alpha} = \frac{r}{\cos \alpha'},$$

d'où :
$$r \cos \alpha = R \cos \alpha' \tag{1}$$

$$OB = \frac{R}{\cos \beta} = \frac{r}{\cos \beta'}$$

d'où :
$$r \cos \beta = R \cos \beta' = R \sin \alpha' \tag{2}$$

En additionnant membre à membre les égalités (1) et (2) après avoir élevé au carré, il vient :

$$r^2 (\cos^2 \alpha + \cos^2 \beta) = R^2$$

Or
$$\cos^2 \alpha = \frac{1 + \cos 2\alpha}{2}, \quad \cos^2 \beta = \frac{1 + \cos 2\beta}{2};$$

On a donc

$$r^2 \left(1 + \frac{\cos 2\alpha + \cos 2\beta}{2}\right) = R^2$$

$$\frac{\cos 2\alpha + \cos 2\beta}{2} = \frac{R^2 - r^2}{r^2}$$

$$\cos(\alpha + \beta) \cos(\alpha - \beta) = \frac{R^2 - r^2}{r^2}$$

Mais $\alpha + \beta = 90° - C$; d'où

$$\sin C = \frac{R^2 - r^2}{r^2 \cos(\alpha - \beta)}$$

Le minimum de $\sin C$ s'obtient pour $\cos(\alpha - \beta) = 1$, $\alpha = \beta$; c'est $\dfrac{R^2 - r^2}{r^2}$ qui doit être plus petit que 1, d'où la condition

$$\frac{R^2 - r^2}{r^2} \leq 1, \quad R \leq r \sqrt{2}$$

Soit ω l'angle compris entre 0° et 90°, dont le sinus est égal à $\dfrac{R^2 - r^2}{r^2}$, C peut varier de ω à $180° - \omega$. Son minimum est donc ω, et son maximum $180° - \omega$.

Si R était égal à $r \sqrt{2}$, il n'y aurait qu'une seule position de la corde AB pour laquelle le problème soit possible, savoir la tangente inclinée à 45° sur OX et OY ; dans ce cas l'angle C est égal à 90°.

Si R était égal à r, les deux cercles se confondant, les tangentes menées de A et B au cercle unique seraient parallèles ou confondues, l'angle C étant égal à 0° ou 180°.

Supposons l'angle XOY quelconque et égal à θ. On a toujours :

$$\cos \alpha' = \frac{r}{R} \cos \alpha$$

$$\cos \beta' = \frac{r}{R} \cos \beta$$

Or de $\alpha' + \beta' = \theta$, on déduit :

$$\cos \alpha' \cos \beta' - \sin \alpha' \sin \beta' = \cos \theta$$

$$(\cos \alpha' \cos \beta' - \cos \theta)^2 = \sin^2 \alpha' \sin^2 \beta' = (1 - \cos^2 \alpha')(1 - \cos^2 \beta')$$

En remplaçant $\cos \alpha'$ et $\cos \beta'$ par leurs valeurs, il vient :

$$\left(\frac{r^2}{R^2} \cos \alpha \cos \beta - \cos \theta\right)^2 = \left(1 - \frac{r^2}{R^2} \cos^2 \alpha\right)\left(1 - \frac{r^2}{R^2} \cos^2 \beta\right)$$

ou

$$\frac{r^2}{R^2} \left(\cos^2 \alpha + \cos^2 \beta - 2 \cos \alpha \cos \beta \cos \theta\right) = 1 - \cos^2 \theta = \sin^2 \theta$$

$$\frac{r^2}{R^2} \left\{ 1 + \frac{\cos 2\alpha + \cos 2\beta}{2} - \cos \theta \left[\cos(\alpha + \beta) + \cos(\alpha - \beta) \right] \right\} = \sin^2 \theta$$

$$\frac{r^2}{R^2} \left[1 + \cos(\alpha + \beta)\cos(\alpha - \beta) - \cos\theta \cos(\alpha + \beta) - \cos\theta \cos(\alpha - \beta) \right] = \sin^2 \theta$$

d'où :

$$\cos(\alpha + \beta) = \frac{R^2 \sin^2 \theta - r^2 + r^2 \cos\theta \cos(\alpha - \beta)}{r^2 \left[\cos(\alpha - \beta) - \cos\theta \right]}$$

$$= \cos\theta + \frac{(R^2 - r^2)\sin^2 \theta}{r^2 \left[\cos(\alpha - \beta) - \cos\theta \right]}$$

Mais $$\theta + C + \alpha + \beta = 180 ;$$

donc $$\cos(\alpha + \beta) = -\cos(\theta + C)$$

$$\cos(\theta + C) = -\cos\theta - \frac{(R^2 - r^2)\sin^2 \theta}{r^2 \left[\cos(\alpha - \beta) - \cos\theta \right]}$$

Etudions les variations du second membre quand $\cos(\alpha - \beta)$ croît de -1 à $+1$.

Pour $\cos(\alpha - \beta) = -1$, le second membre a pour valeur :

$$C_0 = -\cos\theta - \frac{(R^2 - r^2)\sin^2 \theta}{r^2 (-1 - \cos\theta)} = -\cos\theta + \frac{(R^2 - r^2)(1 - \cos\theta)}{r^2}$$

qui peut s'écrire :

$$-1 + \frac{R^2}{r^2}(1 - \cos\theta) \quad \text{ou} \quad 1 + \frac{R^2(1 - \cos\theta) - 2r^2}{r^2}.$$

Cos $(\alpha - \beta)$ croissant de -1 à $\cos\theta$ et de $\cos\theta$ à $+1$, le second membre croît de C_0 à $+\infty$ saute de $+\infty$ à $-\infty$, continue à croître et pour $\cos(\alpha - \beta) = 1$, il a pour valeur :

$$C_1 = -\cos\theta - \frac{(R^2 - r^2)\sin^2 \theta}{r^2 (1 - \cos\theta)} = -\cos\theta - \frac{(R^2 - r^2)(1 + \cos\theta)}{r^2}$$

$$= 1 - \frac{R^2}{r^2}(1 + \cos\theta) \quad \text{ou} \quad -1 - \frac{R^2(1 + \cos\theta) - 2r^2}{r^2}.$$

Donc $\cos(\theta + C)$ ne pourra prendre aucune valeur comprise entre C_1 et C_0.

D'ailleurs on voit que $\quad C_1 < -\cos\theta < C_0.$

Ceci étant, supposons pour fixer les idées, $\cos\theta > 0$, et distinguons 3 cas

1° $2r^2 < R^2(1 - \cos\theta) < R^2(1 + \cos\theta)$. Alors C_0 est > 1, $C_1 < -1$. Donc $\cos(\theta + C)$ ne peut prendre aucune valeur.

2° $R^2(1 - \cos\theta) < 2r^2 < R^2(1 + \cos\theta)$. Dans ce cas :

$$C_1 < -1 < -\cos\theta < C_0 < 1$$

$\cos(\theta + C)$ peut varier entre $+1$ et C_0.

3° $2r^2 > R^2(1 + \cos\theta) > R^2(1 - \cos\theta)$. On a alors :

$$-1 < C_1 < -\cos\theta < C_0 < 1$$

Donc $\cos(\theta + C)$ peut varier de -1 à C_1 et de C_0 à 1.

P. GILLET.

2e *Solution.* — Nous avions proposé ce problème en 1890 dans le *Mathesis* ; où M. Sollertinsky a donné la solution suivante ([1]) :

Soient F, E, D les points de contact des tangentes AB, BC, AC. Posons :

$$OF = \Upsilon; \qquad OE = R ;$$

$$\widehat{CBO} = \alpha ; \ \widehat{CAO} = \beta ; \ \widehat{ABO} = \alpha'; \ \widehat{BAO} = \beta'$$

On a :

$$\frac{\sin \alpha}{\sin \alpha'} = \frac{R}{\Upsilon} = \frac{\sin \beta}{\sin \beta'}$$

d'où

$$\frac{R}{\Upsilon} = \frac{\sin \alpha + \sin \beta}{\sin \alpha' + \sin \beta'} = \frac{\sin \dfrac{\alpha + \beta}{2} . \cos \dfrac{\alpha - \beta}{2}}{\sin \dfrac{\alpha' + \beta'}{2} . \cos \dfrac{\alpha' - \beta'}{2}}$$

et, par suite :

$$(1) \quad \sin \frac{\alpha + \beta}{2} . \frac{\cos \dfrac{\alpha - \beta}{2}}{\cos \dfrac{\alpha' - \beta'}{2}} = \frac{R}{\Upsilon} \sin \frac{\alpha' + \beta'}{2} = \text{const.}$$

La supposition $\alpha' \geqq \beta'$ entraîne successivement : OA $\geqq$ OB ; AD $\geqq$ BE ; AC $\geqq$ BC ; $\widehat{CBA} \geqq \widehat{CAB}$; $\alpha - \beta \geqq \alpha' - \beta'$ et, enfin

$$\frac{\cos \dfrac{\alpha - \beta}{2}}{\cos \dfrac{\alpha' - \beta'}{2}} \leqq 1$$

Cette dernière fraction atteint donc son maximum lorsque $\alpha' = \beta'$, par conséquent, d'après (1) $\sin \dfrac{\alpha + \beta}{2}$ aura dans ce cas sa valeur minimum et, par suite ([2]) celle de l'angle $\widehat{ACB}$ sera maximum.

REMARQUE. — Nous engageons vivement nos lecteurs à se rendre compte que l'angle $\widehat{ACB}$ n'est autre que la déviation subie par un rayon lumineux de direction parallèle à BC, par son passage à travers un prisme dont l'arête perpendiculaire au plan de la figure s'y projette en O, dont les faces sont respectivement normales aux directions OA, OB et dont l'indice de réfraction par rapport au milieu extérieur est égal au rapport des rayons des deux cercles. CA n'est autre que la direction du rayon émergent correspondant. C'est une application que M. *Hartl*

([1]) *Mathesis.* Deuxième série. Tome II, juillet 1892, page 168, question 731.

([2]) L'angle α ne dépassant pas $\dfrac{\pi}{2}$, on a $\dfrac{\alpha + \beta}{2} < \dfrac{\pi}{2}$; donc $\sin \dfrac{\alpha + \beta}{2}$ et $\dfrac{\alpha + \beta}{2}$ varient dans le même sens. Cette deuxième solution suppose qu'on a mené les tangentes AD et BE *du côté de F.*

a faite de sa construction du rayon réfracté qu'il a donné et que nous avons reproduite dans le n° 10 (problème 72) (¹).

52. *Deux droites OX, OY se coupent au point O sous un angle θ. L'une de ces*

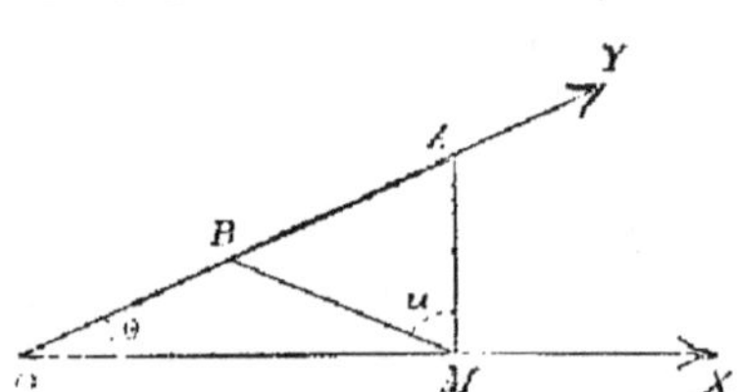

droites OY porte un segment fixe AB; sur l'autre droite OX se déplace un point M d'où l'on voit le segment AB sous un angle variable u. On demande d'étudier les variations de l'angle u par les variations d'une de ses lignes trigonométriques. Pour quelles positions du point M cet angle sera-t-il maximum?
On désignera par x la longueur variable OM, par p et q les segments respectifs OA et OB.

Dans le triangle MAB,
$$\overline{AB}^2 = \overline{MA}^2 + \overline{MB}^2 - 2\,MA.MB\,\cos u.$$
Dans le triangle OAM,
$$\overline{MA}^2 = \overline{OA}^2 + \overline{OM}^2 - 2\,OA.OM\,\cos\theta = p^2 + x^2 - 2px\cos\theta.$$
De même, dans le triangle OBM
$$\overline{MB}^2 = \overline{OB}^2 + \overline{OM}^2 - 2\,OB.OM\,\cos\theta = q^2 + x^2 - 2qx\cos\theta.$$
La hauteur abaissée de M sur AB est égale à $x\sin\theta$. L'aire de ABM est donc
$\frac{1}{2}(p-q)x\sin\theta$; mais elle a aussi pour expression $\frac{1}{2}\,MA.MB\sin u$.

On a alors
$$(p-q)x\sin\theta = MA.MB\sin u$$
d'où
$$2\,MA.MB\cos u = 2(p-q)x\sin\theta\,\cotg u$$

En remplaçant $\overline{MA}^2$, $\overline{MB}^2$, $2\,MA.MB\cos u$ par les valeurs trouvées, dans la première égalité, il vient
$$(p-q)^2 = p^2 + x^2 - 2px\cos\theta + q^2 + x^2 - 2qx\cos\theta - 2(p-q)x\sin\theta\,\cotg u;$$
et, par suite,
$$\cotg u = \frac{x^2 - (p+q)\cos\theta\,x + pq}{x(p-q)\sin\theta}.$$
ou
$$\cotg u = \frac{-(p+q)\cos\theta + x + \dfrac{pq}{x}}{(p-q)\sin\theta}.$$

Tout est constant, sauf $\qquad x + \dfrac{pq}{x}.$

(¹) Voir aussi la traduction de l'article de M. Hartl que nous avons donnée dans le tome VI du *Journal de Physique et de Chimie élémentaire*, page 148. (G.-H. N.)

Cotg. u est donc minimum et par conséquent l'angle u est maximum quand $x + \dfrac{pq}{x}$ est minimum. Or le produit de ces quantités x et $\dfrac{pq}{x}$ est constant; leur somme est donc minimum quand on a

$$x = \frac{pq}{x}, \qquad x = \pm \sqrt{pq}$$

Les deux valeurs de x conviennent ; en effet la solution négative correspond au cas où M est à gauche de O. En raisonnant sur cette position de M, on aurait trouvé, en désignant par x' la *longueur* OM :

$$\operatorname{cotg.} u = \frac{(p + q) \cos \theta + x' + \dfrac{pq}{x}}{(p - q) \sin \theta}$$

L'angle u est donc encore maximum quand $x' + \dfrac{pq}{x'}$ est minimum, c'est-à-dire quand $x' = + \sqrt{pq}$, ou $x = - x' = - \sqrt{pq}$. Quand M est à l'infini sur OX à gauche de O, l'angle u est nul ; quand M se rapproche de O, u augmente ; il est maximum quand M est à une distance $- \sqrt{pq}$ de O ; puis il décroît, est nul quand M est au point O, croît de nouveau, atteint son maximum quand M est à une distance $\sqrt{pq}$ de O, et enfin décroît jusqu'à O, valeur qu'il a quand M s'éloigne à l'infini sur OX.

Remarque. — Les positions du point M correspondant au maximum de l'angle u sont les points de contact des circonférences passant par A et B et tangentes à OX.   P. Gillet.

Autre solution par M. Fondrillon.

62. *A, B, C étant les trois sommets et G le centre de gravité d'un triangle, démontrer par la géométrie analytique que*

$$\overline{AB}^2 + \overline{BC}^2 + \overline{CA}^2 = 3\left(\overline{GA}^2 + \overline{GB}^2 + \overline{GC}^2\right)$$

Solution. — Prenons pour axe des x le côté AB et pour axe des y la perpendiculaire à ce côté en son milieu O.

Soient

$$a, o \quad \text{les coordonnées de A,}$$
$$- a, o \qquad\qquad -\qquad\quad \text{B,}$$
$$c, d \qquad\qquad -\qquad\quad \text{C,}$$
$$\frac{c}{3}, \frac{d}{3} \qquad\qquad -\qquad\quad \text{G ;}$$
$$\frac{c + a}{2}, \frac{d}{2} \quad \text{celles du milieu D de AC,}$$
$$\frac{c - a}{2}, \frac{d}{2} \qquad\qquad -\qquad\quad \text{E de BC.}$$

1° On a

$$\overline{AB}^2 = 4a^2,$$
$$\overline{BC}^2 = (c + a)^2 + d^2,$$
$$\overline{CA}^2 = (c - a)^2 + d^2;$$

d'où

$$\overline{AB}^2 + \overline{BC}^2 + \overline{CA}^2 = 2c^2 + 2a^2 + 6a^2.$$

D'autre part,

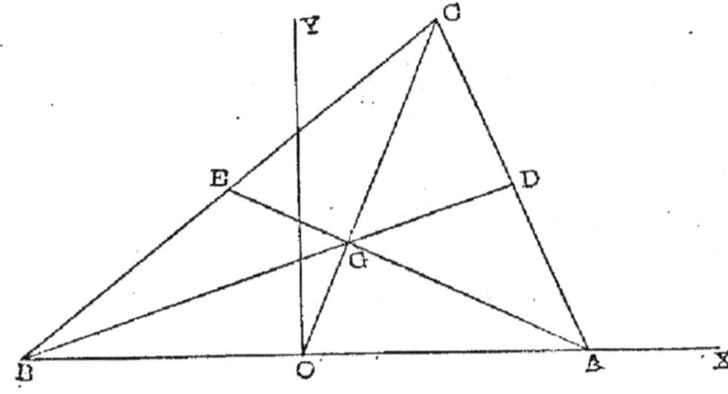

$$\overline{GA}^2 = \left(\frac{c}{3} - a\right)^2 + \frac{d^2}{9},$$
$$\overline{GB}^2 = \left(\frac{c}{3} + a\right)^2 + \frac{d^2}{9},$$
$$\overline{GC}^2 = \frac{4c^2}{9} + \frac{4d^2}{9};$$

d'où

$$\overline{GA}^2 + \overline{GB}^2 + \overline{GC}^2 = 2a^2 + \frac{2c^2}{3} + \frac{2d^2}{3}$$
$$= \frac{1}{3}\left(\overline{AB}^2 + \overline{BC}^2 + \overline{CA}^2\right) \qquad \text{c.q.f.d.}$$

2° On a

$$\overline{AE}^2 = \left(\frac{c - 3a}{2}\right)^2 + \frac{d^2}{4},$$
$$\overline{BD}^2 = \left(\frac{c + 3a}{2}\right)^2 + \frac{d^2}{4},$$
$$\overline{CO}^2 = c^2 + d^2;$$

d'où

$$\overline{AE}^2 + \overline{BD}^2 + \overline{CO}^2 = \frac{6c^2 + 6d^2 + 18a^2}{4}$$
$$= \frac{3}{4}\left(\overline{AB}^2 + \overline{BC}^2 + \overline{CA}^2\right)$$

c. q. f. d.

J. Drappier, élève à la maison de Melle-lez-Gand.

Autres solutions par MM. Coissard et Gillet.

CERTIFICAT D'APTITUDE A L'ENSEIGNEMENT SECONDAIRE
DES JEUNES FILLES (Sciences).

Mathématiques. — I. **149**. Déterminer un nombre entier N composé des facteurs premiers 2, 5 et 7, sachant que 5N a 8 diviseurs de plus que N, 7N en a 12 de plus que N et 8N en a 18 de plus que N.

Les nombres $8N = a$, $7N = b$, $5N = c$ mesurant les longueurs des côtés d'un triangle, ce triangle a-t-il un angle droit ou obtus? Quelle est en degrés la valeur de l'angle opposé au côté b?

II. 150. — On donne un axe X'X et un point A dont la distance AO à l'axe est h; un angle droit BAC tourne dans le plan autour de son sommet A. Calculer la distance x du point O au point B pour que la médiane BM du triangle ABC ait une longueur donnée l. Exprimer la valeur x à l'aide de radicaux simples. — Discussion. — Calculer et construire les segments de l'hypoténuse OB et OC et les côtés du triangle ABC quand la médiane BM est la plus courte possible ; dans quel rapport le point O partage-t-il alors l'hypoténuse?

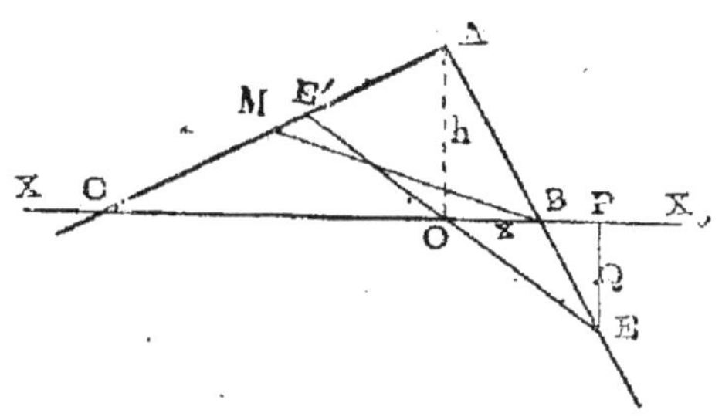

III. On trace la sécante EE' de telle sorte que AO soit médiane du triangle AEE', on projette le point E en P sur XX'; trouver le lieu des points Q situés sur PE et tels que $\dfrac{PQ}{PE} = k$, et construire la tangente en un point quelconque de ce lieu.

Physique et Chimie. — I. Etude du spectre solaire. — Spectres d'émission des corps incandescents. — Expérience du renversement des raies.

II. Modes d'association des éléments d'une pile.

151. Comment disposera-t-on 56 éléments ayant chacun une force électromotrice de 2 volts 01 et une résistance de $\dfrac{5}{10}$ d'ohm, pour obtenir un courant d'intensité maxima dans une résistance de $\dfrac{7}{10}$ d'ohm? Quelle sera cette intensité ? — Si le courant reste constant pendant une heure, combien de grammes de zinc seront dépensés dans la pile?

(32 gr. 5 est la masse de zinc qui se substitue à 1 gr. d'hydrogène ou à 108 grammes d'argent. — On se rappellera au besoin qu'un coulomb transporte 0 gr. 001118 d'argent.)

III. Sulfates métalliques : préparation ; propriétés générales.

Sulfate de cuivre. Réactions que produit sa dissolution avec celles des alcalis, des carbonates alcalins et de l'acide sulfhydrique ; — comparer les résultats à ceux que fournissent avec les mêmes réactifs les sels solubles de calcium, de zinc, de fer, de plomb et d'argent.

QUESTIONS PROPOSÉES

152. Soient AB et AC deux tangentes à une parabole issues d'un point A ; B et C les points de contact ; F le foyer de la parabole. On abaisse FD perpendiculaire sur AB et, par le pied D de cette perpendiculaire, on mène une parallèle à AC qui rencontre AF en un point **M**. Démontrer que BM est perpendiculaire sur AF.

L. G.

153. Soit ABCD un parallélogramme; par le point C, on mène une sécante qui rencontre la diagonale BD en M et les deux côtés AB et AD en E et F. Démontrer que

$$\overline{MC}^2 = ME \times MF.$$

L. G.

154. Étant donné un rectangle ABCD, si, par un point P de la diagonale BD, on mène une perpendiculaire à AP, qui rencontre BC en Q et CD en R, démontrer que

$$PQ \times PR = \overline{AP}^2.$$

(*Mannheim.*)

155. Soient M et M′ les points qui divisent une droite AB en moyenne et extrême raison. Démontrer que tout cercle passant par les points M et M′ coupe orthogonalement le cercle décrit de B comme centre avec BA pour rayon et coupe en deux parties égales la circonférence décrite de A comme centre avec AB pour rayon.

(*Bernès.*)

156. Soient x et y deux angles variables tels que

$$\sin^2 x + \sin^2 y = \frac{3}{2},$$

trouver le minimum de $\operatorname{tg}^2 x + \operatorname{tg}^2 y$.

(*Baccalauréat.*)

157. On donne un cercle O et un point extérieur P à une distance du centre OP $= d$; mener par le point P une sécante PCD telle que la surface engendrée par la corde CD, interceptée par le cercle sur la sécante, en tournant autour de OP, soit maximum.

On pourra prendre pour inconnue soit l'angle OPC, soit la projection sur le diamètre OP de la droite qui le centre du cercle au milieu de la corde.

(*Vérich.*)

ERRATA

P. 158, ligne 9 en remontant, *au lieu de* $\dfrac{MP}{\overline{PA} \times \overline{PA}'}$ *lire :* $\dfrac{\overline{MP}^2}{\overline{PA} \times \overline{PA}'}$

P. 175, lignes 14 et 15, *au lieu de* « AD $= x$, BC $= y$ », *lire :* « AC $= x$, BD $= y$ ».

P. 175, ligne 17, *au lieu de* « à quelle position de O correspond le maximum », *lire :* « à quelle position de la tangente correspond le minimum ».

Le Gérant : Dr H. LABONNE, licencié ès sciences.

Châteauroux. — Typ. et Stéréotyp. A. MAJESTÉ et L. BOUCHARDEAU.

BULLETIN

DE

MATHÉMATIQUES ÉLÉMENTAIRES

CORRESPONDANCE

Polaire d'un point par rapport à un cercle.

Lemme. *Si deux circonférences se coupent orthogonalement, tout diamètre de l'une qui rencontre l'autre est divisé harmoniquement par cette autre ; et réciproquement.*

En effet, soient (*fig.* 1) O et O′ deux circonférences qui se coupent orthogonalement en A et B ; et soit CD un diamètre de la première qui rencontre la seconde en E et F.

Puisque les circonférences sont orthogonales, le rayon OA est tangent à la circonférence O′ ; donc

$$\overline{OE} \cdot \overline{OF} = \overline{AO}^2 = \overline{OC}^2 ;$$

ce qui prouve que les points E et F divisent harmoniquement le diamètre CD.

Réciproquement, si les points E et F divisent harmoniquement le diamètre CD, on a

$$\overline{OE} \cdot \overline{OF} = \overline{OC}^2 = \overline{OA}^2 ;$$

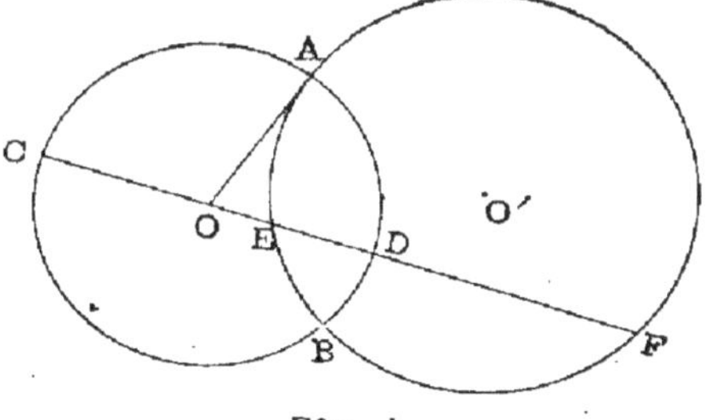

Fig. 1.

ce qui prouve que le rayon OA est tangent à la circonférence O′ et, par conséquent, que les circonférences se coupent orthogonalement.

Ceci posé, soit A un point donné (*fig.* 2 èt 3) et O un cercle donné ; menons par A une sécante quelconque qui rencontre le cercle en B et C ; soit M le conjugué harmonique de A par rapport à BC. Il s'agit de trouver le lieu du point M quand la sécante tourne autour du point A.

Puisque AM est divisé harmoniquement par les points B et C, en vertu du lemme ci-dessus, la circonférence de diamètre AM coupe orthogonalement le cercle O donné.

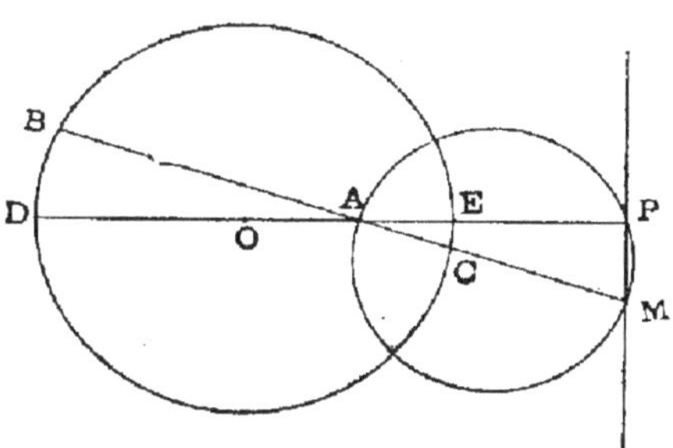

Fig. 2.

Mais alors, en vertu du même lemme, le diamètre DE du cercle O qui passe par A est divisé harmoniquement par la circonférence de diamètre AM, c'est-à-dire qu'il rencontre cette circonférence en un second point P qui est conjugué harmonique de A par rapport à DE. Donc ce point P *est fixe* ; d'ailleurs l'angle APM est droit comme inscrit dans une demi-circonférence ; donc le point M se trouve sur la perpendiculaire au diamètre DE menée par le point P.

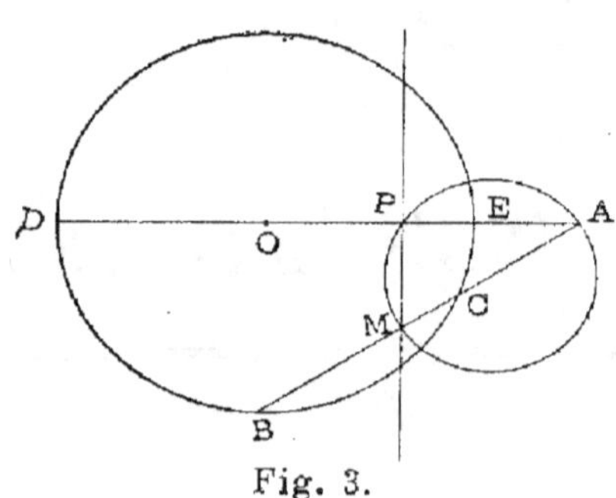

Fig. 3.

En refaisant le même raisonnement en sens inverse, on prouve que tout point M de cette perpendiculaire est un point du lieu, pourvu que la droite AM rencontre le cercle O.

$$c.\ q.\ f.\ d.$$

Cette démonstration, qui nous paraît simple et facile à retenir, nous a été communiquée par M. Maluski, professeur du cours de Saint-Cyr au lycée de Lyon.

Extrait d'une lettre de M. Causse, professeur au lycée de Brest.

La mesure du rectangle est une question simple évidemment, mais, à mon avis, assez mal traitée par les auteurs et pauvrement reproduite par les candidats. Le défaut des démonstrations en cours est le mélange défectueux des rapports de grandeurs et des rapports de nombres. Les élèves toujours et les auteurs souvent discernent mal ces deux catégories de rapports, qui pourtant ne peuvent être traités de la même façon.

Convenons de représenter par des majuscules les *grandeurs*, et par des minuscules de même nom les *nombres* qui les mesurent ; et rappelons le théorème fondamental :

$$\left(\frac{A}{B}\right) = \frac{\left(\dfrac{A}{C}\right)}{\left(\dfrac{B}{C}\right)} ;$$

lequel est encore vrai pour C = A ; auquel cas il devient

$$\left(\frac{A}{B}\right) = \frac{1}{\left(\dfrac{B}{A}\right)}$$

Soient maintenant, sans aucun choix d'unités,

$$\begin{array}{ccc} R & B & H \\ R' & B' & H' \\ R'' & B & H' \end{array}$$

trois rectangles et leurs dimensions respectives.

On a

$$\left(\frac{R}{R''}\right) = \left(\frac{H}{H'}\right) \quad \text{et} \quad \left(\frac{R'}{R''}\right) = \left(\frac{B'}{B}\right).$$

Donc

$$\frac{\left(\dfrac{R}{R''}\right)}{\left(\dfrac{R'}{R''}\right)} = \frac{\left(\dfrac{H}{H'}\right)}{\left(\dfrac{B'}{B}\right)} ;$$

d'où

$$\left(\frac{R}{R'}\right) = \left(\frac{H}{H'}\right) \times \frac{1}{\left(\dfrac{B'}{B}\right)}.$$

Mais

$$\frac{1}{\left(\dfrac{B'}{B}\right)} = \left(\frac{B}{B'}\right) ;$$

Donc

$$\left(\frac{R}{R'}\right) = \left(\frac{B}{B'}\right) \times \left(\frac{H}{H'}\right).$$

Cette relation établie, soient V une certaine unité de longueur et Q le carré construit sur cette unité, on aura donc

$$\left(\frac{R}{Q}\right) = \left(\frac{B}{V}\right) \times \left(\frac{H}{V}\right).$$

Désignant par v, b et h les *nombres* $\left(\dfrac{R}{Q}\right)$, $\left(\dfrac{B}{V}\right)$ et $\left(\dfrac{H}{V}\right)$ on aura donc entre ces nombres la relation

$$v = b \times h.$$

c. q. f. d.

La deuxième question dont je désire vous entretenir a trait au choix de nombres simples à substituer dans la fraction

$$y = \frac{ax^2 + bx + c}{a'x^2 + b'x + c'}, \quad (1)$$

de manière à obtenir des maximum ou des minimum *commensurables*.

En écrivant

$$(a'y - a)\, x^2 + (b'y - b)\, x + c'y - c = o,$$

le premier membre devient carré parfait quand y passe par un maximum ou minimum.

Soit donc un carré parfait quelconque, par exemple :

$$x^2 - 6x + 9 = o.$$

Si je veux que, pour $x' = x'' = 3$, on ait $y = 2$, il suffira d'écrire, par exemple,

$$(y - 1)\, x^2 - (5y - 4)\, x + 4y + 1 = o.$$

j'obtiens ainsi la fraction

$$y = \frac{x^2 - 4x - 1}{x^2 - 5x + 4},$$

dont le maximum et le minimum sont commensurables.

Il y a évidemment une infinité de combinaisons.

Note de la rédaction. Nous montrerons, en étudiant la fraction du second degré, que toutes les fractions que M. Causse a en vue s'obtiennent en faisant $x = z + h$, ou $x = \dfrac{1}{z}$ dans

$$\frac{x^2 + c^2}{x^2 + bx + c^2},$$

h, b, c étant des nombres rationnels.

QUESTIONS RÉSOLUES

Mathématiques.

12. *Soit E le point de rencontre des diagonales d'un trapèze $ABCD$ inscrit dans une demi-circonférence, et soient M et N les points où le diamètre AB coupe le cercle décrit de E comme centre avec EC pour rayon; démontrer que les parallèles aux droites MC, MD menées par les points A et N se coupent sur la circonférence AB.*

L. G.

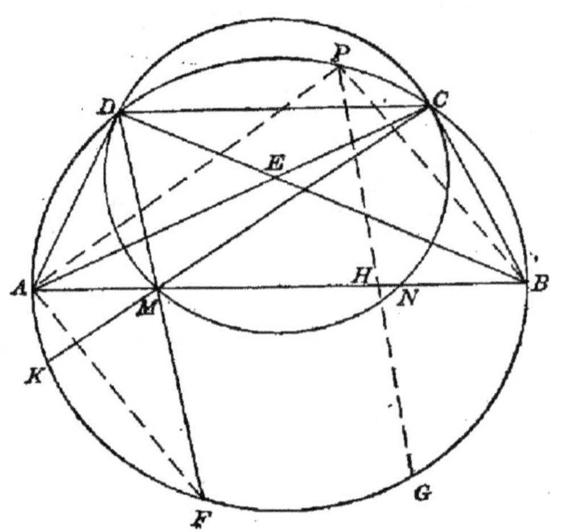

Par A menons AP, parallèle à MC, qui coupe le demi-cercle en P ; par P menons PH, parallèle à MD, qui coupe AB en H. Il suffit de démontrer que H se confond avec N. Pour cela, prolongeons CM, DM, PH jusqu'à leurs points de rencontre K, F, G avec l'autre moitié de la circonférence.

On a, à cause du parallélisme des droites :

$$\overset{\frown}{CP} = \overset{\frown}{AK} \tag{1}$$

$$\overset{\frown}{PD} = \overset{\frown}{FG} \tag{2}$$

D'ailleurs, le cercle E étant tangent à CB, l'angle DMC est supplémentaire de DCB, c'est-à-dire égal à DAB.

Donc :

$$\overset{\frown}{DC} + \overset{\frown}{KF} = \overset{\frown}{DC} + \overset{\frown}{CB}$$

ou

$$\overset{\frown}{BC} = \overset{\frown}{KF} \tag{3}$$

En additionnant les égalités (1), (2) et (3), il vient

$$\overgroup{BD} = \overgroup{AG}$$

ou

$$\overgroup{AD} = \overgroup{BG}$$

Donc les droites AD et BG sont égales et parallèles ; par suite les triangles ADM, BGH sont égaux.

Il en résulte que BH est égal à AM, ou encore à BN, ce qui prouve que H se confond avec N.

P. Gillet.

15. *Si on place aux milieux des trois hauteurs d'un triangle ABC des poids égaux à a^2, b^2, c^2, le centre de gravité de ces trois poids est le même que si on les avait placés respectivement en A, B, C.*

Soient AH, BK, CL les trois hauteurs. Supposons qu'on place en H, K, L des poids égaux à a^2, b^2, c^2, et soit G leur centre de gravité.

Abaissons HH', LL' perpendiculaires à AC et désignons par β la distance de G au côté AC. En appliquant le théorème des moments, nous avons :

$$\beta(a^2 + b^2 + c^2) = HH'a^2 + LL'c^2 \quad (1)$$

Or $\quad HH' = AH \cos C = \dfrac{2S}{a} \cos C,$

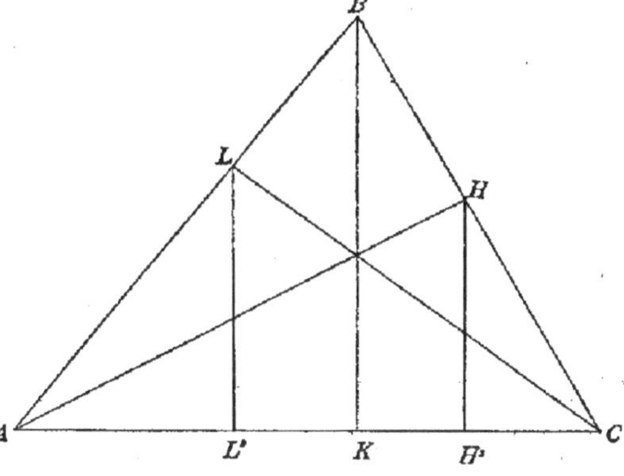

$$LL' = CL \cos A = \dfrac{2S}{c} \cos A,$$

en appelant S la surface du triangle ABC.

En remplaçant dans (1) il vient :

$$\beta (a^2 + b^2 + c^2) = 2S (a \cos C + c \cos A).$$

De même, en supposant les poids appliqués aux points A, B, C, en désignant par G_1 leur centre de gravité et par β_1 sa distance à AC, on trouve :

$$\beta_1 (a^2 + b^2 + c^2) = BK.b^2 = \dfrac{2S}{b} b^2 = 2Sb$$

Or $\qquad\qquad\qquad b = a \cos C + c \cos A$

Donc $\qquad\qquad\qquad \beta = \beta_1.$

On verrait de même que les distances de G et de G_1 au côté AB sont égales. Il en résulte que G et G_1 coïncident.

Ceci posé, considérons des poids a^2, b^2, c^2 appliqués en des points divisant les hauteurs dans le même rapport $\dfrac{m}{n}$. Ce système pourra se décomposer en deux autres : le premier formé des poids 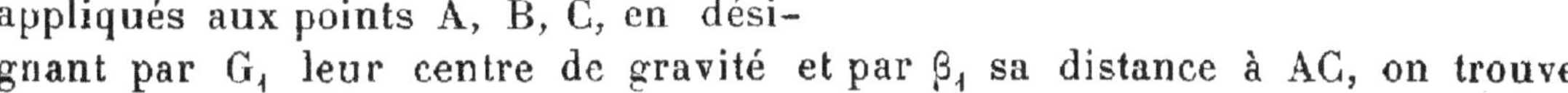 $\dfrac{n}{n+m} a^2$, $\dfrac{n}{n+m} b^2$, $\dfrac{n}{n+m} c^2$ appliqués en A, B, C ; le second comprenant les poids  $\dfrac{m}{n+m} a^2$, $\dfrac{m}{n+m} b^2$, $\dfrac{m}{n+m} c^2$ appliqués en H, K, L. Le centre de gravité du premier système sera le point G, puisque la position du centre de gravité ne dépend que du rapport des poids entre eux et non de leur valeur absolue.

Le second système donnera de même une résultante appliquée en G.

La résultante totale sera donc aussi appliquée en G.

La proposition est ainsi démontrée dans toute sa généralité : la question indiquée n'en est qu'un cas particulier pour lequel $n = m$.

P. GILLET.

27 *bis. Construire et discuter l'équation*

$$y = \frac{x^2 - x - 4}{x - 1}$$

(Poitiers, Baccalauréat moderne, 2e partie. — 2e série, juillet 1895.)

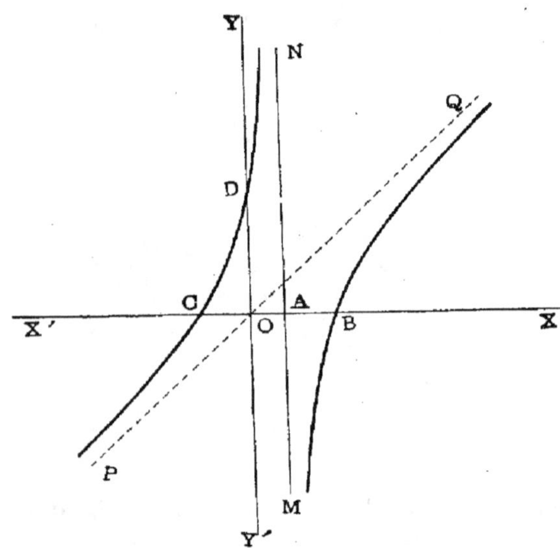

Le dénominateur s'annule pour $x = 1$ et le numérateur ne s'annule pas pour cette valeur, donc la fonction devient infinie pour $x = 1$ et reste finie pour toute autre valeur de x.

Les racines du numérateur égales à zéro sont......

$$x' = \frac{1 - \sqrt{17}}{2}$$

et

$$x'' = \frac{1 + \sqrt{17}}{2}.$$

On a donc à suivre les variations de la fonction quand x croît de $-\infty$ à $1 - \alpha$ et de $1 + \alpha$ à $+\infty$; α étant un nombre positif, aussi petit qu'on le voudra.

La dérivée de la fonction est :

$$y' = \frac{(x - 1)(2x - 1) - (x^2 - x - 4)}{(x - 1)^2} = \frac{x^2 - 2x + 5}{(x - 1)^2}$$

Son numérateur et son dénominateur sont positifs pour toute valeur de x, donc la dérivée est constamment positive, par suite la fonction est toujours croissante. Le tableau suivant en représente la marche.

x	$-\infty$	$\dfrac{1 - \sqrt{17}}{2}$	o	$1 - \alpha$	$1 + \alpha$	$\dfrac{1 + \sqrt{17}}{2}$	$+\infty$
y'		$+$	$+$	$+$	$+$		$+$
y	$-\infty$ cr.	o	cr. 4	cr. $+\infty$	$-\infty$ cr.	o	cr. $+\infty$

Les deux branches de la courbe figurative sont asymptotes à la droite $x = 1$.

L'équation proposée peut s'écrire

$$y = x - \frac{4}{x - 1}.$$

Donc la seconde asymptote est $y = x$, c'est-à-dire la bissectrice de l'angle XOY.

E. VINCENT (1re moderne sciences, Lyon).

46. *Tracer sur la surface d'une sphère un grand cercle tangent à un petit cercle donné et faisant un angle donné avec un grand cercle donné par son pôle. Discussion.*

(Examens oraux de l'École Navale.)

Désignons par q le quart d'une circonférence de grand cercle, par α l'arc de grand cercle qui mesure l'angle donné, que nous supposerons aigu, de sorte que

$$\alpha < q.$$

Soient A et A' les pôles du petit cercle donné CD, r son rayon sphérique supposé moindre que q ; B et B' les pôles du grand cercle donné, B étant le pôle le plus voisin de A.

Un premier lieu du pôle du grand cercle cherché est le système des deux cercles décrits de B et B' comme pôles avec α pour rayon sphérique.

Un deuxième lieu est le cercle décrit de A comme pôle avec $q + r$ pour rayon sphérique. Ce dernier cercle coupe en

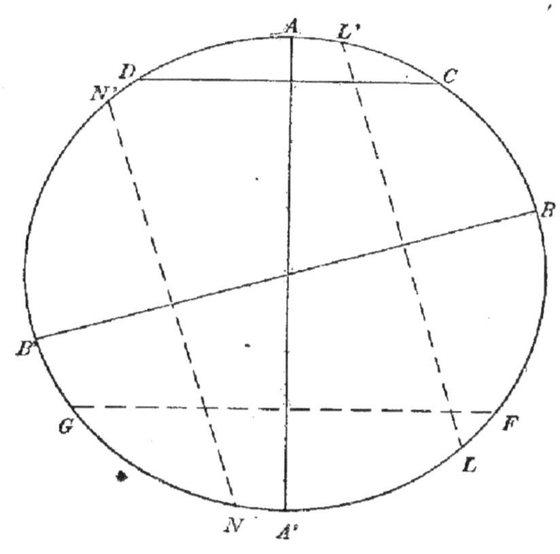

Fig. 1.

général les 2 précédents en 4 points, ce qui fait 4 solutions possibles.

Soient LL', NN' les cercles décrits de B et B' comme pôles, FG le cercle décrit de A comme pôle avec $q + r$ pour rayon.

(Nous supposons les points F et C sur le demi grand cercle ABA', et G et D sur le demi grand cercle AB'A'.)

Le cercle LL' coupera FG si :

$$BF < \alpha < BG$$

Le cercle NN' coupera FG si :

$$B'G < \alpha < B'F.$$

D'ailleurs la condition $\alpha < BG$ est satisfaite d'elle-même, car $\alpha < q$ et $BG > q$; en effet, les 2 arcs B'A', GA' étant chacun moindres que q, en vertu des hypothèses faites, leur différence B'G est elle-même moindre que q ; donc l'arc BG qui est égal à $2q - B'G$ est plus grand que q. D'autre part BF et B'F sont supplémentaires ; donc l'un d'eux est supérieur à q.

Remarquons que $CF = q$ et distinguons deux cas.

1er *Cas* (*fig.* 1). — AB $>$ AC. Alors :

$$BF < q,$$
$$B'F > q.$$

La condition $\alpha < B'F$ est satisfaite d'elle-même.

De plus on voit facilement que $B'G < BF$.

Donc si $B'G < \alpha < BF$, il y a 2 solutions, et si $BF < \alpha$ il y a 4 solutions.

2e Cas (fig. 2). — AB < AC. On a :

$$BF > q,$$
$$B'F < q.$$

La condition $\alpha > BF$ n'est jamais remplie. Le cercle LL′ ne coupe jamais FG.

L'autre cercle coupe FG, si $B'G < \alpha < B'F$, et il y a 2 solutions, sinon il y a 0 solution.

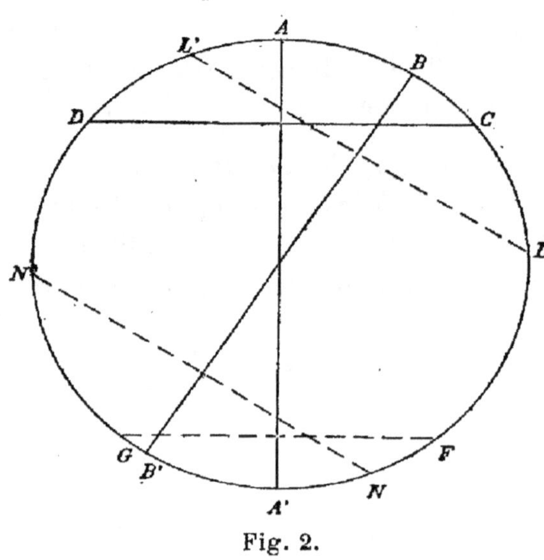
Fig. 2.

En désignant par d l'arc AB, nous avons :

$$BF = r + q - d,$$
$$B'G = \mid d - q + r \mid,$$
$$B'F = q - r + d,$$

et la discussion peut se résumer ainsi :

1er Cas. — $d > r$	2e Cas. — $d < r$
Le point B est en dehors de la calotte ACD	Le point B est sur la calotte ACD
$\alpha < \mid d - q + r \mid$ .... 0 sol.	$\alpha < \mid d - q + r \mid$ .... 0 sol.
$\alpha = \mid d - q + r \mid$ .... 1 sol.	$\alpha = \mid d - q + r \mid$ .... 1 sol.
$\mid d - q + r \mid < \alpha < q + r - d$ 2 sol.	$\mid d - q + r \mid < \alpha < q - r + d$ 2 sol.
$\alpha = q + r - d$ .... 3 sol.	$\alpha = q - r + d$ .... 1 sol.
$q + r - d < \alpha < q$ .... 4 sol.	$\alpha > q - r + d$ .... 0 sol.

P. GILLET.

54. *On veut rembourser un capital C au moyen d'une annuité a payable à la fin de chaque année ; on demande quel est l'amortissement pendant la $p^{\text{ème}}$ année c'est-à-dire de combien la dette a-t-elle diminué de la fin de la $(p - 1)^{\text{ème}}$ année à la fin de la $p^{\text{ème}}$? Discuter la formule trouvée. Application $C = 100.000$ francs, $a = 10.000$ francs, $r = 0,05$ (taux pour 1 fr.), $p = 8$.*

A la fin de la $(p - 1)^{\text{ème}}$ année la dette était :

$$C (1 + r)^{p-1} - [a + a (1 + r) + \ldots + a(1 + r)^{p-3} + a (1 + r)^{p-2}]$$

A la fin de la $p^{\text{ème}}$ année, elle est :

$$C (1+r)^p - [a + a (1+r) + \ldots + a (1+r)^{p-3} + a (1+r)^{p-2} + a (1+r)^{p-1}]$$

La dette a donc diminué d'une quantité X égale à la différence de ces deux valeurs, c'est-à-dire à :

$$C (1 + r)^{p-1} - C (1 + r)^p + a (1 + r)^{p-1}$$

ou à :

$$(1 + r)^{p-1} (a - rC).$$

Si $a > rC$, la dette a diminué ; si $a < rC$, elle a augmenté.

Pour l'application on trouve :

$$X = 1,05^7 (10.000 - 5000)$$
$$= 1,05^7 \times 5000$$
$$\log X = 7 \log. 1,05 + \log 5000$$
$$= 3,84730$$

d'où
$$X = 7035 \text{ fr. } 50.$$

P. Gillet.

63. *Dans un triangle ABC, on mène la hauteur AH ; trouver le lieu de la projection du point H sur la droite joignant les projections d'un point quelconque M de la base BC sur les côtés AB et AC. En déduire que les projections du point H sur les deux autres hauteurs et sur les côtés AB et AC sont quatre points en ligne droite.*

Soient D, E les projections de M sur AB et sur AC (*fig.* 1). Abaissons du point H les droites HK, HL perpendiculaires respectivement sur AB et AC. Joignons KL. La droite KL est le lieu demandé.

En effet si nous décrivons, sur AM comme diamètre, une circonférence, elle passera par les points A, D, M, H, E. Considérons, dans cette circonférence, le triangle inscrit ADE. Si nous abaissons du point H des perpendiculaires sur les 3 côtés de ce triangle, les pieds K, I, L de ces perpendiculaires seront sur une droite KL qui est la droite de Simson.

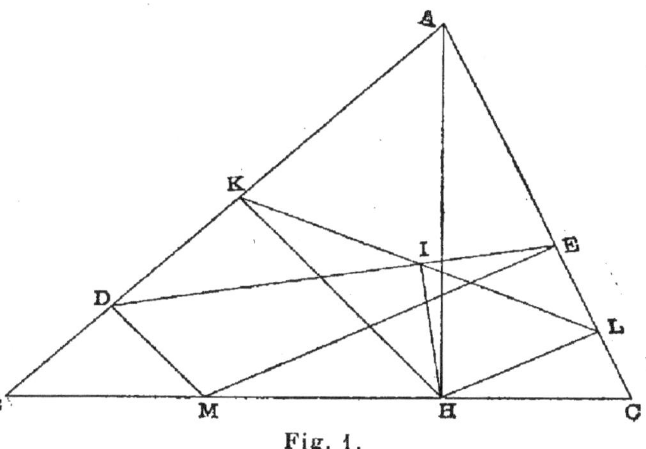

Fig. 1.

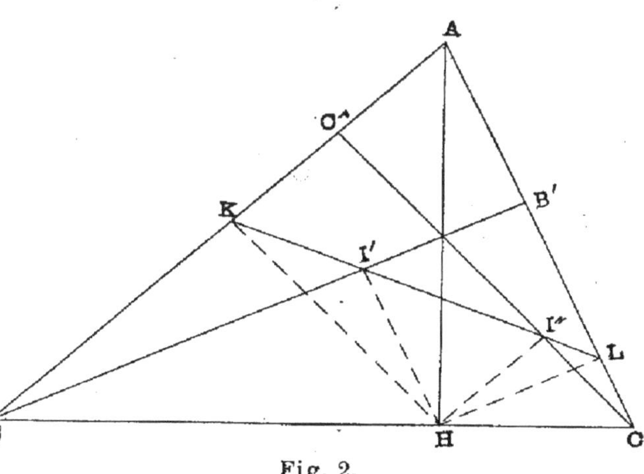

Fig. 2.

2° Faisons varier le point M sur BC (*fig*. 2).

M est en B. ME devient BB'. MD se réduit au point B. DE devient BB'. I est sur KL en I'.

M est en C. MD devient CC'. ME se réduit au point C. DE devient CC'. I est sur KL en I".

3° La variation du point M sur BC montre que les points K, I', I", L sont sur la droite KL.

S. Barbaza (lycée de Carcassonne).

Autres solutions par MM. Berthier, Coissard, Bouiges.

Physique.

II. 61. *Un tube de verre cylindrique A B fermé aux deux bouts d'une longueur de 6 centimètres et d'une section intérieure de 1 cent. carré, contient une masse d'air qui, sous la pression de 76 centimètres de mercure, occupe une longueur $AC = 3$ cm. Le reste du tube est rempli d'eau, au fond de laquelle on a mis un peu de mercure pour lester l'appareil. La partie qui contient l'eau communique avec le dehors par une petite ouverture O. Dans ces conditions l'appareil pèse 5 gr. 5 et son volume extérieur est 6,5 centimètres cubes.*

On l'introduit verticalement dans une grande éprouvette en verre contenant de l'eau, fermée par un piston P d'une section de 5 cent. carrés qu'on surcharge d'un poids.

1° Le baromètre marquant 76 centimètres, on demande quel doit être le poids total minimum du piston P et de sa surcharge, puisque le flotteur commence à s'enfoncer sous l'eau. Démontrer qu'il descendra jusqu'au fond de l'eau quand il aura commencé à s'enfoncer.

2° Le tube étant descendu au fond de l'éprouvette, quel poids minimum faudra-t-il retirer de la surcharge pour qu'il commence à remonter? Cette condition étant remplie, remontera-t-il jusqu'à la surface de l'eau?

Densité du mercure : 13,6. — Profondeur de l'eau de l'éprouvette : 56 cm. On néglige le frottement du piston P contre la tubulure.

Quand le flotteur commence à s'enfoncer sous l'eau, son poids est égal à la poussée qu'il éprouve du liquide, c'est-à-dire à 6 gr. 5. Ce poids était primitivement 5 gr. 5 ; il a donc été introduit 1 gr. d'eau, par suite l'air n'occupe plus qu'une longueur de 2 cm. Il en résulte que la pression qui s'exerce alors sur l'air enfermé dans l'appareil est $\frac{3}{2}$ 76 = 114 cm. de mercure.

Or cette pression est égale à $\frac{1}{5} \pi$ (π étant le poids du piston et de la surcharge), puisque la section du piston est 5 cent. carrés et celle du tube 1 cent. carré, + la pression exercée par une colonne de mercure de 76 cm. ou $76 \times 13,6 +$ la pression exercée par une colonne d'eau de 2 cm. distante du niveau de l'eau dans le tube à celui de l'eau dans l'éprouvette. On a donc

$$\frac{1}{5}\,\pi + 76 \times 13,6 + 2 = 114 \times 13,6 \tag{1}$$

d'où
$$\pi = 2 \text{ kg. } 574.$$

Le poids total minimun du piston et de sa surcharge est donc 2 kil. 574. Lorsque le flotteur a commencé à s'enfoncer sous l'eau, l'air qu'il renferme, soumis à des pressions croissantes, se comprime de plus en plus : il est remplacé par de l'eau, ce qui augmente le poids de l'instrument ; quant à la poussée, elle reste constante.

Le flotteur descendra donc jusqu'au fond de l'eau.

Pour qu'il remonte il faut que le poids redevienne 5 gr. 5 ou que l'air occupe une longueur de 2 cm. En désignant par π' le poids que devra alors avoir le piston et sa surcharge et en remarquant que la distance des niveaux de l'eau dans le flotteur et dans l'éprouvette est $56 - 4 = 2$ cm., on arrive comme précédemment à l'équation :

$$\frac{1}{5}\,\pi' + 76 \times 13,6 + 52 = 114 \times 13,6.$$

Si on retranche cette équation de l'équation (1), on trouve

$$\frac{1}{5}\,(\pi - \pi') - 50 = 0$$

$$\pi - \pi' = 250 \text{ gr.}$$

Le poids minimum à retirer est donc 250 gr.

D'ailleurs, quand le flotteur aura commencé à remonter, l'air qu'il contient se dilatera sous l'influence de la pression décroissante ; il chassera une certaine quantité d'eau, ce qui diminuera le poids de l'instrument ; la poussée, d'abord égale à ce poids, sera donc à chaque instant plus grande que ce poids et par suite le flotteur remontera jusqu'à la surface de l'eau.

P. GILLET.

HYDRATES CHROMIQUES, SELS CORRESPONDANTS

L'étude des hydrates chromiques et celle des sels correspondants présentaient une certaine confusion, due à ce qu'on ne caractérisait pas d'une façon nette les sels isomères, n'ayant pu les obtenir à l'état solide et cristallisés.

Les travaux récents de M. Recoura, relatifs à ces composés, permettent d'en faire une étude rationnelle.

M. Recoura [1] a réussi à préparer des variétés isomériques cristallisées de *sulfate*, de *chlorure*, de *bromure* chromiques.

[1]. *Annales de chimie et de physique*, 1887, t. X.
Comptes rendus de l'Académie des sciences, 1890-91-92-93.

Les dissolutions de ces composés, précipitées par les alcalis, nous donneront des hydrates définis, toujours identiques à eux-mêmes.

Ce sont ces sels et les hydrates correspondants que nous allons étudier.

Sulfate chromique $(SO^4)^3\ Cr^2$, nH^2O

L'alun de chrome ordinaire $(SO^4)^4\ Cr^2\ K^2$, que l'on obtient en octaèdres violets très volumineux, se prépare, on le sait, en réduisant le bichromate de potassium en présence de l'acide sulfurique, par l'alcool par exemple ; en évitant toute élévation de température. — Au lieu d'employer un sel de potassium, si nous réduisons l'anhydride chromique CrO^3 dans les mêmes conditions, nous obtenons une solution violette de *sulfate chromique* ; laissant évaporer, on obtient des cristaux violet pâle. La réaction peut se formuler de la façon suivante :

$$2CrO^3 + 3SO^4H^2 = (SO^4)^3\ Cr^2 + 3H^2O + 3O$$

L'alcool enlève à CrO^3 une partie de son oxygène, et se transforme ou aldéhyde. La dissolution de sulfate violet chauffée, se transforme en une liqueur verte incristallisable ; on en a conclu que la modification verte du sulfate chromique est incristallisable. On a généralisé en divisant *les sels chromiques en sels violets cristallisables et sels verts incristallisables*. Cette distinction est inexacte. En effet :

En nous plaçant dans des conditions un peu différentes de celles que nous avons employées précédemment, c'est-à-dire en opérant la réduction, en présence d'une quantité d'eau *bien moindre* que celle qui est nécessaire pour dissoudre l'anhydride chromique, la température ne dépassant pas 30°, on obtient une masse verte visqueuse, que l'on purifie en la triturant avec l'acide acétique cristallisable, puis on l'en débarrasse au moyen de l'éther, et l'on fait évaporer dans le vide. On obtient une matière pulvérulente cristalline vert clair ; c'est un sulfate chromique vert isomérique du sulfate violet obtenu précédemment. Dans toutes ces opérations il est indispensable d'opérer à l'abri de l'air car ce composé est très hygroscopique, il tombe rapidement en déliquescence à l'air humide.

Nous avons ainsi deux variétés solides de sulfate chromique, l'une et l'autre correspondent à la même formule $(SO^4)^3\ Cr^2$, nH^2O.

Nous allons montrer que leur constitution est différente.

Etudions en effet les dissolutions de ces sels.

Sulfate violet. — I. La dissolution du sulfate chromique violet, dans l'eau est violette.

Cette dissolution traitée par un alcali, KOH ou NaOH donne un précipité gris violacé d'hydrate chromique $Cr^2\ (OH)^6$, nH^2O. C'est bien l'hydrate normal, car dans la

formule de l'oxyde chromique $Cr{=}\!{<}^O_O\ \ {>}O$, chaque liaison est alors satisfaite par un

hydroxyle (OH) : $Cr{<}^{OH}_{OH}$ ... $Cr{<}^{OH}_{OH}$, comme nous pourrons le constater au moyen d'un acide

monobasique. Une molécule d'hydrate se combinera à 6 molécules d'acide.

Cet hydrate est soluble dans les acides, en donnant une dissolution violette. Il est également soluble dans KOH en excès, en donnant une liqueur verte qui, portée à l'ébullition, donne un précipité d'oxyde chromique. C'est ce qui le distingue de l'hydrate d'alumine, qui est soluble dans un excès de potasse mais qui ne précipite pas par l'ébullition. L'hydrate ferrique se distingue des deux précédents en ce qu'il est insoluble dans un excès de potasse.

SULFATE VERT. — II. Le sulfate chromique vert donne une dissolution verte, qui traitée par KOH donne un précipité verdâtre, n'ayant pas les mêmes propriétés que le précipité de la dissolution violette.

En effet, il se dissout dans les acides en régénérant une liqueur verte, comme celle d'où il a été précipité. Tandis qu'une molécule d'hydrate des dissolutions violettes se combine à trois molécules de SO^4H^2 (*acide bibasique*) pour former du sulfate violet, une molécule d'hydrate des dissolutions vertes ne se combine qu'avec deux molécules

d'acide sulfurique. Ce dernier hydrate, de l'oxyde chromique $\mathrm{Cr}{<}^O_{}{>}O{<}^{}_O\mathrm{Cr}$ répond à la

formule développée $\mathrm{Cr}{<}{\cdot}^{OH}_{OH}{-}O{-}{<}^{OH}_{OH}\mathrm{Cr}$ ou $Cr^2 O.(OH)^4$. Il est tétrabasique, l'autre est héxabasique.

Donc les deux sulfates chromiques violet et vert, ont une constitution différente ; à chacun d'eux correspond un hydrate différent. De plus, la dissolution du sulfate vert ne se prête pas à la double décomposition avec les autres sels métalliques. Ainsi, si l'on verse dans une solution étendue de sulfate vert, faite depuis quelques minutes seulement, une solution de sel de baryum ou de plomb, on n'observe aucun précipité de sulfate de baryum ou de plomb. Ce fait tient à l'absence de double décomposition et non à la formation d'un composé complexe soluble, car on ne constate aucun phénomène thermique quand on mêle les deux dissolutions dans un calorimètre.

Le sulfate vert ne se comporte donc pas comme un sel ordinaire.

Le chrome doit être engagé dans un radical présentant une certaine stabilité. Ce qui justifie cette manière de voir, c'est que le composé vert $(SO^4)^3 Cr^2, 11 H^2O$ isomère du sulfate violet, peut fixer 1, 2 et 3 molécules de SO^4H^2, ou de sulfate. En particulier, si dans la préparation du sulfate chromique vert, on opère la réduction en présence d'un excès d'acide, on obtient une poudre verte, très hygroscopique, qui a pour composition

$$(Cr^2, 4SO^4H^2), 11H^2O$$

C'est un acide, qui peut donner naissance à des composés tels que : $[(SO^4)^3 Cr^2 SO^4K^2]$ qui ne sont ni des sulfates, ni des sels de chrome ; le métal potassium peut seul être mis en évidence par ses réactifs ordinaires. On doit considérer ces composés comme des sels d'un acide particulier, l'acide chromosulfurique $(Cr^2. 4SO^4)H^2$.

Enfin, une dernière remarque sur ces deux sulfates isomériques, c'est que la dissolution du sulfate vert commence immédiatement à se transformer ; sa couleur passe au violet. Alors pour un état définitif on a une dissolution identique à celle du sulfate violet, car les alcalis précipitent alors l'hydrate normal $Cr^2 (OH)^6$. L'état stable du sulfate chromique en dissolution, est donc la dissolution violette.

En résumé, on voit qu'il existe deux variétés isomériques de sulfate chromique bien distinctes, à chacune d'elles correspond un hydrate ayant une capacité de saturation différente.

Au sulfate violet correspond l'hydrate $Cr^2(OH)^6$.

Au sulfate vert　　　—　　　—　　　$Cr^2O(OH)^4$.

SULFATE MODIFIÉ. — Nous allons passer à l'étude d'une modification commune aux deux sulfates chromiques ; modification qui doit être examinée avec soin, car elle est le point de départ de la confusion qui règne dans l'étude des sels chromiques.

Si l'on porte à l'ébullition l'une ou l'autre des dissolutions de sulfate chromique, la dissolution violette devient verte, l'autre ne change pas de couleur, mais dans les deux cas, par la concentration de la liqueur, on obtient un *sulfate vert basique incristallissable*, que l'on désigne ordinairement sous le nom de *sel vert de chrome*. Ce n'est pas une modification isomérique du sulfate chromique, comme nous le montrerons ; aussi, pour le distinguer du sulfate vert solide cristallisé, nous le désignerons sous le nom de *sulfate modifié*.

Nous allons examiner ce qui se passe dans cette réaction, en nous guidant sur la grande analogie qui existe entre ces sels et les sels ferriques.

M. Berthelot [1] a montré que les sels métalliques dissous, en particulier le sulfate ferrique ne doit pas être regardé comme un simple mélange de l'eau avec le sel solide. En réalité il se produit un certain équilibre entre l'eau et le sulfate. Il en résulte un système complexe renfermant le sel neutre et l'eau d'une part ; une certaine proportion d'acide sulfurique libre et un sulfate basique d'autre part.

Cette manière de voir est pleinement justifiée pour le sulfate chromique : ce sel, dissous se décompose sous l'action de la chaleur en acide libre et en sel basique.

Le sel basique est mis en évidence par la dialyse de la dissolution ; dans le dialyseur on trouve une liqueur renfermant moins d'acide que le sel neutre.

L'acide est mis en évidence en chauffant à 100° la dissolution, les vapeurs sont acides, tandis que le sel solide à la même température ne perd point d'acide.

Ceci ne fait que nous indiquer le sens du phénomène ; mais au moyen des mesures thermiques nous pouvons calculer la quantité d'acide libre qui existe dans la solution. On trouve que pour 1 molécule de $(SO^4)^3 Cr^2$ la liqueur renferme exactement $\frac{1}{2}$ molécule de SO^4H^2 libre. Donc le *sulfate basique soluble* formé provient de 2 molécules de sulfate $2[(SO^4)^3 Cr^2]$ qui perdent 1 molécule de SO^4H^2 à elles deux ; il a donc pour formule $(SO^4)^5 OCr^4, nH^2O$.

L'oxyde modifié que renferme ce sel basique est impuissant à fixer une nouvelle quantité d'acide ; 2 molécules ne peuvent fixer ensemble que 5 molécules de SO^4H^2, l'hydrate correspondant à la formule $Cr^4O(OH)^{10}$.

Cet hydrate modifié, ne peut exister à l'état de liberté.

Quand on essaye de le précipiter par un alcali, on le dédouble ; c'est l'hydrate $Cr^2O(OH)^4$ que l'on obtient, hydrate correspondant au sulfate vert.

Ceci pourrait faire croire que la dissolution verte modifiée par la chaleur, est identique à la solution du sulfate vert solide, puisque les alcalis précipitent le même hydrate ; il n'en est rien, et pour plusieurs raisons :

____

[1] *Annales de chimie et de physique*, 1873, t. XXX.

1° Nous avons vu que la dissolution du sulfate vert cristallisé ne donnait pas de précipité avec le chlorure de baryum. Dans la solution verte modifiée, au contraire, le tiers de SO^4H^2 libre, donnera immédiatement un précipité de sulfate de baryum. Au point de vue pratique, c'est là une différence très nette entre les deux dissolutions vertes.

2° Les mesures calorimétriques viennent confirmer cette différence.

Si on traite par une même quantité de NaOH les deux dissolutions, on obtient un dégagement de chaleur différente.

$Cr^2 (SO^4)^3$ modifié dissous $+ 6NaOH$ dissous $= Cr^2O^3$ précipité $+ 3SO^4 Na^2$ dissous $+ 3H^2O [+ 58$ calories 8].

$Cr^2 (S^4O)^3$ vert dissous $+ 6NaOH$ dissous $= Cr^2O^3$ précipité $+ 3SO^4Na^2$ dissous $+ 3H^2O [+ 63$ calories].

Comme l'hydrate précipité est le même dans les deux cas, on peut en conclure que la transformation du sulfate vert dissous en sulfate modifié est accompagnée d'un dégagement de chaleur égal à 4 calories 2. Ces deux solutions sont donc bien différentes.

Le sulfate chromique modifié n'est qu'une modification temporaire. La liqueur reprend sa couleur primitive, lorsque l'acide sulfurique libre s'est recombiné. Pour ce sel chromique, la recombinaison est très lente; pour d'autres, au contraire, elle est immédiate. Ainsi l'acétate chromique soumis à l'ébullition devient vert ; en se refroidissant il redevient violet; l'acide libre s'est recombiné immédiatement.

On en conclura que le sulfate vert modifié n'est pas une variété isomérique de sulfate chromique. Seuls le sulfate violet et le sulfate vert cristallisés constituent ces variétés.

(A suivre.)

M. Pagès,
Préparateur au Lycée Saint-Louis.

BIBLIOGRAPHIE

Géométrie élémentaire, à l'usage des classes de lettres, 8e édit. (G. Masson, éd.), par Ch. Vacquant, inspecteur général de l'instruction publique, et A. Macé de Lépinay, ancien élève de l'Ecole normale, professeur de mathématiques spéciales au lycée Henri IV.

Première partie, *Géométrie plane*................................. **1 fr. 75**
Deuxième partie, *Géométrie dans l'espace*........................ **1   50**
Les deux parties réunies en un volume relié en toile............ **3   »**

Nous n'avons pas à faire l'éloge de cet ouvrage, qui mérite la vogue dont il jouit par la clarté de l'exposition et la précision des démonstrations. Les maîtres et les élèves y trouveront 296 exercices, théorèmes à démontrer ou problèmes à résoudre, de nature à intéresser les commençants sans jamais dépasser leur portée ; sans parler de la collection complète des questions de géométrie proposées aux divers concours.

Le mathématicien franc-comtois François-Joseph Servois (1767-1847), d'après les documents inédits, par M. Jacques Boyer, professeur de sciences physiques et mathématiques à Paris.

M. Boyer nous fait connaître des détails intéressants sur la vie et les ouvrages de

F.-J. Servois, un des promoteurs de la géométrie segmentaire. « Quoiqu'il n'ait joué », dit M. Boyer, « qu'un rôle effacé au milieu des grands mathématiciens qui illustrèrent le commencement du siècle, l'histoire des sciences doit retenir son nom ; car si l'on admire l'architecte, qui assemble avec talent des matériaux dispersés, élève un merveilleux édifice, on doit bien une mention au modeste artiste qui en a ciselé quelques pierres. » La comparaison de M. Boyer nous paraît d'une grande justesse : les découvertes, en géométrie comme ailleurs, sont toujours le résultat des recherches successives d'une série de penseurs et non l'œuvre exclusive d'un génie isolé.

Nous espérons que M. Boyer nous donnera bientôt la biographie, qu'il nous promet, de *Français* (1775-1833), le vulgarisateur de la représentation géométrique des imaginaires, imaginée par *Argand*.

AGRÉGATION DES SCIENCES MATHÉMATIQUES (1895)

Mathématiques élémentaires. — 158. On donne un triangle T et on considère le triangle T' qui a pour sommets les projections orthogonales d'un point M sur les côtés du triangle T.

1° Démontrer que, si le point M décrit une droite Δ dans le plan du triangle T, les côtés du triangle T' enveloppent trois paraboles P, P_1, P_2.

Ces paraboles sont inscrites dans un même angle; on construira leurs foyers et leurs directrices.

Quelle position doit occuper la droite Δ pour que ces trois paraboles soient tangentes en un même point ?

2° Comment faut-il choisir la droite Δ pour que les directrices des trois paraboles P, P_1, P_2 concourent en un même point H à distance finie ?

La droite Δ se déplaçant de manière à satisfaire à cette condition, trouver le lieu du point H.

3° Démontrer que, si l'on fait tourner la droite Δ autour d'un point fixe K, la directrice de la parabole P passe elle-même par un point fixe I.

Trouver l'enveloppe de la droite KI lorsque l'un des points K ou I décrit une droite donnée.

4° A un point K correspondent trois points I, I_1, I_2, relatifs aux directrices des paraboles P, P_1, P_2.

On demande quelle position doit occuper le point K pour que les trois points I, I_1, I_2 soient en ligne droite, et on propose de démontrer que, si le point K se déplace de manière à satisfaire à cette condition, la droite I, I_1 I_2 tourne autour d'un point fixe.

QUESTION PROPOSÉE

159. Construire un trapèze isocèle circonscrit à un cercle donné, connaissant la longueur ou l'angle des diagonales.   *(Baccalauréat.)*

Le Gérant : Dr H. LABONNE, licencié ès sciences.

Châteauroux. — Typ. et Stéréotyp. A. Majesté et L. Bouchardeau.

BULLETIN

DE

MATHÉMATIQUES ÉLÉMENTAIRES

CONSTRUCTION D'UNE ELLIPSE TANGENTE AUX MILIEUX DES COTÉS D'UN PARALLÉLOGRAMME

(Suite, voir n° 11)

Soient r, l, m, n les milieux des côtés du parallélogramme $abcd$ *(fig.* 2). En considérant ce parallélogramme comme la projection d'un carré ABCD (fig. 1) et l'ellipse comme la projection d'un cercle inscrit dans ce carré, nous avons montré comment on peut construire les points s, t, u, v de l'ellipse situés sur les diagonales ac et bd *(fig.* 2) et les tangentes en ces points, en remarquant que ces tangentes sont respectivement parallèles aux diagonales bd, ac et rencontrent rl en des points e et f tels que

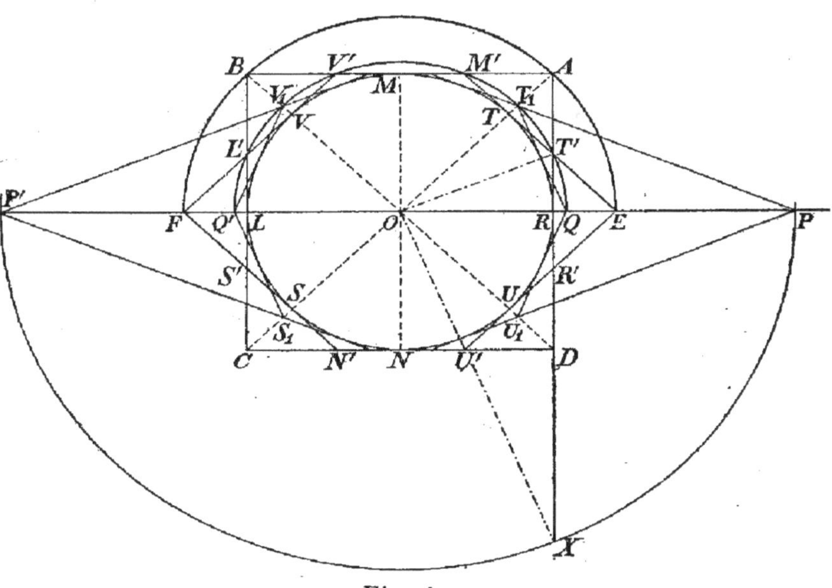

Fig. 1.

$$oe = of = or \sqrt{2}.$$

Nous obtenons ainsi un octogone $r'u'n's'l'v'm't'$ circonscrit à l'ellipse, qui est la projection d'un octogone régulier R'U'N'S'L'V'M'T' circonscrit au cercle.

Nous allons maintenant chercher les 8 points de l'ellipse situés sur les diagonales $r'l'$, $u'v'$, $m'n'$, $s't'$ de cet octogone et les tangentes en ces huit points.

Les points du cercle situés sur les diagonales R'L', U'V', M'N', S'T' sont les mi

lieux des arcs RU, UN, NS,..... Les tangentes en ces points sont respectivement parallèles à ces mêmes diagonales et rencontrent le diamètre LR en des points P, P′, Q, Q′ tels que

$$OP = OP' = \frac{OR}{\cos \dfrac{3\pi}{8}},$$

$$OQ = OQ' = \frac{OR}{\cos \dfrac{\pi}{8}};$$

donc leurs projections, c'est-à-dire les tangentes de l'ellipse aux points situés sur les diagonales $u'v'$, $m'n'$, $r'l'$, $s't'$, rencontrent lr en des points p, p', q, q' tels que

$$op = op' = \frac{or}{\cos \dfrac{3\pi}{8}},$$

$$oq = oq' = \frac{or}{\cos \dfrac{\pi}{8}}.$$

Or nous avons sur l'épure (*fig*. 2) un angle *foh* égal à $\dfrac{3\pi}{4}$ et un angle *eoh* égal à $\dfrac{\pi}{4}$. Si donc nous menons les bissectrices de ces deux angles et si nous appelons p_1 et q_1 les points où ces bissectrices rencontrent la perpendiculaire rh à la droite or, nous aurons

$$op_1 = \frac{or}{\cos \dfrac{3\pi}{8}} = op = op',$$

$$oq_1 = \frac{or}{\cos \dfrac{\pi}{8}} = oq = oq'.$$

D'ailleurs, les tangentes aux milieux des arcs MT, MV, NU, NS rencontrent les tangentes aux milieux des arcs RT, LV, RU, LS en des points T_1, V_1, U_1, S_1 situés sur les diagonales AC, BD. Par conséquent les projections des quatre premières tangentes rencontrent respectivement les projections des quatre dernières en des points t_1, v_1, u_1, s_1 situés sur ac et sur bd. Il suffit donc de construire *un* des couples de points pp', ou qq'.

Pour avoir une construction plus précise, nous nous servirons des points les plus éloignés, p et p'.

Voici l'ordre des constructions (*fig*. 2).

De h et de f comme centres, avec une ouverture de compas arbitraire, je trace deux arcs de cercle qui se coupent en α; je joins $o\alpha$, qui est la bissectrice de l'angle *hof* et qui rencontre *rh* en p_4 . . . .   op. $(2C_4 + 2C_3 + 2R_4 + R_2)$.

Je décris le cercle $o(op_4)$ qui coupe *rl* en p et p' . . . .   op. $(2C_4 + C_3)$.

Je fais passer le bord de l'équerre par l' et r', je trace $l'r'$; je fais glisser l'é-querre le long de la règle jusqu'à la faire passer par p; je trace pt_4, qui rencontre *ac* en t_4. Puis je fais glisser de nouveau l'équerre de manière à la faire passer

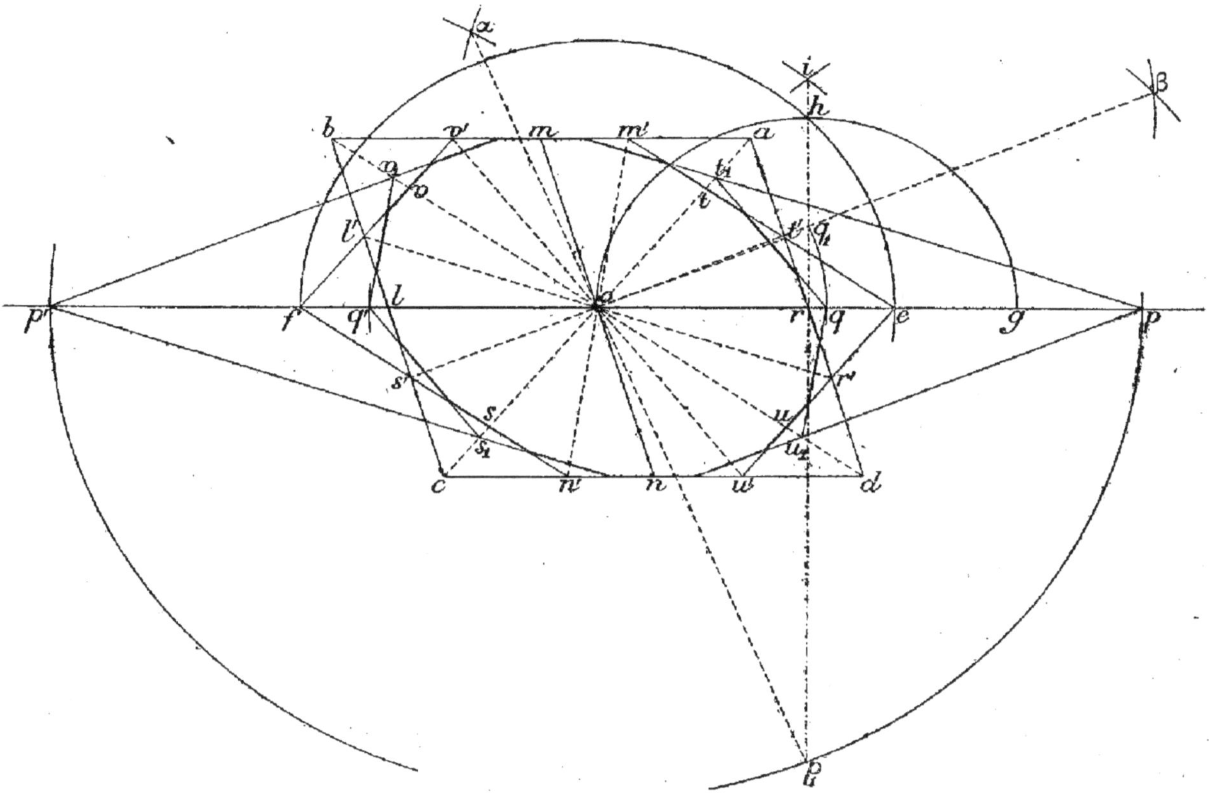

Fig. 2.

par p' et je trace $p's_4$ qui rencontre *ac* en s_4 . . . .   op. $(2R'_4 + 2E + 3R_2)$.

Je trace de même $s't'$, pu_4, $p'v_4$ . . . .   op. $(2R'_4 + 2E + 3R_2)$.

Puis $m'n'$, u_4q, v_4q' . . . .   op. $(2R'_4 + 2E + 3R_2)$.

Enfin $u'v'$, t_4q, s_4q' . . . .   op. $(2R'_4 + 2E + 3R_2)$.

Total : op. $(2R_4 + 8R'_4 + 13R_2 + 8E + 4C_4 + 3C_3)$.

Simplicité : 38, exactitude : 22 ; 13 droites, 3 cercles.

Or, pour construire les octogones *runslvmt*, *r'u'n's'l'v'm't'*, nous avions fait une construction dont le symbole était (voir n° 11) :

Op. $(2R_4 + 8R'_4 + 11R_2 + 8E + 6C_4 + 4C_3)$.

Donc, étant donnés deux diamètres conjugués d'une ellipse, pour trouver 12 nouveaux points de l'ellipse et 16 tangentes, nous avons fait, en tout :

Op. $(4R_4 + 16R'_4 + 24R_2 + 16E + 10C_4 + 7C_3)$.

Simplicité : 77 ; exactitude : 46 ; 24 droites, 7 cercles.

On pourrait éviter de tracer les cercles, en mesurant rl (voir n° 10) et en remarquant que

$$oe = \frac{rl\ \sqrt{2}}{2} = rl \times 0{,}707,$$

$$op = \frac{rl}{\sqrt{2 - \sqrt{2}}} = rl \times 1{,}307\,;$$

d'où

$$ep = fp' = rl \times 0{,}600.$$

Mais la construction au moyen de la règle et du compas, et de l'équerre pour mener les parallèles, est suffisamment simple : 38 opérations élémentaires pour 16 éléments nouveaux à déterminer ; soit, en moyenne, moins de $2\frac{1}{2}$ opérations élémentaires pour chaque élément, ce qui est, je crois, le minimum des constructions connues.

En effet, en supposant même que l'on connaisse les axes et les foyers, le procédé classique qui consiste à construire les points par groupes de quatre, au moyen de cercles décrits des foyers comme centres avec ρ et $2a - \rho$ pour rayons, est représenté par le symbole $6C_1 + 4C_3$; ce qui fait bien $2\frac{1}{2}$ opérations élémentaires pour chaque point à déterminer.

Le procédé *de la bande de papier*, qui paraît si expéditif, n'est pas plus simple. En effet, après avoir marqué sur la bande trois points a, b, c tels que les longueurs ab et bc soient égales aux demi-axes (je ne compte pas cette opération préliminaire), il faut amener a sur le grand axe, c sur le petit et marquer sur la feuille de papier le point qui coïncide avec b ; opération qu'on peut représenter par le symbole :

$$\text{Op. } (2R''_2 + C_1)\,;$$

ce qui fait 3 opérations élémentaires pour la détermination d'un point.

Je ne parle pas de la construction d'un point au moyen de l'hexagone de Pascal, qui est représentée par le symbole

$$\text{Op. } (5R_1 + 3R_2). \text{ Simplicité : 8.}$$

L. Gérard.

QUESTIONS RÉSOLUES

Mathématiques.

62. *Démontrer par la géométrie analytique la relation suivante dans laquelle A, B, C représentent les trois sommets d'un triangle et G son centre de gravité :*

$$\overline{AB}^2 + \overline{AC}^2 + \overline{BC}^2 = 3\left(\overline{AG}^2 + \overline{BG}^2 + \overline{CG}^2\right)$$

En déduire le rapport de la somme des carrés des côtés à la somme des carrés des médianes.

Deuxième solution (Voir n° 12). — Prenons pour axes deux axes rectangulaires quelconques passant par le point G. Soient x, y les coordonnées de A ; x', y' celles de B ; x'', y'' celles de C. On sait que celles de G sont $\dfrac{x + x' + x''}{3}$ et $\dfrac{y + y' + y''}{3}$.

D'ailleurs elles sont nulles, d'où les égalités

$$x + x' + x'' = 0 \qquad (1)$$
$$y + y' + y'' = 0. \qquad (2)$$

Ensuite

$$\overline{AG}^2 = x^2 + y^2,$$
$$\overline{BG}^2 = x'^2 + y'^2,$$
$$\overline{CG}^2 = x''^2 = y''^2$$

$$\overline{AG}^2 + \overline{BG}^2 + CG^2 = x^2 + x'^2 + x''^2 + y^2 + y'^2 + y''^2$$

$$\overline{AB}^2 = (x - x')^2 + (y - y')^2$$
$$\overline{AC}^2 = (x - x'')^2 + (y - y'')^2$$
$$\overline{BC}^2 = (x' - x'')^2 + (y' - y'')^2$$

$$\overline{AB}^2 + \overline{AC}^2 + \overline{BC}^2 = 2x^2 + 2x'^2 + 2x''^2 + 2y^2 + 2y'^2 + 2y''^2$$
$$- 2xx' - 2xx'' - 2x'x'' - 2yy' - 2yy'' - 2y'y''$$
$$= 3(x^2 + x'^2 + x''^2 + y^2 + y'^2 + y''^2) - (x + x' + x'')^2 - (y + y' + y'')^2$$

Or, d'après les égalités (1) et (2), les derniers termes sont nuls ; donc

$$\overline{AB}^2 + \overline{AC}^2 + BC^2 = 3\left(\overline{AG}^2 + \overline{BG}^2 + \overline{CG}^2\right).$$

En appelant m_a, m_b, m_c les médianes issues des sommets A, B. C, nous avons

$$m_a = \frac{3}{2}\,AG$$

$$m_b = \frac{3}{2}\,BG$$

$$m_c = \frac{3}{2}\,CG$$

$$m_a{}^2 + m_b{}^2 + m_c{}^2 = \frac{9}{4}\left(\overline{AG}^2 + \overline{BG}^2 + \overline{CG}^2\right)$$

$$= \frac{3}{4}\left(\overline{AB}^2 + \overline{AC}^2 + \overline{BC}^2\right)$$

$$\frac{m_a{}^2 + m_b{}^2 + m_c{}^2}{\overline{AB}^2 + \overline{AC}^2 + \overline{BC}^2} = \frac{3}{4}$$

P. GILLET.

65. *Soit* $ABCD$ *un quadrilatère concave ou convexe circonscrit à un cercle, démontrer qu'on a dans tous les cas,*

$$\overrightarrow{AB} + \overrightarrow{AD} + \overrightarrow{CB} + \overrightarrow{CD} = 0,$$

pourvu que les directions positives choisies sur les quatre tangentes coïncident quand on fait coïncider les tangentes en les faisant tourner autour du centre. — Réciproque.

Considérons d'abord le quadrilatère convexe ABCD (*fig.* 1) ; si nous convenons de prendre comme sens positif le sens AB, par exemple, nous voyons immédiatement que les sens positifs des autres côtés sont ceux indiqués par la flèche.

Nous devons démontrer :

$$(1) \qquad \overrightarrow{AB} + \overrightarrow{AD} + \overrightarrow{CB} + \overrightarrow{CD} = 0,$$

ou $\qquad AB - DA - BC + CD = 0,$

ou enfin $\qquad AB + CD = AD + BC.$

(Nous ne considérerons maintenant que les longueurs géométriques, c'est-à-dire les longueurs toujours positives.)

Or nous avons :

$$AE = AH,$$
$$BE = BF,$$
$$DG = DH,$$
$$GC = FC\ ;$$

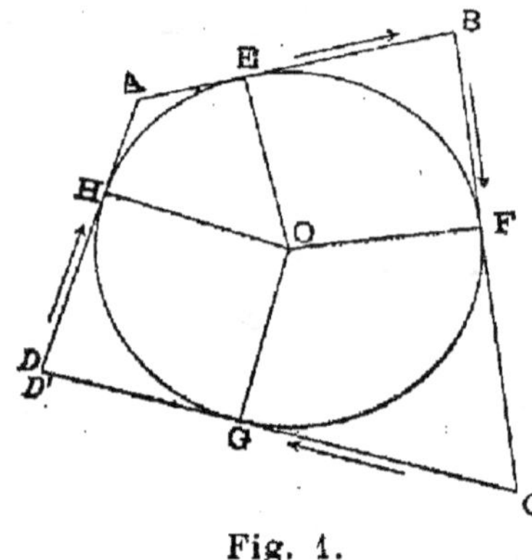

Fig. 1.

d'où, en ajoutant,

$$AB + CD = AD + BC.$$

c. q. f. d.
P. BOUIGES.

M. *Bouiges* traite ensuite de la même façon le cas du quadrilatère concave.

M. *Berthier*, qui nous envoie une solution analogue, démontre la réciproque à la manière ordinaire en considérant un cercle tangent aux trois droites AD, AB,

BC et en menant par C la deuxième tangente qui rencontre AD en un point D′ tel que

$$\overline{AB} + \overline{AD'} + \overline{CB} + \overline{CD'} = o,$$

en vertu du théorème direct. Mais on a, par hypothèse,

$$\overline{AB} + \overline{AD} + \overline{CB} + \overline{CD} = o;$$

d'où, en retranchant membre à membre,

$$\overline{DD'} + \overline{CD'} - \overline{CD} = o,$$

ce qui exige que les points D et D′ coïncident.

Mais on pourrait objecter que la seconde tangente CD′ est peut-être parallèle à AD. D'ailleurs, il y a *quatre* cercles tangents aux trois droites AD, AB, BC et il faut indiquer auquel de ces quatre cercles la droite CD est tangente. Quant au théorème direct, la démonstration classique, reproduite par M. Bouiges, est d'une longueur fastidieuse, si l'on veut examiner tous les cas : quadrilatère convexe, concave ou *croisé*, cercle intérieur ou extérieur au quadrilatère.

Voici une démonstration qui s'applique à tous les cas.

Soient E, F, G, H (*fig.* 1) les points de contact des tangentes AB, BC, CD, DA. Supposons, pour fixer les idées, qu'on prenne AE pour direction positive des segments situés sur AB ; alors, d'après l'énoncé, il faudra prendre HA pour direction positive des segments situés sur AD ; de sorte que les segments $\overline{AE}$ et $\overline{AH}$ sont égaux en valeur absolue et de signes contraires. Donc

$$\overline{AE} + \overline{AH} = o.$$

De même,

$$\overline{EB} + \overline{FB} = o,$$
$$\overline{CG} + \overline{CF} = o,$$
$$\overline{GD} + \overline{HD} = o.$$

D'où, en ajoutant,

$$\overline{AB} + \overline{CD} + \overline{AD} + \overline{CB} = o. \qquad \text{c. q. f. d.}$$

Réciproquement, soient ABCD un quadrilatère convexe ou non (*fig.* 2) ; supposons que, en prenant respectivement A*a*, B*b*, C*c*, D*d* pour directions positives des segments $\overline{AB}$, $\overline{CB}$, $\overline{CD}$, $\overline{AD}$, on ait

$$(1) \qquad \overline{AB} + \overline{AD} + \overline{CB} + \overline{CD} = o.$$

Il s'agit de prouver qu'il existe un cercle tangent aux quatre côtés du quadrilatère.

En effet, soit A*a*′ la direction *opposée* à A*a*. Menons les bissectrices des angles *d*A*a*′ et *b*B*a*′ ; soit O leur point de rencontre. Décrivons, de O comme centre, un cercle tangent aux trois droites AB, BC, AD en E, F, H. Il faut prouver que ce cercle est aussi tangent à la droite CD.

Or, en prenant A*a*, B*b*, C*c*, D*d* pour directions positives des segments situés sur AB, BC, CD, DA, on a

$$\overline{AE} + \overline{AH} + \overline{EB} + \overline{FB} = o\ ;$$

mais l'hypothèse (1) peut s'écrire

$$\overline{AE} + \overline{EB} + \overline{AH} + \overline{HD} + \overline{CF} + \overline{FB} + \overline{CD} = o.$$

Donc, en retranchant membre à membre, on a

$$\overline{CD} + \overline{CF} + \overline{HD} = o.$$

Prenons sur BC un point M tel que $\overline{FM} = \overline{HD}$, nous aurons

$$\overline{CD} + \overline{CF} + \overline{FM} = o \text{ ou } \overline{CD} + \overline{CM} = o.$$

Donc les *longueurs* CD et CM sont égales ; mais les longueurs OD et OM le sont

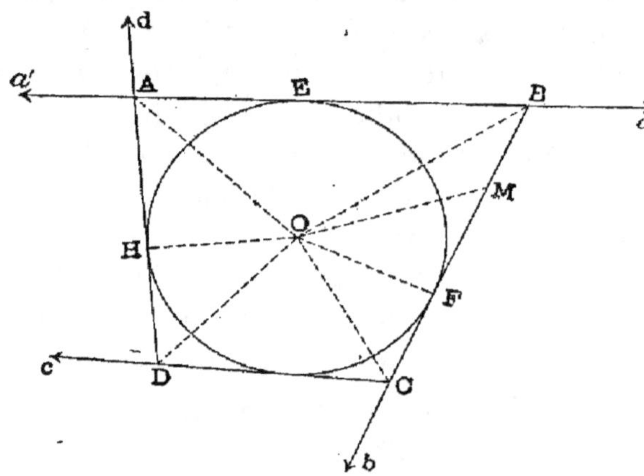

Fig. 2.

aussi, comme hypoténuses des triangles rectangles égaux OHD et OFM. Donc OC est perpendiculaire sur le milieu de DM ; en d'autres termes, la droite CD est symétrique à CM par rapport à CO. Or CM est tangente au cercle O ; donc CD l'est aussi.

c. q. f. d.

Il peut arriver que les bissectrices des angles dAa', bBa' soient parallèles ; nous laissons au lecteur le soin de montrer que, dans ce cas, la relation (1) exprime que le quadrilatère ABCD se réduit à un parallélogramme, dont on peut considérer les côtés comme tangents à un cercle rejeté à l'infini.

Pour comprendre la portée de la théorie précédente, il faut adopter la terminologie de Laguerre : appeler *semi-droite* une droite parcourue dans un sens déterminé ; *cycle* un cercle parcouru dans un sens déterminé, et convenir qu'une semi-droite de sens f est *tangente* à un cycle de sens φ quand la droite joignant le centre du cycle à un mobile qui parcourt la semi-droite dans le sens f tourne dans le sens φ.

Alors la relation (1) exprime la condition nécessaire et suffisante pour que les quatre semi-droites a, b, c, d soient tangentes à un même cycle.

Comme application, considérons le théorème sur lequel M. Hart s'appuie pour résoudre le célèbre problème de Malfatti et que M. Desbores[1] énonce et démontre de la façon suivante :

« Soient (fig. 3) A, B, C trois cercles ; DF, DG deux tangentes communes extérieures, la première à C et A, la deuxième à B et A, et DH une tangente commune intérieure à B et C. On suppose que ces trois tangentes se coupent en un même point D ; et on veut démontrer que les trois tangentes FE, EG, HL, qui leur sont respectivement associées, se coupent aussi en un même point. »

---

1. *Questions de géométrie*, 3ᵉ édition, p. 372.

« Soit E le point d'intersection des deux tangentes extérieures EF, EG. Si du point E on mène la deuxième tangente au cercle B, il suffira de démontrer que cette droite est tangente au cercle C. Or, H étant le point où la dernière tangente et la tangente intérieure donnée se rencontrent, les quadrilatères DGEF, DHEG sont respectivement circonscrits aux cercles A et B, et on a

DF + DG = EG + EF,
DH + EG = DG + EH,

d'où, en ajoutant membre à membre,

DF + DH = EF + EH.

« Donc le quadrilatère DFEH est circonscriptible à un cercle, et comme trois de ses côtés sont tangents au cercle C, le quatrième EH est tangent au même cercle. » c. q. f. d.

Il est clair que cette démonstration est incomplète. Il y a quatre cercles tangents aux trois droites HD, DF, EF ; pourquoi la droite EH est-elle tangente au cercle C plutôt qu'à l'un des trois autres ?

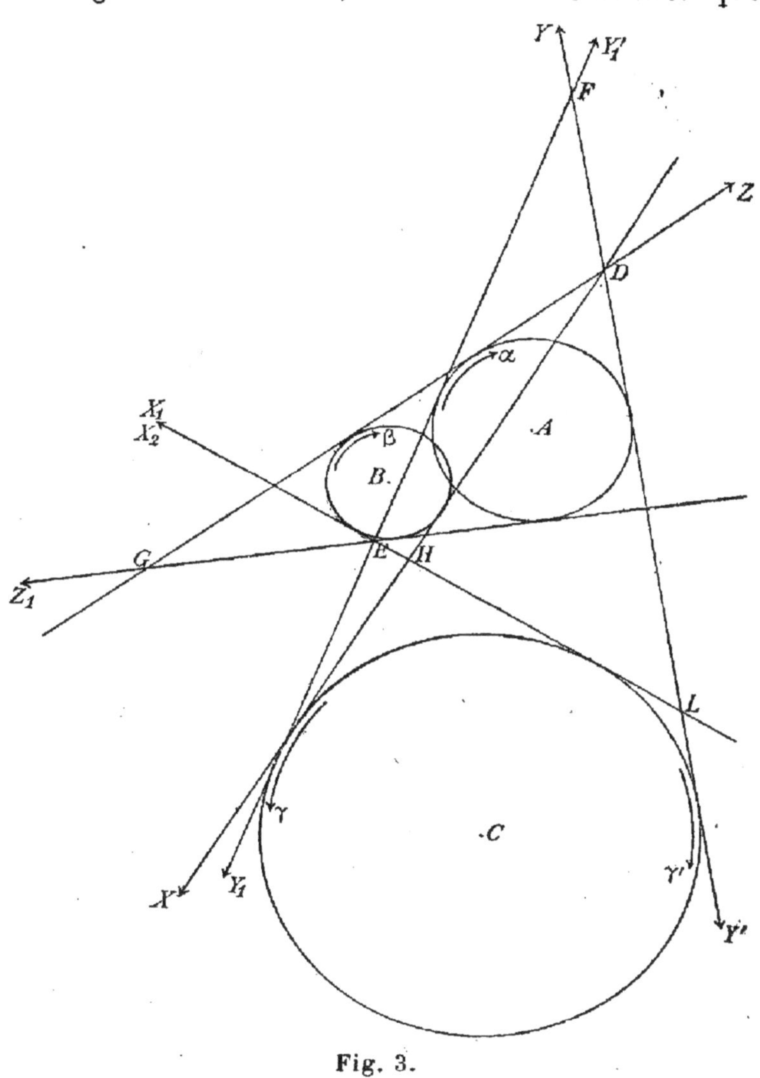

Fig. 3.

Mais, si nous nous plaçons au point de vue de Laguerre, le théorème en question s'énonce ainsi :

Soient α, β, γ trois cycles, γ′ le cycle opposé à γ ; X et X₁, les semi-droites tangentes à β et à γ ; Y′ et Y′₁ les semi-droites tangentes à γ′ et α ; Z et Z₁ les semi-droites tangentes à α et β. Si X, Y′ et Z concourent en un même point, il en est de même de X₁, Y′₁, Z₁.

En effet, soit X_2 la seconde semi-droite passant par E et tangente au cycle β ; en prenant pour directions positives X, X_2, Y′, Y′₁, Z, Z₁, on a d'abord, comme ci-dessus :

$$\overline{DG} + \overline{DF} + \overline{EG} + \overline{EF} = o,$$

$$\overline{DG} + \overline{DH} + \overline{EG} + \overline{EH} = o$$

d'où

$$\overline{DH} - \overline{DF} + \overline{EH} - \overline{EF} = o.$$

Or $\overline{DF}$ et $\overline{EF}$ désignent les valeurs algébriques des segments DF, EF quand on prend Y′, Y′₁ pour directions positives ; donc si on désigne par (DF), (EF) les valeurs algébriques de ces mêmes segments quand on prend pour directions positives les directions Y, Y₁ opposées à Y′, Y′₁, on aura :

$$- \overline{DF} = + (DF), \quad - \overline{EF} = + \overline{(EF)} \ ;$$

et, par suite

$$\overline{DH} + (DF) + \overline{EH} + (EF) = o.$$

Or les semi-droites X, Y, Y₁ sont tangentes au cycle γ ; donc X₂ l'est aussi ; c'est-à-dire que X₂ se confond avec X₁.

c. q. f. d.
L. G.

66. *Résoudre l'équation*

$$cos\ 2x\ cos\ 60° = cos^2\ (x + 30°)$$

Troisième solution (Voir n° 11). — Remplaçons cos $2x$ par $1 - 2\sin^2 x$, cos 60° par $\dfrac{1}{2}$ et cos² $(x + 30)$ par $1 - \sin^2 (x + 30)$, il vient, simplifications faites :

$$\sin^2 (x + 30) - \sin^2 x = \frac{1}{2}$$

et, d'après une formule connue [1]

$$\sin (2x + 30) \sin 30° = \frac{1}{2}$$

Or, $$\qquad\qquad \sin 30° = \cdot\frac{1}{2}$$

Donc :
$$\sin (2x + 30) = 1$$
$$2x + 30 = 90° + 360\ k$$
$$x = 30° + 180\ k$$

J. Coissard.

Physique.

59. *Les pôles d'une pile dont les éléments ont une force électromotrice de 1,8 volt et une résistance de 0,08 sont réunis par un fil de cuivre ayant pour longueur 20ᵐ et pour section 2 millimètres carrés La résistance en ohms d'un mètre de fil est de 0,016. Les éléments sont groupés en séries de manière à produire le maximum de chute de potentiel du pôle positif au pôle négatif. Quel doit être le nombre des éléments pour que cette chute soit de 7,2 volts ?*

Soit m le nombre des éléments de chaque série et n le nombre des séries. La

---

[1] $\sin^2 a - \sin^2 b = \sin (a + b) \sin (a - b)$.

condition de produire le maximum de chute du potentiel aux extrémités d'un fil de résistance donnée équivaut à la condition d'obtenir une intensité maxima.

On peut donc écrire que la résistance intérieure de la pile égale la résistance extérieure

$$\frac{m \times 0.08}{n} = 0{,}32$$

ou   (1) $m = 4n$

Ecrivons, d'autre part, que les différences de potentiel sont proportionnelles aux résistances correspondantes, il vient :

(2) $$\frac{7{,}2}{0{,}32} = \frac{m \times 1{,}8}{2 \times 0{,}32}$$

ou $$m = \frac{2 \times 7{,}2}{1{,}8} = 8$$

par suite $n = 2$

Il faut donc prendre deux séries de 8 éléments chacune.

Nous n'avons reçu aucune bonne solution de ce problème, ce qui n'a rien d'étonnant, étant donné la nature de son énoncé ; il est regrettable qu'on donne au Concours général de tels problèmes.

74. *a, b, c ; A, B, C désignant les éléments d'un triangle, calculer les racines de l'équation :*

$$bx^2 \cos B - ax + c \cos C = o \qquad (1)$$

en fonction des 3 côtés du triangle.

$$\cos B = \frac{a^2 + c^2 - b^2}{2ac} , \qquad \cos C = \frac{a^2 + b^2 - c^2}{2ab}$$

En portant ces valeurs dans l'équation (1) nous avons :

$$b^2x^2 (a^2 + c^2 - b^2) - 2a^2 \, bc \, x + c^2 (a^2 + b^2 - c^2) = o$$

$$x = \frac{a^2c \pm \sqrt{b^4c^2 + c^6 - 2b^2c^2}}{b(a^2 + c^2 - b^2)}$$

$$x = \frac{a^2c \pm \sqrt{c^2 (b^2 - c^2)^2}}{b(a^2 + c^2 - b^2)}$$

$$x' = \frac{c (a^2 + b^2 - c^2)}{b (a^2 + c^2 - b^2)}$$

$$x'' = \frac{c}{b}$$

H. Perdrix (Bourg).

Autrement. On tire de l'équation proposée

$$x = \frac{a \pm \sqrt{a^2 - 4bc \cos B \cos C}}{2b \cos B} ;$$

en remplaçant cos B et cos C par leurs valeurs en fonction des trois côtés, on retrouve les racines ci-dessus.

P. Brusset (collège d'Uzès).

Autres solutions par : MM. Singer, Bouiges, Berthier, Fondrillon, Gillet, Barbaza.

M. Singer a eu l'idée de se servir de la relation
$$a = b \cos C + c \cos B,$$
qui conduit plus rapidement au résultat. On a, en effet, en substituant dans l'équation proposée :
$$bx^2 \cos B - (b \cos C + c \cos B)x + c \cos C = o,$$
ou
$$bx (x \cos B - \cos C) - c (x \cos B - \cos C) = o,$$
$$(bx - c) (x \cos B - \cos C) = o ;$$
d'où
$$x = \frac{c}{b} , \text{ ou } x = \frac{\cos C}{\cos B}.$$

HYDRATES CHROMIQUES, SELS CORRESPONDANTS
(*Suite et fin.* Voir n° 13.)

Chlorure chromique $Cr^2Cl^6 n H^2O$

Les mêmes difficultés et les mêmes anomalies, que l'on rencontrait dans l'étude du sulfate chromique, se présentaient dans celle du chlorure et du bromure chromiques. L'existence des deux hydrates définis
$$Cr^2(OH)^6 \text{ et } Cr^2O(OH)^4$$
simplifie beaucoup cette étude ; de plus, M. Recoura a préparé deux chlorures et deux bromures cristallisés, isomériques, correspondant tous à l'hydrate $Cr^2(OH)^6$.

Nous allons étudier le chlorure chromique, ce que nous en dirons pourra s'appliquer au bromure en général.

Le sulfate chromique vert, avons-nous vu, s'obtient en réduisant l'anhydride chromique, en présence d'une quantité d'eau moindre que celle qui est nécessaire pour dissoudre CrO^3. C'est là un mode général de préparation pour obtenir les sels verts de chrome.

Chlorure vert. — Dans ce cas, on peut opérer la réduction de CrO^3, en présence d'un excès d'HCl, ce qui produit le même effet que si le chlorure se dissolvait dans une très petite quantité d'eau. En faisant passer dans la dissolution ainsi obtenue, un courant d'HCl gazeux ; on obtient un *chlorure chromique vert* cristallisé $Cr^2Cl^6 n H^2O$.

Chlorure gris. — L'alun violet de chrome, traité par du chlorure de baryum, donne une liqueur violette de chlorure chromique qui, par concentration, devient de plus en plus verte. En profitant de ce que, dans cette solution partiellement transformée, HCl gazeux donne un précipité gris d'abord, puis un précipité vert, on pourra préparer ainsi une variété isomérique du chlorure vert, solide et cristallisé. L'analyse de ce chlorure conduit à la formule $Cr^2Cl^6, 13H^2O$.

Ce corps solide est très soluble dans l'eau, sa dissolution est bleu-violet identique à celle que nous venons de rencontrer précédemment ; à propos de sa préparation, c'est bien un état isomérique particulier du chlorure chromique, c'est le *chlorure gris*, ainsi dénommé pour ne pas le confondre avec le chlorure anhydre violet fleur de pêcher.

Etude des dissolutions de ces chlorures.

I. Le chlorure vert cristallisé est très soluble ; l'hydrate Cr^2Cl^6. $13H^2O$ à la température ordinaire fond dans son eau de cristallisation.

Les dissolutions sont vert-noir quand elles sont concentrées.

La lumière d'une bougie, examinée au travers de cette dissolution, est complètement verte. Ce qui est une propriété caractéristique.

Si on abandonne à elle-même la dissolution du chlorure vert, elle change de couleur, elle devient bleu-violet.

1° On peut activer l'altération, en chauffant au-dessus de 80°, mais elle n'est point immédiate comme quand on opère de la façon suivante :

2° Le chlorure vert cristallisé, dissous dans l'eau, est titré immédiatement. Pour une molécule de chlorure, on ajoute 6 molécules de $NaOH$. On redissout alors l'hydrate chromique dans 6 molécules d'HCl. On obtient ainsi une dissolution *bleu-violet* de chlorure.

Si l'on répète les deux opérations précédentes sur la liqueur violette, on régénère la même liqueur violette.

La dissolution du chlorure chromique vert dans l'eau, n'est pas stable, elle se transforme lentement, pour aboutir à un état final parfaitement déterminé qui est la solution bleu-violet, que nous allons examiner.

II. Lors de la préparation du chlorure gris, nous avons vu que nous ne pouvions pas l'obtenir cristallisé, en concentrant la liqueur mère ; celle-ci devenait de plus en plus verte à mesure que la concentration augmentait. Une transformation inverse de celle du chlorure vert se produit ici : c'est le chlorure gris qui se transforme en chlorure vert.

Conséquences : 1° L'état stable d'une dissolution *étendue* de chlorure chromique est l'état bleu-violet.

2° L'état stable d'une dissolution *concentrée* est l'état vert.

3° L'état stable d'une dissolution de concentration moyenne est un état intermédiaire entre l'état vert et l'état bleu-violet ; d'autant plus rapproché du vert que la dissolution est plus concentrée.

Là est l'explication de la grande variété des dissolutions obtenues, non pas en partant du chlorure cristallisé difficile à obtenir, mais en prenant les eaux-mères provenant par exemple de la réduction des chromates en présence de HCl. Or, suivant que ces *dissolutions* étaient préparées en présence d'une plus ou moins grande quantité d'HCl, à froid ou à chaud, elles devaient présenter des propriétés contradictoires.

Il existe donc deux variétés isomériques du chlorure chromique hydraté :

Le chlorure vert et le chlorure gris.

Dissoutes dans l'eau, ces variétés constituent deux états extrêmes pouvant se transformer l'un dans l'autre en passant par tous les états intermédiaires.

La dissolution bleu-violet constituant l'état stable des dissolutions étendues, la dissolution verte, l'état stable des dissolutions concentrées.

Dans toutes ces dissolutions, quel que soit leur état, la soude employée en quantité convenable précipite un hydrate chromique qui est toujours le même $Cr^2(OH)^6$.

Ce précipité redissous immédiatement dans HCl régénère une dissolution de chlorure chromique gris, c'est-à-dire la dissolution violette.

Le chlorure gris correspond donc, sans aucun doute, au sulfate violet.

Le chlorure vert n'est qu'une modification isomérique du chlorure précédent. Modification qui n'est pas comparable à celle du sulfate vert au sulfate violet; car le chlorure vert correspond à l'hydrate $Cr^2(OH)^6$, tandis que le sulfate vert correspond à l'hydrate $Cr^2O(OH)^4$.

Chlorure modifié. — La modification du chlorure chromique par la chaleur, analogue à celle du sulfate modifié, s'obtient en chauffant par exemple une solution de chlorure vert très étendue.

La coloration devient vert sombre; mais, comme nous l'avons dit pour l'acétate chromique, la modification ne subsiste pas après le refroidissement. Tout l'acide libre se recombine et régénère le chlorure primitif.

Oxychlorure. — Nous n'avons pas rencontré, jusqu'ici, de chlorure chromique correspondant au sulfate chromique vert, c'est-à-dire donnant par les alcalis l'hydrate $Cr^2O(OH)^4$, c'est qu'on n'a pas encore réussi à le préparer.

Mais on connaît un oxychlorure répondant à la formule

$$Cr^2OCl^4$$

obtenu par l'action de l'air sur le chlorure chromeux Cr^2Cl^2. Cet oxychlorure traité par KOH donne naissance à l'hydrate

$$Cr^2O(OH)^4$$

Hydrate identique à celui que l'on obtient avec le sulfate vert. La réaction précédente en montre bien la constitution; en effet, dans Cr^2OCl^4 l'oxygène est assez stable, cet oxychlorure ne se combine pas sensiblement avec HCl en liqueur étendue.

Nous avons donc retrouvé avec les chlorures chromiques les mêmes particularités qu'avec les sulfates, et en particulier les trois hydrates chromiques. Il en serait de même avec les bromures.

Anhydrides de l'hydrate normal $Cr^2(OH)^6$

Nous venons de montrer qu'à côté de l'hydrate normal existait un anhydride incomplet de celui-ci — l'hydrate $[Cr^2O(OH)^4]$.

En effet on peut supposer qu'il dérive du précédent par l'élimination d'une molécule d'eau. Nous avons montré que l'hydrate normal était héxabasique, l'autre était tétrabasique.

Enlevons une deuxième molécule d'eau à l'hydrate normal :

$$Cr^2(OH)^6 - 2H^2O = Cr^2O^2(OH)^2, \text{ c'est un autre hydrate.}$$

Enlevons une troisième molécule d'eau

$Cr^2(OH)^6 - 3H^2O = Cr^2O^3$, ce n'est plus un hydrate, mais l'anhydride complet de $Cr^2(OH)^6$.

Ces vues théoriques ont été pleinement justifiées par M. Recoura [C. R. 1893]. La soude exerce sur l'hydrate normal une action déshydratante qui a pour effet de provoquer la formation *progressive, avec le temps*, d'anhydrides incomplets de l'hydrate $Cr^2(OH)^6$ avec élimination d'H^2O.

Leur capacité de saturation avec l'acide sulfurique justifie les formules précédentes. On arrive au composé $Cr^2O^3 + Aq$, qui n'est plus une base, il est incapable de s'unir aux acides ; les alcalis sont aussi sans action sur lui.

Résumons tous ces faits en un tableau :

Hydrates.	*Sels chromiques correspondants.*	
$Cr^2(OH)^6$	Sulfate chromique violet cristallisé. $(SO^4)^3Cr^2, 15H^2O$	
	Chlorure — gris — $Cr^2Cl^6, 13H^2O$	
	Chlorure — vert — $Cr^2Cl^6, 13H^2O$	ce dernier n'est qu'une variété isomérique du chlorure gris.
$Cr^4O(OH)^{10}$ inconnu à l'état libre	Sulfate chromique vert modifié par la chaleur $(SO^4)^5OCr^4, nH^2O$ Chlorure — — —	Le sulfate revient lentement à son état primitif. Le chlorure y revient aussitôt après le refroidissement.
$Cr^2O(OH)^4$	Sulfate chromique vert cristallisé : $(SO^4)^3Cr^2, 11H^2O$	Isomère du sulfate violet, ce n'est pas un véritable sel.
	On ne connaît pas de chlorure cristallisé correspondant, mais l'oxychlorure Cr^2OCl^4, précipite par les alcalis l'hydrate $Cr^2O(OH)^4$.	
$Cr^2O^2(OH)^2$	Obtenu par déshydratation de $Cr^2(OH)^6$. Déshydraté à son tour, il donne l'oxyde Cr^2O^3.	

Maxime Pagès.

BIBLIOGRAPHIE

La sixième édition du livre de M. P. Schutzenberger sur **les Fermentations**, qui paraît dans la *Bibliothèque scientifique internationale*, est un ouvrage entièrement nouveau et mis au courant des progrès de cette science dont les découvertes de Pasteur ont renouvelé la théorie et étendu les résultats pratiques.

La question des fermentations est une des plus intéressantes de la chimie, ses applications industrielles, agricoles, hygiéniques et médicales sont des plus innombrables.

L'ouvrage est divisé en deux parties : dans la première, l'auteur traite des fermentations attribuées à l'intervention d'un ferment organisé ou figuré, telles sont les fermentations alcoolique, visqueuse, lactique, ammoniacale, butyrique et par oxydation ; la seconde partie est consacrée aux fermentations provoquées par des produits solubles, élaborés par les organismes vivants. (1 vol. in-8° cartonné à l'anglaise, 6 fr. — Félix Alcan, éditeur.)

BACCALAURÉAT. – Nancy (Novembre 1895)

MODERNE (2ᵉ SÉRIE)

Mathématiques. — I. Définition et expression de la vitesse, à un instant donné, dans un mouvement rectiligne uniformément varié. — II. Réduction d'un nombre quelconque de forces appliquées à un corps solide, d'abord à trois forces, puis à deux. — III. Description du treuil. Conditions d'équilibre.

Problème **160.**—On donne la droite D, représentée en coordonnées rectangulaires, par l'équation

$$3y - 4x = 1$$

1º Trouver les coefficients angulaires des bissectrices des angles formés par la droite D et l'axe des y.

2º Former les équations de ces bissectrices.

Physique. — I. Loi d'Ohm. Résistance électrique; sa mesure. — II. Principe des machines magnéto et dynamo électriques. — III. Eclairage électrique. Lampes à arc. Lampes à incandescence. Canalisation électrique.

Problème **161.** — Du mercure tombant d'une hauteur de 12 m.75 s'échauffe d'un dixième de degré. On demande de déduire de cette expérience l'équivalent mécanique de la chaleur.

Quel poids de mercure faudrait-il laisser tomber dans ces conditions pour produire la quantité de chaleur nécessaire à la transformation d'un gramme d'eau à zéro en vapeur saturante à 100º?

Chaleur spécifique du mercure $= 0,03$.

Chaleur latente de vaporisation de l'eau à 100º $= 537$.

QUESTION PROPOSÉE

162. On sait que la somme des **n** premiers termes d'une progression arithmétique a pour expression

$$\frac{2a + (n - 1)r}{2} \times n.$$

Que représente cette expression, quand on donne à n des valeurs entières négatives?

Le Gérant : Dʳ H. LABONNE, licencié ès sciences.

Châteauroux. — Typ. et Stéréotyp. A. Majesté et L. Bouchardeau.

BULLETIN

DE

MATHÉMATIQUES ÉLÉMENTAIRES

CORRESPONDANCE

Extrait d'une lettre de M. Vautré.

THÉORÈME DE LA PERPENDICULAIRE AU PLAN

Si une droite OO' est perpendiculaire à deux droites O'A, O'B, passant par son pied dans un plan, elle est perpendiculaire à ce plan.

La formule de Stewart donne :

$$\overline{OA}^2.\,\overline{BC} + \overline{OB}^2.\,\overline{CA} + \overline{OC}^2.\,\overline{AB} + \overline{AB}.\,\overline{BC}.\,\overline{CA} = o$$

$$\overline{O'A}^2.\,\overline{BC} + \overline{O'B}^2.\,\overline{CA} + \overline{O'C}^2.\,\overline{AB} + \overline{AB}.\,\overline{BC}.\,\overline{CA} = o$$

On a en outre l'identité :

$$\overline{OO'}^2\,(\overline{BC} + \overline{CA} + \overline{AB}) = o$$

Retranchant les deux dernières égalités de la première :

$$(\overline{OA}^2 - \overline{O'A}^2 - \overline{OO'}^2)\,\overline{BC} + (\overline{OB}^2 - \overline{O'B}^2 - \overline{OO'}^2)\,\overline{CA} + (\overline{OC}^2 - \overline{O'C}^2 - \overline{OO'}^2)\,\overline{AB} = o$$

Or, à cause des triangles rectangles OO'A, OO'B, les deux premières parenthèses sont nulles ; la troisième l'est donc aussi, et par conséquent le triangle OO'C est rectangle en O'.

c. q. f. d.

La démonstration classique de la relation

$$F(x) = (x - a)\,f(x) + F(a),$$

critiquée par M. Blanc dans le n° 6, me semble à l'abri de toute objection.

Quand on divise un polynôme $F(x,a)$ entier en x et en a par $x - a$, on ne se préoccupe en aucune façon des valeurs numériques de x et de a ; on détermine deux polynômes $f(x,a)$ et $\varphi(a)$ tels qu'on ait identiquement

$$F(x,a) - xf(x,a) + af(x,a) - \varphi(a) = o,$$

en ce sens que les termes des quatre polynomes

$$F(x,a),\quad -xf(x,a),\quad af(x,a),\quad -\varphi(a)$$

s'entredétruisent. Donc ils s'entredétruiront encore si on remplace la lettre x par la lettre a :

$$F(a,a) - af(a,a) + af(a,a) - \varphi(a) = o ;$$

c'est-à-dire que, si on désigne par C_n, C_n', C_n'' les coefficients de a^n dans les trois polynômes

$$F(a,a), \quad af(a,a), \quad \varphi(a),$$

on a l'égalité *numérique*

$$C_n - C_n' + C_n' - C_n'' = o,$$

d'où $C_n = C_n''$. Par conséquent, les polynômes $F(a,a)$ et $\varphi(a)$ sont *identiques*.

QUESTIONS RÉSOLUES

Mathématiques.

71. *On considère un triangle ABC et une droite Δ qui coupe les côtés du triangle aux points A_1, B_1, C_1, : A_1 sur BC, B_1 sur CA, C_1 sur AB; on mène les*

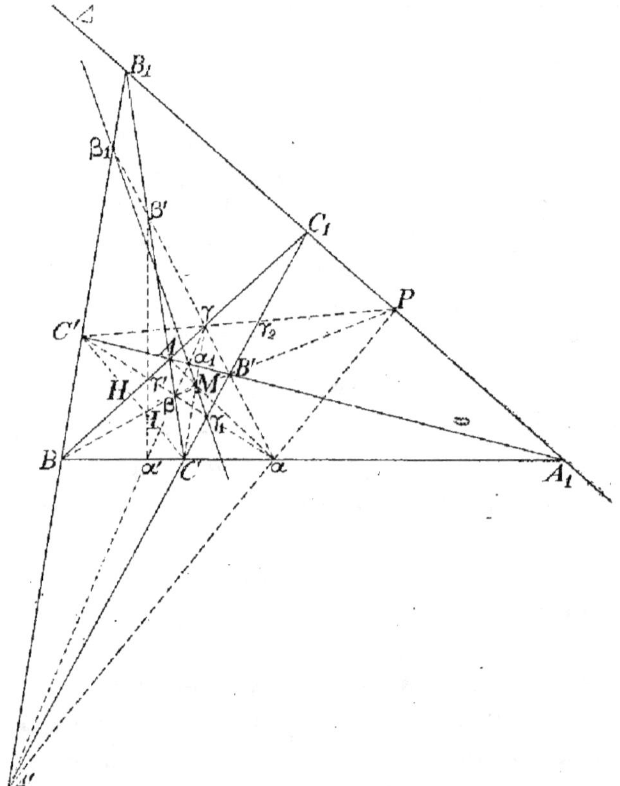

droites AA_1, BB_1, CC_1 qui forment un nouveau triangle $A'B'C''$: A' intersection de BB_1 et CC_1, B' intersection de CC_1 et AA_1, C' intersection de AA_1 et BB_1. Soit P un point quelconque pris sur Δ, on mène PA' qui coupe BC en α, PB' qui coupe CA en β, PC' qui coupe AB en γ, et on demande :

1° De démontrer que la droite $\beta\gamma$ passe par A', $\gamma\alpha$ par B', $\alpha\beta$ par C'.

2° De démontrer que les droites $A\alpha$, $B\beta$, $C\gamma$ concourent en un même point M. Trouver le lieu de M, lorsque le point P décrit la droite Δ.

3° Soient α' l'intersection de BC et de $\beta\gamma$, β' l'intersection de CA et de $\gamma\alpha$, γ' l'intersection de AB et de $\alpha\beta$. Démontrer que les trois points α', β', γ' sont en ligne droite, et que cette droite tourne autour d'un point fixe, lorsque le point P décrit la droite Δ.

4° Soient α_1 le point d'intersection de $B'C'$ et de $\beta\gamma$, β_1 celui de $C'A'$ et de $\gamma\alpha$, γ_1 celui de $A'B'$ et de $\alpha\beta$. Démontrer que les trois points α_1 β_1 γ_1 sont sur une même droite passant en M et trouver l'enveloppe de cette droite, lorsque le point P décrit la droite Δ.

C. BOURLET.

1re *Solution*

1° Considérons l'hexagone $C'B_1AC_1B'PC'$ inscrit dans la conique formée par les deux droites Δ et AA_1 ; d'après le théorème de Pascal, les points : A', intersection de B_1C' et de C_1B' ; β, intersection de B_1A et de PB' ; γ, intersection de C_1A et de PC' sont en ligne droite, donc la droite $\beta\gamma$ va passer par A'.

L'hexagone $A'C_1BA_1C'PA'$, inscrit dans la conique $(\Delta,\ BB_1)$ montre de même que $\gamma\alpha$ passe par B'.

L'hexagone $B'A_1CB_1A'PB'$, inscrit dans la conique $(\Delta,\ CC_1)$ montre de même que $\alpha\beta$ passe par C'.

2° Puisque les points A_1 (intersection de BC et de $B'C'$), B_1 (intersection de CA et de $C'A'$), C_1 (intersection de AB et de $A'B'$) sont en ligne droite sur Δ, il résulte du théorème de Pascal qu'il existe une conique Γ passant par les 3 points A, B, C, tangente en A à $B'C'$, en B à $C'A'$, en C à $A'B'$.

Soit M le point de rencontre de $C\gamma$ avec le conique Γ ; les points β, A', γ étant en ligne droite, si on considère les tangentes en B et C à la conique Γ et le quadrilatère $CABM$, le théorème de Pascal apprend que le point de rencontre M de $C\gamma$ avec la conique Γ est situé sur $B\beta$; un raisonnement analogue montrerait qu'il se trouve aussi sur $A\alpha$. Donc les trois droites $A\alpha$, $B\beta$, $C\gamma$ sont concourantes en un point M, qui décrit la conique Γ, lorsque le point P décrit la droite Δ.

3° On voit immédiatement que le triangle $\alpha\beta\gamma$ est autopolaire par rapport à la conique Γ, car α est le point de rencontre des diagonales AM, BC du quadrilatère complet $\gamma ABCM\beta$ dont les quatre sommets sont situés sur la conique.

Donc α et α' sont conjugués harmoniques par rapport à B et C,

  — β et β' — C et A,

  — γ et γ' — A et B.

On a donc :

$$\frac{\overline{\alpha'B}}{\overline{\alpha'C}} = -\frac{\overline{\alpha B}}{\overline{\alpha C}}, \quad \frac{\overline{\beta'C}}{\overline{\beta'A}} = -\frac{\overline{\beta C}}{\overline{\beta A}}, \quad \frac{\overline{\gamma'A}}{\overline{\gamma'B}} = -\frac{\overline{\gamma A}}{\overline{\gamma B}}$$

On en déduit en multipliant membre à membre :

$$(1) \qquad \frac{\overline{\alpha'B}}{\overline{\alpha'C}} \cdot \frac{\overline{\beta'C}}{\overline{\beta'A}} \cdot \frac{\overline{\gamma'A}}{\overline{\gamma'B}} = -\frac{\overline{\alpha B}}{\overline{\alpha C}} \cdot \frac{\overline{\beta C}}{\overline{\beta A}} \cdot \frac{\overline{\gamma A}}{\overline{\gamma B}}.$$

Or, les droites $A\alpha$, $B\beta$, $C\gamma$ étant concourantes, on a la relation

$$\frac{\overline{\alpha B}}{\overline{\alpha C}} \cdot \frac{\overline{\beta C}}{\overline{\beta A}} \cdot \frac{\overline{\gamma A}}{\overline{\gamma B}} = -1$$

La relation (1) devient alors :

$$\frac{\overline{\alpha'B}}{\overline{\alpha'C}} \cdot \frac{\overline{\beta'C}}{\overline{\beta'A}} \cdot \frac{\overline{\gamma'A}}{\overline{\gamma'B}} = +1$$

ce qui démontre que les points α', β', γ' sont en ligne droite.

Remarquons que AA′ est la polaire de A_1 par rapport à la conique Γ

—   BB′   — B_1 —

—   CC′   — C_1 —

Les trois points A_1, B_1, C_1 étant en ligne droite sur Δ, les trois droites AA′, BB′, CC′ concourent au pôle I de la droite Δ par rapport à la conique Γ.

β' est le pôle de la droite PB′β par rapport à Γ, car c'est l'intersection des polaires de B′ et de β.

γ' —   PC′γ —   C′ et de γ.

Donc la droite $\beta'\gamma'$ qui joint les pôles de deux droites passant par P est la polaire de P par rapport à Γ, et lorsque le point P décrit la droite Δ, la droite $\alpha'\beta'\gamma'$ passe constamment par le pôle I de la droite Δ.

4º Si l'on considère la sécante βMB, la polaire $\gamma\alpha$ de β passe évidemment par le point de rencontre β_1 des tangentes en B et M à la conique Γ ; donc β_1M est la tangente en M à la conique Γ ; on démontrerait de même que cette tangente est γ_1M ou α_1M. Donc les trois points α_1, β_1, γ_1, sont en ligne droite sur la tangente en M à la conique Γ, qui est alors l'enveloppe de la droite $\alpha_1\beta_1\gamma_1$, lorsque le point P décrit la droite Δ.

Remarque. — Si l'on appelle a, b, c les milieux respectifs des côtés BC, CA, AB du triangle ABC, les droites A′a, B′b, C′c concourent au centre ω de la conique Γ. (Les points a, b, c, ω ne sont pas marqués sur la figure pour ne pas la compliquer.)

C. FOUGE.

2ᵉ Solution

1º Le faisceau A_1 (A′C_1B′C) est harmonique, puisque CC$_1$ est une diagonale du quadrilatère complet CAC$_1$A$_1$BB$_1$ donc en le coupant par la droite A′P, on voit que α est conjugué harmonique de P par rapport à l'angle A′C′B′. De même le faisceau B_1 (A′C$_1$B′C) est harmonique ; coupé par la droite PB′, il montre que β est conjugué harmonique de P par rapport à l'angle A′C′B′.

Dans la droite $\alpha\beta$ est la polaire de P par rapport à l'angle A′C′B′ ; elle passe par suite par le point C′.

On démontrerait de la même façon que $\beta\gamma$ passe par A′ et que $\gamma\alpha$ passe par B′.

2º Le faisceau C′ (A′P B′α) est harmonique puisque la droite C′$\alpha\beta$ est la polaire de P par rapport à l'angle A′C′B′ : en le coupant par la droite AB, on voit que γ est le conjugué harmonique de γ' par rapport au segment AB.

La polaire de γ' par rapport à l'angle ACB passera donc en γ ; mais elle passe visiblement en M point de rencontre Bβ et Aα : donc les 3 droites Aα, Bβ, Cγ sont concourantes en M.

Les deux faisceaux homographiques A′P et B′P tracent sur les deux droites CB et CA deux divisions homographiques α et β : donc les deux faisceaux Aα et Bβ sont homographiques et leur point de rencontre M décrit une conique qui passe en A et B, les tangentes en ces points étant AA$_1$, BB$_1$; elle passe d'ailleurs aussi en C la tangente en ce point étant CC_1, car on aurait pu considérer les faisceaux homographiques $A\alpha$, $C\gamma$, qui se coupent en M.

3° Les points $\alpha'\beta'\gamma'$ sont les conjugués harmoniques de α, β, γ par rapport aux côtés BC, CA, AB du triangle ABC. (On l'a vu plus haut pour γ'.) D'après un théorème connu, ils sont donc en ligne droite. On aurait pu le voir en considérant les triangles homologiques ABC, $\alpha\beta\gamma$: $\alpha'\beta'\gamma'$ est leur axe d'homologie. La droite $\alpha'\beta'$ est donc la conjuguée harmonique de $\alpha\gamma'\beta$ par rapport à l'angle $C\gamma'B$: or, si on coupe le faisceau γ' $(B\alpha C\alpha')$ par la droite CC', on aura la division harmonique $CIHC'$ qui a trois points fixes, donc le quatrième I est fixe aussi : la droite $\alpha'\beta'\gamma'$ passe donc par le point fixe I, quand P décrit la droite Δ.

4° Soient α_2 β_2 γ_2 les points de rencontre des droites PA′, PB′, PC′ avec les côtés B′C′, C′A′, A′B′ du triangle A′B′C′ ;

α_1 est le conjugué harmonique de α_2 par rapport à B′C′.

β_1 est le conjugué harmonique de β_2 par rapport à A′B′.

γ_1 est le conjugué harmonique de γ_2 par rapport à C′A′.

On a vu, en effet, plus haut que la droite $C'\alpha\beta$ était la polaire de P par rapport à l'angle A′C′B′ : en coupant le faisceau C′ (A′PB′α) par la droite A′B′, la propriété indiquée pour $\gamma_1\gamma_2$ est démontrée ; pour les autres points la démonstration serait analogue.

Donc les trois points $\alpha_1\beta_1\gamma_1$ sont en ligne droite. On aurait pu le voir autrement en considérant les deux triangles homologiques A′B′C′ et $\alpha\beta\gamma$: $\alpha_1\beta_1\gamma_1$ est alors leur axe d'homologie.

Le lieu de M est une conique passant en A, B, C, les tangentes en ces points étant AA_1, BB_1, CC_1.

Considérons l'hexagone inscrit dans la conique dont les côtés consécutifs sont AB, BM, la tangente en M, MC, CA, enfin la tangente en A, soit AA_1. D'après le théorème de Pascal les points de rencontre de AB et MC, soit γ, de BM et de CA, soit β, de la tangente en M et de AA_1 sont en ligne droite ; le point de rencontre de la tangente en M et de AA_1 est donc sur la droite $\beta\gamma$; c'est α_1. On démontrerait de même que la tangente en M passe par β_1 au moyen de l'hexagone inscrit, BC, CM, tangente en M, MA, AB, tangente BB_1.

La tangente en M au lieu de M est donc bien la droite $\alpha_1\beta_1\gamma_1$.

FONDRILLON,
Surveillant général au collège de la Fère.

Autres solutions par MM. ROUGELIN et GILLET.

76. *Étant donnés deux cercles extérieurs, démontrer que la somme des tangentes aux deux cercles menées par un point situé dans la région comprise entre ces deux cercles et leurs tangentes communes extérieures est moindre que l'une de ces tangentes.*

L. G.

Soient TT′, SS′ les tangentes extérieures communes aux cercles O, O′ ; A un point situé entre TT′ et SS′ extérieurement aux deux cercles. En prolongeant les tangentes AM, AM′ jusqu'à leur rencontre avec TT′ en B et C, on peut écrire:

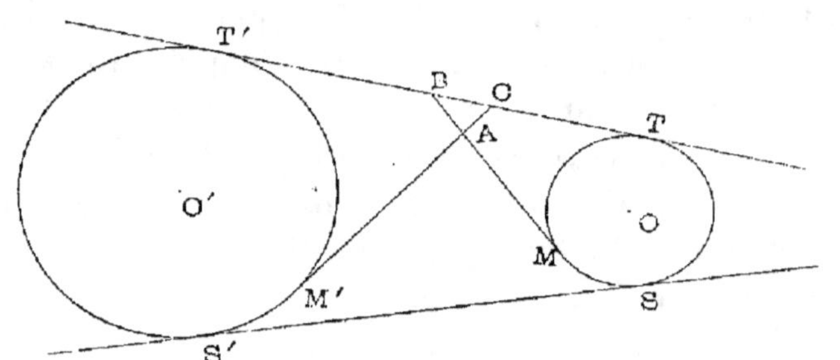

$$BT = BM,$$
$$CT′ = CM′ ;$$

ou

$$AB + AM = BC + CT,$$
$$AC + AM′ = BC + BT′.$$

En additionnant, il vient

$$AM + AM′ + AB + AC = TT′ + BC.$$

Or, dans le triangle ABC,

$$BC < AB + AC$$

Donc, pour que l'égalité précédente soit vérifiée, il faut que

$$AM + AM′ < TT′ \qquad \text{c. q. f. d.}$$

H. Burtz (lycée de Carcassonne).

83. *On mène à une ellipse de grand axe 2a et de petit axe 2b une tangente quelconque qui coupe en C et D les tangentes menées à la courbe, aux extrémités A et B du grand axe. 1° Montrer que le produit* $AC \times BD$ *est constant. 2° Indiquer entre quelles limites peut varier l'aire du trapèze* **ACBD**.

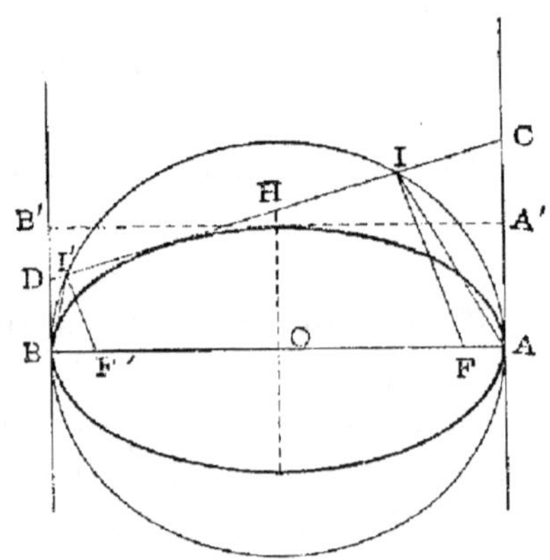

Les projections I et I′ des foyers F et F′ sur la tangente variable sont sur la circonférence du cercle principal de l'ellipse. Les deux quadrilatères AFIC et BF′I′D sont inscriptibles comme ayant chacun deux angles droits opposés et ont leurs angles égaux, chacun à chacun : les angles BDI′ et AFI par exemple, sont égaux, comme admettant tous deux comme supplément l'angle ACI ; car $\widehat{BDI′}$ et $\widehat{ACI}$ occupent les positions d'angles intérieurs par rapport aux parallèles AC, DB et $\widehat{AFI}$ et $\widehat{ACI}$ sont opposés dans le quadrilatère inscriptible AFCI.

Les angles BAI et DI′B sont égaux, parce qu'ils ont tous deux même mesure que la moitié de l'arc BI′I du cercle principal. Alors les triangles AFI et DBI′ sont semblables et

$$\frac{DB}{FI} = \frac{BI′}{AI}.$$

On démontrerait de même la similitude des triangles AIC et BI′F′, d'où :

$$\frac{BI′}{AI} = \frac{F′I′}{AC}.$$

En comparant ces deux égalités, on a

$$FI \times F'I' = BD \times AC$$

Or, on sait que le produit $FI \times F'I'$ est constant et égal à b^2. Donc

$$BD \times AC = b^2 \qquad \text{(c.q.f.d.)}$$

2° Le trapèze ABDC a une hauteur constante $2a$. Sa surface est donc égale à $a(BD + AC)$, et varie proportionnellement à la somme $AC + BD$. Les deux quantités AC, DB sont assujetties à avoir un produit constant. L'algèbre nous apprend que, cette condition étant remplie, la somme $AC + BD$ passera par son minimum quand

$$AC = BD = \sqrt{BD \times AC} = b.$$

Le problème n'admet pas de maximum : on peut, en rendant un des facteurs du produit constant très petit, faire croître l'autre au-delà de toute limite, et par conséquent rendre la somme infiniment grande.

Ces résultats algébriques sont vérifiés par l'étude de la figure. En menant par le centre de l'ellipse la perpendiculaire au grand axe, on obtient la droite OH, comprise entre le grand axe et la tangente. On sait que la surface du trapèze peut s'écrire $2a \times OH$. On voit que OH passe par son minimum quand le point H est sur l'ellipse, c'est-à-dire lorsque la tangente CD rencontre la courbe à l'extrémité du petit axe. Alors $OH = b$, et la surface du trapèze est égale à $2ab$. On voit d'autre part que, si le point de contact se rapproche de A ou de B, la droite OH augmente indéfiniment, et avec elle la surface du trapèze.

H. BURTZ (lycée de Carcassonne).

Autres solutions par MM. BOUIGES, DUPONT, FRANTZ, PERRET (lycée de Lyon), SIMOND et BERTHIER.

88. *Soient A et B deux points fixes situés sur un cercle donné, C un point quelconque de ce cercle, D le symétrique de C par rapport à la droite AB ; on mène DE parallèle à AB et égal à 2AB. Trouver le lieu décrit par la projection du point E sur la droite BD quand le point C décrit le cercle donné.*

L. G.

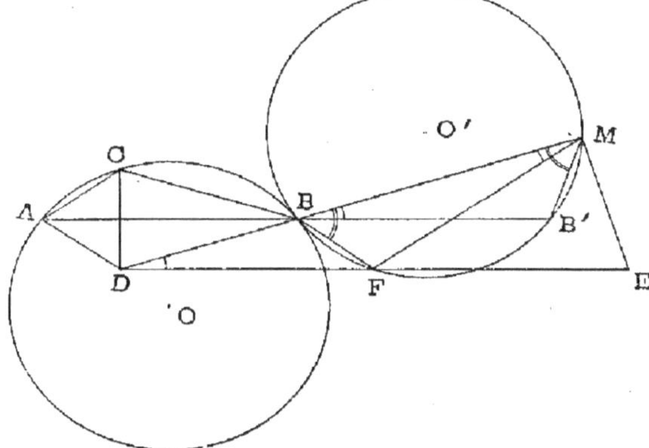

Soient A et B les points donnés, O le cercle donné, M un point du lieu.

En supposant que le point C coïncide avec le point A, on voit facilement que le point B', situé sur le prolongement de AB et à une distance de A égale à 2AB, appartient au lieu.

I. Supposons le point C *au-dessus* de AB.

Joignons les points B et M au milieu F de DE. Dans le triangle rectangle DME, MF est la médiane correspondant à l'hypoténuse ; on a donc :

$$MF = \frac{DE}{2} = DF.$$

Le triangle DMF étant isocèle, les angles en M et D de ce triangle sont égaux. De plus, les angles MBB' et MDF sont égaux comme correspondants ; on en conclut l'égalité des angles MBB' et BMF.

Or :

$$BB' = DF = MF.$$

Les deux triangles BMF et BB'M sont alors égaux, car ils ont un angle égal compris entre côtés égaux chacun à chacun. Les angles $\widehat{BMB'}$ et $\widehat{MBF}$ le sont donc aussi. Or $\widehat{MBF}$ a pour supplément l'angle $\widehat{DBF}$, ou $\widehat{ADB}$, ou $\widehat{ACB}$; comme $\widehat{ACB}$ est constant, $\widehat{BMB'}$ l'est aussi.

Le lieu du point M pour tous les points situés au-dessus de AB est donc le segment capable du supplément de l'angle ACB, construit sur BB'.

II. En supposant le point C *au-dessous* de AB, on verrait de même que le lieu du point M est le segment capable de l'angle $\widehat{ACB}$ lui-même ; c'est donc la partie inférieure de la circonférence O'.

En résumé le lieu géométrique du point M, pour un point quelconque C de la circonférence donnée, est une circonférence construite sur BB' et qui est formée par les segments capables de l'angle ACB et de son supplément.

On voit de plus que cette circonférence est égale à la circonférence donnée.

Paul Bouiges (collège de Mauriac).

95. *On donne un triangle A BC dans lequel on connaît les trois côtés a, b, c. Supposons b > c, on partage le triangle en deux parties équivalentes au moyen d'une perpendiculaire HK à la base BC ; on demande de calculer à quelle distance CH du point C sera le pied H de cette perpendiculaire. On demande aussi d'indiquer une construction géométrique.*

On supposera : BC = 40ᵐ ; CA = 37ᵐ ; AB = 13ᵐ.

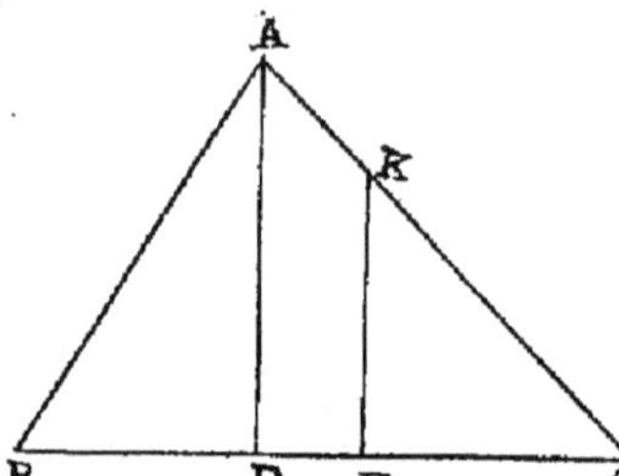

Soit HK la perpendiculaire cherchée.

Les triangles CHK et CAB ayant un angle commun sont entre eux comme les produits des côtés que comprennent cet angle, et l'on peut écrire :

$$\frac{CHK}{CAB} = \frac{CH \times CK}{CB \times CA} = \frac{1}{2} \qquad (1)$$

D'ailleurs, si l'on abaisse la hauteur AD, les triangles semblables CAD et CHK donnent :

$$\frac{CK}{CA} = \frac{CH}{CD} \qquad (2)$$

Des proportions (1) et (2), on tire :

$$\frac{\overline{CH}^2}{CB \times CD} = \frac{1}{2}$$

D'où

$$\overline{CH}^2 = \frac{CB}{2} \times CD,$$

c'est-à-dire que CH est une moyenne proportionnelle entre $\frac{CB}{2}$ et CD : longueur facile à construire.

Application numérique. — En vertu du théorème :

Le carré d'un côté d'un triangle opposé à un angle aigu est égal à la somme des carrés des deux autres côtés, diminué du double produit de l'un des deux autres côtés par la projection de l'autre sur lui.

Le triangle ABC donne :

$$c^2 = a^2 + b^2 - 2a \times DC$$

d'où l'on tire :

$$CD = \frac{a^2 + b^2 - c^2}{2a} = 35.$$

Par suite :

$$CH = \sqrt{\frac{40 \times 35}{2}} = 26^m,46.$$

L. BRIQUELER (lycée de Belfort).

Autres solutions par MM. BOUIGES, GILLET.

97. *On considère tous les triangles ABC dont le côté BC est fixe et constant, et on prend sur CA deux points B' et B'' et sur AB deux points C' et C'' tels que*

$$\overline{AB''} = - \overline{CB'} = n.\overline{CA},$$
$$\overline{BC''} = - \overline{AC'} = n.\overline{AB},$$

n étant un nombre quelconque. Démontrer que les droites B'C' et B''C''' coupent la droite BC en deux points fixes A' et A''.

E. LEBON.

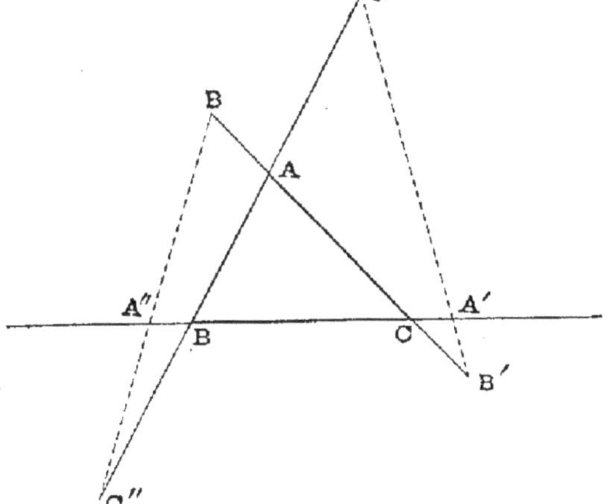

Soit ABC un triangle ; BC le côté fixe. C', C'', B' et B'' quatre points répondant à l'énoncé.

Joignons C'B' et soit A' le point d'intersection de cette droite avec BC.

D'après le théorème de Ménélaüs nous avons :

$$\frac{C'A}{C'B} \times \frac{A'B}{A'C} \times \frac{B'C}{B'A} = 1$$

Or, par hypothèse :

$$C'A = n.AB$$
$$B'C = n.CA.$$

D'après un théorème connu nous avons de plus :

$$AC' + C'B + BA = o$$
$$CB' + B'A + AC = o$$

On tire de là :

$$C'B = AB + C'A,$$
$$B'A = CA + B'C.$$

En remplaçant les quantités C'A, C'B, B'C et B'A par leurs valeurs dans l'équation (1), il vient :

$$\frac{n.AB}{AB\,(n+1)} \times \frac{A'B}{A'C} \times \frac{n.CA}{CA\,(n+1)} = 1$$

d'où :

$$\frac{A'B}{A'C} = \frac{(n+1)^2}{n^2}$$

Comme le rapport $\dfrac{(n+1)^2}{n^2}$ est fixe et que les points B et C le sont aussi, il s'ensuit que A' est lui-même fixe. Remarquons que le rapport $\dfrac{A'B}{A'C}$ est positif comme $\dfrac{(n+1)^2}{n^2}$: le point A' ne peut donc se trouver entre les points B et C.

On démontrerait de la même façon le théorème pour les points B″ et C″.

Paul BOUIGES (collège de Mauriac).

110. *On considère deux cercles variables tangents l'un à une droite fixe en un point donné A, l'autre à une autre droite fixe en un point donné B. Si l'un des points d'intersection de ces deux cercles décrit un cercle passant par A et B, quel est le lieu décrit par l'autre point d'intersection ?*

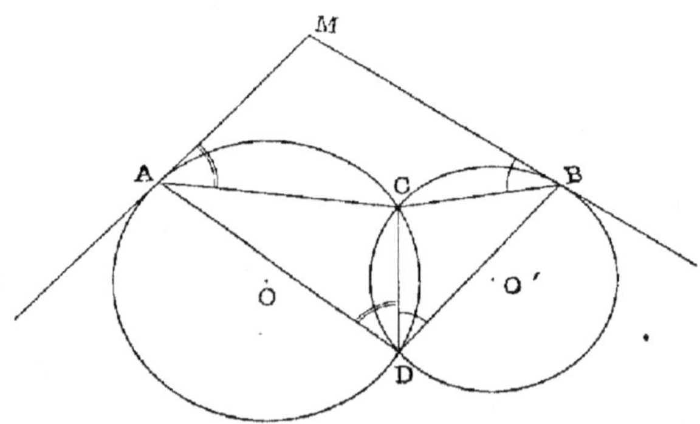

Soient MA et MB les droites fixes ; C et D les points d'intersection des cercles O et O' ; joignons le point D aux points A, C et B.

Les angles MBC et BDC sont égaux car ils ont même mesure ; il en est de même des angles $\widehat{MAC}$ et $\widehat{ADC}$.

On a donc :

$$\widehat{MAC} + \widehat{MBC} = \widehat{ADC} + \widehat{CDB} = \widehat{ADB}.$$

Comme par hypothèse le point C décrit une circonférence passant par les points A et B, l'angle $\widehat{ACB}$ est constant; l'angle M l'est aussi par hypothèse. Il en est évidemment de même de la somme $\widehat{MAC} + \widehat{MBC}$ qui est égale à (4 dr. $- \widehat{M} - \widehat{C}$); $\widehat{ADB}$ est donc lui-même constant.

Le lieu géométrique du point C est donc le segment capable de l'angle égal à (4 dr. $- \widehat{M} - \widehat{C}$) et décrit sur la droite AB.

Paul BOUIGES (collège de Mauriac).

114. *Soient A', B', C' les milieux des trois côtés BC, CA, AB d'un triangle ABC; sur la droite $B'C'$ on prend un point quelconque α; on mène $B\alpha$ qui rencontre $A'B'$ en γ, et $C\alpha$ qui rencontre $A'C'$ en β. Démontrer que les trois droites $A\alpha, B\beta, C\gamma$ sont parallèles et que les trois points A, B, γ sont en ligne droite.*

Prolongeons la droite $B'C'$ jusqu'aux points D et E où elle rencontre les deux droites $B\beta$ et $C\gamma$.

1° Dans les deux triangles $B\gamma A'$ et $A'\gamma C$, on a

$$(1) \qquad \frac{B'E}{A'C} = \frac{\gamma B'}{\gamma A'} = \frac{\alpha B'}{A'B};$$

Or, comme par hypothèse $A'C$ égale $A'B$, on a l'égalité

$$(2) \qquad B'E = \alpha B'.$$

Comme AB' égale $B'C$, par hypothèse, et que les angles $\alpha B'A$ et $EB'C$ sont égaux comme opposés par le sommet, les deux triangles $A\alpha B'$ et CEB', ayant un angle égal compris entre deux côtés égaux chacun à chacun, sont égaux, et l'on a

$$(3) \qquad \widehat{\alpha AB'} = \widehat{B'CE} :$$

égalité qui démontre que les deux droites $A\alpha$ et $C\gamma$ sont parallèles.

On démontrerait de la même manière que les deux droites $B\beta$ et $A\alpha$ sont parallèles.

2° Les deux triangles $BDC', \gamma EB'$ sont semblables comme ayant leurs côtés parallèles; donc

$$\frac{DC'}{EB'} = \frac{BC'}{\gamma B'};$$

ou, comme $BC' = C'A$.

$$\frac{DC'}{EB'} = \frac{C'A}{\gamma B'}. \qquad (4)$$

De même, les deux triangles $\beta DC', A\alpha B'$ sont semblables; donc

$$\frac{DC'}{\alpha B'} = \frac{\beta C'}{AB'};$$

et, comme $\alpha B' = EB'$ en vertu de l'égalité (2), on a

$$\frac{DC'}{EB'} = \frac{\beta C'}{AB'}. \qquad (5)$$

D'où, en comparant les égalités (4) et (5),

$$\frac{AC'}{\gamma B'} = \frac{\beta C'}{AB'}. \qquad (6)$$

mais les angles $\beta C'A$ et $AB'\gamma$ sont égaux comme ayant leurs côtés parallèles et de même sens. Donc les triangles $\beta C'A$ et $AB'\gamma$ sont semblables comme ayant un angle égal compris entre côtés proportionnels. Donc les angles $C'\beta A$ et $B'A\gamma$ sont égaux.

D'ailleurs l'angle $C'AB'$ est égal à l'angle $AC'\beta$, comme alternes internes.

On en conclut que la somme des trois angles $\beta AC', C'AB', B'A\gamma$ est égale à la somme des trois angles du triangle $AC'\beta$, c'est-à-dire égale à deux angles droits. Donc enfin les droites βA et $A\gamma$ sont dans le prolongement l'une de l'autre.

c. q. f. d.

Th. ANDREU (lycée de Carcassonne).

Autre solution par M. FONDRILLON.

———

Physique.

103. *Dans quelles proportions en volume faut-il mélanger l'air et le gaz carbonique pour qu'un litre de ce mélange à $t°$ sous la pression H pèse p? Le litre d'air pèse a dans les conditions normales. La densité du gaz carbonique est d.*

Soit v le volume du gaz carbonique, le volume v' de l'air sera $1-v$.

Le poids d'1 litre du mélange étant p, on a en appliquant la formule du poids des volumes gazeux :

$$p = vda \frac{H}{76} \frac{1}{1 + \alpha t} + (1-v) a \frac{H}{76} \frac{1}{1 + \alpha t}$$

ou :

$$v (d - 1) = p \frac{76 (1 + \alpha t)}{aH} - 1$$

$$v (d - 1) = \frac{76 p (1 + \alpha t) - aH}{aH}$$

d'où :

$$v = \frac{76 p (1 + \alpha t) - aH}{aH (d - 1)}$$

De même :

$$v' = \frac{aHd - 76 p (1 + \alpha t)}{a H (d - 1)}$$

d'où :

$$x = \frac{v'}{v} = \frac{aHd - 76 p (1 + \alpha t)}{76 p (1 + \alpha t) - aH}$$

Paul CHANAY.

Autre solution par M. BOUIGES.

BIBLIOGRAPHIE

A. Béhal, *Traité de chimie organique d'après les théories modernes*, t. I. -- Paris, Octave Doin, 1896.

La nécessité d'un tel ouvrage se faisait sentir, car les idées nouvelles sur ce sujet étaient éparses dans les revues et les traités spéciaux. Condenser ces idées et les présenter sous une forme didactique, c'est faciliter beaucoup le travail de l'étudiant, c'est consacrer d'une façon définitive l'enseignement oral qu'il reçoit. M. A. Béhal, professeur à l'école supérieure de pharmacie, par l'autorité attachée à son nom, a été bien inspiré en faisant paraître un traité de chimie ainsi conçu. A côté des théories modernes, une place est réservée aux idées admises antérieurement ; leur différence est mise en évidence, ce qui est un point très important pour ceux qui avaient suivi ces dernières. Précisons ces remarques par une analyse succincte de l'ouvrage.

Introduction. — L'analyse d'un corps organique, et le dosage des éléments constitutifs, sont les premières opérations à effectuer pour définir celui-ci. De nombreuses méthodes sont employées, l'auteur en a fait un choix judicieux et restreint ; celles-ci ne présentant entre elles que des modifications de détail. La composition centésimale d'un corps étant connue, il faut pour le caractériser complètement, déterminer le *poids de sa molécule,* chercher ensuite la *fonction* qu'il joue en chimie organique. Les premières méthodes physiques qui ont servi à déterminer *les poids moléculaires* sont brièvement exposées, l'auteur a développé par contre les méthodes récentes telles que la *Cryoscopie,* la *Tonométrie,* etc., il les a fait suivre d'une critique des unes et des autres. L'étude des groupements fonctionnels nous donne un coup d'œil d'ensemble de la chimie organique. Bien souvent le lecteur égaré dans les détails de cette science si vaste, viendra préciser ses idées, dans ce chapitre exposé avec une clarté remarquable. L'impossibilité de représenter graphiquement dans un plan, la constitution de tous les isomères connus, a donné naissance à la *Stéréochimie.*

Cette branche nouvelle de la chimie organique est exposée simplement mais aussi complètement que possible. L'auteur conclut cependant que la formule plane étant plus simple, sera employée dans cet ouvrage, sauf dans les cas d'*isomérie stéréochimique.* Un index placé à la fin de la table, indique les cas où cette nouvelle représentation a été employée. Grâce à lui, après l'exposé général dont nous venons de parler on peut en étudier les applications, ce qui forme un ensemble complet de cette théorie.

Ire *partie.* — *Série acyclique.* — Une nouvelle nomenclature chimique a été adoptée par le congrès de Genève (1892). L'auteur, qui en faisait partie, en résume l'utilité en quelques mots :

« Les noms donnés indiquent toute la constitution des corps, et de plus, ce qui est peut « être la seule raison qui ait conduit à créer la nouvelle nomenclature, on ne peut les « construire que d'une seule façon ». Au début de l'étude de chaque fonction, on trouve la nouvelle nomenclature et l'ancienne, de même on trouve les synonymes des corps, afin de faciliter le travail à ceux qui s'en servaient auparavant.

Le plan de l'ouvrage se déduit de la nomenclature adoptée, il en est une conséquence. Après l'étude des fonctions simples et des termes qui les composent, nous passons aux fonctions dérivées de celles-ci, puis aux fonctions complexes, ou associations de fonctions.

Parmi ces dernières, le groupe des *sucres* a reçu un développement en rapport avec l'importance qu'il a acquise récemment.

On a exposé l'admirable travail de Fischer qui a servi, non seulement à créer de toute pièce ce groupe des *sucres* ; mais qui a consacré d'une façon définitive la théorie stéréochimique.

Il nous reste à exprimer le vœu que la fin de l'ouvrage paraisse au plus tôt. L'étudiant et le futur chimiste et les professeurs, auront alors un guide précieux dans leurs études.

Nous devons mentionner la parfaite exécution typographique de cet ouvrage, ce qui lui donne un attrait de plus.

L'ingénieur civil, Journal bi-mensuel d'application et de vulgarisation des découvertes plus récentes ; *le seul* qui publie les résumés de *tous* les brevets d'invention. H. ALEXANDRE, ingénieur des arts et manufactures, directeur, 49, rue Montorgueil, Paris. — Abonnements : France et Alsace-Lorraine, un an, 18 fr. ; six mois, 10 fr. Étranger, un an, 21 fr. ; six mois, 12 fr.

L'idéal pour le savant, le commerçant, l'industriel est de se tenir au courant de tous les progrès, sans être obligé de perdre un temps précieux à lire de nombreuses publications techniques qui lui décrivent longuement quelques nouveautés, *mais pas toutes*.

C'est ce qu'a si bien compris notre excellent confrère l'*Ingénieur civil*, qui a eu l'heureuse idée d'établir un résumé de chaque brevet d'invention et de publier, sous forme de supplément, tous ces résumés, méthodiquement rangés par classes et catégories bien définies.

En effet, tout ce qui constitue une nouveauté et un progrès est l'objet d'un brevet d'invention.

On voit donc tout de suite les immenses services qu'est appelée à rendre une telle collection de renseignements. Après avoir regardé une fois pour toutes, dans le supplément de l'*Ingénieur civil*, la classe et la catégorie où se trouvent groupés les sujets qui l'intéressent, le lecteur n'a qu'à y jeter un coup d'œil tous les quinze jours et à lire une centaine de lignes au plus pour avoir un aperçu *exact et complet* de tout ce qui vient d'être créé de nouveau concernant lesdits sujets.

Il y a d'ailleurs longtemps que les gouvernements étrangers nous ont devancé dans cette voie en publiant eux-mêmes officiellement le résumé de tous les brevets d'invention qu'ils délivrent. Grâce à l'*Ingénieur civil*, nous n'avons plus rien à leur envier de ce côté, et nous sommes persuadés que tous nos lecteurs nous sauront gré de leur avoir signalé cette utile publication appelée à leur rendre tant de services.

ÉCOLE DE PHYSIQUE ET DE CHIMIE INDUSTRIELLES DE PARIS (1895)

Mathématiques. — I. Etablir de façon concise les règles de la multiplication et de la division des fractions à deux termes.

II. Résoudre l'équation du second degré

$$\frac{1}{x-1} + \frac{2}{x-2} + \frac{3}{x-3} - \frac{6}{x+6} = 0.$$

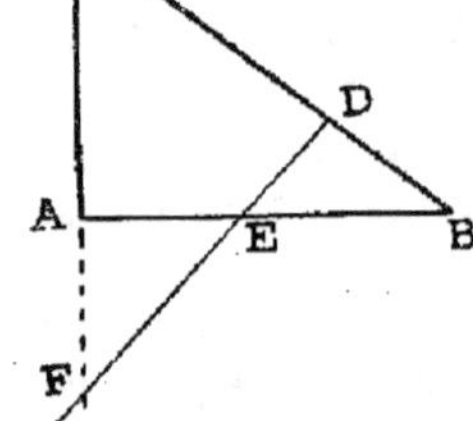

III. En un point D de l'hypoténuse BC d'un triangle rectangle ABC, on élève une perpendiculaire qui coupe l'un des côtés de l'angle droit et le prolongement de l'autre aux points E et F.

1° Démontrer la relation DB $\times$ DC $=$ DE $\times$ DF.

2° Construire la perpendiculaire DEF satisfaisant :

A la condition DE $\times$ DF $= k^2$;

A l'égalité des triangles BDE et AEF. Quel est dans ce cas le rapport de l'aire d'un de ces triangles à l'aire du triangle donné ?

3° Lorsqu'on fait varier la position de la perpendiculaire DEF, quels sont les décrits par les centres des circonférences circonscrites aux triangles BDE et AEF, ainsi qu'au quadrilatère ACDE ?

Physique. — I. On donne un siphon constitué par un tube deux fois coudé à angle droit. Ce siphon est complètement rempli d'huile. L'extrémité de la petite branche plonge dans une cuve remplie de mercure. L'extrémité de la grande branche plonge dans un vase rempli d'huile.

L'appareil étant abandonné à lui-même, que va-t-il se passer ? Soit L la longueur de la grande branche, depuis le niveau de l'huile jusqu'à la branche horizontale. Soit l la longueur de la petite branche depuis le niveau du mercure jusqu'à la branche horizontale.

On traitera le problème numériquement :

1° pour L $=$ 4^m, $l = 0^m,50$;
2° pour L $=$ 9^m, $l = 0^m,50$;
3° pour L $=$ 13^m, $l = 1^m$.

Densité du mercure 13,6. Densité de l'huile 0,9.

Pression atmosphérique, $0^m,75$ de mercure.

On suppose que le niveau de l'huile et du mercure sont maintenus constants dans la cuve et dans le vase.

II. Mesure des coefficients de dilatation des gaz.

Chimie. — I. Faire l'historique du cyanogène et de ses principaux dérivés.

II. On traite 0,1 gr. de sulfure d'antimoine par un excès d'acide chlorhydrique concentré.

Le gaz formé, séché, et débarrassé des vapeurs chlorhydriques, est recueilli sur le mercure et mélangé à 10 fois son volume d'air atmosphérique mesuré à 0° et à 760 de pression. Le mélange est enflammé au moyen d'une étincelle électrique.

On demande la composition qualitative et quantitative du résidu gazeux séché à nouveau.

$$Sb = 120, \qquad S = 32, \qquad H = 1, \qquad O = 16.$$

Densité de l'hydrogène par rapport à l'air.............................. 0,0694
Poids d'un litre d'air.. $1gr293$

QUESTIONS PROPOSÉES

163. Deux mobiles se meuvent sur une droite AB dans le sens AB et partent en même temps, l'un du point A, l'autre du point B.

Le premier parcourt

20 mètres pendant la 1re seconde,
25   — 2° —
30   — 3° —
. . . .
$15 + 5n$ — n^e —

Le second parcourt

44 mètres pendant la 1re seconde,
48   — 2e —
. . . .
$40 + 4n$ — n^e —

La distance AB est égale à 78 mètres.

On demande au bout de combien de temps les mobiles se rencontreront. Interpréter la solution négative.

(*Baccalauréat*, Lyon.)

164. On considère un quadrilatère ABCD inscrit dans un demi-cercle de diamètre AD $= 2R$. On demande de calculer les trois côtés AB, BC, CD, sachant que ces côtés sont en progression arithmétique, que leur somme est égale à une longueur donnée $3a$ et connaissant le rayon R du cercle.

Indiquer les conditions de possibilité du problème.

(*Periodico di Matematica*.)

165. Soient AB, A'B' deux portions de droites ; C et C' leurs milieux. On mène par A, B, C des perpendiculaires à AB ; puis par A', B', C' des perpendiculaires à A'B', qui rencontrent les trois premières perpendiculaires en D, E, F respectivement. Démontrer que les cercles circonscrits aux trois triangles ADA', BEB', CFC' ont même axe radical.

L. G.

BACCALAURÉAT. — Montpellier (juillet 1895)

ENSEIGNEMENT CLASSIQUE ET ENSEIGNEMENT MODERNE. LETTRES-MATHÉMATIQUES

Au choix. — α. Démontrer que si un nombre divise un produit de deux facteurs et est premier avec l'un d'eux, il divise l'autre. — β. Exposer et démontrer la condition nécessaire et suffisante pour qu'une fraction ordinaire puisse être réduite en fraction décimale. — γ. Définition et extraction de la racine carrée d'une fraction à $\frac{1}{7}$ pris par défaut en supposant comme l'extraction de la racine carrée d'un nombre entier à une unité près.

Problème obligatoire. — **166.** Etant donné sur une sphère un grand cercle et le diamètre AB perpendiculaire au plan de ce grand cercle, déterminer sur ce diamètre un point M tel que le double de l'aire plane du petit cercle de la sphère qui a pour centre le point M, augmenté du quintuple de la surface latérale du cône qui a M pour sommet et C pour base soit égale à $\pi m R^2$, m étant un nombre donné et R le rayon de la sphère. On prendra pour inconnue la longueur de l'arête du cône.

Physique. — 1° Condensation électrique. Notions sur les capacités électriques. — 2° Lois de l'induction par les courants et par les aimants. — 3° Action des courants sur les courants, solénoïdes.

Problème obligatoire. — **167.** Une chambre de 120 mc. de capacité est remplie d'air saturé d'humidité à la température de 15°. Calculer le poids de l'eau qui se déposera quand la température s'abaissera à zéro.

Tension maximum de la vapeur d'eau à 15°		12^{mm}7
— —	0°	4^{mm}7
Densité de la vapeur d'eau		0,622
Poids d'un litre d'eau à 0° et 760		1 gr. 293

$$\alpha = 0,00367$$

Le Gérant : Dr H. LABONNE, licencié ès sciences.

Châteauroux. — Typ. et Stéréotyp. A. MAJESTÉ et L. BOUCHARDEAU.

BULLETIN

DE

MATHÉMATIQUES ÉLÉMENTAIRES

PROCÉDÉ PRATIQUE POUR LA RECHERCHE DU PLUS PETIT MULTIPLE COMMUN DE PLUSIEURS NOMBRES

Voici un procédé pour la recherche du p. p. m. c. de plusieurs nombres. Ce procédé que je ne crois pas très répandu sera surtout utile aux enfants qui veulent apprendre la réduction des fractions au plus petit dénominateur commun. Le tableau suivant, qui n'est autre chose que la recherche du p. p. m. c. des nombres 48, 64, 72 nous dispensera de toute explication.

48	—	64	—	72		2
24	—	32	—	36		2
12	—	16	—	18		2
6	—	8	—	9		2
3	—	4	—	9		2
3	—	2	—	9		2
3	—	1	—	9		3
1	—	1	—	3		3
1	—	1	—	1		

Le p. p. m. c. n'est autre que le produit des facteurs premiers qui se trouvent à droite de la ligne verticale.

$$\text{P. p. m. c.} = 2^6 \times 3^2.$$

P. Fondrillon,
Surveillant général au Collège de la Fère

QUESTIONS RÉSOLUES

Mathématiques.

71. *On considère un triangle fixe ABC et une droite fixe Δ qui coupe les côtés BC, CA, AB aux points A_1, B_1, C_1. On joint AA_1, BB_1, CC_1. Les 3 droites ainsi obtenues forment un triangle $A'B'C'$ (A' est le point d'intersection de BB_1*

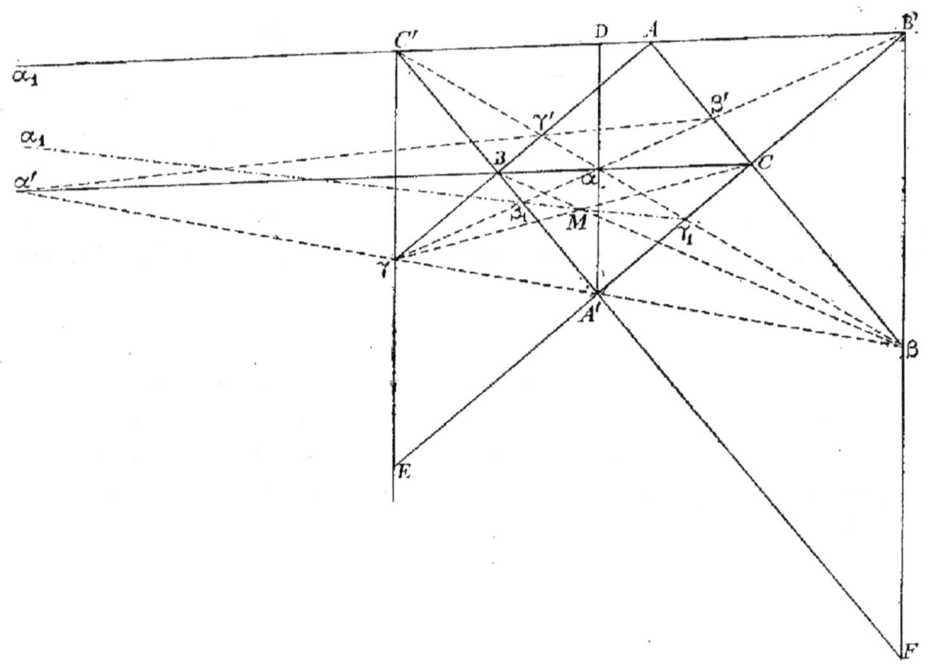

et CC_1, B' celui de AA_1 et CC_1, C' celui de AA_1 et BB_1). Soit P un point quelconque de Δ. On joint PA' qui coupe BC en α, PB' qui coupe CA en β, PC' qui coupe AB en γ.

1° Démontrer que la droite $\beta\gamma$ passe par A', $\gamma\alpha$ par B', $\alpha\beta$ par C'.

2° Démontrer que les trois droites $A\alpha$, $B\beta$, $C\gamma$ sont concourantes en un point M et trouver le lieu de ce point de concours M lorsque P décrit la droite Δ.

3° Soient α' le point d'intersection de BC et $\beta\gamma$, β' celui de CA et $\gamma\alpha$, γ' celui de AB et $\alpha\beta$, démontrer que les trois points α', β', γ' sont en ligne droite et que cette droite tourne autour d'un point fixe, quand P décrit la droite Δ.

4° Soient α_1 le point d'intersection de $B'C'$ et $\beta\gamma$, β_1 le point d'intersection de $C'A'$ et de $\gamma\alpha$, γ_1 celui de $A'B'$ et $\alpha\beta$, démontrer que les trois points α_1, β_1, γ_1 sont en ligne droite et que cette ligne droite est la tangente en M au lieu de ce point.

Voir deux autres solutions dans le n° 15 (1er mai) du *Bulletin de mathématiques élémentaires*.

3° *Solution.* Toutes les propriétés dont il est question dans ce problème étant projectives, il nous suffira de les démontrer pour une quelconque des projections de la figure. Faisons une perspective de la figure de manière que la droite Δ ait sa perspective à l'infini.

Les points A_1, B_1, C_1 sont alors les points à l'infini des côtés BC, CA, AB du triangle donné ; les droites AA_1, BB_1, CC_1, les parallèles aux droites BC, CA, AB menées respectivement par A, B, C.

Les droites qui joignent le point P aux points A', B', C' deviennent des parallèles menées par ces mêmes points puisqu'elles doivent concourir à l'infini.

Cela posé, prolongeons A'α jusqu'à sa rencontre en D avec B'C', A'B' jusqu'à sa rencontre en E avec C'γ ; les parallèles BC et B'C' forment sur les sécantes A'C' et A'D des segments proportionnels et comme B est le milieu de A'C', α sera le milieu de A'D.

De même, γ est le milieu de C'E puisque Bγ et A'B' sont parallèles et que B est le milieu de A'C'.

Les trois droites C'B', $\gamma\alpha$ et EA' forment sur les deux parallèles EC' et A'D des segments proportionnels, elles sont donc concourantes. Ce qui indique que les trois points γ, α, B' sont en ligne droite.

On démontrerait de la même façon la même propriété pour les points $(\alpha\beta C')$, $(\beta\gamma A')$.

2° D'après le théorème de Céva, pour démontrer que les 3 droites Aα, Bβ, Cγ sont concourantes, il nous suffira d'établir la relation :

$$\frac{\alpha B}{\alpha C} \times \frac{\beta C}{\beta A} \times \frac{\gamma A}{\gamma B} = -1$$

Si α est entre B et C, β et γ seront sur les prolongements de AC et de AB, si α est sur le prolongement de BC un seul des points β ou γ est sur le côté correspondant de ABC, l'autre est sur le prolongement. Par conséquent la relation précédente est vraie en signe, il suffit de la démontrer en grandeur.

$$\frac{\beta C}{\beta A} = \frac{\alpha C}{C'A} = \frac{\alpha C}{BC}$$

puisque AC' et αC sont parallèles [1].

$$\frac{\gamma A}{\gamma B} = \frac{B'A}{\alpha B} = \frac{CB}{\alpha B}$$

puisque AB' est parallèle à Bα.

d'où

$$\frac{\alpha B}{\alpha C} \times \frac{\beta C}{\beta A} \times \frac{\gamma A}{\gamma B} = \frac{\alpha B}{\alpha C} \times \frac{\alpha C}{BC} \times \frac{CB}{\alpha B} = 1$$

A chaque point α comprend d'après la construction un seul point β. Les points α et β forment donc sur BC et AC, deux divisions homographiques ; les fais-

---

[1] Le parallélisme de ces deux droites prouve qu'on a, en grandeur et en signe : $\frac{\beta C}{\beta A} = \frac{\alpha C}{C'A}$. Il est donc inutile de se préoccuper de la position des points α, β, γ sur les trois côtés du triangle. *Note de la Rédaction.*

ceaux $(A\alpha)$ et $(B\beta)$ sont alors homographiques et le point M qui est commun à deux rayons homologues engendre une conique passant par les points A et B.

La tangente en A est l'homologue de BA considérée comme faisant partie du faisceau $(B\beta)$. Pour que $B\beta$ coïncide avec BA il faut que β soit en A, de sorte que $B'\beta$ coïncide avec B'A, le point α est alors le point commun à BC et à la parallèle à B'C' menée par A' c'est-à-dire le point à l'infini de BC ; $A\alpha$ coïncide alors avec B'C'. De même la tangente en B est C'A'.

Or pour déterminer le lieu de M, nous aurions pu considérer les faisceaux $(A\alpha)$ et $(C\gamma)$. On conclut donc que le lieu de M est la conique tangente aux côtés du triangle A'B'C' en leurs milieux A, B, C.

La droite A'D étant parallèle à $B'\beta$ et le point α étant le milieu de A'D, le faisceau B' $(A\alpha A'\beta)$ est harmonique ; en le coupant par la droite AC, on a 4 points $A\beta'C\beta$ tels que β' est conjugué harmonique de β par rapport à AC. De même α' est conjugué harmonique de α par rapport à BC et γ' conjugué harmonique de γ par rapport à AB. Les 3 points α', β', γ' appartiennent à la polaire trilinéaire de M par rapport au triangle ABC, il sont donc en ligne droite.

Lorsque α se déplace sur BC, les droites $B'\alpha$ et $C'\alpha$ tracent sur AC et AB des divisions homographiques et, lorsque α est à l'infini sur BC, $B'\beta'$ et $C'\gamma'$ sont parallèles à BC et, par conséquent, se confondant avec B'C' ; les points β' et γ' se confondent alors avec A.

La droite $\beta'\gamma'$ joint deux points homologues de deux divisions homographiques tracées sur AC et AB et telles que le point A commun à ces droites se correspond à lui-même. $\beta'\gamma'$ passe donc par un point fixe. Pour l'obtenir il suffit de prendre deux positions particulières de $\beta'\gamma'$. Lorsque α est en C, $C'\alpha$ devient C'C, β' est en C, $\gamma'\beta'$ coïncide alors avec la médiane du triangle ABC issue de C. Le point fixe est donc le point de rencontre des médianes du triangle ABC.

4° Le faisceau harmonique B' $(A\alpha A'\beta)$ coupé par la droite C'A' donne 4 points $C'\beta_1 A'F$ tels que β_1 est conjugué harmonique de F par rapport à A'C', de même γ_1 est conjugué harmonique de E par rapport à A'B' et α_1 conjugué de D par rapport à C'B'. Comme les droites A'D, B'F, C'E concourent au même point P à l'infini, les trois points α_1, β_1, γ_1, appartiennent à la polaire trilinéaire de P par rapport au triangle A'B'C', ils sont donc en ligne droite. Les droites C'α et B'α tracent sur A'B' et A'C' deux divisions homographiques lorsque α se déplace sur BC. La droite $\beta_1\gamma_1$ qui joint deux points homologues de ces divisions enveloppe une conique tangente aux droites A'B' et A'C'. Pour avoir le point de contact de cette conique et de A'B', il suffit de chercher la position de γ_1 lorsque $\beta_1\gamma_1$ coïncidera avec A'B' c'est-à-dire lorsque β_1 sera en A' ; le point α est alors en C de sorte que γ_1 coïncide avec C.

De même le point de contact de A'C' et de la conique est B. Comme nous aurions pu prendre les divisions (β_1) et (α_1) pour définir la conique enveloppe de $\beta_1\gamma_1$, on en conclut que celle-ci est tangente aux côtés du triangle A'B'C' en leurs milieux A, B, C : elle se confond alors avec la conique engendrée par le point M.

Pour trouver le point de contact de $\beta_1\gamma_1$ et de cette conique, considérons le quadrilatère $C'B'\gamma_1\beta_1$, qui lui est circonscrit. D'après le théorème de Brianchon, les droites $C'\gamma_1$ et $B'\beta_1$ qui joignent les sommets opposés et celles qui joignent les points de contact de deux côtés non consécutifs concourent en un même point. D'après cela, le point de contact de $\beta_1\gamma_1$ et de la conique est sur $A\alpha$. Ce point ne peut être différent de M, sans quoi la droite AM remontrerait la conique en 3 points.

ROUGELIN.

4ᵉ Solution.

Soient $\alpha = o$, $\beta = o$, $\gamma = o$ les équations de BC, AC, AB. L'équation de Δ pourra s'écrire

$$l\alpha + m\beta + n\gamma = o$$

L'équation de AA_1, qui passe par l'intersection de Δ et BC, et qui doit être satisfaite par $\beta = o$ et $\gamma = o$, est :

$$m\beta + n\gamma = o \ ;$$

Celle de BB_1 est : $l\alpha + n\gamma = o$.

Celle de CC_1 : $l\alpha + m\beta = o$.

L'équation de PA' sera :

$$l\alpha + n\gamma + k\,(l\alpha + m\beta) = o.$$

Celle de PB' :

$$(k-1)(l\alpha + m\beta) - (m\beta + n\gamma) = o.$$

Celle de PC' :

$$k(m\beta + n\gamma) + (k-1)(l\alpha + n\gamma) = o.$$

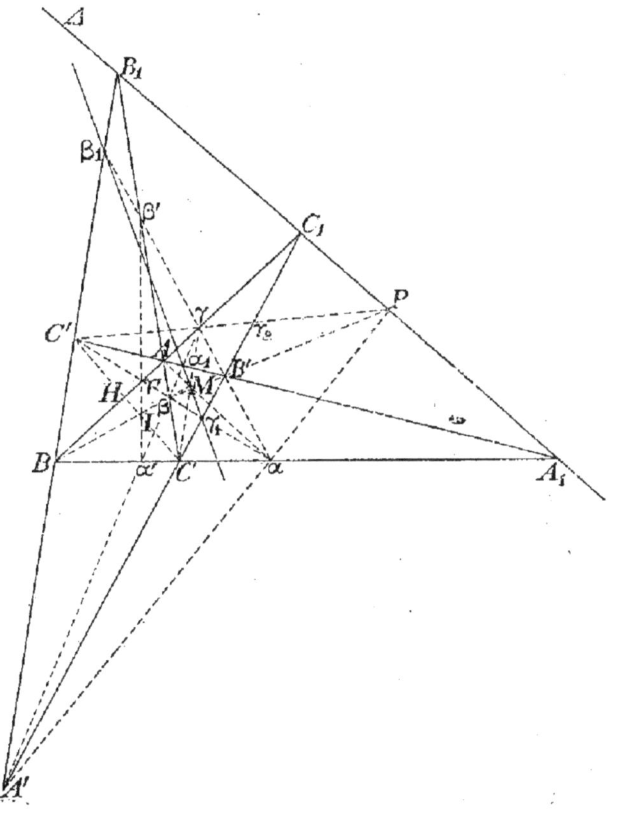

1° L'équation de $\beta\gamma$ est de la forme :

$$(k-1)(l\alpha + m\beta) - (m\beta + n\gamma) + \lambda\beta = o.$$

Elle doit être satisfaite pour :

$\gamma = o$, et $k(m\beta + n\gamma) + (k-1)(l\alpha + n\gamma) = o$;

donc $\lambda = 2m$, et l'équation de $\beta\gamma$ est :

$$k\,(l\alpha + m\beta) - (l\alpha + n\gamma) = o.$$

Par conséquent cette droite passe par le point A' pour lequel :

$$l\alpha + m\beta = o, \qquad l\alpha + n\gamma = o.$$

De même, l'équation de $\gamma\alpha$ est :

$$(k-1)(l\alpha + m\beta) + (m\beta + n\gamma) = o.$$

Celle de $\alpha\beta$ est :

$$(k-1)(l\alpha + n\gamma) - k\,(m\beta + n\gamma) = o,$$

et ces deux dernières droites passent respectivement par B' et C'.

2° L'équation de $A\alpha$ est de la forme :

$$l\alpha + n\gamma + k\,(l\alpha + m\beta) + \lambda\alpha = o.$$

Exprimons qu'elle passe par le point A, $(\beta = o, \gamma = o)$,

Nous aurons : $\lambda = - (k + 1)l$, et l'équation de $A\alpha$ est :
$$km\beta + n\gamma = o.$$

De même pour $B\beta$: $\qquad (k - 1)l\alpha - n\gamma = o;$

et pour $C\gamma$: $\qquad (k - 1)l\alpha + km\beta = o.$

Ces 3 droites concourent, puisqu'en ajoutant les équations des deux premières et retranchant celle de la troisième, on a pour résultat o.

Les équations de $A\alpha$ et $B\beta$ peuvent s'écrire :
$$\frac{1}{m\beta} = \frac{-k}{n\gamma}.$$
$$\frac{1}{l\alpha} = \frac{k-1}{n\gamma}.$$

En ajoutant membre à membre, nous avons l'équation du lieu du point M :
$$\frac{1}{l\alpha} + \frac{1}{m\beta} + \frac{1}{n\gamma} = o.$$

C'est l'équation d'une conique circonscrite au triangle ABC et inscrite dans le triangle A'B'C'.

3° L'équation de $\alpha'\beta'$ est de la forme :
$$k(l\alpha + m\beta) - (l\alpha + n\gamma) + \lambda\alpha = o.$$

Elle passe par le point β' pour lequel :
$$\beta = o, (k - 1)(l\alpha + m\beta) + (m\beta + n\gamma) = o$$

Donc $\lambda = - 2(k - 1)l$, et l'équation de $\alpha'\beta'$ est :
$$k(m\beta - l\alpha) + (l\alpha - n\gamma) = o.$$

Pour le point γ', on a
$$\gamma = o \text{ et } (k - 1)(l\alpha + n\gamma) - k(m\beta + n\gamma) = o.$$

En remplaçant dans l'équation de $\alpha'\beta'$, on voit qu'elle est satisfaite.

Donc α', β', γ' sont en ligne droite. De plus, quand on fait varier k, la droite $\alpha'\beta'\gamma'$ tourne autour d'un point fixe situé au point de rencontre de $m\beta - l\alpha = o$ et $l\alpha - n\gamma = o$. Ce point est le point de concours de la conjuguée de CC_1 par rapport aux côtés de l'angle C ; de la conjuguée de BB_1 par rapport aux côtés de l'angle B, et aussi de la conjuguée de AA_1 par rapport aux côtés de l'angle A.

4° L'équation de $\alpha_1\beta_1$ est de la forme :
$$k(l\alpha + m\beta) - (l\alpha + n\gamma) + \lambda(m\beta + n\gamma) = o,$$

avec $\begin{cases} l\alpha + n\gamma = o, \\ (k - 1)(l\alpha + m\beta) + (m\beta + n\gamma) = o; \end{cases}$

d'où $\lambda = \dfrac{k}{k-1}$. L'équation de $\alpha_1\beta_1$ est donc :
$$(k - 1)^2 l\alpha + k^2 m\beta + n\gamma = o.$$

Les cordonnées du point γ_1 sont déterminées par :
$$\begin{cases} l\alpha + m\beta = o, \\ (k - 1)(l\alpha + n\gamma) - k(m\beta + n\gamma) = o. \end{cases}$$

On voit qu'elles satisfont à l'équation de $\alpha_4\beta_4$. Donc α_4, β_4, γ_4 sont en ligne droite.

Soient α_0, β_0, γ_0 les résultats obtenus en remplaçant dans α, β, γ, x et y par les coordonnées du point M. L'équation de la tangente en M au lieu décrit par ce point sera :

$$\frac{l\alpha}{(l\alpha_0)^2} + \frac{m\beta}{(m\beta_0)^2} + \frac{n\gamma}{(n\gamma_0)^2} = o \; ;$$

ou, en remplaçant

$$\frac{1}{l\alpha_0} \quad \text{par} \quad \frac{k-1}{n\gamma_0},$$

et

$$\frac{1}{m\beta_0} \quad \text{par} \quad \frac{-k}{n\gamma_0},$$

et multipliant par $(n\gamma_0)^2$:

$$(k-1)^2\, l\alpha + k^2\, m\beta + n\gamma = o.$$

C'est précisément l'équation de la droite $\alpha_4\beta_4\gamma_4$. Donc $\alpha_4\beta_4\gamma_4$ est la tangente en M au lieu décrit par ce point.   P. Gillet.

73. *Résoudre le système* $\begin{cases} 1 + \cos 2A + \cos 2B = o & (1) \\ a \operatorname{tg} A = b \operatorname{tg} B & (2) \end{cases}$

a, b, A, B représentent les éléments d'un triangle (Énoncé rectifié).

L'égalité (2) peut s'écrire

$$\frac{\operatorname{tg} A}{\operatorname{tg} B} = \frac{a}{b} = \frac{\sin B}{\sin A} \, ,$$

$$\sin B \operatorname{tg} B = \sin A \operatorname{tg} A,$$

$$\frac{\sin^2 B}{\cos B} = \frac{\sin^2 A}{\cos A},$$

$$\frac{1 - \cos^2 B}{\cos B} = \frac{1 - \cos^2 A}{\cos A} \, ,$$

$$(\cos A - \cos B)(1 + \cos A \cos B) = o.$$

Pour qu'un produit de deux facteurs soit nul, il faut que l'un des deux facteurs soit nul.

1° Supposons $\qquad 1 + \cos A \cos B = o$

$$\cos A \cos B = -1$$

ce qui exige, par exemple, que $\cos A = 1$

$$\cos B = -1$$

c'est-à-dire $\qquad A = o \; ; \; B = 180°$

ce qui est impossible.

2° Supposons $\qquad \cos A - \cos B = o, \; \cos A = \cos B \; ;$

et, par suite, $\qquad A = B.$

Donc l'équation (1) devient

$$1 + 2\cos 2A = o$$

$$\cos 2A = -\frac{1}{2} = \cos 120°$$

$$2A = 120°,.$$

et, par suite, $A = B = 60°$

Le triangle est équilatéral.

PERRET (lycée de Lyon).

Autres solutions par MM. BURTZ, SINGER, BOUIGES, BERTHIER, FONDRILLON, GILLET, PERDRIX.

75. *Calculer les valeurs de x et de y qui vérifient les équations*

$$\left\{ \begin{array}{l} (x^2 + y^2) \cos^3 \alpha - x \cos 3\alpha - y \sin 3\alpha = o \\ (x^2 + y^2) \sin^3 \alpha + x \sin 3\alpha - y \cos 3\alpha = 0 \end{array} \right.$$

Multipliant les deux membres de la première équation par $\cos 3\alpha$, ceux de la seconde par $-\sin 3\alpha$, il vient en ajoutant :

$$x = (x^2 + y^2)(\cos^3 \alpha \cos 3\alpha - \sin^3 \alpha \sin 3\alpha)$$

De même en multipliant les deux membres de la première par $\sin 3\alpha$, ceux de la seconde par $\cos 3\alpha$, on trouve :

$$y = (x^2 + y^2)(\cos^3 \alpha \sin 3\alpha + \sin^3 \alpha \cos 3\alpha)$$

Si l'on ajoute membre à membre les deux dernières égalités obtenues après les avoir élevées au carré, on a :

$$x^2 + y^2 = (x^2 + y^2)^2 (\cos^6 \alpha + \sin^6 \alpha).$$

$$x^2 + y^2 = \frac{1}{\cos^6 \alpha + \sin^6 \alpha}$$

Par suite :

$$x = \frac{\cos^3 \alpha \cos 3\alpha - \sin^3 \alpha \sin 3\alpha}{\cos^6 \alpha + \sin^6 \alpha}$$

$$y = \frac{\cos^3 \alpha \sin 3\alpha + \sin^3 \alpha \cos 3\alpha}{\cos^6 \alpha + \sin^6 \alpha}$$

Or

$$\cos 3\alpha = \cos^3 \alpha - 3 \sin^2 \alpha \cos \alpha$$

$$\sin 3\alpha = 3 \sin \alpha \cos^2 \alpha - \sin^3 \alpha$$

En portant ces valeurs dans les formules qui donnent x et y, divisant haut e bas par $\cos^6 \alpha$ et posant $\operatorname{tg} \alpha = t$, il vient :

$$x = \frac{1 - 3t^2 - t^3 (3t - t^3)}{1 + t^6} = 1 - \frac{3t^2 (1 + t^2)}{1 + t^6} = 1 - \frac{3t^2}{1 - t^2 + t^4}$$

$$y = \frac{3t - t^3 + t^3 (1 - 3t^2)}{1 + t^6} = \frac{3t (1 - t^4)}{1 + t^6} = \frac{3t (1 - t^2)}{1 - t^2 + t^4}$$

P. GILLET.

Autre solution par M. SINGER.

139. *On emprunte à intérêts composés au taux de 4 1/2 0/0 un capital de 10.000 fr., qu'on se propose de rembourser au moyen d'annuités de 1.263 fr. 79, la première de ces annuités payables un an après l'emprunt. On demande au bout de combien d'années on aura éteint la dette.*

Solution

Appliquons la formule :

$$n = \frac{\log a - \log (a - Ar)}{\log (1 + r)}$$

en faisant :

$$a = 1263,79, \quad r = 0,045, \quad \mathrm{A} = 10.000$$
$$\mathrm{A}r = 10.000 \times 0,045 = 450 ; \; a - \mathrm{A}r = 813,79.$$
$$\log a = 3,10168$$
$$\log (a - \mathrm{A}r) = 2,91051$$
$$\log a - \log (a - \mathrm{A}r) = 0,19117$$
$$\log (1 + r) = 0,01912$$

par suite :

$$n = \frac{0,19117}{0,01912} = 10 \text{ ans, par excès}[1].$$

L. Briquéler.

Physique.

101. *Cent grammes d'une solution de sel marin renferment 10 gr. de sel et la densité de la solution est 1,07. Quel poids de sel faut-il ajouter à la solution pour que sa densité devienne 1,2 ? On supposera que le sel se dissout sans contraction.*
(*Baccalauréat.*)

Soit P le poids de la première solution, et p le poids du sel qu'elle contient ; elle renferme un poids d'eau p' tel que

$$\mathrm{P} = p + p' \qquad (1)$$

Si nous appelons δ la densité du sel marin, d la densité de la première solution, son volume étant $p' + \dfrac{p}{\delta}$, son poids peut aussi s'écrire :

$$\mathrm{P} = \left(p' + \frac{p}{\delta} \right) d \qquad (2)$$

Appelant x le poids du sel qu'il faut ajouter à la solution pour que sa densité devienne d', nous pouvons écrire de même que le poids $\mathrm{P} + x$ de la seconde solution est égal à son volume $p' + \dfrac{p + x}{\delta}$ multiplié par sa densité.

$$\mathrm{P} + x = \left(p' + \frac{p + x}{\delta} \right) d' \qquad (3)$$

Or p' et δ sont inconnus ; les équations (1) et (2) nous donnent

$$p' = \mathrm{P} - p \qquad \delta = \frac{pd}{\mathrm{P} - (\mathrm{P} - p)\,d}$$

Remplaçant dans l'équation (3) p' et δ par ces valeurs, nous obtenons :

$$\mathrm{P} + x = \left[\mathrm{P} - p + \frac{(p + x)\,[\mathrm{P} - (\mathrm{P} - p)\,d]}{pd} \right] d'$$

d'où, en ordonnant et simplifiant :

$$x\,[\mathrm{P}\,d'\,(1 - d) - pd\,(1 - d')] = \mathrm{P}\,p\,(d - d')$$

---

[1] En se servant des tables à six décimales, on trouve $\log (1 + r) = 0,019117$, d'où $n = 10$.

et
$$x = \frac{Pp \; (d - d')}{P \; d' \; (1 - d) - pd \; (1 - d')}$$

Application numérique :
$$x = \frac{110 \times 10 \; (1,07 - 1,2)}{110 \times 1,2 \; (1 - 1,07) - 10 \times 1,07 \, (1 - 1,2)}$$
$$= 21 \text{ grammes.}$$

124. *Un mélange de sulfates de potassium et de sodium pèse 1 gr. 307 ; on le dissout dans l'eau et on verse dans la solution de l'azotate de baryum, ce qui produit un précipité pesant 1 gr. 919.*

    1° *Quelle était la composition du mélange ?*

    2° *Combien renfermait-il de potasse, de soude, d'acide sulfurique ?*

G.-H. N.

Désignons respectivement par x et y les poids de sulfate de potassium et de sulfate de sodium que renferme le mélange. On a :

(1) $$x + y = 1,307$$

Les réactions produites par l'addition d'azotate de baryum :
$$(AzO^3)^2 \, Ba + SO^4 \, K^2 = SO^4 \, Ba + 2Az \, O^3 K$$
$$(AzO^3)^2 \, Ba + SO^4 \, Na^2 = SO^4 \, Ba + 2AzO^3 \, Na$$

montrent qu'une molécule d'azotate de baryum précipite une molécule de sulfate alcalin.

Les poids x et y des sulfates précipitent donc des poids
$$x \times \frac{SO^4 \, Ba}{SO^4 \, K^2} \text{ et } y \times \frac{SO^4 \, Ba}{SO^4 Na^2}$$

ou
$$x \times \frac{233}{174} \quad \text{ et } y \times \frac{233}{119}$$

de sulfate de baryum

    On a donc :
$$\frac{233}{174} \, x + \frac{233}{119} \, y = 1,919$$

d'où
$$x = 0 \text{ gr. } 748$$
$$y = 0 \text{ gr. } 559$$

    2° Les poids q et q' d'anhydride sulfurique sont :
$$q = \frac{SO^3}{SO^4 \, K^2} = 0 \text{ gr. } 344 ; \quad q' = \frac{SO^3}{SO^4 \, Na^2} = 0 \text{ gr. } 315$$

et le poids total d'anhydride sulfurique est
$$q + q' = 0 \text{ gr. } 659$$

    L'énoncé ayant été donné du temps où les équivalents étaient à la mode est incorrect avec la notation atomique ; ce que l'on calculerait aisément, ce sont les poids π et π' de potassium et de sodium :
$$\pi = \frac{K^2}{SO^4 \, K^2}. \qquad \pi' = \frac{Na^2}{SO^4 \, Na^2}$$

126. *Deux pendules de longueurs l et l' ont des durées d'oscillation qui diffèrent de $\dfrac{1}{n}$ de la valeur absolue de celle du pendule de longueur l. Trouver l' en fonction de l.*

La durée t d'oscillation du premier pendule étant :

$$t = \pi \sqrt{\frac{l}{g}}$$

la durée t' du second est

$$t' = \pi \sqrt{\frac{l'}{g}} = \pi \sqrt{\frac{l}{g}}\left(1 + \frac{1}{n}\right)$$

d'où :

$$\sqrt{l'} = \sqrt{l}\left(1 + \frac{1}{n}\right)$$

et

$$l' = l\left(1 + \frac{1}{n}\right)^2$$

127. *Étant donné un vase en verre, de forme quelconque, y introduire un volume de mercure à $0°$ tel que la portion de capacité qui restera libre demeure la même à $t°$ qu'à $0°$. On donne le coefficient de dilatation absolue du mercure $\left(\mu = \dfrac{1}{3.550}\right)$ et le coefficient de dilatation cubique du verre $\left(k = \dfrac{1}{38.700}\right)$*

Désignant par V_0 le volume du vase à $0°$, par x le volume du mercure à $0°$, l'équation du problème est

$$V_0 - x = V_0(1 + Kt) - x(1 + mt)$$

d'où

$$\frac{x}{V_0} = \frac{K}{m} = \frac{5550}{38700} = \frac{111}{770} = \frac{1}{7}$$

Ont résolu la même question MM. P. FOURAULT, à Melun, et PHILIPPAT.

QUESTIONS DE MATHÉMATIQUES DONNÉES A L'EXAMEN DE MATURITÉ DANS LES GYMNASES ET ÉCOLES RÉELLES SUPÉRIEURES DE L'AUTRICHE-HONGRIE.

(Extrait du *Periodico di matematica*, publié sous la direction de M. Aureglio Lugli.)

BUDWEIS. — $1°$ Dans un vase conique dont l'axe est vertical on verse de l'eau jusqu'à une hauteur $h = 37\ cm.$; la surface libre du liquide a un diamètre $d = 44\ cm.$; puis on y laisse tomber une boule en pierre qui fait monter le niveau de l'eau de $a = 4\ cm.$; quel est le diamètre de la boule?

$2°$ Trouver les valeurs de x qui vérifient l'équation

$$2 + 3 \cot 2x = 4 \operatorname{tg} x.$$

3° Construire le cercle $x^2 + y^2 = 25$ et la parabole $3y^2 = 16x$ et calculer l'aire de la partie commune.

KREMSIER. — 1° On verse à une banque 300 fr. au commencement de chaque année pendant 10 ans, pour se constituer une rente qui doit durer 20 ans à partir du 10° et dernier versement. Quel est le montant de la rente ? (4 0/0).

2° Résoudre l'équation :
$$6x^4 + 35x^3 + 62x^2 + 35x + 6 = o.$$

3° Calculer les superficies des deux calottes obtenues en coupant une sphère par un plan, sachant que la première a une hauteur de 3 $dm.$ et que la seconde a un angle au centre de 38° 35′ 18″.

4° Par le point $x_1 = 3$, $y_1 = o$ on mène des tangentes à l'hyperbole $\dfrac{x^2}{25} - \dfrac{y^2}{16} = 1$; trouver les équations de ces tangentes et les coordonnées de celui des points de contact dont les coordonnées sont positives.

KLAGENFURT. — 1° Résoudre le système
$$\begin{cases} 3^{y+2} = \sqrt[x+1]{9^8 - x}, \\ 2^{y+2} = \sqrt[x-1]{8^5 - x}. \end{cases}$$

2° De deux points d'une route rectiligne distants de 1,5 km partent deux chemins rectilignes, le premier à gauche faisant un angle de 30° avec la route, le second à droite faisant un angle de 60° avec la route. En parcourant 4 $km.$ sur le premier, on arrive en A ; en parcourant 2,5 $km.$ sur le second, on arrive en B. Calculer la distance AB.

3° Dans l'ellipse $16x^2 + 25y^2 = 400$, on mène par le foyer situé sur la partie positive de l'axe des x une droite passant par le milieu de la partie négative du petit axe. Trouver l'équation de cette droite et celles de la tangente et de la normale parallèle à cette droite.

PILSEN. — 1° Un emprunt de 120.000 fr. doit être amorti en 24 annuités. Quel est le montant de chaque annuité, en calculant l'intérêt à $4\frac{1}{2}$ 0/0 ?

2° On donne le côté a de la base d'une pyramide régulière, le nombre n des faces latérales et l'angle γ que fait l'une de ces faces avec la base. Trouver le volume.
Application : $a = 18,7$ m., $n = 24$, $\gamma = 32°\ 15′\ 10″$.

3° Calculer le périmètre et l'aire d'un triangle dont les côtés ont pour équations :
$$y = 3x - 2, \quad y = x + 14, \quad 3y = x + 10.$$

BRESSANONE. — 1° Trouver une progression géométrique dont le quatrième terme soit 24 et telle que la somme du premier et du septième terme soit égale à 195.

2° Une pyramide octogonale régulière dont l'arête latérale $a = 64$ $cm.$ fait un angle $\alpha = 74°\ 42′\ 34″$ avec la base doit être fondue en une sphère. Calculer la surface de la sphère sachant que la fusion occasionne une perte de 8 0/0.

3° On donne l'équation d'une ellipse : $16x^2 + 25y^2 = 400$. Chercher les équations des tangentes menées aux extrémités du paramètre et calculer l'angle qu'elles forment avec le paramètre et en outre calculer la plus petite des aires comprises entre le paramètre et l'ellipse.

HALL. — 1° $16x^2 + 80x = 69$; déterminer x au moyen des fonctions goniométrique

2° Calculer $\sqrt{41}$ avec 5 décimales exactes au moyen des fractions continues, par la formule du binome et par la méthode abrégée.

3° Calculer le volume d'une pyramide formée par quatre triangles isocèles égaux, sachant que la base de chacun de ces triangles est égale à 3 *dm*. et que les deux autres côtés sont égaux à 5 *dm*.

4° La différence de deux côtés d'un triangle est de 15 m., l'angle qu'ils comprennent de 140° et le côté opposé de 84 *m*.; résoudre le triangle.

Marduro. — 1° Les angles d'un triangle évalués en degrés s'expriment par des nombres entiers ; le cinquième du premier, le huitième du second et le treizième du troisième valent ensemble 21°. Calculer les côtés du triangle, sachant que $c > b$ et que l'aire du triangle est $s = 1a$.

2° Construire le cercle qui a pour rayon $r = 5$, qui passe par le point $(5,9)$ et touche la droite $4x + 3y + 3 = o$; et trouver l'équation de ce cercle.

3° Dans une progression arithmétique, le produit des quatre premiers termes est égal à — 15, le rapport du second au troisième est égal à 3. Combien faut-il prendre de termes pour que leur somme soit nulle ?

Ungarisch-Hradisch. — 1° Une personne verse à un banquier, pendant 12 ans, 380 fr. au commencement de chaque année et retire, les 8 années suivantes, à la fin de chaque année, une somme telle que son crédit se trouve épuisé. Quelle est cette somme, en calculant l'intérêt à 4,25 0/0 ?

2° Dans un triangle, $\dfrac{a}{b} = \dfrac{63}{52}$, l'angle compris entre ces deux côtés est $\gamma = 22° \, 37' 10''$ et le périmètre $p = 70$ *m*. Calculer le troisième côté, les deux autres angles, l'aire et les rayons des cercles inscrit et circonscrit.

3° Un triangle dont les côtés sont de 41, 19 et 21 *cm*. tourne autour d'un axe parallèle au plus grand côté et situé à une distance de ce côté égale à 10 *cm*. Calculer la surface et le volume du corps engendré.

4° Par le sommet d'une parabole $y^2 = 10x$, on mène deux droites rectangulaires, dont l'une a pour coefficient angulaire $\dfrac{15}{8}$. On joint les deux points d'intersection avec la parabole et on demande de trouver le point d'intersection de la droite ainsi obtenue avec l'axe de la parabole.

Teschen. — 1° A quelle hauteur faut-il s'élever au-dessus du pôle nord pour qu'on puisse apercevoir le parallèle dont les degrés ont pour longueur 10 *km*.?

2° Une personne a placé à $5\frac{1}{2}$ 0/0 un capital de 6827 fr. ; elle retire 1390 fr. à la fin de la neuvième année et de chacune des années suivantes. Quand le capital sera-t-il épuisé ?

3° Trouver les angles positifs moindres que 360° qui vérifient l'équation.

$$2{,}16^{\sin 2\left(45° + \frac{x}{2}\right)} + 18 = 15{,}2^{\,1 + \sin x}.$$

4° Trouver la distance de la tangente à l'une des extrémités du paramètre de la courbe $9x^2 - 16y^2 = 144$ à l'autre extrémité.

Mahr. — Trubau. — 1° Quelles sont les racines communes aux deux équations

$$x^4 + 4 = 0$$
$$x^4 + 5 x^3 + 10 x^2 + 10 x + 4 = 0.$$

et les racines non communes ?

2° Transformer une rente temporaire de 5000 fr. payable pendant 20 années à la fin de chaque année en rente perpétuelle payable à la fin de chaque année, le taux étant de 4 0/0.

3° Un point lumineux est distant de 25 dm. d'une sphère dont le rayon est de 15 dm. ; quelle est la portion de la surface de la sphère éclairée par ce point ?

4° Quel est le point de la courbe $4\,x^2 + 9\,y^2 = 36$ qui est le plus rapproché de la droite $2\,y = x + 7$, et quel est le plus éloigné ?

Braunau. — 1° Une ville a contracté un emprunt qui doit être amorti en 22 ans, en versant 9000 fr. par an. Quel est le montant de l'emprunt, en calculant l'intérêt à 4 0/0 ?

2° La montagne Elisabeth près de Braunau a une hauteur de 704 m. ; jusqu'à quelle distance peut-on apercevoir le sommet, en considérant la terre comme une sphère de 6377 km. de rayon ?

3° On donne les sommets $(5, — 7)$, $(1,11)$, $(— 4,13)$ d'un triangle. Calculer les longueurs des médianes et les angles qu'elles forment.

BIBLIOGRAPHIE

A. Ditte. — *Traité élémentaire d'analyse qualitative des matières minérales*, 2e édition. Paris, Vve Ch. Dunod, éditeur.

L'analyse chimique, qui fait partie, à juste titre, de la plupart des programmes d'examen, exige, pour être menée à bien, que l'on suive une méthode simple et bien déterminée. Cette méthode on la trouvera, exposée très nettement et simplement, dans le traité de M. Ditte qui est l'un des meilleurs guides et présente sur les traités généraux d'analyse le grand avantage d'être un livre élémentaire de ne contenir que les méthodes essentielles ; aussi sera-t-il d'un grand secours aux commerçants ; il rendra aussi de grands services aux élèves de nos facultés et notamment aux candidats à la licence, à l'agrégation et au certificat d'études P. C. N.

Bourquelot (Emile), docteur ès sciences, professeur agrégé à l'Ecole supérieure de Pharmacie de Paris, pharmacien en chef de l'hôpital Laënnec. — *Les Fermentations*, 1893, 1 vol. in-8, 204 pages, 21 figures. Paris, Société d'éditions scientifiques.

Broché.. 3 fr. **50**
Cartonné... 4 fr. »

L'auteur étudie d'abord les levûres, leurs caractères, leur vie anaérobie et aérobie, les différentes formes qu'elles revêtent selon les milieux où elles vivent ; fait en un mot leur étude biologique fort bien présentée et très claire. M. Bourquelot termine ensuite la première partie de son ouvrage par l'étude des bactéries ferments.

La deuxième partie traite des fermentations produites par les ferments organisés où l'auteur étudie, avec tous les détails utiles et en homme de laboratoire qui a vu et pratiqué, la fermentation alcoolique à tous ses points de vue, et la termine par un chapitre des plus intéressants sur le Koumiss et le Képhir, puis il passe à l'étude des fermentations par dédoublement (fermentation lactique) ; par hydratation (fermentation ammoniacale) ; par réduction (fermentations butyrique et sulfhydrique) ; par oxydation (fermentations acétique et nitrique).

Telles sont les grandes divisions de ce travail que nous ne pouvons ici analyser avec plus de développement, mais où l'on trouve à chaque page le spécialiste qui s'est acquis depuis longtemps, dans ces questions, une compétence reconnue et indiscutée.   B. J.

BACCALAURÉAT. — Lyon (Avril 1896)

LETTRES-MATHÉMATIQUES

Mathématiques. — *Théorie.* — 1º Théorie des annuités.

2º Décomposer le trinome $x^4 + px^2 + q$ en un produit de deux trinomes du second degré.

3º Progressions géométriques ; sommation des termes ; insérer n moyens entre a et b.

168. *Problème.* — On donne une sphère dont le rayon est égal à 4. Trouver le rayon de la base et la hauteur du cône de volume minimum circonscrit à cette sphère.

Physique. — *Théorie.* — 1º Déterminer le poids spécifique des solides, des liquides et des gaz.

2º Intensité, hauteur et timbre du son. Intervalles musicaux.

3º Induction électrique : ses lois. Machines magnéto et dynamo-électriques. Transport à distance de la force.

169. *Problème.* — Un cône droit en platine de 10 cm. de génératrice pesant 10 k. est suspendu par le sommet au moyen d'un fil sans poids au plateau d'une balance hydrostatique. Ce cône plonge partiellement dans du mercure : on demande quelle longueur de génératrice émerge quand l'équilibre est atteint au moyen de 5 k. placés dans l'autre plateau.

Quel poids faut-il mettre pour réaliser l'équilibre quand le cône plonge entièrement dans le mercure ?

QUESTIONS PROPOSÉES

170. Calculer les bases d'un trapèze isocèle dont les angles aigus sont égaux à 60º, connaissant la longueur a des côtés non parallèles et le volume engendré par le trapèze en tournant autour d'un des côtés non parallèles. On désignera ce volume par $\frac{1}{4}\pi\, m^3$.

Discussion. Interprétation des solutions négatives.   L. G.

171. Soient A, B, C trois points d'une circonférence ; A', B', C' leurs projections sur un diamètre ; O un point quelconque de ce diamètre. Démontrer que

$$\overline{OA}^2 \cdot \overline{BC} + \overline{OB}^2 \cdot \overline{CA} + \overline{OC}^2 \cdot \overline{AB} = o,$$

$$\overline{AA'}^2 \cdot \overline{BC} + \overline{BB'}^2 \cdot \overline{CA} + \overline{CC'}^2 \cdot \overline{AB} = \overline{BC'} \cdot \overline{CA'} \cdot \overline{AB}$$

En déduire la relation qui existe entre les deux bases d'un segment sphérique, la section équidistante des bases et la hauteur.   L. G.

172. Soient BB′, CC′ deux bissectrices d'un triangle ABC, démontrer que, si l'angle B est plus grand que l'angle C, on a

$$CB' > B'C' > BC'$$ L. G.

173. Soit ABC un triangle isocèle : $AB = AC = a$ et $\widehat{A} = 2\alpha$. Sur le prolongement de AB, on prend un point D tel que $BD = b$ et, par le point D, on mène une sécante DEF, qui rencontre BC en E et AC en F. Déterminer l'angle $ADE = x$ de façon que l'on ait $DE = EF$.   L. Briqueler.

174. Démontrer, en s'appuyant sur le théorème des transversales, que les projections d'un point de la circonférence circonscrite à un triangle sur les trois côtés du triangle sont trois points en ligne droite.   Causse.

175. Soient x' et x'' les racines de l'équation $ax^2 + bx + c = 0$. Trouver la relation qui doit exister entre a, b, c pour qu'on ait

$$x' = mx'' + n \, ;$$

et vérifier que, si cette relation est satisfaite, le discriminant $b^2 - 4ac$ est positif ou nul.   Causse.

176. Démontrer que l'angle formé par les tangentes à une ellipse issues d'un point du petit axe est supplémentaire de l'angle formé par les rayons vecteurs qui joignent l'un des foyers au point de contact.   L. G.

177. Soient AB et CD deux cordes parallèles d'un cercle ; P un point quelconque de la circonférence, I le point de rencontre de AP avec CD. Démontrer que le produit $AI \times PB$ reste constant quand le point P décrit la circonférence.

     Tarry.

178. Soit M le milieu du côté AB d'un triangle ABC ; on prend sur la bissectrice de l'angle C deux points D et D′ tels que

$$CD = CD' = \sqrt{CA \times CB}.$$

Démontrer que les angles BD′D et MD′A sont égaux, ainsi que les angles BDD′ et MDA.

     E. Lemoine.

179. On donne un trièdre OABC, dont la somme s des trois faces est moindre que deux angles droits, et un point M sur l'une des arêtes. Mener par ce point un plan qui coupe le trièdre suivant un triangle de périmètre minimum. Démontrer que la longueur de ce périmètre minimum ne dépend pas de l'arête sur laquelle on a pris le point M, pourvu que OM soit constant, ni de la valeur particulière de chaque face, pourvu que s soit constant.

     Wernert,
     Professeur au lycée de Lyon.

180. Dans un secteur circulaire moindre que le quart du cercle, inscrire un triangle dont le sommet situé sur l'arc est donné et dont le périmètre est minimum. Démontrer que la longueur du périmètre minimum ne change pas quand on déplace le sommet sur l'arc.   (*Id.*)

Le Gérant : Dr H. LABONNE, licencié ès sciences.

Châteauroux. — Typ. et Stéréotyp. A. Majesté et L. Bouchardeau.

BULLETIN

DE

MATHÉMATIQUES ÉLÉMENTAIRES

VOLUME DE LA SPHÈRE

On suit ordinairement dans la recherche du volume de la sphère une méthode assez longue et pénible pour les élèves. Ne serait-il pas préférable d'exposer cette recherche directement en employant la méthode de l'analyse supérieure?

Il suffit de chercher le volume engendré par le quart de cercle OAB en tournant autour de OB.

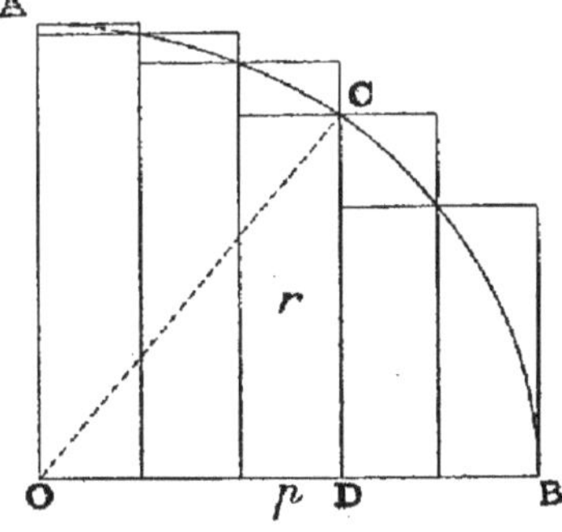

Partageons OB en n parties égales et, par tous les points de division, élevons des perpendiculaires jusqu'à la rencontre avec la circonférence. Par tous les points de rencontre, menons des parallèles à OB. Nous déterminons ainsi $n - 1$ rectangle inscrits et n circonscrits. Chacun de ces rectangles engendre un cylindre. La somme s des cylindres inscrits est plus petite que la moitié du volume V de la sphère; la somme S des cylindres circonscrits est plus grande que $\frac{1}{2}$ V. On a donc

$$2S > V > 2s.$$

Considérons un des rectangles inscrits r occupant le rang p et cherchons le volume qu'il engendre : c'est un cylindre ayant pour hauteur $\frac{R}{n}$ et pour rayon de base CD, que nous allons calculer

$$\overline{CD}^2 = R^2 - \overline{OD}^2 = R^2 - \frac{p^2 R^2}{n^2}.$$

Donc le volume de ce cylindre est

$$\pi \overline{CD}^2 \times \frac{R}{n} = \pi \left(R^2 - \frac{p^2 R^2}{n^2} \right) \frac{R}{n} = \pi R^3 \left(\frac{1}{n} - \frac{p^2}{n^3} \right)$$

Faisons successivement $p = 1, 2, \ldots, n - 1$ et ajoutons ; il vient

$$s = \pi R^3 \left[\frac{n-1}{n} - \frac{1^2 + 2^2 + 3^2 + \ldots + (n-1)^2}{n^3} \right]$$

$$s = \pi R^3 \left[1 - \frac{1}{n} - \frac{(n-1)\,n\,(2n-1)}{6n^3} \right]$$

$$s = \pi R^3 \left[1 - \frac{1}{n} - \frac{2 - \frac{3}{n} + \frac{1}{n^2}}{6} \right]$$

Si n devient infiniment grand, $\dfrac{1}{n}$ tend vers zéro, et l'on a

$$\text{limite } s = \frac{2}{3} \pi R^3,$$

$$\text{et limite } 2s = \frac{4}{3} \pi R^3.$$

On trouverait de même

$$\text{limite } 2S = \frac{4}{3} \pi R^3.$$

Donc $$\text{Volume de la sphère} = \frac{4}{3} \pi R^3.$$

C. Couturier, professeur à Melle-lez-Gand.

THÉORÈME SUR LES BISSECTRICES

Dans un triangle, à un plus grand côté est opposé une plus petite bissectrice.

Soit ABC un triangle, dans lequel AB $>$ AC ; il faut démontrer que la bissectrice CE est plus petite que la bissectrice BD.

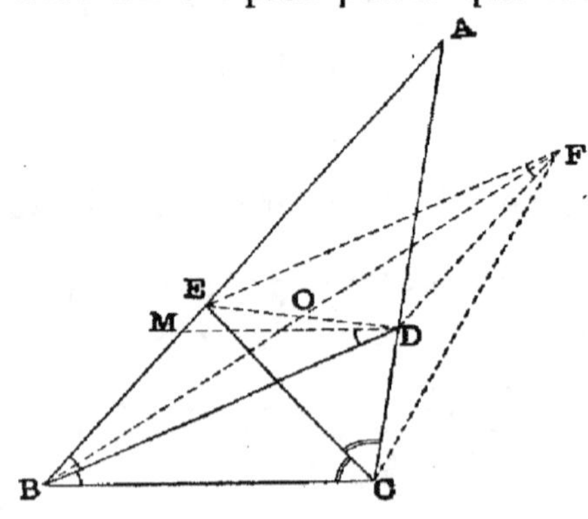

M. G. Tarry [1] a remarqué que, si l'on joint le point B au milieu O de DE et qu'on prolonge d'une longueur OF égale à BO, le point F sera extérieur au triangle ADE ; car l'angle EDF, qui est égal à l'angle extérieur DEB, est plus grand que l'angle intérieur ADE. Donc le point D est intérieur au triangle ECF. Or l'angle EFD, qui est égal à $\widehat{EBD}$ ou à $\dfrac{B}{2}$, est moindre que l'angle ECD, qui est égal à $\dfrac{C}{2}$:

$$\widehat{EFD} < \widehat{ECD}.$$

1. Voir *Journal de Mathématiques élémentaires*, 1895, p. 169.

Si donc on parvient à démontrer que DC $<$ DF, on aura aussi
$$\widehat{DFC} < \widehat{LCF} ;$$
et alors, dans le triangle ECF, l'angle F étant plus petit que l'angle C, on aura EC $<$ EF, ou EC $<$ BD. c. q. f. d.

Reste à prouver que DC $<$ DF, ou DC $<$ BE. On y arrive assez facilement en montrant que la parallèle à BC menée par D est comprise dans l'angle EDB; d'où il résulte que
$$BE > DE > DC.$$

Voici une autre démonstration *indépendante du postulatum d'Euclide*. Prenons, sur le prolongement de BC, un point C' tel que l'angle DC'B soit égal à l'angle B; menons la bissectrice C'F de cet angle et prolongeons C'D jusqu'à sa rencontre en A' avec AB; les triangles A'BC', A'DF sont isocèles. Abaissons FH et DK, DP, FN perpendiculaires sur BC, AB, AC. On a évidemment

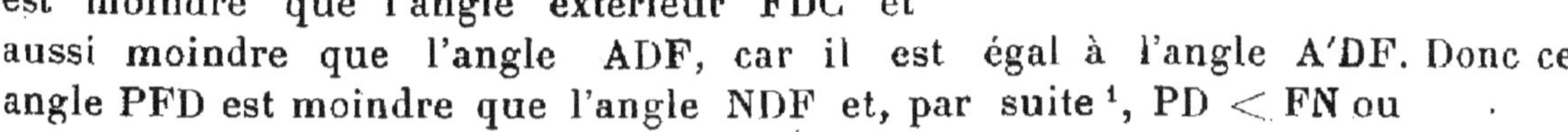

$$FH = DK = DP.$$
je dis que DP $<$ FN. En effet, l'angle PFD est moindre que l'angle extérieur FDC et aussi moindre que l'angle ADF, car il est égal à l'angle A'DF. Donc ce angle PFD est moindre que l'angle NDF et, par suite [1], PD $<$ FN ou
$$FH < FN.$$
Donc le point F étant plus rapproché de BC que de AC est dans l'angle ECB et, par suite, entre B et E. Donc
$$BE > BF.$$
Mais BF $=$ DC' $>$ DC. Donc enfin BE $>$ CD. c. q. f. d.

L. Gérard.

Nous serions reconnaissant à nos lecteurs de nous indiquer une démonstration géométrique applicable à la *Géométrie sphérique*.

QUESTIONS RÉSOLUES

Mathématiques.

44. *m, n, p, désignant des nombres positifs donnés, rendre calculables par logarithmes les racines* x', x'' *de l'équation* $x^2 - px + mn = o$, *en posant* $x' = m \operatorname{tg} \varphi$.

Nous poserons $x'' = n \operatorname{cotg} \varphi$, et alors il suffira de satisfaire à l'équation :
$$x' + x'' = p$$

---

1. Dans les deux triangles rectangles DPF, DNF, l'hypoténuse est commune et l'angle aigu DFP est moindre que NDF ; donc le côté DP opposé au premier angle est moindre que le côté FN opposé au second. Ce théorème, qui ne se trouve pas d'ordinaire dans nos géométries françaises, revient au suivant: *Dans un cercle, la corde augmente en même temps que l'angle au centre.*

Elle peut s'écrire :

$$m \frac{\sin \varphi}{\cos \varphi} + n \frac{\cos \varphi}{\sin \varphi} = p$$

ou, chassant les dénominateurs et multipliant les 2 membres par 2 :

$$2m \sin^2 \varphi + 2n \cos^2 \varphi = 2p \sin \varphi \cos \varphi$$

Or
$$2 \sin^2 \varphi = 1 - \cos 2\varphi$$
$$2 \cos^2 \varphi = 1 + \cos 2\varphi$$
$$2 \sin \varphi \cos \varphi = \sin 2\varphi$$

L'équation devient donc :

$$m (1 - \cos 2\varphi) + n (1 + \cos 2\varphi) = p \sin 2\varphi$$
$$p \sin 2\varphi + (m - n) \cos 2\varphi = (m + n)$$
$$\sin 2\varphi + \frac{m - n}{p} \cos 2\varphi = \frac{m + n}{p}$$

Posons :

$$\frac{m - n}{p} = \operatorname{tg} \alpha$$

l vient :

$$\sin 2\varphi + \frac{\sin \alpha}{\cos \alpha} \cos 2\varphi = \frac{m + n}{p}$$

$$\sin (2 \varphi + \alpha) = \frac{m + n}{p} \cos \alpha$$

ce qui détermine $2 \varphi + \alpha$ et par suite φ.

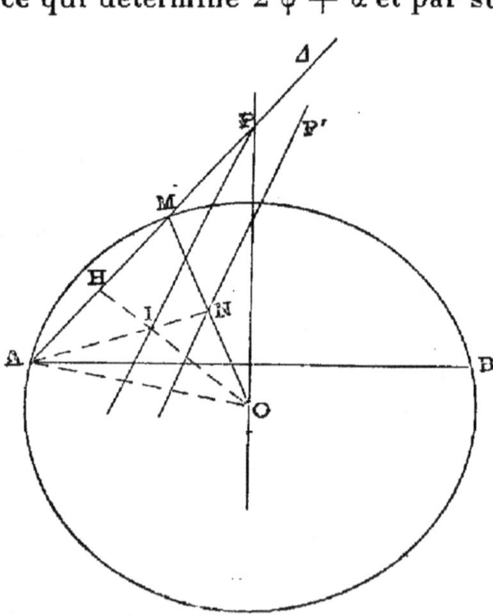

La condition est :
$$(m + n)^2 \leqq p^2 + (m - n)^2$$
$$p^2 - 4mn \geqq 0$$

condition que l'obtient immédiatement en opérant sur l'équation du 2ᵉ degré.

P. Gillet (lycée de Lyon).

Autre solution par M. Fondrillon, surveillant général au collège de la Fère.

49. *Soient A et B deux points fixes, Δ une droite fixe passant par A ; O le centre d'un cercle variable passant par A et B ; M le second point d'intersection de ce cercle avec la droite Δ. Trouver le lieu du milieu de OM.*

Le lieu de O est la droite OP perpendiculaire à AB en son milieu. Soit N le milieu de OM, et soit H le milieu de AM. OH et AN se coupent en un point I tel que
$$\mathrm{IO} = \frac{2}{3} \mathrm{OH}.$$ Or OH étant perpendiculaire à Δ a une direction fixe ; le lieu de I

est donc une droite PI passant par le point de rencontre P de Δ et de OP. D'ailleurs $AI = \dfrac{2}{3} AN$ ou $AN = \dfrac{3}{2} AI$. Le point I se déplaçant sur PI, le point N se déplace donc sur une parallèle NP′ à PI, et la distance de A à la première est les $\dfrac{3}{2}$ de sa distance à la seconde.

COISSARD.

Autres solutions par MM. GILLET, SINGER.

58. *En s'appuyant seulement sur la définition de la continuité, prouver que, sauf pour $x = -1$, la fonction*

$$f(x) = \frac{x + \sin x}{x + 1}$$

est continue.

On peut écrire :

$$f(x) - 1 = \frac{\sin x - 1}{x + 1}$$

d'où

$$f(x + h) - f(x) = \frac{\sin(x + h) - 1}{x + 1 + h} - \frac{\sin x - 1}{x + 1}$$

$$= \frac{h - h \sin x + (x + 1)\,[\sin(x + h) - \sin x]}{(x + 1)(x + 1 + h)}$$

$$= \frac{h\,(1 - \sin x) + (x + 1)\,2 \sin \dfrac{h}{2} \cos \left(x + \dfrac{h}{2}\right)}{(x + 1)(x + 1 + h)}$$

Désignons par $2a$ la valeur absolue de $x + 1$, qui est par hypothèse différente de zéro :

$$|x + 1| = 2a,$$

et supposons h moindre que a en valeur absolue :

$$|h| < a. \tag{1}$$

Il en résulte d'abord

$$|x + 1 + h| > a$$

D'autre part,

$$|1 - \sin x| < 2,$$

$$\left| 2 \sin \frac{h}{2} \cos \left(x + \frac{h}{2}\right) \right| < |h|.$$

Par conséquent,

$$|f(x + h) - f(x)| < |h|\,\frac{2 + 2a}{2a.a}$$

Donc $|f(x+h) - f(x)|$ sera moindre qu'un nombre positif donné ε, si h satisfait à la fois à la condition (1) et à la condition

$$|h|\frac{1+a}{a^2} < \varepsilon, \qquad \text{ou} \quad |h| < \frac{\varepsilon a^2}{1+a}$$

Donc enfin, en désignant par λ la plus petite des deux quantités a et $\dfrac{\varepsilon a^2}{1+a}$ on voit que la condition $|h| < \lambda$ entraîne

$$|f(x+h) - f(x)| < \varepsilon,$$

ce qui prouve que la fonction $f(x)$ est continue.

P. Gillet.

Autre solution par M. Fondrillon, surveillant général au collège de la Fère.

78. *Étant donné un angle XOY, par un point fixe P on mène deux sécantes qui rencontrent OX en A et A′, OY en B et B′. Démontrer que, si C est le point de rencontre de OX avec la droite qui joint les milieux de AB et A′B′, le rapport $\dfrac{OA + OA'}{OC}$ est constant.*

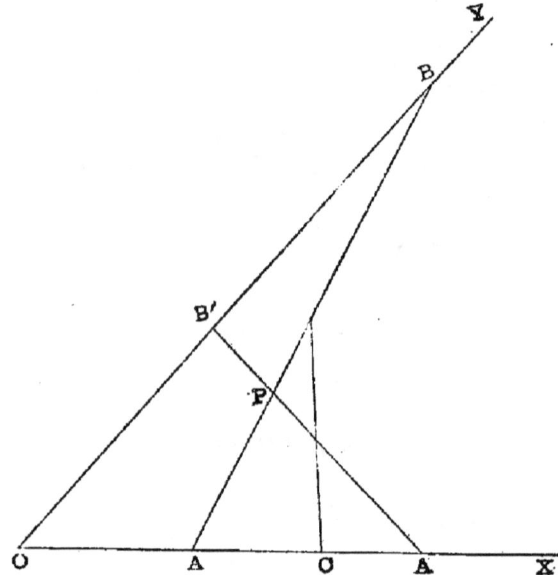

Soient α et β les coordonnées de P.

Soient de plus $OA = 2a$, $OA' = 2a'$, $OB = 2b$, $OB' = 2b'$.

Les coordonnées du milieu de AB sont a, b.

Celles du milieu de A′B′ sont a', b'.

La droite qui joint ces milieux a donc pour équation :

$$\frac{x-a}{a'-a} = \frac{y-b}{b'-b}$$

d'où nous tirons en faisant dans cette équation $y = o$, la valeur de OC :

$$OC = \frac{ab' - ba'}{b' - b}$$

D'autre part, les droites AB et A′B′ ont pour équations :

$$\frac{x}{2a} + \frac{y}{2b} = 1,$$

$$\frac{x}{2a'} + \frac{y}{2b'} = 1.$$

En exprimant qu'elles passent par le point P, il vient les conditions

$$\frac{\alpha}{2a} + \frac{\beta}{2b} = 1$$

$$\frac{\alpha}{2a'} + \frac{\beta}{2b'} = 1$$

qui donnent :

$$\frac{\alpha}{2}\left(\frac{b'}{a'} - \frac{b}{d}\right) = b' - b$$

$$\alpha = \frac{2aa'(b' - b)}{ab' - ba'}$$

$$\alpha = \frac{2aa'}{\mathrm{OC}} = \frac{2a.\,2a'}{2\mathrm{OC}} = \frac{\mathrm{OA.\,OA'}}{2\mathrm{OC}}$$

d'où

$$\frac{\mathrm{OA.OA'}}{\mathrm{OC}} = 2\alpha = constante.$$

P. GILLET.

Autre solution par M. SINGER.

79. *On donne une droite AB perpendiculaire à deux parallèles AA' et BB' ; mener par un point donné C compris entre les deux parallèles une sécante qui rencontre ces deux parallèles en deux points D et E tel que le produit $AB \times BE$ soit égal à une quantité donnée k^2.*

En déduire la construction de deux longueurs x et y telles que connaissant les

$$\begin{cases} xy = k^2 \\ ax + by = (a + b)\,c, \end{cases}$$

longueurs a, b, c, k.

Sur AB prenons une longueur AF égale à $2k$, et sur AF comme diamètre décrivons une circonférence.

Soit DE une droite répondant à la question. Du point D menons la tangente DT à cette circonférence, qui coupe en N la parallèle FF' menée par F à AA'. O étant le milieu de AF, les droites OD et ON sont perpendiculaires comme bissectrices des angles supplémentaires AOT, FOT. Donc les triangles AOD et FNO sont semblables comme ayant leurs côtés perpendiculaires et

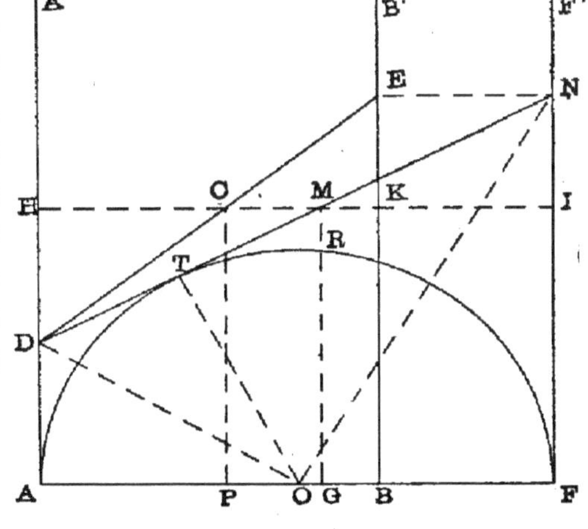

$$\frac{\mathrm{AD}}{\mathrm{OF}} = \frac{\mathrm{OA}}{\mathrm{FN}}$$

AD FN $=$ OA.OF $= k^2 =$ AD.BE.

Donc FN $=$ BE, c'est-à-dire que NE est parallèle à AB.

Si donc on mène par le point C la parallèle à AB qui coupe AA', BB', FF', DN en H, K, I, M, on aura :

$$\frac{MH}{MI} = \frac{MD}{MN} = \frac{CD}{CE} = \frac{CH}{CK}$$

d'où la construction suivante :

On prend sur HI un point M tel que

$$\frac{MH}{MI} = \frac{CH}{CK} \cdot \quad (1)$$

De ce point M on mène les tangentes au cercle O. Soit MD l'une d'elles. En joignant DC on aura une droite satisfaisant à la question. Comme on peut en général mener de **M** deux tangentes, le problème présente en général deux solutions.

Discussion. — Pour que la construction indiquée soit possible, il faut que M soit extérieur au cercle O. Par M menons la parallèle à AA′, qui coupe le cercle en R et AB en G.

La condition est

$$\overline{MG}^2 > \overline{RG}^2$$

$$\overline{RG}^2 = GA.GF = MH.MI$$

D'un autre côté l'égalité (1) peut s'écrire, si l'on désigne les longueurs CH et CK par a et b

$$\frac{MH}{a} = \frac{MI}{b} = \frac{MH + MI}{a+b} = \frac{2k}{a+b}$$

d'où

$$MI = 2k\,\frac{b}{a+b},$$

$$MH = 2\,k\,\frac{a}{a+b}$$

$$\overline{RG}^2 = 4k^2\,\frac{ab}{(a+b)^2}$$

Donc si l'on désigne par c la longueur MG ou CP, la condition de possibilité peut s'écrire

$$c^2 > 4k^2\,\frac{ab}{(a+b)^2}$$

2° Soit à contruire deux longueurs x et y telles que

$$\begin{cases} xy = k^2 \\ ax + by = (a+b)\,c \end{cases}$$

Prenons sur une droite quelconque deux longueurs consécutives AP $= a$, PB $= b$. Par P menons la perpendiculaire à AB et prenons sur cette perpendiculaire une longueur PC $= c$. Puis menons AA′ et BB′ parallèles à PC et considérons une sécante *quelconque* passant par C, qui rencontre AA′ en D, BB′ en E. Si nous menons par C la parallèle à AB qui rencontre AA′ en H, BB′ en K, nous aurons :

$$\frac{DH}{KE} = \frac{CH}{CK} = \frac{AP}{PB} = \frac{a}{b}$$

$$DH.b = KE.a$$

$$(c - AD)\, b = (BE - c)\, a$$

$$a.BE + b.AD = (a + b)\, c$$

Pour résoudre la question, il suffit donc de déterminer la position de la sécante de manière que $AD.BE = k^2$; ce qui est précisément le problème précédent.

P. Gillet.

Autre solution par M. Singer.

───────

Physique.

96. *Un récipient de 10 litres de capacité est rempli d'air sec à 0° et sous la pression de 760 mm. de mercure. On y introduit par un robinet 3 grammes d'eau et on chauffe le tout à 100 degrés. On demande : 1° quel sera alors l'état hygrométrique de cet air ; 2° quelle sera la pression totale de cet air humide.*

On donne : Poids du litre d'air dans les conditions normales : 1 g. 3. Densité de la vapeur d'eau : $\dfrac{5}{8}$.

Coefficient de dilatation des gaz, 0,00367. On négligera la dilatation de l'enveloppe.

1° Soit d'abord à chercher l'état hygrométrique $E = \dfrac{f}{F}$. Nous connaissons F, c'est-à-dire la force élastique maxima de la vapeur d'eau à 100° qui est égale, comme nous le savons, à la pression atmosphérique. Or le volume de vapeur d'eau à 0° et 760 mm. qui est contenu dans 3 grammes d'eau est égal à

$$\frac{3}{\dfrac{5}{8} \times 1,3} = 3^{l},692$$

En appliquant la formule de Gay-Lussac

$$VH = \frac{V'H'}{1 + \alpha t}$$

(H' représentant la force élastique des 3 l. 692 sous le volume 10 et la température 100°.)

On tire de là :

$$H' = \frac{V}{V'}\,(1 + 100\,\alpha)\,H = 383 \text{ mm.} = f$$

On a donc :

$$E = \frac{383}{760}$$

2° La masse d'air humide peut être considérée comme un mélange d'air sec et de vapeur d'eau. La force élastique totale du mélange sera égale à la somme des forces élastiques du gaz et de la vapeur.

De la formule précédente

$$VH = \frac{V'H'}{1 + \alpha t}$$

en remplaçant les lettres par leurs valeurs nous tirons facilement pour la force élastique de l'air :

$$H' = (1 + 100\alpha)\, 760 = 1039 \text{ mm.}$$

La force élastique totale égale donc :

$$1039 + 383 = 1422 \text{ mm.}$$

Paul Bouiges.

102. — *Si on mélange deux liquides A et B le volume du mélange n'est pas égal en général à la somme des volumes des liquides mélangés.*

Trouver une formule donnant la condensation C correspondant à 100 grammes du mélange connaissant la densité Δ de ce dernier qui contient un poids p de A et par suite un poids 100 — p de B et les densités D et d de B et de A.

Les volumes respectifs des liquides A et B sont, avant le mélange :

$$\frac{p}{d} \quad \text{et} \quad \frac{100 - p}{D}$$

De plus, la somme des poids des liquides étant 100 et la densité du mélange étant Δ, le volume du liquide contracté est

$$\frac{100}{\Delta}$$

On a donc l'égalité :

$$\frac{p}{d} + \frac{100 - p}{D} - \frac{100}{\Delta} = C$$

formule qu'on peut mettre sous la forme plus homogène :

$$p \left(\frac{1}{d} - \frac{1}{D} \right) + 100 \left(\frac{1}{D} - \frac{1}{\Delta} \right) = C$$

P. Bouiges (Collège de Mauriac).

CHRONIQUE SCIENTIFIQUE
Les rayons X

Depuis la découverte du Pr Röntgen que nous avons déjà annoncée à nos lecteurs, un grand nombre de faits relatifs aux rayons X ont été découverts ; mais si quelques-unes des communications faites à leur sujet à l'Académie et reproduites par les journaux quotidiens ont éclairci la question, d'autres au contraire l'ont obscurcie. C'est pourquoi nous avons cru intéressant de résumer l'état actuel de cette si passionnante découverte.

Les rayons cathodiques. — Si un tube de verre, renfermant un gaz raréfié, porte à chacune de ses extrémités un fil de platine ou d'aluminium soudé au verre et faisant légèrement saillie à l'intérieur, et si on met, au moyen de ressorts r, r', les portions extérieures de ces fils en relation avec des bornes A et B communiquant

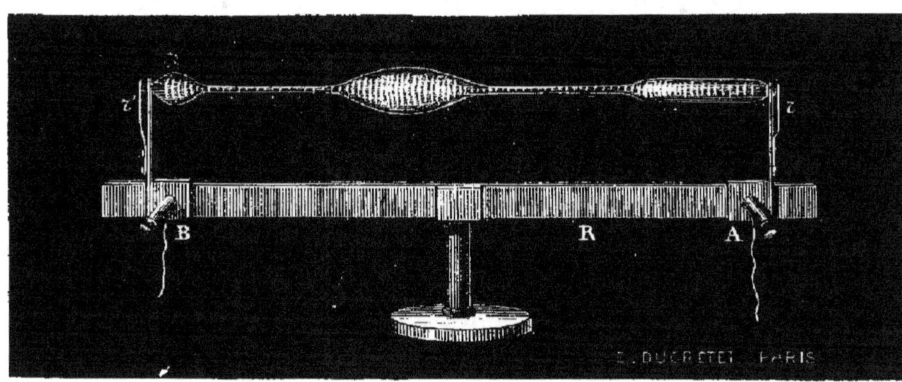

Fig. 1. — Stratification de la lumière dans un tube de Geissler.

avec les deux pôles d'une machine électrostatique ou, mieux, d'une bobine Rhumkorff, l'intérieur du tube s'illumine dans toute sa longueur. La lumière ainsi produite dans un tel tube, dit *tube de* GEISSLER, présente un caractère remarquable de stratification : elle est composée d'une série de zones alternativement brillantes et obscures.

Quand la raréfaction du gaz est poussée beaucoup plus loin, il se produit des phénomènes particuliers, qui ont été observés par MM. HITTORF, GOLDSTEIN, et surtout par M. W. CROOKES, qui a donné un éclat particulier à ces expériences et attribuait ces divers phénomènes à ce que le gaz très raréfié était sous une sorte de quatrième état de la matière, auquel FARADAY avait, dès 1819, donné le nom d'*état radiant*. Dès que le vide est poussé à un millionième d'atmosphère [1], le pôle négatif, ou *cathode*, s'entoure d'un espace obscur, et la région

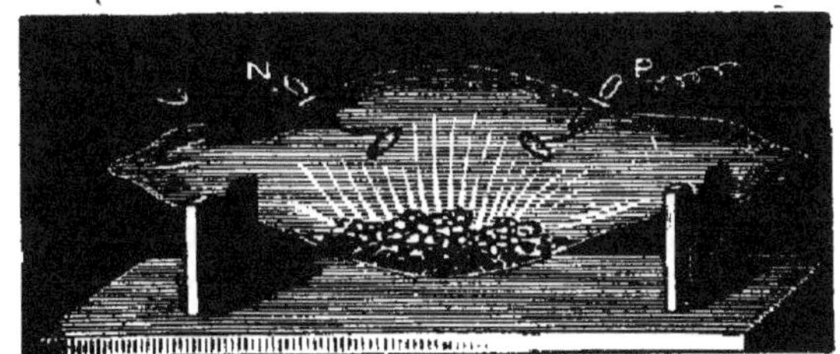

Fig. 2. — Phosphorescence dans un tube de Crookes.

opposée du verre manifeste des effets remarquables de phosphorescence, que W.

---

1. Cette pression correspond à celle exercée par une colonne de mercure de 0^{mm} 00076 de hauteur.

Crookes attribuait aux chocs des molécules de la matière radiante contre les parois du verre. Cette phosphorescence est accompagnée d'effets mécaniques et calorifiques comme le montrent les brillantes expériences imaginées par Crookes.

On a expliqué ces divers phénomènes en admettant que la cathode émettait des radiations de nature inconnue, auxquelles on a donné le nom de *rayons cathodiques*. Leurs propriétés ont été étudiées par LORD KELVIN, les professeurs FITZ-GERALD et

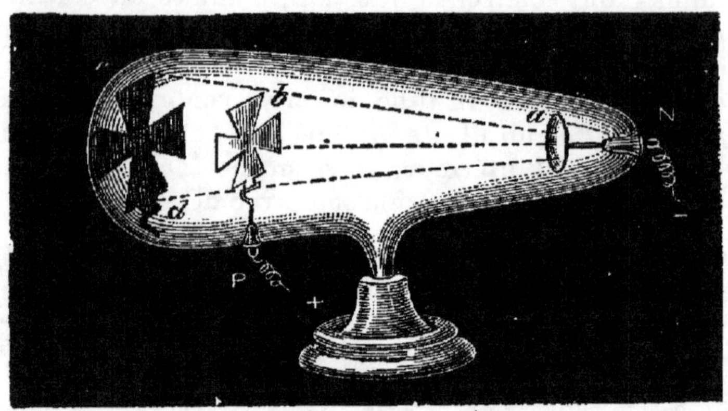

Fig. 3. — Ombre d'un écran produite par les rayons cathodiques.

J.-J. THOMSON, d'une part, qui les attribuent, comme Crookes, au bombardement moléculaire dans le gaz raréfié ; par MM. GOLDSTEIN, HERTZ, WIEDEMANN et ÉBERT, qui leur attribuent, au contraire, une origine vibratoire ; il en est de même de M. LÉNARD, préparateur de Hertz, qui en a fait une étude assez complexe dont nous résumerons les points principaux [1].

Crookes avait montré le trajet rectiligne de la matière radiante en munissant intérieurement un tube d'une croix en aluminium b placée devant la cathode a ; en reliant respectivement les fils P et N aux pôles positif et négatif d'une bobine d'induction, on obtient sur le fond phosphorescent du tube une ombre cd de la croix. Depuis, la propagation rectiligne des rayons cathodiques a été mise en doute par Kowalski. Une autre propriété remarquable est leur déviation par l'aimant ; tout récemment, M. GASTON SEGUY (*C. R.*, 20 janvier 1896) a, par un ingénieux dispositif, montré qu'ils pouvaient subir la réflexion.

Mais on n'avait encore étudié leur propagation que dans le milieu raréfié où ils prennent naissance, lorsque Lénard put montrer qu'ils se *propagent aussi bien dans l'air à la pression ordinaire que dans le vide absolu* ; il utilisa la propriété qu'ils ont (découverte par Hertz) de traverser des feuilles minces d'aluminium, en fermant l'extrémité d'un tube de Crookes par une plaque métallique épaisse, présentant une fente rectangulaire obturée par une feuille d'aluminium épaisse de $0^{mm},002$ à $0^{mm},003$, imperméable à l'air, transparente aux rayons cathodiques. Mais ceux-ci sont invisibles, et on ne pourrait les étudier s'ils n'avaient la propriété d'exciter la phospho-

---

1. Voir le très intéressant article que M. LUCIEN POINCARÉ a consacré à ces travaux sous le titre : « Les Rayons cathodiques et l'Hypothèse de la Matière radiante », dans la *Revue générale des Sciences*, t. V, p. 701 (15 octobre 1894).

rescence de certains corps, tels qu'un papier de soie imprégné de *pentadécylparatolyl-
cétone* et d'impressionner les plaques photographiques. Lénard a pu ainsi constater
que leur propagation n'était pas rectiligne, qu'ils contournaient les corps opaques,
que l'aimant les déviait aussi bien dans l'air que dans le vide ; ajoutons qu'il existe
des rayons cathodiques de nature différente, inégalement déviés par l'aimant et de
capacités de phosphorescence différentes, et que M. J. Perrin a montré qu'ils étaient
électrisés négativement.

Ce dernier fait ainsi que des expériences
de Lénard semblent permettre de conclure
que l'école anglaise et l'école allemande
ont également raison ; il y aurait à l'intérieur du tube de Crookes des rayons cathodiques, dus à un mouvement vibratoire,
et de la matière en mouvement, charriant
de l'électricité négative.

Quoi qu'il en soit, lorsque ces rayons
cathodiques viennent frapper la *surface intérieure* du verre de l'ampoule, ils donnent
naissance aux fameux rayons X qui, après
avoir traversé le verre, produisent les
merveilleux effets qu'on connaît bien et
que le Dr Röntgen a le premier observés.
De ce que ces nouvelles radiations se déve-
loppent au point d'impact des rayons cathodiques sur la surface inférieure du
verre, on conçoit très bien que les am-
poûles auront un rendement différent selon la nature et l'épaisseur du verre formant
leurs parois.

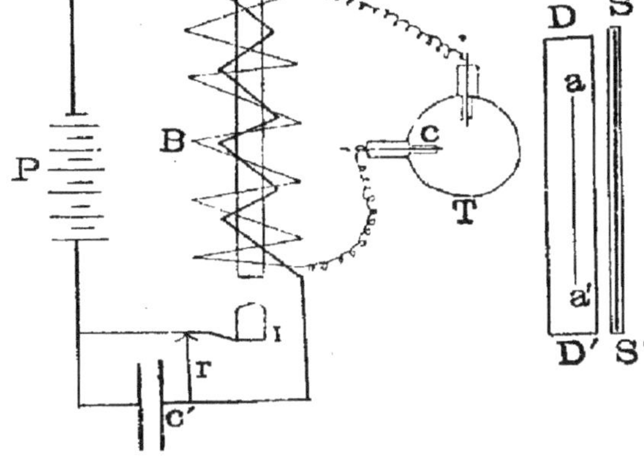

Fig. 4. — Dispositif employé par M. G. Seguy.
P Pile de six éléments fournissant le courant
primaire d'une bobine de Rhumkorff B
dont *r* est l'interrupteur, *c'* le condensa-
teur. — T tube de Crookes avec sa cathode
c. — DD' caisse en bois dans laquelle est
renfermé l'objet *aa'* à radiographier. —
SS' plaque sensible entourée de plusieurs
doubles de papier noir.

Voyons maintenant la technique opératoire. Un courant électrique fourni par des
piles ou des accumulateurs (fig. 4) est envoyé dans le cir-
cuit primaire d'une bobine Rhumkorff B dont l'induit communique avec les deux électrodes d'un tube de Crookes T ;
en face de ce dernier est l'objet à reproduire *aa'* enfermé
dans du papier noir ou une boîte DD' et contre celle-ci la
plaque sensible entourée de plusieurs doubles de papier
noir SS'. — Les premiers tubes de Crookes employés étaient
à électrodes filiformes.

Afin d'augmenter le rendement du tube en rayons X,
M. H. Poincaré a proposé de donner à la cathode (*fig.* 4) la
forme d'un miroir sphérique concave *mm'*, de centre O voisin
de la paroi du verre, sans être sur elle (ce qui pourrait
occasionner des dégâts) ; la portion du verre qui devient
phosphorescente et d'où viennent les rayons X est alors
circulaire : c'est l'intersection xx de la paroi par le cône de sommet *o* qui
s'appuie sur la surface du miroir.

Fig. 5.

L'image n'étant qu'une ombre, on est obligé, pour qu'elle soit nette, d'éviter autant que possible les effets de pénombre, qui est d'autant plus faible que l'ampoule est plus loin de la plaque sensible ; mais plus elle est éloignée, plus le temps de pose est long ; MM. Imbert, professeur, et Bertin-Sans, chef des travaux de physique à la Faculté de Médecine de Montpellier, ont eu l'ingénieuse idée d'augmenter la netteté de l'image en interposant entre la plaque et le tube un diaphragme en métal ou en verre épais ; ils avaient préalablement constaté que chaque point de la paroi du tube émettait des rayons X dans toutes les directions ; l'ouverture de ce diaphragme doit varier avec la nature de l'objet; d'ailleurs, en général, l'image est d'autant plus nette

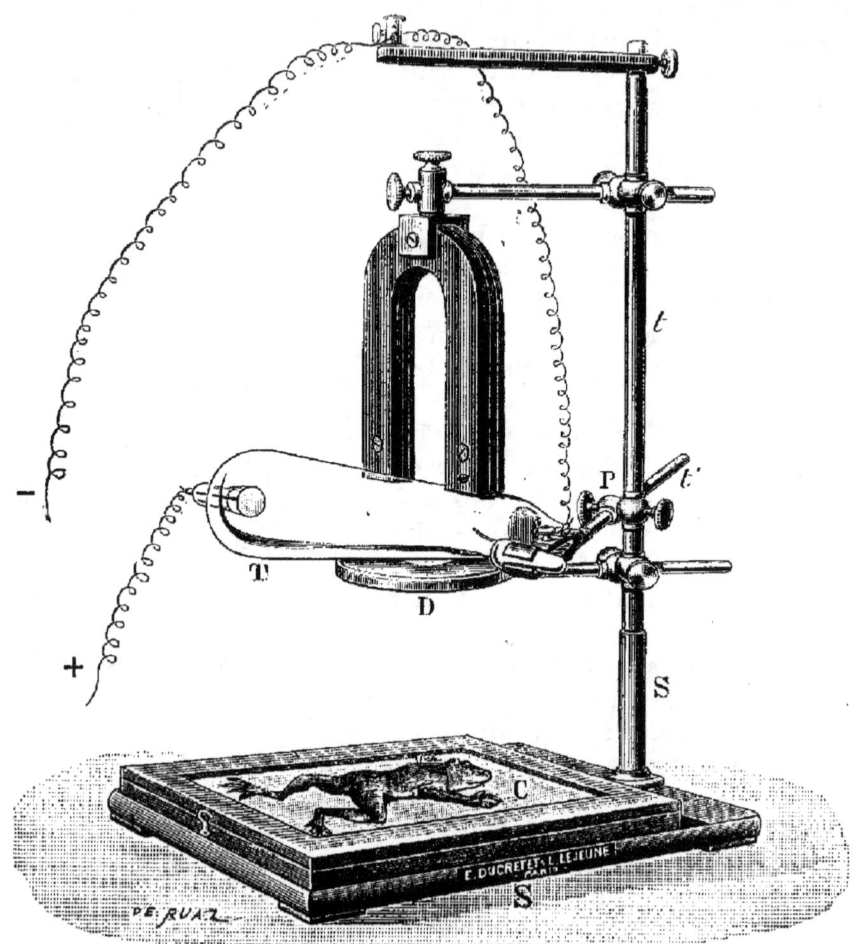

Fig. 6. — Concentration au moyen d'un aimant de la tâche active sur le diaphragme.

que l'ouverture du diaphragme est plus faible ; mais le temps de pose est d'autant plus long.

MM. Imbert et Bertin-Sans ont, ainsi que M. Meslin, utilisé la déviation des rayons cathodiques par les aimants pour concentrer et condenser au voisinage du diaphragme la tâche active (*fig.* 6).

L'étude des tubes de Crookes a montré que le vide ne se maintenait pas au même degré dans leur intérieur et que le rendement en rayons X dépendait du degré du vide ; aussi obtient-on de meilleurs résultats en faisant communiquer constamment l'ampoule avec une machine à faire le vide; M. G. Seguy a récemment imaginé une machine à huit chutes de mercure qui convient particulièrement à cet usage et permet d'obtenir le vide de Crookes en deux heures.

On a depuis quelque temps remplacé à l'étranger les ampoules ordinaires par des tubes dits « *focus* » où les rayons X naissent à la surface d'une lame métallique intérieure au tube et frappée par les rayons cathodiques. M. G. Seguy a augmenté le

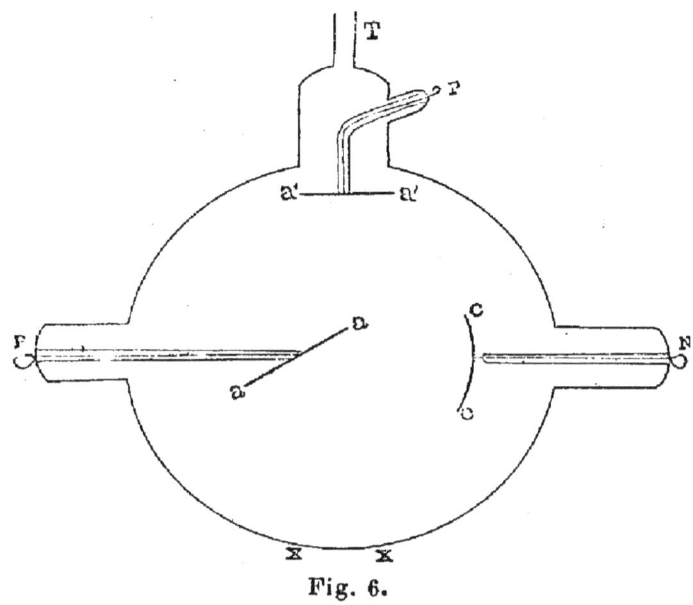

Fig. 6.

rendement en se servant d'une ampoule bianodique (*fig.* 7) ; la cathode a une forme sphérique concave, et il y a deux anodes aa, aa' ; les rayons X naissent sur la région XX du tube qui à l'aide de l'ajutage T peut être mis en communication constante avec la trompe à mercure. (*A suivre.*)

BIBLIOGRAPHIE

J. Montier. — *Cours de physique.* Paris, Vve Ch. Dunod, éditeur.

Voilà un ouvrage que nous aimerions voir dans toutes les bibliothèques d'élèves et de professeurs. Ceux-ci y puiseront plus d'une démonstration rigoureuse ; certaines de celles données par M. Moutier sont d'ailleurs bien classiques. Une Introduction renferme les notions de mécanique indispensables à quiconque veut approfondir l'étude de la physique ; elle renferme un chapitre sur la *Théorie du pendule* faite avec clarté et précision, et un non moins intéressant sur les *applications du pendule* ; citons encore le chapitre sur l'*Attraction universelle* et celui intitulé l'*influence de la rotation de la terre sur la pesanteur*. La physique proprement dite est aussi complète que possible ; seule l'optique physique n'y figure pas ; l'électricité n'est pas complète. On sait que l'auteur est malheureusement mort avant d'achever cet important ouvrage dont les volumes publiés seront lus et consultés avec fruit par tous ceux qui s'intéressent à la physique.

Démonstration de l'Axiome XI d'Euclide, par M. Frolov, membre de la Société mathématique de France. Paris, librairie centrale des sciences.

La position des non Euclidiens est inexpugnable ; ils ont créé des êtres qui vérifient tous les axiomes de la Géométrie sauf le postulat d'Euclide relatif aux parallèles. Donc ils sont bien certains que ce postulat n'est pas une conséquence logique des autres axiomes. D'autre part, si l'expérience montre que la somme des angles d'un triangle ne diffère pas sensiblement de deux angles droits, ils peuvent toujours objecter que cela tient à l'imperfection de nos moyens de mesure. Le postulat d'Euclide ne peut donc être établi ni par le raisonnement, ni par l'expérience ; tout ce qu'on peut dire, c'est qu'il constitue une loi *approximative* de l'espace réel, absolument comme la loi de Mariotte.

Il était donc fatal que la démonstration de M. Frolov impliquerait un postulat équivalent à celui d'Euclide. De fait, elle suppose que le lieu des projections des points d'une droite sur une autre droite est cette seconde droite *tout entière*, ce qui revient à dire que deux droites, l'une perpendiculaire et l'autre oblique à une troisième, se rencontrent nécessairement. Néanmoins la démonstration de M. Frolov est si originale et si ingénieuse que les lecteurs non prévenus auront de la peine à en découvrir le défaut.

L. G.

QUESTIONS PROPOSÉES

181. Dans un triangle acutangle donné, inscrire le triangle de périmètre minimum. Démontrer que ce périmètre minimum est le même pour deux triangles qui ont un angle égal et la hauteur correspondante égale. Werner

182. Soit AH une hauteur d'un triangle ABC. Démontrer que la droite qui joint les symétriques de H par rapport aux côtés AB et AC passe par les pieds des deux autres hauteurs. (*Id.*)

Le *Gérant* : Dr H. LABONNE, licencié ès sciences.

Châteauroux. — Typ. et Stéréotyp. A. Majesté et L. Bouchardeau.

BULLETIN

DE

MATHÉMATIQUES ÉLÉMENTAIRES

QUESTIONS RÉSOLUES

83. *On mène à une ellipse de grand axe 2a et de petit axe 2b une tangente quel-conque qui coupe respectivement aux points C et D les tangentes menées à la courbe aux extrémités A et B du grand axe. Montrer que le produit AC × BD des segments ainsi déterminés sur les tangentes est constant.*

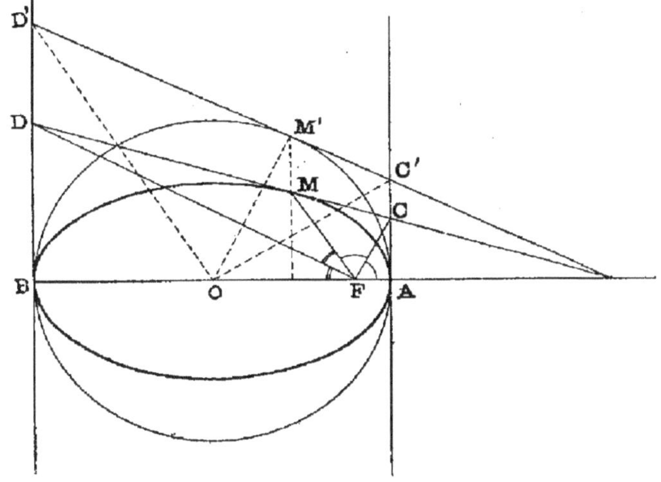

2° *Solution* [1]. — L'ellipse AB est la projection orthogonale du cercle de centre O et de rayon a et la tangente CMD à l'ellipse est la projection d'une tangente au cercle C'M'D'.

Le produit AC' × BD' est constant.

En effet, les tangentes C'A, C'M' sont égales ainsi que les tangentes D'B, D'M'

Donc $$AC' \times BD' = M'C' \times M'D'.$$

Joignons les trois points C', D', M' au centre. Le rayon OM' est perpendiculaire sur la tangente C'D'. De plus OC', OD' sont bissectrices de deux angles supplémentaires AOM', BOM'; donc elles sont perpendiculaires l'une sur l'autre. Dans le triangle rectangle C'OD', nous avons la relation

$$\overline{OM'}^2 = M'C' \times M'D'$$

ou

$$a^2 = AC' \times BD'.$$

---

[1]. Voir une première solution, page 230.

Mais, d'après les propriétés de la projection orthogonale, on a
$$AC = AC' \cos \beta, \quad BD = BD' \cos \beta,$$
β étant l'angle des deux plans. Donc
$$AC \times BD = a^2 \cos^2 \beta.$$

Mais $\cos \beta = \dfrac{b}{a}$; donc

$$AC \times BD = a^2 \times \frac{b^2}{a^2} = b^2 = constante.$$

L. Franck (lycée de Lyon).

3e *Solution.* Joignons le foyer F aux points C, M, D. En vertu du théorème de Poncelet, les droites FC, FD sont bissectrices des angles supplémentaires AFM, BFM ; donc elles sont rectangulaires. Par suite, les triangles AFC, BDF sont semblables comme ayant leurs côtés perpendiculaires ; donc

$$\frac{AC}{FB} = \frac{AF}{BD},$$

ou

$$AC \times BD = AF \times BF = (a + c)(a - c)$$
$$= a^2 - c^2 = b^2 = constante.$$

Dupont (1re moderne, lycée de Lyon).

Solutions analogues par MM. Bouiges et Perrot.

M. Simond se sert de l'équation de la tangente CD :

$$\frac{xx_1}{a^2} + \frac{yy_1}{b^2} - 1 = 0.$$

D'où, en faisant $x = \pm a$,

$$AC = \frac{b^2}{y_1}\left(1 - \frac{x_1}{a}\right), \quad BD = \frac{b^2}{y_1}\left(1 + \frac{x_1}{a}\right);$$
$$AC \times BD = \frac{b^4}{y_1^2}\left(1 - \frac{x_1^2}{a^2}\right) = \frac{b^4}{y_1^2} \cdot \frac{y_1^2}{b^2} = b^2.$$

91. *On considère un cercle de centre O et de rayon r et un second cercle variable assujetti à passer par un point fixe A et ayant son centre sur la droite OA. Soit S un centre de similitude des deux cercles et x le rayon du cercle variable. Calculer le segment $\overline{AS}$ en fonction de r, de OA et de*

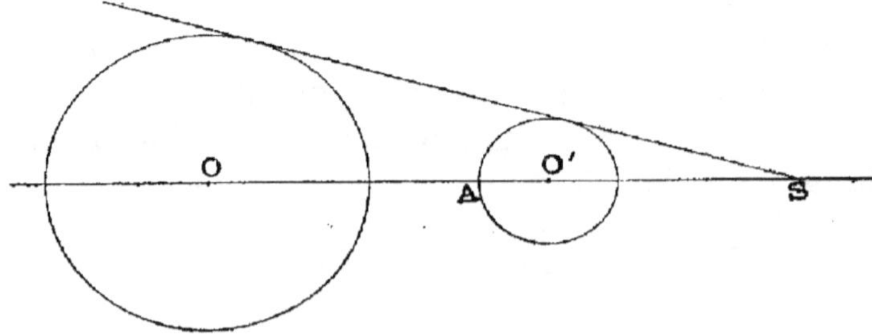

x et étudier les variations de ce segment quand x varie de $-\infty$ à $+\infty$.

Prenons pour sens positif le sens de O vers A et posons

$$\overline{OA} = a, \quad \overline{AU'} = x$$

Soit S celui des deux centres de similitude qui est défini par l'égalité :

$$\frac{\overline{OS}}{\overline{O'S}} = \frac{r}{x}$$

Elle s'écrit :

$$\frac{r}{x} = \frac{\overline{OA} + \overline{AS}}{\overline{O'A} + \overline{AS}} = \frac{a + \overline{AS}}{-x + \overline{AS}}$$

Donc :

$$\overline{AS} = \frac{x\,(a+r)}{r-x} = \frac{a+r}{\dfrac{r}{x} - 1}$$

On voit que $\overline{AS}$ croît avec x, d'où le tableau suivant :

x	$-\infty$	0	$r - \varepsilon$	$r + \varepsilon$	$+\infty$
$\overline{AS}$	$-(a+r)$	0	$+\infty$	$-\infty$	$-(a+r)$

P. GILLET.

Autres solutions par MM. BERTHIER et SINGER.

---

94. *Deux forces données F, F' sont respectivement parallèles à la base et à la longueur d'un plan incliné dont l'inclinaison i est inconnue. Elles sollicitent alternativement un point matériel pesant posé sur le plan. On demande quel doit être le poids P de ce point matériel pour qu'il reste en repos dans les deux cas, et quelle est l'inclinaison du plan, cette dernière étant exprimée au moyen de la tangente.*

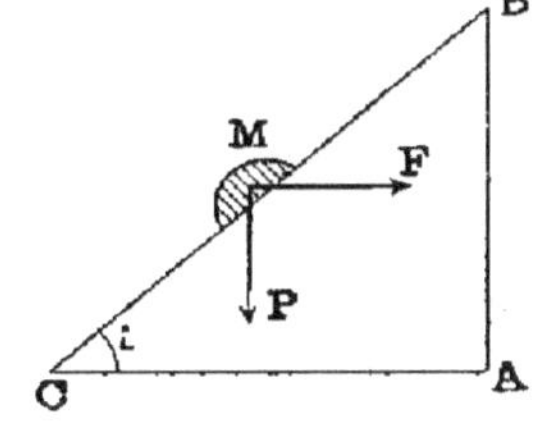
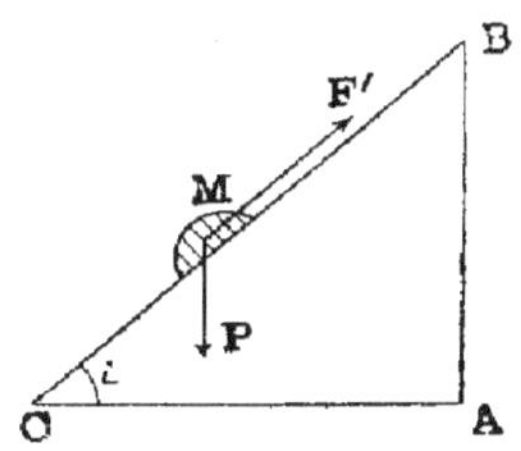

Condition de possibilité du problème. — Quel doit être le rapport des deux forces F et F' pour que i soit égal à $45°$?

Pour que le point M soit en équilibre sur le plan incliné BC, sous l'action de son poids P et de la force F parallèle à la base AC, il faut que les projections de P et F sur BC soient égales et de signes contraires. On doit donc avoir :

$$P \sin i = F \cos i.$$

D'autre part, pour que le point M soit en équilibre sous l'action de son poids P et de la force F' parallèle à BC, il faut qu'on ait :

$$P \sin i = F'.$$

De ces deux relations, on tire :

$$F' = F \cos i, \quad \text{d'où} \quad \cos i = \frac{F'}{F} ;$$

et ensuite

$$P = \frac{F'}{\sin i} = \frac{F'}{\sqrt{1 - \dfrac{F'^2}{F^2}}} = \frac{FF'}{\sqrt{F^2 - F'^2}}$$

La condition de possibilité du problème est :

$$F^2 - F'^2 > o \quad \text{d'où } F > F'.$$

Pour que i soit égal à 45°, il faut avoir

$$\cos i = \frac{\sqrt{2}}{2}$$

Le rapport des forces doit être :

$$\frac{F'}{F} = \frac{\sqrt{2}}{2}$$

L. Briqueler.

98. *Construire un carré qui ait pour projection orthogonale un parallélogramme donné.*

Soit ABCD le parallélogramme donné. Il s'agit de couper le prisme droit ayant

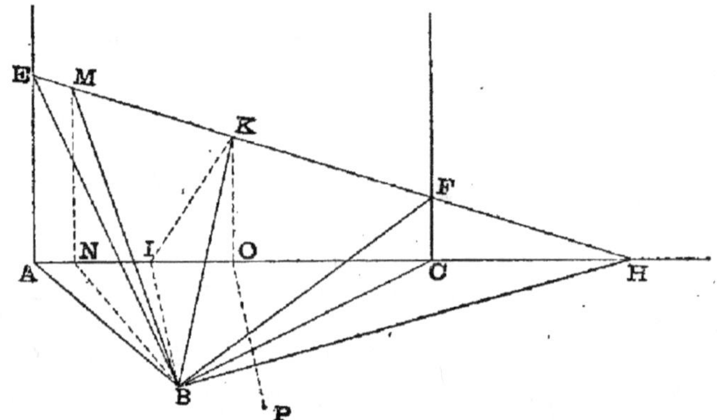

pour base ABC, par un plan tel que la section soit un triangle rectangle isocèle. Nous pouvons supposer que ce plan passe par le point B et soit alors BEF le triangle rectangle cherché. Désignons par H le point où EF coupe AC. De B abaissons la perpendiculaire BI sur AC, de I la perpendiculaire IK sur EF. En vertu du théorème des trois perpendiculaires, BK sera perpendiculaire à EF et, par suite, le triangle EBF étant isocèle, K sera le milieu de EF. Donc K est sur la parallèle à AE menée par le point O, milieu de AC. Par conséquent, si l'on connaît le point H, il suffira de décrire sur IH comme diamètre une circonférence coupant cette parallèle au point K ; en joignant HK on aura le côté EF. Le problème se ramène donc à la recherche de H.

Pour le construire, menons dans le plan EHB la perpendiculaire BM à BH qui coupe EF en M. Soit N le point où la parallèle à AE menée par M coupe AC. En joignant NB, l'angle formé NBH est droit. D'ailleurs, dans le triangle rectangle MBH, nous avons :

$$\overline{BK}^2 = MK.KH,$$

ou, en remplaçant BK par son égal KF,

$$\overline{KF}^2 = MK.KH.$$

Les quatre points M, K, F, H étant sur une même droite, cette relation est vraie pour les projections des segments KF, MK, KH sur AC. Nous avons donc :

$$\overline{OC}^2 = NO.OH.$$

Si sur la perpendiculaire à AC menée par O nous prenons une longueur OP = OC, la relation devient :

$$\overline{OP}^2 = ON.OH$$

Ce qui prouve que le triangle NPH est rectangle. Le triangle NBH l'est aussi. Donc pour construire H il suffit de tracer une circonférence passant par les points B et P, et ayant son centre sur AC ; cette circonférence coupe AC en deux points N et H : on prendra pour H celui de ces deux points qui est sur le prolongement de IO *du côté de O* et on achèvera la construction comme il a été dit.

Cette construction a pour symbole

$$\text{op.} (8R_1 + 14C_1 + 4R_2 + 9C_3)$$

Simplicité : 35. Exactitude : 22, 4 droites, 9 cercles.

P. GILLET.

121. *Sur la perpendiculaire élevée en un point P d'une portion de droite AA', on prend un point M tel que le rapport* $\dfrac{MP^2}{PA \times PA'}$ *soit constant.*

Déterminer le lieu du point M quand le point P décrit la portion de droite AA'. — *Soient R et R' les points de rencontre des droites MA, MA' avec la perpendiculaire au milieu O de AA'; démontrer que le produit* $OR \times OR'$ *est constant.*

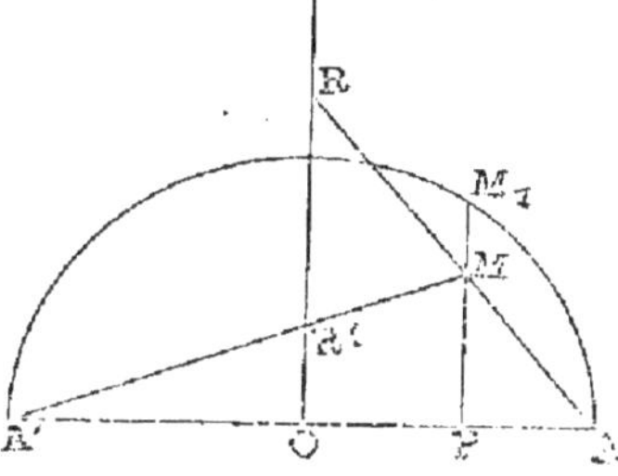

1re *Solution.* — Soient OP $= x$ et PM $= y$, les coordonnés du point M, et OA $= a$.

Désignant par k^2 la valeur du rapport constant, il vient :

$$\frac{\overline{MP}^2}{PA \times PA'} = k^2 ;$$

ou, comme PA $= a - x$, PA' $= a + x$,

$$\frac{y^2}{(a - x)(a + x)} = k^2 ;$$

ce qui peut s'écrire :

$$y^2 + k^2 x^2 = k^2 a^2.$$

Divisant par $k^2 a^2$, il vient :

$$\frac{y^2}{k^2 a^2} + \frac{x^2}{a^2} = 1$$

équation d'une ellipse, rapportée à ses axes, égaux à $2a$ et $2ka$.

L'équation de la droite AR est :

$$\frac{X}{a} + \frac{Y}{OR} = 1.$$

En écrivant qu'elle doit passer par le point M, il vient :

$$\frac{x}{a} + \frac{y}{OR} = 1.$$

On tire de là :

$$OR = \frac{ay}{a - x}. \qquad (1)$$

Pareillement, en considérant la droite A'R', on verrait que :

$$OR' = \frac{ay}{a + x}. \qquad (2)$$

Multipliant membre à membre les égalités (1) et (2), il vient :

$$OR \times OR' = \frac{a^2 y^2}{(a - x)(a + x)} = k^2 a^2,$$

ce qui prouve que le produit $OR \times OR'$ est constant.

L. Briqueler.
(Lycée de Belfort.)

Deuxième solution. — Sur A'A comme diamètre je décris une circonférence et je prolonge PM jusqu'au point M_1 où cette droite coupe la circonférence.

J'ai : $\overline{M_1 P}^2 = PA' \times PA$

Je peux donc écrire :

$$\frac{\overline{MP}^2}{PA' \times PA} = \frac{\overline{MP}^2}{\overline{M_1 P}^2}$$

donc le rapport $\dfrac{MP}{M_1 P}$ est constant.

Si P parcourt le diamètre AA', et M_1 la circonférence O, le rapport $\dfrac{MP}{M_1 P}$ étant constant, M décrira une ellipse.

Si $\dfrac{MP}{M_1 P} < 1$, le grand axe sera AA'

Si $\dfrac{MP}{M_1 P} = 1$, l'ellipse se confondra avec la circonférence O.

Si $\dfrac{MP}{M_1 P} > 1$, le grand axe sera suivant OR.

2° Les triangles semblables AOR et APM donnent :

$$\frac{OA}{OR} = \frac{AP}{MP} \qquad (1)$$

Les triangles semblables A'PM et A'OR' donnent :

$$\frac{A'O}{OR'} = \frac{A'P}{MP} \qquad (2)$$

En multipliant les égalités (1) et (2) membre à membre, on a

$$OR \times OR' = OA \times OA' \times \frac{\overline{MP}^2}{PA \times PA'}, = \text{constante.}$$

H. Perdrix.
(Ecole normale, Bourg.)

Autre solution par M. Singer.

122. *Étant donné le foyer d'une parabole, un point de la courbe et la tangente en ce point, construire la seconde tangente issue d'un point P pris sur la première.*

Soit F le foyer la parabole; PM la tangente et M le point de tangence. Joignons MP. Par le point M menons la droite MN faisant avec la tangente un angle PMN égal à PMF; d'après une propriété connue, MN est parallèle à l'axe de la parabole.

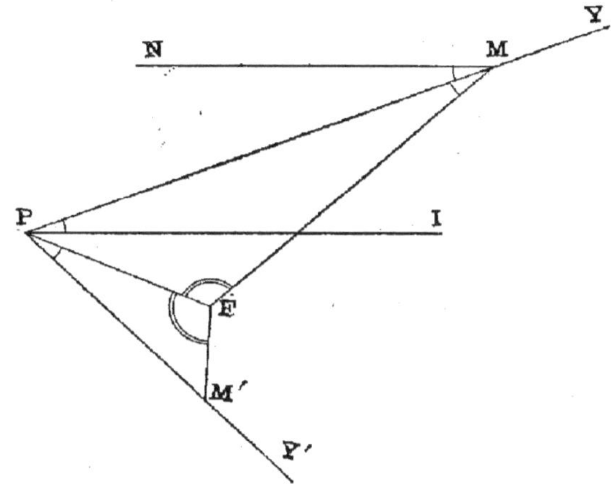

Cela posé, menons PI parallèle à MN; pour avoir la seconde tangente PY' issue de P il suffira de faire avec PF un angle égal à l'angle formé par la première tangente PM et la parallèle à l'axe.

Le point de tangence M' sera à l'intersection de la droite SY' et de la droite FM' faisant avec PF le même angle que FM; car la droite joignant le point P au foyer fait des angles égaux avec les droites joignant ce foyer aux points de contact des tangentes.

Paul Bouiges (Mauriac).

Solution analogue par M. Singer.

Géométrographiquement, il suffit de mener FP, FM et de faire des angles FPM', PFM' respectivement égaux à PMF, PFM.

Op. $(8R_1 + 4R_2 + 8C_1 + 5C_3)$. Simplicité: 25. Exactitude: 16.

Le raisonnement de M. Bouiges prouve que PM' est tangente au cercle circonscrit au triangle PFM; de même PM est tangente au cercle circonscrit au triangle PFM': ce qui donne deux autres constructions d'ailleurs plus compliquées que celle de M. Bouiges. On peut encore remarquer que les triangles FMP, FPM' sont semblables, d'où

$$FM \times FM' = \overline{FP}^2,$$

ce qui donne une autre construction.

On peut aussi, comme l'a fait M. Collomb (Lycée de Lyon), construire la directrice et appliquer la construction classique.

143. *Une tangente mobile CD à une circonférence rencontre en C et D les tangentes aux extrémités A et B d'un diamètre fixe. On pose* $AC = x$, $BD = y$. *On joint les extrémités C et D de la tangente mobile à un point fixe P du diamètre AB situé entre A et B. A quelle position de la tangente correspond le minimum de l'angle aigu CPD?*

On posera $AP = a$; $BP = b$ $(a + b = 2R)$.

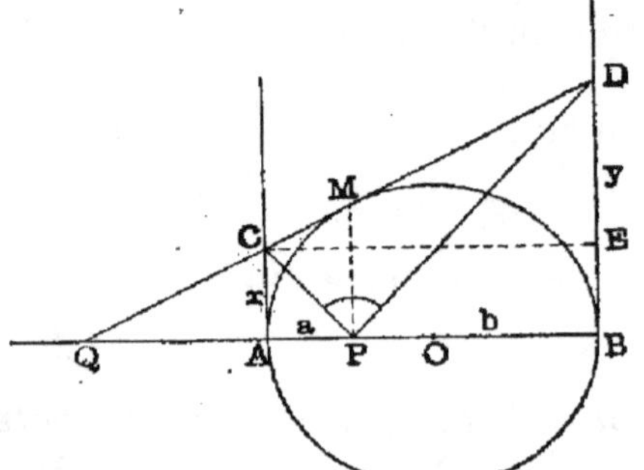

L'angle aigu CPD est minimum en même temps que sa tangente, que nous désignons par t :

$$t = \text{tg}\,[180 - (APC + BPD)] = -\text{tg}\,(APC + BPD),$$

$$t = \frac{\text{tg}\,APC + \text{tg}\,BPD}{\text{tg}\,APC \cdot \text{tg}\,BPD - 1}.$$

Les triangles rectangles APC, BPD nous donnent

$$\text{tg}\,APC = \frac{x}{a}, \quad \text{tg}\,BPD = \frac{y}{b},$$

d'où

$$t = \frac{bx + ay}{xy - ab}. \tag{1}$$

Si par le point C nous menons une parallèle à AB, nous aurons dans le triangle rectangle CDE :

$$(x + y)^2 = 4R^2 + (y - x)^2,$$

d'où $xy = R^2$ et, par suite, en remplaçant dans (1) y par $\dfrac{R^2}{x}$

$$t = \frac{bx^2 + aR^2}{x\,(R^2 - ab)}, \tag{2}$$

ou

$$bx^2 - (R^2 - ab)\,tx + aR^2 = o. \tag{3}$$

Pour que les racines soient réelles, il faut que

$$(R^2 - ab)^2\,t^2 - abR^2 \geqq o$$

$$t \geqq \frac{R\,\sqrt{ab}}{R^2 - ab}.$$

Donc le minimum de t est $\dfrac{R\,\sqrt{ab}}{R^2 - ab}$; si l'on remplace t par cette valeur, l'équation (3) a ses racines égales :

$$x = \frac{R\,\sqrt{ab}}{b}, \quad y = \frac{R\,\sqrt{ab}}{a}.$$

D'où $\dfrac{x}{y} = \dfrac{a}{b}$; donc, si Q est le point de rencontre de CD avec AB, on a

$$\frac{QA}{QB} = \frac{x}{y} = \frac{a}{b} = \frac{PA}{PB}.$$

Donc l'angle CPD est minimum quand la tangente CD passe par le conjugué harmonique de P par rapport à AB et, par suite, par le point M où la circonférence rencontre la perpendiculaire à AB menée par P.

On voit par la formule (2) que l'angle CPD est *aigu*; car $ab = \overline{PM}^2 < R^2$, donc t est positif.

P. Brusset (collège d'Uzès).

Autres solutions par MM. Briqueler et Singer.

148. *Construire un trapèze isocèle circonscrit à un cercle donné de façon que les diagonales soient perpendiculaires aux côtés non parallèles.*

Soient y et x les demi-longueurs des bases de trapèze. Nous avons d'abord en abaissant la perpendiculaire AH sur CD :

$$\overline{AC}^2 = \overline{CH}^2 + \overline{AH}^2$$

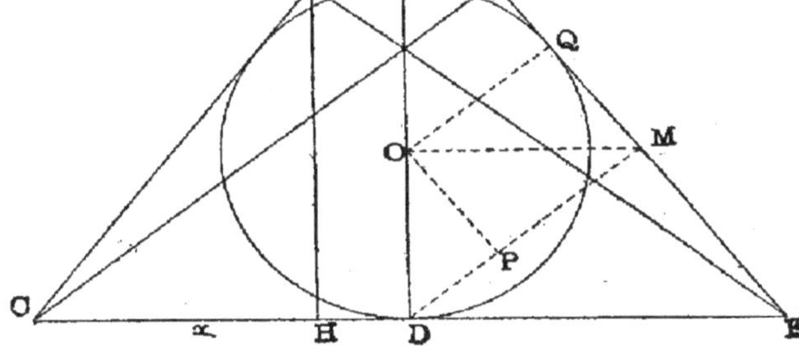

ou en remplaçant les quantités par leurs valeurs :

$$(x + y)^2 = 4R^2 + (x - y)^2$$
$$xy = R^2 \qquad (1)$$

D'autre part le triangle rectangle ACE nous donne :

$$4R^2 = \overline{AH}^2 = CH.EH = (x - y)(x + y) = x^2 - y^2 \qquad (2)$$

En tirant la valeur de y de l'équation (1) et la portant dans l'équation (2) il vient l'équation

$$x^4 - 4R^2x^2 - R^4 = 0 \qquad (3)$$

Les racines de cette équation sont toujours réelles, car le terme indépendant de x et le coefficient de x^4 sont de signes contraires ; elles sont de plus de signes contraires, car leur produit $-4R^2$ est négatif. Donc le problème est toujours possible et n'a qu'une solution.

Paul Bouiges (Mauriac).

M. Brusset remarque que x^2 et $-y^2$ sont racines de l'équation
$$X^2 - 4R^2X - R^4 = 0,$$
d'où
$$x^2 = R^2\left(\sqrt{5} + 2\right), \qquad y^2 = R^2\left(\sqrt{5} - 2\right).$$

Donc x et y sont moyennes géométriques entre R et $R\left(\sqrt{5} \pm 2\right)$.

Autre solution par M. Singer.

Soit M le milieu de EF ; abaissons OP, OQ perpendiculaires sur DM, EF. On a
$$DM (DM - PM) = \overline{OD}^2 = R^2.$$

Or PM = OQ = R, donc

$$DM\,(DM - R) = R^2.$$

On est ramené à construire deux lignes DM et DM — R dont la différence et la moyenne géométrique sont égales à R ; DM est le plus petit segment soustractif du rayon divisé en moyenne et extrême raison, etc.

160. *On donne la droite D, représentée en coordonnées rectangulaires par l'équation*

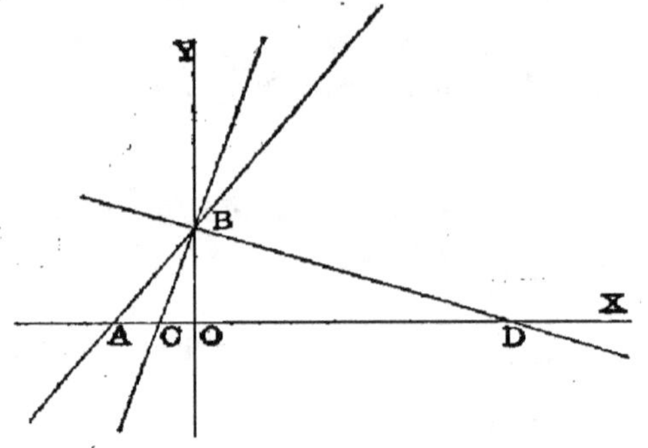

$$3y - 4x = 1$$

1° Trouver les coefficients angulaires des bissectrices des angles formés par la droite D et l'axe des y.

2° Former les équations de ces bissectrices.

Remplaçons dans l'équation $3y - 4x = 1$, x par o, et y par o, nous remarquons que la droite D coupe l'axe des x au point A tel que $OA = -\dfrac{1}{4}$, et l'axe des y au point B tel que $OB = \dfrac{1}{3}$.

Par suite, nous avons pour coefficient angulaire de la bissectrice intérieure BC de l'angle ABO :

$$\frac{BO}{OC} = \frac{BA}{AC} = \frac{BO + BA}{OA}$$

Or :

$$BA = \sqrt{\overline{OB}^2 + \overline{OA}^2} = \frac{5}{12}$$

Donc :

$$\frac{BO}{OC} = \frac{\dfrac{1}{3} + \dfrac{5}{12}}{\dfrac{1}{4}} = 3$$

On aurait de même pour le coefficient angulaire de la bissectrice extérieure BD :

$$-\frac{OB}{OD} = -\frac{OC}{OB} = -\frac{1}{3}$$

Donc les équations des bissectrices sont

$$y - \frac{1}{3} = 3x \quad \text{et} \quad y - \frac{1}{3} = -\frac{1}{3}\,x.$$

L. Briqueler.
(Lycée de Belfort.)

Autre solution par M. Singer.

Physique.

60. *Étant donné un petit aérostat dont l'enveloppe pèse 45 grammes, on veut le gonfler avec de l'hydrogène préparé par électrolyse, et lui donner une force ascensionnelle de 5 grammes.*

Le courant dont on dispose passe dans un voltamètre à électrodes d'argent, contenant une solution d'azotate d'argent, où il dépose sur l'électrode négative 0 gr. 01118 d'argent par seconde. Il présente ensuite une bifurcation, dont l'une des branches comprend un voltamètre contenant de l'eau acidulée par l'acide sulfurique ; l'autre, un voltamètre contenant une solution de sulfate de sodium : c'est l'hydrogène recueilli dans ces deux voltamètres qui est envoyé dans l'aérostat, après avoir été desséché. — On demande :

1° Pendant combien de temps on devra faire passer le courant ;

2° Quel sera le volume de l'aérostat, à la fin de l'expérience. On négligera la poussée éprouvée par l'enveloppe. — L'air est supposé sec ; sa température est 27° 3 ; sa pression est mesurée par une colonne de mercure de 75 centimètres.

La densité de l'hydrogène est 0,0695 ; le coefficient de dilatation des gaz est $\dfrac{1}{273}$; le poids du litre d'air à 0° et 76ᶜ est 1 gr. 293. — Le poids atomique de l'argent et son équivalent sont représentés par le nombre 108.

Quand l'aérostat est gonflé, il pèse
$$45 \text{ gr.} + x,$$
x étant le poids évalué en grammes de l'hydrogène contenu dans le ballon.

Si y est le poids de l'air déplacé par l'appareil, la force ascensionnelle du petit ballon étant de 5 grammes, on a l'équation
$$y - (45 + x) = 5$$
d'où
$$y - x = 50 \qquad (1)$$

Mais x et y sont des poids d'hydrogène et d'air correspondant à des volumes égaux, et dans des conditions identiques de température et de pression. Le rapport $\dfrac{x}{y}$ est donc égal à la densité de l'hydrogène, soit 0,0695, ce qui se traduit par l'équation :
$$\frac{x}{y} = 0,0695 \qquad (2)$$

Une simple propriété des proportions nous donne
$$\frac{x}{y - x} = \frac{0,0695}{1 - 0,0695}$$

ou d'après (1)
$$x = \frac{0,0695}{1 - 0,0695} \times 50$$

Le courant dont on dispose, quelles que soient les dérivations que présente le circuit, met en liberté pendant une seconde des poids d'argent 0 gr. 01118 et d'hydrogène z proportionnels à leurs équivalents. On aura donc :

$$\frac{z}{0,01118} = \frac{1}{108}$$

d'où

$$z = \frac{0,01118}{108}$$

Pour mettre en liberté le poids d'hydrogène x, le courant devra passer pendant un nombre de secondes égal à

$$\frac{x}{z} = \frac{0,0695 \times 50 \times 108}{(1 - 0,0695)\, 0,01118} = 36076 \text{ secondes}$$

ou   10 h. 1 m. 16 secondes

2º Le volume V de l'aérostat est, puisqu'on ne tient pas compte de la poussée éprouvée par l'enveloppe, mesuré par le volume qu'occupe le poids x d'hydrogène qu'il contient, dans les conditions d'expérience, c'est-à-dire à une température de 27°3 et à une pression de 75 cent. ce qui revient à

$$x = V \times 0,0695 \times 1,293 \times \frac{75}{76} \times \frac{1}{1 + \dfrac{27,3}{273}}$$

ou

$$x = V \times 0,0695 \times 1,293 \times \frac{75 \times 10}{76 \times 11}$$

et

$$V = \frac{x \times 76 \times 11}{0,0695 \times 750 \times 1,293} = \frac{76 \times 11 \times 0,0695 \times 50}{0,0695 \times 750 \times 1,293\, (1 - 0,0695)}$$

$$= \frac{76 \times 11}{15 \times 1,293 \times (1 - 0,0695)} = 46 \text{ litres } 323.$$

FONDRILLON,
Surveillant général au collège de la Fère.

Autre solution par MM. GILLET et PERDRIX.

82. *Un thermomètre à mercure, entièrement plongé dans un liquide de température uniforme, marque 95°. Quelle température marquerait-il si l'on plongeait seulement dans le liquide le réservoir et la naissance de la tige jusqu'au 6º degré, le reste de la tige étant à la température ambiante de 12° ?*

Le coefficient de dilatation absolue du mercure est $\dfrac{1}{5550}$ *et celui du verre* $\dfrac{1}{38700}$

Nous recevons, au sujet de la solution que nous avons déjà publiée de ce problème, la rectification suivante, exacte :

Monsieur le Rédacteur du *Bulletin de Mathématiques élémentaires*,

C'est sans doute par erreur qu'a été insérée dans votre numéro du 1ᵉʳ mars une solution de la question 82, car, pour plusieurs raisons, cette solution ne répond pas au problème proposé.

D'abord, le réservoir du thermomètre n'est pas *seul* dans le liquide, puisqu'il est dit dans l'énoncé « si l'on plongeait dans le liquide *le réservoir et la naissance de la tige jusqu'au 6ᵉ degré* ».

Ensuite on ne comprend guère l'introduction de la lettre N, car, si le thermomètre marque une température x, il est bien évident que le mercure affleure alors à la division x, et non pas à la division N.

Enfin, dans l'application numérique, pourquoi prendre N $= 6$, puisque, d'après l'énoncé, 6 désigne le nombre des divisions de la tige qui plongent dans le liquide, et que dans la démonstration on n'a pas tenu compte de cette particularité, supposant le réservoir *seul* dans le liquide.

Le problème peut se traiter de bien des manières.

Voici, en partant du même principe, le raisonnement qui me paraît devoir être substitué à celui qui a été indiqué :

Prenons encore pour unité de volume celui d'une division ; désignons par δ le coefficient de dilatation apparente du mercure dans le verre, et par x la température cherchée. A la température ambiante de $12°$, le mercure de la tige au-dessus de la 6ᵉ division occupe le volume :

$$x - 6.$$

En passant de $12°$ à $95°$ il augmente de :

$$(x - 6)\,(95 - 12)\,\delta = (x - 6)\,83\delta$$

Il devient donc à cette température :

$$(x - 6)\,(1 + 83\delta)$$

Mais par hypothèse le volume qu'il occupe alors est de $95 - 6 = 89$ divisions. On a donc :

$$89 = (x - 6)\,(1 + 83\delta)$$

d'où

$$x = \frac{89}{1 + 83\delta} + 6$$

et, en remplaçant δ par sa valeur $\dfrac{1}{5550} - \dfrac{1}{38700}$:

$$x = 93°,\,87$$

au lieu de

$$94°,\,91.$$

Recevez, Monsieur, l'assurance de ma parfaite considération.

P. Gillet.

CHRONIQUE SCIENTIFIQUE

Les rayons X (*suite et fin*) [1].

Nature et propriétés des rayons X. — Malgré les nombreuses recherches faites jusqu'à présent on ne peut encore faire que des hypothèses relativement à la nature intime des rayons X.

Au début on les a confondus avec les rayons cathodiques. Mais si ceux-ci impressionnent la plaque photographique et traversent quelques corps opaques à la lumière ordinaire, ils ne sortent pas de l'ampoule où ils prennent naissance, étant absorbés par le verre qui en forme les parois ; en outre, les rayons X, contrairement aux rayons cathodiques, ne subissent aucune déviation de la part des champs magnétiques.

On a trouvé un grand nombre de propriétés des rayons X. Nous nous contenterons de citer les plus frappantes et les plus caractéristiques.

Röntgen et plus tard M. Jean Perrin ont insisté sur leur propagation rectiligne, beaucoup plus rigoureuse que celle de la lumière. Toutes les recherches tentées pour les réfléchir, les réfracter ou les diffracter ont abouti à des résultats négatifs ; c'est à peine si **MM.** Imbert et Bertin-Sans ont pu constater une légère diffusion.

La propriété la plus étudiée a été naturellement leur transmission à travers les divers milieux. **MM.** L. Benoist et Hurmuzescu ont vérifié que les rayons X se propagent dans l'air en suivant très sensiblement la loi du carré des distances, ce qui démontre la transparence de l'air pour ces rayons. Des expériences de MM. J. Perrin, Röntgen, etc., on peut déduire que le papier, le bois, la cire, la paraffine, l'eau, le carton, l'ébonite, etc., sont transparents, l'influence de l'épaisseur restant cependant nette. Viennent ensuite, à peu près rangés par ordre d'opacité croissante : le charbon, l'os, l'ivoire, le spath, le verre, le quartz (taillé perpendiculairement ou parallèlement à l'axe), le sel gemme, le soufre, le fer, l'acier, le cuivre, le laiton, le mercure, le plomb. M. V. Chabaud a montré que le platine, sous l'épaisseur de $0^{mm},2$ et le plomb, sous l'épaisseur de $0^{mm},1$, étaient complètement opaques. M. Albert Londe, directeur du laboratoire de recherches de la Société d'Optique, a signalé la parfaite transparence pour les rayons X de l'image photographique telle qu'elle est obtenue habituellement dans les négatifs et les épreuves positives ; les grands noirs qui ne se laissent pas traverser par la lumière ordinaire paraissent aussi transparents pour les nouvelles radiations que les blancs.

L'étude de leur action sur les plaques photographiques a montré que la sensibilité de ces dernières était sensiblement la même que leur sensibilité à la lumière.

La plus intéressante de leurs propriétés est certainement la décharge des corps électrisés, qui a fait l'objet de belles études de la part de MM. Benoist et Hurmuzescu. Un conducteur isolé, et chargé d'électricité positive ou négative, soustrait à l'action du champ électrostatique qui entoure l'ampoule de Crookes, se décharge dans un temps

---

1. V. n° 17 du *Bulletin de Mathématiques élémentaires* (1er juin 1896).

plus ou moins long quand il est soumis à un nouveau rayonnement. La durée de la décharge permet d'étudier quantitativement les rayons X ; cette action présente un grand intérêt parce que la lumière ultra-violette jouit de la même propriété. Il y a là une analogie d'autant plus curieuse que les radiations ultra-violettes ont déjà permis de photographier des objets invisibles à l'œil. M. de Chardonnet a en effet montré en 1882 qu'une couche mince d'argent, complètement opaque pour la lumière, était transparente aux radiations ultra-violettes, et a pu obtenir une photographie de l'arc électrique en fermant une lanterne de Dubosq par un obturateur formé d'une lame mince de crown-glass argentée sur une de ses faces, ainsi qu'une reproduction à la lumière solaire d'une statue en marbre de Carrare, à travers le même obturateur argenté, avec un temps de pose de quinze minutes.

La fluorescence qui accompagne la production de rayons X sur la paroi de l'ampoule frappée par les rayons cathodiques avait amené M. Poincaré à se demander « si tous les corps dont la fluorescence est suffisamment intense, n'émettent pas, « outre les rayons lumineux, des rayons X de Röntgen, *quelle que soit la cause de* « *leur fluorescence ?* Les phénomènes ne seraient plus alors liés à une cause élec- « trique. Cela n'est pas probable, mais cela est possible et, sans doute, assez facile « à vérifier. »

Cette hypothèse a amené M. G.-H. Niewenglowski à trouver que le sulfure de calcium phosphorescent du commerce émettait des radiations capables de traverser certains corps opaques à la lumière ordinaire et impressionnant les plaques photographiques. M. Henri Becquerel n'a pas tardé à montrer que cette propriété était partagée par un grand nombre d'autres corps, notamment par les sels d'uranium, et M. Troost que la blende hexagonale émettait aussi des rayons analogues. M. Henri Becquerel, qui a fait une étude complète du nouveau phénomène, a observé un certain nombre de faits dont les plus intéressants sont les suivants : une fois insolé, un corps phosphorescent émet de tels rayons pendant très longtemps, alors même qu'il ne présente plus aucune phosphorescence visible à l'œil.

Cette émission de rayons présentant la plus grande netteté avec les sels d'uranium, on pouvait se demander si ce n'était pas là un caractère spécifique propre à la présence du métal uranium. C'est ce que M. Becquerel a pu vérifier sur de l'uranium métallique récemment préparé par M. Moissan.

Ces radiations émises par les corps phosphorescents et fluorescents déchargent les corps électrisés ; ces divers faits et ce dernier notamment ont amené un grand nombre de personnes à dire qu'il y avait identité entre ces rayons et les rayons X. Mais les expériences de M. Becquerel ont montré que, contrairement aux rayons X, ces nouvelles radiations invisibles subissent la réflexion et la réfraction, sont absorbées par une couche d'air assez mince.

On a dit dès le début que la découverte des rayons X détruisait la théorie ondulatoire de la lumière ; il n'en est rien. Il semble probable que ces rayons X et les rayons de M. Becquerel sont des rayons lumineux très ultra-violets occupant dans le spectre une position intermédiaire aux radiations ultra-violettes et aux radiations électriques. Mais ce n'est là qu'une hypothèse que l'expérience seule vérifiera.

On a cherché vainement si diverses sources lumineuses n'émettraient pas de rayons X ; en particulier, les journaux quotidiens ont résumé les communications de M. G. Le Bon, concernant une soi-disant nouvelle forme de l'énergie, *la lumière noire* [1]. On ne doit ajouter aucune foi à ces expériences ; nous n'insisterons d'ailleurs pas.

Nous ne donnons pas les nombreuses applications qu'on est en droit d'attendre de la découverte du Pr. Röntgen ; les journaux quotidiens en ont suffisamment parlé. Nous avons voulu seulement résumer l'état scientifique actuel de la question.

QUESTIONS PROPOSÉES

183. Un angle droit dont le sommet coïncide avec le sommet A d'un triangle fixe ABC tourne autour de ce point dans le plan du triangle et intercepte sur le côté BC un segment variable MN. Soient M′, M″ les projections de M sur AB et sur AC ; soient N′, N″ les projections analogues de N. Démontrer que le lieu du point P d'intersection des droites M′M″, N′N″ est une droite. Cette droite est la directrice d'une parabole qui est tangente aux côtés de l'angle BAC et qui a pour foyer la projection de A sur BC.

C. BLANC, professeur à Lyon.

184. Etant données les deux égalités

$$\begin{cases} \dfrac{x}{a} + \dfrac{y}{b} = 1, \\ \dfrac{a^3}{x} - \dfrac{b^3}{y} + a^2 - b^2 = 0, \end{cases}$$

montrer qu'on peut en déduire

$$x^2 - y^2 = a^2 - b^2.$$

185. Résoudre et discuter le système

$$\begin{cases} \operatorname{tg} x - \operatorname{tg} y = m, \\ \sec x + \sec y = n. \end{cases}$$

186. Soient α, β deux nombres donnés. Pour que le trinôme

$$f(x) \equiv ax^2 + bx + c$$

soit positif pour toutes les valeurs de x appartenant à l'intervalle (α, β), il faut et il suffit que

$$f(\alpha) > 0,$$
$$f(\beta) > 0,$$
$$2a\,\alpha\beta + b(\alpha + \beta) + 2c + 2\sqrt{f(\alpha)\,f(\beta)} > 0.$$

ERRATUM

P. 253, l. 5 en remontant. Au lieu de $\sin^2\left(45 + \dfrac{x}{2}\right)$ lire : $\sin^2\left(45 + \dfrac{x}{2}\right)$.

---

1. On trouvera ces communications ainsi que les objections de MM. G.-H. Niewenglowski, A. et L. Lumière, dans la brochure : **La Photographie de l'Invisible**, au moyen des rayons X et des radiations ultra-violettes, de la phosphorescence et de l'effluve électrique. **Historique, Théorie et Pratique** des expériences de MM. Röntgen, G. Seguy, Ch. Henry, de Chardonnet, G. Le Bon, A. et L. Lumière, Ch.-V. Zenger, Tommasi, etc., etc.

Une brochure gr. in-8°, illustrée de nombreuses gravures dont plusieurs reproductions photographiques. Paris, Société d'Éditions scientifiques...................... **1 fr. 50**

Le Gérant : Dr H. LABONNE, licencié ès sciences.

Châteauroux. — Typ. et Stéréotyp. A. MAJESTÉ et L. BOUCHARDEAU.

BULLETIN

DE

MATHÉMATIQUES ÉLÉMENTAIRES

ÉCOLE SPÉCIALE MILITAIRE

Concours de 1896.

Solutions des questions de Mathématiques

Par A. TOURNOIS

I

Étant donnés dans l'espace trois points fixes A, B, C, on considère un quatrième point variable S. Soit MNPQ le parallélogramme qui a pour sommets les milieux des côtés du quadrilatère gauche SABC. On demande le lieu géométrique du point S dans chacun des cas suivants :

1º Les diagonales du parallélogramme MNPQ restent dans un rapport donné ;

2º L'aire de ce parallélogramme reste constante ;

3º Ce parallélogramme reste semblable à un parallélogramme donné.

Considérons le point de rencontre I des diagonales.

1º Le rapport de PI à QI restant constant, le lieu du point I dans un plan quelconque passant par PQ est une circonférence ayant son centre sur PQ et le lieu dans l'espace est la sphère qu'engendre cette circonférence tournant autour de PQ.

On sait d'ailleurs que le point I est le centre de gravité du tétraèdre SABC. Donc SI passe par le centre de gravité G du triangle ABC et GS = 4GI. Il en résulte que le lieu du point S est la sphère homothétique de la première, le centre d'homothétie étant le point G. Le rayon de cette seconde sphère est quatre fois plus grand que celui de la première.

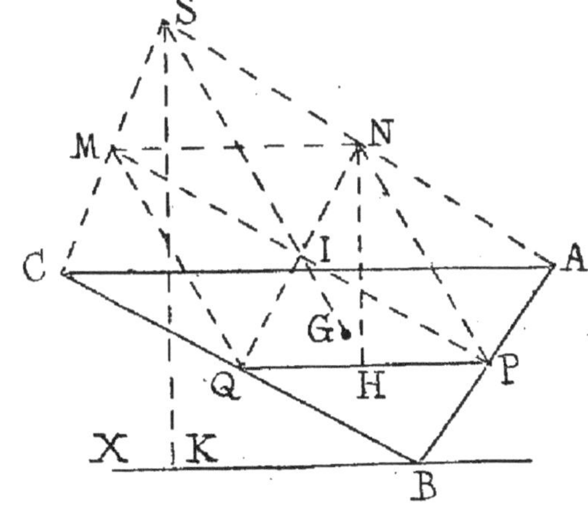

2º La base PQ du parallélogramme MNPQ étant constante, il en est de même de sa hauteur NH. Il en résulte que si l'on mène par le point B la parallèle

BX à PQ la distance SK du point S à cette droite qui est le double de NH reste aussi constante. Le lieu du point S est donc la surface d'un cylindre de révolution ayant BX pour axe.

3° Le parallélogramme restant semblable à lui-même, l'angle NPQ est constant et PN décrit un cône de révolution ayant PQ pour axe. De plus le rapport de PN à PQ est constant ; donc PN est constant. Par suite le lieu du point N est un parallèle du cône, c'est-à-dire une circonférence ayant son plan perpendiculaire à PQ et pour centre le point H. Il résulte de ce que SA est le double de NA que le lieu du point S est une circonférence ayant son plan perpendiculaire à PQ ou à BX et son centre au point K où AH rencontre BX.

On aurait encore pu remarquer que le triangle PIQ dont la base et les angles à la base restent constants reste invariable de grandeur. Il en résulte que le sommet I décrit une circonférence ayant son plan perpendiculaire à PQ et son centre sur PQ et que par suite le point S décrit une circonférence homothétique de la première et quatre fois plus grande puisque GS est égal à 4GI.

II

Dans un triangle on donne la somme 2l de deux côtés, la hauteur h et la médiane m qui correspondent au troisième côté : 1° Calculer les côtés ; 2° Déterminer aussi les angles par un second calcul indépendant du premier.

Soit ABC le triangle dans lequel on connaît la somme AB + AC = 2l la médiane AO = m et la hauteur AH = h.

Le point A fait partie d'une ellipse ayant B et C pour foyers et 2l pour longueur de l'axe focal. Soit 2β son petit axe. L'é-

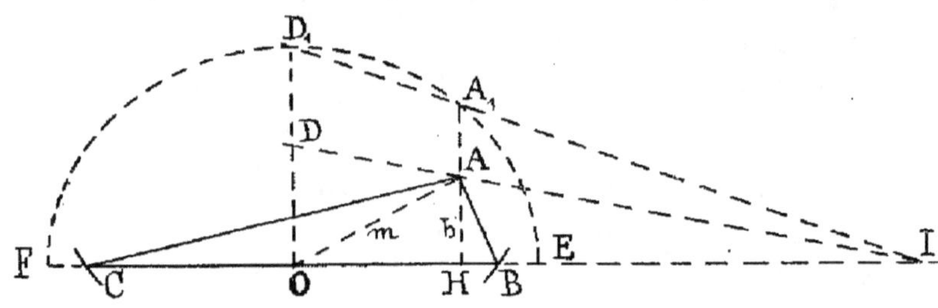

quation de cette ellipse rapportée à ses axes est :

$$\frac{x^2}{l^2} + \frac{y^2}{\beta^2} = 1^2$$

Le point A dont les coordonnées sont $\sqrt{m^2 - h^2}$ et h étant sur cette ellipse, on a :

$$\frac{m^2 - h^2}{l^2} + \frac{h^2}{\beta^2} = 1$$

d'où :

$$\beta^2 = \frac{l^2 h^2}{l^2 - m^2 + h^2}$$

Par suite :

$$BC = 2OC = 2\sqrt{l^2 - \beta^2} = 2\sqrt{l^2 - \frac{l^2 h^2}{l^2 - m^2 + h^2}}$$

ou :

$$BC = 2l \sqrt{\frac{l^2 - m^2}{l^2 - m^2 + h^2}}$$

D'après des formules connues on a ensuite :

$$AC = l + \frac{OC \times OH}{l} = l + \frac{a\sqrt{m^2 - h^2}}{2l}$$

$$AB = l - \frac{OC \times OH}{l} = l - \frac{a\sqrt{m^2 - h^2}}{2l}.$$

Discussion. — Pour que l'ordonnée du point A soit réelle on doit avoir :

$$m \geqq h$$

Il suffira ensuite que l'ellipse existe, c'est-à-dire que β soit réel et plus petit que l, ce qui donne les deux conditions

$$l^2 - m^2 + h^2 > o$$

$$\frac{l^2 h^2}{l^2 - m^2 + h^2} < l^2$$

La seconde donne $l^2 - m^2 > o$. Elle renferme la première. On a donc en définitive la double condition :

$$l > m \geqq h$$

sous laquelle le problème est possible et admet une seule solution.

Solution géométrique. — Construisons le triangle AOH, puis prenons OE = OF = l et sur EF comme diamètre décrivons une circonférence ; c'est le cercle principal de l'ellipse dont nous avons parlé précédemment.

Le point A_1 de ce cercle correspondant au point A de l'ellipse est connu. Joignons $D_1 A_1$ et prolongeons cette ligne jusqu'en I où elle rencontre le grand axe. La ligne IA prolongée nous donne en D le sommet de l'ellipse. On en déduit immédiatement les foyers B et C en décrivant de D comme centre une circonférence avec l pour rayon.

Discussion. — Il faut d'abord que l'on ait $m \geqq h$. Ensuite OD devra être plus petit que l, ou OD < OD_1.

Il suffit pour cela que OA soit plus petit que OA_1 c'est-à-dire que l'on ait :

$$h^2 < l^2 - (m^2 - h^2)$$

ou :
$$l^2 > m^2$$

ou :
$$l > m$$

D'où la double condition :

$$l > m \geqq h$$

Détermination des angles. — Remarquons que l'angle OAH dont le cosinus est $\frac{h}{m}$ peut être considéré comme connu. Dès lors il suffit de calculer les angles

BAO = x, OAC = y ; car, ces angles étant connus, on aura :

$$A = x + y, \quad B = 90° - (x - \alpha), \quad C = 90° - (y + \alpha)$$

Prolongeons AO d'une longueur OA′ égale à OA, nous aurons BA′ = AC = b et BA′A = y.

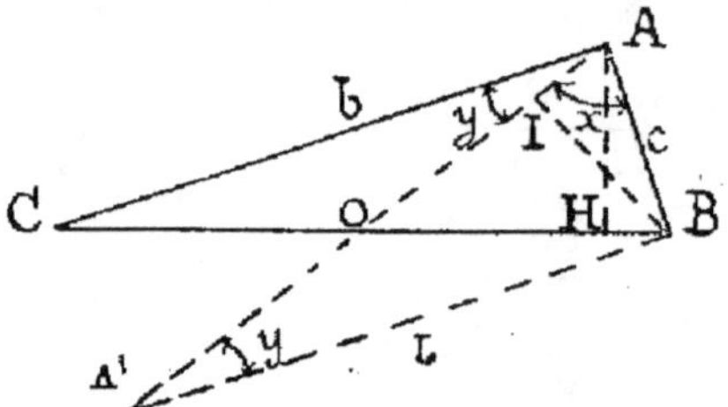

Abaissons BI perpendiculaire sur AA′. Nous avons :

$$A'I - AI = 2OI$$

d'où :

(1) $\cot y - \cot x = 2 \cot AOH = 2 \operatorname{tg} \alpha$

Cherchons une seconde relation entre x et y.

On sait que dans un triangle quelconque on a la relation :

$$\operatorname{tg} \frac{B}{2} \operatorname{tg} \frac{C}{2} = \frac{p - a}{p}$$

Donc :

(2) $\operatorname{tg} \dfrac{x}{2} \operatorname{tg} \dfrac{y}{2} = \dfrac{l + m - 2m}{l + m} = \dfrac{l - m}{l + m}$

Nous avons donc les équations (1) et (2). Introduisons $\operatorname{tg} \dfrac{x}{2}$ et $\operatorname{tg} \dfrac{y}{2}$ dans la première. Elle peut s'écrire :

$$\frac{1 - \operatorname{tg}^2 \dfrac{y}{2}}{2 \operatorname{tg} \dfrac{y}{2}} - \frac{1 - \operatorname{tg}^2 \dfrac{x}{2}}{2 \operatorname{tg} \dfrac{x}{2}} = 2 \operatorname{tg} \alpha$$

Chassons les dénominateurs et remplaçons le produit $\operatorname{tg} \dfrac{x}{2} \operatorname{tg} \dfrac{y}{2}$ par $\dfrac{l - m}{l + m}$. Nous obtenons

$$\operatorname{tg} \frac{x}{2} - \operatorname{tg} \frac{y}{2} = \frac{2 (l - m) \operatorname{tg} \alpha}{l}$$

$\operatorname{tg} \dfrac{x}{2}$ et $- \operatorname{tg} \dfrac{y}{2}$ sont donc les racines de l'équation :

(3) $X^2 - \dfrac{2 (l - m) \operatorname{tg} \alpha}{l} X - \dfrac{l - m}{l + m} = 0$

Ce qui résout la question.

On a d'ailleurs $\operatorname{tg} \alpha = \dfrac{\sqrt{m^2 - h^2}}{h}$

Discussion. — Pour que l'angle α existe, il faut que l'on ait : $m > h$. Ensuite les racines de l'équation (3) doivent être réelles et de signes contraires. Ces deux conditions sont remplies pour

$$l - m > 0$$

et l'on aura pour $\dfrac{x}{2}$ et $\dfrac{y}{2}$ des angles compris entre 0 et 90°.

En outre A, B, C doivent être positifs et inférieurs à 180°. Comme leur somme est égale à 180°, il suffit qu'ils soient positifs. Cette condition sera remplie pour les trois angles si l'on a :

$$x - \alpha < 90° \text{ et } y + \alpha < 90°$$

Ces inégalités équivalent à celles-ci :

$$\frac{x}{2} < 45° + \frac{\alpha}{2} \text{ et } \frac{y}{2} < 45° - \frac{\alpha}{2}$$

ou, comme les 4 angles sont inférieurs à 90°, à

$$\operatorname{tg} \frac{x}{2} < \frac{1 + \operatorname{tg} \frac{\alpha}{2}}{1 - \operatorname{tg} \frac{\alpha}{2}} \text{ et } \operatorname{tg} \frac{y}{2} < \frac{1 - \operatorname{tg} \frac{\alpha}{2}}{1 + \operatorname{tg} \frac{\alpha}{2}}$$

Remplaçons dans les seconds membres $\operatorname{tg} \frac{\alpha}{2}$ par le rapport du sinus au cosinus, multiplions les deux termes de chaque fraction par $\cos \frac{\alpha}{2}$

$$\operatorname{tg} \frac{x}{2} < \frac{\cos \frac{\alpha}{2} + \sin \frac{\alpha}{2}}{\cos \frac{\alpha}{2} - \sin \frac{\alpha}{2}} \quad \operatorname{tg} \frac{y}{2} < \frac{\cos \frac{\alpha}{2} - \sin \frac{\alpha}{2}}{\cos \frac{\alpha}{2} + \sin \frac{\alpha}{2}}$$

Enfin multiplions les deux termes de la première fraction par $\cos \frac{\alpha}{2} + \sin \frac{\alpha}{2}$ et les deux termes de la seconde par $\cos \frac{\alpha}{2} - \sin \frac{\alpha}{2}$, nous aurons :

$$\operatorname{tg} \frac{x}{2} < \frac{1 + \sin \alpha}{\cos \alpha}, \quad - \operatorname{tg} \frac{y}{2} > \frac{\sin \alpha - 1}{\cos \alpha}$$

Si l'on substitue dans le premier membre de l'équation (3) les nombres $\frac{1 + \sin \alpha}{\cos \alpha}$ et $\frac{\sin \alpha - 1}{\cos \alpha}$, on trouve pour résultats :

$$\frac{2m(1 + \sin \alpha)(l + m \sin \alpha)}{l(l + m) \cos^2 \alpha}$$

et

$$\frac{2m(1 - \sin \alpha)(l - m \sin \alpha)}{l(l + m) \cos^2 \alpha}$$

Ces résultats étant positifs puisque l est supposé plus grand que m, on en conclut que $\frac{1 + \sin \alpha}{\cos \alpha}$ qui est positif est plus grand que la racine positive et que $\frac{\sin \alpha - 1}{\cos \alpha}$ qui est négatif est plus petit que la racine négative.

Les conditions précédentes sont donc remplies et le problème admettra une solution si l'on a :

$$l > m \gtrless h.$$

Calcul logarithmique.

Résoudre un triangle connaissant les 3 côtés.

Données $\begin{cases} a = 4210,1 \\ b = 3153,6 \\ c = 2876,2 \end{cases}$ Résultats $\begin{cases} A = 88°26'36'' \\ B = 48°29'4'' \\ C = 43°4'20'' \end{cases}$

Formules.

$$r = \sqrt{\frac{(p-a)\,(p-b)\,(p-c)}{p}} \,,\; \text{tg}\,\frac{A}{2} = \frac{r}{p-a}\,,\; \text{tg}\,\frac{B}{2} = \frac{r}{p-b}\,,\; \text{tg}\,\frac{C}{2} = \frac{r}{p-c}$$

Calcul des logarithmes.

$$2p = 10239,9$$
$$p = 5119,95\ldots \quad \log p = 3,709264$$
$$p-a = 909,85\ldots \quad \log(p-a) = 2,95897$$
$$p-b = 1966,35\ldots \quad \log(p-b) = 3,293661$$
$$p-c = 2243,75\ldots \quad \log(p-c) = 3,35097$$

$$2\log r = \begin{cases} 2,95897 \\ +\;3,293661 \\ +\;3,35097 \\ +\;\overline{4},290736 \end{cases} = 5,89434$$

$$\log r = 2,94717$$

$$\log \text{tg}\,\frac{A}{2} = \begin{cases} 2,94717 \\ +\;3,04403 \end{cases} = \overline{1},9\,820$$

$$\log \text{tg}\,\frac{B}{2} = \begin{cases} 2,94717 \\ +\;\overline{4},70634 \end{cases} = \overline{1},65361$$

$$\log \text{tg}\,\frac{C}{2} = \begin{cases} 2,94717 \\ +\;\overline{4},64903 \end{cases} = \overline{1},59620$$

Calcul des angles.

$$\frac{\overline{1},98812 \quad\quad 44°13'}{\frac{8 \quad\quad\quad\quad\quad 18''}{\frac{A}{2} \;=\; 44°13'18''}}$$

$$\frac{\overline{1},65331 \quad\quad 24°14'}{\frac{18 \quad\quad\quad\quad\quad 32''}{\frac{B}{2} \;=\; 24°14'32''}}$$

$$\frac{\overline{1},59614 \quad\quad 21°32'}{\frac{6 \quad\quad\quad\quad\quad 10''}{\frac{C}{2} \;=\; 21°32'10''}}$$

Vérification.

$$\frac{A}{2} = 44°13'18''$$

$$\frac{B}{2} = 24°14'32''$$

$$\frac{C}{2} = 21°32'10''$$

$$\frac{A + B + C}{2} = 89°59'60'' = 90°$$

Explication de l'épure.

Tracer à 18 cm. du bord inférieur de la feuille une droite sur laquelle on prendra sa = 10 cm., sb = 25 cm., sh = 27 cm. s étant à 1 cm. du bord de la feuille à droite du dessinateur. s est la projection horizontale du sommet S d'un cône de révolution ; la cote du sommet S égale 14 cm.; a et b sont les traces horizontales des deux génératrices du cône situées dans le plan projetant horizontalement son axe.

Un triangle isocèle cad situé dans le plan horizontal a sa base cd égale à 5 cm.; sa hauteur relative à cd est ah. Ce triangle cad est la base d'un prisme dont les arêtes ont une pente égale à $\dfrac{10}{27}$, l'arête issue de a coupant Ss entre S et s.

Représenter la projection horizontale de la partie du cône solide et opaque extérieure au prisme et comprise entre le plan horizontal et son sommet.

Prenons pour plan vertical de projection, le plan de symétrie sh des deux figures. Le contour apparent vertical du cône est s'ab. L'arête du prisme issue de a a pour projection verticale ae' obtenue en calculant se' d'après la formule :

$$\frac{se'}{sa} = \frac{10}{27}$$

Les arêtes issues de c et d ont leurs projections verticales suivant hf' parallèle à ae'.

La trace horizontale du cône est une ellipse ayant ab pour grand axe. Son petit axe est obtenu en construisant le rabattement du parallèle passant par le point k milieu de ab; sa moitié est égale à la demi-corde kk_1 perpendiculaire au rayon ij.

La section par la face supérieure du prisme, face qui a pour projection verticale hf', est aussi une ellipse dont le grand axe fg est la projection de la partie f'g' de la trace comprise à l'intérieur du contour apparent vertical du cône. Le petit axe a été obtenu comme pour l'ellipse précédente.

Nous allons du reste obtenir un point quelconque de chacune des ellipses par la même construction qui nous donnera un point quelconque de chacune des deux courbes qu'il nous reste à construire.

L'axe du cône a pour projection verticale la bissectrice $s'o$ de l'angle $bs'a$. Inscrivons dans ce cône la sphère qui a son centre au point de l'axe situé dans le plan horizontal, c'est-à-dire au point o. Ses contours apparents se confondent suivant un cercle tangent à $s'a$ et $s'b$.

Coupons ce cône par un plan vertical quelconque sl passant par son sommet, et rabattons ce plan sur le plan horizontal autour de sl. Nous aurons des points de l'intersection en prenant les points où les génératrices du cône situées dans le plan sl rencontrent la section du prisme par le même plan.

Pour construire les rabattements des génératrices, nous remarquons que ce sont les tangentes issues du point S à la section de la sphère par le plan sl. Cette section a pour rabattement le cercle décrit sur la corde mn comme diamètre ; le sommet du cône est rabattu en s_1.

En menant de s_1 les tangentes au cercle mn, nous aurons les deux génératrices rabattues.

La section dans le prisme se rabat facilement en rabattant les points où le plan sl coupe les arêtes.

Ainsi pour la face supérieure nous avons les points l et p qui se rabattent en l et p_1, pp_1 étant pris égale à la cote $\pi p'$. Nous en déduisons les points rabattus en q_1 et β_1 et projetés en q et β.

Nous obtenons ainsi 6 points de l'intersection situés sur sl. Nous les avons entourés d'un petit cercle pour les rendre plus visibles.

Les 6 points symétriques des premiers par rapport à sh sont de nouveaux points de l'intersection.

Chaque plan auxiliaire nous donne donc 12 points.

Tangente. — La tangente en un point de la section est l'intersection du plan sécant et du plan tangent au cône. Le plan tangent au cône le long de la génératrice sl est tangent à la sphère au point α. Sa trace horizontele zx, c'est-à-dire la tangente à l'ellipse de base, est donc perpendiculaire sur le rayon $o\alpha$ de la sphère.

Ayant la trace horizontale du plan tangent au cône, on aura immédiatement les tangentes aux points q et v en joignant ces points aux points où zx rencontre la trace horizontale de la face correspondante. Ainsi la tangente au point q est zq.

Points sur les arêtes. — On sait que pour les obtenir, il faut mener le plan déterminé par le sommet du cône et l'arête considérée, prendre sa trace sur le plan de base du cône et joindre au sommet du cône les points où l'intersection rencontre sa base. Les points cherchés sont les points où ces droites rencontrent l'arête. On est donc ici ramené à prendre l'intersection d'une droite avec une ellipse déterminée par ses axes. On résoudra ce problème par la considération du cercle principal de l'ellipse.

Si l'on veut employer un procédé plus conforme aux méthodes de la géométrie descriptive, on prendra pour base du cône le parallèle du centre O ;

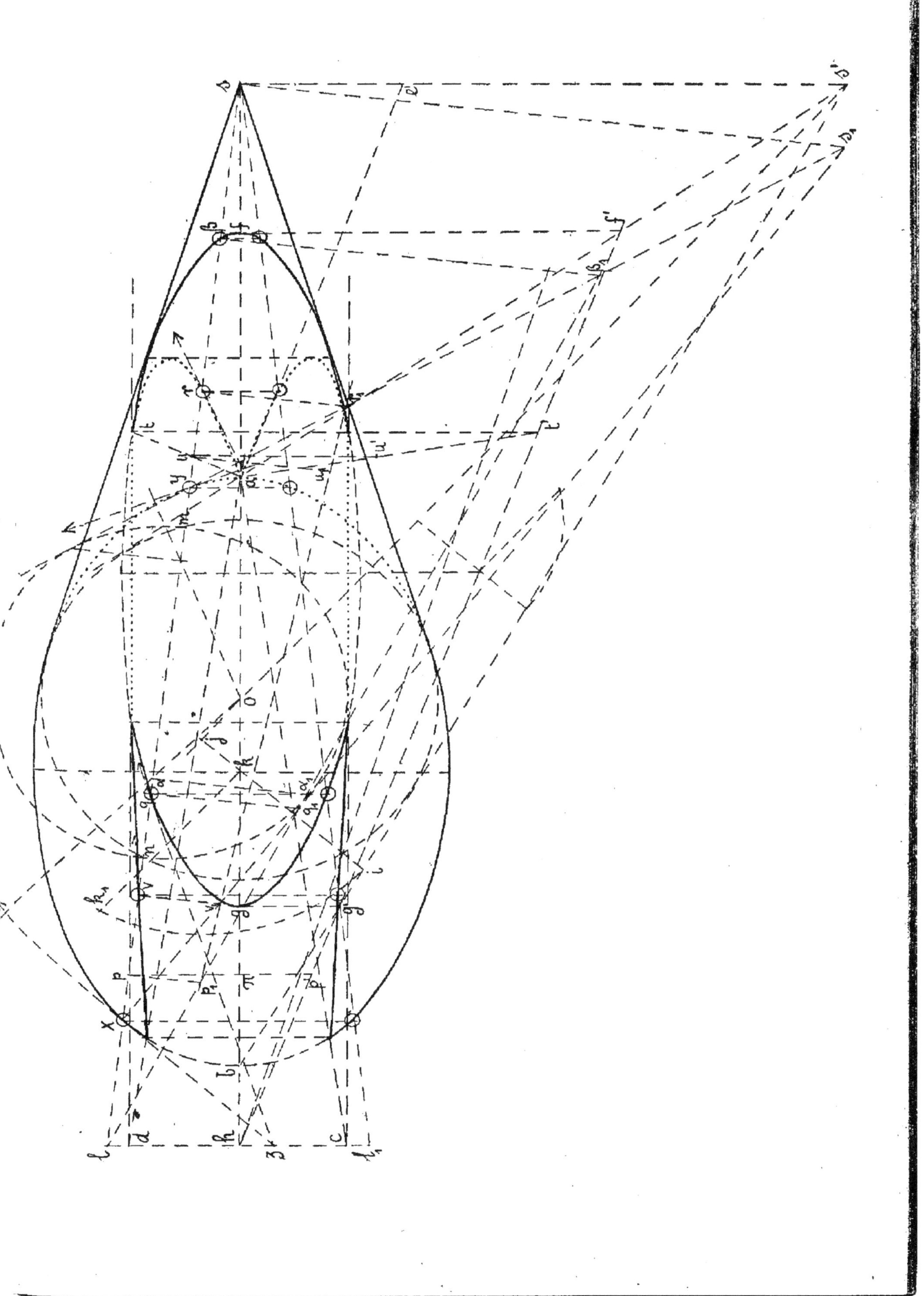

ou encore on construira les génératrices du cône situées dans le plan mené par son sommet et l'arête en menant du sommet les tangentes à la circonférence suivant laquelle le plan auxiliaire coupe la sphère, et pour cela, on rabattra ce plan sur le plan horizontal ou mieux sur le plan horizontal du centre de la sphère. Nous n'avons pas indiqué les constructions pour ne pas compliquer outre mesure l'épure.

La branche $f\beta$ est cachée jusqu'aux points où elle rencontre le contour apparent; la branche art rencontre le contour apparent, puisque le point t est en dessus.

A. Tournois.

QUESTIONS RÉSOLUES

90. *Mener par un point donné de la ligne de terre une droite faisant un angle donné avec un plan donné par ses traces et tangente à une sphère donnée dont le centre est sur la ligne de terre.*

(Examens oraux de l'École Navale.)

Soient o, c, $P\alpha P'$ le point, la sphère et le plan donnés, ef étant la corde des contacts des tangentes menées par o au cercle c. Un premier lieu de la droite cherchée est le cône ayant pour sommet o et pour base le cercle décrit sur ef comme diamètre. Un deuxième lieu est le cône ayant pour sommet o, pour axe la perpendicu-

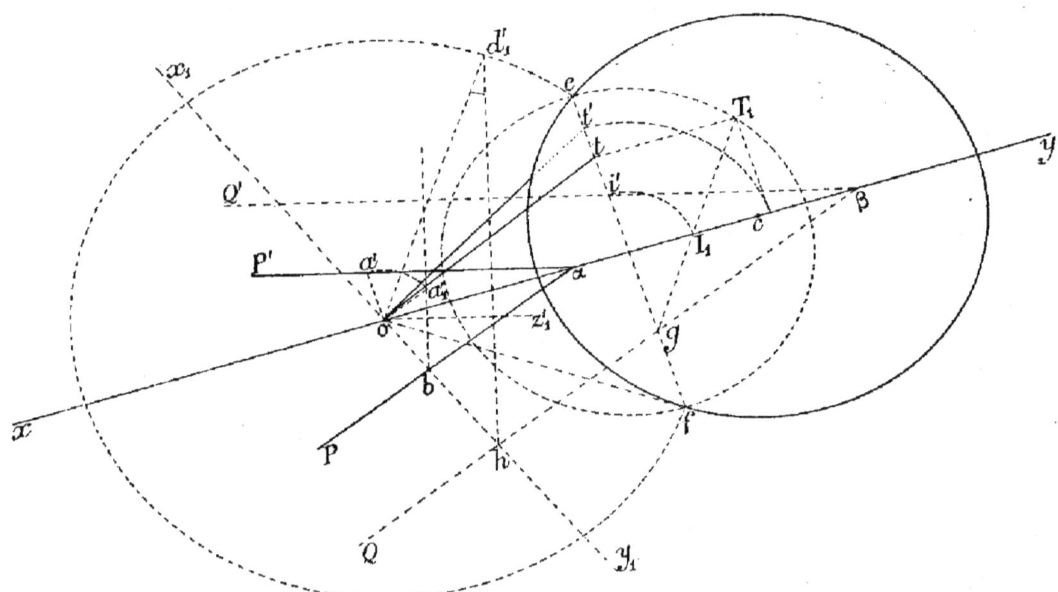

laire au plan P et pour demi-angle au sommet le complément de l'angle donné. Pour trouver cet axe, prenons comme ligne de terre la perpendiculaire $x_1 y_1$ menée de o à αP, qui coupe αP en b. Le point de $\alpha P'$ projeté verticalement en a', horizontalement en o, se projettera verticalement sur une perpendiculaire oa'_1 à $x_1 y_1$, à une distance $oa'_1 = oa'$. La trace verticale du plan dans ce nouveau système sera donc ba'_1 et par suite la projection de l'axe du cône sera oz'_1.

Ceci posé, pour résoudre la question, il suffit de chercher l'intersection des deux cônes. Coupons-les par la sphère ayant o comme centre et oe pour rayon. Le premier cône est coupé suivant le cercle ef. Le deuxième cône sera coupé suivant un plan parallèle au plan P ; si l'on mène od'_1 faisant avec oz'_1 un angle égal au complément de l'angle donné et coupant la sphère en d'_1, ce plan sera donné par $d'_1 hQ$ dans le système $x_1 y_1$ ou $Q\beta Q'$ dans le système xy.

On est donc ramené à chercher l'intersection de ce plan et du cercle ef, βQ coupe ef en g, $\beta Q'$ coupe la même droite en i'. Si l'on rabat le cercle sur le plan horizontal autour de ef, i' vient en I_1, et l'intersection du plan Q et du plan du cercle se rabat suivant gI_1. Soit T_1 l'un des points de rencontre de gI_1 avec le rabattement du cercle. Lorsque l'on relève, la projection horizontale de T_1 vient en t, sa projection verticale en t', sa cote étant égale à tT_1. La droite ot, ot' est donc une des droites cherchées.

En général la sphère o coupe les deux nappes du cône suivant deux plans ; chacun d'eux coupe le cercle ef en deux points, ce qui donne 4 solutions.

P. Gillet.

131. *Un triangle inscrit à un cercle O de rayon R a un côté fixe AB ; le sommet C opposé à ce côté décrit la circonférence O. Quel est le lieu :*

1° *Des milieux M et N des côtés AC et BC ;*

2° *Du milieu de la droite MN.*

1° Lieu de M milieu de AC.

Lorsque le point C décrit la circonférence O, la droite qui joint O au milieu M de AC reste perpendiculaire à AC. Le triangle AOM reste rectangle pendant que le point C se déplace sur la circonférence. D'ailleurs ses deux sommets, A et O extrémités de l'hypoténuse, sont fixes. Donc le lieu de M est la circonférence décrite sur AO comme diamètre, d'ailleurs tangente à la circonférence donnée puisque son diamètre AO passe par le centre O de la circonférence donnée.

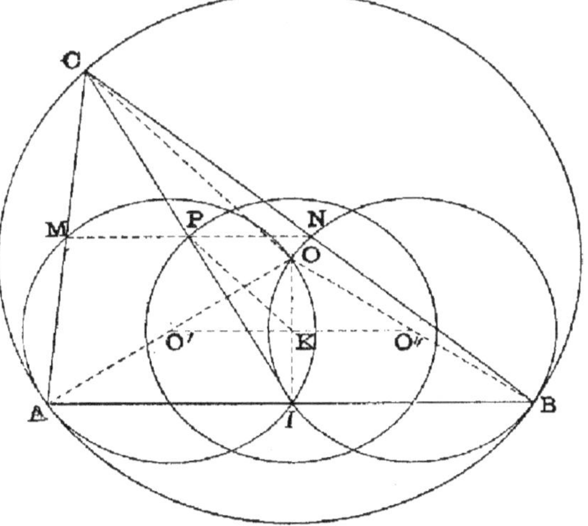

2° De même le lieu du milieu de BC est la circonférence décrite sur OB comme diamètre ;

3° Soit I le milieu de AB ; OI est perpendiculaire sur AB. O et I étant fixes quelle que soit la position de C, K milieu de OI est fixe. Joignons OC et KP ; OC est toujours égal à R, et KP joignant les milieux de IO et IC est parallèle à OC et égal à sa moitié $\dfrac{R}{2}$.

Le point K étant fixe, KP étant constant et égal à $\dfrac{R}{2}$, le point P décrit une circonférence de centre K et de rayon $\dfrac{R}{2}$ qui est le lieu cherché.

L. Deshayes (lycée Saint-Louis, cours Saint-Cyr B).

Autres solutions par MM. Berthier, Bouiges, Dupuis, Fondrillon, Perdrix, Sarda, Singer et Barbaza.

150. *On donne un axe X'X et un point A dont la distance AO à l'axe est* h *; un* 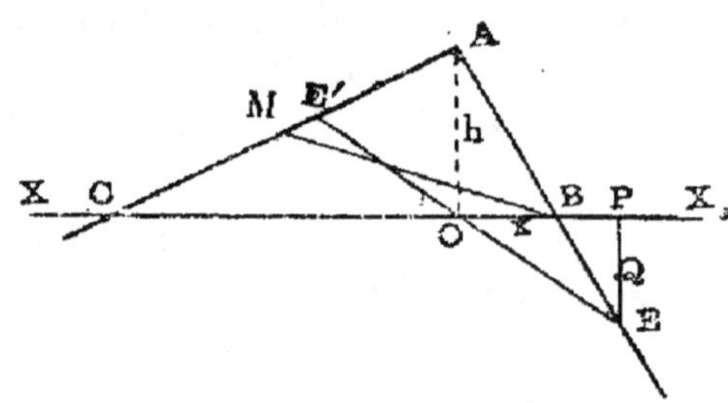 *angle droit BAC tourne dans le plan autour de son sommet A. Calculer la distance* x *du point O au point B pour que la médiane BM du triangle ABC ait une longueur donnée l. Exprimer la valeur* x *à l'aide de radicaux simples. — Discussion. — Calculer et construire les segments de l'hypoténuse OB et OC et les côtés du triangle ABC quand la médiane BM est la plus courte possible ; dans quel rapport le point O partage-t-il alors l'hypoténuse ?*

On trace la sécante EE' de telle sorte que AO soit médiane du triangle AEE', on projette le point E en P sur XX'; trouver le lieu des points Q situés sur PE et tels que $\dfrac{PQ}{PE} = k$, *et construire la tangente en un point quelconque de ce lieu.*

Nous avons dans le triangle rectangle MAB :
$$l^2 = \overline{AB}^2 + \overline{AM}^2.$$

Or
$$\overline{AB}^2 = h^2 + x^2$$

et
$$\frac{2AM}{AB} = \frac{h}{x} \; ; \; \text{d'où} \; \overline{AM}^2 = \frac{h^2}{4x^2}(h^2 + x^2).$$

Et l'équation est ainsi établie :
$$h^2 + x^2 + \frac{h^2}{4x^2}(h^2 + x^2) = l^2,$$

ou
$$4x^4 - (4l^2 - 5h^2)x^2 + h^4 = 0.$$

Les valeurs de x ont pour expression :
$$x = \sqrt{\frac{4l^2 - 5h^2 \pm \sqrt{(4l^2 - 5h^2)^2 - 16h^4}}{8}}$$

Appliquons la formule connue

$$\sqrt{A \pm \sqrt{B}} = \sqrt{\frac{A + \sqrt{A^2 - B}}{2}} \pm \sqrt{\frac{A - \sqrt{A^2 - B}}{2}}$$

il vient :

$$x = \frac{\sqrt{4l^2 - h^2} \pm \sqrt{4l^2 - 9h^2}}{4}$$

Il faut que $4l^2 \geqq 9h^2$ ou $l \geqq \dfrac{3}{2} h$.

Pour le cas $l = \dfrac{3}{2} h$, les deux valeurs de x^2 sont égales et :

$$\overline{OB}^2 = x^2 = \frac{\sqrt{8h^2}}{4} \text{ ou } x = \frac{h\sqrt{2}}{2} = OB$$

La valeur de OC est tirée de la relation :

$$h^2 = OB.OC, \text{ d'où } OC = h\sqrt{2}$$

Par conséquent $\dfrac{OC}{OB} = 2$.

Pour trouver le lieu du point Q décrivons une circonférence sur EE′ ; l'angle E′AE étant droit, OA est un rayon. Le lieu des points E et E′ est donc une circonférence. Par suite, le lieu du point Q, partageant l'ordonnée PE du cercle dans le rapport constant $\dfrac{PQ}{PE} = k$ est une ellipse ayant l'un de ses axes sur CB et l'autre sur OA (égal à $2hk$).

La tangente en Q à l'ellipse, s'obtient en menant la tangente en E au cercle de diamètre EE′, qui coupera l'axe XX′ en un certain point, duquel point on mènera une droite passant par Q, et qui sera tangente à l'ellipse.

L. Singer.

156. *Soient x et y deux angles variables tels que*

$$\sin^2 x + \sin^2 y = \frac{3}{2} \tag{1}$$

Trouver le minimum de $tg^2 x + tg^2 y$.

Posons

$$tg^2 x + tg^2 y = m$$

$$m = \frac{1 - \cos^2 x}{\cos^2 x} + \frac{1 - \cos^2 y}{\cos^2 y}$$

$$= \frac{\cos^2 x + \cos^2 y}{\cos^2 x \cos^2 y} - 2$$

Or l'équation (1) peut s'écrire

$$1 - \cos^2 x + 1 - \cos^2 y = \frac{3}{2}$$

ou
$$\cos^2 x + \cos^2 y = \frac{1}{2}$$

Donc
$$m = \frac{1}{2 \cos^2 x \cos^2 y} - 2$$

On est donc ramené à chercher le maximum de $\cos^2 x \cos^2 y$. Comme

$$\cos^2 x + \cos^2 y = \frac{1}{2} = constante$$

l'expression $\cos^2 x \cos^2 y$ sera maximum lorsqu'on aura

$$\cos^2 x = \cos^2 y = \frac{1}{4}$$

On a alors
$$m = 6$$

Fourault (Melun).

Autres solutions par MM. Fondrillon, Singer, Peillon et Brunet.

BIBLIOGRAPHIE

Révision de la chimie minérale, par **A. Poitout**, licencié ès sciences, surveillant général à l'Ecole La Martinière. *(S'adresser à l'auteur, à Lyon.)*

Tout le monde est d'accord pour reconnaître l'utilité des manipulations chimiques. On peut même affirmer qu'un élève n'arrive à savoir les préparations de la chimie que s'il les a faites lui-même au laboratoire. Mais si les candidats aux grandes écoles ont à leur disposition des salles de manipulations, les candidats aux baccalauréats n'ont pas cet avantage ; aussi ces derniers éprouvent-ils une grande difficulté à retenir les préparations, qui leur sont demandées à l'examen. Pour faciliter leur tâche, certains élèves font un résumé de leur cours et à chaque instant le feuillettent à l'approche de l'épreuve qu'ils vont subir. Ne serait-il pas préférable, quand le cours a été vu en entier, de rechercher dans le programme les faits saillants et les lois générales qui permettent de grouper toutes les préparations en quelques faisceaux ? Dans une bibliothèque, si l'on veut mettre rapidement la main sur l'ouvrage à consulter ou à lire, il est de toute nécessité d'avoir au préalable rangé avec méthode les livres de sciences et de lettres.

La *Révision de la chimie minérale* à l'usage des candidats aux baccalauréats et aux écoles supérieures de commerce, que vient de faire paraître M. A. Poitout, surveillan général à l'Ecole La Martinière (Lyon), du prix très modique de 70 centimes, est appelée à rendre de grands services. Dans cette brochure d'une vingtaine de pages, divisée en 6 chapitres, l'auteur étudie successivement l'action de la chaleur sur les corps simples et sur les corps composés, les lois de Berthollet, la désoxydation des acides oxygénés par un métal ou un métalloïde, la puissante affinité de l'acide sulfurique pour l'eau, l'affinité des métaux pour l'oxygène, enfin il termine en déduisant la préparation du chlore d'un mode général de préparation des chlorures.

Peut-on exprimer le regret de ne pas trouver dans ce memento les formules de réaction ? Nous ne le pensons pas ; et l'élève sera de notre avis, quand il aura complété la lecture intéressante de ce travail, que nous lui recommandons, en les écrivant de sa propre main à la suite de chaque paragraphe.

Théorie nouvelle de la vie, par Félix Le Dantec, ancien élève de l'Ecole normale supérieure. Docteur ès sciences (1 vol. in-8 de la *Bibliothèque scientifique internationale*,
cartonné à l'anglaise, 6 fr. — Félix Alcan, éditeur).

Nul n'est indifférent aux questions que soulève l'étude de la vie, aussi cette théorie nouvelle offre-t-elle un intérêt tout particulier, présentée par un zoologiste qui a commencé
par l'étudier dans les éléments constituant les tissus des êtres vivants. Nous savons en effet
que tous les êtres se composent d'un nombre extrêmement grand de petites masses gélati-
neuses appelées *plastides* (autrefois *cellules*), munies d'un noyau et quelquefois d'une mem-
brane d'enveloppe.

La vie d'un homme est la résultante des activités synergiques de milliards de plastides,
comme l'activité d'une plastide est la résultante des réactions de milliards d'atomes. Puis.
que l'homme est constitué au moyen de plastides, M. Le Dantec examine d'abord la vie des
êtres monoplastidaires qu'il appelle *vie élémentaire*, pour de là passer à celle des êtres poly-
plastidaires ou *vie proprement dite*. Enfin il recherche les relations entre la psychologie de
l'homme, son histologie et sa physiologie. Il arrive ainsi aux phénomènes de conscience
qu'à tort beaucoup de philosophes ont pris comme point de départ pour expliquer les phénomènes vitaux, mais dont on ne peut trouver l'explication rationnelle qu'en s'appuyant
sur des faits scientifiques.

QUESTIONS PROPOSÉES

187. Etant donnés un quadrilatère ABCD et une transversale Δ qui coupe AB en E,
BC en F, CD en G et DA en H, on joint AF et CE qui se rencontrent en B', puis AG et
CH qui se rencontrent en D'. Démontrer que les droites BD et B'D' se coupent sur Δ,
ainsi que les droites BD' et DB'.   L. G.

188. On donne un foyer d'une ellipse et trois tangentes, trouver les points de contact de ces trois tangentes.   L. G.

189. Soient AB, AC deux cordes égales d'un cercle, D le symétrique de C par rapport à AB ; on mène par D une droite DE parallèle à AB et égale à 2AB. Démontrer
que EB passe par le centre du cercle.   (Bouiges.)

190. Soient O,O' les centres de deux cercles égaux, A un point commun à ces deux
cercles. On mène par A une sécante qui rencontre ces deux cercles en B et C ; puis
on mène par C une perpendiculaire à BC qui rencontre en M la parallèle à OO' menée
par B. Trouver le lieu du point M et le lieu du milieu de BM quand la sécante ABC
tourne autour du point A.   (Bouiges.)

191. Etant donnés trois points A, B, C et une droite Δ passant par C, on mène par
les deux points B et C un cercle variable qui rencontre la droite Δ en un second point
D. Trouver le lieu du second point de rencontre de ce cercle avec la droite AD.

192. Démontrer qu'un triangle ABC est isocèle quand on a

$$r = 4R \cos A \sin^2 \frac{A}{2},$$

r désignant le rayon du cercle inscrit et R celui du cercle circonscrit.   L. G.

193. Soient a, b, c les côtés d'un triangle ABC rectangle en A ; D le milieu de l'hypoténuse BC et O le centre du cercle inscrit. Évaluer la surface du triangle AOD en fonction de a, b, c.

L. G.

194. Soient a l'hypoténuse, b et c les côtés de l'angle droit d'un triangle rectangle ; r le rayon du cercle inscrit. Démontrer que

$$2r^2 = (a - b)\, a - c).$$

La réciproque est-elle vraie ?

L. G.

195. Résoudre le système

$$\frac{\cos x \cos y}{m} + \frac{\sin x \sin y}{n} + 1 = o,$$

$$\frac{\cos y \cos z}{m} + \frac{\sin y \sin z}{x} + 1 = o,$$

$$\frac{\cos z \cos x}{m} + \frac{\sin z \sin x}{n} + 1 = o.$$

Examiner le cas particulier où $m + n = 1$.

L. G.

ÉCOLE NAVALE (Concours de 1896).

GÉOMÉTRIE.

I. — Lieu, dans l'espace, des points à égale distance de deux droites qui se coupent.

II. — Décrire une sphère tangente aux quatre côtés d'un quadrilatère gauche ABCD. Combien le problème admet-il en général de solutions ? A quelles conditions doivent satisfaire les côtés de ce quadrilatère pour que toutes les sphères tangentes à trois des côtés soient tangentes au quatrième ?

III. — Ox, Oy étant deux axes rectangulaires, on considère toutes les hyperboles équilatères tangentes en O à l'axe des y et dont un axe passe par un point fixe A de l'axe des x.

Trouver le lieu des centres et celui des foyers (démonstration géométrique) ; distinguer sur le lieu des foyers les points qui correspondent aux foyers se trouvant sur l'axe qui passe par A, des points qui correspondent aux foyers se trouvant sur l'axe perpendiculaire.

Trouver le lieu des sommets ; le construire en coordonnées polaires, en prenant pour origine le point A.

Par chaque point du plan passent deux de ces hyperboles : distinguer les régions du plan qui correspondent à des hyperboles réelles.

On prendra pour paramètre variable l'angle φ que fait l'axe de l'hyperbole passant par A avec l'axe des x et on posera $\overline{OA} = -a$.

Le Gérant : Dr H. LABONNE, licencié ès sciences.

Châteauroux. — Typ. et Stéréotyp. A. MAJESTÉ et L. BOUCHARDEAU.

BULLETIN

DE

MATHÉMATIQUES ÉLÉMENTAIRES

SOLUTIONS DE QUELQUES PROBLÈMES A L'AIDE DU COMPAS SEUL

La solution graphique des problèmes élémentaires de géométrie se fait, ordinairement, au moyen de l'usage combiné de la règle et du compas. On peut, dans quelques cas, obtenir une construction, non moins simple, et peut-être plus précise, à l'aide du compas seul.

(Dans les figures ci-après, les droites ne figurent que pour le besoin de la demonstration.)

Pr. *Trouver le centre d'une circonférence.*

Soit à trouver le centre O de la circonférence donnée ABB′.

D'un point arbitraire A de cette circonférence, avec un rayon quelconque AB, on décrit un arc qui coupe la circonférence en B et B′.

On détermine le point A′, symétrique de A par rapport à BB′.

Du point A′ comme centre, avec A′A pour rayon, on décrit un second arc, qui coupe le précédent en C et C′.

On détermine le point O, symétrique de A par rapport à CC′, et on a le centre cherché.

En effet: $OA = 2AE = \dfrac{2\overline{AC}^2}{2AA'} = \dfrac{AB^2}{2AD}.$

Pr. *Diviser une droite en moyenne et extrême raison.*

Soit AB $= a$, une droite à diviser par un point I en moyenne et extrême raison.

Du point B comme centre, avec BA pour rayon, on décrit un arc ACM plus grand qu'une demi-circonférence.

A partir du point A, on porte sur cet arc trois cordes : $AC = CE = EA' = AB$, de manière à obtenir le point A′ diamétralement opposé à A.

Du point A et A′, comme centres successifs, avec le même rayon AE, on décrit deux arcs, qui se coupent en D.

Enfin, du point E comme centre, avec DB pour rayon, on décrit un arc qui coupe AB au point cherché I.

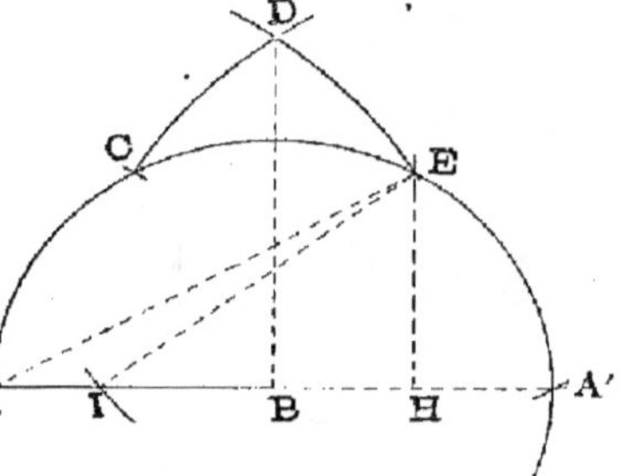

En effet :

$$\overline{BD}^2 = \overline{AD}^2 - \overline{AB}^2 = 3a^2 - a^2 = 2a^2$$

$$\overline{EH}^2 = IE^2 - EH^2 = BD^2 - EH^2 = 2a^2 - \frac{3a^2}{4} = \frac{5a^2}{4}$$

$$BI = IH - BH = \frac{a\sqrt{5}}{2} - \frac{a}{2} = \frac{a}{2}\left(\sqrt{5} - 1\right).$$

Comparaison de la méthode monographique (compas seul) et de la méthode polygraphique (règle et compas).

1° Détermination du centre d'un cercle.

Méthode monographique :

$$\text{op. } (8C_1 + 6C_3).$$

Exactitude : 8. Simplicité : 14. Arcs : 6.

Méthode polygraphique :

$$\text{op. } (4R_1 + 2R_2 + 3C_1 + 3C_3).$$

Exactitude : 7. Simplicité : 12. Droites : 2. Cercles : 3.

2° Division d'une droite en moyenne et extrême raison.

Méthode monographique :

$$\text{op. } (11C_1 + 7C_3)$$

Exactitude : 11. Simplicité : 18. Arcs : 7.

Méthode polygraphique :

$$\text{op. } (8R_1 + 4R_2 + 7C_1 + 6C_3).$$

Exactitude : 15. Simplicité : 25. Droites : 4. Arcs : 6.

Remarque. — La construction monographique de la droite divisée en moyenne et extrême raison a été indiquée pour la première fois par Mascheroni. Le même auteur a donné aussi une détermination monographique du centre d'un cercle, qui a pour symbole $(13C_1 + 9C_3)$. La nôtre ci-dessus, nous paraît préférable.

C. BLANC, professeur libre à Lyon.

La construction indiquée par M. Blanc pour la division en moyenne et extrême raison suppose que la droite AB est tracée. Autrement, il faut encore construire le point E′ symétrique de E par rapport à AA′ et déterminer le point I par l'intersection de deux cercles décrits de E et de E′ comme centres avec BD pour rayons.

D'ailleurs, MM. Bernès et E. Lemoine ont indiqué, pour la division d'une droite en moyenne et extrême raison, diverses constructions polygraphiques ayant pour simplicité 13, qui paraît être le minimum ; et même l'une de ces constructions, due à M. Lemoine, se fait avec le compas seul, quand la droite AB est tracée.

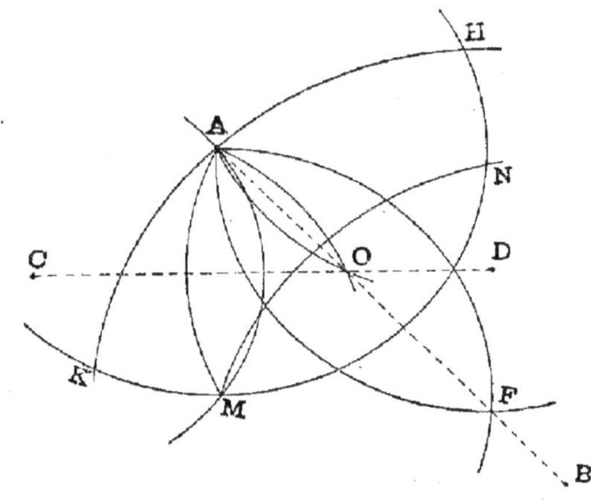

La construction indiquée par M. Blanc pour trouver le centre d'un cercle permet de construire, avec le compas et d'une façon assez simple, le point d'intersection de deux droites déterminées, l'une par deux points A et B, l'autre par deux points C et D. On construit d'abord le point M symétrique à A par rapport à CD (au moyen de deux cercles passant par A et ayant pour centres les points C et D); puis, le point N symétrique à M par rapport à AB. Le point O d'intersection des droites AB et CD est le centre du cercle circonscrit au triangle *isocèle* AMN ; pour le construire, il n'y a qu'à suivre le procédé indiqué par M. Blanc. On construit le point F symétrique à A par rapport à MN ; puis, de F comme centre, avec FA pour rayon, on décrit un cercle qui coupe le cercle A (AM) en H, K ; enfin, le point O symétrique à A par rapport à HK est le point demandé, qui se trouve ainsi obtenu par une construction dont le symbole total est

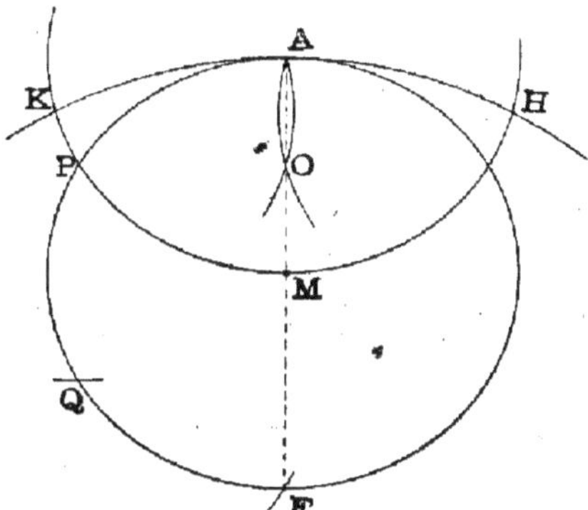

$$\text{op. } (14C_1 + 9C_3).$$

Le même procédé permet encore de trouver le milieu O d'une droite AM. Pour cela, on prolonge cette droite d'une longueur MF égale à elle-même, ce qui se fait en portant, sur la circonférence de centre M et de rayon MA, trois longueurs successives AP, PQ, QF égales à AM. Puis, de F comme centre avec FA pour rayon, on décrit un cercle qui coupe le cercle A(AM) en H et K. Le point O symétrique à A par rapport à HK est le milieu de AM. Cette construction qui a pour symbole

$$\text{op. } (9C_1 + 7C_3)$$

est presque aussi simple que la construction classique ; c'est la cinquième des constructions indiquées par Mascheroni dans sa *Géométrie du compas* (p. 70 de la 2° édition française, 1828) ; les quatre autres constructions sont plus précises, mais un peu plus compliquées.

L. G.

ECOLE SPÉCIALE MILITAIRE DE ST-CYR
CONCOURS D'ADMISSION, 1896.

NOUVELLE SOLUTION D'UN DES PROBLÈMES DE MATHÉMATIQUES.

Dans un triangle on donne la somme $2l$ de deux côtés, la hauteur h et la médiane m qui correspondent au troisième côté : 1° Calculer les côtés ; 2° Déterminer aussi les angles par un second calcul indépendant du premier.

(Voir n° 19, 1er juillet 1896.)

Soient $AH = h$, $AD = m$ la hauteur et la médiane données.

Posons :

$$HD = d = \sqrt{m^2 - h^2}$$
$$BD = DC = x$$

On a

$$b^2 + c^2 = 2m^2 + 2x^2$$
$$b^2 - c^2 = 4dx$$

Si l'on tient compte de la condition :

$$b + c = 2l$$

la dernière équation donne

$$b - c = \frac{2dx}{l}$$

donc :

$$b = l + \frac{dx}{l}$$

$$c = l - \frac{dx}{l}$$

et, par suite

$$m^2 + x^2 = l^2 + \frac{d^2 x^2}{l^2}$$

d'où

$$x^2 = l^2 \frac{l^2 - m^2}{l^2 - m^2 + h^2}$$

Ces formules résolvent la première partie de la question.

Discussion.

Pour que x^2 soit positif on doit avoir

$$l^2 > m^2 \quad \text{ou } l^2 < m^2 - h^2$$

Il est bien entendu que la médiane m doit être plus grande que la hauteur h.

Il faut encore

$$c > o, \quad \text{ou } l^2 > dx$$

c'est-à-dire :

$$\frac{l^4 - 2d^2 l^2 + a^2 m^2}{l^2 - d^2} > o$$

Mais

$$l^4 - 2d^2\, l^2 + d^2\, m^2 = (l^2 - d^2)^2 + a^2 (m^2 - d^2) > o$$

donc on doit avoir $l^2 > d^2$ et par suite la seule condition est

$$l^2 > m^2 \quad \text{ou } l > m$$

Calcul des angles.

Appelons·D l'angle aigu ADB. On a

$$2 \cot D = \cot C - \cot B$$

ou :

$$\frac{2d}{h} = \frac{\sin (B - C)}{\sin B \sin C} = \frac{2 \sin \dfrac{B - C}{2} \cos \dfrac{B - C}{2}}{\sin B \sin C}$$

Ensuite :

$$\frac{b}{m} = \frac{1}{\sin C}, \quad \frac{c}{h} = \frac{1}{\sin B}$$

d'où

$$\frac{2l}{h} = \frac{1}{\sin B} + \frac{1}{\sin C} = \frac{2 \sin \dfrac{B + C}{2} \cos \dfrac{B - C}{2}}{\sin B \sin C}$$

Par suite :

$$\frac{l}{d} = \frac{\sin \dfrac{B + C}{2}}{\sin \dfrac{B - C}{2}}$$

et

$$\frac{\operatorname{tg} \dfrac{B}{2}}{\operatorname{tg} \dfrac{C}{2}} = \frac{l + d}{l - d}$$

Posons :

$$\operatorname{tg} \frac{B}{2} = u, \quad \operatorname{tg} \frac{C}{2} = v$$

on a :

$$u = v\, \frac{l + d}{l - d}$$

Mais

$$\frac{1}{\sin B} = \frac{1 + u^2}{2u}, \quad \frac{1}{\sin C} = \frac{1 + v^2}{2v}$$

d'où l'on déduit

$$\frac{1 + u^2}{u} + \frac{1 + v^2}{v} = \frac{4l}{h}$$

et enfin, en remplaçant v en fonction de u :

$$h \ (l + d) \ v^2 - 2 \ (l^2 - d^2) \ v + h \ (l - d) \ o$$

La condition de réalité est

$$(l^2 - d^2)^2 - h^2 \ (l^2 - d^2) > o$$

ou

$$(l^2 - d^2) \ (l^2 - m^2) > o$$

Or si l'on désigne par v' et v'' les deux solutions
on a :

$$v' \ v'' = \frac{l - d}{l + d}$$

donc si

$$u' = v' \frac{l + d}{l - d} \qquad \text{on a :} \qquad u' = \frac{1}{v''}$$

et de même

$$u'' = \frac{1}{v'}$$

L'une des racines sera donc tg $\dfrac{C}{2}$ et l'autre cotg $\dfrac{B}{2}$. Les deux racines doivent

être positives : ce qui exige $l > d$ et par suite $l > m$.

En outre on doit avoir

$$\frac{B}{2} + \frac{C}{2} < 90$$

ou

$$\text{tg} \ \frac{C}{2} < \text{cotg} \ \frac{B}{2}$$

Il faut prendre pour tg $\dfrac{C}{2}$ la plus petite racine.

Solution géométrique [1].

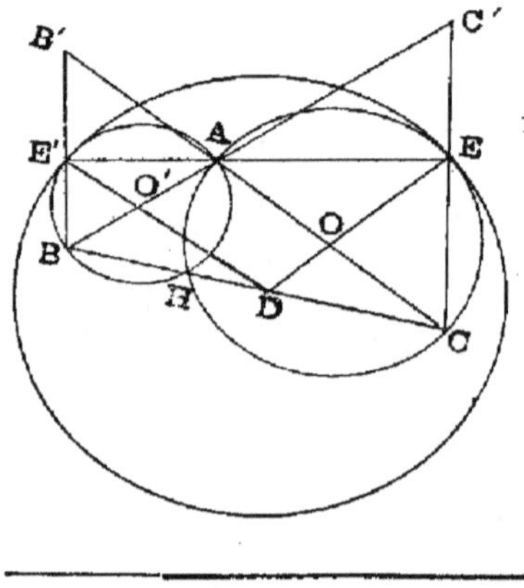

Prolongeons BA d'une longueur AC' $=$ AC de sorte
que BC' $= 2l$.

Si E est le milieu de CC' on a DE $= l$; de plus le
quadrilatère AHCE est inscriptible et l'on voit immédiatement que le cercle circonscrit à ce quadrilatère a
pour centre le point d'intersection O de DE et de AC
et par suite est tangent au cercle (D) ayant pour
centre le milieu D de BC et pour rayon l. On est aussi
ramené à construire un cercle passant par A et H et
tangent au cercle (D).

---

[1] On a oublié de tracer les lignes A H et A D sur la figure.

Or, si l'on prolonge CA d'une longueur AB' = AB et si E' est le milieu de BB' on voit encore que le cercle circonscrit au quadrilatère AHBE' a pour centre le point O' intersection de DE' et de AB et par suite est tangent au cercle (D) ; donc si l'on construit d'abord le triangle AHD, puis qu'on détermine les deux cercles passant par A et H et tangents au cercle (D), l'un de ces cercles coupera la droite indéfinie HD en B et l'autre en C.

Le problème a donc une seule solution, pourvu que A et H soient tous deux intérieurs au cercle (D), c'est-à-dire pourvu que $l > m$.

Cette solution élémentaire m'a été donnée par des élèves de l'école normale primaire supérieure de Fontenay-aux-Roses.

(B. N.)

QUESTIONS RÉSOLUES

Mathématiques.

123. *Inscrire à un quadrilatère une conique dont un des foyers soit sur une des diagonales du quadrilatère.*

Soit ABCD le quadrilatère donné; BD la diagonale sur laquelle se trouve le foyer F' de l'ellipse. DA et DC étant des tangentes à l'ellipse issues du point D, le second foyer F de la courbe se trouve sur la droite DF faisant avec DC un angle égal à l'angle ADB ; car nous savons que les tangentes issues d'un point extérieur à l'ellipse font des angles égaux avec les droites joignant ce point aux deux foyers. Le point F se trouve aussi pour la même raison sur la droite BF faisant avec la tangente BC un angle égal à $\widehat{ABD}$; il se trouve donc à leur intersection. Pour déterminer F', il suffira de répéter la même construction : de joindre CF et de mener par le point C la droite CF' faisant avec DC un angle égal à l'angle BCF ; le point F' est à l'intersection de cette droite et de la diagonale BD.

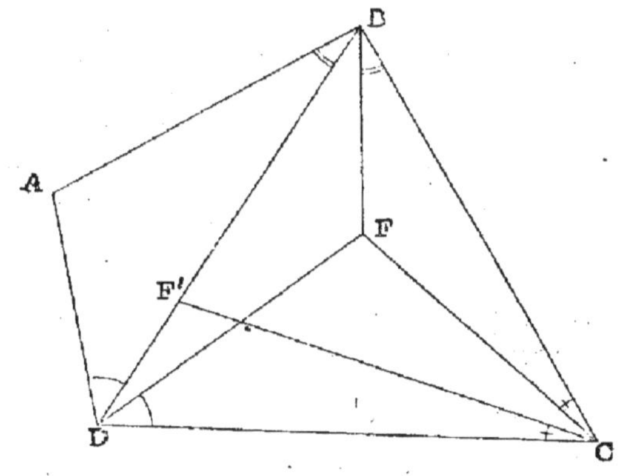

Paul BOUIGES (Mauriac).

Autre solution par M. SINGER.

130. *Soit un triangle BAC, rectangle en A. Menons la médiane AM et la hauteur A D. Unissons les points M et D aux milieux P et Q des côtés AC, A B. Soient O et O' les points de rencontre des droites DP et QM, DQ et PM. Menons O'H', OH perpendiculaires à AB, AC. Démontrer :*

1° Que la droite OO' est perpendiculaire sur le milieu K de PQ.

2° Que la droite HH' passe par K et est perpendiculaire en ce point à la médiane AM.

Couturier, professeur, à Melle-lez-Gand.

1° Considérons le quadrilatère PQDM. Dans ce quadrilatère, PQ joignant les milieux de AC et de AB est parallèle à BC ; PM joignant les milieux de CA et de CB, est parallèle et égal à

$$\frac{AB}{2} = AQ.$$

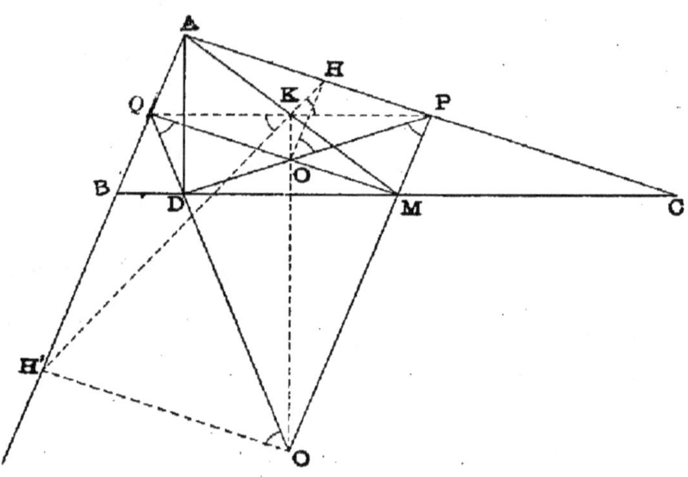

Donc, PQ est perpendiculaire à AD en son milieu ; donc AQD est un triangle isocèle, et : QD = AQ = PM. Donc le trapèze QPMD est isocèle. Si l'on prolonge MP et QD jusqu'en leur point de rencontre O', le triangle QO'P est isocèle, K, point d'intersection des diagonales du rectangle APMQ, se trouve au milieu de PQ, et la droite KO' est hauteur du triangle isocèle. Démontrons qu'elle passe par O. Si nous considérons les deux diagonales du trapèze, MQ et PD, ces deux droites sont symétriques par rapport à KO'; donc elles se coupent en un point O situé sur KO'.

2° Les 3 points H', K, H sont en ligne droite. En effet, joignons H'K, KH, il faut montrer que $\widehat{QKH'} = \widehat{HKP}$. Considérons le quadrilatère inscriptible KQH'O'; dans ce quadrilatère, $\widehat{QKH'} = \widehat{QO'H'}$. Mais : $\widehat{QO'H'} = \widehat{O'QM}$ comme alternes internes. $\widehat{O'QM} = \widehat{DPM}$ comme symétriques par rapport à OO'; $\widehat{DPM} = \widehat{POH}$ comme alternes internes. Si nous considérons le quadrilatère inscriptible KHPO, $\widehat{POH} = \widehat{HKP}$; donc: $\widehat{QKH'} = \widehat{HKP}$. Les points H', K, H sont par conséquent en ligne droite.

L. Deshayes (lycée Saint-Louis, cours Saint-Cyr B).

Autres solutions par MM. Andreu, Berthier, Bouiges, Fondrillon, Perdrix, Perret (école normale de Bourg), Sarda, Singer, Stortz.

132. *Étant donnée une circonférence O, on mène le rayon OA ; sur le prolongement, on prend un point P et on mène la tangente PM. Quelle doit être la position du point P pour que la distance MA soit égale à une grandeur donnée k?*

1re SOLUTION

Menons le rayon OM et abaissons des points A et M les perpendiculaires AD et MC sur les rayons OM et OA.

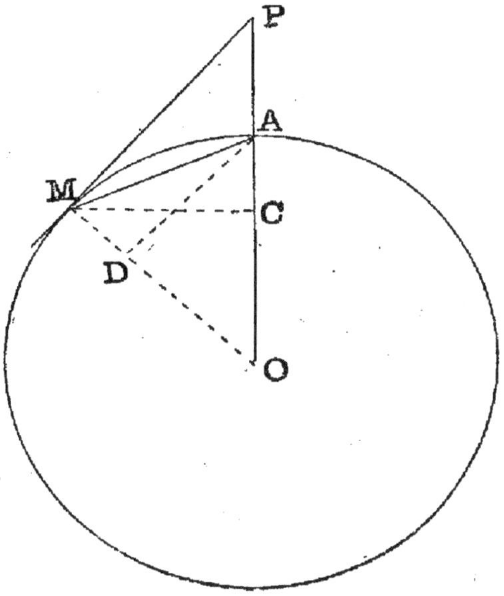

AD parallèle à PM partage les deux autres côtés du triangle POM en segments proportionnels :

$$\frac{AP}{DM} = \frac{OA}{OD}. \qquad (1)$$

Mais les hauteurs AD, MC issues des sommets des angles égaux du triangle isocèle AOM partagent les côtés égaux en segments respectivement égaux ; l'égalité (1) devient donc :

$$\frac{AP}{AC} = \frac{r}{OC},$$

si l'on représente par r le rayon de la circonférence O.

Si l'on remarque que $OC = r - AC$ on a :

$$\frac{AP}{AC} = \frac{r}{r - AC},$$

d'où :

$$AP = \frac{r \cdot AC}{r - AC}. \qquad (2)$$

Nous avons d'autre part :

$$\overline{MA}^2 = 2r \cdot AC,$$

d'où l'on tire, en remplaçant MA par k :

$$AC = \frac{k^2}{2r}.$$

Dans l'égalité (2) remplaçons AC par une valeur égale $\frac{k^2}{2r}$, on a :

$$AP = \frac{r \cdot k^2}{2r^2 - k^2}.$$

Ph. STORTZ (2e moderne, lycée de Lyon).

2e SOLUTION

Prenons pour inconnue OP et posons $OP = x$. Le triangle rectangle OMP donne :

$$\overline{OP}^2 = \overline{OM}^2 + \overline{PM}^2$$

ou :
$$x^2 = R^2 + \overline{PM}^2 \qquad (1)$$

Abaissons MC perpendiculaire sur OA, nous avons dans le triangle AMP :
$$\overline{PM}^2 = \overline{MA}^2 + \overline{AP}^2 + 2AP \times AC \qquad (2)$$

Or :
$$AP = x - R,$$

$$\overline{MA}^2 = 2R \times AC, \text{ d'où } AC = \frac{K^2}{2R}.$$

La relation (2) devient alors :
$$\overline{PM}^2 = K^2 + (x - R)^2 + \frac{(x - R) K^2}{R}$$
$$= \frac{Rx^2 - x (2R^2 - K^2) + R^3}{R},$$

Remplaçant dans (1) $\overline{PM}^2$ par sa valeur, il vient, simplifications faites :
$$x (2R^2 - K^2) = 2R^3.$$

d'où :
$$x = \frac{2R^3}{2R^2 - K^2}.$$

Cette valeur de x doit être positive ; il faut alors avoir :
$$2R^3 - K^2 \geqq o$$

ou :
$$K \leqq R \sqrt{2}.$$

Pour $K = R \sqrt{2}$, l'équation qui détermine x fournit une valeur de la forme $\frac{m}{o}$. C'est qu'alors la tangente MP est parallèle à OA, et le point P est rejeté à l'infini.

L. Briqueler (Lycée de Belfort).

Autres solutions par MM. Basset, Béchet, Berthier, Perdrix, Perret (école normale de Bourg), Singer.

147. *On considère un triangle isocèle ABC inscrit dans un cercle et on joint les deux points B et C à un point quelconque M du cercle. Soient D le point de rencontre de BM avec AC et E le point de rencontre de CM avec AB ; trouver la relation qui doit exister entre l'angle A et les longueurs :*
$$AD = x, \quad AE = y, \quad AB = AC = a;$$
et calculer x et y de façon que la distance DE soit égale à une longueur donnée m.

1° Désignons l'angle ABM par β, l'angle ACM par γ.
Dans le triangle ACE on a :
$$\frac{AC}{AE} = \frac{\sin E}{\sin C} = \frac{\sin (A + \gamma)}{\sin \gamma}$$

ou

$$\frac{a}{y} = \sin A \cot \gamma + \cos A \qquad (1)$$

On trouve de même dans le triangle ABD :

$$\frac{a}{x} = \sin A \cot \beta + \cos A \quad (2)$$

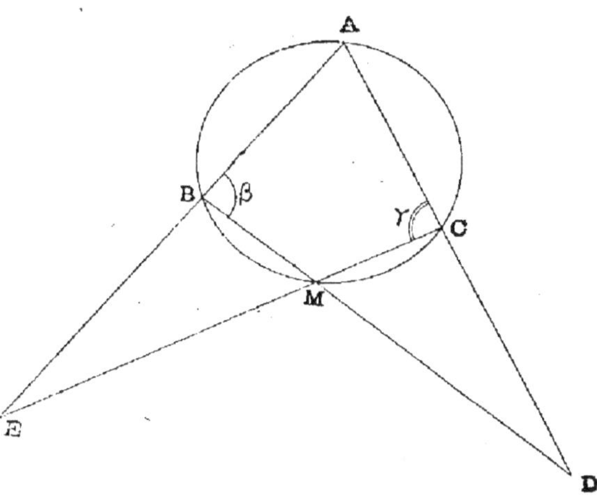

Or les angles β et γ sont supplémentaires ; donc :

$$\cot \beta + \cot \gamma = 0.$$

Par suite, si l'on ajoute membre à membre les égalités (1) et (2) il vient

$$\frac{a}{x} + \frac{a}{y} = 2 \cos A,$$

qui est la relation demandée.

Cette relation est générale : elle est vraie quelle que soit la position du point M, à condition de convenir que l'on comptera les segments x et y positivement dans le sens AB ou AC, négativement en sens contraire.

2° Le triangle ADE nous donne *dans tous les cas*, avec la convention précédente :

$$\overline{DE}^2 = x^2 + y^2 - 2xy \cos A.$$

Pour que DE soit égal à m, il faut donc que l'on ait

$$m^2 = x^2 + y^2 - 2xy \cos A$$

ou :

$$x^2 + y^2 = 2xy \cos A + m^2 \qquad (3)$$

D'autre part on a la relation

$$\frac{a}{x} + \frac{a}{y} = 2 \cos A$$

ou

$$x + y = \frac{2xy \cos A}{a} \qquad (4)$$

Si l'on élève au carré les 2 membres de l'égalité (4) et qu'on en retranche l'égalité (3), il vient :

$$2\,xy = \frac{4\,x^2 y^2 \cos^2 A}{a^2} - 2\,xy \cos A - m^2$$

$$4 \cos^2 A\, x^2 y^2 - 2\,a^2 (1 + \cos A)\,xy - a^2 m^2 = 0$$

Cette équation permet de calculer xy.

On a ensuite

$$x + y = \frac{2xy \cos A}{a}$$

Connaissant xy et $x + y$, on formera l'équation en x et y qui aura ses racines réelles pourvu que

$$(x + y)^2 - 4\,xy > 0$$

$$\frac{4\,x^2 y^2 \cos^2 A}{a^2} - 4\,xy > 0$$

d'où

$$xy < 0 \quad\text{ou}\quad xy > \frac{a^2}{\cos^2 A}$$

L'équation en xy a toujours ses racines réelles et de signes contraires. La racine négative convient.

Quant à la racine positive, il faut qu'elle soit plus grande que $\dfrac{a^2}{\cos^2 A}$.

Donc $\dfrac{a^2}{\cos^2 A}$ étant plus grand que la racine négative et devant être plus petit que l'autre, il faut que le résultat de sa substitution dans le premier membre de l'équation en xy soit négatif, ce qui donne :

$$4 \cos^2 A \; \frac{a^4}{\cos^4 A} - 2\,a^2\,(1 + \cos A)\,\frac{a^2}{\cos^2 A} - a^2 m^2 < 0$$

ou

$$m^2 > 2\,a^2\,(1 - \cos A)$$

$$m^2 > 4\,a^2 \sin^2 \frac{A}{2}$$

ou enfin m et $\sin \dfrac{A}{2}$ étant positifs

$$m > 2a \sin \frac{A}{2}.$$

Si $m < 2a \sin \dfrac{A}{2}$: 1 solution ; x et y sont de signes contraires.

Si $m = 2a \sin \dfrac{A}{2}$: la solution négative convient encore ; on a en outre la solution $x = y = \dfrac{a}{\cos A}$.

Si $m > 2a \sin \dfrac{A}{2}$: 2 solutions.

P. Gillet.

Autres solutions par MM. Bouiges, Singer.

154. *Étant donné un rectangle $ABCD$, si par un point P de la diagonale BD, on mène une perpendiculaire à AP, qui rencontre BC en Q et CD en R, démontrer que*

$$PQ \times PR = \overline{AP}^2$$

Le quadrilatère APRD étant inscriptible, l'angle DAR est égal à l'angle DPR ; le quadrilatère APBQ étant aussi inscriptible, l'angle BPQ est égal à l'angle QAB.

Or, comme $\widehat{BPQ} = \widehat{DPR}$,

on a $\widehat{DAR} = \widehat{QAB}$,

ou encore $\widehat{DAB} = \widehat{RAQ}$.

Le triangle RAQ étant rectangle, on a

$$\overline{AP}^2 = PQ \times PR$$

F. BASSET (lycée de Lyon).

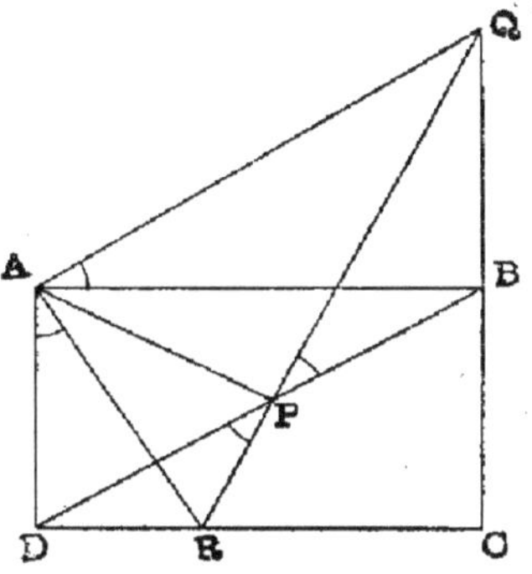

Autres solutions par MM. ANDREU, BOUIGES, COLLOMB, DU-MOULIN, FONDRILLON, PEILLON, SINGER et PERDRIX.

Physique.

140. — *On pèse, avec des poids en platine de densité 21, une certaine quantité d'eau. Le poids trouvé est 151 gr. 392. On demande quel poids on aurait trouvé si la pesée avait été effectuée dans le vide. La pression est de 748ᵐᵐ, la température de 18°, l'air est sec.*

Les poids en platine qui servent à effectuer la pesée de l'eau, subissent dans l'air une poussée égale au poids du volume d'air déplacé.

Le poids d'un centimètre cube d'air sec dans les conditions de l'expérience étant

$$0,001293 \times \frac{748}{760} \times \frac{1}{1 + \dfrac{18}{273}} = \frac{1\ \text{gr.}\ 1938}{1000}$$

et le volume des poids marqués étant en centimètres cubes

$$\frac{151,392}{21} = 7,209$$

la force qui agit sur le plateau du côté des poids marqués n'est que

$$151,392 - 7,209 \times \frac{1,1938}{1000} = 151,3834.$$

Soit P le poids réel de l'eau. La densité de l'eau à 18° étant d'après les tables 0,9986, le volume du poids P à 18° sera $\dfrac{P}{0,9986}$. Ce poids P éprouve de la part de l'air une poussée égale à

$$\frac{P}{0,9986} \times 0,0011938.$$

La force qui agit sur le plateau du côté du corps à peser est donc

$$P - \frac{P}{0,9986} \times 0,0011938$$

et l'équation du problème sera

$$P - \frac{P}{0,9986} \times 0,0011938 = 151,3834$$

de laquelle on tire

$$P (0,9986 - 0,0011938) = 151,3834 \times 0,9986$$
$$P = \frac{151,3834 \times 0,9986}{0,9986 - 0,0011938} = 151 \text{ gr. } 564$$

Plus rapidement, le platine éprouve une poussée égale à $7,2 \times 0,0012 = 0,009$;

l'eau   —   — $151 \times 0,0012 = 0,181$.

Donc le poids dans le vide est $151,392 + 0,181 - 0,009 = 151$ gr. 564.

FONDRILLON.

BIBLIOGRAPHIE

Leçons d'Algèbre élémentaire, par C. Bourlet, docteur ès sciences mathématiques, professeur au lycée Henri IV. — A. Colin, éditeur, Paris................ 7 fr. 50
Cours complet de mathématiques élémentaires publié sous la direction de M. Darboux, doyen de la Faculté des sciences de Paris.

Nous sommes heureux d'annoncer à nos lecteurs le livre de M. Bourlet, où les points délicats de la théorie sont traités avec toute la rigueur des méthodes modernes et le mécanisme des opérations expliqué avec tous les détails nécessaires pour des commençants qu'il s'agit d'initier à la pratique de l'Algèbre.

Le volume commence par l'exposé complet et détaillé de la théorie des nombres négatifs. La considération des segments intervient pour simplifier quelques démonstrations, par exemple, pour montrer que, *dans une somme de nombres algébriques, on peut intervertir l'ordre des parties sans modifier la somme.*

Aussitôt après avoir défini une expression algébrique, l'auteur donne des exemples de *fonctions*, montre comme on représente graphiquement la variation d'une fonction et prouve que l'*équation* d'une droite est du premier degré ; ce qui lui permet d'interpréter géométriquement les résultats de la discussion des équations du premier degré à deux inconnues.

Pour les équations du second degré, M. Bourlet fait observer avec raison que la considération des imaginaires n'est ni nécessaire, ni profitable pour des élèves de mathématiques élémentaires, proprement dits ; néanmoins il consacre un appendice à la théorie des nombres complexes.

Pour la discussion des problèmes du second degré, après avoir traité plusieurs exemples, M. Bourlet résume, en quelques lignes très nettes, la manière de conduire la discussion, en insistant sur ce point qu'il convient de faire, d'abord, les substitutions des limites dans le premier membre de l'équation et de ne recourir au discriminant que dans le cas où les signes des résultats des substitutions ne donnent pas d'indication sur l'existence des racines. Nous aurions désiré que M. Bourlet ajoutât la remarque suivante :

Si les coefficients du trinome $f(x)$ dépendent d'un paramètre, les valeurs du paramètre qui annulent $f(\alpha)$ rendent le discriminant positif ou nul ; et celles qui rendent α égal à $-\dfrac{b}{2a}$ rendent $a\,f(\alpha)$ de signe contraire à celui du discriminant.

Cette remarque est sans doute évidente ; mais, faute de la trouver énoncée explicitement dans nos traités classiques, il arrive que des professeurs (j'en parle par expérience) ne la *découvrent* qu'après plusieurs années d'enseignement.

Pour la variation des fonctions, M. Bourlet abandonne résolument la méthode dite élémentaire et adopte celle des dérivées, en partant de la notion de fonction croissante ou décroissante *pour une valeur donnée de la variable* et en *admettant* qu'une fonction croissante pour toutes les valeurs de x comprises dans un intervalle varie dans le même sens que la variable x, dans cet intervalle.

Du reste, cette dernière proposition est démontrée en note. La formule des accroissements finis est également démontrée dans un appendice et, si l'auteur ne s'en sert pas dans le corps de l'ouvrage, c'est qu'il ne la regarde pas comme susceptible d'une démonstration *élémentaire*. Je suis absolument de cet avis. Mais, dira-t-on, à quoi reconnaissez-vous qu'une démonstration n'est pas élémentaire ? J'appelle *non élémentaire* toute démonstration qui invoque *l'infini actuel*, qui postule l'existence *objective* d'une infinité d'êtres : il faut bien avouer que la démonstration de la formule des accroissements finis est dans ce cas. Peut-être, à ce point de vue, y aurait-il avantage à se borner à la considération des fonctions $f(x)$ *uniformément dérivables dans un intervalle* (a, b), c'est-à-dire telles qu'à tout nombre positif ε on puisse faire correspondre un nombre positif λ tel qu'on ait

$$\left| \frac{f(x) - f(y)}{x - y} - f'(x) \right| < \varepsilon$$

pour toutes les valeurs de x et de y satisfaisant aux inégalités

$$a < x < b \quad , \quad a < y < b \quad , \quad o < | x - y | < \lambda.$$

Dans ces conditions, si la dérivée $f'(x)$ est positive pour toutes les valeurs de x comprises entre a et b, il est aisé de montrer que la différence $f(x) - f(y)$ est du signe de $x - y$ pour toutes les valeurs de x et de y satisfaisant aux inégalités ci-dessus.

Pour les logarithmes, M. Bourlet écarte la définition par deux progressions et se contente de montrer qu'étant donnés deux nombres positifs a et A, on peut trouver un nombre rationnel x tel que a^x soit une valeur aussi approchée qu'on le voudra de A ; ce qui suffit amplement au point de vue pratique. Cette manière de voir finira bien par s'imposer ; ou, du moins, si on tient à conserver les deux progressions pour éviter les exposants fractionnaires, pourquoi ne se borne-t-on pas au cas où la progression arithmétique est la suite naturelle des nombres entiers ? D'ailleurs pourquoi ne fait-on pas des tables d'antilogarithmes, où l'on mettrait, par exemple, les 10.000 premières puissances de $10^{0,0001}$? La théorie se présenterait d'une façon infiniment plus naturelle et la pratique ne pourrait qu'y gagner.

Si nous ajoutons que M. Bourlet a supprimé ou renvoyé en exercices toutes les questions encombrantes, telles que la résolution de l'équation $ax^2 + bx + c = o$, dans le cas où a est très petit, celle de la formule des intérêts composés

$$C = A (1 + r)^n \left(1 + \frac{p}{q} r \right)$$

par rapport à n et à $\frac{p}{q}$, etc., nous croirons en avoir assez dit pour montrer l'esprit dans lequel est conçu cet ouvrage, qui nous paraît constituer un progrès notable dans l'enseignement des mathématiques élémentaires.

L. Gérard.

QUESTIONS PROPOSÉES

196. Soit ABC un triangle, I et I' les centres des cercles inscrit et exinscrit dans l'angle A. Démontrer que

$$AI \times AI' = AB \times AC.$$

C. Bourlet.

197. —Soit ABC un triangle et **M** un point quelconque pris sur le côté BC. On considère les deux cercles passant par M : l'un tangent à AB en B, l'autre tangent à AC en C. Ces deux cercles se coupent en un deuxième point P. Trouver le lieu de ce point P lorsque M décrit la droite BC. Ce lieu est un cercle Γ.

Il existe quatre cercles tangents au cercle Γ et aux deux droites AB, AC. Trouver pour quelles positions du point M le point P coïncide avec l'un des points de contact du cercle Γ avec les quatre cercles tangents.

C. Bourlet.

198. — Soient AD un diamètre et B, C deux points d'une demi-circonférence ABCD ; démontrer que, si AB est égal au rayon du cercle circonscrit au triangle OAC, CD sera égal au rayon du cercle circonscrit au triangle BOD.

199. — Soient O le centre d'un cercle, A le milieu d'un rayon OB ; M_1 le milieu de AB, M_2 le milieu de AM_1,.... ; C_1D_1 une corde perpendiculaire au milieu de BM_1, C_2D_2 une corde perpendiculaire au milieu de BM_2.... Démontrer que

$$BC_1 = AB,$$
$$BC_2 = AC_1,$$
$$BC_3 = AC_2,$$
$$\dots\dots\dots$$

De même soient N_1 le milieu de AO, N_2 le milieu de AN_1.....; E_1F_1 une corde perpendiculaire au milieu de BN_1, E_2F_2 une corde perpendiculaire au milieu de BN_2..... Démontrer que

$$BE_2 = AE_1,$$
$$BE_3 = AE_2,$$
$$\dots\dots\dots$$

Mascheroni.

ÉCOLE NAVALE (Concours de 1896)

Arithmétique et Algèbre.

I. Etude de la fonction a^x.

200. — II. On donne un triangle rectangle isocèle ABC dont l'hypoténuse BC $= 2a$ et les deux circonférences décrites des sommets B et C comme centres et passant par le sommet A. On demande de trouver sur le prolongement de BC, un point X (OX $= x$, O étant le milieu de BC) tel que, si l'on mène la droite AX et si, des points D et D′ où cette droite coupe les deux circonférences, on abaisse DE et D′E′ perpendiculaires sur OX, le trapèze D′DEE′ ainsi formé ait une surface donnée m^2.

Généraliser le problème en considérant les différentes positions que le point X peut occuper sur la droite OX.

III. Les rayons des bases d'un tronc de cône et son apothème ont respectivement pour longueurs, à un centimètre près :
$$R = 17^m64, \quad R' = 6^m85, \quad a = 13^m33.$$
On demande avec quelle approximation on pourra obtenir la surface totale.

Le Gérant : Dr H. LABONNE, licencié ès sciences.

Châteauroux. — Typ. et Stéréotyp. A. Majesté et L. Bouchardeau.

TABLE DES MATIÈRES

Géométrie descriptive et cotée.

Mécanique.

Physique et Chimie.

Chronique scientifique par G.-H. N.

Examens et concours.

Baccalauréats.

QUESTIONS RÉSOLUES

Mathématiques

Physique et Chimie.

QUESTIONS NON RÉSOLUES

47, 68 à 70, 76, 80, 81, 84, 85, 87, 89, 90, 92, 93, 99, 104 à 109, 111 à 113, 115 à 120, 125, 128, 129, 133 à 138, 141, 142, 144 à 146, 149, 151 à 153, 155, 157 à 159, 161 à 200.

FIN DE LA TABLE DES MATIÈRES.

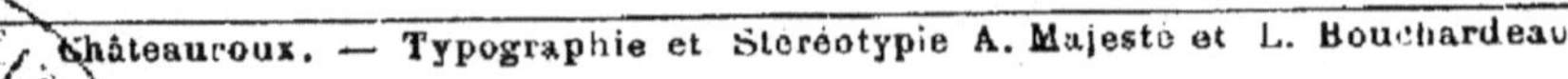

Châteauroux. — Typographie et Stéréotypie A. Majesté et L. Bouchardeau.

BULLETIN
DE
MATHÉMATIQUES ÉLÉMENTAIRES

PUBLIÉ SOUS LA DIRECTION DE
B. NIEWENGLOWSKI

DOCTEUR ÈS SCIENCES
INSPECTEUR DE L'ACADÉMIE DE PARIS

Rédacteur en chef : **L. GÉRARD**, Docteur ès sciences, professeur au lycée Ampère

N° 2 — 15 OCTOBRE 1895

SOMMAIRE :

Le « Bulletin de Mathématiques élémentaires » paraît le 1ᵉʳ et le 15 de chaque mois du 1ᵉʳ Octobre au 15 Juillet.

Les abonnements partent du 1ᵉʳ Octobre

FRANCE...................... 5 francs | ÉTRANGER...................... 6 francs

Le Numéro....... 0 fr. 30

On peut s'abonner dans tous les bureaux de poste

PARIS
SOCIÉTÉ D'ÉDITIONS SCIENTIFIQUES
PLACE DE L'ÉCOLE-DE-MÉDECINE
4, RUE ANTOINE-DUBOIS, 4

Le BULLETIN annonce tout ouvrage dont il reçoit un exemplaire, et analyse ceux dont on lui en envoie deux.

En vente à la **SOCIÉTÉ D'ÉDITIONS SCIENTIFIQUES**

4, RUE ANTOINE-DUBOIS, 4 — PARIS

(Envoi franco par la poste dans toute l'Union postale)

COURS DE SCIENCES

Publiés sous la direction de B. NIEWENGLOWSKI

A. TOURNOIS

ANCIEN ÉLÈVE DE L'ÉCOLE NORMALE SUPÉRIEURE

PROFESSEUR AGRÉGÉ DE MATHÉMATIQUES AU LYCÉE LAKANAL (Cours de St-Cyr)

Leçons complémentaires d'Algèbre et Notions de Géométrie analytique, à l'usage des candidats à l'Ecole spéciale militaire de Saint-Cyr, des élèves de la classe de Première Moderne et de Mathématiques élémentaires. Un volume broché.......... ....:.. **4 fr. 50**

Cet ouvrage correspond au programme des examens de Saint-Cyr. Il répond à toutes les questions demandées pour l'admission à cette école et dans le sens où elles sont demandées.

En outre du programme qui est traité avec tous les détails voulus, l'auteur a placé à la fin de l'ouvrage un chapitre où sont résolues rapidement un grand nombre de questions relatives aux coniques, questions qui sont constamment demandées aux examens, à titre d'exercices. Les élèves, croyons-nous, apprécieront ce chapitre.

Sans insister plus que de mesure. l'auteur a terminé en indiquant les équations des coniques circonscrites à un quadrilatère, à un triangle ou inscrites dans un angle. Bien qu'elles ne fassent pas absolument partie du programme, ces équations, qui s'obtiennent immédiatement, sont avantageuses à connaître.

En outre des exercices résolus qui doivent toujours éclaircir la théorie sans toutefois l'encombrer, se trouvent à la fin de chaque chapitre un grand nombre d'exercices proposés.

Beaucoup, parmi eux, ont été recueillis directement aux examens oraux de l'école ou extraits des feuilles publiées par la librairie Croville Morant.

Leur ensemble donne assez exactement la physionomie de l'examen. D'autres, plus difficiles sans cesser d'être à la portée des élèves, nécessiteront plus de travail de leur part.

Enfin, après les **Compléments d'algèbre** comme à la fin des **Eléments de géométrie analytique**, se trouvent une longue suite de problèmes proposés qui seront une mine d'exercices pour les bons élèves et de sujets de devoirs à proposer pour les professeurs.

Leçons de Physique à l'usage des élèves de la classe de Mathématiques spéciales, par G. FOUSSEREAU, docteur ès-sciences, secrétaire de la Faculté des sciences de Paris.

Optique, un vol. broché, contenant plus de 400 fig. **12 fr.**

Journal de Physique, Chimie et Histoire naturelle élémentaires. — ABONNEMENTS : Un an, **10** francs.

Directeur : Abel BUGUET, 5, rue BELLEVUE, **Rouen.**

En vente à la **SOCIÉTÉ D'ÉDITIONS SCIENTIFIQUES**
4, RUE ANTOINE-DUBOIS, 4, PARIS
(Envoi franco par la poste dans toute l'Union postale.)

BULLETIN DE MATHÉMATIQUES SPÉCIALES

publié sous la direction de B. NIEWENGLOWSKI

Docteur ès-Sciences, ancien Élève de l'École Normale Supérieure, ancien Professeur de Mathématiques Spéciales au Lycée Louis-le-Grand
Ancien membre du Conseil Supérieur de l'Instruction publique. — Inspecteur de l'Académie de Paris.

Les abonnements partent du numéro d'Octobre.

FRANCE: **5** fr. — ÉTRANGER: **6** fr. — LE NUMÉRO: **0** fr. **60**

Le **Bulletin de Mathématiques Spéciales** n'est pas une entreprise commerciale; il a pour but unique de venir en aide au personnel si intéressant des élèves de Mathématiques Spéciales dans leur préparation aux écoles du Gouvernement. C'est assez dire que les éditeurs et le directeur de cette publication apporteront le plus grand soin dans la composition de chaque numéro et s'attacheront à suivre le développement progressif du programme de la classe de Mathématiques Spéciales persuadés que c'est la seule façon d'être réellement utiles à des élèves si occupés par le travail quotidien. Aussi pour ne donner qu'un exemple de l'esprit du **Bulletin**, nous basant sur ce que les compositions écrites ont lieu généralement au commencement de Juin, nous ne ferons paraître que dix numéros, du 30 Octobre au 30 Juillet : les huit premiers seuls contiendront des articles intéressant la préparation de l'écrit, les deux derniers seront plus spécialement consacrés à des exercices sur le cours et à des questions d'oral. Dans un autre ordre d'idées, nous avons remarqué que nos élèves avaient une tendance peut-être excessive à se confiner dans leurs cours qu'ils se contentent d'apprendre. Nous estimons que cette manière de travailler est incomplète et qu'un grand nombre de candidats tireraient le plus grand profit de la lecture d'ouvrages intéressant leurs programmes; nous nous efforcerons de guider le mieux possible nos lecteurs en leur indiquant les ouvrages nouvellement parus et en leur présentant une analyse sommaire toutes les fois que cela nous paraîtra utile.

ENCYCLOPÉDIE DES CONNAISSANCES PRATIQUES

BOURQUELOT (ÉMILE), docteur ès-sciences, professeur à l'École supérieure de pharmacie de Paris. — **Les Fermentations**. 1 vol. illustré de 21 fig. intercalées dans le texte, broché.................................... **3 fr. 50**

DEBAINS (ALFRED), ingénieur des Arts et Manufactures, professeur de génie rural à l'École nationale d'agriculture de Grand-Jouan. — **Instructions pratiq es sur l'utilité et l'emploi des Machines agricoles sur le terrain**. Cartonné.. **4 fr.**

LARBALÉTRIER (ALBERT), professeur à l'École d'agriculture du Palais-de-Calais. — **Les grandes cultures de la France**. — 1 vol. in-16 de 360 p., cartonné..................... **4 fr.**

MAUMENÉ (E.-J.), Dr ès-sciences, lauréat de l'Institut. — **Comment s'obtient le bon vin**................................... **4 fr.**

MARTIN (CH.-J.), ingénieur agronome, directeur de l'École nationale de l'industrie laitière de Mamirolle (Doubs). — **L'Industrie du Gr yère**. 1 vol. avec fig. et plans dans le texte, broché.................................... **3 fr. 50**
Cartonné.............................. **4 fr.**

HYGIÈNE — EXERCICES PHYSIQUES

BARTHÈS (Dr ÉMILE), médecin inspecteur de la Société protectrice de l'enfance. — **Manuel d'hygiène scolaire** à l'usage des médecins et instituteurs, des lycées, collèges, etc. 1 vol. in-18 de 130 p. Deuxième édition..... **2 fr. 50**

CANCALON (le Dr A.-A.). — **L'hygiène nouvelle dans la famille**. Préface du Dr DUJARDIN-BEAUMETZ, membre de l'Académie de médecine. Deuxième édition augmentée........... **4 fr.**

E. MONIN et **DUBOUSQUET-LABORDERIE** (les Drs). — **Précis élémentaire d'hygiène pratique**. 1 vol. in-8 écu de 475 pages.. **6 fr.**

DEMENY (GEORGES). — **L'éducation physique en Suède**. Un volume in-8 de 105 pages, un graphique....................... **2 fr. 50**

ROBLOT (Dr), chevalier de la Légion d'honneur. — **Guide pratique d'exercices physiques**. Hygiène et résultats. In-8 de 60 pages, avec gravures intercalées dans le texte.. **2 fr. 50**

POUR NOS SOLDATS

CONSEILS PRATIQUES
HYGIÈNE ET MORALE DU SERVICE MILITAIRE

PAR MM.

Gaston-Henri NIEWENGLOWSKI
Licencié ès Sciences, Étudiant en Médecine

ET

Louis ERNAULT
Licencié en Droit, Lauréat de la Faculté de Paris

Prix : 1 fr. 25

On peut dire du service militaire — plus justement encore que de la femme, à propos de laquelle le mot a été prononcé — que c'est une *initiation*.

Pour nos soldats, de MM. Gaston-Henri NIEWENGLOWSKI et Louis ERNAULT, est le guide indispensable des jeunes conscrits, désireux d'arriver au service « débrouillards ». A nos réservistes et territoriaux il rappellera leur propre expérience quelque peu effacée par les charmes de la vie de famille et les préoccupations du labeur quotidien. Il intéressera enfin tout particulièrement nos jeunes et brillants officiers au sortir des grandes écoles, en leur donnant par avance une notion exacte des besoins, des sentiments et des idées d'hommes dont leur intelligence et leur dévouement sauront faire des *soldats français*, dans la noble et simple acception du terme.

Nous ne pouvons mieux indiquer le caractère général de l'ouvrage qu'en reproduisant ci-dessous la table des matières :

Introduction. — La Nation-Armée et l'Armée-Nation.

I. **En Caserne.** — Du bastion à la caserne. — Arrivée au corps; habillement. — Au réveil. La toilette du soldat. — Gymnastique; exercices ; tirs ; théorie dans les chambres — De la discipline. — L' « ordinaire » du soldat. — Heures de loisir. — De la camaraderie. — La santé et la maladie au régiment.

II. **En Manœuvres.** — Avant le départ. — En marche. — Accidents de la marche. — Au cantonnement. — Conclusion.

BULLETIN

DE

MATHÉMATIQUES ÉLÉMENTAIRES

PUBLIÉ SOUS LA DIRECTION DE

B. NIEWENGLOWSKI

Docteur ès-sciences
Ancien élève de l'École Normale Supérieure, Inspecteur de l'Académie de Paris.

RÉDACTEUR EN CHEF: **L. GÉRARD**, DOCTEUR ÈS-SCIENCES, PROFESSEUR AU LYCÉE AMPÈRE

JOURNAL BI-MENSUEL ILLUSTRÉ

Le *Bulletin de Mathématiques élémentaires*, qui paraît le 1ᵉʳ et le 15 de chaque mois, du 1ᵉʳ octobre au 15 juillet, est destiné à tous ceux qui s'intéressent aux Mathématiques élémentaires, et particulièrement aux professeurs et aux élèves de l'Enseignement secondaire classique et moderne et de l'Enseignement primaire supérieur.

Il publie : 1° des articles originaux concernant l'enseignement des Mathématiques ou de la Physique élémentaires ;

2° Des questions proposées dont la recherche des solutions est un exercice des plus utiles aux élèves qui seront heureux de voir publier leurs meilleures copies ;

3° Les problèmes de Mathématiques, Physique et Chimie, donnés aux examens des Baccalauréats dans les diverses académies, des divers Certificats d'aptitude (professorat des Ecoles normales, etc.);

4° Les questions de Mathématiques, Physique, Chimie et Histoire Naturelle posées aux Concours généraux de l'Enseignement secondaire classique et moderne et la plupart des copies couronnées à ces concours;

5° Les sujets de concours pour l'admission aux diverses écoles de l'Etat et de la Ville de Paris ;

6° Une Chronique scientifique qui, tous les mois, met ses lecteurs au courant des principales découvertes récentes faites dans le domaine de la science;

7° Une Revue bibliographique permettant aux lecteurs de faire un choix parmi les livres nouveaux pour leurs lectures, etc., etc.

ABONNEMENTS :

Un an (20 numéros, du 1ᵉʳ octobre au 15 juillet) $\Big\{$ FRANCE . . . . **5** francs.
ÉTRANGER . . . . . **6** »

Le Numéro: 0 fr. 30.

BULLETIN D'ABONNEMENT

Je soussigné (nom et prénom)________________________________

déclare m'abonner au $\Big\{$ **BULLETIN de Mathématiques élémentaires (1).**
BULLETIN de Mathématiques spéciales.

*pour l'année*________________________________

Ci-joint la somme de ________________ *francs, en un mandat-poste ou valeur* ˢ*ur Paris.*

Adresse : _________________________ Signature :

________________ *le*________________ 189 .

(1) Barrer celui des deux journaux auquel on ne veut pas s'abonner.

Adresser ce Bulltin rempli et accompagné d'un mandat, à Monsieur le Directeur de la Société d'Éditions scientifiques, 4, rue Antoine-Dubois, 4, PARIS.

En vente à la SOCIÉTÉ D'ÉDITIONS SCIENTIFIQUES
4, RUE ANTOINE-DUBOIS, PARIS
Envoi franco contre un mandat-poste adressé au Directeur.

MANUELS DES BACCALAURÉATS
De l'Enseignement secondaire classique & moderne

Cette collection, qui comprendra environ une vingtaine de volumes, est destinée aux candidats aux divers baccalauréats, qui y trouveront les éléments certains d'un prompt succès. Les auteurs se sont efforcés de présenter les diverses matières demandées aux examens avec clarté, simplicité et précision.

VOLUMES PARUS :

ALGÈBRE à l'usage des baccalauréats de l'enseignement secondaire classique (1re partie et 2e partie, 2e série) et moderne (1re partie ; 2e partie, 2e et 3e séries), par **P. Giraud**, ancien élève de l'Ecole polytechnique, professeur au lycée de Bordeaux...... .... 2 fr. »

L'auteur s'est attaché à reproduire, aussi fidèlement que possible, la partie élémentaire d'un cours qu'il a constamment perfectionné pendant plusieurs années d'enseignement, couronnées par de nombreux succès de ses élèves aux diverses écoles du gouvernement./

Tout est ramené à des méthodes *générales*, et la clarté n'exclut pas la rigueur, poussée beaucoup plus loin que dans la plupart des ouvrages élémentaires ; cela évite aux commençants les idées fausses, qu'ils prennent si souvent lorsque, sous prétexte de simplicité, on laisse dans l'ombre certains points délicats.

Nous sommes convaincus que tout élève sérieux ayant étudié consciencieusement ce manuel, aura parfaitement compris son algèbre élémentaire et sera, sous ce rapport, largement de force à affronter les épreuves des divers baccalauréats.

TRIGONOMÉTRIE à l'usage des candidats aux baccalauréats de l'enseignement secondaire classique (2e partie, 2e série) et moderne (1re partie ; 2e partie, 2e et 3e séries), par **L. Gérard**, docteur ès-sciences, professeur au lycée de Lyon...................... 1 fr. 25

Ce *Manuel* est fait spécialement pour les candidats aux baccalauréats ès-sciences de l'Enseignement classique et de l'Enseignement moderne. Il comprend donc toutes les questions portées au programme et quelques autres qui sont journellement demandées par les examinateurs : par exemple, le calcul de $\sin \dfrac{x}{2}$ et de $\cos \dfrac{x}{2}$ en fonction de tang x.

La démonstration de la formule fondamentale qui donne $\cos (a - b)$ est présentée sous une formule nouvelle. Toutes les autres démonstrations ont été simplifiées ; de sorte que notre *Manuel* est plus court que les ouvrages similaires, bien que l'auteur ait tenu à indiquer tous les intermédiaires du raisonnement et du calcul : il vaut souvent mieux mettre une ligne ou deux d'explications de plus que de s'exposer à rester incompris.

Cet ouvrage fait partie d'une collection de « *Manuels des baccalauréats* » dont les diverses parties, dues aux meilleurs professeurs des lycées de Paris et des départements, paraîtront successivement.

GÉOMÉTRIE à l'usage des candidats aux baccalauréats de l'Enseignement classique (1re partie et 2e partie, 2e série) et moderne (1re partie ; 2e partie, 2e et 3e séries), par **L. Gérard** docteur ès-sciences, professeur au lycée Ampère. 2 fr. 50

Ce *Manuel* contient *toutes* les questions du nouveau programme pour le baccalauréat ès-sciences de l'Enseignement classique et de l'Enseignement moderne, y compris *l'équation de l'ellipse* et le *théorème de Dandelin*.

« L'auteur a réussi à simplifier un grand nombre de démonstrations », le plus souvent en revenant aux anciennes méthodes qu'on avait eu le tort d'abandonner. C'est ainsi que, dans la construction du *trièdre supplémentaire*, au lieu de mener, comme on fait aujourd'hui, des perpendiculaires à chacune des faces du trièdre donné *du même côté* que la troisième arête, il n'y a qu'à les mener *du côté opposé* pour voir immédiatement que les dièdres du premier trièdre sont supplémentaires des faces du second.

La division d'une droite *en moyenne et extrême raison* est faite en trois lignes au moyen d'une construction qui est presque inconnue, bien qu'elle soit préférable à la construction classique. L'*existence* de la tangente à l'ellipse est démontrée *directement* par une méthode entièrement nouvelle.

En outre, l'auteur a cherché à démontrer *directement* le plus grand nombre de théorèmes possible, de sorte qu'on ne soit pas obligé, pour comprendre une démonstration, de remonter la série de *tous* les théorèmes qui précèdent.

HISTOIRE NATURELLE à l'usage des candidats aux baccalauréats de l'Enseignement secondaire classique (2e partie, 1re série) et moderne (2e partie, 1re et 2e séries), par **J. Anglas**, préparateur à la Faculté des Sciences de Paris. 2 fr. 50.

Ce Manuel donnera aux élèves un premier aperçu de l'anatomie et de la physiologie et leur permettra une revision rapide à l'approche de l'examen. Les divisions en chapitres et paragraphes ainsi que l'emploi de caractères différents attirent l'attention sur tous les points importants. Les schémas, presque tous originaux, qui accompagnent le texte en facilitent l'intelligence en éclairant plus particulièrement les notions difficiles à saisir. Quant au fond, qui est conforme aux idées professées dans les établissements de l'Enseignement supérieur, il est au courant de tous les progrès de la science.

Les élèves trouveront donc dans ce manuel les éléments d'un succès assuré.

En vente à la **SOCIÉTÉ D'ÉDITIONS SCIENTIFIQUES**

4, RUE ANTOINE-DUBOIS, PARIS

Envoi franco contre un mandat-poste adressé au Directeur.

MANUELS DES BACCALAURÉATS

(Suite)

PHILOSOPHIE à l'usage des candidats aux baccalauréats de l'Enseignement classique (2ᵉ partie, 2ᵉ série) ; moderne (2ᵉ partie, 2ᵉ et 3ᵉ séries), par **E de La Hautière**, professeur agrégé de philosophie au lycée Saint-Louis. Un volume broché.......................... **1 fr. 50**

Ce Manuel résume pour l'examen des baccalauréats ès-sciences classique et moderne l'enseignement philosophique exigé par les derniers programmes et reconnu indispensable dans le plan d'études d'instruction secondaire. Il se compose de deux parties : Éléments de philosophie scientifique (VIII chapitres, 50 pages) et Eléments de philosophie morale (XV chapitres, 56 pages) et comprend en outre une introduction sur la philosophie en général et les origines de la science, ainsi qu'un index biographique et bibliographique sur les auteurs.

Malgré sa brièveté, l'ouvrage n'est ni obscur ni superficiel ; il est, comme le genre de notre collection le demande, à la fois substantiel et assimilable. Les chapitres en sont nettement divisés et subdivisés ; et ses formules d'une énergique concision se gravent aisément dans la mémoire. Il est de nature à laisser dans les jeunes esprits des idées justes et précises sur la science et ses méthodes, sur la loi morale et les devoirs de l'homme et du citoyen.

HISTOIRE à l'usage des candidats aux Baccalauréats de l'Enseignement secondaire classique (2ᵉ partie, 1ʳᵉ et 2ᵉ séries) et moderne (2ᵉ partie, 2ᵉ et 3ᵉ séries), par **H. Monin**, docteur ès-lettres, professeur agrégé d'histoire au collège Rollin et à l'Hôtel-de-ville...... **1 fr. 25**

Ce petit livre donne en une centaine de pages la substance de l'histoire contemporaine (1789-1895). Il s'adresse spécialement aux candidats aux divers baccalauréats (2ᵉ partie). Il se lit aisément en deux ou trois heures, et, chose plus rare, il se retient. C'est qu'il n'est pas une sèche énumération de dates, mais un tissu logique de causes et d'effets, sans détail oiseux. L'auteur juge et conclut. C'est un grand point pour l'étudiant qui ne sera pas seulement le bachelier, mais le citoyen et le soldat de demain.

SOUS PRESSE :

Arithmétique, par GOULIN, professeur au lycée Louis-le-Grand.

Géométrie descriptive, par L. GÉRARD.

Mécanique, par CELS, ancien élève de l'Ecole normale supérieure, docteur ès-sciences, professeur au lycée Condorcet.

Cosmographie, par E. JABLONSKI, professeur au lycée Charlemagne.

Physique (en préparation).

Chimie (Métalloïdes).

— (Métaux).

— (Chimie organique et analyse).

Problèmes (Mathématiques).

— (Physique et Chimie).

COURS DE CHIMIE DU BACCALAURÉAT

Par **Victor LELORIEUX** et **Abel BUGUET**

Professeurs agrégés des Sciences physiques.

Un Volume avec 180 figures.

Prix : broché, **5 fr.** ; relié cuir plein, souple, tranches rouges, **6 fr.**

Ce nouveau livre, écrit en *notation atomique*, selon les exigences actuelles de l'enseignement et des examens, a été rédigé indépendamment de toute idée théorique préconçue. L'*expérience* intervient partout en premier plan.

Les matières traitées sont exactement ce qu'exigent les derniers programmes des baccalauréats. Conformément à leur esprit, les développements embrassent rigoureusement toutes les connaissances nécessaires au candidat qui apprend avec intelligence, sans charger vainement sa mémoire de notions inutiles aux idées générales.

Les 180 figures qui complètent le texte ont été dessinées spécialement, dans les formes les plus simples. Autant exigées à l'examen que nécessaires au cours de la préparation, elles seront aisément et clairement reproduites par les élèves, même par ceux qui ne possèdent pas les moindres notions de dessin.

Nous recommandons cette chimie très particulièrement aux jeunes gens qui préparent soit le Baccalauréat, soit le nouveau Certificat d'études physiques.

AVIS A NOS ABONNÉS

Les Manuscrits, copies, etc., doivent être envoyés sous enveloppe non fermée ou ficelés, portant la mention: Papiers d'affaires, et affranchis à raison de 0 fr. 05 par 50 grammes, à Monsieur le Rédacteur du **Bulletin de Mathématiques élémentaires**, 4, RUE ANTOINE-DUBOIS, 4, PARIS.

Nous demandons aux élèves de soigner leur rédaction et leur écriture, de n'écrire que sur le recto de leurs copies, de dessiner les figures à part avec toute la netteté possible, d'éviter les abréviations, d'expliquer leurs notations, d'écrire leurs équations bien distinctement, etc. Nous sommes persuadés qu'ils se conformeront à ces recommandations, que nous leur faisons autant dans leur propre intérêt que pour nous faciliter le travail de la correction.

SOCIÉTÉ des PRODUITS HYGIÉNIQUES VAN DENN

PARIS — 21, rue Saint-Marc. — PARIS

MENTHOL VAN DENN
ÉLIXIR DENTIFRICE
ANTISEPSIE RIGOUREUSE DE LA BOUCHE

Détruit tous les micro-organismes qui occasionnent la carie, les affections gingivales, buccales ou pharyngiennes.

Dans l'état actuel de la science et avec les progrès de l'antisepsie, *il serait puéril de faire de l'hygiène, dont le rôle est de prévenir les maladies, une simple question de goût!* Il fallait donc, de toute nécessité, trouver une formule qui se substituât aux devancières, absolument inefficaces. C'est ce que nous avons fait. Nous avons ajouté aux formules agréables les substances nécessaires à une *antisepsie rigoureuse de la bouche.* Après un rinçage sérieux, la salive stérilisée ne renferme plus de micro-organismes.

L'usage journalier de nos produits préservera de la carie dentaire, maintiendra la fraîcheur de l'haleine en détruisant les fermentations et arrêtera même la propagation des micro-organismes qui, on le sait, pénètrent dans l'économie par la cavité buccale, sans parler des maux de gorge, amygdalites, granulations, etc., qui seront enrayés.

A ce titre, nous ne saurions trop recommander le **Menthol Van Denn** comme gargarisme aux chanteurs, avocats, professeurs, prédicateurs, etc., en un mot aux personnes qui sont obligées de parler beaucoup; l'emploi régulier de cet énergique dentifrice combattra efficacement les enrouements et laryngites professionnels si rebelles à tous traitements.

Prix du flacon: 1/4 de litre, **3 fr. 50.** Le litre, **12 francs.** La boîte de poudre: **2 francs.**

POLYTECHNICUM

(Ancienne École Spéciale de Mathématiques)

PARIS — 12, rue Jacob, 12 — PARIS

COURS GRADUÉS ET FACULTATIFS

POUR LA PRÉPARATION AUX DIVERS EXAMENS ET CONCOURS DE

L'ENSEIGNEMENT SECONDAIRE CLASSIQUE ET MODERNE ET DE L'ENSEIGNEMENT PRIMAIRE ÉLÉMENTAIRE ET SUPÉRIEUR:

Baccalauréats, Écoles du Gouvernement et de la Ville de Paris *(Normale, Polytechnique, Centrale, Navale, Saint-Cyr, Physique et Chimie, Arts-et-Métiers, Institut agronomique, etc.).*

Brevets élémentaire et supérieur; Écoles normales; Professorat.

Le **POLYTECHNICUM** se distingue des autres *établissements d'instruction* par la distribution de son enseignement, à laquelle a été adapté le principe de l'organisation de l'Enseignement supérieur. — Ce principe, qui consiste dans l'indépendance et la liberté des Cours, permet à chaque élève de choisir dans leur ensemble, d'une part, ceux qui conviennent au but qu'il désire atteindre d'autre part, ceux qui, dans chaque branche, sont le mieux à sa portée au point de vue des connaissances qu'il a déjà acquises.

Pour tous renseignements, s'adresser au DIRECTEUR *du* POLYTECHNICUM, **12, rue Jacob, PARIS.**

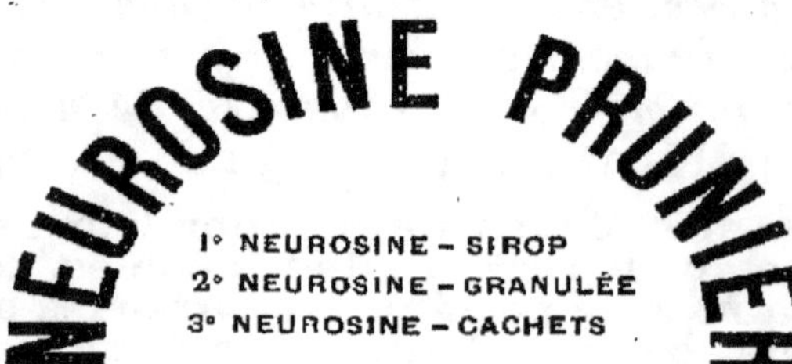

LE
MERVEILLEUX CORICIDE

(RONDELLE-EMPLATRE)

Infaillible, d'un emploi facile

Supérieur à tous les autres Coricides

Supprime en trois ou quatre jours, sans douleur, par la simple application d'une **RONDELLE-EMPLATRE**, les **Corps, Oignons, Œils-de-Perdrix, Durillons, Verrues,** etc.

PRIX DE LA BOÎTE : **1 fr. 25** — DE LA 1/2 BOÎTE : **0 fr. 75**
PRIX DE L'ÉTUI CONTENANT UN GRAND MORCEAU : **1 fr. 25**

DÉPOTS :

Pharmacie CHARLARD, 12, boulevard Bonne-Nouvelle, PARIS
HALPHEN, 6, rue Demarquay, PARIS.

Et dans toutes les bonnes Pharmacies, Herboristeries, Drogueries, etc.

PILULES SPÉCIALES

CONTRE LA CONSTIPATION

Il est important, lorsqu'on se livre à l'exercice du calcul, d'avoir toujours la tête libre et d'éviter la congestion du cerveau. Pour cela il suffit de prendre au dîner ou le soir en se couchant une **Pilule spéciale centre la constipation.** Les *Pilules rhéo-ferrées VIGIER* fortifient tout en étant *laxatives.*

Pharmacie CHARLARD-VIGIER, 12, boul. Bonne-Nouvelle, Paris

CHATEAUROUX. — TYP. ET STÉRÉOTYP. A. MAJESTÉ ET L. BOUCHARDEAU.

BULLETIN

DE

MATHÉMATIQUES ÉLÉMENTAIRES

PUBLIÉ SOUS LA DIRECTION DE

B. NIEWENGLOWSKI

DOCTEUR ÈS SCIENCES
INSPECTEUR DE L'ACADÉMIE DE PARIS

Rédacteur en chef : **L. GÉRARD**, Docteur ès sciences, professeur au lycée Ampère

N° 3 — 1er NOVEMBRE 1895

SOMMAIRE :

Le « Bulletin de Mathématiques élémentaires » paraît le **1er** et le **15** de chaque mois du **1er** Octobre au **15 Juillet**.

Les abonnements partent du **1er** Octobre

FRANCE...................... **5** francs | ÉTRANGER...................... **6** francs

Le Numéro....... O fr. 30

On peut s'abonner dans tous les bureaux de poste

PARIS

SOCIÉTÉ D'ÉDITIONS SCIENTIFIQUES

PLACE DE L'ÉCOLE-DE-MÉDECINE

4, RUE ANTOINE-DUBOIS, 4

Le BULLETIN annonce tout ouvrage dont il reçoit un exemplaire, et analyse ceux dont on lui en envoie deux.

En vente à la **SOCIÉTÉ D'ÉDITIONS SCIENTIFIQUES**
4, RUE ANTOINE-DUBOIS, 4 — PARIS
(Envoi franco par la poste dans toute l'Union postale)

COURS DE SCIENCES

Publiés sous la direction de **B. NIEWENGLOWSKI**

Leçons complémentaires d'Algèbre et Notions de Géométrie analytique, à l'usage des candidats à l'Ecole spéciale militaire de Saint-Cyr, des élèves de la classe de Première Moderne et de Mathématiques élémentaires, par **A. TOURNOIS**, ancien élève de l'Ecole normale supérieure, Professeur agrégé de Mathématiques au lycée Lakanal (Cours de St-Cyr). Un volume broché...................................... **4 fr. 50**

Cet ouvrage correspond au programme des examens de Saint-Cyr. Il répond à toutes les questions demandées pour l'admission à cette école et dans le sens où elles sont demandées.

En outre du programme qui est traité avec tous les détails voulus, l'auteur a placé à la fin de l'ouvrage un chapitre où sont résolues rapidement un grand nombre de questions relatives aux coniques, questions qui sont constamment demandées aux examens, à titre d'exercices. Les élèves, croyons-nous, apprécieront ce chapitre.

Sans insister plus que de mesure, l'auteur a terminé en indiquant les équations des coniques circonscrites à un quadrilatère, à un triangle ou inscrites dans un angle. Bien qu'elles ne fassent pas absolument partie du programme, ces équations, qui s'obtiennent immédiatement, sont avantageuses à connaître.

En outre des exercices résolus qui doivent toujours éclaircir la théorie sans toutefois l'encombrer, se trouvent à la fin de chaque chapitre un grand nombre d'exercices proposés.

Beaucoup, parmi eux, ont été recueillis directement aux examens oraux de l'école ou extraits des feuilles publiées par le libraire Croville-Morant.

Leur ensemble donne assez exactement la physionomie de l'examen. D'autres, plus difficiles sans cesser d'être à la portée des élèves, nécessiteront plus de travail de leur part.

Enfin, après les **Compléments d'algèbre** comme à la fin des **Eléments de géométrie analytique**, se trouvent une longue suite de problèmes proposés qui seront une mine d'exercices pour les bons élèves et de sujets de devoirs à proposer pour les professeurs.

Leçons de Physique à l'usage des élèves de la classe de Mathématiques spéciales, par G. **FOUSSEREAU**, agrégé de l'Université, docteur ès sciences, secrétaire de la Faculté des Sciences de Paris.

1ᵉʳ volume, **Optique**, un vol. broché, de plus de 400 pages, illustré de plus de 300 figures. Prix............... **12 fr.**

MM. FOUSSEREAU a professé le cours de Physique de Mathématiques spéciales pendant quatre ans en province, et pendant six ans au lycée Louis-le-Grand. La clarté de ses leçons lui a créé dans l'Enseignement secondaire une situation exceptionnelle et a valu à ses élèves de nombreux succès dans les écoles.

Sans sortir du cadre tracé par les programmes, l'auteur n'a pas hésité à donner aux parties délicates du cours le développement nécessaire pour conduire l'esprit de l'élève à une intelligence parfaite du sujet traité et éviter les erreurs et les confusions qu'entraîne trop souvent une explication sommaire. Il s'est efforcé de réunir dans des théories précises les notions ordinairement éparses qui surchargent sans profit la mémoire. Citons notamment l'étude de la Clarté et celle du Champ dans les instruments d'Optique, présentées sous une forme générale et cohérente, qui n'a pas encore été introduite dans l'enseignement. Les propriétés des caustiques ont fait l'objet d'une discussion générale pour chacun des phénomènes de réflexion et de réfraction, et une théorie générale rigoureuse et simple en a ensuite été exposée, d'après les travaux des grands géomètres qui ont abordé l'examen de cette question.

De nombreuses figures rendent facile l'intelligence du texte et empêchent le lecteur de passer à côté des difficultés sans les apercevoir.

Nous estimons que cet ouvrage est appelé à rendre des services signalés à l'enseignement de la Physique dans la classe scientifique supérieure de nos lycées.

AVIS A NOS ABONNÉS

Les Manuscrits, copies, etc., doivent être envoyés sous enveloppe non fermée ou ficelés, portant la mention : Papiers d'affaires, et affranchis à raison de 0 fr. 05 par 50 grammes, à Monsieur le Rédacteur du **Bulletin de Mathématiques élémentaires**, 4, RUE ANTOINE-DUBOIS, 4, PARIS.

Nous demandons aux élèves de soigner leur rédaction et leur écriture, de n'écrire que sur le recto de leurs copies, de dessiner les figures à part avec toute la netteté possible, d'éviter les abréviations, d'expliquer leurs notations, d'écrire leurs équations bien distinctement, etc. Nous sommes persuadés qu'ils se conformeront à ces recommandations, que nous leur faisons autant dans leur propre intérêt que pour nous faciliter le travail de la correction.

SOCIÉTÉ des PRODUITS HYGIÉNIQUES VAN DENN

PARIS — **21, rue Saint-Marc,** — PARIS

MENTHOL VAN DENN
ÉLIXIR DENTIFRICE
ANTISEPSIE RIGOUREUSE DE LA BOUCHE

Détruit tous les micro-organismes qui occasionnent la carie, les affections gingivales, buccales ou pharyngiennes.

Dans l'état actuel de la science et avec les progrès de l'antisepsie, *il serait puéril de faire de l'hygiène, dont le rôle est de prévenir les maladies, une simple question de goût !* Il fallait donc, de toute nécessité, trouver une formule qui se substituât aux devancières, absolument inefficaces. C'est ce que nous avons fait. Nous avons ajouté aux formules agréables les substances nécessaires à une *antisepsie rigoureuse de la bouche*. Après un rinçage sérieux, la salive stérilisée ne renferme plus de micro-organismes.

L'usage journalier de nos produits préservera de la carie dentaire, maintiendra la fraîcheur de l'haleine en détruisant les fermentations et arrêtera même la propagation des micro-organismes qui, on le sait, pénètrent dans l'économie par la cavité buccale, sans parler des maux de gorge, amygdalites, granulations, etc., qui seront enrayés.

A ce titre, nous ne saurions trop recommander le **Menthol Van Denn** comme gargarisme aux chanteurs, avocats, **professeurs**, prédicateurs, etc., en un mot aux personnes qui sont obligées de parler beaucoup ; l'emploi régulier de cet énergique dentifrice combattra efficacement les enrouements et laryngites professionnels si rebelles à tous traitements.

Prix du flacon : 1/4 de litre, 3 fr. 50. Le litre, 12 francs. La boîte de poudre : 2 francs.

POLYTECHNICUM

(Ancienne École Spéciale de Mathématiques)

PARIS — 12, rue Jacob, 12 — PARIS

COURS GRADUÉS ET FACULTATIFS

POUR LA PRÉPARATION AUX DIVERS EXAMENS ET CONCOURS DE

L'ENSEIGNEMENT SECONDAIRE CLASSIQUE ET MODERNE ET DE L'ENSEIGNEMENT PRIMAIRE ÉLÉMENTAIRE ET SUPÉRIEUR :

Baccalauréats, Écoles du Gouvernement et de la Ville de Paris *(Normale, Polytechnique, Centrale, Navale, Saint-Cyr, Physique et Chimie, Arts-et-Métiers, Institut agronomique, etc.)*.

Brevets élémentaire et supérieur ; Écoles normales ; Professorat.

Le **POLYTECHNICUM** se distingue des autres *établissements d'instruction* par la distribution de son enseignement, à laquelle a été adapté le principe de l'organisation de l'Enseignement supérieur. — Ce principe, qui consiste dans l'indépendance et la liberté des Cours, permet à chaque élève de choisir dans leur ensemble, d'une part, ceux qui conviennent au but qu'il désire atteindre, d'autre part, ceux qui, dans chaque branche, sont le mieux à sa portée au point de vue des connaissances qu'il a déjà acquises.

Pour tous renseignements, s'adresser au DIRECTEUR du POLYTECHNICUM, **12, rue Jacob, PARIS.**

PHOSPHO-GLYCÉRATE DE CHAUX PUR

NEUROSINE PRUNIER

Reconstituant général
du
Système nerveux,
Neurasthénie,
Phosphaturie.

1° NEUROSINE – SIROP
2° NEUROSINE – GRANULÉE
3° NEUROSINE – CACHETS

Débilité générale
Migraines,
Névralgies,
Dépression du Système
nerveux.

Dépôt général : CHASSAING & Cie, Paris, 6, Avenue Victoria.

LE

MERVEILLEUX CORICIDE

(RONDELLE-EMPLATRE)

Infaillible, d'un emploi facile

Supérieur à tous les autres Coricides

Supprime en trois ou quatre jours, sans douleur, par la simple application d'une **RONDELLE-EMPLATRE**, les **Corps, Oignons, Œils-de-Perdrix, Durillons, Verrues**, etc.

PRIX DE LA BOÎTE : **1 fr. 25** — DE LA 1/2 BOÎTE : **0 fr. 75**
PRIX DE L'ÉTUI CONTENANT UN GRAND MORCEAU : **1 fr. 25**

DÉPOTS :

Pharmacie **CHARLARD**, 12, boulevard Bonne-Nouvelle, PARIS
HALPHEN, 6, rue Demarquay, PARIS.

Et dans toutes les bonnes Pharmacies, Herboristeries, Drogueries, etc.

PILULES SPÉCIALES

CONTRE LA CONSTIPATION

Il est important, lorsqu'on se livre à l'exercice du calcul, d'avoir toujours la tête libre et d'éviter la congestion du cerveau. Pour cela il suffit de prendre au dîner ou le soir en se couchant une **Pilule spéciale contre la constipation**. Les *Pilules rhéo-ferrées VIGIER* fortifient tout en étant *laxatives*.

A toute personne qui par un travail assidu, tel que l'étude des Mathématiques, arrive à éprouver, de la *fatigue*, de l'*épuisement*, du *surmenage*, de la *neurasthénie*, nous signalons, pour éviter ces accidents et se réconforter, le

GLYCÉRO-PHOSPHATE IODO-TANNIQUE VIGIER

Cette préparation **tonique, reconstituante**, n'irrite pas le tube digestif et réunit, grâce à une parfaite association, toutes les propriétés de l'**iode**, du **tannin** et des **glycéro-phosphates**.

DOSE : **Enfants**, une cuillerée à café / **Adultes**, une cuillerée à soupe / avant chaque repas.

Pharmacie CHARLARD-VIGIER, 12, boul. Bonne-Nouvelle, Paris

CHATEAUROUX. — TYP. ET STÉRÉOTYP. A. MAJESTÉ ET L. BOUCHARDEAU.

BULLETIN

DE

MATHÉMATIQUES ÉLÉMENTAIRES

PUBLIÉ SOUS LA DIRECTION DE

B. NIEWENGLOWSKI

DOCTEUR ÈS SCIENCES
INSPECTEUR DE L'ACADÉMIE DE PARIS

Rédacteur en chef : **L. GÉRARD**, Docteur ès sciences, professeur au lycée Ampère

N° 4 — 15 NOVEMBRE 1895

SOMMAIRE :

Le « Bulletin de Mathématiques élémentaires » parait le **1er** et le **15** de chaque mois du **1er** Octobre au **15** Juillet.

Les abonnements partent du 1er Octobre

FRANCE........................ **5** francs | ÉTRANGER........................ **6** francs

Le Numéro....... O fr. 30

On peut s'abonner dans tous les bureaux de poste

PARIS

SOCIÉTÉ D'ÉDITIONS SCIENTIFIQUES

PLACE DE L'ÉCOLE-DE-MÉDECINE

4, RUE ANTOINE-DUBOIS, 4

Le **BULLETIN** annonce tout ouvrage dont il reçoit un exemplaire, et analyse ceux dont on lui en envoie deux.

En vente à la **SOCIÉTÉ D'ÉDITIONS SCIENTIFIQUES**
4, RUE ANTOINE-DUBOIS, 4 — PARIS
(Envoi franco par la poste dans toute l'Union postale)

COURS DE SCIENCES

Publiés sous la direction de **B. NIEWENGLOWSKI**

Leçons complémentaires d'Algèbre et Notions de Géométrie analytique, à l'usage des candidats à l'Ecole spéciale militaire de Saint-Cyr, des élèves de la classe de Première Moderne et de Mathématiques élémentaires, par A. TOURNOIS, ancien élève de l'Ecole normale supérieure, Professeur agrégé de Mathématiques au lycée Lakanal (Cours de St-Cyr). Un volume broché.. **4 fr. 50**

Cet ouvrage correspond au programme des examens de Saint-Cyr. Il répond à toutes les questions demandées pour l'admission à cette école et dans le sens où elles sont demandées.

En outre du programme qui est traité avec tous les détails voulus, l'auteur a placé à la fin de l'ouvrage un chapitre où sont résolues rapidement un grand nombre de questions relatives aux coniques, questions qui sont constamment demandées aux examens, à titre d'exercices. Les élèves, croyons-nous, apprécieront ce chapitre.

Sans insister plus que de mesure, l'auteur a terminé en indiquant les équations des coniques circonscrites à un quadrilatère, à un triangle ou inscrites dans un angle, à un triangle ou inscrites dans un angle. Bien qu'elles ne fassent pas absolument partie du programme, ces équations, qui s'obtiennent immédiatement, sont avantageuses à connaître.

En outre des exercices résolus qui doivent toujours éclaircir la théorie sans toutefois l'encombrer, se trouvent à la fin de chaque chapitre un grand nombre d'exercices proposés.

Beaucoup, parmi eux, ont été recueillis directement aux examens oraux de l'école ou extraits des feuilles publiées par la libraire Croville-Morant.

Leur ensemble donne assez exactement la physionomie de l'examen. D'autres, plus difficiles sans cesser d'être à la portée des élèves, nécessiteront plus de travail de leur part.

Enfin, après les **Compléments d'algèbre** comme à la fin des **Eléments de géométrie analytique**, se trouvent une longue suite de problèmes proposés qui seront une mine d'exercices pour les bons élèves et de sujets de devoirs à proposer pour les professeurs.

Leçons de Physique à l'usage des élèves de la classe de Mathématiques spéciales, par G. FOUSSEREAU, agrégé de l'Université, docteur ès sciences, secrétaire de la Faculté des Sciences de Paris.

1er volume, **Optique**, un vol. broché, de plus de 400 pages, illustré de plus de 300 figures. Prix.............. **12 fr.**

M. FOUSSEREAU a professé le cours de Physique de Mathématiques spéciales pendant quatre ans en province, et pendant six ans au lycée Louis-le-Grand. La clarté de ses leçons lui a créé dans l'Enseignement secondaire une situation exceptionnelle et a valu à ses élèves de nombreux succès dans les écoles.

Sans sortir du cadre tracé par les programmes, l'auteur n'a pas hésité à donner aux parties délicates du cours le développement nécessaire pour conduire l'esprit de l'élève à une intelligence parfaite du sujet traité et éviter les erreurs et les confusions qu'entraîne trop souvent une explication sommaire. Il s'est efforcé de réunir dans des théories précises les notions ordinairement éparses qui surchargent sans profit la mémoire. Citons notamment l'étude de la Clarté et celle du Champ dans les instruments d'Optique, présentées sous une forme générale et cohérente, qui n'a pas encore été introduite dans l'enseignement. Les propriétés des caustiques ont fait l'objet d'une discussion générale pour chacun des phénomènes de réflexion et de réfraction, et une théorie générale rigoureuse et simple en a ensuite été exposée, d'après les travaux des grands géomètres qui ont abordé l'examen de cette question.

De nombreuses figures rendent facile l'intelligence du texte et empêchent le lecteur de passer à côté des difficultés sans les apercevoir.

Nous estimons que cet ouvrage est appelé à rendre des services signalés à l'enseignement de la Physique dans la classe scientifique supérieure de nos lycées.

AVIS A NOS ABONNÉS

Les Manuscrits, copies, etc., doivent être envoyés sous enveloppe non fermée ou ficelés, portant la mention: Papiers d'affaires, et affranchis à raison de 0 fr. 05 par 50 grammes, à Monsieur le Rédacteur du **Bulletin de Mathématiques élémentaires**, 4, RUE ANTOINE-DUBOIS, 4, PARIS.

Nous demandons aux élèves de soigner leur rédaction et leur écriture, de n'écrire que sur le recto de leurs copies, de dessiner les figures à part avec toute la netteté possible, d'éviter les abréviations, d'expliquer leurs notations, d'écrire leurs équations bien distinctement, etc. Nous sommes persuadés qu'ils se conformeront à ces recommandations, que nous leur faisons autant dans leur propre intérêt que pour nous faciliter le travail de la correction.

SOCIÉTÉ des PRODUITS HYGIÉNIQUES VAN DENN

PARIS — 21, rue Saint-Marc, — PARIS

MENTHOL VAN DENN
ÉLIXIR DENTIFRICE
ANTISEPSIE RIGOUREUSE DE LA BOUCHE

Détruit tous les micro-organismes qui occasionnent la carie, les affections gingivales, buccales ou pharyngiennes.

Dans l'état actuel de la science et avec les progrès de l'antisepsie, *il serait puéril de faire de l'hygiène, dont le rôle est de prévenir les maladies, une simple question de goût !* Il fallait donc, de toute nécessité, trouver une formule qui se substituât aux devancières, absolument inefficaces. C'est ce que nous avons fait. Nous avons ajouté aux formules agréables les substances nécessaires à une *antisepsie rigoureuse de la bouche.* Après un rinçage sérieux, la salive stérilisée ne renferme plus de micro-organismes.

L'usage journalier de nos produits préservera de la carie dentaire, maintiendra la fraîcheur de l'haleine en détruisant les fermentations et arrêtera même la propagation des micro-organismes qui, on le sait, pénètrent dans l'économie par la cavité buccale, sans parler des maux de gorge, amygdalites, granulations, etc., qui seront enrayés.

A ce titre, nous ne saurions trop recommander le **Menthol Van Denn** comme gargarisme aux chanteurs, avocats, professeurs, prédicateurs, etc., en un mot aux personnes qui sont obligées de parler beaucoup; l'emploi régulier de cet énergique dentifrice combattra efficacement les enrouements et laryngites professionnels si rebelles à tous traitements.

Prix du flacon : 1/4 de litre, 3 fr. 50. Le litre, 12 francs. La boîte de poudre : 2 francs.

POLYTECHNICUM
(Ancienne École Spéciale de Mathématiques)
PARIS — 12, rue Jacob, 12 — PARIS

COURS GRADUÉS ET FACULTATIFS

POUR LA PRÉPARATION AUX DIVERS EXAMENS ET CONCOURS DE

L'ENSEIGNEMENT SECONDAIRE CLASSIQUE ET MODERNE ET DE L'ENSEIGNEMENT PRIMAIRE ÉLÉMENTAIRE ET SUPÉRIEUR :

Baccalauréats, Écoles du Gouvernement et de la Ville de Paris *(Normale, Polytechnique, Centrale, Navale, Saint-Cyr, Physique et Chimie, Arts-et-Métiers, Institut agronomique, etc.).* Brevets élémentaire et supérieur ; Écoles normales ; Professorat.

Le **POLYTECHNICUM** se distingue des autres *établissements d'instruction* par la distribution de son enseignement, à laquelle a été adapté le principe de l'organisation de l'Enseignement supérieur. — Ce principe, qui consiste dans l'indépendance et la liberté des Cours, permet à chaque élève de choisir dans leur ensemble, d'une part, ceux qui conviennent au but qu'il désire atteindre, d'autre part, ceux qui, dans chaque branche, sont le mieux à sa portée au point de vue des connaissances qu'il a déjà acquises.

Pour tous renseignements, s'adresser au DIRECTEUR du POLYTECHNICUM, **12, rue Jacob, PARIS.**

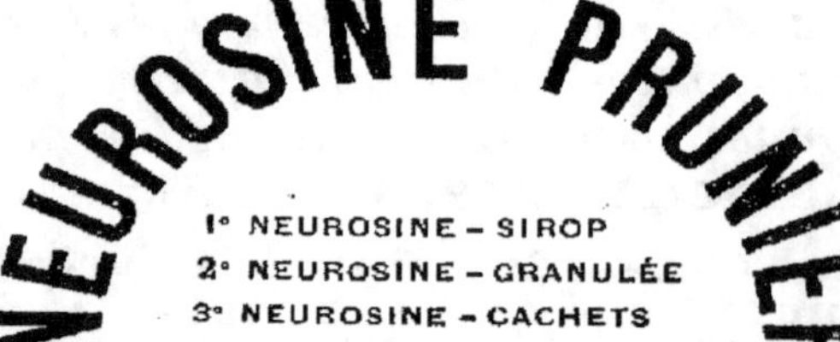

LE
MERVEILLEUX CORICIDE
(RONDELLE-EMPLATRE)

Infaillible, d'un emploi facile

Supérieur à tous les autres Coricides

Supprime en trois ou quatre jours, sans douleur, par la simple application d'une **RONDELLE-EMPLATRE**, les **Corps, Oignons, Œils-de-Perdrix, Durillons, Verrues,** etc.

PRIX DE LA BOÎTE : **1 fr. 25** — DE LA 1/2 BOÎTE : **0 fr. 75**
PRIX DE L'ÉTUI CONTENANT UN GRAND MORCEAU : **1 fr. 25**

DÉPOTS :

Pharmacie **CHARLARD**, 12, boulevard Bonne-Nouvelle, PARIS
HALPHEN, 6, rue Demarquay, PARIS.

Et dans toutes les bonnes Pharmacies, Herboristeries, Drogueries, etc.

PILULES SPÉCIALES
CONTRE LA CONSTIPATION

Il est important, lorsqu'on se livre à l'exercice du calcul, d'avoir toujours la tête libre et d'éviter la congestion du cerveau. Pour cela il suffit de prendre au dîner ou le soir en se couchant une **Pilule spéciale contre la constipation**. Les *Pilules rhéo-ferrées VIGIER* fortifient tout en étant *laxatives*.

A toute personne qui par un travail assidu, tel que l'étude des Mathématiques, arrive à éprouver de la *fatigue*, de l'*épuisement*, du *surmenage*, de la *neurasthénie*, nous signalons, pour éviter ces accidents et se réconforter, le

GLYCÉRO-PHOSPHATE IODO-TANNIQUE VIGIER

Cette préparation **tonique, reconstituante,** n'irrite pas le tube digestif et réunit, grâce à une parfaite association, toutes les propriétés de l'**iode**, du **tannin** et des **glycéro-phosphates**.

DOSE : **Enfants**, une cuillerée à café / **Adultes**, une cuillerée à soupe / avant chaque repas.

Pharmacie **CHARLARD-VIGIER**, 12, boul. **Bonne-Nouvelle**, Paris

CHATEAUROUX. — TYP. ET STÉRÉOTYP. A. MAJESTÉ ET L. BOUCHARDEAU.

BULLETIN
DE
MATHÉMATIQUES ÉLÉMENTAIRES

PUBLIÉ SOUS LA DIRECTION DE

B. NIEWENGLOWSKI

DOCTEUR ÈS SCIENCES
INSPECTEUR DE L'ACADÉMIE DE PARIS

Rédacteur en chef : **L. GÉRARD**, Docteur ès sciences, professeur au lycée Ampère

N° 5 — 1er DÉCEMBRE 1895

SOMMAIRE :

Le « Bulletin de Mathématiques élémentaires » paraît le **1er** et le **15** de chaque mois du **1er** Octobre au **15** Juillet.

Les abonnements partent du 1er Octobre

FRANCE...................... **5 francs** | ÉTRANGER...................... **6 francs**

Le Numéro....... O fr. 30

On peut s'abonner dans tous les bureaux de poste

PARIS
SOCIÉTÉ D'ÉDITIONS SCIENTIFIQUES
PLACE DE L'ÉCOLE-DE-MÉDECINE
4, RUE ANTOINE-DUBOIS, 4

Le **BULLETIN** annonce tout ouvrage dont il reçoit un exemplaire, et analyse ceux dont on lui en envoie deux.

En vente à la **SOCIÉTÉ D'ÉDITIONS SCIENTIFIQUES**
4, RUE ANTOINE-DUBOIS, 4 — PARIS
(Envoi franco par la poste dans toute l'Union postale)

COURS DE SCIENCES

Publiés sous la direction de **B. NIEWENGLOWSKI**

Leçons complémentaires d'Algèbre et Notions de Géométrie analytique, à l'usage des candidats à l'Ecole spéciale militaire de Saint-Cyr, des élèves de la classe de Première Moderne et de Mathématiques élémentaires, par A. TOURNOIS, ancien élève de l'Ecole normale supérieure, Professeur agrégé de Mathématiques au lycée Lakanal (Cours de St-Cyr). Un volume broché.......................... **4 fr. 50**

Cet ouvrage correspond au programme des examens de Saint-Cyr. Il répond à toutes les questions demandées pour l'admission à cette école et dans le sens où elles sont demandées.

En outre du programme qui est traité avec tous les détails voulus, l'auteur a placé à la fin de l'ouvrage un chapitre où sont résolues rapidement un grand nombre de questions relatives aux coniques, questions qui sont constamment demandées aux examens, à titre d'exercices. Les élèves, croyons-nous, apprécieront ce chapitre.

Sans insister plus que de mesure, l'auteur a terminé en indiquant les équations des coniques circonscrites à un quadrilatère, à un triangle ou inscrites dans un angle. Bien qu'elles ne fassent pas absolument partie du programme, ces équations, qui s'obtiennent immédiatement, sont avantageuses à connaître.

En outre des exercices résolus qui doivent toujours éclaircir la théorie sans toutefois l'encombrer, se trouvent à la fin de chaque chapitre un grand nombre d'exercices proposés.

Beaucoup, parmi eux, ont été recueillis directement aux examens oraux de l'école ou extraits des feuilles publiées par la librairie Croville-Morant.

Leur ensemble donne assez exactement la physionomie de l'examen. D'autres, plus difficiles sans cesser d'être à la portée des élèves, nécessiteront plus de travail de leur part.

Enfin, après les **Compléments d'algèbre** comme à la fin des **Eléments de géométrie analytique**, se trouvent une longue suite de problèmes proposés qui seront une mine d'exercices pour les bons élèves et de sujets de devoirs à proposer pour les professeurs.

Leçons de Physique à l'usage des élèves de la classe de Mathématiques spéciales, par G. FOUSSEREAU, agrégé de l'Université, docteur ès sciences, secrétaire de la Faculté des Sciences de Paris.

1ᵉʳ volume, Optique, un vol. broché, de plus de 400 pages, illustré de plus de 300 figures. Prix............ **12 fr.**

M. FOUSSEREAU a professé le cours de Physique de Mathématiques spéciales pendant quatre ans en province, et pendant six ans au lycée Louis-le-Grand. La clarté de ses leçons lui a créé dans l'Enseignement secondaire une situation exceptionnelle et a valu à ses élèves de nombreux succès dans les écoles.

Sans sortir du cadre tracé par les programmes, l'auteur n'a pas hésité à donner aux parties délicates du cours le développement nécessaire pour conduire l'esprit de l'élève à une intelligence parfaite du sujet traité et éviter les erreurs et les confusions qu'entraîne trop souvent une explication sommaire. Il s'est efforcé de réunir dans des théories précises les notions ordinairement éparses qui surchargent sans profit la mémoire. Citons notamment l'étude de la Clarté et celle du Champ dans les instruments d'Optique, présentées sous une forme générale et cohérente, qui n'a pas encore été introduite dans l'enseignement. Les propriétés des caustiques ont fait l'objet d'une discussion générale pour chacun des phénomènes de réflexion et de réfraction, et une théorie générale rigoureuse et simple en a ensuite été exposée, d'après les travaux des grands géomètres qui ont abordé l'examen de cette question.

De nombreuses figures rendent facile l'intelligence du texte et empêchent le lecteur de passer à côté des difficultés sans les apercevoir.

Nous estimons que cet ouvrage est appelé à rendre des services signalés à l'enseignement de la Physique dans la classe scientifique supérieure de nos lycées.

AVIS A NOS ABONNÉS

Les Manuscrits, copies, etc., doivent être envoyés sous enveloppe non fermée ou ficelés, portant la mention: Papiers d'affaires, et affranchis à raison de 0 fr. 05 par 50 grammes, à Monsieur le Rédacteur du **Bulletin de Mathématiques élémentaires**, 4, RUE ANTOINE-DUBOIS, 4, PARIS.

Nous demandons aux élèves de soigner leur rédaction et leur écriture, de n'écrire que sur le recto de leurs copies, de dessiner les figures à part avec toute la netteté possible, d'éviter les abréviations, d'expliquer leurs notations, d'écrire leurs équations bien distinctement, etc. Nous sommes persuadés qu'ils se conformeront à ces recommandations, que nous leur faisons autant dans leur propre intérêt que pour nous faciliter le travail de la correction.

SOCIÉTÉ des PRODUITS HYGIÉNIQUES VAN DENN

PARIS — 21, rue Saint-Marc, — PARIS

MENTHOL VAN DENN
ÉLIXIR DENTIFRICE
ANTISEPSIE RIGOUREUSE DE LA BOUCHE

Détruit tous les micro-organismes qui occasionnent la carie, les affections gingivales, buccales ou pharyngiennes.

Dans l'état actuel de la science et avec les progrès de l'antisepsie, *il serait puéril de faire de l'hygiène, dont le rôle est de prévenir les maladies, une simple question de goût!* Il fallait donc, de toute nécessité, trouver une formule qui se substituât aux devancières, absolument inefficaces. C'est ce que nous avons fait. Nous avons ajouté aux formules agréables les substances nécessaires à une *antisepsie rigoureuse de la bouche.* Après un rinçage sérieux, la salive stérilisée ne renferme plus de micro-organismes.

L'usage journalier de nos produits préservera de la carie dentaire, maintiendra la fraîcheur de l'haleine en détruisant les fermentations et arrêtera même la propagation des micro-organismes qui, on le sait, pénètrent dans l'économie par la cavité buccale, sans parler des maux de gorge, amygdalites, granulations, etc., qui seront enrayés.

A ce titre, nous ne saurions trop recommander le **Menthol Van Denn** comme gargarisme aux chanteurs, avocats, **professeurs**, prédicateurs, etc., en un mot aux personnes qui sont obligées de parler beaucoup; l'emploi régulier de cet énergique dentifrice combattra efficacement les enrouements et laryngites professionnels si rebelles à tous traitements.

Prix du flacon : 1/4 de litre, 3 fr. 50. Le litre, 12 francs. La boîte de poudre : 2 francs.

POLYTECHNICUM
(Ancienne École Spéciale de Mathématiques)
PARIS — 12, rue Jacob, 12 — PARIS

COURS GRADUÉS ET FACULTATIFS
POUR LA PRÉPARATION AUX DIVERS EXAMENS ET CONCOURS DE
L'ENSEIGNEMENT SECONDAIRE CLASSIQUE ET MODERNE ET DE L'ENSEIGNEMENT PRIMAIRE ÉLÉMENTAIRE ET SUPÉRIEUR :

Baccalauréats, Écoles du Gouvernement et de la Ville de Paris *(Normale, Polytechnique, Centrale, Navale, Saint-Cyr, Physique et Chimie, Arts-et-Métiers, Institut agronomique, etc.).*

Brevets élémentaire et supérieur; Écoles normales; Professorat.

Le **POLYTECHNICUM** se distingue des autres *établissements d'instruction* par la distribution de son enseignement, à laquelle a été adapté le principe de l'organisation de l'Enseignement supérieur. — Ce principe, qui consiste dans l'indépendance et la liberté des Cours, permet à chaque élève de choisir dans leur ensemble, d'une part, ceux qui conviennent au but qu'il désire atteindre, d'autre part, ceux qui, dans chaque branche, sont le mieux à sa portée au point de vue des connaissances qu'il a déjà acquises.

Pour tous renseignements, s'adresser au DIRECTEUR du POLYTECHNICUM, **12, rue Jacob, PARIS**.

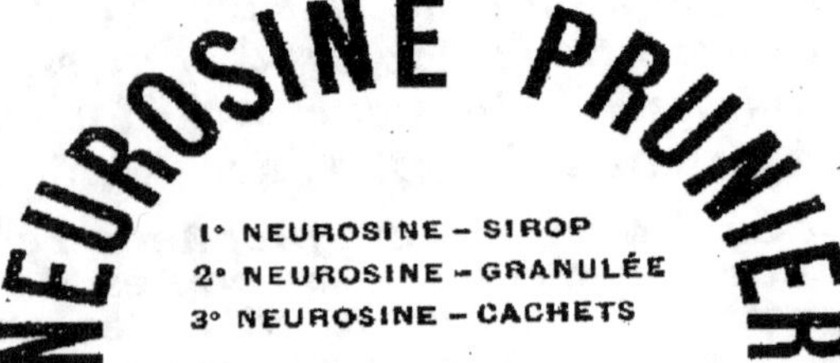

LE
MERVEILLEUX CORICIDE
(RONDELLE-EMPLATRE)

Infaillible, d'un emploi facile

Supérieur à tous les autres Coricides

Supprime en trois ou quatre jours, sans douleur, par la simple application d'une **RONDELLE-EMPLATRE**, les **Corps, Oignons, Œils-de-Perdrix, Durillons, Verrues**, etc.

PRIX DE LA BOÎTE : **1 fr. 25** — DE LA 1/2 BOÎTE : **0 fr. 75**
PRIX DE L'ÉTUI CONTENANT UN GRAND MORCEAU : **1 fr. 25**

DÉPOTS :

Pharmacie **CHARLARD**, 12, boulevard Bonne-Nouvelle, PARIS
HALPHEN, 6, rue Demarquay, PARIS.

Et dans toutes les bonnes Pharmacies, Herboristeries, Drogueries, etc.

PILULES SPÉCIALES
CONTRE LA CONSTIPATION

Il est important, lorsqu'on se livre à l'exercice du calcul, d'avoir toujours la tête libre et d'éviter la congestion du cerveau. Pour cela il suffit de prendre au dîner ou le soir en se couchant une **Pilule spéciale contre la constipation**. Les *Pilules rhéo-ferrées VIGIER* fortifient tout en étant *laxatives*.

A toute personne qui par un travail assidu, tel que l'étude des Mathématiques, arrive à éprouver de la *fatigue*, de l'*épuisement*, du *surmenage*, de la *neurasthénie*, nous signalons, pour éviter ces accidents et se réconforter, le

GLYCÉRO-PHOSPHATE IODO-TANNIQUE VIGIER

Cette préparation **tonique, reconstituante**, n'irrite pas le tube digestif et réunit, grâce à une parfaite association, toutes les propriétés de l'**iode**, du **tannin** et des **glycéro-phosphates**.

DOSE : { **Enfants**, une cuillerée à café { avant chaque repas.
{ **Adultes**, une cuillerée à soupe {

Pharmacie CHARLARD-VIGIER, 12, boul. Bonne-Nouvelle, Paris

CHATEAUROUX. — TYP. ET STÉRÉOTYP. A. MAJESTÉ ET L. BOUCHARDEAU.

BULLETIN
DE
MATHÉMATIQUES ÉLÉMENTAIRES

PUBLIÉ SOUS LA DIRECTION DE
B. NIEWENGLOWSKI

DOCTEUR ÈS SCIENCES
INSPECTEUR DE L'ACADÉMIE DE PARIS

Rédacteur en chef : **L. GÉRARD**, Docteur ès sciences, professeur au lycée Ampère

N° 6 — 15 DÉCEMBRE 1895

Le « Bulletin de Mathématiques élémentaires » paraît le **1er** et le **15** de chaque mois
du **1er** Octobre au **15** Juillet.

Les abonnements partent du **1er** Octobre

FRANCE...................... **5 francs** | ÉTRANGER...................... **6 francs**

Le Numéro....... O fr. 30

On peut s'abonner dans tous les bureaux de poste

PARIS
SOCIÉTÉ D'ÉDITIONS SCIENTIFIQUES
PLACE DE L'ÉCOLE-DE-MÉDECINE
4, RUE ANTOINE-DUBOIS, 4

Le BULLETIN annonce tout ouvrage dont il reçoit un exemplaire, et analyse ceux dont
on lui en envoie deux.

En vente à la **SOCIÉTÉ D'ÉDITIONS SCIENTIFIQUES**
4, RUE ANTOINE-DUBOIS, 4, PARIS
(Envoi franco par la poste dans toute l'Union postale.)

COURS DE CHIMIE DU BACCALAURÉAT

Par **Victor LELORIEUX** et **Abel BUGUET**
Professeurs agrégés des Sciences physiques.

Un volume avec 180 figures.

Prix : broché, **5** fr.; relié cuir plein, souple, tranches rouges, **6** fr.

Ce nouveau livre, écrit en *notation atomique*, selon les exigences actuelles de l'enseignement et des examens, a été rédigé indépendamment de toute idée théorique préconçue. L'*expérience* intervient partout en premier plan.

Les matières traitées sont exactement ce qu'exigent les derniers programmes des baccalauréats. Conformément à leur esprit, les développements embrassent rigoureusement toutes les connaissances nécessaires au candidat qui apprend avec intelligence, sans charger vainement sa mémoire de notions inutiles aux idées générales.

Les 180 figures qui complètent le texte ont été dessinées spécialement, dans les formes les plus simples. Autant exigées à l'examen que nécessaires au cours de la préparation, elles seront aisément et clairement reproduites par les élèves, même par ceux qui ne possèdent pas les moindres notions de dessin.

Nous recommandons cette chimie très particulièrement aux jeunes gens qui préparent soit le Baccalauréat, soit le nouveau Certificat d'études physiques.

ENCYCLOPÉDIE DES CONNAISSANCES PRATIQUES

BOURQUELOT (ÉMILE), docteur ès-sciences, professeur à l'Ecole supérieure de pharmacie de Paris. — **Les Fermentations.** 1 vol. illustré de 21 fig. intercalées dans le texte, broché...... **3 fr. 50**

DEBAINS (ALFRED), ingénieur des Arts et Manufactures, professeur de génie rural à l'Ecole nationale d'agriculture de Grand-Jouan. — **Instructions pratiques sur l'utilité et l'emploi des Machines agricoles sur le terrain.** Cartonné...... **4 fr.**

LARBALÉTRIER (ALBERT), professeur à l'Ecole d'agriculture du Palais-de-Calais. — **Les grandes cultures de la France.** — 1 vol. in-16 de 360 p., cartonné...... **4 fr.**

MAUMENÉ (E.-J.), Dr ès-sciences, lauréat de l'Institut. — **Comment s'obtient le bon vin.**...... **4 fr.**

MARTIN (CH.-J.), ingénieur agronome, directeur de l'Ecole nationale de l'industrie laitière de Mamirolle (Doubs). — **L'Industrie du Gruyère.** 1 vol. avec fig. et plans dans le texte, broché...... **3 fr. 50**
Cartonné...... **4 fr.**

HYGIÈNE — EXERCICES PHYSIQUES

BARTHÈS (Dr ÉMILE), médecin inspecteur de la Société protectrice de l'enfance. — **Manuel d'hygiène scolaire** à l'usage des médecins et instituteurs, des lycées, collèges, etc. 1 vol. in-18 de 150 p. Deuxième édition..... **2 fr. 50**

CANCALON (le Dr A.-A.). — **L'hygiène nouvelle dans la famille.** Préface du Dr DUJARDIN-BEAUMETZ, membre de l'Académie de médecine. Deuxième édition augmentée........... **4 fr.**

E. MONIN et DUBOUSQUET-LABORDERIE (les Drs). — **Précis élémentaire d'hygiène pratique.** 1 vol. in-8 écu de 475 pages.. **6 fr.**

DEMENY (GEORGES). — **L'éducation physique en Suède.** Un volume in-8 de 105 pages, un graphique...... **2 fr. 50**

ROBLOT (Dr), chevalier de la Légion d'honneur. — **Guide pratique d'exercices physiques.** Hygiène et résultats. In-8 de 60 pages, avec gravures intercalées dans le texte.. **2 fr. 50**

NIEWENGLOWSKI (Gaston-Henri) et **ERNAULT** (Armand), licenciés ès sciences. — **Les Couleurs et la Photographie** (*Reproduction photographique directe et indirecte des Couleurs : historique ; théorie ; pratique*). — 1895. — 300 pages, figures et planches hors texte dont plusieurs en couleurs ; broché..... **6 fr.**

Cet ouvrage renferme un exposé complet, tant au point de vue théorique qu'au point de vue pratique, de l'état actuel du problème si passionnant de la photographie des couleurs. Après une longue introduction, où la théorie complète de la couleur telle qu'on l'envisage aujourd'hui est exposée avec clarté et méthode, suivie de la théorie et de la pratique des procédés orthochromatiques, les auteurs abordent successivement l'exposé des méthodes directes et des méthodes indirectes proposées jusqu'à ce jour pour photographier les couleurs. Un grand nombre de figures accompagnent le texte et en facilitent la lecture ; mais ce qui plaira davantage et étonnera plus d'un lecteur, ce sont les planches hors texte reproduisant des photographies tant noires que polychromes. Quelques-unes sont simplement admirables.

(Cosmos, 6 juillet 1895.)

I. **Propriétés de la lumière.** — Propagation. — Réflexion et réfraction. — Dispersion. — Spectre. — Lentilles. — II. **Nature de la lumière.** — Les couleurs. — Ondes liquides, sonores, lumineuses. — Interférences ; les couleurs dans la théorie des ondulations. — La lumière, forme de l'énergie. — Etude des radiations. — La couleur des corps et l'absorption. — III. **L'Œil et l'Appareil photographique.** — Formation des images. — Action des couleurs sur la rétine et sur la plaque photographique. — Théorie et pratique des procédés isochromatiques. — IV. **Chromophotographie ou reproduction photographique directe des couleurs.** — Essais de Becquerel, Niepce, etc. — Méthode interférentielle de M. Lippmann. — Théorie. - Pratique. — V. **Photochromographie ou reproduction photographique indirecte des couleurs.** — Historique et principe des méthodes indirectes. — Analyse des couleurs. — Tirages polychromes. — Impressions polychromes. — Héliochromoscope et stéréochromoscope. Projections polychromes. — Conclusion.

AVIS A NOS ABONNÉS

Les Manuscrits, copies, etc., doivent être envoyés sous enveloppe non fer-
mée ou ficelés, portant la mention : Papiers d'affaires, et affranchis à raison
de 0 fr. 05 par 50 grammes, à Monsieur le Rédacteur du **Bulletin de**
Mathématiques élémentaires, 4, RUE ANTOINE-DUBOIS, 4, PARIS.

**Nous demandons aux élèves de soigner leur rédaction et leur écri-
ture, de n'écrire que sur le recto de leurs copies, de dessiner les figures
à part avec toute la netteté possible, d'éviter les abréviations, d'expliquer leurs notations, d'écrire leurs équations bien distinctement, etc.
Nous sommes persuadés qu'ils se conformeront à ces recommandations, que nous leur faisons autant dans leur propre intérêt que pour
nous faciliter le travail de la correction.**

SOCIÉTÉ des PRODUITS HYGIÉNIQUES VAN DENN

PARIS — 21, rue Saint-Marc, — PARIS

MENTHOL VAN DENN
ÉLIXIR DENTIFRICE
ANTISEPSIE RIGOUREUSE DE LA BOUCHE

Détruit tous les micro-organismes qui occasionnent la carie, les affections gingivales,
buccales ou pharyngiennes.

Dans l'état actuel de la science et avec les progrès de l'antisepsie, *il serait puéril de faire de
l'hygiène, dont le rôle est de prévenir les maladies, une simple question de goût !* Il fallait donc, de toute
nécessité, trouver une formule qui se substituât aux devancières, absolument inefficaces. C'est ce que
nous avons fait. Nous avons ajouté aux formules agréables les substances nécessaires à une
antisepsie rigoureuse de la bouche. Après un rinçage sérieux, la salive stérilisée ne renferme plus de
micro-organismes.

L'usage journalier de nos produits préservera de la carie dentaire, maintiendra la fraîcheur de
l'haleine en détruisant les fermentations et arrêtera même la propagation des micro-organismes qui,
on le sait, pénètrent dans l'économie par la cavité buccale, sans parler des maux de gorge, amygdalites, granulations, etc., qui seront enrayés.

A ce titre, nous ne saurions trop recommander le **Menthol Van Denn** comme gargarisme aux
chanteurs, avocats, **professeurs,** prédicateurs, etc., en un mot aux personnes qui sont obligées de
parler beaucoup ; l'emploi régulier de cet énergique dentifrice combattra efficacement les enrouements et laryngites professionnels si rebelles à tous traitements.

Prix du flacon : 1/4 de litre, 3 fr. 50. Le litre, 12 francs. La boîte de poudre : 2 francs.

POLYTECHNICUM

(Ancienne École Spéciale de Mathématiques)
PARIS — 12, rue Jacob, 12 — PARIS

COURS GRADUÉS ET FACULTATIFS

POUR LA PRÉPARATION AUX DIVERS EXAMENS ET CONCOURS DE

L'ENSEIGNEMENT SECONDAIRE CLASSIQUE ET MODERNE ET DE L'ENSEI-
GNEMENT PRIMAIRE ÉLÉMENTAIRE ET SUPÉRIEUR :

Baccalauréats, Écoles du Gouvernement et de la Ville de Paris *(Normale, Polytechnique, Centrale,
Navale, Saint-Cyr, Physique et Chimie, Arts-et-Métiers, Institut agronomique, etc.).*

Brevets élémentaire et supérieur ; Écoles normales ; Professorat.

Le **POLYTECHNICUM** se distingue des autres *établissements d'instruction* par la distribution de
son enseignement, à laquelle a été adapté le principe de l'organisation de l'Enseignement supérieur.
— Ce principe, qui consiste dans l'indépendance et la liberté des Cours, permet à chaque élève de
choisir dans leur ensemble, d'une part, ceux qui conviennent au but qu'il désire atteindre, d'autre
part, ceux qui, dans chaque branche, sont le mieux à sa portée au point de vue des connaissances
qu'il a déjà acquises.

Pour tous renseignements, s'adresser au DIRECTEUR du POLYTECHNICUM, **12, rue Jacob, PARIS.**

PHOSPHO-GLYCÉRATE DE CHAUX PUR

NEUROSINE PRUNIER

Reconstituant général
du
Système nerveux,
Neurasthénie,
Phosphaturie.

Débilité générale
Migraines,
Névralgies,
Dépression du Système
nerveux.

1° NEUROSINE – SIROP
2° NEUROSINE – GRANULÉE
3° NEUROSINE – CACHETS

Dépôt général : CHASSAING & Cⁱᵉ, Paris, 6, Avenue Victoria.

LE
MERVEILLEUX CORICIDE
(RONDELLE-EMPLATRE)

Infaillible, d'un emploi facile

Supérieur à tous les autres Coricides

Supprime en trois ou quatre jours, sans douleur, par la simple application d'une **RONDELLE-EMPLATRE**, les **Corps, Oignons, Œils-de-Perdrix, Durillons, Verrues**, etc.

PRIX DE LA BOÎTE : **1 fr. 25** — DE LA 1/2 BOÎTE : **0 fr. 75**
PRIX DE L'ÉTUI CONTENANT UN GRAND MORCEAU : **1 fr. 25**

DÉPOTS :

Pharmacie **CHARLARD, 12, boulevard Bonne-Nouvelle**, PARIS
HALPHEN, 6, rue Demarquay, PARIS.

Et dans toutes les bonnes Pharmacies, Herboristeries, Drogueries, etc.

PILULES SPÉCIALES
CONTRE LA CONSTIPATION

Il est important, lorsqu'on se livre à l'exercice du calcul, d'avoir toujours la tête libre et d'éviter la congestion du cerveau. Pour cela il suffit de prendre au dîner ou le soir en se couchant une **Pilule spéciale contre la constipation**. Les *Pilules rhéo-ferrées VIGIER* fortifient tout en étant *laxatives*.

A toute personne qui par un travail assidu, tel que l'étude des Mathématiques, arrive à éprouver de la *fatigue*, de l'*épuisement*, du *surmenage*, de la *neurasthénie*, nous signalons, pour éviter ces accidents et se réconforter, le

GLYCÉRO-PHOSPHATE IODO-TANNIQUE VIGIER

Cette préparation **tonique, reconstituante**, n'irrite pas le tube digestif et réunit, grâce à une parfaite association, toutes les propriétés de l'**iode**, du **tannin** et des **glycéro-phosphates**.

DOSE : { **Enfants**, une cuillerée à café { avant chaque repas.
{ **Adultes**, une cuillerée à soupe {

Pharmacie CHARLARD-VIGIER, 12, boul. Bonne-Nouvelle, Paris

CHATEAUROUX. — TYP. ET STÉRÉOTYP. A. MAJESTÉ ET L. BOUCHARDEAU.

BULLETIN
DE
MATHÉMATIQUES ÉLÉMENTAIRES

PUBLIÉ SOUS LA DIRECTION DE
B. NIEWENGLOWSKI

DOCTEUR ÈS SCIENCES
INSPECTEUR DE L'ACADÉMIE DE PARIS

Rédacteur en chef : **L. GÉRARD**, Docteur ès sciences, professeur au lycée Ampère

N° 7 — 1er JANVIER 1896

Le « Bulletin de Mathématiques élémentaires » paraît le **1er** et le **15** de chaque mois
du **1er** Octobre au **15** Juillet.

Les abonnements partent du 1er Octobre

France...................... **5** francs | Étranger...................... **6** francs

Le Numéro....... O fr. 30

On peut s'abonner dans tous les bureaux de poste

PARIS
SOCIÉTÉ D'ÉDITIONS SCIENTIFIQUES
PLACE DE L'ÉCOLE-DE-MÉDECINE
4, RUE ANTOINE-DUBOIS, 4

**Le BULLETIN annonce tout ouvrage dont il reçoit un exemplaire, et analyse ceux dont
on lui en envoie deux.**

En vente à la **SOCIÉTÉ D'ÉDITIONS SCIENTIFIQUES**

4, RUE ANTOINE-DUBOIS, 4, PARIS

(Envoi franco par la poste dans toute l'Union postale.)

COURS DE CHIMIE DU BACCALAURÉAT

Par **Victor LELORIEUX** et **Abel BUGUET**

Professeurs agrégés des Sciences physiques.

Un volume avec 180 figures.

Prix : broché, **5** fr.; relié cuir plein, souple, tranches rouges, **6** fr.

Ce nouveau livre, écrit en *notation atomique*, selon les exigences actuelles de l'enseignement et des examens, a été rédigé indépendamment de toute idée théorique préconçue. L'*expérience* intervient partout en premier plan.

Les matières traitées sont exactement ce qu'exigent les derniers programmes des baccalauréats. Conformément à leur esprit, les développements embrassent rigoureusement toutes les connaissances nécessaires au candidat qui apprend avec intelligence, sans charger vainement sa mémoire de notions inutiles aux idées générales.

Les 180 figures qui complètent le texte ont été dessinées spécialement, dans les formes les plus simples. Autant exigées à l'examen que nécessaires au cours de la préparation, elles seront aisément et clairement reproduites par les élèves, même par ceux qui ne possèdent pas les moindres notions de dessin.

Nous recommandons cette chimie très particulièrement aux jeunes gens qui préparent soit le Baccalauréat, soit le nouveau Certificat d'études physiques.

ENCYCLOPÉDIE DES CONNAISSANCES PRATIQUES

BOURQUELOT (ÉMILE), docteur ès-sciences, professeur à l'École supérieure de pharmacie de Paris. — **Les Fermentations.** 1 vol. illustré de 21 fig. intercalées dans le texte, broché .... **3 fr. 50**

DEBAINS (ALFRED), ingénieur des Arts et Manufactures, professeur de génie rural à l'École nationale d'agriculture de Grand-Jouan. — **Instructions pratiques sur l'utilité et l'emploi des Machines agricoles sur le terrain.** Cartonné .... **4 fr.**

LARBALÉTRIER (ALBERT), professeur à l'École d'agriculture du Palais-de-Calais. — **Les grandes cultures de la France.** — 1 vol. in-16 de 360 p., cartonné .... **4 fr.**

MAUMENÉ (E.-J.), D' ès-sciences, lauréat de l'Institut. — **Comment s'obtient le bon vin** .... **4 fr.**

MARTIN (CH.-J.), ingénieur agronome, directeur de l'École nationale de l'industrie laitière de Mamirolle (Doubs). — **L'Industrie du Gruyère.** 1 vol. avec fig. et plans dans le texte, broché .... **3 fr. 50**
Cartonné .... **4 fr.**

HYGIÈNE — EXERCICES PHYSIQUES

BARTHÈS (D' ÉMILE), médecin inspecteur de la Société protectrice de l'enfance. — **Manuel d'hygiène scolaire** à l'usage des médecins et instituteurs, des lycées, collèges, etc. 1 vol. in-18 de 150 p. Deuxième édition ..... **2 fr. 50**

CANCALON (le D' A.-A.). — **L'hygiène nouvelle dans la famille.** Préface du D' DUJARDIN-BEAUMETZ, membre de l'Académie de médecine. Deuxième édition augmentée .... **4 fr.**

E. MONIN et DUBOUSQUET-LABORDERIE (les D''). — **Précis élémentaire d'hygiène pratique.** 1 vol. in-8 écu de 475 pages .. **6 fr.**

DEMENY (GEORGES). — **L'éducation physique en Suède.** Un volume in-8 de 105 pages, un graphique .... **2 fr. 50**

ROBLOT (D'), chevalier de la Légion d'honneur. — **Guide pratique d'exercices physiques.** Hygiène et résultats. In-8 de 60 pages, avec gravures intercalées dans le texte .. **2 fr. 50**

BIBLIOGRAPHIE

L'ESCRIME RENDUE FACILE ET CLASSIQUE. — Traité théorique et pratique, à l'usage de l'enseignement et des amateurs, par AUGUSTE GILLET.

Excellent petit manuel, appelé à rendre de grands services, illustré de figures schématiques facilitant la lecture du texte.

Envoi *franco* contre un mandat-poste de 1 franc, adressé à l'auteur, **18, rue Godefroy (Lyon).**

JOURNAL DE PHYSIQUE, CHIMIE ET HISTOIRE NATURELLE ÉLÉMENTAIRES, à l'usage des candidats aux écoles, aux baccalauréats, etc.

Honoré d'une souscription du ministère de l'Instruction publique.

ABEL BUGUET, directeur, **43, rue de la République (Rouen).**

Abonnements : **10** *francs par an.*

LA

CHRONIQUE SCIENTIFIQUE

REVUE MENSUELLE ILLUSTRÉE

DE 64 COLONNES

Directeur : HENRI COUPIN, préparateur à la Sorbonne.

Secrétaire : RENÉ SERVEAUX, chef de laboratoire, à la Faculté de Médecine de Paris.

On s'abonne en adressant **6** fr. **50** à la SOCIÉTÉ D'ÉDITIONS SCIENTIFIQUES, rue ANTOINE-DUBOIS, 4, **Paris.**

AVIS A NOS ABONNÉS

Les Manuscrits, copies, etc., doivent être envoyés sous enveloppe non fermée ou ficelés, portant la mention: Papiers d'affaires, et affranchis à raison de 0 fr. 05 par 50 grammes, à Monsieur le Rédacteur du **Bulletin de Mathématiques élémentaires**, 4, RUE ANTOINE-DUBOIS, 4, PARIS.

Nous demandons aux élèves de soigner leur rédaction et leur écriture, de n'écrire que sur le recto de leurs copies, de dessiner les figures à part avec toute la netteté possible, d'éviter les abréviations, d'expliquer leurs notations, d'écrire leurs équations bien distinctement, etc. Nous sommes persuadés qu'ils se conformeront à ces recommandations, que nous leur faisons autant dans leur propre intérêt que pour nous faciliter le travail de la correction.

SOCIÉTÉ des PRODUITS HYGIÉNIQUES VAN DENN

PARIS — **21, rue Saint-Marc,** — PARIS

MENTHOL VAN DENN
ÉLIXIR DENTIFRICE
ANTISEPSIE RIGOUREUSE DE LA BOUCHE

Détruit tous les micro-organismes qui occasionnent la carie, les affections gingivales, buccales ou pharyngiennes.

Dans l'état actuel de la science et avec les progrès de l'antisepsie, *il serait puéril de faire de l'hygiène, dont le rôle est de prévenir les maladies, une simple question de goût!* Il fallait donc, de toute nécessité, trouver une formule qui se substituât aux devancières, absolument inefficaces. C'est ce que nous avons fait. Nous avons ajouté aux formules agréables les substances nécessaires à une *antisepsie rigoureuse de la bouche.* Après un rinçage sérieux, la salive stérilisée ne renferme plus de micro-organismes.

L'usage journalier de nos produits préservera de la carie dentaire, maintiendra la fraîcheur de l'haleine en détruisant les fermentations et arrêtera même la propagation des micro-organismes qui, on le sait, pénètrent dans l'économie par la cavité buccale, sans parler des maux de gorge, amygdalites, granulations, etc., qui seront enrayés.

A ce titre, nous ne saurions trop recommander le **Menthol Van Denn** comme gargarisme aux chanteurs, avocats, **professeurs**, prédicateurs, etc., en un mot aux personnes qui sont obligées de parler beaucoup; l'emploi régulier de cet énergique dentifrice combattra efficacement les enrouements et laryngites professionnels si rebelles à tous traitements.

Prix du flacon: 1/4 de litre, **3 fr. 50**. Le litre, **12 francs**. La boîte de poudre : **2 francs**.

POLYTECHNICUM
(Ancienne École Spéciale de Mathématiques)

PARIS — 12, rue Jacob, 12 — PARIS

COURS GRADUÉS ET FACULTATIFS
POUR LA PRÉPARATION AUX DIVERS EXAMENS ET CONCOURS DE

L'ENSEIGNEMENT SECONDAIRE CLASSIQUE ET MODERNE ET DE L'ENSEIGNEMENT PRIMAIRE ÉLÉMENTAIRE ET SUPÉRIEUR :

Baccalauréats, Écoles du Gouvernement et de la Ville de Paris *(Normale, Polytechnique, Centrale, Navale, Saint-Cyr, Physique et Chimie, Arts-et-Métiers, Institut agronomique, etc.).*

Brevets élémentaire et supérieur ; Écoles normales ; Professorat.

Le **POLYTECHNICUM** se distingue des autres *établissements d'instruction* par la distribution de son enseignement, à laquelle a été adapté le principe de l'organisation de l'Enseignement supérieur. — Ce principe, qui consiste dans l'indépendance et la liberté des Cours, permet à chaque élève de choisir dans leur ensemble, d'une part, ceux qui conviennent au but qu'il désire atteindre, d'autre part, ceux qui, dans chaque branche, sont le mieux à sa portée au point de vue des connaissances qu'il a déjà acquises.

Pour tous renseignements, s'adresser au DIRECTEUR du POLYTECHNICUM, **12, rue Jacob, PARIS**.

PHOSPHO-GLYCÉRATE DE CHAUX PUR

NEUROSINE PRUNIER

Reconstituant général
du
Système nerveux,
Neurasthénie,
Phosphaturie.

1° NEUROSINE – SIROP
2° NEUROSINE – GRANULÉE
3° NEUROSINE – CACHETS

Débilité générale
Migraines,
Névralgies,
Dépression du Système
nerveux.

Dépôt général : CHASSAING & Cⁱᵉ, Paris, 6, Avenue Victoria.

LE

MERVEILLEUX CORICIDE

(RONDELLE-EMPLATRE)

Infaillible, d'un emploi facile

Supérieur à tous les autres Coricides

Supprime en trois ou quatre jours, sans douleur, par la simple application d'une **RONDELLE-EMPLATRE**, les **Corps, Oignons, Œils-de-Perdrix, Durillons, Verrues,** etc.

PRIX DE LA BOÎTE : **1 fr. 25** — DE LA 1/2 BOÎTE : **0 fr. 75**
PRIX DE L'ÉTUI CONTENANT UN GRAND MORCEAU : **1 fr. 25**

DÉPOTS :

Pharmacie CHARLARD, 12, boulevard Bonne-Nouvelle, PARIS
HALPHEN, 6, rue Demarquay, PARIS.

Et dans toutes les bonnes Pharmacies, Herboristeries, Drogueries, etc.

PILULES SPÉCIALES

CONTRE LA CONSTIPATION

Il est important, lorsqu'on se livre à l'exercice du calcul, d'avoir toujours la tête libre et d'éviter la congestion du cerveau. Pour cela il suffit de prendre au dîner ou le soir en se couchant une **Pilule spéciale contre la constipation.** Les *Pilules rhéo-ferrées VIGIER* fortifient tout en étant *laxatives.*

A toute personne qui par un travail assidu, tel que l'étude des Mathématiques, arrive à éprouver de la *fatigue*, de l'*épuisement*, du *surmenage*, de la *neurasthénie*, nous signalons, pour éviter ces accidents et se réconforter, le

GLYCÉRO-PHOSPHATE IODO-TANNIQUE VIGIER

Cette préparation **tonique, reconstituante,** n'irrite pas le tube digestif et réunit, grâce à une parfaite association, toutes les propriétés de l'**iode**, du **tannin** et des **glycéro-phosphates.**

DOSE : **Enfants,** une cuillerée à café **Adultes,** une cuillerée à soupe avant chaque repas.

Pharmacie CHARLARD-VIGIER, 12, boul. Bonne-Nouvelle, Paris

CHATEAUROUX. — TYP. ET STÉRÉOTYP. A. MAJESTÉ ET L. BOUCHARDEAU.

BULLETIN
DE
MATHÉMATIQUES ÉLÉMENTAIRES

PUBLIÉ SOUS LA DIRECTION DE
B. NIEWENGLOWSKI

DOCTEUR ÈS SCIENCES
INSPECTEUR DE L'ACADÉMIE DE PARIS

Rédacteur en chef : **L. GÉRARD**, Docteur ès sciences, professeur au lycée Ampère

N° 8 — 15 JANVIER 1896

SOMMAIRE

Le « Bulletin de Mathématiques élémentaires » paraît le **1er** et le **15** de chaque mois
du 1er Octobre au 15 Juillet.

Les abonnements partent du 1er Octobre

FRANCE........................ **5** francs | ÉTRANGER .... **6** francs

Le Numéro....... O fr. 30

On peut s'abonner dans tous les bureaux de poste

PARIS
SOCIÉTÉ D'ÉDITIONS SCIENTIFIQUES
PLACE DE L'ÉCOLE-DE-MÉDECINE
4, RUE ANTOINE-DUBOIS, 4

**Le BULLETIN annonce tout ouvrage dont il reçoit un exemplaire, et analyse ceux dont
on lui en envoie deux.**

En vente à la **SOCIÉTÉ D'ÉDITIONS SCIENTIFIQUES**
4, RUE ANTOINE-DUBOIS, 4, PARIS
(Envoi franco par la poste dans toute l'Union postale.)

COURS DE CHIMIE DU BACCALAURÉAT

Par **Victor LELORIEUX** et **Abel BUGUET**
Professeurs agrégés des Sciences physiques.

Un volume avec 180 figures.

Prix : broché, **5 fr.** ; relié cuir plein, souple, tranches rouges, **6 fr.**

Ce nouveau livre, écrit en *notation atomique,* selon les exigences actuelles de l'enseignement et des examens, a été rédigé indépendamment de toute idée théorique préconçue. L'*expérience* intervient partout en premier plan.

Les matières traitées sont exactement ce qu'exigent les derniers programmes des baccalauréats. Conformément à leur esprit, les développements embrassent rigoureusement toutes les connaissances nécessaires au candidat qui apprend avec intelligence, sans charger vainement sa mémoire de notions inutiles aux idées générales.

Les 180 figures qui complètent le texte ont été dessinées spécialement, dans les formes les plus simples. Autant exigées à l'examen que nécessaires au cours de la préparation, elles seront aisement et clairement reproduites par les élèves même par ceux qui ne possèdent pas les moindres notions de dessin.

Nous recommandons cette chimie très particulièrement aux jeunes gens qui préparent soit le Baccalauréat, soit le nouveau Certificat d'études physiques.

ENCYCLOPÉDIE DES CONNAISSANCES PRATIQUES

BOURQUELOT (ÉMILE), docteur ès-sciences, professeur à l'Ecole supérieure de pharmacie de Paris. — **Les Fermentations.** 1 vol. illustré de 21 fig. intercalées dans le texte, broché.................................. **3 fr. 50**

DEBAINS (ALFRED), ingénieur des Arts et Manufactures, professeur de génie rural à l'Ecole nationale d'agriculture de Grand-Jouan. — **Instructions pratiques sur l'utilité et l'emploi des Machines agricoles sur le terrain.** Cartonné..................................... **4 fr.**

LARBALÉTRIER (ALBERT), professeur à l'Ecole d'agriculture du Palais-de-Calais. — **Les grandes cultures de la France.** — 1 vol. in-16 de 360 p., cartonné........................ **4 fr.**

MAUMENÉ (E.-J.), Dr ès-sciences, lauréat de l'Institut. — **Comment s'obtient le bon vin.**..................................... **4 fr.**

MARTIN (CH.-J.), ingénieur agronome, directeur de l'Ecole nationale de l'industrie laitière de Mamirolle (Doubs). — **L'Industrie du Gruyère.** 1 vol. avec fig. et plans dans le texte, broché..................................... **3 fr. 50**
Cartonné..................................... **4 fr.**

HYGIÈNE — EXERCICES PHYSIQUES

BARTHÈS (Dr ÉMILE), médecin inspecteur de la Société protectrice de l'enfance. — **Manuel d'hygiène scolaire** à l'usage des médecins et instituteurs, des lycées, collèges, etc. 1 vol. in-18 de 150 p. Deuxième édition..... **2 fr. 50**

CANCALON (le Dr A.-A.). — **L'hygiène nouvelle dans la famille.** Préface du Dr DUJARDIN-BEAUMETZ, membre de l'Académie de médecine. Deuxième édition augmentée........... **4 fr.**

E. MONIN et **DUBOUSQUET-LABORDERIE** (les Drs). — **Précis élémentaire d'hygiène pratique.** 1 vol. in-8 écu de 475 pages.. **6 fr.**

DEMENY (GEORGES). — **L'éducation physique en Suède.** Un volume in-8 de 105 pages, un graphique..................................... **2 fr. 50**

ROBLOT (Dr), chevalier de la Légion d'honneur. — **Guide pratique d'exercices physiques.** Hygiène et résultats. In-8 de 60 pages, avec gravures intercalées dans le texte.. **2 fr. 50**

BIBLIOGRAPHIE

L'ESCRIME RENDUE FACILE ET CLASSIQUE. — Traité théorique et pratique, à l'usage de l'enseignement et des amateurs, par AUGUSTE GILLET.

Excellent petit manuel, appelé à rendre de grands services, illustré de figures schématiques facilitant la lecture du texte.

Envoi *franco* contre un mandat-poste de **1** franc, adressé à l'auteur, **18, rue Godefroy** (Lyon).

JOURNAL DE PHYSIQUE, CHIMIE ET HISTOIRE NATURELLE ÉLÉMENTAIRES, à l'usage des candidats aux écoles, aux baccalauréats, etc.

Honoré d'une souscription du ministère de l'Instruction publique.

ABEL **BUGUET**, directeur, **43, rue de la République** (Rouen).

Abonnements : **10** *francs par an.*

LA

CHRONIQUE SCIENTIFIQUE

REVUE MENSUELLE ILLUSTRÉE

DE 64 COLONNES

Directeur : HENRI COUPIN, préparateur à la Sorbonne.

Secrétaire : RENÉ SERVEAUX, chef de laboratoire à la Faculté de Médecine de Paris.

On s'abonne en adressant **6 fr. 50** à la SOCIÉTÉ D'ÉDITIONS SCIENTIFIQUES, rue ANTOINE-DUBOIS, 4, **Paris**.

AVIS A NOS ABONNÉS

Les Manuscrits, copies, etc., doivent être envoyés sous enveloppe non fermée ou ficelés, portant la mention: Papiers d'affaires, et affranchis à raison de 0 fr. 05 par 50 grammes, à Monsieur le Rédacteur du **Bulletin de Mathématiques élémentaires**, 4, RUE ANTOINE-DUBOIS, 4, PARIS.

Nous demandons aux élèves de soigner leur rédaction et leur écriture, de n'écrire que sur le recto de leurs copies, de dessiner les figures à part avec toute la netteté possible, d'éviter les abréviations, d'expliquer leurs notations, d'écrire leurs équations bien distinctement, etc. Nous sommes persuadés qu'ils se conformeront à ces recommandations, que nous leur faisons autant dans leur propre intérêt que pour nous faciliter le travail de la correction.

SOCIÉTÉ des PRODUITS HYGIÉNIQUES VAN DENN

PARIS — 21, rue Saint-Marc, — PARIS

MENTHOL VAN DENN
ÉLIXIR DENTIFRICE
ANTISEPSIE RIGOUREUSE DE LA BOUCHE

Détruit tous les micro-organismes qui occasionnent la carie, les affections gingivales, buccales ou pharyngiennes.

Dans l'état actuel de la science et avec les progrès de l'antisepsie, *il serait puéril de faire de l'hygiène, dont le rôle est de prévenir les maladies, une simple question de goût!* Il fallait donc, de toute nécessité, trouver une formule qui se substituât aux devancières, absolument inefficaces. C'est ce que nous avons fait. Nous avons ajouté aux formules agréables les substances nécessaires à une *antisepsie rigoureuse de la bouche.* Après un rinçage sérieux, la salive stérilisée ne renferme plus de micro-organismes.

L'usage journalier de nos produits préservera de la carie dentaire, maintiendra la fraîcheur de l'haleine en détruisant les fermentations et arrêtera même la propagation des micro-organismes qui, on le sait, pénètrent dans l'économie par la cavité buccale, sans parler des maux de gorge, amygdalites, granulations, etc., qui seront enrayés.

A ce titre, nous ne saurions trop recommander le **Menthol Van Denn** comme gargarisme aux chanteurs, avocats, **professeurs**, prédicateurs, etc., en un mot aux personnes qui sont obligées de parler beaucoup; l'emploi régulier de cet énergique dentifrice combattra efficacement les enrouements et laryngites professionnels si rebelles à tous traitements.

Prix du flacon : 1/4 de litre, 3 fr. 50. Le litre, 12 francs. La boîte de poudre : 2 francs.

POLYTECHNICUM
(Ancienne École Spéciale de Mathématiques)
PARIS — 12, rue Jacob, 12 — PARIS

COURS GRADUÉS ET FACULTATIFS

POUR LA PRÉPARATION AUX DIVERS EXAMENS ET CONCOURS DE

L'ENSEIGNEMENT SECONDAIRE CLASSIQUE ET MODERNE ET DE L'ENSEIGNEMENT PRIMAIRE ÉLÉMENTAIRE ET SUPÉRIEUR :

Baccalauréats, Écoles du Gouvernement et de la Ville de Paris *(Normale, Polytechnique, Centrale, Navale, Saint-Cyr, Physique et Chimie, Arts-et-Métiers, Institut agronomique, etc.).*
Brevets élémentaire et supérieur ; Écoles normales ; Professorat.

Le **POLYTECHNICUM** se distingue des autres *établissements d'instruction* par la distribution de son enseignement, à laquelle a été adapté le principe de l'organisation de l'Enseignement supérieur. — Ce principe, qui consiste dans l'indépendance et la liberté des Cours, permet à chaque élève de choisir dans leur ensemble, d'une part, ceux qui conviennent au but qu'il désire atteindre, d'autre part, ceux qui, dans chaque branche, sont le mieux à sa portée au point de vue des connaissances qu'il a déjà acquises.

Pour tous renseignements, s'adresser au DIRECTEUR du POLYTECHNICUM, **12, rue Jacob, PARIS.**

PHOSPHO-GLYCÉRATE DE CHAUX PUR

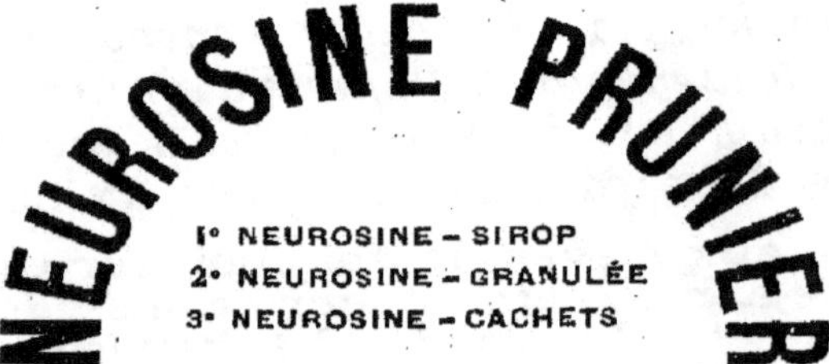

Dépôt général : CHASSAING & Cⁱᵉ, Paris, 6, Avenue Victoria.

LE

MERVEILLEUX CORICIDE

(RONDELLE-EMPLATRE)

Infaillible, d'un emploi facile

Supérieur à tous les autres Coricides

Supprime en trois ou quatre jours, sans douleur, par la simple application d'une **RONDELLE-EMPLATRE**, les **Corps, Oignons, Œils-de-Perdrix, Durillons, Verrues**, etc.

PRIX DE LA BOÎTE : **1 fr. 25** — DE LA 1/2 BOÎTE : **0 fr. 75**
PRIX DE L'ÉTUI CONTENANT UN GRAND MORCEAU : **1 fr. 25**

DÉPOTS :

Pharmacie **CHARLARD**, 12, boulevard Bonne-Nouvelle, PARIS
HALPHEN, 6, rue Demarquay, PARIS.

Et dans toutes les bonnes Pharmacies, Herboristeries, Drogueries, etc.

PILULES SPÉCIALES

CONTRE LA CONSTIPATION

Il est important, lorsqu'on se livre à l'exercice du calcul, d'avoir toujours la tête libre et d'éviter la congestion du cerveau. Pour cela il suffit de prendre au dîner ou le soir en se couchant une **Pilule spéciale contre la constipation**. Les *Pilules rhéo-ferrées VIGIER* fortifient tout en étant *laxatives*.

A toute personne qui par un travail assidu, tel que l'étude des Mathématiques, arrive à éprouver de la *fatigue*, de l'*épuisement*, du *surmenage*, de la *neurasthénie*, nous signalons, pour éviter ces accidents et se réconforter, le

GLYCÉRO-PHOSPHATE IODO-TANNIQUE VIGIER

Cette préparation **tonique, reconstituante**, n'irrite pas le tube digestif et réunit, grâce à une parfaite association, toutes les propriétés de l'**Iode**, du **tannin** et des **glycéro-phosphates**.

DOSE : } **Enfants**, une cuillerée à café } avant chaque repas.
Adultes, une cuillerée à soupe }

Pharmacie CHARLARD-VIGIER, 12, boul. Bonne-Nouvelle, Paris

CHATEAUROUX. — TYP. ET STÉRÉOTYP. A. MAJESTÉ ET L. BOUCHARDEAU.

BULLETIN
DE
MATHÉMATIQUES ÉLÉMENTAIRES

PUBLIÉ SOUS LA DIRECTION DE
B. NIEWENGLOWSKI

DOCTEUR ÈS SCIENCES
INSPECTEUR DE L'ACADÉMIE DE PARIS

Rédacteur en chef : **L. GÉRARD**, Docteur ès sciences, professeur au lycée Ampère

N° 9 — 1er FÉVRIER 1896

SOMMAIRE :

Le « Bulletin de Mathématiques élémentaires » paraît le **1**er et le **15** de chaque mois
du 1er Octobre au 15 Juillet.

Les abonnements partent du 1er Octobre

FRANCE...................... **5** francs | ÉTRANGER .... **6** francs

Le Numéro....... O fr. 30

On peut s'abonner dans tous les bureaux de poste

PARIS
SOCIÉTÉ D'ÉDITIONS SCIENTIFIQUES
PLACE DE L'ÉCOLE-DE-MÉDECINE
4, RUE ANTOINE-DUBOIS, 4

Le BULLETIN annonce tout ouvrage dont il reçoit un exemplaire, et analyse ceux dont
on lui en envoie deux.

En vente à la **SOCIÉTÉ D'ÉDITIONS SCIENTIFIQUES**

4, RUE ANTOINE-DUBOIS, 4, PARIS

(Envoi franco par la poste dans toute l'Union postale.)

COURS DE CHIMIE DU BACCALAURÉAT

Par **Victor LELORIEUX** et **Abel BUGUET**

Professeurs agrégés des Sciences physiques.

Un volume avec 180 figures.

Prix : broché, 5 fr.; relié cuir plein, souple, tranches rouges, 6 fr.

Ce nouveau livre, écrit en *notation atomique*, selon les exigences actuelles de l'enseignement et des examens, a été rédigé indépendamment de toute idée théorique préconçue. L'*expérience* intervient partout en premier plan.

Les matières traitées sont exactement ce qu'exigent les derniers programmes des baccalauréats. Conformément à leur esprit, les développements embrassent rigoureusement toutes les connaissances nécessaires au candidat qui apprend avec intelligence, sans charger vainement sa mémoire de notions inutiles aux idées générales.

Les 180 figures qui complètent le texte ont été dessinées spécialement, dans les formes les plus simples. Autant exigées à l'examen que nécessaires au cours de la préparation, elles seront aisément et clairement reproduites par les élèves même par ceux qui ne possèdent pas les moindres notions de dessin.

Nous recommandons cette chimie très particulièrement aux jeunes gens qui préparent soit le Baccalauréat, soit le nouveau Certificat d'études physiques.

ENCYCLOPÉDIE DES CONNAISSANCES PRATIQUES

BOURQUELOT (ÉMILE), docteur ès-sciences, professeur à l'Ecole supérieure de pharmacie de Paris. — **Les Fermentations.** 1 vol. illustré de 21 fig. intercalées dans le texte, broché.................................... **3 fr. 50**

DEBAINS (ALFRED), ingénieur des Arts et Manufactures, professeur de génie rural à l'Ecole nationale d'agriculture de Grand-Jouan. — **Instructions pratiques sur l'utilité et l'emploi des Machines agricoles sur le terrain.** Cartonné.................................... **4 fr.**

LARBALÉTRIER (ALBERT), professeur à l'Ecole d'agriculture du Palais-de-Calais. — **Les grandes cultures de la France.** — 1 vol. in-16 de 360 p., cartonné.......................... **4 fr.**

MAUMENÉ (E.-J.), Dr ès-sciences, lauréat de l'Institut. — **Comment s'obtient le bon vin.**.................................... **4 fr.**

MARTIN (CH.-J.), ingénieur agronome, directeur de l'Ecole nationale de l'industrie laitière de Mamirolle (Doubs). — **L'Industrie du Gruyère.** 1 vol. avec fig. et plans dans le texte, broché................................!... **3 fr. 50**
Cartonné.......................... **4 fr.**

HYGIÈNE — EXERCICES PHYSIQUES

BARTHÉS (Dr ÉMILE), médecin inspecteur de la Société protectrice de l'enfance. — **Manuel d'hygiène scolaire** à l'usage des médecins et instituteurs, des lycées, collèges, etc. 1 vol. in-18 de 150 p. Deuxième édition..... **2 fr. 50**

CANCALON (le Dr A.-A.). — **L'hygiène nouvelle dans la famille.** Préface du Dr DUJARDIN-BEAUMETZ, membre de l'Académie de médecine. Deuxième édition augmentée........... **4 fr.**

E. MONIN et DUBOUSQUET-LABORDERIE (les Drs). — **Précis élémentaire d'hygiène pratique.** 1 vol. in-8 écu de 475 pages... **6 fr.**

DEMENY (GEORGES). — **L'éducation physique en Suède.** Un volume in-8 de 105 pages, un graphique.......................... **2 fr. 50**

ROBLOT (Dr), chevalier de la Légion d'honneur. — **Guide pratique d'exercices physiques.** Hygiène et résultats. In-8 de 60 pages, avec gravures intercalées dans le texte.. **2 fr. 50**

BIBLIOGRAPHIE

ALBERT (le Professeur). — **La Boxe Française.** 1 vol. in-18 de 300 pages environ, avec 84 phototypes des différents mouvements, dans le texte. Prix.... **5 fr.**

Ce manuel est le plus complet paru sur le sujet. Chacun sait qu'il en est de l'école de boxe française comme de la sculpture, c'est la première du monde.

JOURNAL DE PHYSIQUE, CHIMIE ET HISTOIRE NATURELLE ÉLÉMENTAIRES, à l'usage des candidats aux écoles, aux baccalauréats, etc.

Honoré d'une souscription du ministère de l'Instruction publique.

ABEL BUGUET, directeur, **43, rue de la République (Rouen).**

Abonnements : **10** *francs par an.*

LA

CHRONIQUE SCIENTIFIQUE

REVUE MENSUELLE ILLUSTRÉE

DE 64 COLONNES

Directeur : HENRI COUPIN, préparateur à la Sorbonne.

Secrétaire : RENÉ SERVEAUX, chef de laboratoire à la Faculté de Médecine de Paris.

On s'abonne en adressant **6 fr. 50** à la SOCIÉTÉ D'ÉDITIONS SCIENTIFIQUES, rue ANTOINE-DUBOIS, 4, **Paris.**

AVIS A NOS ABONNÉS

Les Manuscrits, copies, etc., doivent être envoyés sous enveloppe non fermée ou ficelés, portant la mention : Papiers d'affaires, et affranchis à raison de 0 fr. 05 par 50 grammes, à Monsieur le Rédacteur du **Bulletin de Mathématiques élémentaires,** 4, RUE ANTOINE-DUBOIS, 4, PARIS.

Nous demandons aux élèves de soigner leur rédaction et leur écriture, de n'écrire que sur le recto de leurs copies, de dessiner les figures à part avec toute la netteté possible, d'éviter les abréviations, d'expliquer leurs notations, d'écrire leurs équations bien distinctement, etc. Nous sommes persuadés qu'ils se conformeront à ces recommandations, que nous leur faisons autant dans leur propre intérêt que pour nous faciliter le travail de la correction.

SOCIÉTÉ des PRODUITS HYGIÉNIQUES VAN DENN

PARIS — 21, rue Saint-Marc, — PARIS

MENTHOL VAN DENN
ÉLIXIR DENTIFRICE
ANTISEPSIE RIGOUREUSE DE LA BOUCHE

Détruit tous les micro-organismes qui occasionnent la carie, les affections gingivales, buccales ou pharyngiennes.

Dans l'état actuel de la science et avec les progrès de l'antisepsie, *il serait puéril de faire de l'hygiène, dont le rôle est de prévenir les maladies, une simple question de goût !* Il fallait donc, de toute nécessité, trouver une formule qui se substituât aux devancières, absolument inefficaces. C'est ce que nous avons fait. Nous avons ajouté aux formules agréables les substances nécessaires à une *antisepsie rigoureuse de la bouche.* Après un rinçage sérieux, la salive stérilisée ne renferme plus de micro-organismes.

L'usage journalier de nos produits préservera de la carie dentaire, maintiendra la fraîcheur de l'haleine en détruisant les fermentations et arrêtera même la propagation des micro-organismes qui, on le sait, pénètrent dans l'économie par la cavité buccale, sans parler des maux de gorge, amygdalites, granulations, etc., qui seront enrayés.

A ce titre, nous ne saurions trop recommander le **Menthol Van Denn** comme gargarisme aux chanteurs, avocats, **professeurs,** prédicateurs, etc., en un mot aux personnes qui sont obligées de parler beaucoup ; l'emploi régulier de cet énergique dentifrice combattra efficacement les enrouements et laryngites professionnels si rebelles à tous traitements.

Prix du flacon : 1/4 de litre, 3 fr. 50. Le litre, 12 francs. La boîte de poudre : 2 francs.

POLYTECHNICUM
(Ancienne École Spéciale de Mathématiques)
PARIS — 12, rue Jacob, 12 — PARIS

COURS GRADUÉS ET FACULTATIFS
POUR LA PRÉPARATION AUX DIVERS EXAMENS ET CONCOURS DE
L'ENSEIGNEMENT SECONDAIRE CLASSIQUE ET MODERNE ET DE L'ENSEIGNEMENT PRIMAIRE ÉLÉMENTAIRE ET SUPÉRIEUR :

Baccalauréats, Écoles du Gouvernement et de la Ville de Paris *(Normale, Polytechnique, Centrale, Navale, Saint-Cyr, Physique et Chimie, Arts-et-Métiers, Institut agronomique, etc.).*

Brevets élémentaire et supérieur ; Écoles normales ; Professorat.

Le **POLYTECHNICUM** se distingue des autres *établissements d'instruction* par la distribution de son enseignement, à laquelle a été adapté le principe de l'organisation de l'Enseignement supérieur. — Ce principe, qui consiste dans l'indépendance et la liberté des Cours, permet à chaque élève de choisir dans leur ensemble, d'une part, ceux qui conviennent au but qu'il désire atteindre, d'autre part, ceux qui, dans chaque branche, sont le mieux à sa portée au point de vue des connaissances qu'il a déjà acquises.

Pour tous renseignements, s'adresser au DIRECTEUR du POLYTECHNICUM, **12, rue Jacob, PARIS.**

PHOSPHO-GLYCÉRATE DE CHAUX PUR

NEUROSINE PRUNIER

Reconstituant général
du
Système nerveux,
Neurasthénie,
Phosphaturie.

1° NEUROSINE – SIROP
2° NEUROSINE – GRANULÉE
3° NEUROSINE – CACHETS

Débilité générale
Migraines,
Névralgies,
Dépression du Système
nerveux.

Dépôt général : CHASSAING & Cⁱᵉ, Paris, 6, Avenue Victoria.

LE
MERVEILLEUX CORICIDE
(RONDELLE-EMPLATRE)

Infaillible, d'un emploi facile

Supérieur à tous les autres Coricides

Supprime en trois ou quatre jours, sans douleur, par la simple application d'une RONDELLE-EMPLATRE, les **Corps, Oignons, Œils-de-Perdrix, Durillons, Verrues,** etc.

PRIX DE LA BOÎTE : **1 fr. 25** — DE LA 1/2 BOÎTE : **0 fr. 75**
PRIX DE L'ÉTUI CONTENANT UN GRAND MORCEAU : **1 fr. 25**

DÉPOTS :

Pharmacie CHARLARD, 12, boulevard Bonne-Nouvelle, PARIS
HALPHEN, 6, rue Demarquay, PARIS.

Et dans toutes les bonnes Pharmacies, Herboristeries, Drogueries, etc.

PILULES SPÉCIALES
CONTRE LA CONSTIPATION

Il est important, lorsqu'on se livre à l'exercice du calcul, d'avoir toujours la tête libre et d'éviter la congestion du cerveau. Pour cela il suffit de prendre au dîner ou le soir en se couchant une **Pilule spéciale contre la constipation**. Les *Pilules rhéo-ferrées VIGIER* fortifient tout en étant *laxatives*.

A toute personne qui par un travail assidu, tel que l'étude des Mathématiques, arrive à éprouver de la *fatigue*, de l'*épuisement*, du *surmenage*, de la *neurasthénie*, nous signalons, pour éviter ces accidents et se réconforter, le

GLYCÉRO-PHOSPHATE IODO-TANNIQUE VIGIER

Cette préparation **tonique, reconstituante**, n'irrite pas le tube digestif et réunit, grâce à une parfaite association, toutes les propriétés de l'**iode**, du **tannin** et des **glycéro-phosphates**.

DOSE : { **Enfants**, une cuillerée à café { avant chaque repas.
{ **Adultes**, une cuillerée à soupe {

Pharmacie CHARLARD-VIGIER, 12, boul. Bonne-Nouvelle, Paris

CHÂTEAUROUX. — TYP. ET STÉRÉOTYP. A. MAJESTÉ ET L. BOUCHARDEAU.

BULLETIN
DE
MATHÉMATIQUES ÉLÉMENTAIRES

PUBLIÉ SOUS LA DIRECTION DE
B. NIEWENGLOWSKI

DOCTEUR ÈS SCIENCES
INSPECTEUR DE L'ACADÉMIE DE PARIS

Rédacteur en chef : **L. GÉRARD**, Docteur ès sciences, professeur au lycée Ampère

N° 10 — 15 FÉVRIER 1896

Le « Bulletin de Mathématiques élémentaires » paraît le 1er et le 15 de chaque mois
du 1er Octobre au 15 Juillet.

Les abonnements partent du 1er Octobre

FRANCE...................... 5 francs | ÉTRANGER .... 6 francs

Le Numéro....... 0 fr. 30

On peut s'abonner dans tous les bureaux de poste

PARIS
SOCIÉTÉ D'ÉDITIONS SCIENTIFIQUES
PLACE DE L'ÉCOLE-DE-MÉDECINE
4, RUE ANTOINE-DUBOIS, 4

Le **BULLETIN** annonce tout ouvrage dont il reçoit un exemplaire, et analyse ceux dont
on lui en envoie deux.

En vente à la SOCIÉTÉ D'ÉDITIONS SCIENTIFIQUES
4, RUE ANTOINE-DUBOIS, 4, PARIS
(Envoi franco par la poste dans toute l'Union postale.)

COURS DE CHIMIE DU BACCALAURÉAT

Par **Victor LELORIEUX** et **Abel BUGUET**
Professeurs agrégés des Sciences physiques.

Un volume avec 180 figures.

Prix : broché, 5 fr.; relié cuir plein, souple, tranches rouges, 6 fr.

Ce nouveau livre, écrit en *notation atomique*, selon les exigences actuelles de l'enseignement et des examens, a été rédigé indépendamment de toute idée théorique préconçue. L'*expérience* intervient partout en premier plan.

Les matières traitées sont exactement ce qu'exigent les derniers programmes des baccalauréats. Conformément à leur esprit, les développements embrassent rigoureusement toutes les connaissances nécessaires au candidat qui apprend avec intelligence, sans charger vainement sa mémoire de notions inutiles aux idées générales.

Les 180 figures qui complètent le texte ont été dessinées spécialement, dans les formes les plus simples. Autant exigées à l'examen que nécessaires au cours de la préparation, elles seront aisément et clairement reproduites par les élèves même par ceux qui ne possèdent pas les moindres notions de dessin.

Nous recommandons cette chimie très particulièrement aux jeunes gens qui préparent soit le Baccalauréat, soit le nouveau Certificat d'études physiques.

ENCYCLOPÉDIE DES CONNAISSANCES PRATIQUES

BOURQUELOT (EMILE), docteur ès-sciences, professeur à l'Ecole supérieure de pharmacie de Paris. — **Les Fermentations**. 1 vol. illustré de 21 fig. intercalées dans le texte, broché .... **3 fr. 50**

DEBAINS (ALFRED), ingénieur des Arts et Manufactures, professeur de génie rural à l'Ecole nationale d'agriculture de Grand-Jouan. — **Instructions pratiques sur l'utilité et l'emploi des Machines agricoles sur le terrain**. Cartonné .... **4 fr.**

LARBALÉTRIER (ALBERT), professeur à l'Ecole d'agriculture du Paiais-de-Calais. — **Les grandes cultures de la France**. — 1 vol. in-16 de 300 p., cartonné .... **4 fr.**

MAUMENÉ (E.-J.), Dr ès-sciences, lauréat de l'Institut. — **Comment s'obtient le bon vin** .... **4 fr.**

MARTIN (CH.-J.), ingénieur agronome, directeur de l'Ecole nationale de l'industrie laitière de Mamirolle (Doubs). — **L'Industrie du Gruyère**. 1 vol. avec fig. et plans dans le texte, broché .... **3 fr. 50**
Cartonné .... **4 fr.**

HYGIÈNE — EXERCICES PHYSIQUES

BARTHÈS (Dr ÉMILE), médecin inspecteur de la Société protectrice de l'enfance. — **Manuel d'hygiène scolaire** à l'usage des médecins et instituteurs, des lycées, collèges, etc. 1 vol. in-18 de 150 p. Deuxième édition ..... **2 fr. 50**

CANCALON (le Dr A.-A.). — **L'hygiène nouvelle dans la famille**. Préface du Dr DUJARDIN-BEAUMETZ, membre de l'Académie de médecine. Deuxième édition augmentée .... **4 fr.**

E. MONIN et DUBOUSQUET-LABORDERIE (les Drs). — **Précis élémentaire d'hygiène pratique**. 1 vol. in-8 écu de 475 pages. **6 fr.**

DEMENY (GEORGES). — **L'éducation physique en Suède**. Un volume in-8 de 105 pages, un graphique .... **2 fr. 50**

ROBLOT (Dr), chevalier de la Légion d'honneur. — **Guide pratique d'exercices physiques**. Hygiène et résultats. In-8 de 60 pages, avec gravures intercalées dans le texte ... **2 fr. 50**

BIBLIOGRAPHIE

La Photographie et les Annales photographiques (réunies), *journal mensuel illustré absolument indépendant*, publié sous la direction de M. G.-H. NIEWENGLOWSKI, licencié ès sciences, préparateur à la Sorbonne. *Rédacteur en chef* : Albert Reyner. — France, un an : 5 fr. Etranger, un an : 6 fr. — Paris, 45, rue Daguerre.

Le Journal LA PHOTOGRAPHIE, qui entre dans sa huitième année, promet à ses lecteurs pour 1896 grand nombre d'articles intéressants, notamment sur les *principes de l'art photographique*, les *problèmes journaliers du photographe*, dus à la plume autorisée de son directeur ; la *photocalligraphie* et la *phototypographie à la portée de tous*, par MM. L. Tranchant, G. Naudet ; des *Notes professionnelles* signées Collodion le Chevelu ; sans compter les intéressantes *Chroniques* de M. A. Reyner, si goûtées du public ; des articles de *photographie industrielle*, de *chimie photographique*, des *formules et recettes*, des *échos et nouvelles*, etc., etc.

De nombreux concours sont organisés tous les trois mois entre les abonnés ; les conditions de ces concours seront envoyées avec un numéro spécimen à toutes les personnes qui en adresseront la demande, *accompagnée d'un timbre de 0 fr. 15*, à l'administration de LA PHOTOGRAPHIE, 45, rue Daguerre, Paris.

AVIS A NOS ABONNÉS

Les Manuscrits, copies, etc., doivent être envoyés sous enveloppe non fermée ou ficelés, portant la mention: Papiers d'affaires, et affranchis à raison de 0 fr. 05 par 50 grammes, à Monsieur le Rédacteur du **Bulletin de Mathématiques élémentaires,** 4, RUE ANTOINE-DUBOIS, 4, PARIS.

Nous demandons aux élèves de soigner leur rédaction et leur écriture, de n'écrire que sur le recto de leurs copies, de dessiner les figures à part avec toute la netteté possible, d'éviter les abréviations, d'expliquer leurs notations, d'écrire leurs équations bien distinctement, etc. Nous sommes persuadés qu'ils se conformeront à ces recommandations, que nous leur faisons autant dans leur propre intérêt que pour nous faciliter le travail de la correction.

SOCIÉTÉ des PRODUITS HYGIÉNIQUES VAN DENN

PARIS — 21, rue Saint-Marc, — PARIS

MENTHOL VAN DENN
ÉLIXIR DENTIFRICE
ANTISEPSIE RIGOUREUSE DE LA BOUCHE

Détruit tous les micro-organismes qui occasionnent la carie, les affections gingivales, buccales ou pharyngiennes.

Dans l'état actuel de la science et avec les progrès de l'antisepsie, *il serait puéril de faire de l'hygiène, dont le rôle est de prévenir les maladies, une simple question de goût!* Il fallait donc, de toute nécessité, trouver une formule qui se substituât aux devancières, absolument inefficaces. C'est ce que nous avons fait. Nous avons ajouté aux formules agréables les substances nécessaires à une *antisepsie rigoureuse de la bouche.* Après un rinçage sérieux, la salive stérilisée ne renferme plus de micro-organismes.

L'usage journalier de nos produits préservera de la carie dentaire, maintiendra la fraîcheur de l'haleine en détruisant les fermentations et arrêtera même la propagation des micro-organismes qui, on le sait, pénètrent dans l'économie par la cavité buccale, sans parler des maux de gorge, amygdalites, granulations, etc., qui seront enrayés.

A ce titre, nous ne saurions trop recommander le **Menthol Van Denn** comme gargarisme aux chanteurs, avocats, **professeurs** prédicateurs, etc., en un mot aux personnes qui sont obligées de parler beaucoup; l'emploi régulier de cet énergique dentifrice combattra efficacement les enrouements et laryngites professionnels si rebelles à tous traitements.

Prix du flacon: 1/4 de litre, 3 fr. 50. Le litre, 12 francs. La boîte de poudre : 2 francs.

POLYTECHNICUM
(Ancienne École Spéciale de Mathématiques)
PARIS — 12, rue Jacob, 12 — PARIS

COURS GRADUÉS ET FACULTATIFS

POUR LA PRÉPARATION AUX DIVERS EXAMENS ET CONCOURS DE
L'ENSEIGNEMENT SECONDAIRE CLASSIQUE ET MODERNE ET DE L'ENSEIGNEMENT PRIMAIRE ÉLÉMENTAIRE ET SUPÉRIEUR :

Baccalauréats, Écoles du Gouvernement et de la Ville de Paris *(Normale, Polytechnique, Centrale, Navale, Saint-Cyr, Physique et Chimie, Arts-et-Métiers, Institut agronomique, etc.).*

Brevets élémentaire et supérieur ; Écoles normales ; Professorat.

Le **POLYTECHNICUM** se distingue des autres *établissements d'instruction* par la distribution de son enseignement, à laquelle a été adapté le principe de l'organisation de l'Enseignement supérieur. — Ce principe, qui consiste dans l'indépendance et la liberté des Cours, permet à chaque élève de choisir dans leur ensemble, d'une part, ceux qui conviennent au but qu'il désire atteindre, d'autre part, ceux qui, dans chaque branche, sont le mieux à sa portée au point de vue des connaissances qu'il a déjà acquises.

Pour tous renseignements, s'adresser au DIRECTEUR du POLYTECHNICUM, **12, rue Jacob, PARIS.**

PHOSPHO-GLYCÉRATE DE CHAUX PUR

NEUROSINE PRUNIER

Reconstituant général
du
Système nerveux,
Neurasthénie,
Phosphaturie.

1° NEUROSINE – SIROP
2° NEUROSINE – GRANULÉE
3° NEUROSINE – CACHETS

Débilité générale
Migraines,
Névralgies,
Dépression du Système
nerveux.

Dépôt général : CHASSAING & Cⁱᵉ, Paris, 6, Avenue Victoria.

LE
MERVEILLEUX CORICIDE
(RONDELLE-EMPLATRE)
Infaillible, d'un emploi facile

Supérieur à tous les autres Coricides

Supprime en trois ou quatre jours, sans douleur, par la simple application d'une RONDELLE-EMPLATRE, les **Corps, Oignons, Œils-de-Perdrix, Durillons, Verrues,** etc.

PRIX DE LA BOÎTE : **1 fr. 25** — DE LA 1/2 BOÎTE : **0 fr. 75**
PRIX DE L'ÉTUI CONTENANT UN GRAND MORCEAU : **1 fr. 25**

DÉPOTS :

Pharmacie **CHARLARD**, 12, boulevard Bonne-Nouvelle, PARIS
HALPHEN, 6, rue Demarquay, PARIS.

Et dans toutes les bonnes Pharmacies, Herboristeries, Drogueries, etc.

PILULES SPÉCIALES
CONTRE LA CONSTIPATION

Il est important, lorsqu'on se livre à l'exercice du calcul, d'avoir toujours la tête libre et d'éviter la congestion du cerveau. Pour cela il suffit de prendre au dîner ou le soir en se couchant une **Pilule spéciale contre la constipation.** Les *Pilules rhéo-ferrées VIGIER* fortifient tout en étant *laxatives.*

A toute personne qui par un travail assidu, tel que l'étude des Mathématiques, arrive à éprouver de la *fatigue*, de l'*épuisement*, du *surmenage*, de la *neurasthénie*, nous signalons, pour éviter ces accidents et se réconforter, le

GLYCÉRO-PHOSPHATE IODO-TANNIQUE VIGIER

Cette préparation **tonique, reconstituante,** n'irrite pas le tube digestif et réunit, grâce à une parfaite association, toutes les propriétés de l'**iode**, du **tannin** et des **glycéro-phosphates.**

DOSE : **Enfants,** une cuillerée à café | avant chaque repas.
Adultes, une cuillerée à soupe |

Pharmacie CHARLARD-VIGIER, 12, boul. Bonne-Nouvelle, Paris

CHATEAUROUX. — TYP. ET STÉRÉOTYP. A. MAJESTÉ ET L. BOUCHARDEAU.

BULLETIN
DE
MATHÉMATIQUES ÉLÉMENTAIRES

PUBLIÉ SOUS LA DIRECTION DE
B. NIEWENGLOWSKI

DOCTEUR ÈS SCIENCES
INSPECTEUR DE L'ACADÉMIE DE PARIS

Rédacteur en chef : **L. GÉRARD**, Docteur ès sciences, professeur au lycée Ampère

N° 11 — 1ᵉʳ MARS 1896

SOMMAIRE :

Le « Bulletin de Mathématiques élémentaires » parait le **1ᵉʳ** et le **15** de chaque mois du **1ᵉʳ Octobre** au **15 Juillet**.

Les abonnements partent du 1ᵉʳ Octobre

FRANCE...................... 5 francs | ÉTRANGER .... 6 francs

Le Numéro....... O fr. 30

On peut s'abonner dans tous les bureaux de poste

PARIS
SOCIÉTÉ D'ÉDITIONS SCIENTIFIQUES
PLACE DE L'ÉCOLE-DE-MÉDECINE
4, RUE ANTOINE-DUBOIS, 4

Le **BULLETIN** annonce tout ouvrage dont il reçoit un exemplaire, et analyse ceux dont on lui en envoie deux.

En vente à la **SOCIÉTÉ D'ÉDITIONS SCIENTIFIQUES**
4, RUE ANTOINE-DUBOIS, 4, PARIS
(Envoi franco par la poste dans toute l'Union postale.)

COURS DE CHIMIE DU BACCALAURÉAT

Par **Victor LELORIEUX** et **Abel BUGUET**
Professeurs agrégés des Sciences physiques.

Un volume avec 180 figures.

Prix : broché, **5 fr.**; relié cuir plein, souple, tranches rouges, **6 fr.**

Ce nouveau livre, écrit en *notation atomique*, selon les exigences actuelles de l'enseignement et des examens, a été rédigé indépendamment de toute idée théorique préconçue. L'*expérience* intervient partout en premier plan.

Les matières traitées sont exactement ce qu'exigent les derniers programmes des baccalauréats. Conformément à leur esprit, les développements embrassent rigoureusement toutes les connaissances nécessaires au candidat qui apprend avec intelligence, sans charger vainement sa mémoire de notions inutiles aux idées générales.

Les 180 figures qui complètent le texte ont été dessinées spécialement, dans les formes les plus simples. Autant exigées à l'examen que nécessaires au cours de la préparation, elles seront aisément et clairement reproduites par les élèves, même par ceux qui ne possèdent pas les moindres notions de dessin.

Nous recommandons cette chimie très particulièrement aux jeunes gens qui préparent soit le Baccalauréat, soit le nouveau Certificat d'études physiques.

ENCYCLOPÉDIE DES CONNAISSANCES PRATIQUES

BOURQUELOT (ÉMILE), docteur ès-sciences, professeur à l'École supérieure de pharmacie de Paris. — **Les Fermentations.** 1 vol. illustré de 21 fig. intercalées dans le texte, broché............................ **3 fr. 50**

DEBAINS (ALFRED), ingénieur des Arts et Manufactures, professeur de génie rural à l'École nationale d'agriculture de Grand-Jouan. — **Instructions pratiques sur l'utilité et l'emploi des Machines agricoles sur le terrain.** Cartonné...................................... **4 fr.**

LARBALÉTRIER (ALBERT), professeur à l'École d'agriculture du Palais-de-Calais. — **Les grandes cultures de la France.** — 1 vol. in-16 de 360 p., cartonné........................... **4 fr.**

MAUMENÉ (E.-J.), D^r ès-sciences, lauréat de l'Institut. — **Comment s'obtient le bon vin.**.................................... **4 fr.**

MARTIN (CH.-J.), ingénieur agronome, directeur de l'École nationale de l'industrie laitière de Mamirolle (Doubs). — **L'Industrie du Gruyère.** 1 vol. avec fig. et plans dans le texte, broché................................... **3 fr. 50**
Cartonné............................ **4 fr.**

HYGIÈNE — EXERCICES PHYSIQUES

BARTHÉS (Dr ÉMILE), médecin inspecteur de la Société protectrice de l'enfance. — **Manuel d'hygiène scolaire** à l'usage des médecins et instituteurs, des lycées, collèges, etc. 1 vol. in-18 de 150 p. Deuxième édition..... **2 fr. 50**

CANCALON (le Dr A.-A.). — **L'hygiène nouvelle dans la famille.** Préface du Dr DUJARDIN-BEAUMETZ, membre de l'Académie de médecine. Deuxième édition augmentée........... **4 fr.**

E. MONIN et DUBOUSQUET-LABORDERIE (les D^{rs}). — **Précis élémentaire d'hygiène pratique.** 1 vol. in-8 écu de 475 pages.. **6 fr.**

DEMENY (GEORGES). — **L'éducation physique en Suède.** Un volume in-8 de 105 pages, un graphique............................ **2 fr. 50**

ROBLOT (D^r), chevalier de la Légion d'honneur. — **Guide pratique d'exercices physiques.** Hygiène et résultats. In-8 de 60 pages, avec gravures intercalées dans le texte.. **2 fr. 50**

Vient de paraître

A LA

SOCIÉTÉ D'ÉDITIONS SCIENTIFIQUES

LA

PHOTOGRAPHIE
DE L'INVISIBLE

Au moyen des rayons X, des rayons ultra-violets, de la phosphorescence et de l'effluve électrique.

HISTORIQUE — THÉORIE — PRATIQUE

Des expériences de MM. RÖNTGEN, G. SEGUY, CH. HENRY, CHARDONNET, G. LE BON, BOUDET de Paris, MOREAU, etc., etc.

Une brochure grand in-8° avec nombreuses figures dont plusieurs reproductions photographiques.

Envoi franco contre un mandat de 1 fr. 50, adressé à M. le Directeur de la Société d'Éditions Scientifiques, 4, rue Antoine-Dubois, PARIS.

AVIS A NOS ABONNÉS

Les Manuscrits, copies, etc., doivent être envoyés sous enveloppe non fermée ou ficelés, portant la mention: Papiers d'affaires, et affranchis à raison de 0 fr. 05 par 50 grammes, à Monsieur le Rédacteur du **Bulletin de Mathématiques élémentaires,** 4, RUE ANTOINE-DUBOIS, 4, PARIS.

Nous demandons aux élèves de soigner leur rédaction et leur écriture, de n'écrire que sur le recto de leurs copies, de dessiner les figures à part avec toute la netteté possible, d'éviter les abréviations, d'expliquer leurs notations, d'écrire leurs équations bien distinctement, etc. Nous sommes persuadés qu'ils se conformeront à ces recommandations, que nous leur faisons autant dans leur propre intérêt que pour nous faciliter le travail de la correction.

SOCIÉTÉ des PRODUITS HYGIÉNIQUES VAN DENN

PARIS — 21, rue Saint-Marc, — PARIS

MENTHOL VAN DENN
ÉLIXIR DENTIFRICE
ANTISEPSIE RIGOUREUSE DE LA BOUCHE

Détruit tous les micro-organismes qui occasionnent la carie, les affections gingivales, buccales ou pharyngiennes.

Dans l'état actuel de la science et avec les progrès de l'antisepsie, *il serait puéril de faire de l'hygiène, dont le rôle est de prévenir les maladies, une simple question de goût !* Il fallait donc, de toute nécessité, trouver une formule qui se substituât aux devancières, absolument inefficaces. C'est ce que nous avons fait. Nous avons ajouté aux formules agréables les substances nécessaires à une *antisepsie rigoureuse de la bouche.* Après un rinçage sérieux, la salive stérilisée ne renferme plus de micro-organismes.

L'usage journalier de nos produits préservera de la carie dentaire, maintiendra la fraicheur de l'haleine en détruisant les fermentations et arrêtera même la propagation des micro-organismes qui, on le sait, pénètrent dans l'économie par la cavité buccale, sans parler des maux de gorge, amygdalites, granulations, etc., qui seront enrayés.

A ce titre, nous ne saurions trop recommander le **Menthol Van Denn** comme gargarisme aux chanteurs, avocats, **professeurs** prédicateurs, etc., en un mot aux personnes qui sont obligées de parler beaucoup; l'emploi régulier de cet énergique dentifrice combattra efficacement les enrouements et laryngites professionnels si rebelles à tous traitements.

Prix du flacon: 1/4 de litre, **3 fr. 50.** Le litre, **12 francs.** La boîte de poudre : **2 francs.**

POLYTECHNICUM
(Ancienne École Spéciale de Mathématiques)
PARIS — 12, rue Jacob, 12 — PARIS

COURS GRADUÉS ET FACULTATIFS
POUR LA PRÉPARATION AUX DIVERS EXAMENS ET CONCOURS DE
L'ENSEIGNEMENT SECONDAIRE CLASSIQUE ET MODERNE ET DE L'ENSEIGNEMENT PRIMAIRE ÉLÉMENTAIRE ET SUPÉRIEUR :

Baccalauréats, Écoles du Gouvernement et de la Ville de Paris *(Normale, Polytechnique, Centrale, Navale, Saint-Cyr, Physique et Chimie, Arts-et-Métiers, Institut agronomique, etc.).*

Brevets élémentaire et supérieur ; Écoles normales ; Professorat.

Le **POLYTECHNICUM** se distingue des autres *établissements d'instruction* par la distribution de son enseignement, à laquelle a été adapté le principe de l'organisation de l'Enseignement supérieur. — Ce principe, qui consiste dans l'indépendance et la liberté des Cours, permet à chaque élève de choisir dans leur ensemble, d'une part, ceux qui conviennent au but qu'il désire atteindre, d'autre part, ceux qui, dans chaque branche, sont le mieux à sa portée au point de vue des connaissances qu'il a déjà acquises.

Pour tous renseignements, s'adresser au DIRECTEUR *du* POLYTECHNICUM, **12, rue Jacob, PARIS.**

PHOSPHO-GLYCÉRATE DE CHAUX PUR

NEUROSINE PRUNIER

Reconstituant général
du
Système nerveux,
Neurasthénie,
Phosphaturie.

1° NEUROSINE – SIROP
2° NEUROSINE – GRANULÉE
3° NEUROSINE – CACHETS

Débilité générale
Migraines,
Névralgies,
Dépression du Système
nerveux.

Dépôt général : *CHASSAING & Cie, Paris, 6, Avenue Victoria.*

LE

MERVEILLEUX CORICIDE

(RONDELLE-EMPLATRE)

Infaillible, d'un emploi facile

Supérieur à tous les autres Coricides

Supprime en trois ou quatre jours, sans douleur, par la simple application d'une **RONDELLE-EMPLATRE**, les **Corps, Oignons, Œils-de-Perdrix, Durillons, Verrues**, etc.

PRIX DE LA BOÎTE : **1 fr. 25** — DE LA 1/2 BOÎTE : **0 fr. 75**
PRIX DE L'ÉTUI CONTENANT UN GRAND MORCEAU : **1 fr. 25**

DÉPOTS :

Pharmacie CHARLARD, 12, boulevard Bonne-Nouvelle, PARIS
HALPHEN, 6, rue Demarquay, PARIS.

Et dans toutes les bonnes Pharmacies, Herboristeries, Drogueries, etc.

PILULES SPÉCIALES

CONTRE LA CONSTIPATION

Il est important, lorsqu'on se livre à l'exercice du calcul, d'avoir toujours la tête libre et d'éviter la congestion du cerveau. Pour cela il suffit de prendre au dîner ou le soir en se couchant une **Pilule spéciale contre la constipation**. Les *Pilules rhéo-ferrées VIGIER* fortifient tout en étant *laxatives*.

A toute personne qui par un travail assidu, tel que l'étude des Mathématiques, arrive à éprouver de la *fatigue*, de l'*épuisement*, du *surmenage*, de la *neurasthénie*, nous signalons, pour éviter ces accidents et se réconforter, le

GLYCÉRO-PHOSPHATE IODO-TANNIQUE VIGIER

Cette préparation **tonique, reconstituante**, n'irrite pas le tube digestif et réunit, grâce à une parfaite association, toutes les propriétés de l'**iode**, du **tannin** et des **glycéro-phosphates**.

DOSE : **Enfants**, une cuillerée à café
Adultes, une cuillerée à soupe } avant chaque repas.

Pharmacie CHARLARD-VIGIER, 12, boul. Bonne-Nouvelle, Paris

CHATEAUROUX. — YP. ET STÉRÉOTYP. A. MAJESTÉ ET L. BOUCHARDEAU

BULLETIN
DE
MATHÉMATIQUES ÉLÉMENTAIRES

DÉPÔT LÉGAL

PUBLIÉ SOUS LA DIRECTION DE
B. NIEWENGLOWSKI

DOCTEUR ÈS SCIENCES
INSPECTEUR DE L'ACADÉMIE DE PARIS

Rédacteur en chef : **L. GÉRARD**, Docteur ès sciences, professeur au lycée Ampère

N° 12 — 15 MARS 1896

Le « Bulletin de Mathématiques élémentaires » parait le 1er et le 15 de chaque mois
du 1er Octobre au 15 Juillet.
Les abonnements partent du 1er Octobre

FRANCE..................... 5 francs | ÉTRANGER .... 6 francs
Le Numéro....... O fr. 30
On peut s'abonner dans tous les bureaux de poste

PARIS
SOCIÉTÉ D'ÉDITIONS SCIENTIFIQUES
PLACE DE L'ÉCOLE-DE-MÉDECINE
4, RUE ANTOINE-DUBOIS, 4

Le **BULLETIN** annonce tout ouvrage dont il reçoit un exemplaire, et analyse ceux dont
on lui en envoie deux.

En vente à la **SOCIÉTÉ D'ÉDITIONS SCIENTIFIQUES**

4, RUE ANTOINE-DUBOIS, 4, PARIS

(Envoi franco par la poste dans toute l'Union postale.)

COURS DE CHIMIE DU BACCALAURÉAT

Par **Victor LELORIEUX** et **Abel BUGUET**

Professeurs agrégés des Sciences physiques.

Un volume avec 180 figures.

Prix : broché, 5 fr.; relié cuir plein, souple, tranches rouges, 6 fr.

Ce nouveau livre, écrit en *notation atomique*, selon les exigences actuelles de l'enseignement et des examens, a été rédigé indépendamment de toute idée théorique préconçue. L'*expérience* intervient partout en premier plan.

Les matières traitées sont exactement ce qu'exigent les derniers programmes des baccalauréats. Conformément à leur esprit, les développements embrassent rigoureusement toutes les connaissances nécessaires au candidat qui apprend avec intelligence, sans charger vainement sa mémoire de notions inutiles aux idées générales.

Les 180 figures qui complètent le texte ont été dessinées spécialement, dans les formes les plus simples. Autant exigées à l'examen que nécessaires au cours de la préparation, elles seront aisément et clairement reproduites par les élèves, même par ceux qui ne possèdent pas les moindres notions de dessin.

Nous recommandons cette chimie très particulièrement aux jeunes gens qui préparent soit le Baccalauréat, soit le nouveau Certificat d'études physiques.

ENCYCLOPÉDIE DES CONNAISSANCES PRATIQUES

BOURQUELOT (EMILE), docteur ès-sciences, professeur à l'Ecole supérieure de pharmacie de Paris. — **Les Fermentations.** 1 vol. illustré de 21 fig. intercalées dans le texte, broché...................................... 3 fr. 50

DEBAINS (ALFRED), ingénieur des Arts et Manufactures, professeur de génie rural à l'Ecole nationale d'agriculture de Grand-Jouan. — **Instructions pratiques sur l'utilité et l'emploi des Machines agricoles sur le terrain.** Cartonné.................................... 4 fr.

LARBALÉTRIER (ALBERT), professeur à l'Ecole d'agriculture du Palais-de-Calais. — **Les grandes cultures de la France.** — 1 vol. in-16 de 360 p., cartonné.......................... 4 fr.

MAUMENÉ (E.-J.), Dr ès-sciences, lauréat de l'Institut. — **Comment s'obtient le bon vin.**.................................... 4 fr.

MARTIN (CH.-J.), ingénieur agronome, directeur de l'Ecole nationale de l'industrie laitière de Mamirolle (Doubs). — **L'Industrie du Gruyère.** 1 vol. avec fig. et plans dans le texte, broché.................... 3 fr. 50

Cartonné............................ 4 fr.

HYGIÈNE — EXERCICES PHYSIQUES

BARTHÈS (Dr ÉMILE), médecin inspecteur de la Société protectrice de l'enfance. — **Manuel d'hygiène scolaire** à l'usage des médecins et instituteurs, des lycées, collèges, etc. 1 vol. in-18 de 150 p. Deuxième édition..... 2 fr. 50

CANCALON (le Dr A.-A.). — **L'hygiène nouvelle dans la famille.** Préface du Dr DUJARDIN-BEAUMETZ, membre de l'Académie de médecine. Deuxième édition augmentée........... 4 fr.

E. MONIN et **DUBOUSQUET-LABORDERIE** (les Drs). — **Précis élémentaire d'hygiène pratique.** 1 vol. in-8 écu de 475 pages. 6 fr.

DEMENY (GEORGES). — **L'éducation physique en Suède.** Un volume in-8 de 105 pages, un graphique...................... 2 fr. 50

ROBLOT (Dr), chevalier de la Légion d'honneur. — **Guide pratique d'exercices physiques.** Hygiène et résultats. In-8 de 60 pages, avec gravures intercalées dans le texte.. 2 fr. 50

BIBLIOGRAPHIE

La Photographie et les Annales photographiques (réunies), *journal mensuel illustré absolument indépendant*, publié sous la direction de M. G.-H. NIEWENGLOWSKI, licencié ès sciences, préparateur à la Sorbonne. *Rédacteur en chef :* Albert REYNER. — France, un an : 5 fr. Etranger, un an : 6 fr. — Paris, 45, rue Daguerre.

Le Journal LA PHOTOGRAPHIE, qui entre dans sa huitième année, promet à ses lecteurs pour 1896 grand nombre d'articles intéressants, notamment sur les *principes de l'art photographique*, les *problèmes journalier du photographe*, dus à la plume autorisée de son directeur ; la *photocalligraphie* et la *phototypographie à la portée de tous*, par MM. L. Tranchant, G. Naudet ; des *Notes professionnelles*, signées Collodion le Chevelu ; sans compter les intéressantes *Chroniques* de M. A. Reyner, si goûtées du public ; des articles de *photographie industrielle*, de *chimie photographique*, des *formules et recettes*, des *échos et nouvelles*, etc., etc.

De nombreux concours sont organisés tous les trois mois entre les abonnés ; les conditions de ces concours seront envoyées avec un numéro spécimen à toutes les personnes qui en adresseront la demande, *accompagnée d'un timbre de 0 fr. 15*, à l'administration de LA PHOTOGRAPHIE, 45, rue Daguerre, Paris.

BLANZY-POURE ET CIE

BOULOGNE-SUR-MER

Maison de vente en gros à Paris, 107, boulevard Sébastopol

IMPORTATION de L'INDUSTRIE des PLUMES MÉTALLIQUES

EN FRANCE

PLUMES pour écoles primaires.
PLUMES — supérieures.
PLUMES pour toutes les écritures.
PLUMES pour bureau.
PLUMES pour la correspondance.
PLUMES souples et flexibles.
PLUMES à pointes extra fines, fines, moyennes et grosses.
PLUMES supérieures pour dessins.
PLUMES pour la ronde, la bâtarde.
PLUMES pour l'expédiée remplaçant la plume d'oie.
PLUMES pour l'autographie, la lithographie.

PLUMES tire-lignes, { permettant de tirer des traits doubles. pour les encadrements, la topographie, les tracés de route, chemins de fer, etc.

— PLUME « LA BOULONNAISE » —

Recommandée pour la Correspondance.

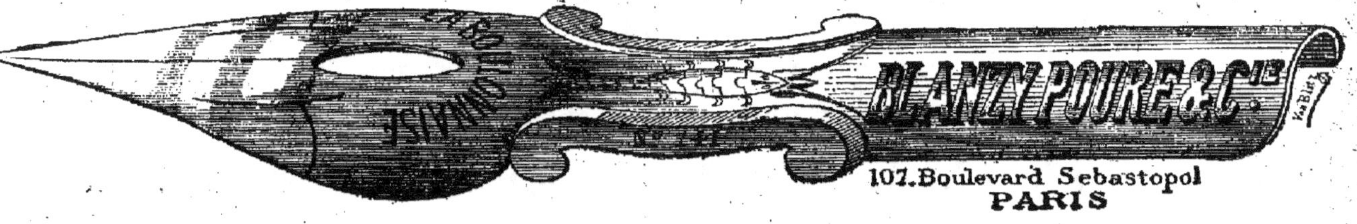

PHOSPHO-GLYCÉRATE DE CHAUX PUR

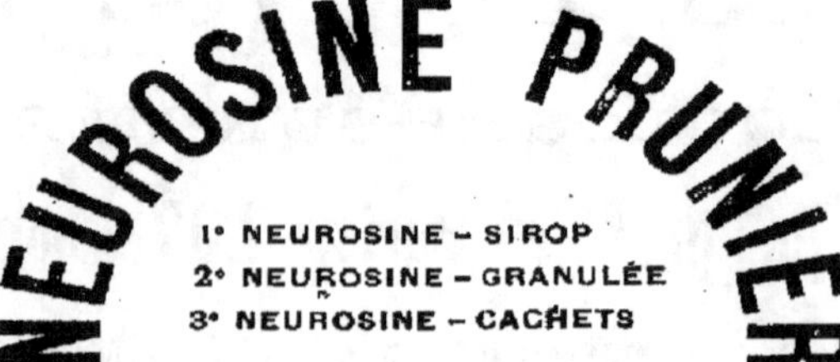

Dépôt général : CHASSAING & Cie, Paris, 6, Avenue Victoria.

LE
MERVEILLEUX CORICIDE
(RONDELLE-EMPLATRE)
Infaillible, d'un emploi facile

Supérieur à tous les autres Coricides

Supprime en trois ou quatre jours, sans douleur, par la simple application d'une **RONDELLE-EMPLATRE**, les **Corps, Oignons, Œils-de-Perdrix, Durillons, Verrues**, etc.

PRIX DE LA BOÎTE : **1 fr. 25** — DE LA 1/2 BOÎTE : **0 fr. 75**
PRIX DE L'ÉTUI CONTENANT UN GRAND MORCEAU : **1 fr. 25**

DÉPOTS :
Pharmacie CHARLARD, 12, boulevard Bonne-Nouvelle, PARIS
HALPHEN, 6, rue Demarquay, PARIS.

Et dans toutes les bonnes Pharmacies, Herboristeries, Drogueries, etc.

PILULES SPÉCIALES
CONTRE LA CONSTIPATION

Il est important, lorsqu'on se livre à l'exercice du calcul, d'avoir toujours la tête libre et d'éviter la congestion du cerveau. Pour cela il suffit de prendre au dîner ou le soir en se couchant une **Pilule spéciale contre la constipation**. Les *Pilules rhéo-ferrées VIGIER* fortifient tout en étant *laxatives*.

A toute personne qui par un travail assidu, tel que l'étude des Mathématiques, arrive à éprouver de la *fatigue*, de l'*épuisement*, du *surmenage*, de la *neurasthénie*, nous signalons, pour éviter ces accidents et se réconforter, le

GLYCÉRO-PHOSPHATE IODO-TANNIQUE VIGIER

Cette préparation **tonique, reconstituante**, n'irrite pas le tube digestif et réunit, grâce à une parfaite association, toutes les propriétés de l'**iode**, du **tannin** et des **glycéro-phosphates**.

DOSE : **Enfants**, une cuillerée à café / **Adultes**, une cuillerée à soupe } avant chaque repas.

Pharmacie CHARLARD-VIGIER, 12, boul. Bonne-Nouvelle, Paris

CHATEAUROUX. — YP. ET STÉRÉOTYP. A. MAJESTÉ ET L. BOUCHARDEAU

BULLETIN
DE
MATHÉMATIQUES ÉLÉMENTAIRES

PUBLIÉ SOUS LA DIRECTION DE

B. NIEWENGLOWSKI

DOCTEUR ÈS SCIENCES
INSPECTEUR DE L'ACADÉMIE DE PARIS

Rédacteur en chef : **L. GÉRARD**, Docteur ès sciences, professeur au lycée Ampère

Nº 13 — 1ᵉʳ AVRIL 1896

SOMMAIRE :

Le « Bulletin de Mathématiques élémentaires » paraît le 1ᵉʳ et le 15 de chaque mois du 1ᵉʳ Octobre au 15 Juillet.

Les abonnements partent du 1ᵉʳ Octobre

FRANCE........................ 5 francs | ÉTRANGER .... 6 francs

Le Numéro....... 0 fr. 30

On peut s'abonner dans tous les bureaux de poste

PARIS
SOCIÉTÉ D'ÉDITIONS SCIENTIFIQUES
PLACE DE L'ÉCOLE-DE-MÉDECINE
4, RUE ANTOINE-DUBOIS, 4

Le **BULLETIN** annonce tout ouvrage dont il reçoit un exemplaire, et analyse ceux dont on lui en envoie deux.

En vente à la **SOCIÉTÉ D'ÉDITIONS SCIENTIFIQUES**
4, RUE ANTOINE-DUBOIS, 4, PARIS
(Envoi franco par la poste dans toute l'Union postale.)

COURS DE CHIMIE DU BACCALAURÉAT

Par **Victor LELORIEUX** et **Abel BUGUET**
Professeurs agrégés des Sciences physiques.

Un volume avec 180 figures.

Prix : broché, **5 fr.**; relié cuir plein, souple, tranches rouges, **6 fr.**

Ce nouveau livre, écrit en *notation atomique*, selon les exigences actuelles de l'enseignement et des examens, a été rédigé indépendamment de toute idée théorique préconçue. *L'expérience* intervient partout en premier plan.

Les matières traitées sont exactement ce qu'exigent les derniers programmes des baccalauréats. Conformément à leur esprit, les développements embrassent rigoureusement toutes les connaissances nécessaires au candidat qui apprend avec intelligence, sans charger vainement sa mémoire de notions inutiles aux idées générales.

Les 180 figures qui complètent le texte ont été dessinées spécialement, dans les formes les plus simples. Autant exigées à l'examen que nécessaires au cours de la préparation, elles seront aisément et clairement reproduites par les élèves, même par ceux qui ne possèdent pas les moindres notions de dessin.

Nous recommandons cette chimie très particulièrement aux jeunes gens qui préparent soit le Baccalauréat, soit le nouveau Certificat d'études physiques.

ENCYCLOPÉDIE DES CONNAISSANCES PRATIQUES

BOURQUELOT (ÉMILE), docteur ès-sciences, professeur à l'Ecole supérieure de pharmacie de Paris. — **Les Fermentations.** 1 vol. illustré de 21 fig. intercalées dans le texte, broché.................... **3 fr. 50**

DEBAINS (ALFRED), ingénieur des Arts et Manufactures, professeur de génie rural à l'Ecole nationale d'agriculture de Grand-Jouan. — **Instructions pratiques sur l'utilité et l'emploi des Machines agricoles sur le terrain.** Cartonné.................... **4 fr.**

LARBALÉTRIER (ALBERT), professeur à l'Ecole d'agriculture du Palais-de-Calais. — **Les grandes cultures de la France.** — 1 vol. in-16 de 360 p., cartonné.................... **4 fr.**

MAUMENÉ (E.-J.), Dr ès-sciences, lauréat de l'Institut. — **Comment s'obtient le bon vin**.................... **4 fr.**

MARTIN (CH.-J.), ingénieur agronome, directeur de l'Ecole nationale de l'industrie laitière de Mamirolle (Doubs). — **L'Industrie du Gruyère.** 1 vol. avec fig. et plans dans le texte, broché.................... **3 fr. 50**
Cartonné.................... **4 fr.**

HYGIÈNE — EXERCICES PHYSIQUES

BARTHES (Dr ÉMILE), médecin inspecteur de la Société protectrice de l'enfance. — **Manuel d'hygiène scolaire,** à l'usage des médecins et instituteurs, des lycées, collèges, etc. 1 vol. in-18 de 150 p. Deuxième édition..... **2 fr. 50**

CANCALON (le Dr A.-A.). — **L'hygiène nouvelle dans la famille.** Préface du Dr DUJARDIN-BEAUMETZ, membre de l'Académie de médecine. Deuxième édition augmentée.......... **4 fr.**

E. MONIN et DUBOUSQUET-LABORDERIE (les Drs). — **Précis élémentaire d'hygiène pratique.** 1 vol. in-8 écu de 475 pages.. **6 fr.**

DEMENY (GEORGES). — **L'éducation physique en Suède.** Un volume in-8 de 105 pages, un graphique.................... **2 fr. 50**

ROBLOT (Dr), chevalier de la Légion d'honneur. — **Guide pratique d'exercices physiques.** Hygiène et résultats. In-8 de 60 pages, avec gravures intercalées dans le texte.. **2 fr. 50**

Vient de paraître

À LA

SOCIÉTÉ D'ÉDITIONS SCIENTIFIQUES

LA

PHOTOGRAPHIE
DE L'INVISIBLE

Au moyen des rayons X, des rayons ultra-violets, de la phosphorescence et de l'effluve électrique.

HISTORIQUE — THÉORIE — PRATIQUE

Des expériences de MM. RÖNTGEN, G. SEGUY, Ch. HENRY, CHARDONNET, G. LE BON, BOUDET de Paris, MOREAU, etc., etc.

Une brochure grand in-8° avec nombreuses figures dont plusieurs reproductions photographiques.

Envoi franco contre un mandat de 1 fr. 50, adressé à M. le Directeur de la Société d'Editions Scientifiques, 4, rue Antoine-Dubois, PARIS.

Blanzy Poure et Cie

BOULOGNE-SUR-MER

Maison de vente en gros à Paris, 107, boulevard Sébastopol

IMPORTATEURS de L'INDUSTRIE des PLUMES MÉTALLIQUES

EN FRANCE

PLUMES pour écoles primaires.
PLUMES pour écoles supérieures.
PLUMES pour toutes les écritures.
PLUMES pour bureau.
PLUMES pour la correspondance.
PLUMES souples et flexibles.
PLUMES à pointes extra fines, fines, moyennes et grosses.
PLUMES supérieures pour le dessin.
PLUMES pour la ronde, la bâtarde.
PLUMES pour l'expédiée remplaçant la plume d'oie.
PLUMES pour l'autographie, la lithographie.

PLUMES tire-lignes, permettant de tirer des traits doubles, pour les encadrements, la topographie, les tracés de route, chemins de fer, etc.

PLUME « LA BOULONNAISE »

Recommandée pour la Correspondance.

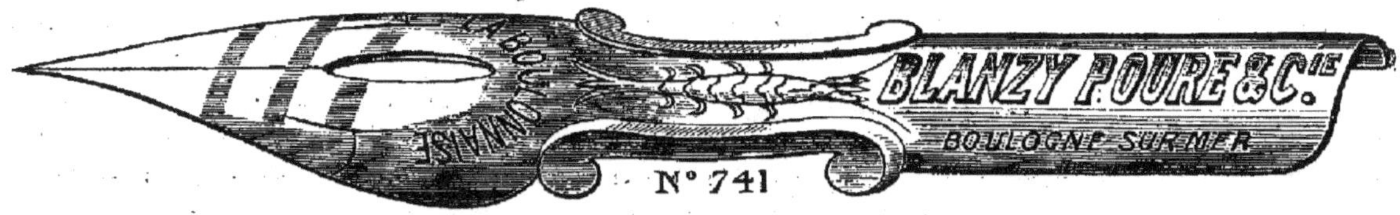

PHOSPHO-GLYCÉRATE DE CHAUX PUR

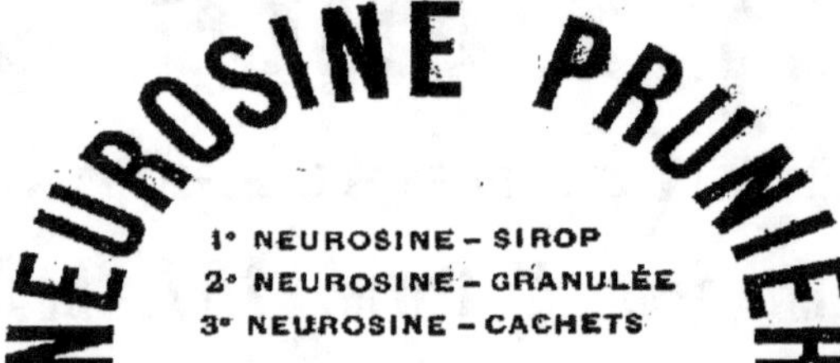

LE
MERVEILLEUX CORICIDE
(RONDELLE-EMPLATRE)

Infaillible, d'un emploi facile

Supérieur à tous les autres Coricides

Supprime en trois ou quatre jours, sans douleur, par la simple application d'une **RONDELLE-EMPLATRE**, les **Corps**, **Oignons**, **Œils-de-Perdrix**, **Durillons**, **Verrues**, etc.

PRIX DE LA BOÎTE : **1 fr. 25** — DE LA 1/2 BOÎTE : **0 fr. 75**
PRIX DE L'ÉTUI CONTENANT UN GRAND MORCEAU : **1 fr. 25**

DÉPOTS :

Pharmacie **CHARLARD**, 12, boulevard Bonne-Nouvelle, PARIS
HALPHEN, 6, rue Demarquay, PARIS.

Et dans toutes les bonnes Pharmacies, Herboristeries, Drogueries, etc.

PILULES SPÉCIALES
CONTRE LA CONSTIPATION

Il est important, lorsqu'on se livre à l'exercice du calcul, d'avoir toujours la tête libre et d'éviter la congestion du cerveau. Pour cela il suffit de prendre au dîner ou le soir en se couchant une **Pilule spéciale contre la constipation**. Les *Pilules rhéo-ferrées VIGIER* fortifient tout en étant *laxatives*.

A toute personne qui par un travail assidu, tel que l'étude des Mathématiques, arrive à éprouver de la *fatigue*, de l'*épuisement*, du *surmenage*, de la *neurasthénie*, nous signalons, pour éviter ces accidents et se réconforter, le

GLYCÉRO-PHOSPHATE IODO-TANNIQUE VIGIER

Cette préparation **tonique, reconstituante,** n'irrite pas le tube digestif et réunit, grâce à une **parfaite** association, toutes les propriétés de l'**iode**, du **tannin** et des **glycéro-phosphates.**

DOSE : { **Enfants**, une cuillerée à café **Adultes**, une cuillerée à soupe } avant chaque repas.

Pharmacie CHARLARD-VIGIER, 12, boul. Bonne-Nouvelle, Paris

CHATEAUROUX. — TYP. ET STÉRÉOTYP. A. MAJESTÉ ET L. BOUCHARDEAU

BULLETIN
DE
MATHÉMATIQUES ÉLÉMENTAIRES

PUBLIÉ SOUS LA DIRECTION DE
B. NIEWENGLOWSKI

DOCTEUR ÈS SCIENCES
INSPECTEUR DE L'ACADÉMIE DE PARIS

Rédacteur en chef : **L. GÉRARD**, Docteur ès sciences, professeur au lycée Ampère

N° 14 — 15 AVRIL 1896

SOMMAIRE :

Le « Bulletin de Mathématiques élémentaires » paraît le **1er** et le **15** de chaque mois du **1er** Octobre au 15 Juillet.

Les abonnements partent du 1er Octobre

FRANCE...................... 5 francs | ÉTRANGER...................... 6 francs

Le Numéro....... O fr. 30

On peut s'abonner dans tous les bureaux de poste

· PARIS
SOCIÉTÉ D'ÉDITIONS SCIENTIFIQUES
PLACE DE L'ÉCOLE-DE-MÉDECINE
4, RUE ANTOINE-DUBOIS, 4

Le BULLETIN annonce tout ouvrage dont il reçoit un exemplaire, et analyse ceux dont on lui en envoie deux.

En vente à la SOCIÉTÉ D'ÉDITIONS SCIENTIFIQUES

4, RUE ANTOINE-DUBOIS, 4, PARIS

(Envoi franco par la poste dans toute l'Union postale.)

COURS DE CHIMIE DU BACCALAURÉAT

Par **Victor LELORIEUX** et **Abel BUGUET**

Professeurs agrégés des Sciences physiques.

Un volume avec 180 figures.

Prix : broché, 5 fr.; relié cuir plein, souple, tranches rouges, 6 fr.

Ce nouveau livre, écrit en *notation atomique*, selon les exigences actuelles de l'enseignement et des examens, a été rédigé indépendamment de toute idée théorique préconçue. L'*expérience* intervient partout en premier plan.

Les matières traitées sont exactement ce qu'exigent les derniers programmes des baccalauréats. Conformément à leur esprit, les développements embrassent rigoureusement toutes les connaissances nécessaires au candidat qui apprend avec intelligence, sans charger vainement sa mémoire de notions inutiles aux idées générales.

Les 180 figures qui complètent le texte ont été dessinées spécialement, dans les formes les plus simples. Autant exigées à l'examen que nécessaires au cours de la préparation, elles seront aisément et clairement reproduites par les élèves, même par ceux qui ne possèdent pas les moindres notions de dessin.

Nous recommandons cette chimie très particulièrement aux jeunes gens qui préparent soit le Baccalauréat, soit le nouveau Certificat d'études physiques.

GYMNASTIQUE, EXERCICES PHYSIQUES

DEMENY (Georges), chef du Laboratoire de la station physiologique annexe du Collège de France, rapporteur de la Commission de gymnastique au Ministère de l'Instruction publique, chargé de missions par le ministère (Société d'éditions scientifiques). — **L'éducation physique en Suède**. Un vol. in-18 de 105 p., un graphique .... **2 fr. 50**

La gymnastique médicale arrive à des résultats extraordinaires de guérisons. Une conséquence de cette habitude des exercices physiques à tous les degrés de l'échelle sociale, c'est qu'on ne rencontre en Suède qu'un nombre très minime de boiteux, de bancals, de bossus, en un mot de mal-formés, la population est remarquablement belle et vigoureuse, et ce résultat est dû évidemment à la pratique rationnelle de la gymnastique.

FONTANA. — **Manuel de Gymnastique**. 1 volume de 51 pages et 115 figures. Prix .... **2 fr. 50**

PICHERY (J.-L.). — **Gymnastique des écoles**. Seule méthode adoptée par le Conseil municipal de Paris, indispensable aux directeurs et directrices d'école. Ouvrage honoré de la souscription du Conseil municipal de Paris. 1 volume in-8 de 250 pages, avec 30 figures dans le texte. Prix .... **5 fr.**

ROBLOT (Dr), chevalier de la Légion d'honneur. — **Guide pratique des exercices physiques**. Hygiène et résultats. In-8 de 60 pages, avec gravures intercalées dans le texte.

MIGUEL ZAMACOIS. — **Le Vélocipède à travers les âges**. Un volume illustré .... **2 fr.**

ALBERT (le professeur). **Traité complet de boxe française**, avec 200 figures dans le texte. Prix .... **5 fr.**

CANCALON (le Dr A.-A.). — **L'Hygiène nouvelle dans la Famille**. Préface du Dr DUJARDIN-BEAUMETZ, membre de l'Académie de médecine. — Deuxième édition augmentée.

Envoi franco contre un mandat de 4 fr. pour recevoir ce volume cartonné avec fers spéciaux.

Blanzy Poure et Cie

BOULOGNE-SUR-MER

Maison de vente en gros à Paris, 107, boulevard Sébastopol

IMPORTATEURS de L'INDUSTRIE des PLUMES MÉTALLIQUES

EN FRANCE

PLUMES pour écoles primaires.
PLUMES pour écoles supérieures.
PLUMES pour toutes les écritures.
PLUMES pour bureau.
PLUMES pour la correspondance.
PLUMES souples et flexibles.
PLUMES à pointes extra fines, fines, moyennes et grosses.
PLUMES supérieures pour le dessin.
PLUMES pour la ronde, la bâtarde.
PLUMES pour l'expédiée remplaçant la plume d'oie.
PLUMES pour l'autographie, la lithographie.

PLUMES tire-lignes, permettant de tirer des traits doubles, pour les encadrements, la topographie, les tracés de route, chemins de fer, etc.

PLUME « LA BOULONNAISE »

Recommandée pour la Correspondance.

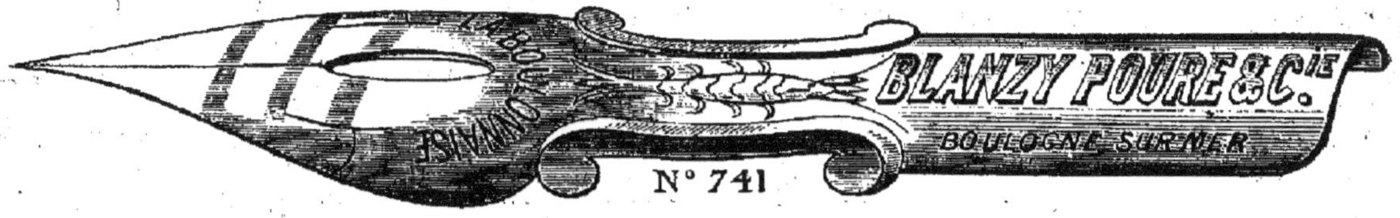

PHOSPHO-GLYCÉRATE DE CHAUX PUR

NEUROSINE PRUNIER

Reconstituant général
du
Système nerveux,
Neurasthénie,
Phosphaturie.

1° NEUROSINE – SIROP
2° NEUROSINE – GRANULÉE
3° NEUROSINE – CACHETS

Débilité générale
Migraines,
Névralgies,
Dépression du Système
nerveux.

Dépôt général : CHASSAING & Cⁱᵉ, Paris, 6, Avenue Victoria.

LE

MERVEILLEUX CORICIDE

(RONDELLE-EMPLATRE)

Infaillible, d'un emploi facile

Supérieur à tous les autres Coricides

Supprime en trois ou quatre jours, sans douleur, par la simple application d'une **RONDELLE-EMPLATRE**, les **Corps, Oignons, Œils-de-Perdrix, Durillons, Verrues**, etc.

PRIX DE LA BOÎTE : **1 fr. 25** — DE LA 1/2 BOÎTE : **0 fr. 75**
PRIX DE L'ÉTUI CONTENANT UN GRAND MORCEAU : **1 fr. 25**

DÉPOTS :

Pharmacie CHARLARD, 12, boulevard Bonne-Nouvelle, PARIS
HALPHEN, 6, rue Demarquay, PARIS.

Et dans toutes les bonnes Pharmacies, Herboristeries, Drogueries, etc.

PILULES SPÉCIALES

CONTRE LA CONSTIPATION

Il est important, lorsqu'on se livre à l'exercice du calcul, d'avoir toujours la tête libre et d'éviter la congestion du cerveau. Pour cela il suffit de prendre au dîner ou le soir en se couchant une **Pilule spéciale contre la constipation**. Les *Pilules rhéo-ferrées VIGIER* fortifient tout en étant *laxatives*.

A toute personne qui par un travail assidu, tel que l'étude des Mathématiques, arrive à éprouver de la *fatigue*, de l'*épuisement*, du *surmenage*, de la *neurasthénie*, nous signalons, pour éviter ces accidents et se réconforter, le

GLYCÉRO-PHOSPHATE IODO-TANNIQUE VIGIER

Cette préparation **tonique, reconstituante,** n'irrite pas le tube digestif et réunit, grâce à une parfaite association, toutes les propriétés de l'**iode**, du **tannin** et des **glycéro-phosphates.**

DOSE : { **Enfants,** une cuillerée à café } avant chaque repas.
{ **Adultes,** une cuillerée à soupe }

Pharmacie CHARLARD-VIGIER, 12, boul. Bonne-Nouvelle, Paris

CHATEAUROUX. — TYP. ET STÉRÉOTYP. A. MAJESTÉ ET L. BOUCHARDEAU

BULLETIN
DE
MATHÉMATIQUES ÉLÉMENTAIRES

PUBLIÉ SOUS LA DIRECTION DE
B. NIEWENGLOWSKI

DOCTEUR ÈS SCIENCES
INSPECTEUR DE L'ACADÉMIE DE PARIS

Rédacteur en chef : **L. GÉRARD**, Docteur ès sciences, professeur au lycée Ampère

N° 15 — 1er MAI 1896

SOMMAIRE :

Le « Bulletin de Mathématiques élémentaires » paraît le 1er et le 15 de chaque mois du 1er Octobre au 15 Juillet.

Les abonnements partent du 1er Octobre

FRANCE...................... 5 francs | ÉTRANGER .... 6 francs

Le Numéro....... 0 fr. 30

On peut s'abonner dans tous les bureaux de poste

PARIS
SOCIÉTÉ D'ÉDITIONS SCIENTIFIQUES
PLACE DE L'ÉCOLE-DE-MÉDECINE
4, RUE ANTOINE-DUBOIS, 4

Le **BULLETIN** annonce tout ouvrage dont il reçoit un exemplaire, et analyse ceux dont on lui en envoie deux.

En vente à la **SOCIÉTÉ D'ÉDITIONS SCIENTIFIQUES**
4, RUE ANTOINE-DUBOIS, 4, PARIS
(Envoi franco par la poste dans toute l'Union postale.)

COURS DE CHIMIE DU BACCALAURÉAT

Par Victor LELORIEUX et Abel BUGUET
Professeurs agrégés des Sciences physiques.

Un volume avec 180 figures.

Prix : broché, 5 fr.; relié cuir plein, souple, tranches rouges, 6 fr.

Ce nouveau livre, écrit en *notation atomique*, selon les exigences actuelles de l'enseignement et des examens, a été rédigé indépendamment de toute idée théorique préconçue. *L'expérience* intervient partout en premier plan.

Les matières traitées sont exactement ce qu'exigent les derniers programmes des baccalauréats. Conformément à leur esprit, les développements embrassent rigoureusement toutes les connaissances nécessaires au candidat qui apprend avec intelligence, sans charger vainement sa mémoire de notions inutiles aux idées générales.

Les 180 figures qui complètent le texte ont été dessinées spécialement, dans les formes les plus simples. Autant exigées à l'examen que nécessaires au cours de la préparation, elles seront aisément et clairement reproduites par les élèves, même par ceux qui ne possèdent pas les moindres notions de dessin.

Nous recommandons cette chimie très particulièrement aux jeunes gens qui préparent soit le Baccalauréat, soit le nouveau Certificat d'études physiques.

ENCYCLOPÉDIE DES CONNAISSANCES PRATIQUES

BOURQUELOT (ÉMILE), docteur ès-sciences, professeur à l'Ecole supérieure de pharmacie de Paris. — **Les Fermentations.** 1 vol. illustré de 21 fig. intercalées dans le texte, broché.................. **3 fr. 50**

DEBAINS (ALFRED), ingénieur des Arts et Manufactures, professeur de génie rural à l'Ecole nationale d'agriculture de Grand-Jouan. — **Instructions pratiques sur l'utilité et l'emploi des Machines agricoles sur le terrain.** Cartonné.................... **4 fr.**

LARBALÉTRIER (ALBERT), professeur à l'Ecole d'agriculture du Palais-de-Calais. — **Les grandes cultures de la France.** — 1 vol. in-16 de 360 p., cartonné...................... **4 fr.**

MAUMENÉ (E.-J.), Dr ès-sciences, lauréat de l'Institut. — **Comment s'obtient le bon vin.**................................ **4 fr.**

MARTIN (CH.-J.), ingénieur agronome, directeur de l'Ecole nationale de l'industrie laitière de Mamirolle (Doubs). — **L'Industrie du Gruyère.** 1 vol. avec fig. et plans dans le texte, broché................................ **3 fr. 50**
Cartonné............................ **4 fr.**

HYGIÈNE — EXERCICES PHYSIQUES

BARTHÈS (Dr ÉMILE), médecin inspecteur de la Société protectrice de l'enfance. — **Manuel d'hygiène scolaire** à l'usage des médecins et instituteurs, des lycées, collèges, etc. 1 vol. in-18 de 150 p. Deuxième édition..... **2 fr. 50**

CANCALON (le Dr A.-A.). — **L'hygiène nouvelle dans la famille.** Préface du Dr DUJARDIN-BEAUMETZ, membre de l'Académie de médecine. Deuxième édition augmentée........... **4 fr.**

E. MONIN et **DUBOUSQUET-LABORDERIE** (les Drs). — **Précis élémentaire d'hygiène pratique.** 1 vol. in-8 écu de 475 pages.. **6 fr.**

DEMENY (GEORGES). — **L'éducation physique en Suède.** Un volume in-8 de 105 pages, un graphique.......................... **2 fr. 50**

ROBLOT (Dr), chevalier de la Légion d'honneur. — **Guide pratique d'exercices physiques.** Hygiène et résultats. In-8 de 60 pages, avec gravures intercalées dans le texte.. **2 fr. 50**

Vient de paraître

A LA

SOCIÉTÉ D'ÉDITIONS SCIENTIFIQUES

LA

PHOTOGRAPHIE
DE L'INVISIBLE

Au moyen des rayons X, des rayons ultra-violets, de la phosphorescence et de l'effluve électrique.

HISTORIQUE — THÉORIE — PRATIQUE

Des expériences de MM. RÖNTGEN, G. SEGUY, Ch. HENRY, CHARDONNET, G. LE BON, BOUDET de Paris, MOREAU, etc., etc.

Une brochure grand in-8° avec nombreuses figures dont plusieurs reproductions photographiques.

Envoi franco contre un mandat de 1 fr. 50, adressé à M. le Directeur de la Société d'Editions Scientifiques, 4, rue Antoine-Dubois, PARIS.

Blanzy Poure et Cie

BOULOGNE-SUR-MER

Maison de vente en gros à Paris, 107, boulevard Sébastopol

IMPORTATEURS de L'INDUSTRIE des PLUMES MÉTALLIQUES

EN FRANCE

PLUMES pour écoles primaires.
PLUMES pour écoles supérieures.
PLUMES pour toutes les écritures.
PLUMES pour bureau.
PLUMES pour la correspondance.
PLUMES souples et flexibles.
PLUMES à pointes extra fines, fines, moyennes et grosses.
PLUMES supérieures pour le dessin.
PLUMES pour la ronde, la bâtarde.
PLUMES pour l'expédiée remplaçant la plume d'oie.
PLUMES pour l'autographie, la lithographie.

PLUMES tire-lignes, permettant de tirer des traits doubles, pour les encadrements, la topographie, les tracés de route, chemins de fer, etc.

PLUME « LA BOULONNAISE »

Recommandée pour la Correspondance.

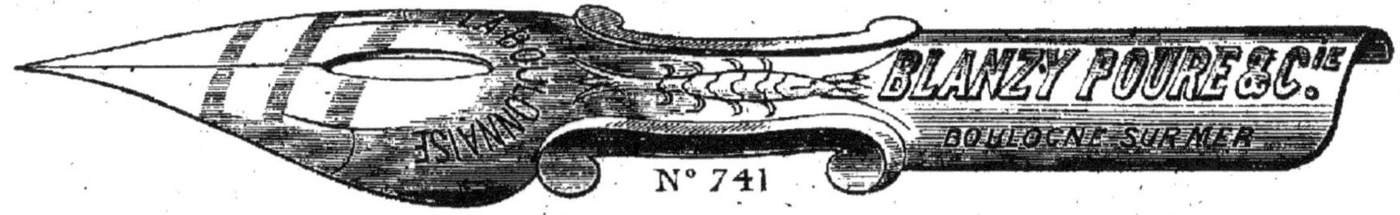

PHOSPHO-GLYCÉRATE DE CHAUX PUR

NEUROSINE PRUNIER

Reconstituant général
du
Système nerveux,
Neurasthénie,
Phosphaturie.

1° NEUROSINE — SIROP
2° NEUROSINE — GRANULÉE
3° NEUROSINE — CACHETS

Débilité générale
Migraines,
Névralgies,
Dépression du Système
nerveux.

Dépôt général : CHASSAING & Cie, Paris, 6, Avenue Victoria.

LE

MERVEILLEUX CORICIDE

(RONDELLE-EMPLATRE)

Infaillible, d'un emploi facile

Supérieur à tous les autres Coricides

Supprime en trois ou quatre jours, sans douleur, par la simple application d'une RONDELLE-EMPLATRE, les **Corps, Oignons, Œils-de-Perdrix, Durillons, Verrues,** etc.

PRIX DE LA BOÎTE : **1 fr. 25** — DE LA 1/2 BOÎTE : **0 fr. 75**
PRIX DE L'ÉTUI CONTENANT UN GRAND MORCEAU : **1 fr. 25**

DÉPOTS :

Pharmacie CHARLARD, 12, boulevard Bonne-Nouvelle, PARIS
HALPHEN, 6, rue Demarquay, PARIS.

Et dans toutes les bonnes Pharmacies, Herboristeries, Drogueries, etc.

PILULES SPÉCIALES

CONTRE LA CONSTIPATION

Il est important, lorsqu'on se livre à l'exercice du calcul, d'avoir toujours la tête libre et d'éviter la congestion du cerveau. Pour cela il suffit de prendre au dîner ou le soir en se couchant une **Pilule spéciale contre la constipation**. Les *Pilules rhéo-ferrées* **VIGIER** fortifient tout en étant *laxatives*.

A toute personne qui par un travail assidu, tel que l'étude des Mathématiques, arrive à éprouver de la *fatigue*, de l'*épuisement*, du *surmenage*, de la *neurasthénie*, nous signalons, pour éviter ces accidents et se réconforter, le

GLYCÉRO-PHOSPHATE IODO-TANNIQUE VIGIER

Cette préparation **tonique, reconstituante,** n'irrite pas le tube digestif et réunit, grâce à une parfaite association, toutes les propriétés de l'**Iode**, du **tannin** et des **glycéro-phosphates**.

DOSE : { **Enfants,** une cuillerée à café
{ **Adultes,** une cuillerée à soupe } avant chaque repas.

Pharmacie CHARLARD-VIGIER, 12, boul. Bonne-Nouvelle, Paris

CHATEAUROUX. — TYP. ET STÉRÉOTYP. A. MAJESTÉ ET L. BOUCHARDEAU

BULLETIN
DE
MATHÉMATIQUES ÉLÉMENTAIRES

PUBLIÉ SOUS LA DIRECTION DE
B. NIEWENGLOWSKI

DOCTEUR ÈS SCIENCES
INSPECTEUR DE L'ACADÉMIE DE PARIS

Rédacteur en chef : **L. GÉRARD**, Docteur ès sciences, professeur au lycée Ampère

N° 16 — 15 MAI 1896

SOMMAIRE :

Le « Bulletin de Mathématiques élémentaires » paraît le **1er** et le **15** de chaque mois
du **1er Octobre** au **15 Juillet.**

Les abonnements partent du 1er Octobre

FRANCE...................... **5 francs** | ÉTRANGER .... **6 francs**

Le Numéro....... O fr. 30

On peut s'abonner dans tous les bureaux de poste

PARIS
SOCIÉTÉ D'ÉDITIONS SCIENTIFIQUES
PLACE DE L'ÉCOLE-DE-MÉDECINE
4, RUE ANTOINE-DUBOIS, 4

Le **BULLETIN** annonce tout ouvrage dont il reçoit un exemplaire, et analyse ceux dont
on lui en envoie deux.

En vente à la **SOCIÉTÉ D'ÉDITIONS SCIENTIFIQUES**
4, RUE ANTOINE-DUBOIS, 4, PARIS
(Envoi franco par la poste dans toute l'Union postale.)

COURS DE CHIMIE DU BACCALAURÉAT

Par **Victor LELORIEUX** et **Abel BUGUET**
Professeurs agrégés des Sciences physiques.

Un volume avec 180 figures.

Prix : broché, 5 fr.; relié cuir plein, souple, tranches rouges, 6 fr.

Ce nouveau livre, écrit en *notation atomique*, selon les exigences actuelles de l'enseignement et des examens, a été rédigé indépendamment de toute idée théorique préconçue. L'*expérience* intervient partout en premier plan.

Les matières traitées sont exactement ce qu'exigent les derniers programmes des baccalauréats. Conformément à leur esprit, les développements embrassent rigoureusement toutes les connaissances nécessaires au candidat qui apprend avec intelligence, sans charger vainement sa mémoire de notions inutiles aux idées générales.

Les 180 figures qui complètent le texte ont été dessinées spécialement, dans les formes les plus simples. Autant exigées à l'examen que nécessaires au cours de la préparation, elles seront aisément et clairement reproduites par les élèves, même par ceux qui ne possèdent pas les moindres notions de dessin.

Nous recommandons cette chimie très particulièrement aux jeunes gens qui préparent soit le Baccalauréat, soit le nouveau Certificat d'études physiques.

ENCYCLOPÉDIE DES CONNAISSANCES PRATIQUES

BOURQUELOT (EMILE), docteur ès-sciences, professeur à l'Ecole supérieure de pharmacie de Paris. — **Les Fermentations.** 1 vol. illustré de 21 fig. intercalées dans le texte, broché... **3 fr. 50**

DEBAINS (ALFRED), ingénieur des Arts et Manufactures, professeur de génie rural à l'Ecole nationale d'agriculture de Grand-Jouan. — **Instructions pratiques sur l'utilité et l'emploi des Machines agricoles sur le terrain.** Cartonné... **4 fr.**

LARBALÉTRIER (ALBERT), professeur à l'Ecole d'agriculture du Palais-de-Calais. — **Les grandes cultures de la France.** — 1 vol. in-16 de 360 p., cartonné........................... **4 fr.**

MAUMENÉ (E.-J.), Dr ès-sciences, lauréat de l'Institut. — **Comment s'obtient le bon vin.**... **4 fr.**

MARTIN (CH.-J.), ingénieur agronome, directeur de l'Ecole nationale de l'industrie laitière de Mamirolle (Doubs). — **L'Industrie du Gruyère.** 1 vol. avec fig. et plans dans le texte, broché... **3 fr. 50**
Cartonné... **4 fr.**

HYGIÈNE — EXERCICES PHYSIQUES

BARTHÈS (Dr ÉMILE), médecin inspecteur de la Société protectrice de l'enfance. — **Manuel d'hygiène scolaire** à l'usage des médecins et instituteurs, des lycées, collèges, etc. 1 vol. in-18 de 150 p. Deuxième édition..... **2 fr. 50**

CANCALON (le Dr A.-A.). — **L'hygiène nouvelle dans la famille.** Préface du Dr DUJARDIN-BEAUMETZ, membre de l'Académie de médecine. Deuxième édition augmentée........... **4 fr.**

E. MONIN et DUBOUSQUET-LABORDERIE (les Drs). — **Précis élémentaire d'hygiène pratique.** 1 vol. in-8 écu de 475 pages.. **6 fr.**

DEMENY (GEORGES). — **L'éducation physique en Suède.** Un volume in-8 de 105 pages, un graphique..................... **2 fr. 50**

ROBLOT (Dr), chevalier de la Légion d'honneur. — **Guide pratique d'exercices physiques.** Hygiène et résultats. In-8 de 60 pages, avec gravures intercalées dans le texte.. **2 fr. 50**

Vient de paraître

A LA

SOCIÉTÉ D'ÉDITIONS SCIENTIFIQUES

LA

PHOTOGRAPHIE DE L'INVISIBLE

Au moyen des rayons X, des rayons ultra-violets, de la phosphorescence et de l'effluve électrique.

HISTORIQUE — THÉORIE — PRATIQUE

Des expériences de MM. RÖNTGEN, G. SEGUY, Ch. HENRY, CHARDONNET, G. LE BON, BOUDET de Paris, MOREAU, etc., etc.

Une brochure grand in-8° avec nombreuses figures dont plusieurs reproductions photographiques.

Envoi franco contre un mandat de 1 fr. 50, adressé à M. le Directeur de la Société d'Editions Scientifiques, 4, rue Antoine-Dubois, PARIS.

Blanzy Poure et Cie

BOULOGNE-SUR-MER

Maison de vente en gros à Paris, 107, boulevard Sébastopol

IMPORTATEURS de L'INDUSTRIE des PLUMES MÉTALLIQUES

EN FRANCE

PLUMES pour écoles primaires.
PLUMES pour écoles supérieures.
PLUMES pour toutes les écritures.
PLUMES pour bureau.
PLUMES pour la correspondance.
PLUMES souples et flexibles.
PLUMES à pointes extra fines, fines, moyennes et grosses.
PLUMES supérieures pour le dessin.
PLUMES pour la ronde, la bâtarde.
PLUMES pour l'expédiée remplaçant la plume d'oie.
PLUMES pour l'autographie, la lithographie.

PLUMES tire-lignes, permettant de tirer des traits doubles, pour les encadrements, la topographie, les tracés de route, chemins de fer, etc.

PLUME « LA BOULONNAISE »

Recommandée pour la Correspondance.

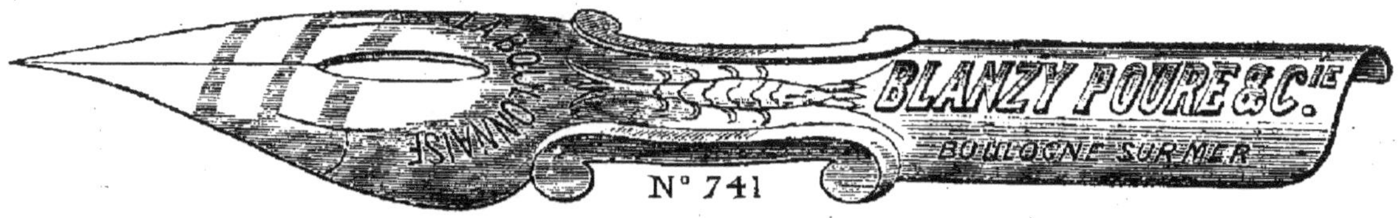

PHOSPHO-GLYCÉRATE DE CHAUX PUR

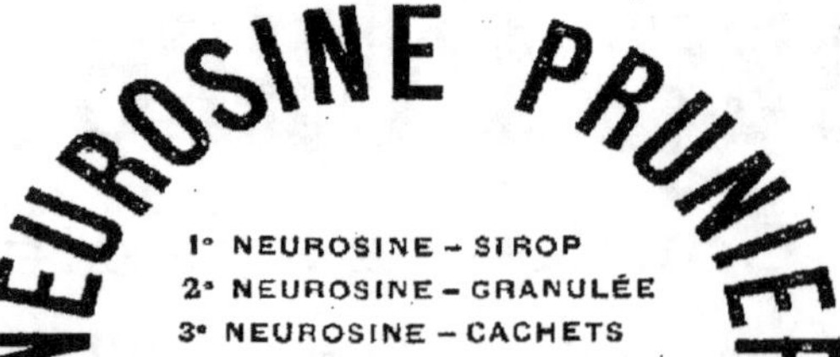

Dépôt général : CHASSAING & Cⁱᵉ, Paris, 6, Avenue Victoria.

LE
MERVEILLEUX CORICIDE
(RONDELLE-EMPLATRE)
Infaillible, d'un emploi facile

Supérieur à tous les autres Coricides

Supprime en trois ou quatre jours, sans douleur, par la simple application d'une **RONDELLE-EMPLATRE**, les **Corps, Oignons, Œils-de-Perdrix, Durillons, Verrues**, etc.

PRIX DE LA BOÎTE : **1 fr. 25** — DE LA 1/2 BOÎTE : **0 fr. 75**
PRIX DE L'ÉTUI CONTENANT UN GRAND MORCEAU : **1 fr. 25**

DÉPOTS :

Pharmacie **CHARLARD**, 12, boulevard Bonne-Nouvelle, PARIS
HALPHEN, 6, rue Demarquay, PARIS.

Et dans toutes les bonnes Pharmacies, Herboristeries, Drogueries, etc.

PILULES SPÉCIALES
CONTRE LA CONSTIPATION

Il est important, lorsqu'on se livre à l'exercice du calcul, d'avoir toujours la tête libre et d'éviter la congestion du cerveau. Pour cela il suffit de prendre au dîner ou le soir en se couchant une **Pilule spéciale contre la constipation**. Les *Pilules rhéo-ferrées VIGIER* fortifient tout en étant *laxatives*.

A toute personne qui par un travail assidu, tel que l'étude des Mathématiques, arrive à éprouver de la *fatigue*, de l'*épuisement*, du *surmenage*, de la *neurasthénie*, nous signalons, pour éviter ces accidents et se réconforter, le

GLYCÉRO-PHOSPHATE IODO-TANNIQUE VIGIER

Cette préparation **tonique, reconstituante**, n'irrite pas le tube digestif et réunit, grâce à une parfaite association, toutes les propriétés de l'**iode**, du **tannin** et des **glycéro-phosphates**.

Dose : { **Enfants**, une cuillerée à café } avant chaque repas.
       { **Adultes**, une cuillerée à soupe }

Pharmacie CHARLARD-VIGIER, 12, boul. Bonne-Nouvelle, Paris

CHATEAUROUX. — TYP. ET STÉRÉOTYP. A. MAJESTÉ ET L. BOUCHARDEAU

BULLETIN
DE
MATHÉMATIQUES ÉLÉMENTAIRES

PUBLIÉ SOUS LA DIRECTION DE
B. NIEWENGLOWSKI

DOCTEUR ÈS SCIENCES
INSPECTEUR DE L'ACADÉMIE DE PARIS

Rédacteur en chef : **L. GÉRARD**, Docteur ès sciences, professeur au lycée Ampère

N° 17 — 1ᵉʳ JUIN 1896

SOMMAIRE :

Le « Bulletin de Mathématiques élémentaires » paraît le **1ᵉʳ** et le **15** de chaque mois
du **1ᵉʳ Octobre au 15 Juillet.**

Les abonnements partent du 1ᵉʳ Octobre

FRANCE..................... 5 francs | ÉTRANGER .... 6 francs

Le Numéro....... 0 fr. 30

On peut s'abonner dans tous les bureaux de poste

PARIS
SOCIÉTÉ D'ÉDITIONS SCIENTIFIQUES
PLACE DE L'ÉCOLE-DE-MÉDECINE
4, RUE ANTOINE-DUBOIS, 4

**Le BULLETIN annonce tout ouvrage dont il reçoit un exemplaire, et analyse ceux dont
on lui en envoie deux.**

En vente à la **SOCIÉTÉ D'ÉDITIONS SCIENTIFIQUES**

4, RUE ANTOINE-DUBOIS, 4, PARIS

(Envoi franco par la poste dans toute l'Union postale.)

COURS DE CHIMIE DU BACCALAURÉAT

Par **Victor LELORIEUX** et **Abel BUGUET**

Professeurs agrégés des Sciences physiques.

Un volume avec 180 figures.

Prix : broché, **5 fr.** ; relié cuir plein, souple, tranches rouges, **6 fr.**

Ce nouveau livre, écrit en *notation atomique*, selon les exigences actuelles de l'enseignement et des examens, a été rédigé indépendamment de toute idée théorique préconçue. L'*expérience* intervient partout en premier plan.

Les matières traitées sont exactement ce qu'exigent les derniers programmes des baccalauréats. Conformément à leur esprit, les développements embrassent rigoureusement toutes les connaissances nécessaires au candidat qui apprend avec intelligence, sans charger vainement sa mémoire de notions inutiles aux idées générales.

Les 180 figures qui complètent le texte ont été dessinées spécialement, dans les formes les plus simples. Autant exigées à l'examen que nécessaires au cours de la préparation, elles seront aisément et clairement reproduites par les élèves, même par ceux qui ne possèdent pas les moindres notions de dessin.

Nous recommandons cette chimie très particulièrement aux jeunes gens qui préparent soit le Baccalauréat, soit le nouveau Certificat d'études physiques.

ENCYCLOPÉDIE DES CONNAISSANCES PRATIQUES

BOURQUELOT (EMILE), docteur ès-sciences, professeur à l'Ecole supérieure de pharmacie de Paris. — **Les Fermentations.** 1 vol. illustré de 21 fig. intercalées dans le texte, broché...................... **3 fr. 50**

DEBAINS (ALFRED), ingénieur des Arts et Manufactures, professeur de génie rural à l'Ecole nationale d'agriculture de Grand-Jouan. — **Instructions pratiques sur l'utilité et l'emploi des Machines agricoles sur le terrain.** Cartonné...................... **4 fr.**

LARBALÉTRIER (ALBERT), professeur à l'Ecole d'agriculture du Palais-de-Calais. — **Les grandes cultures de la France.** — 1 vol. in-16 de 360 p., cartonné...................... **4 fr.**

MAUMENÉ (E.-J.), Dʳ ès-sciences, lauréat de l'Institut. — **Comment s'obtient le bon vin.**...................... **4 fr.**

MARTIN (CH.-J.), ingénieur agronome, directeur de l'Ecole nationale de l'industrie laitière de Mamirolle (Doubs). — **L'Industrie du Gruyère.** 1 vol. avec fig. et plans dans le texte, broché...................... **3 fr. 50**
Cartonné...................... **4 fr.**

HYGIÈNE — EXERCICES PHYSIQUES

BARTHÈS (Dʳ ÉMILE), médecin inspecteur de la Société protectrice de l'enfance. — **Manuel d'hygiène scolaire**, à l'usage des médecins et instituteurs, des lycées, collèges, etc. 1 vol. in-18 de 150 p. Deuxième édition..... **2 fr. 50**

CANCALON (le Dʳ A.-A.). — **L'hygiène nouvelle dans la famille.** Préface du Dʳ DUJARDIN-BEAUMETZ, membre de l'Académie de médecine. Deuxième édition augmentée.......... **4 fr.**

E. MONIN et DUBOUSQUET-LABORDERIE (les Dʳˢ). — **Précis élémentaire d'hygiène pratique.** 1 vol. in-8 écu de 475 pages.. **6 fr.**

DEMENY (GEORGES). — **L'éducation physique en Suède.** Un volume in-8 de 105 pages, un graphique...................... **2 fr. 50**

ROBLOT (Dʳ), chevalier de la Légion d'honneur. — **Guide pratique d'exercices physiques.** Hygiène et résultats. In-8 de 60 pages, avec gravures intercalées dans le texte,. **2 fr. 50**

Vient de paraître

A LA

SOCIÉTÉ D'ÉDITIONS SCIENTIFIQUES

ALBERT (Le Professeur). — **La Boxe française.** Théorie nouvelle en vingt-cinq leçons. Avec 89 photo-gravures intercalées dans le texte, et précédée d'une préface par G. Strehly. *Paris, Société d'Editions scientifiques.* 1 vol. in-18 de 288 pages...................... **5 fr.**

(Bibliothèque générale de sports.)

Il n'y a pas bien longtemps que la boxe française est entrée dans la pratique des *salles select* ; elle était antérieurement, avec son mariage avec la boxe anglaise, la *savate*, uniquement pratiquée par le peuple. La *boxe française* constitue bien l'exercice le plus complet auquel on puisse astreindre le corps : aucun muscle de l'organisme ne reste inactif ; pratique modérément, sans but de championnat, c'est le sport qui doit le mieux entretenir la souplesse des membres, la légèreté et l'élégance du geste, la vigueur et l'énergie.

Le traité de M. Albert ne prétend pas nous donner les qualités d'un boxeur, il montre la boxe par la parole et par l'image, depuis le geste le plus simple jusqu'au coup le plus compliqué ; grâce aux photogravures, l'intelligence du livre est parfaite et permettra à l'élève de mieux comprendre et de mieux exécuter les enseignements du maître et même de parfaire, seul, une éducation incomplète.

La *boxe française* est un sport très gracieux, tout de vivacité, d'acuité de la vue, de rapidité de décision ; il exige les mêmes qualités que l'escrime à l'épée, qui est généralement plus estimée.

L. L.

ental
Blanzy Poure et Cie

BOULOGNE-SUR-MER

Maison de vente en gros à Paris, 107, boulevard Sébastopol

IMPORTATEURS de L'INDUSTRIE des PLUMES MÉTALLIQUES

EN FRANCE

PLUMES pour écoles primaires.
PLUMES pour écoles supérieures.
PLUMES pour toutes les écritures.
PLUMES pour bureau.
PLUMES pour la correspondance.
PLUMES souples et flexibles.
PLUMES à pointes extra fines, fines, moyennes et grosses.
PLUMES supérieures pour le dessin.
PLUMES pour la ronde, la bâtarde.
PLUMES pour l'expédiée remplaçant la plume d'oie.
PLUMES pour l'autographie, la lithographie.

PLUMES tire-lignes, permettant de tirer des traits doubles, pour les encadrements, la topographie, les tracés de route, chemins de fer, etc.

PLUME « LA BOULONNAISE »

Recommandée pour la Correspondance.

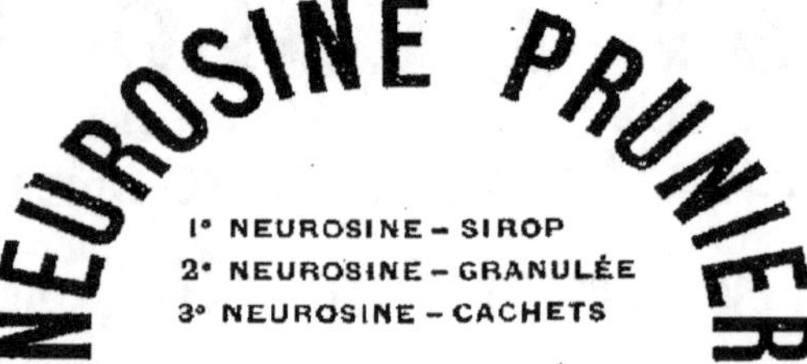

LE
MERVEILLEUX CORICIDE
(RONDELLE-EMPLATRE)
Infaillible, d'un emploi facile

Supérieur à tous les autres Coricides

Supprime en trois ou quatre jours, sans douleur, par la simple application d'une RONDELLE-EMPLATRE, les **Corps, Oignons, Œils-de-Perdrix, Durillons, Verrues,** etc.

PRIX DE LA BOÎTE : **1 fr. 25** — DE LA 1/2 BOÎTE : **0 fr. 75**
PRIX DE L'ÉTUI CONTENANT UN GRAND MORCEAU : **1 fr. 25**

DÉPOTS :
Pharmacie **CHARLARD**, 12, boulevard Bonne-Nouvelle, PARIS
HALPHEN, 6, rue Demarquay, PARIS.

Et dans toutes les bonnes Pharmacies, Herboristeries, Drogueries, etc.

PILULES SPÉCIALES
CONTRE LA CONSTIPATION

Il est important, lorsqu'on se livre à l'exercice du calcul, d'avoir toujours la tête libre et d'éviter la congestion du cerveau. Pour cela il suffit de prendre au dîner ou le soir en se couchant une **Pilule spéciale contre la constipation.** Les *Pilules rhéo-ferrées VIGIER* fortifient tout en étant *laxatives*.

A toute personne qui par un travail assidu, tel que l'étude des Mathématiques, arrive à éprouver de la *fatigue*, de l'*épuisement*, du *surmenage*, de la *neurasthénie*, nous signalons, pour éviter ces accidents et se réconforter, le

GLYCÉRO-PHOSPHATE IODO-TANNIQUE VIGIER

Cette préparation **tonique, reconstituante**, n'irrite pas le tube digestif et réunit, grâce à une parfaite association, toutes les propriétés de l'**iode**, du **tannin** et des **glycéro-phosphates**.

DOSE : { **Enfants**, une cuillerée à café { avant chaque repas.
{ **Adultes**, une cuillerée à soupe {

Pharmacie **CHARLARD-VIGIER**, 12, boul. Bonne-Nouvelle, Paris

CHATEAUROUX. — TYP. ET STÉRÉOTYP. A. MAJESTÉ ET L. BOUCHARDEAU

BULLETIN
DE
MATHÉMATIQUES ÉLÉMENTAIRES

PUBLIÉ SOUS LA DIRECTION DE

B. NIEWENGLOWSKI

DOCTEUR ÈS SCIENCES
INSPECTEUR DE L'ACADÉMIE DE PARIS

Rédacteur en chef : **L. GÉRARD**, Docteur ès sciences, professeur au lycée Ampère

N° 18 — 15 JUIN 1896

SOMMAIRE :

Questions résolues. — Mathématiques (83, 91, 94, 98, 121, 122, (143, 148, 160).
Physique (60, 82).
Chronique scientifique : Les rayons X (*fin*).
Bibliographie.
Questions proposées.

Le « Bulletin de Mathématiques élémentaires » paraît le **1**er et le **15** de chaque mois du **1**er Octobre au **15** Juillet.

Les abonnements partent du 1er Octobre

FRANCE....................... **5** francs | ÉTRANGER .... **6** francs

Le Numéro....... O fr. 30

On peut s'abonner dans tous les bureaux de poste

PARIS
SOCIÉTÉ D'ÉDITIONS SCIENTIFIQUES
PLACE DE L'ÉCOLE-DE-MÉDECINE
4, RUE ANTOINE-DUBOIS, 4

Le **BULLETIN** annonce tout ouvrage dont il reçoit un exemplaire, et analyse ceux dont on lui en envoie deux.

En vente à la **SOCIÉTÉ D'ÉDITIONS SCIENTIFIQUES**

4, RUE ANTOINE-DUBOIS, 4, PARIS

(Envoi franco par la poste dans toute l'Union postale.)

Bibliothèque générale de Photographie

BIGEON (A.), lauréat de la Faculté de Droit de Paris. — **La Photographie devant la loi et la jurisprudence.** Un vol. broché. . . . . **2 fr. 50**

BUGUET (Abel), agrégé des sciences physiques et naturelles, professeur au Lycée de Rouen. — **La Photographie de l'Amateur débutant,** 3e édition revue et augmentée, 1891. Un vol. in-18. . . . . **1 fr. 25**
— **Recettes photographiques,** 2e édition.
1re série, broché.. . . . . 2 fr. » | 2e série, broché. . . . . **2 francs.**
— **Formules photographiques.** Prix. . . . . **3** »
— **L'Année photographique 1891.** . . . . **4** »
— **Annuaire de la Photographie.** . . . . **2** »

CALMETTE, agrégé de physique. — **Lumière, couleur et photographie.** Un vol. broché avec nombreuses figures. . . . . **2 francs.**

KLARY (C.). — **L'Éclairage dans les ateliers de photographie,** par P.-C. DUCHOCHOIS, traduit par C. KLARY. In-8 carré de 120 pages. . . . . **3 francs.**
— **Le Photographe portraitiste.** Un vol. avec de nombreuses gravures. . **5** »
— **La Photographie nocturne.** Un vol. in-8 illustré. Prix. . . . . . . **4** »

HEPWORTH (T.-C.). — **Manuel pratique des projections lumineuses (Le livre de la lanterne de projections),** avec des indications précises et complètes pour obtenir et colorier les tableaux transparents pour la lanterne, et 75 illustrations, par T.-C. HEPWORTH, traduit de l'édition anglaise par C. KLARY. . . . . **5 francs.**
— **Les Travaux du soir de l'Amateur Photographe,** traduction de KLARY. Un vol. in-18, 282 pages, 67 figures ; broché. . . . . **4 francs.**

LEGROS (V.). **Éléments de photogrammétrie,** applications élémentaires de la photographie à l'architecture, à la topographie, aux observations scientifiques et aux opérations militaires. In-18 de 280 pages, orné de 50 figures environ. . . . . **5 francs.**

MAREY, membre de l'Institut. — **Les Mouvements de l'homme,** études de physiologie artistique. Album oblong de six planches. Prix. . . . . **4 francs.**

MAUMENÉ, docteur ès sciences. — **Manuel de chimie photographique.** In-18 de 500 pages illustré. . . . . **5 francs.**

NIEWENGLOWSKI (G.-H.), préparateur à la Sorbonne, directeur du journal *la Photographie.* — **L'Objectif photographique,** fabrication, essai, emploi, 1892. In-12, 61 pages, 21 figures, broché. . . . . **2 francs.**
— **Utilisation des vieux négatifs et des plaques voilées.** Un vol. br. **1 fr. 25**
— **La Photographie en voyage et en excursion,** 1894. Un vol. in-8, 54 pages, 2 figures ; broché. . . . . **2 francs.**
— **Formulaire-Aide-Mémoire du Photographe (Amateur et Professionnel).** Un vol. in-8, 2e édition, entièrement revue et augmentée de tableaux nouveaux et d'un index alphabétique ; broché. . . . . **3 francs.**

NIEWENGLOWSKI (Gaston-Henri) et ERNAULT (Armand), licenciés ès sciences. — **Les Couleurs de la Photographie** (Reproduction photographique directe et indirecte des couleurs : historique, théorie pratique). 1895. 300 pages, figures et planches hors texte, dont plusieurs en couleurs ; broché. . . . . **6 francs.**
— **La Photographie directe des couleurs** (chromolithographie) par le procédé de M. Gabriel LIPPMANN. Historique, théorie, pratique. Un vol. broché de plus de 100 pages, imprimé sur beau papier, avec nombreuses figures dans le texte et hors texte, dont deux portraits en photographie. **2 fr. 50**

SORET (A.), agrégé des Sciences, professeur de Physique au Lycée et à l'École supérieure de Commerce du Hâvre, président de la *Société havraise de Photographie.* — **Cours théorique et pratique de la Photographie.** — 2 volumes :
1° **Formation des images et leur développement** (*Photographie*). — 1894. — 1 vol. in-8, 278 pages, 74 figures ; broché. . . . . **5 francs.**
2° **Obtention des épreuves positives et principales applications de la Photographie.** — 1895. — 1 vol. in-8, 320 pages, 50 figures ; broché. . . . . . . **5 francs.**

Envoi franco par la poste contre un mandat adressé à M. le Directeur.

Blanzy Poure et Cie

BOULOGNE-SUR-MER

Maison de vente en gros à Paris, 107, boulevard Sébastopol

IMPORTATEURS de L'INDUSTRIE des PLUMES MÉTALLIQUES

EN FRANCE

PLUMES pour écoles primaires.
PLUMES pour écoles supérieures.
PLUMES pour toutes les écritures.
PLUMES pour bureau.
PLUMES pour la correspondance.
PLUMES souples et flexibles.
PLUMES à pointes extra fines, fines, moyennes et grosses.
PLUMES supérieures pour le dessin.
PLUMES pour la ronde, la bâtarde.
PLUMES pour l'expédiée remplaçant la plume d'oie.
PLUMES pour l'autographie, la lithographie.

PLUMES tire-lignes, permettant de tirer des traits doubles, pour les encadrements, la topographie, les tracés de route, chemins de fer, etc.

PLUME « LA BOULONNAISE »

Recommandée pour la Correspondance.

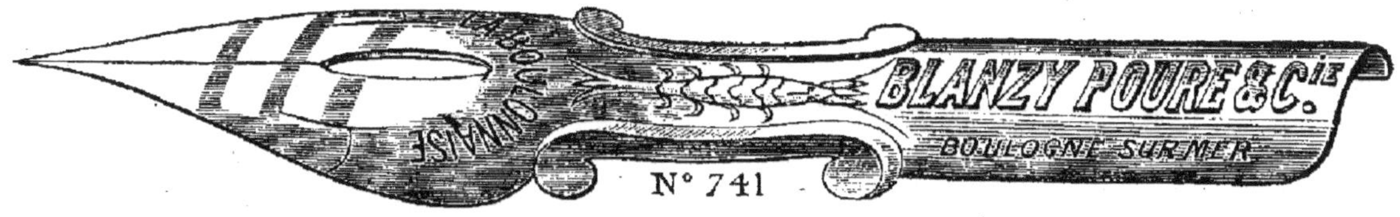

PHOSPHO-GLYCÉRATE DE CHAUX PUR

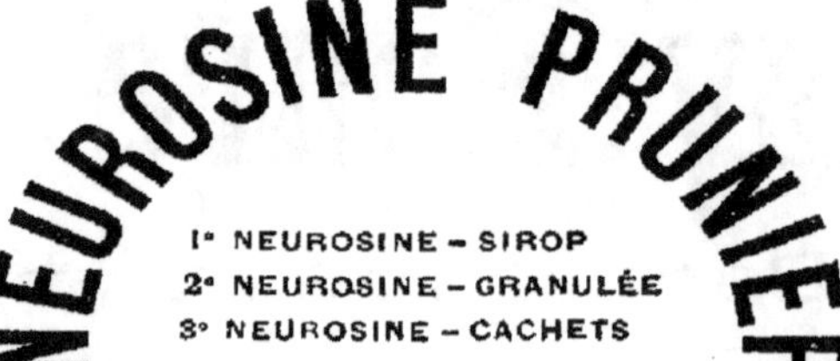

Dépôt général : CHASSAING & Cⁱᵉ, Paris, 6, Avenue Victoria.

LE
MERVEILLEUX CORICIDE
(RONDELLE-EMPLATRE)

Infaillible, d'un emploi facile

Supérieur à tous les autres Coricides

Supprime en trois ou quatre jours, sans douleur, par la simple application d'une **RONDELLE-EMPLATRE**, les **Corps, Oignons, Œils-de-Perdrix, Durillons, Verrues**, etc.

PRIX DE LA BOÎTE : **1 fr. 25** — DE LA 1/2 BOÎTE : **0 fr. 75**
PRIX DE L'ÉTUI CONTENANT UN GRAND MORCEAU : **1 fr. 25**

DÉPOTS :

Pharmacie CHARLARD, 12, boulevard Bonne-Nouvelle, PARIS
HALPHEN, 6, rue Demarquay, PARIS.

Et dans toutes les bonnes Pharmacies, Herboristeries, Drogueries, etc.

PILULES SPÉCIALES
CONTRE LA CONSTIPATION

Il est important, lorsqu'on se livre à l'exercice du calcul, d'avoir toujours la tête libre et d'éviter la congestion du cerveau. Pour cela il suffit de prendre au dîner ou le soir en se couchant une **Pilule spéciale contre la constipation**. Les *Pilules rhéo-ferrées VIGIER* fortifient tout en étant *laxatives*.

A toute personne qui par un travail assidu, tel que l'étude des Mathématiques, arrive à éprouver de la *fatigue*, de l'*épuisement*, du *surmenage*, de la *neurasthénie*, nous signalons, pour éviter ces accidents et se réconforter, le

GLYCÉRO-PHOSPHATE IODO-TANNIQUE VIGIER

Cette préparation **tonique, reconstituante**, n'irrite pas le tube digestif et réunit, grâce à une parfaite association, toutes les propriétés de l'**Iode**, du **tannin** et des **glycéro-phosphates**.

DOSE : } **Enfants**, une cuillerée à café { avant chaque repas.
         } **Adultes**, une cuillerée à soupe {

Pharmacie CHARLARD-VIGIER, 12, boul. Bonne-Nouvelle, Paris

CHATEAUROUX. — TYP. ET STÉRÉOTYP. A. MAJESTÉ ET L. BOUCHARDEAU

BULLETIN
DE
MATHÉMATIQUES ÉLÉMENTAIRES

PUBLIÉ SOUS LA DIRECTION DE

B. NIEWENGLOWSKI

DOCTEUR ÈS SCIENCES
INSPECTEUR DE L'ACADÉMIE DE PARIS

Rédacteur en chef : **L. GÉRARD**, Docteur ès sciences, professeur au lycée Ampère

N° 19 — 1er JUILLET 1896

SOMMAIRE :

Le « Bulletin de Mathématiques élémentaires » paraît le **1er** et le **15** de chaque mois
du **1er** Octobre au **15 Juillet.**

Les abonnements partent du 1er Octobre

FRANCE...................... **5** francs | ÉTRANGER...................... **6** francs

Le Numéro....... O fr. 30

On peut s'abonner dans tous les bureaux de poste

PARIS
SOCIÉTÉ D'ÉDITIONS SCIENTIFIQUES

PLACE DE L'ÉCOLE-DE-MÉDECINE
4, RUE ANTOINE-DUBOIS, 4

Le BULLETIN annonce tout ouvrage dont il reçoit un exemplaire, et analyse ceux dont
on lui en envoie deux.

En vente à la SOCIÉTÉ D'ÉDITIONS SCIENTIFIQUES

4, RUE ANTOINE-DUBOIS, 4, PARIS

(Envoi franco par la poste dans toute l'Union postale.)

Bibliothèque générale de Photographie

BIGEON (A.), lauréat de la Faculté de Droit de Paris. — **La Photographie devant la loi et la jurisprudence.** Un vol. broché. . . . . **2 fr. 50**

BUGUET (Abel), agrégé des sciences physiques et naturelles, professeur au Lycée de Rouen. — **La Photographie de l'Amateur débutant.** 3ᵉ édition revue et augmentée, 1891. Un vol. in-18. . . . . **1 fr. 25**
  — **Recettes photographiques.** 2ᵉ édition.
1ʳᵉ série, broché. . . . . **2 fr. »** | 2ᵉ série, broché. . . . . **2 francs.**
  — **Formules photographiques.** Prix. . . . . **3 »**
  — **L'Année photographique 1891.** . . . . **4 »**
  — **Annuaire de la Photographie.** . . . . **2 »**

CALMETTE, agrégé de physique. — **Lumière, couleur et photographie.** Un vol. broché avec nombreuses figures. **2 francs.**

KLARY (C.). — **L'Éclairage dans les ateliers de photographie.** par P.-C. DUCHOCHOIS, traduit par C. KLARY. In-8 carré de 120 pages. . . . . **3 francs.**
  — **Le Photographe portraitiste.** Un vol. avec de nombreuses gravures. . **5 »**
  — **La Photographie nocturne.** Un vol. in-8 illustré. Prix. . . . . . . **4 »**

HEPWORTH (T.-C.). — **Manuel pratique des projections lumineuses (Le livre de la lanterne de projections),** avec des indications précises et complètes pour obtenir et colorier les tableaux transparents pour la lanterne, et 75 illustrations, par T.-C. HEPWORTH, traduit de l'édition anglaise par C. KLARY. . . . . **5 francs.**
  — **Les Travaux du soir de l'Amateur Photographe,** traduction de KLARY. Un vol. in-18, 282 pages, 67 figures ; broché. . . . . **4 francs.**

LEGROS (V.). **Éléments de photogrammétrie,** applications élémentaires de la photographie à l'architecture, à la topographie, aux observations scientifiques et aux opérations militaires. In-18 de 280 pages, orné de 50 figures environ. . . . . **5 francs.**

MAREY, membre de l'Institut. — **Les Mouvements de l'homme,** études de physiologie artistique. Album oblong de six planches. Prix. . . . . **4 francs.**

MAUMENÉ, docteur ès sciences. — **Manuel de chimie photographique.** In-18 de 500 pages illustré. . . . . **5 francs.**

NIEWENGLOWSKI (G.-H.), préparateur à la Sorbonne, directeur du journal *la Photographie.* — **L'Objectif photographique,** fabrication, essai, emploi, 1892. In-12, 61 pages, 21 figures, broché. . . . . **2 francs.**
  — **Utilisation des vieux négatifs et des plaques voilées.** Un vol. br. **1 fr. 25**
  — **La Photographie en voyage et en excursion,** 1894. Un vol. in-8, 54 pages, 2 figures ; broché. . . . . **2 francs.**
  — **Formulaire-Aide-Mémoire du Photographe (Amateur et Professionnel).** Un vol. in-8, 2ᵉ édition, entièrement revue et augmentée de tableaux nouveaux et d'un index alphabétique ; broché. . . . . **3 francs.**

NIEWENGLOWSKI (Gaston-Henri) et ERNAULT (Armand), licenciés ès sciences. — **Les Couleurs de la Photographie** (Reproduction photographique directe et indirecte des couleurs : historique, théorie pratique). 1895. 300 pages, figures et planches hors texte, dont plusieurs en couleurs ; broché. . . . . **6 francs.**
  — **La Photographie directe des couleurs** (chromolithographie) par le procédé de M. Gabriel LIPPMANN. Historique, théorie, pratique. Un vol. broché de plus de 100 pages, imprimé sur beau papier, avec nombreuses figures dans le texte et hors texte, dont deux portraits en photographie. **2 fr. 50**

SORET (A.), agrégé des Sciences, professeur de Physique au Lycée et à l'École supérieure de Commerce du Hâvre, président de la *Société havraise de Photographie.* — **Cours théorique et pratique de la Photographie.** — 2 volumes :
  1° **Formation des images et leur développement** (*Photographie*). — 1894. — 1 vol. in-8, 278 pages, 74 figures ; broché. . . . . **5 francs.**
  2° **Obtention des épreuves positives et principales applications de la Photographie.** — 1895. — 1 vol. in-8, 320 pages, 50 figures ; broché. . . . . . . **5 francs.**

Envoi franco par la poste contre un mandat adressé à M. le Directeur.

Blanzy Poure et Cie

BOULOGNE-SUR-MER

Maison de vente en gros à Paris, 107, boulevard Sébastopol

IMPORTATEURS de L'INDUSTRIE des PLUMES MÉTALLIQUES

EN FRANCE

PLUMES pour écoles primaires.
PLUMES pour écoles supérieures.
PLUMES pour toutes les écritures.
PLUMES pour bureau.
PLUMES pour la correspondance.
PLUMES souples et flexibles.
PLUMES à pointes extra fines, fines, moyennes et grosses.
PLUMES supérieures pour le dessin.
PLUMES pour la ronde, la bâtarde.
PLUMES pour l'expédiée remplaçant la plume d'oie.
PLUMES pour l'autographie, la lithographie.

PLUMES tire-lignes, permettant de tirer des traits doubles, pour les encadrements, la topographie, les tracés de route, chemins de fer, etc.

PLUME « LA BOULONNAISE »

Recommandée pour la Correspondance.

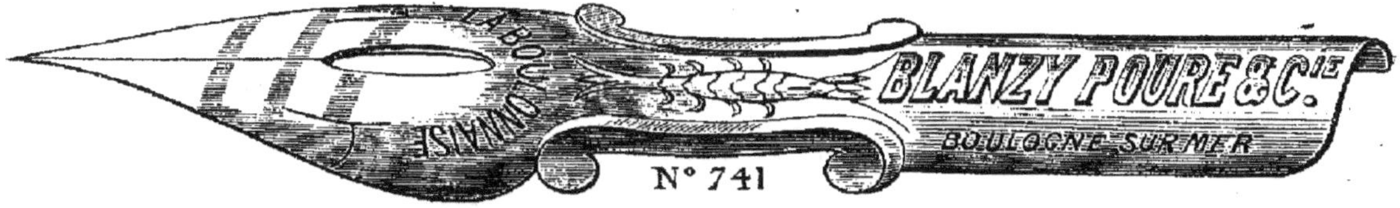

PHOSPHO-GLYCÉRATE DE CHAUX PUR

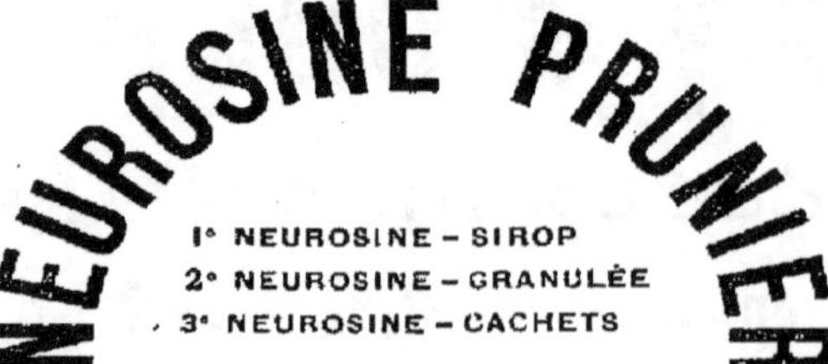

Dépôt général : CHASSAING & Cie, Paris, 6, Avenue Victoria.

LE

MERVEILLEUX CORICIDE

(RONDELLE-EMPLÂTRE)

Infaillible, d'un emploi facile

Supérieur à tous les autres Coricides

Supprime en trois ou quatre jours, sans douleur, par la simple application d'une **RONDELLE-EMPLÂTRE**, les **Corps, Oignons, Œils-de-Perdrix, Durillons, Verrues**, etc.

PRIX DE LA BOÎTE : **1 fr. 25** — DE LA 1/2 BOÎTE : **0 fr. 75**
PRIX DE L'ÉTUI CONTENANT UN GRAND MORCEAU : **1 fr. 25**

DÉPOTS :

Pharmacie **CHARLARD**, 12, boulevard Bonne-Nouvelle, PARIS
HALPHEN, 6, rue Demarquay, PARIS.

Et dans toutes les bonnes Pharmacies, Herboristeries, Drogueries, etc.

PILULES SPÉCIALES

CONTRE LA CONSTIPATION

Il est important, lorsqu'on se livre à l'exercice du calcul, d'avoir toujours la tête libre et d'éviter la congestion du cerveau. Pour cela il suffit de prendre au dîner ou le soir en se couchant une **Pilule spéciale contre la constipation**. Les *Pilules rhéo-ferrées VIGIER* fortifient tout en étant *laxatives*.

A toute personne qui par un travail assidu, tel que l'étude des Mathématiques, arrive à éprouver de la *fatigue*, de l'*épuisement*, du *surmenage*, de la *neurasthénie*, nous signalons, pour éviter ces accidents et se réconforter, le

GLYCÉRO-PHOSPHATE IODO-TANNIQUE VIGIER

Cette préparation **tonique, reconstituante**, n'irrite pas le tube digestif et réunit, grâce à une parfaite association, toutes les propriétés de l'**iode**, du **tannin** et des **glycéro-phosphates**.

DOSE : **Enfants**, une cuillerée à café / **Adultes**, une cuillerée à soupe / avant chaque repas.

Pharmacie CHARLARD-VIGIER, 12, boul. Bonne-Nouvelle, Paris

CHATEAUROUX. — TYP. ET STÉRÉOTYP. A. MAJESTÉ ET L. BOUCHARDEAU

BULLETIN
DE
MATHÉMATIQUES ÉLÉMENTAIRES

PUBLIÉ SOUS LA DIRECTION DE
B. NIEWENGLOWSKI

DOCTEUR ÈS SCIENCES
INSPECTEUR DE L'ACADÉMIE DE PARIS

Rédacteur en chef : **L. GÉRARD**, Docteur ès sciences, professeur au lycée Ampère

N° 20 — 15 JUILLET 1896

Le « Bulletin de Mathématiques élémentaires » paraît le **1er** et le **15** de chaque mois du **1er Octobre au 15 Juillet.**

Les abonnements partent du 1er Octobre

FRANCE...................... **5** francs | ÉTRANGER .... **6** francs

Le Numéro....... O fr. 30

On peut s'abonner dans tous les bureaux de poste

PARIS
SOCIÉTÉ D'ÉDITIONS SCIENTIFIQUES
PLACE DE L'ÉCOLE-DE-MÉDECINE
4, RUE ANTOINE-DUBOIS, 4

Le **BULLETIN** annonce tout ouvrage dont il reçoit un exemplaire, et analyse ceux dont on lui en envoie deux.

En vente à la SOCIÉTÉ D'ÉDITIONS SCIENTIFIQUES

4, RUE ANTOINE-DUBOIS, 4, PARIS

(Envoi franco par la poste dans toute l'Union postale.)

Bibliothèque générale de Photographie

BIGEON (A.), lauréat de la Faculté de Droit de Paris. — **La Photographie devant la loi et la jurisprudence.** Un vol. broché. . . . . **2 fr. 50**

BUGUET (Abel), agrégé des sciences physiques et naturelles, professeur au Lycée de Rouen. — **La Photographie de l'Amateur débutant,** 3ᵉ édition revue et augmentée, 1891. Un vol. in-18. **1 fr. 25**
   — **Recettes photographiques,** 2ᵉ édition. 1ʳᵉ série, broché.. . . . . . . **2 fr. »** | 2ᵉ série, broché. . . . . . . **2 francs.**
   — **Formules photographiques.** Prix. . . . . **3 »**
   — **L'Année photographique 1891.** . . . . **4 »**
   — **Annuaire de la Photographie.** . . . . **2 »**

CALMETTE, agrégé de physique. — **Lumière, couleur et photographie.** Un vol. broché avec nombreuses figures. . . . . **2 francs.**

KLARY (C.). — **L'Éclairage dans les ateliers de photographie,** par P.-C. DUCHOCHOIS, traduit par C. KLARY. In-8 carré de 120 pages. . . . . **3 francs.**
   — **Le Photographe portraitiste.** Un vol. avec de nombreuses gravures. . **5 »**
   — **La Photographie nocturne.** Un vol. in-8 illustré. Prix. . . . . . . **4 »**

HEPWORTH (T.-C.). — **Manuel pratique des projections lumineuses (Le livre de la lanterne de projections),** avec des indications précises et complètes pour obtenir et colorier les tableaux transparents pour la lanterne, et 75 illustrations, par T.-C. HEPWORTH, traduit de l'édition anglaise par C. KLARY. . . . . **5 francs.**
   — **Les Travaux du soir de l'Amateur Photographe,** traduction de KLARY. Un vol. in-18, 282 pages, 67 figures ; broché. . . . . **4 francs.**

LEGROS (V.). — **Éléments de photogrammétrie,** applications élémentaires de la photographie à l'architecture, à la topographie, aux observations scientifiques et aux opérations militaires. In-18 de 280 pages, orné de 50 figures environ. . . . . **5 francs.**

MAREY, membre de l'Institut. — **Les Mouvements de l'homme,** études de physiologie artistique. Album oblong de six planches. Prix. . . . . **4 francs.**

MAUMENÉ, docteur ès sciences. — **Manuel de chimie photographique.** In-18 de 500 pages illustré. . . . . **5 francs.**

NIEWENGLOWSKI (G.-H.), préparateur à la Sorbonne, directeur du journal *la Photographie.* — **L'Objectif photographique,** fabrication, essai, emploi, 1892. In-12, 61 pages, 21 figures, broché. **2 francs.**
   — **Utilisation des vieux négatifs et des plaques voilées.** Un vol. br. **1 fr. 25**
   — **La Photographie en voyage et en excursion,** 1894. Un vol. in-8, 54 pages, 2 figures ; broché. **2 francs.**
   — **Formulaire-Aide-Mémoire du Photographe (Amateur et Professionnel).** Un vol. in-8, 2ᵉ édition, entièrement revue et augmentée de tableaux nouveaux et d'un index alphabétique ; broché. . . . . **3 francs.**

NIEWENGLOWSKI (Gaston-Henri) et ERNAULT (Armand), licenciés ès sciences. — **Les Couleurs de la Photographie** (Reproduction photographique directe et indirecte des couleurs : historique, théorie, pratique). 1895. 300 pages, figures et planches hors texte, dont plusieurs en couleurs ; broché. . . . . **6 francs.**
   — **La Photographie directe des couleurs** (chromolithographie) par le procédé de M. Gabriel LIPPMANN. Historique, théorie, pratique. Un vol. broché de plus de 100 pages, imprimé sur beau papier, avec nombreuses figures dans le texte et hors texte, dont deux portraits en photographie. . . . . **2 fr. 50**

SORET (A.), agrégé des Sciences, professeur de Physique au Lycée et à l'École supérieure de Commerce du Hâvre, président de la *Société havraise de Photographie.* — **Cours théorique et pratique de la Photographie.** — 2 volumes :
   1° **Formation des images et leur développement** (*Photographie*). — 1894. — 1 vol. in-8, 278 pages, 74 figures ; broché. . . . . **5 francs.**
   2° **Obtention des épreuves positives et principales applications de la Photographie.** — 1895. — 1 vol. in-8, 320 pages, 50 figures ; broché. . . . . . . **5 francs.**

Envoi franco par la poste contre un mandat adressé à M. le Directeur.

Blanzy Poure et Cie

BOULOGNE-SUR-MER

Maison de vente en gros à Paris, 107, boulevard Sébastopol

IMPORTATEURS de L'INDUSTRIE des PLUMES MÉTALLIQUES

EN FRANCE

PLUMES pour écoles primaires.
PLUMES pour écoles supérieures.
PLUMES pour toutes les écritures.
PLUMES pour bureau.
PLUMES pour la correspondance.
PLUMES souples et flexibles.
PLUMES à pointes extra fines, fines, moyennes et grosses.
PLUMES supérieures pour le dessin.
PLUMES pour la ronde, la bâtarde.
PLUMES pour l'expédiée remplaçant la plume d'oie.
PLUMES pour l'autographie, la lithographie.

PLUMES tire-lignes, permettant de tirer des traits doubles, pour les encadrements, la topographie, les tracés de route, chemins de fer, etc.

PLUME « LA BOULONNAISE »

Recommandée pour la Correspondance.

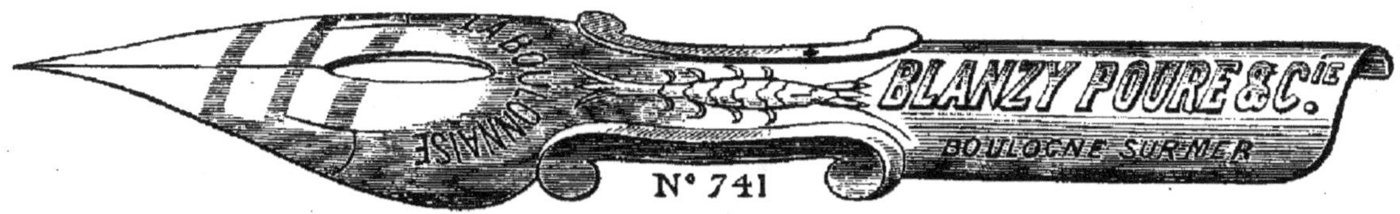

PHOSPHO-GLYCÉRATE DE CHAUX PUR

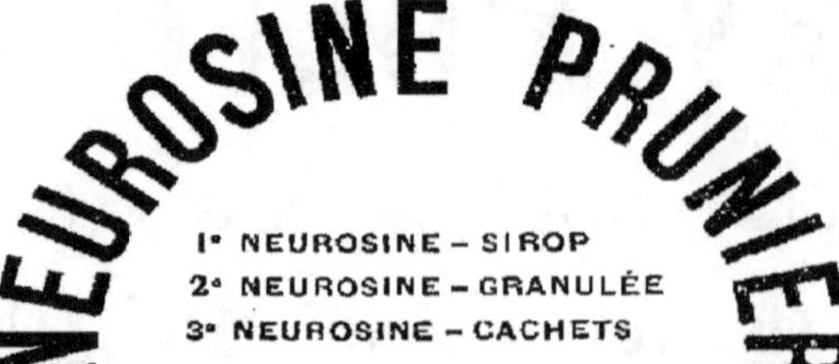

Dépôt général : CHASSAING & Cⁱᵉ, Paris, 6, Avenue Victoria.

LE

MERVEILLEUX CORICIDE

(RONDELLE-EMPLATRE)

Infaillible, d'un emploi facile

Supérieur à tous les autres Coricides

Supprime en trois ou quatre jours, sans douleur, par la simple application d'une **RONDELLE-EMPLATRE**, les **Corps**, **Oignons**, **Œils-de-Perdrix**, **Durillons**, **Verrues**, etc.

PRIX DE LA BOÎTE : **1 fr. 25** — DE LA 1/2 BOÎTE : **0 fr. 75**
PRIX DE L'ÉTUI CONTENANT UN GRAND MORCEAU : **1 fr. 25**

DÉPOTS :

Pharmacie **CHARLARD**, 12, boulevard Bonne-Nouvelle, PARIS
HALPHEN, 6, rue Demarquay, PARIS.

Et dans toutes les bonnes Pharmacies, Herboristeries, Drogueries, etc.

PILULES SPÉCIALES

CONTRE LA CONSTIPATION

Il est important, lorsqu'on se livre à l'exercice du calcul, d'avoir toujours la tête libre et d'éviter la congestion du cerveau. Pour cela il suffit de prendre au dîner ou le soir en se couchant une **Pilule spéciale contre la constipation**. Les *Pilules rhéo-ferrées VIGIER* fortifient tout en étant *laxatives*.

A toute personne qui par un travail assidu, tel que l'étude des Mathématiques, arrive à éprouver de la *fatigue*, de l'*épuisement*, du *surmenage*, de la *neurasthénie*, nous signalons, pour éviter ces accidents et se réconforter, le

GLYCÉRO-PHOSPHATE IODO-TANNIQUE VIGIER

Cette préparation **tonique, reconstituante**, n'irrite pas le tube digestif et réunit, grâce à une parfaite association, toutes les propriétés de l'**iode**, du **tannin** et des **glycéro-phosphates**.

DOSE : { Enfants, une cuillerée à café / Adu.tes, une cuillerée à soupe } avant chaque repas.

Pharmacie CHARLARD-VIGIER, 12, boul. Bonne-Nouvelle, Paris

CHATEAUROUX. — TYP. ET STÉRÉOTYP. A. MAJESTÉ ET L. BOUCHARDEAU

www.ingramcontent.com/pod-product-compliance
Lightning Source LLC
LaVergne TN
LVHW082232170726
843503LV00011B/4391